Fritz Leonhardt

Vorlesungen über Massivbau

Teil 1
Grundlagen zur Bemessung
im Stahlbetonbau

Von F. Leonhardt und E. Mönnig

Dritte, völlig neubearbeitete
und erweiterte Auflage

Springer-Verlag
Berlin Heidelberg New York Tokyo 1984

Dr.-Ing. Dr.-Ing. E. h. mult. Fritz Leonhardt
em. Professor am Institut für Massivbau der Universität Stuttgart

Dipl.-Ing. Eduard Mönnig
em. Professor am Institut für Massivbau der Universität Stuttgart

Mitarbeiter an der dritten Auflage:

Dr.-Ing. H. Dieterle
FMPA Baden-Württemberg
Otto-Graf-Institut, Stuttgart

Dr.-Ing. H. Martin
Institut für Betonstahl und Stahlbetonbau, München

Dr.-Ing. D. Rußwurm
Prüfstelle für Betonstahl, München

Dipl.-Ing. H. Schellwien
Ingenieurbüro Leonhardt, Andrä u. Partner, Stuttgart

Mit 317 Abbildungen

ISBN-13: 978-3-540-12786-4   e-ISBN-13: 978-3-642-61739-3
DOI: 10.1007/978-3-642-61739-3

CIP-Kurztitelaufnahme der Deutschen Bibliothek

Leonhardt, Fritz: Vorlesungen über Massivbau/Fritz Leonhardt. –
Berlin; Heidelberg; NewYork; Tokyo: Springer
Teil 1. Grundlagen zur Bemessung im Stahlbetonbau/von F. Leonhardt u. E. Mönnig. –
3., völlig neubearb. u. erw. Aufl. – 1984.

Druck: Mercedes-Druck, Berlin; Bindearbeiten: Lüderitz & Bauer, Berlin
SPIN: 1069352D   62/3020   - 10 9 8 7 6 - Gedruckt auf säurefreiem Papier

Vorwort

Die Grundlagen für das Bemessen von Stahlbeton- und Spannbeton-Tragwerken sind im Grunde genommen einfach zu erlernen, wenn man durch das Studium der Mechanik und Festigkeitslehre ein klares Bild von den verschiedenen durch äußere Kräfte hervorgerufenen inneren Kräften im Tragwerk und den dadurch entstehenden Materialbeanspruchungen bzw. Spannungen gewonnen hat. Eine leichte Schwierigkeit besteht darin, daß man beim Stahlbeton das Zusammenwirken zweier Baustoffe, Stahl und Beton, und das nichtlineare Verhalten dieses Verbundbaustoffes Stahlbeton bei Beanspruchungen berücksichtigen muß. In den Vorlesungen wird versucht, besonders diese nichtlinearen Vorgänge, wie sie z. B. durch Rißbildung im Beton entstehen, verständlich zu machen.

Zur Einführung wird unser derzeitiges Wissen über die beiden Baustoffe Beton und Stahl in kurzer Form so weit zusammengestellt, wie es der in der Praxis tätige Bauingenieur laufend braucht. Dem Verbundbaustoff und den Verbundproblemen (auch an Rissen) wird ein besonderer Abschnitt gewidmet. Danach wird das Tragverhalten unter den verschiedenen Beanspruchungen qualitativ beschrieben, um das Verständnis für die Ursachen der Grenzen der Tragfähigkeit zu wecken. Schließlich wird ein kurzer Abriß über die Grundlagen der Bemessung und über die erforderlichen Sicherheiten gebracht, wobei "Sicherheit" im Hinblick auf Tragfähigkeit und Gebrauchsfähigkeit unterschieden wird.

Dieser erste Band behandelt dann die Bemessung für Tragfähigkeit bei den verschiedenen Beanspruchungsarten, wobei durchweg von den Traglasten ausgegangen wird. Bei der Herleitung von Bemessungsformeln wird also die früher übliche Grundlage zulässiger Spannungen für Gebrauchslasten verlassen, obwohl in der DIN 1045 (Ausgabe 1972) noch daran zum Teil festgehalten wird. Andererseits ist die Bemessung nach DIN 1045 auf den Prinzipien der Traglastverfahren aufgebaut, wie sie auch vom CEB (Comité Européen du Béton) für die künftigen einheitlichen europäischen Baubestimmungen vorgesehen sind. Neben den theoretischen Grundlagen dieser Bemessung wird jeweils auch die Herleitung von Bemessungstafeln für die Praxis, wie sie in der DIN 4224 enthalten sein werden, aufgezeigt.

Der Verfasser benützte seit Beginn seiner Lehrtätigkeit 1957 Vorlesungsumdrucke, die aufgrund der Lehrerfahrungen mehrmals überarbeitet wurden. In den letzten Jahren sind diese Umdrucke wiederholt mit Studenten diskutiert und in didaktischer Hinsicht verbessert worden. Die Umdrucke wurden so häufig von Studenten anderer Hochschulen und in der Praxis stehenden Ingenieuren angefordert und vervielfältigt, daß wir uns entschlossen haben, sie über den Buchhandel der Fachwelt zur Verfügung zu stellen.

Bei der Neubearbeitung hat sich Dipl. -Ing. K. -H. Reineck im Hinblick auf die systematische Ordnung des Stoffes verdient gemacht. Alle Mitarbeiter des Institutes haben sich bemüht, den neuesten Stand im in- und ausländischen Fachschrifttum zu berücksichtigen. Bei den Schrifttumshinweisen haben wir uns neben klassischen Literaturstellen auf die neuesten Beiträge beschränkt. Manches spezialisierte Wissen kann in solchen Grundlagenvorlesungen nicht gebracht werden, dafür wurden Schrifttumshinweise gegeben, so daß Studenten, die sich in Sonderfragen vertiefen wollen, mindestens einen Wegzeiger vorfinden.

Für die große Sorgfalt beim Schreiben und bei der Durchsicht des Textes sowie bei den vielen Zeichnungen danken die Verfasser Frau I. Paechter, Frau V. Zander, Herrn H. Seyfert und den übrigen Mitarbeitern. Dem Verlag sei besonders dafür gedankt, daß er sich bereit erklärt hat, die einzelnen Teile zu mäßigen Preisen herauszubringen, damit sie als Lernhilfe für Studenten und für im Beruf stehende Ingenieure in gleicher Weise erschwinglich sind.

Stuttgart, im Herbst 1972   F. Leonhardt und E. Mönnig

Vorwort zur dritten Auflage

Die "roten Vorlesungen" sind zu einem beliebten Lern- und Nachschlagewerk geworden und wurden in sieben Sprachen übersetzt. Es war nun aber höchste Zeit, sie auf den neuesten Stand zu bringen und insbesondere die SI-Maßeinheiten einzuarbeiten. Außerdem schien es notwendig, den Leichtbeton aus dem zweiten Teil vorzuziehen.

Leider war das Institut für Massivbau meiner Universität schon vor Jahren nicht bereit, diese Arbeit zu leisten. Prof. Dr.-Ing. V. Hahn von der Firma Eduard Züblin sagte als erster Hilfe zu. Dr.-Ing. H. Falkner, Partner in meinem Ingenieurbüro, organisierte die Überarbeitung. Die Kapitel über Baustoffe und Verbund bearbeiteten die Mitarbeiter von Prof. Dr.-Ing. G. Rehm, die Herren Dr.-Ing. H. Dieterle, Dr.-Ing. H. Martin und Dr.-Ing. D. Rußwurm. Die übrigen Kapitel wurden von Dr.-Ing. H. Dieterle und Dipl.-Ing. H. Schellwien (Büro Leonhardt, Andrä u. Partner) überarbeitet, letzterem oblag auch die Koordinierung. Die Schreibarbeiten wurden von Frau H. Schanbacher (Züblin), Frau U. Siebert aus meinem Büro und Frau I. Paechter - obwohl pensioniert - ausgeführt. Herr Zekl (Otto-Graf-Institut) übernahm die Überarbeitung der Bilder.

Dem Verlag sei dafür gedankt, daß er dieses Werk weiter in seinem Programm behalten will. Ich hoffe, daß die dritte Auflage wieder vielen Studenten und in der Praxis tätigen Ingenieuren eine nützliche Hilfe sein wird.

Stuttgart, im November 1983   F. Leonhardt

Inhaltsverzeichnis

Wichtigstes Schrifttum

Im folgenden werden nur wichtige Bücher, Zeitschriften und Vorschriften aufgeführt. Ein ausführliches Verzeichnis der verwendeten Fachliteratur befindet sich am Schluß.

Geschichte des Stahlbetons

Mörsch, E.: Der Eisenbetonbau, Abschn. "Geschichtliches".
   5. Aufl., 1. Bd., 2. Hälfte, Stuttgart, Konrad Wittwer, 1922

Haegermann, G. u. a.: Vom Caementum zum Spannbeton.
   Bd. 1 u. 2, Wiesbaden, Bauverlag GmbH, 1964

Klassische Lehrbücher

Mörsch, E.: Der Eisenbetonbau. 2 Bde., Stuttgart, Konrad Wittwer, 1920 - 1923

   Sehr umfangreiches, grundlegendes Werk. Ausführliche Ableitungen zur Theorie des Stahlbetonbaues, Begründung der Theorie anhand vieler beschriebener Versuche. Für vertiefendes Grundlagenstudium geeignet.

Pucher, A.: Lehrbuch des Stahlbetonbaues. 3. Aufl., Wien, Springer, 1961

   Sehr gutes Lehrbuch, kurz gefaßt. - Anwendungen der Stahlbetonbauweise im Hoch- und Brückenbau. Abriß der Statik der Stockwerkrahmen, Flächentragwerke und Bogenbrücken. Konstruktive Hinweise.

Graf, O.: Die Eigenschaften des Betons. 2. Aufl., Berlin, Springer, 1960

   Grundlegendes Werk über den Baustoff Beton und Zusammenfassung der Forschungsergebnisse bis 1960.

Hummel, A.: Das Beton-ABC. 12. Aufl., Berlin, W. Ernst u. Sohn, 1959

   Lehrbuch für die zielsichere Herstellung und die wirksame Überwachung von Beton.

Neuere Lehrbücher

Walz, K.: Herstellung von Beton nach DIN 1045. 2. Aufl., Düsseldorf, Beton-Verlag, 1972

Franz, G.: Konstruktionslehre des Stahlbetons. Bd. 1 u. 2, Berlin, Springer, 1970 u. 1969
   Enthält in knapper aber gründlicher Darstellung die Grundlagen des Stahlbeton- und des Spannbetonbaus und vermittelt auch neuere Erkenntnisse.

Leonhardt, F.: Spannbeton für die Praxis. 3. Aufl., Berlin, W. Ernst u. Sohn, 1973

Rüsch, H.: Stahlbeton - Spannbeton.
   Bd. 1: Werkstoffeigenschaften und Bemessungsverfahren. Werner-Verlag, Düsseldorf, 1972

Rüsch, H. u. Jungwirth, D.: Stahlbeton - Spannbeton.
Bd. 2: Berücksichtigung der Einflüsse von Kriechen und Schwinden auf das Verhalten der Tragwerke. Werner-Verlag, Düsseldorf, 1976

Paschen, H. u. Wolff, H. M.: Entwerfen und Konstruieren mit Betonfertigteilen. Werner-Verlag, Düsseldorf, 1975

Koncz, T.: Handbuch der Fertigteilbauweise. Bde. 1 bis 3, Bauverlag, Wiesbaden 1973 bis 1975

Labutin, N.: Schalung und Rüstung. 5. Aufl., Berlin, W. Ernst u. Sohn, 1975
Über die neueste Entwicklung der Schalungen und Gerüste informiert man sich am besten anhand der jeweils neuesten Prospekte der einschlägigen Firmen: z.B. Peiner Rüstungsgeräte, Peine; Hünnebeck-Geräte, Lintorf b. Düsseldorf; Acrow-Wolff-Träger, Düsseldorf; Noe-Schaltechnik, Süssen.

Taschenbücher

Beton-Kalender. Berlin, W. Ernst u. Sohn. Erscheint jedes Jahr in neuer Auflage; enthält u.a. wichtige Vorschriften (teils vollständig - teils auszugsweise), darunter DIN 1045, 4227, 1055, 1075, 1072 usw., auch die Bemessungsverfahren und Bewehrungsrichtlinien.

Zement-Taschenbuch. Wiesbaden, Bauverlag, jährlich

Schleicher, F.: Taschenbuch für Bauingenieure (2 Bände), Springer-Verlag, Berlin, 1955, 2. Auflage

Forschungsberichte und Zeitschriften

Deutschland:

Forschungshefte des Deutschen Ausschusses für Stahlbeton (DAfStb.). Erscheinen unregelmäßig im Verlag W. Ernst u. Sohn, Berlin
In diesen Heften, z.Zt. ca. 348, sind alle wichtigen Forschungsergebnisse für Stahlbeton seit etwa 1908 veröffentlicht.

Betontechnische Berichte. Beton-Verlag GmbH., Düsseldorf; jährlich

Beton- und Stahlbetonbau. W. Ernst u. Sohn, Berlin; monatlich

Der Bauingenieur. Springer-Verlag, Berlin; monatlich

Die Bautechnik. Verlag W. Ernst u. Sohn, Berlin, monatlich

Betonwerk + Fertigteil-Technik. Bauverlag, Wiesbaden; monatlich

Bauplanung - Bautechnik. VEB Verlag für Bauwesen, Berlin; monatlich

Frankreich:

Annales de l'Institut Technique du Bâtiment et des Travaux Publics (ITBTP), Paris; monatlich

Großbritannien:

Magazine of Concrete Research. Cement and Concrete Association, London; vierteljährlich

The Structural Engineer. Institution of Structural Engineering, London; monatlich

Concrete. Journal of the Concrete Society, London; monatlich

Schweiz:

  Schweizer Ingenieur und Architekt. Zürich; wöchentlich

USA: Journal of the American Concrete Institute. (ACI Journal), Detroit; monatlich

  Proceedings of the American Society of Civil Engineers (ASCE), Journal of the Structural Division. New York; monatlich

Richtlinien

  CEB/FIP-Mustervorschrift für Tragwerke aus Stahlbeton und Spannbeton. Internationale CEB/FIP-Richtlinien, 3. Ausgabe, 1978

  Beton-Handbuch, Leitsätze für die Bauüberwachung und Bauausführung. Deutscher Beton-Verein e.V., Wiesbaden, 1972

Deutsche Normen, Richtlinien, Merkblätter

Bei Normblättern muß man sich über die jeweils gültige Fassung unterrichten. Die nachfolgenden Angaben entsprechen dem Stand November 1983.

Ausgangsstoffe

DIN 488 Betonstahl

  Blatt 1, Fassg. 4.72, Begriffe, Eigenschaften, Werkkennzeichen
  Teil 1, Entw. 2.83, Sorten, Eigenschaften, Kennzeichen
  Blatt 2, Fassg. 4.72, Betonstabstahl, Abmessungen
  Blatt 3, Fassg. 4.72, Betonstabstahl, Prüfungen
  Blatt 4, Fassg. 4.72, Betonstahlmatten, Aufbau
  Blatt 5, Fassg. 4.72, Betonstahlmatten, Prüfungen
  Blatt 6, Fassg. 8.74 (Vornorm) Überwachung (Güteüberwachung)

DIN 1164 Portland-, Eisenportland-, Hochofen- und Traßzement

  Teil 1, Fassg. 11.78, Begriffe, Bestandteile, Anforderung, Lieferung
  Teil 2, Fassg. 11.78, Überwachung (Güteüberwachung)
  Teil 3, Fassg. 11.78, Bestimmung der Zusammensetzung
  Teil 4, Fassg. 11.78, Bestimmung der Mahlfeinheit
  Teil 5 Fassg. 11.78, Bestimmung der Erstarrungszeiten mit dem Nadelgerät
  Teil 6, Fassg. 11.78, Bestimmung der Raumbeständigkeit mit dem Kochversuch
  Teil 7, Fassg. 11.78, Bestimmung der Festigkeit
  Teil 8, Fassg. 11.78, Bestimmung der Hydratationswärme mit dem Lösungskalorimeter

DIN 4226 Zuschlag für Beton

  Teil 1, Fassg. 4.83, Zuschlag mit dichtem Gefüge; Begriffe, Bezeichnungen und Anforderungen
  Teil 2, Fassg. 4.83, Zuschlag mit porigem Gefüge (Leichtzuschlag); Begriffe, Bezeichnungen und Anforderungen
  Teil 3, Fassg. 4.83, Prüfung von Zuschlag mit dichtem oder porigem Gefüge
  Teil 4, Fassg. 4.83, Überwachung (Güteüberwachung)

Herstellung und Prüfung von Beton

DIN 4235 Verdichten von Beton durch Rütteln

  Teil 1, Fassg. 12.78, Rüttelgeräte und Rüttelmechanik
  Teil 2, Fassg. 12.78, Verdichten mit Innenrüttlern
  Teil 3, Fassg. 12.78, Verdichten bei der Herstellung von Fertigteilen mit Außenrüttlern
  Teil 4, Fassg. 12.78, Verdichten von Ortbeton mit Schalungsrüttlern
  Teil 5, Fassg. 12.78, Verdichten mit Oberflächenrüttlern

DIN 18 217   Betonflächen und Schalungshaut. Fassg. 12.81

DIN 18 218   Frischbetondruck auf lotrechte Schalungen. Fassg. 9.80

DIN 1048   Prüfverfahren für Beton

   Teil 1, Fassg. 12.78, Frischbeton, Festbeton gesondert hergestellter Probekörper
   Teil 2, Fassg. 2.76, Bestimmung der Druckfestigkeit von Festbeton in Bauwer-
     ken und Bauteilen. Allgemeines Verfahren
   Teil 3, ersetzt durch Teil 1, Fassg. 12.78
   Teil 4, Fassg. 12.78 (Vornorm) Bestimmung der Druckfestigkeit von Festbeton
     in Bauwerken und Bauteilen. Anwendung von Bezugsgeraden
     und Auswertung mit besonderen Verfahren

DIN 52 170   Bestimmung der Zusammensetzung von erhärtetem Beton

   Teil 1, Fassg. 2.80, Allgemeines, Begriffe, Probenahme, Trockenrohdichte
   Teil 2, Fassg. 2.80, Salzsäureunlöslicher und kalkstein- und/oder dolomithalti-
     ger Zuschlag, Ausgangsstoffe nicht verfügbar
   Teil 3, Fassg. 2.80, Salzsäureunlöslicher Zuschlag, Ausgangsstoffe nicht ver-
     fügbar
   Teil 4, Fassg. 2.80, Salzsäurelöslicher und/oder - unlöslicher Zuschlag, Aus-
     gangsstoffe vollständig oder teilweise verfügbar

DIN 52 171   Stoffmengen und Mischungsverhältnis im Frisch-Mörtel und Frisch-Beton.
   Fassg. 7.42

DIN 25 413   Klassifikation von Abschirmbetonen nach Elementanteilen.

   Teil 1, Fassg. 10.82, Abschirmung von Neutronenstrahlen
   Teil 2, Fassg. 11.82, Abschirmung von Gamma-Strahlen

Strahlenschutzbetone. Merkblatt für das Entwerfen, Herstellen und Prüfen von Betonen des
bautechnischen Strahlenschutzes, Fassg. 1978, herausgegeben vom Deutschen Beton-Verein.

DIN 18 551   Spritzbeton, Herstellung und Prüfung. Fassg. 7.79

Merkblatt, "Stahlfaserspritzbeton" des Deutschen Beton-Vereins, Fassg. 1977

Lastannahmen, bauphysikalische Anforderungen

DIN 1055   Lastannahmen für Bauten

   Teil 1, Fassg. 7.78, Lagerstoffe, Baustoffe und Bauteile. Eigenlasten und
     Reibungswinkel
   Teil 2, Fassg. 2.76, Bodenkenngrößen. Wichte, Reibungswinkel, Kohäsion,
     Wandreibungswinkel
   Teil 3, Fassg. 6.71, Verkehrslasten
   Teil 4, Fassg. 5.77, Verkehrslasten. Windlasten nicht schwingungsanfälliger
     Bauwerke
   Teil 5, Fassg. 6.75, Verkehrslasten. Schneelast und Eislast
   Teil 6, Fassg. 11.64, Lasten in Silozellen

   Ergänzende Bestimmungen zu DIN 1055, Teil 6, Fassg. 5.77
   Teil 45, Entw. 5.77, Verkehrslasten. Aerodynamische Formbeiwerte für Bau-
     körper (Ergänzung zu Teil 4)

DIN 4149   Bauten in deutschen Erdbebengebieten

   Teil 1, Fassg. 4.81, Lastannahmen, Bemessung und Ausführung üblicher
     Hochbauten
   Beiblatt zu DIN 4149, Teil 1: Zuordnung von Verwaltungsgebieten zu den Erd-
     bebenzonen

Richtlinien für die Bemessung von Stahlbetonbauteilen für außergewöhnliche Belastungen
(Erdbeben, äußere Explosionen, Flugzeugabsturz), Fassg. 7.74

DIN 1072   Straßen- und Wegbrücken, Lastannahmen. Fassg. 11.67
            Entw. 8.83, Straßen- und Wegbrücken, Lastannahmen

DIN 4108   Wärmeschutz im Hochbau

            Teil 1, Fassg. 8.81, Größen und Einheiten
            Teil 2, Fassg. 8.81, Wärmedämmung und Wärmespeicherung; Anforderungen
                    und Hinweise für Planung und Ausführung
            Teil 3, Fassg. 8.81, Klimabedingter Feuchteschutz. Anforderungen und Hinweise
                    für Planung und Ausführung
            Teil 4, Fassg. 8.81, Wärme- und feuchteschutztechnische Kennwerte
            Teil 5, Fassg. 8.81, Berechnungsverfahren

DIN 4109   Schallschutz im Hochbau

            Blatt 1, Fassg. 9.62, Begriffe
            Blatt 2, Fassg. 9.62, Anforderungen
            Blatt 3, Fassg. 9.62, Ausführungsbeispiele
            Blatt 4, Fassg. 9.62, Schwimmende Estriche auf Massivdecken
            Blatt 5, Fassg. 4.63, Erläuterungen

            Richtlinien für bauliche Maßnahmen zum Schutz gegen Außenlärm, Fassg. 9.75.
            Ergänzende Bestimmungen zu DIN 4109, Fassg. 9.62

DIN 4102   Brandverhalten von Baustoffen und Bauteilen

            Teil 1, Fassg. 5.81, Baustoffe; Begriffe, Anforderungen und Prüfungen
            Teil 2, Fassg. 9.77, Bauteile; Begriffe, Anforderungen und Prüfungen
            Teil 3, Fassg. 9.77, Brandwände und nichttragende Außenwände. Begriffe, Anfor-
                    derungen und Prüfungen
            Teil 4, Fassg. 3.81, Zusammenstellung und Anwendung klassifizierter Baustoffe,
                    Bauteile und Sonderbauteile

            (Die Teile 5 bis 8, Fassg. 9.77, behandeln Feuerschutzabschlüsse, Lüftungs-
            leitungen, Bedachungen und einen Kleinprüfstand)

DIN 4030   Beurteilung betonangreifender Wässer, Böden und Gase. Fassg. 11.69

Berechnung, Bemessung, Ausführung

DIN 1080   Begriffe, Formelzeichen und Einheiten im Bauingenieurwesen

            Teil 1, Fassg. 6.76, Grundlagen
            Teil 2, Fassg. 3.80, Statik
            Teil 3, Fassg. 3.80, Beton- und Stahlbetonbau, Spannbetonbau, Mauerwerksbau
            Teil 4, Fassg. 3.80, Stahlbau, Stahlverbundbau und Stahlträger in Beton

            (Die Teile 5 bis 9 behandeln die Gebiete Holzbau, Bodenmechanik, Wasserbau
            und Bahnbau)

DIN 1045   Beton- und Stahlbetonbau, Bemessung und Ausführung, Fassg. 12.78

Heft 220 DAfStb. Bemessung von Beton- und Stahlbetonbauteilen nach DIN 1045, Ausgabe
            Dez. 1978. Biegung mit Längskraft, Schub und Torsion. Nachweis der Knick-
            sicherheit. 2. Auflage, 1979

Heft 240 DAfStb. Hilfsmittel zur Berechnung der Schnittgrößen und Formänderungen von
            Stahlbetontragwerken nach DIN 1045, 1976

DIN 4227   Spannbeton

            Teil 1, Fassg. 12.79, Bauteile aus Normalbeton mit beschränkter oder voller
                    Vorspannung
            Teil 2, Entw. 7.82, Bauteile mit teilweiser Vorspannung
            Teil 3, Entw. 10.81, Bauteile in Segmentbauart
            Teil 4, Entw. 7.82, Bauteile aus Spannleichtbeton

Teil 5, Fassg. 12.79, Einpressen von Zementmörtel in Spannkanäle
Teil 6, Fassg. 5.82, (Vornorm) Bauteile mit Vorspannung ohne Verbund

Richtlinien für die Bemessung und Ausführung von Stahlbetonmasten, Fassg. 5.74 (vorläufiger Ersatz für DIN 4234)

Richtlinien für die Bemessung und Ausführung von Spannbetonmasten, Fassg. 5.74 (vorläufiger Ersatz für DIN 4228)

DIN 1075   Betonbrücken. Bemessung und Ausführung. Fassg. 4.81

DIN 1076   Ingenieurbauwerke im Zuge von Straßen und Wegen. Fassg. 3.83
            Überwachung und Prüfung

DIN 1056   Freistehende Schornsteine in Massivbauart. Entw. 8.82
            Berechnung und Ausführung
            Beiblatt zu DIN 1056, Entw. 9.82, Bemessungshilfen für die statische Berechnung
            von Stahlbetonschornsteinen

DIN 4212   Kranbahnen aus Stahlbeton und Spannbeton
            Berechnung und Ausführung. Entw. 7.82

DIN 4024   Stützkonstruktionen für rotierende Maschinen. Fassg. 1.55

DIN 4024   Maschinenfundamente

            Teil 1, Entw. 5.83, Elastische Stützkonstruktionen für Maschinen mit rotierenden
            Massen

DIN 4025   Fundamente für Amboß-Hämmer (Schabotte-Hämmer). Fassg. 10.58
            Hinweise für die Bemessung und Ausführung

DIN 4026   Rammpfähle. Herstellung, Bemessung und zulässige Belastung. Fassg. 8.75

DIN 4219   Leichtbeton und Stahlleichtbeton mit geschlossenem Gefüge.

            Teil 1, Fassg. 12.79, Anforderungen an den Beton, Herstellung und Überwachung
            Teil 2, Fassg. 12.79, Bemessung und Ausführung

DIN 4232   Wände aus Leichtbeton mit haufwerksporigem Gefüge.
            Bemessung und Ausführung. Fassg. 12.78

DIN 4164   Gas- und Schaumbeton. Herstellung, Verwendung und Prüfung. Richtlinien
            Fassg. 10.51

DIN 4223   Bewehrte Dach- und Deckenplatten aus dampfgehärtetem Gas- und Schaumbeton.
            Richtlinien für Bemessung, Herstellung, Verwendung und
            Prüfung. Fassg. 7.58
            Entw. 8.78, Gasbeton. Bewehrte Bauteile

DIN 4158   Zwischenbauteile aus Beton für Stahlbeton- und Spannbetondecken. Fassg. 5.78

DIN 4159   Ziegel für Decken und Wandtafeln, statisch mitwirkend. Fassg. 4.78

DIN 4160   Ziegel für Decken, statisch nicht mitwirkend. Fassg. 8.78

DIN 4028   Stahlbetondielen aus Leichtbeton mit haufwerksporigem Gefüge.
            Anforderungen, Prüfung, Bemessung, Ausführung, Einbau.
            Fassg. 1.82

DIN 4032   Betonrohre und Formstücke.
            Maße, technische Lieferbedingungen. Fassg. 1.81

DIN 4035   Stahlbetonrohre, Stahlbetondruckrohre und zugehörige Formstücke aus Stahlbeton. Maße und technische Lieferbedingungen. Fassg. 9.76

DIN 4099   Schweißen von Betonstahl.

     Blatt 1, Fassg. 4.72, Anforderungen und Prüfungen
     Teil 2, Fassg. 12.78, (Vornorm) Widerstands-Punktschweißungen an Betonstählen in Werken, Ausführung und Überwachung
     Entw. 5.83, Schweißen von Betonstahl, Herstellung und Prüfung (vorgesehen als Ersatz für DIN 4099, Teile 1 und 2)

DIN 18 806   Verbundkonstruktionen

     Teil 1, Entw. 9.81, Verbundstützen
     Teil 200, Entw. 9.81, Verbundträger mit unterbrochener Verbundfuge

Richtlinien für die Bemessung und Ausführung von Stahlverbundträgern, Fassg. 3.81

DIN 18 200   Vornorm, Fassg. 6.80, Überwachung (Güteüberwachung) von Baustoffen, Bauteilen und Bauarten. Allgemeine Grundsätze

DIN 1084   Überwachung (Güteüberwachung) im Beton- und Stahlbetonbau.

     Teil 1, Fassg. 12.78, Beton B II auf Baustellen
     Teil 2, Fassg. 12.78, Fertigteile
     Teil 3, Fassg. 12.78, Transportbeton

DIN 1053   Mauerwerk

     Blatt 1, Fassg. 11.74, Berechnung und Ausführung
     Teil 2, Entw. 2.81, Ingenieurmäßig bemessene Bauten, Bemessung und Ausführung
     Teil 4, Fassg. 9.78, Bauten aus Ziegelfertigbauteilen

Merkblätter I, II und III für Leichtbeton und Stahlleichtbeton mit geschlossenem Gefüge, Fassg. 7.74

     Merkblatt I: Betonprüfung zur Überwachung der Leichtzuschlagherstellung
     Merkblatt II: Zusammensetzung und Eignungsprüfung
     Merkblatt III: Herstellen und Verarbeiten

Merkblatt "Betondeckung" des Deutschen Beton-Vereins, Fassg. 10.82

Merkblatt "Instandsetzung von Betonbauteilen" des Deutschen Beton-Vereins, Fassg. 3.82

Richtlinien für die Ausbesserung und Verstärkung von Betonbauteilen mit Spritzbeton, Fassg. 2.76, herausgegeben vom DAfStb.

Merkblatt für die Unterhaltung und Instandsetzung von Fahrbahndecken aus Beton, Fassg. 1978, herausgegeben von der Forschungsgesellschaft für Straßen- und Verkehrswesen, Köln

Merkblatt für Schutz und Instandsetzung von nichtbefahrenen Teilen der Bauwerke aus Beton, Stahlbeton und Spannbeton im Straßenwesen, Forschungsgesellschaft für Straßen- und Verkehrswesen, Köln, 1971

Merkblatt über die Anwendung von Reaktionsharzen im Betonbau, herausgegeben vom Deutschen Beton-Verein
     Teil 1, Fassg. 1978, Prüfverfahren für Beschichtungswerkstoffe
     Teil 2, Fassg. 1977, Untergrund
     Teil 3, Fassg. 1981, Füllen von Rissen in Beton, Stahlbeton und Spannbeton mit Reaktionsharzen

Merkblatt für das Verpressen von Rissen mit Epoxidharz-Systemen im Bereich von Spannglied-Koppelstellen, Fassg. 5.80, herausgegeben vom Bundesminister für Verkehr

Deutschsprachige ausländische Normen

Schweiz: sia 162 (1968) mit Teilen 34 und 35 (1976), Norm für die Berechnung, Konstruktion und Ausführung von Bauwerken aus Beton, Stahlbeton und Spannbeton

Österreich: ÖNORM B 4200 (8 Teile mit unterschiedlichen Ausgabedaten) Betonbauwerke, Stahlbetontragwerke

Formelzeichen

DIN 1080 regelt die im Stahlbetonbau anzuwendenden Bezeichnungen; im folgenden ein Auszug hieraus mit einigen englischen Fachausdrücken.

<u>Fußzeiger</u>

- <u>Ursache:</u>

F	Ermüdung	fatigue
k	Kriechen	creep
s	Schwinden	shrinkage
t	Zeitdauer oder Zeitpunkt	time
T	Temperaturänderung	change of temperature

- <u>Art:</u>

B	Biegung	bending, flexure
D	Druck	compression
K	Knicken	buckling
S	Schub	shear
T	Torsion	torsion
Z	Zug	tension
Zw	Zwang	restraint

- <u>Richtung, Ort:</u>

b	Beton	concrete
s	Betonstahl	reinforcing steel
k	auf den Kernquerschnitt bezogen	referred to core
o	oben	top
u	unten	bottom
z	Spannstahl	prestressing steel
1	auf Druckbewehrung zu beziehen	referring to compression steel
2	auf Zugbewehrung zu beziehen	referring to tension steel

- <u>Sonstiges:</u>

i	bezeichnet "ideelle" Größen	
n	netto	net
N	Nennwert	
R	bezeichnet den Rechenwert einer Festigkeit	design strength
u	kennzeichnet Kraft- oder Schnittgrößen, bei denen die Tragfähigkeit erschöpft ist, z.B. Bruchlast	ultimate
o	Anfangszeit $t = o$ Grundwert, zum Grundsystem gehörig	zero-value, initial ~
∞	zum Zeitpunkt $t = \infty$	indefinite
h	feucht	humid
d	lufttrocken	dry
S	bei Erreichen der Streckgrenze	at yielding of steel

Hauptzeichen

- Geometrische Größen:

A	Querschnittsfläche	cross-sectional area
A_b	Betonquerschnitt (brutto)	area of concrete
A_{bZ}	Betonzugzone	tension zone of concrete
A_i	$= A_b + (n-1) \cdot A_s$, ideeller Querschnitt	transformed section
A_k	Kernquerschnitt	area of the core, $\sim\sim$ kern
A_n	Betonquerschnitt (netto)	
A_s	Stahlquerschnitt	area of reinforcement
A_{s1}	Querschnitt der Druckbewehrung	area of compressive reinforcement
A_{s2}	Querschnitt der Zugbewehrung	area of tensile reinforcement
$A_{sbü}$	Querschnitt eines Bügels	area of a stirrup
$A_{s\tau}$	Querschnitt der Schubbewehrung	area of transverse reinforcement $\sim\ \sim$ shear reinforcement
A_{sw}	Querschnitt der Wendelbewehrung	helical reinforcement
a_s	auf eine Längeneinheit bezogener Stahlquerschnitt	area of steel, referred to unit length
a	Abstand der Druckresultierenden vom gedrückten Rand	
b	Breite von Rechteckquerschnitten Breite des Druckgurtes von Plattenbalken	width
b_o	Stegbreite bei Plattenbalken	web width, $\sim$ thickness
b_m	mitwirkende Breite bei Plattenbalken	effective width of T-beams
c	Betondeckung	concrete cover
d	Plattendicke, Balkenhöhe, Wanddicke Kreisdurchmesser	overall depth diameter
d_{br}	Biegerollendurchmesser	diameter of bending block
d_o	Gesamthöhe bei Plattenbalken	overall depth
d_1	Abstand des Schwerpunkts der Druckbewehrung vom gedrückten Rand	
d_2	Abstand des Schwerpunkts der Zugbewehrung vom gezogenen Rand	
d_k	Durchmesser des umschnürten Querschnittsteiles A_k	diameter of the confined area A_k
d_s	Durchmesser eines Bewehrungsstabes	diameter of reinforcement bar
e	$= M/N$, Ausmitte der Längskraft N	excentricity of force N
e_v	ungewollte Ausmitte	
h	Höhe eines Bauwerkes, Nutzhöhe eines Querschnitts = Abstand des Schwerpunktes der Zugbewehrung vom gedrückten Rand	height effective depth
i	$= \sqrt{J/A}$, Trägheitshalbmesser	radius of gyration, $\sim\sim$ inertia
J	Trägheitsmoment	moment of inertia, second moment of area
ℓ	Stützweite	span

ℓ_o Grundmaß der Verankerungslänge

ℓ_1 Verankerungslänge   anchorage length

$\ell_\ddot{u}$ Übergreifungslänge   length of lapped joint

s Abstand von Bewehrungsstäben, Systemlänge, Strecke   spacing of reinforcement bars

$s_{b\ddot{u}}$ Bügelabstand   spacing of stirrups

s_K Knicklänge   buckling length

S statisches Moment einer Fläche   first moment of area, static moment of a section

u Umfang eines Bewehrungsstabes   circumference of a bar

v Versatzmaß der M/z-Linie   displacement of M/z-line, shift ~ ~

W Widerstandsmoment   modulus of section

w Rißbreite   crack width

x Abstand der Nullinie vom gedrückten Rand   depth of neutral axis

z Hebelarm der inneren Kräfte = Abstand der Druckresultierenden von der Zugresultierenden   inner lever arm

λ $= s_K/i$, Schlankheit bei knickgefährdeten Druckgliedern   slenderness ratio

μ $= A_s/A_b$, geometrischer Bewehrungsgrad, wird meist in % angegeben = Bewehrungsprozentsatz   percentage of reinforcement

μ_2 $= A_{s2}/b \cdot h$ geometrischer Bewehrungsgrad der Zugbewehrung   geometric percentage
μ_{o2} $= A_{s2}/b \cdot d$

μ_1 $= A_{s1}/b \cdot h$ geometrischer Bewehrungsgrad der Druckbewehrung
μ_{o1} $= A_{s1}/b \cdot d$

ω_2 $= \mu_2 \cdot \beta_S/\beta_R$ mechanischer Bewehrungsgrad der Zugbewehrung   mechanical percentage
ω_{o2} $= \mu_{o2} \cdot \beta_S/\beta_R$

ω_1 $= \mu_1 \cdot \beta_S/\beta_R$ mechanischer Bewehrungsgrad der Druckbewehrung
ω_{o1} $= \mu_{o1} \cdot \beta_S/\beta_R$

μ_S $= A_{s\tau}/b_o \cdot s \cdot \sin \alpha$, Schubbewehrungsgrad   percentage of web reinforcement

α Neigungswinkel der Schubbewehrung   angle of inclination of web reinforcement

β Neigungswinkel der Druckstreben   angel of inclination of the struts

ψ Neigung der Balkenober- bzw.-unterkante

- Kennwerte für Werkstoffe:

E Elastizitätsmodul, E-Modul   Young's modulus, modulus of elasticity

E_b Elastizitätsmodul des Betons

E_s Elastizitätsmodul des Stahles

G Gleitmodul, Schubmodul   shear modulus

n $= E_s/E_b$, Verhältnis der Elastizitätsmoduln von Stahl und Beton

μ	Querdehnzahl	Poisson's ratio
α_T	Temperaturdehnzahl	coefficient of (thermal) expansion
β	Festigkeit	strength
β_Z; R_m	Zugfestigkeit des Betonstahles	tensile strength
β_S; R_e	Streckgrenze des Betonstahles	yield point
$\beta_{0,2}$; $R_{po,2}$	0,2 % Dehngrenze	
σ_D	Dauerschwingfestigkeit	fatigue strength
$2\,\sigma_A$	Schwingbreite der Dauerfestigkeit	
N	Schwingspielzahl einer Probe bis zum Bruch	stress cycles endured
β_{BZ}	Biegezugfestigkeit des Betons	bending tensile strength
β_C	Zylinderdruckfestigkeit	cylinder strength
β_P	Prismendruckfestigkeit	prism strength (in compression)
β_{SZ}	Spaltzugfestigkeit	splitting tensile strength
β_W	Würfeldruckfestigkeit	cube strength
$\beta_{W\,28}$	Würfeldruckfestigkeit nach 28 Tagen	
$\beta_{W\,200}$	Würfeldruckfestigkeit, ermittelt an Würfeln mit 200 mm Kantenlänge	
f	Zusatzstoffgehalt je Volumeneinheit	content of additives
g	Zuschlaggehalt je Volumeneinheit	content of aggregates
p	Luftgehalt je Volumeneinheit	content of air
w	Wassergehalt je Volumeneinheit	content of water
z	Zementgehalt je Volumeneinheit	content of cement
ω	$= w/z$, Wasser-Zement-Wert	water-cement-ratio
ρ_b	Betonrohdichte	mass density

– <u>Lastgrößen</u>: (große Buchstaben entsprechen Einzellasten, kleine Buchstaben sind auf die Länge oder Fläche bezogene Lasten)

F	Einzellast	concentrated load, point load
g, G	ständige Last	permanent load, dead ~
p, P	Verkehrslast, Nutzlast	live load
q	$= g + p$, Gesamtlast	total load
w, W	Windlast	wind load
V	Vorspannkraft	prestressing force
H	horizontale Komponente einer Einzellast	horizontal component
V	vertikale Komponente einer Einzellast	vertical component

– <u>Schnittgrößen und Spannungen</u>:

M	Schnittmoment	moment
M_x, M_T	Torsionsmoment	twisting moment, moment of torque
N	Längskraft, Normalkraft	normal force, axial ~
Q	Querkraft	shear force
γ	Sicherheitsbeiwert	safety factor

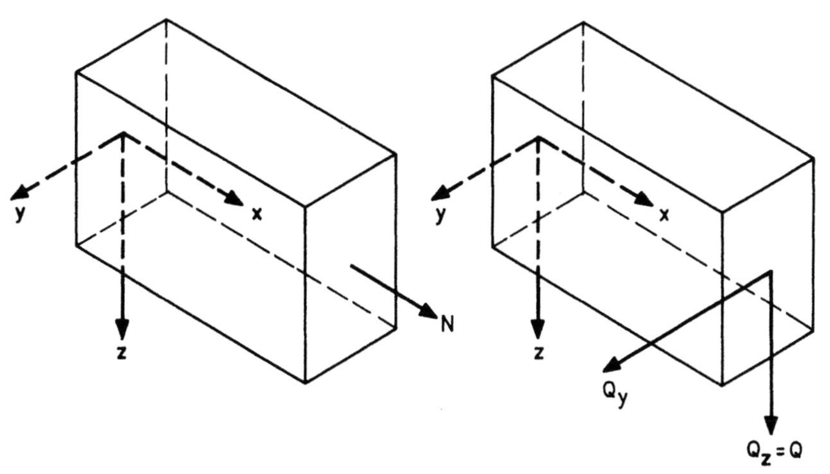

$$N = \int_A \sigma_x \, dA$$

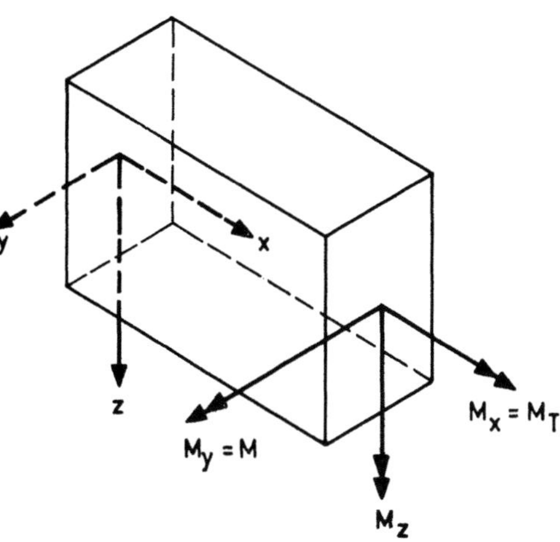

$$Q_y = \int_A \tau_{xy} \, dA$$

$$Q_z = \int_A \tau_{xz} \, dA$$

$$M_y = \int_A \sigma_x \cdot z \, dA$$

$$M_z = -\int_A \sigma_x \cdot y \, dA$$

$$M_T = \int_A \left(\tau_{xz} \cdot y - \tau_{xy} \cdot z\right) dA$$

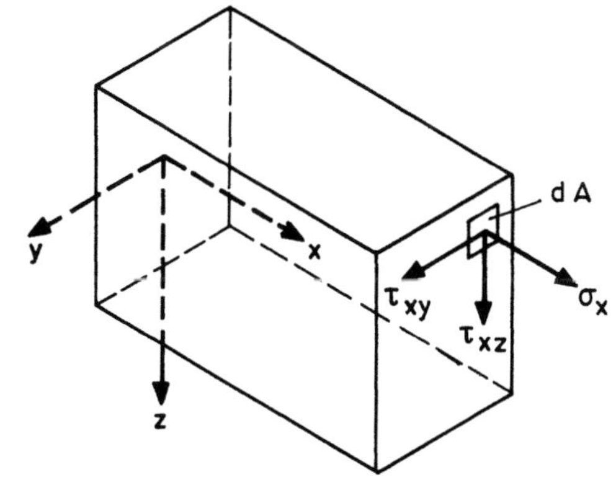

σ	Spannung, positiv = Zugspannung negativ = Druckspannung	stress, tensile stress compressive stress
σ_{s1}	Spannung in der Druckbewehrung	stress of the compression reinforcement
σ_{s2}	Spannung in der Zugbewehrung	stress of the tensile reinforcement
σ_I, σ_{II}	Hauptspannungen	principal stresses
σ_b	Druckspannung im Beton	compressive stress in concrete
σ_{bZ}	Zugspannung im Beton	tensile stress in concrete
σ_a	Spannungsamplitude der Beanspruchung	
$2\,\sigma_a$	Schwingbreite der Spannung	
τ	Schubspannung	shear stress
τ_o	$= Q/b_o \cdot z$, Rechenwert der Schubspannung bei Stahlbetonbalken	nominal shear stress
τ_1	Verbundspannung zwischen Stahl und Beton	bond stress

- Weggrößen:

f	Durchbiegung	deflection
u, v, w	Verschiebungen	displacements
$\Delta \ell$	Längenänderung	elongation

ε $= \Delta \ell / \ell$, bezogene Längenänderung,   strain
      Dehnung
      Verlängerung (+) bei Zug   elongation
      Verkürzung, Stauchung (-) bei Druck   shortening

φ $= \varepsilon_k / \varepsilon_{el}$, Kriechzahl   creep ratio

- **Maßeinheiten:**

1 kg   (Kilogramm) Einheit der Masse
      $1\ t = 10^3\ kg = 10^6\ g$

1 N   (Newton) Einheit der Kraft, $1\ N = 1\ kg\,m/s^2$
      $1\ MN = 10^3 kN = 10^6\ N$

$1\ N/m^2$ Druck
      $1\ N/m^2 = 10^{-6}\ N/mm^2 = 1\ Pa$ (Pascal)

$1\ kN/m^2$ Druck, Bodenpressung
      $1\ kN/m^2 = 10^{-3}\ N/mm^2 = 1\ kPa$

$1\ N/mm^2$ Spannung
      $1\ N/mm^2 = 1\ MN/m^2 = 1\ MPa$

1 kNm   Moment

1 J   (Joule) Arbeit
      $1\ J = 1\ Nm = 1\ Ws$

- **Abkürzungen:**

abs	absolut	nom	nominal, Nenn-
cal	rechnerisch	pl	plastisch
const	konstant	red	reduziert
crit	kritisch	rLF	relative Luftfeuchte
ef	wirksam	theor	theoretisch
el	elastisch	tot	gesamt
erf	erforderlich	vorh	vorhanden
max	maximal, Größt-	zul	zulässig
min	minimal, Kleinst-		

B St   Festigkeitsklassen für Betonstahl

B, LB   Festigkeitsklassen für Normalbeton und Leichtbeton

Z   Festigkeitsklassen für Zement

DAfStb.   Deutscher Ausschuß für Stahlbeton

CEB   Comité Européen du Béton, Europäisches Beton-Komitee, Paris

DBV   Deutscher Beton-Verein, Wiesbaden

FIP   Fédération Internationale de la Précontrainte

IVBH   Internationale Vereinigung für Brückenbau und Hochbau

IASS   International Association for Shell Structures

RILEM   Réunion Internationale des Laboratoires d'Essais de Matériaux

1. Einführung

Unter Stahlbeton versteht man Beton mit einbetonierten Stahlstäben
- der Beton wird mit den Stahleinlagen "bewehrt" (früher sagte man
"armiert" nach dem französischen "béton armé"). Stahlbeton ist somit
ein Verbundbaustoff, wobei der Verbund zwischen dem Beton und
den Stahleinlagen durch die Haftung des Bindemittels Zement und durch
Verzahnung entsteht.

Die Bewehrungsstäbe haben bei auf Biegung oder Zug beanspruchten Bauteilen die Zugkräfte aufzunehmen, sobald die Zugspannungen die geringe
Zugfestigkeit des Betons überschreiten und der Beton dadurch reißt.
Ein unbewehrter Betonbalken würde beim ersten Riß schlagartig versagen, ohne daß die weit höhere Druckfestigkeit des Betons ausgenützt
wäre. Die Bewehrung muß also in der Zugzone der Bauteile und möglichst in Richtung der inneren Zugkräfte eingelegt werden. Die hohe
Druckfestigkeit des Betons kann dadurch für Biegung in Balken und Platten ausgenützt werden.

Bei nur auf Druck beanspruchten Bauteilen können Stahleinlagen die Tragfähigkeit auf Druck erhöhen.

Beton mit hydraulisch erhärtetendem Kalk oder Puzzolan-Zement
(vulkanischer Herkunft) als Bindemittel war schon den Römern bekannt.
Die Erfindungen des Romanzements im Jahre 1796 durch den Engländer
J. Parker und des Portlandzements durch den Franzosen J. Aspdin im
Jahre 1824 leiteten die neuere Entwicklung zum Betonbau ein.

Mitte des 19. Jahrhunderts wurden erstmals in Frankreich Stahleinlagen in Beton eingebaut: 1855 baute J.L. Lambot einen Kahn aus eisen-
verstärktem Zementmörtel, 1861 stellte J. Monier Blumenkübel aus
Beton mit Drahteinlagen her (Monier-Beton), 1861 veröffentlichte
F. Coignet Grundsätze für das Bauen mit bewehrtem Beton und stellte 1867 auf der Weltausstellung in Paris Träger und Röhren aus bewehrtem Beton aus.

Der Amerikaner W.E. Ward baute 1873 bei New York ein Haus aus
Stahlbeton, "Ward's Castle", das heute noch steht. Weitere Schrittma-
cher waren T. Hyatt, F. Hennebique, G.A. Wayss, M. Koenen
und C.W.F. Döhring [3]

Emil Mörsch (Professor an der Techn. Hochschule Stuttgart von 1916
bis 1948) hat 1902 im Auftrage der Firma Wayss u. Freytag eine wissenschaftlich begründete Darstellung der Wirkungsweise des "Eisenbetons" veröffentlicht und von Versuchsergebnissen ausgehend die erste
wirklichkeitsnahe Theorie zur Bemessung von Eisenbetonbauteilen entwickelt [1, 2]. (Statt "Eisenbeton" wurde 1920 die Bezeichnung "Stahlbeton" eingeführt, weil nicht Eisen, sondern Stahl verwendet wird).

Das Auftreten der Risse im Beton wurde lange Zeit als schädlich angesehen und verzögerte die Anwendung des Stahlbetons. Heute weiß man, daß die Risse haarfein bleiben, wenn die Stahlstäbe gut verteilt und nicht zu dick gewählt werden. Unter normalen Verhältnissen besteht keine Korrosionsgefahr für die Stahleinlagen, wenn grobe Risse vermieden werden.

Wegen der Rißbildung machte M. K o e n e n bereits 1907 den Vorschlag, den Beton durch Anspannen der Stahlstäbe unter so hohe Druckspannung zu setzen, daß sich bei Biegung keine Risse bilden können. Einen Stahlbeton mit derart "vorgespannten" Stahleinlagen nennt man heute S p a n n b e t o n . Die damaligen Versuche schlugen fehl, weil man noch nicht wußte, daß sich Beton mit der Zeit durch Schwinden und Kriechen verkürzt und so die Vorspannung im gewöhnlichen Stahl verloren geht. Erst 1928 entwickelte E. F r e y s s i n e t Verfahren mit hochfesten Stählen, mit denen genügend hohe bleibende Druckspannungen erzeugt werden konnten.

Der Stahlbeton wird in allen Bereichen des Bauwesens verwendet, seine wesentlichen Vorteile sind:

1. er ist leicht formbar: Frischbeton paßt sich jeder Schalungsform an; die Stahleinlagen können entsprechend dem inneren Kraftfluß eingelegt werden,

2. er ist widerstandsfähig gegen Feuer, Witterungseinflüsse und mechanische Abnutzung

3. er eignet sich für monolithische (fugenlose) Tragwerke, die als vielfach statisch unbestimmte Konstruktionen hohe Tragreserven und Sicherheiten aufweisen,

4. er ist wirtschaftlich (billige Rohstoffe wie Sand und Kies) und bedarf in der Regel keiner Unterhaltung.

Als nachteilig sei erwähnt:

1. großes Eigengewicht der Tragwerke,

2. geringer Wärmeschutz des Normalbetons,

3. Umbauten und Abbruch sind aufwendig und teuer,

4. Schädigung durch verschmutzte Luft, insbesondere durch CO_2 und SO_2 sowie durch streusalzhaltige Wasser oder Sprühnebel.

2. Beton

Der Beton (concrete) ist ein Konglomerat aus Zuschlag und Zementstein als Bindemittel; er ist also ein künstliches Gestein. Die Herstellung erfolgt durch Mischen der Zuschläge aus Sand und Kies mit Zement und Wasser, wobei je nach Bedarf Zusatzmittel und Zusatzstoffe beigegeben werden, die die chemischen oder physikalischen Eigenschaften des frischen oder erhärteten Betons beeinflussen. Der F r i s c h b e t o n (fresh concrete) wird in die Schalung (formwork, mould) eingebracht und mit Rüttlern (vibrators) verdichtet. Die Erhärtung des Betons beginnt nach wenigen Stunden und ist je nach Zementart und den Lagerungsbedingungen nach 28 Tagen zu ca. 60 bis 90 % abgeschlossen.

Die Herstellung kann als Ortbeton (concrete cast in situ, ~~~ place) oder Fertig- bzw. Transportbeton (ready mix concrete) erfolgen. Je nach Verarbeitung unterscheidet man Guß-, Stampf-, Spritz-, Rüttel-, Pump- oder Schleuderbeton.

Der e r h ä r t e t e B e t o n wird je nach der Rohdichte in folgende Betongruppen eingeteilt:

Schwerbeton (heavy concr., high-density concr.) $\rho_R > 2,8 \text{ t/m}^3$

Normalbeton (normal-weight concrete) $\rho_R = 2,0 - 2,8 \text{ t/m}^3$

Leichtbeton (light-weight concrete) $\rho_R \leqq 2,0 \text{ t/m}^3$
Konstruktionsleichtbeton (structural ~~)
und Leichtbeton zur Wärmedämmung

Die Betone werden in Festigkeitsklassen nach der garantierten Würfeldruckfestigkeit β_{WN} [N/mm^2] nach 28 Tagen Normerhärtung eingeteilt; z.B. ist B 35 ein Normalbeton mit $\beta_{WN} = 35$ N/mm^2 und LB 25 ein Konstruktionsleichtbeton mit $\beta_{WN} = 25$ N/mm^2.

Nach DIN 1045 wird Normalbeton in Betongruppen B I und B II unterteilt:

B I (Rezeptbeton) umfaßt die Betone B 5 und B 10 (nur für unbewehrten Beton) sowie B 15 und B 25.

B II (nach Eignungsprüfung) sind Normalbetone der Festigkeitsklassen B 35, B 45 und B 55 sowie Betone mit besonderen Eigenschaften (höherer Widerstand gegen Frost, Hitze, chemische Angriffe oder Abnutzung). An die Betone B II werden besondere Anforderungen an die Herstellung, Baustelleneinrichtung und Güteüberwachung gestellt.

Im Hinblick auf das Gefüge des erhärteten Betons wird unterschieden:

Beton mit dichtem (geschlossenem) Gefüge (dense concrete), d.h. mit wenig kleinen Hohlräumen zwischen den Zuschlagkörnern,

<u>Beton mit porigem Gefüge</u>, sog. Haufwerkporigkeit (open structure, open texture), d. h. mit großen Hohlräumen zwischen den Zuschlagkörnern durch Mangel an feiner Körnung, z. B. als E i n k o r n b e t o n mit Körnung 8 - 16 mm.

Beton wird auch je nach Anwendungsbereich als <u>Massenbeton</u> (mass concrete), z. B. bei Staudämmen, oder als <u>Konstruktionsbeton</u> (structural concrete), z. B. im Hoch- und Brückenbau, bezeichnet.

Wichtiges Schrifttum: [4, 5, 6, 7, 8, 9, 10, 11, 12, 13, 14] .

2.1 Zement

Kalkstein und Ton (Kalkmergel) werden bis zur Sinterung erhitzt (Zement-Klinker) und anschließend fein gemahlen. Die Zemente als hydraulische Bindemittel bestimmen in erster Linie die Eigenschaften des Betons.

2.1.1 Normzemente nach DIN 1164

PZ   Portlandzement (portland cement)

EPZ   Eisenportlandzement
       (min 65 % PZ, max 35 % Hüttensand = gemahl. Hochofenschlacke)

HOZ   Hochofenzement (blast furnace cement)
       (15 bis 64 % PZ, 85 bis 36 % Hüttensand)

TrZ   Traßzement (pozzolanic cement)
       (60 bis 80 % PZ, 40 bis 20 % Traß = vulkanische Asche)

Normzemente dürfen höchstens 3, 5 % bis 4, 5 % Sulfate und 0, 1 % Chloride (<u>Cl$^-$</u>) enthalten. Ein hoher Chloridgehalt bedeutet Korrosionsgefahr für die Stahleinlagen. Alle Normzemente nach DIN 1164 dürfen untereinander vermischt werden.

Die <u>Festigkeitsklassen</u> der Normzemente (Tabelle Bild 2.1) werden nach der <u>garantierten Mindestdruckfestigkeit</u> von 28 Tage alten, genormten Mörtelprismen in N/mm^2 bezeichnet und sind auf den Säcken mit Farben gekennzeichnet. Diese Mindestwerte dürfen mit Ausnahme des Z 55 jeweils um nicht mehr als 20 N/mm^2 überschritten werden.

Festigkeits-klasse Z	Druckfestigkeit nach 28 Tagen [N/mm^2]			Kennfarbe	Farbe des Aufdrucks
	min	max	mittl		
25	25	45	35	violett	schwarz
35 $\frac{L}{F}$	35	55	45	hellbraun	schwarz / rot
45 $\frac{L}{F}$	45	65	55	grün	schwarz / rot
55	55	-	-	rot	schwarz

Bild 2.1   Festigkeitsklassen der Normzemente nach DIN 1164

Die Festigkeitsklassen Z 35 und Z 45 werden weiterhin noch in Zemente mit langsamer Anfangserhärtung (ordinary cement) mit der zusätzlichen Bezeichnung L und schwarzem Aufdruck auf den Säcken sowie in Zemente höherer Anfangsfestigkeit (rapid hardening cement) mit der Zusatzbezeichnung F und rotem Aufdruck unterschieden. Für besondere Eigenschaften werden die Zusatzbezeichnungen NW für Zement mit niedriger Hydratationswärme, HS für Zement mit hohem Sulfatwiderstand und NA für Zement mit niedrigem wirksamen Alkaligehalt verwendet. Ein Zement der Festigkeitsklasse Z 25 muß dabei die Forderungen nach NW bzw. HS oder beide erfüllen [15].

2.1.2 Auswahl der Zemente

Für Stahl- und Spannbeton werden in der Regel Zemente der Festigkeitsklasse Z 35 nach DIN 1164 verwendet, insbesondere PZ und EPZ Nur bei Bauteilen, die schnell erhärten oder höhere Endfestigkeiten besitzen sollen, verwendet man Z 45 und Z 55, wobei man die bei diesen Zementen entstehende höhere Hydratationswärme beachten sollte, die Verformungen, Eigenspannungen und bei Abkühlung Rißbildung verursacht

HOZ erhärtet langsam mit schwacher, aber lang anhaltender Entwicklung der Hydratationswärme und eignet sich deshalb für dicke Bauteile und Massenbeton.

TrZ ist nur für massige Bauteile geeignet, die lange feucht gehalten werden; er ist reich an SiO_2, bindet daher freien Kalk und verhindert Ausblühungen. Außerdem verbessert er die Verarbeitbarkeit des Frischbetons und zeigt langsame Wärmeentwicklung.

2.1.3 Nicht genormte Zemente

Sulfathüttenzemente SHZ (super-sulfate cements) erzeugen besonders geringe Hydratationswärme und machen Betone gegen aggressive Wässer widerstandsfähiger. SHZ darf nicht mit anderen Zementen oder Kalk gemischt und nicht im Spannbetonbau verwendet werden.

Tonerdezement (alumina cement) darf für tragende Bauteile nicht mehr verwendet werden, weil er im Laufe der Zeit bis zu 60 % seiner Festigkeit durch Kristallumwandlung verliert. Außerdem begünstigt er in feucht-warmer Umgebung die Korrosion der Bewehrung. Er entwickelt sehr hohe Hydratationswärme bis 80° und erreicht schon nach 24 Stunden 3/4 der 28-Tage-Festigkeit.

Quellzemente (expansive cements) bewirken eine Volumenvergrößerung die das Schwinden kompensieren kann, sie sind in Deutschland nicht gebräuchlich [16].

2.2 Betonzuschlag für Normalbeton

Als Betonzuschlag (aggregates) können natürliche und künstliche Stoffe verwendet werden, die ausreichende Festigkeit besitzen und die Erhärtung des Betons nicht beeinträchtigen (vgl. DIN 4226). Sie müssen daher frei von Verunreinigungen (Lehm, Ton, Humus) und schädlichen Bestandteilen sein (höchstens 0,02 % Chloride und 1 % Sulfate). Zucker ist besonders gefährlich, da er das Erstarren und Erhärten des Zements verhindert.

Die <u>Kornform</u> (shape) und <u>Oberflächenbeschaffenheit</u> (surface texture)
beeinflussen sehr die Verarbeitbarkeit und die Verbundeigenschaften des
Betons: kugelige und glatte Zuschläge erleichtern das Mischen und die
Verdichtung des Betons, rauhe Oberflächen erhöhen die Zugfestigkeit.

2.2.1 Einteilung des Betonzuschlags

Man verwendet vorwiegend n a t ü r l i c h e Zuschläge: Sand (sand) und
Kies (gravel) aus Flußablagerungen und Moränen (runde, glatte Formen)
oder gebrochenen Schotter, Splitt oder Brechsand (crushed gravel,
crushed stone) aus Steinbrüchen (länglich splittig). Sie liefern Normalbeton. Bims (pumice) und Lavaschlacke, z.B. aus der Eifel, sind natürliche porige Zuschläge für Leichtbeton (Leichtbeton siehe Kap. 2.12).
Splitt oder Schotter aus Baryt oder Magnetit o.ä. werden für Schwerbeton verwendet, z.B. bei Kernreaktoren (Strahlenschutz).

Zu den k ü n s t l i c h e n Zuschlägen rechnen Hochofen-Schlacken (blast-
furnace slag) für Normal- und Leichtbeton und geblähter bzw. gesinterter
Ton oder Mergel - Blähton (expanded clay), Blähschiefer (expanded shale)
- für Leichtbeton. Für die Einteilung und Prüfung der <u>Leichtzuschläge</u>
sind in DIN 4226, Teile 2 und 3, Richtlinien gegeben.

2.2.2 Zusammensetzung der Zuschläge (proportioning of aggregates)

Die Zuschläge sollen in ihren Korngrößen so zusammengesetzt sein, daß
ihre Sieblinie (grading curve) im "günstigen Bereich" nach DIN 1045
liegt (Bild 2.2). Dabei kommt es im Hinblick auf die Verarbeitbarkeit
insbesondere auf den Bereich bis etwa 4 mm an, den sog. "Mörtel"
(mortar). Da der Beton weniger schwindet und kriecht, je weniger Mörtel
er enthält, sollte der Mörtelgehalt - also die Körnung 0 bis 4 mm -
35 Gew. % nicht übersteigen.

Mit unstetigen Sieblinien (Linien U in Bild 2.2), sog. "<u>Ausfallkörnungen</u>"
(grap grading) können Betone großer Dichte und hoher Festigkeit bei ver-
mindertem Zementbedarf hergestellt werden [11, 14]. Der Mörtelgehalt
kann bis zu 25 Gew. % gesenkt werden, und Schwinden und Kriechen werden reduziert. Vor Verwendung von Ausfallkörnungen sind Eignungsprüfungen anzustellen! Das zugrunde liegende Prinzip ist aus Bild 2.3 zu entnehmen; die groben Körner können sich dichter aneinander lagern, wenn
das sog. "Sperrkorn" mit $d > d_2$ bzw. $d > d_3$ fehlt. Meist genügt eine
zweistufige Ausfallkörnung von z.B. 0 bis 2 mit 8 bis 16 mm oder 0 bis 4
mit 16 bis 32 mm.

2.3 Anmachwasser

Fast alle natürlichen Wässer sind als Anmachwasser (mixing water)
geeignet. Vorsicht ist bei Moorwasser und Industrieabwasser geboten.
Meerwasser ist wegen des Korrosion verursachenden Salzgehaltes
für Stahl- und Spannbetonbauten ungeeignet.

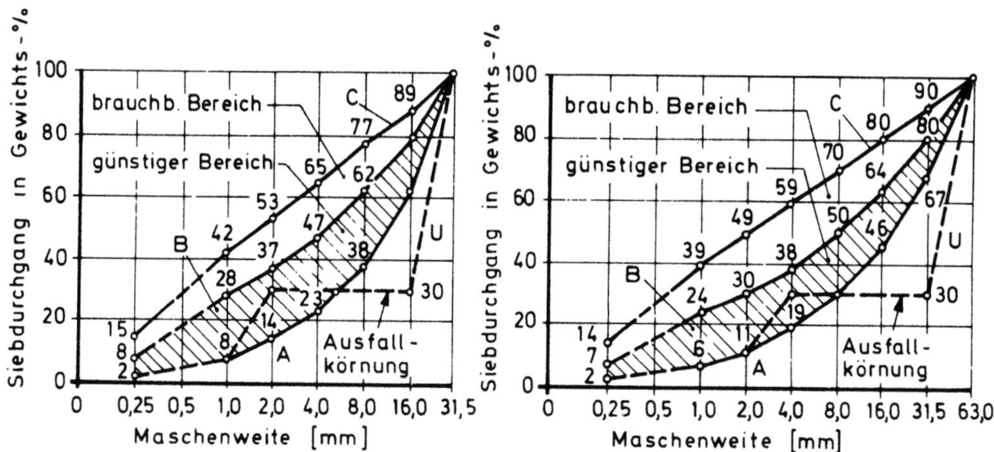

Bild 2.2   Sieblinien nach DIN 1045 für die Zusammensetzung der Zuschläge (Beispiele für Sieblinien mit einem Größtkorn von 32 mm und 63 mm, günstiger Bereich schraffiert)

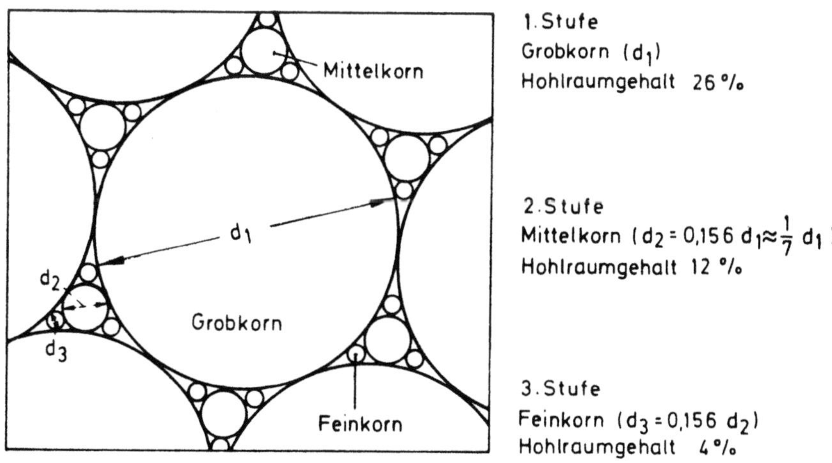

Bild 2.3   Abstufung der Korngrößen für dichteste Lagerung von kugeligen Zuschlägen (nach Hummel [7])

2.4 Betonzusätze

Man unterscheidet bei den Betonzusätzen (additives, admixtures) Zusatzstoffe und Zusatzmittel. Zusatzstoffe sind z.B. mineralische Farben, Gesteinsmehl, Flugasche oder hydraulische mineralische Zugaben (z.B. Trass) [17, 18]. Die günstige Wirkung von SiO_2-reichen Flugaschen ist in [19] beschrieben. Zusatzmittel verändern durch chemische oder physikalische Wirkung die Eigenschaften des Betons. Sie müssen amtlich zugelassen sein und sollten nur nach Eignungsprüfung verwendet werden.

Man verwendet folgende Zusatzmittel :

a) Betonverflüssiger und Fließmittel (BV) (liquifier, water-reducing admixtures, plasticizer), z.B. "Plastiment" oder "Betonplast", zur Verbesserung der Verarbeitbarkeit. Sie setzen die Oberflächenspannung des Anmachwassers und damit den Wasseranspruch für die gewünschte Konsistenz herab und können so zur Erhöhung der Druckfestigkeit beitragen (vgl. Bild 2.5).

b) <u>Erstarrungs-Verzögerer</u> (VZ) (retarders) können den Beginn des Erstarrens um 3 bis 8 Stunden verzögern, damit bei großen Betonierflächen die folgende Schicht sich mit der vorigen Schicht noch gut verbindet.

c) <u>Luftporenbildner</u> (LP) (air-entraining agents) zur Erhöhung des Frostwiderstandes. Mit der Bildung feiner Luftporen im Beton steigt der Frostwiderstand, meist nehmen dabei aber die Druckfestigkeit etwas ab und die Kriechverformungen zu. Der Gesamtluftgehalt soll je nach Größtkorn bei 3 bis 5 % liegen.

d) <u>Betondichtungsmittel</u> (DM) (water-repellent agents) zur Verringerung der Wasseraufnahme. Ihre Verwendung ist kritisch zu prüfen, da sie leicht zu Festigkeitsverlusten führen. Ein gut gekörnter Beton mit genügendem Mehlkorngehalt (vgl. Abschn. 2.5.1.3) wird bei tadelloser Verdichtung ohne Zusätze dicht; bei schlecht gemischtem oder mangelhaft verdichtetem Beton helfen auch keine Dichtungsmittel.

e) <u>Erstarrungsbeschleuniger</u> (BE) (accelerators) zur Beschleunigung des Erstarrens. Wegen der z.T. beträchtlichen Verringerung der Endfestigkeit durch BE ist es besser, frühhochfesten Zement zu verwenden.

f) <u>Einpreßhilfen</u> (EH) enthalten präpariertes Aluminiumpulver; durch die Bildung von Wasserstoffbläschen entsteht eine Treibwirkung und damit eine Volumenvergrößerung.

g) <u>Stabilisierer</u> (ST) verringern die Neigung zur Sedimentation (Bluten) und verbessern das Wasserrückhaltevermögen.

Nicht geregelte Zusatzmittel:

h) <u>Frostschutzmittel</u> (anti-freezing-admixtures, anti-freeze) zur Erniedrigung des Gefrierpunktes. Sie enthalten meistens Chloride und sind deshalb wegen der Korrosionsgefahr im Stahl- und Spannbetonbau <u>verboten.</u> Es ist besser, Zuschläge und Wasser anzuwärmen und das Bauwerk abzudecken, frühhochfesten Zement zu verwenden oder die Arbeitsstätte unter Schutzhauben zu heizen.

i) Eine besondere Rolle spielen in zunehmendem Maße "<u>Kleber</u>" (resins) auf PVC- oder Epoxid-Basis. Sie dienen zur Verbindung von Betonfertigteilen bei dünnen Fugen oder, vermischt mit Sand, als <u>Kunststoffmörtel</u> bzw. bei Zugabe von Zement als <u>kunststoffvergüteter Zementmörtel</u> zur Herstellung dickerer Fugen oder zur Instandsetzung schadhafter Bauteile. Ihre Zug-, Haft- und Druckfestigkeiten sind sehr hoch; die Beständigkeit unter dauernder Zugbeanspruchung und bei höheren Temperaturen ist jedoch noch nicht ausreichend erwiesen.

2.5 Frischbeton

<u>2.5.1 Zusammensetzung des Betons</u>

Wichtige Eigenschaften des Betons, wie z.B. die Verarbeitbarkeit des frischen und die Druckfestigkeit des erhärteten Betons, werden durch den Z e m e n t g e h a l t und den W a s s e r g e h a l t des Frischbetons bestimmt; das Mischungsverhältnis (mix proportion) von Zement zu Zuschlag zu Wasser ist also für den Entwurf von Betonmischungen (concrete mix design) entscheidend.

2.5.1.1 Zementgehalt z [kg/m³], <u>Zementgewicht Z [kg]</u>

Der Beton muß soviel Zement enthalten, daß die geforderte Druckfestigkeit erreicht und die Stahleinlagen vor Korrosion geschützt werden. Dazu
sind Mindestzementgehalte vorgeschrieben, die je nach Bauüberwachung,
Sieblinienbereich der Zuschläge, gewünschter Konsistenz des Betons und
maximaler Korngröße zwischen z = 140 und 380 kg/m³ liegen.
(Näheres s. DIN 1045)

2.5.1.2 Wassergehalt w [kg/m³], <u>Wassergewicht W [kg]</u>

Der Wassergehalt w des frischen Betons wird durch den <u>Wasserzement-
wert ω</u> (water-cement ratio) angegeben, d.h durch das <u>Gewichtsverhält-
nis Wasser zu Zement</u>: ω = w/z. Hierbei wird das an der Zuschlagober-
fläche enthaltene Wasser in w eingerechnet.

Bei der Hydratation wird eine Wassermenge bis etwa 24 % des Zementge-
wichts chemisch gebunden; für die vollständige Hydratation des Zementes
sind 36 % bis 42 % erforderlich (abhängig von den Lagerungsbedingungen).
Weiteres Wasser ist zur Verarbeitbarkeit erforderlich; seine Menge
wächst mit der Feinheit des Zementes und der Zuschläge. Das Verdunsten des chemisch nicht gebundenen Wassers verursacht Schwinden und
hinterläßt Poren; je größer der Wassergehalt, desto größer sind die
Schwind- und Kriechverkürzungen (vgl. Abschn. 2.9.3).

Mit steigendem Wasserzementwert sinken auch Festigkeit und E-Modul;
dabei gibt es für jeden Zementgehalt z bei gegebener Sieblinie ein Optimum der Druckfestigkeit bei einem jeweils anderen w/z-Wert (Bild 2.4).
Der Einfluß von Zementfestigkeitsklasse und Wassergehalt auf die Druckfestigkeit sind aus Bild 2.5 abzulesen. Geringe Wasserzementwerte, d.h.
steifere Mischungen, werden durch Verdichtung (compaction) mit Rüttel-
geräten (vibrators) und durch Beigabe von geeigneten Zusatzmitteln möglich. Eine obere Grenze für den w/z-Wert ist durch die Korrosionsgefahr
gegeben. Nach DIN 1045 darf w/z den Wert 0,65 bei Z 25 bzw. 0,75 bei
den anderen Normzementen nicht überschreiten.

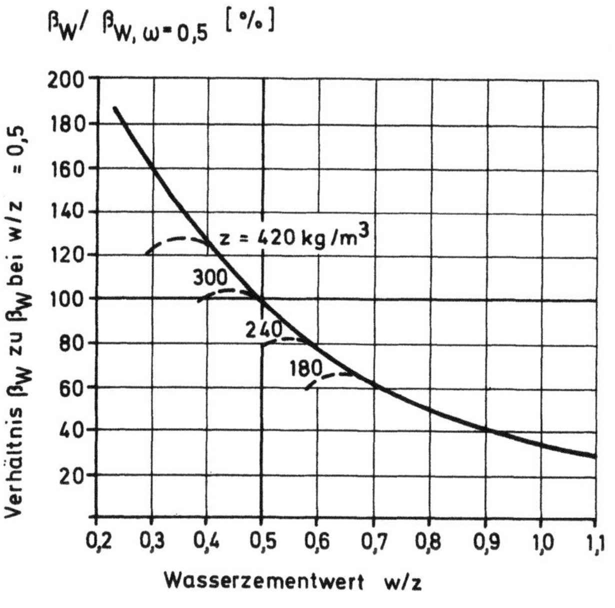

Bild 2.4   Einfluß des Wasserzementwerts auf
die Betondruckfestigkeit bei verschiedenen Ze-
mentgehalten

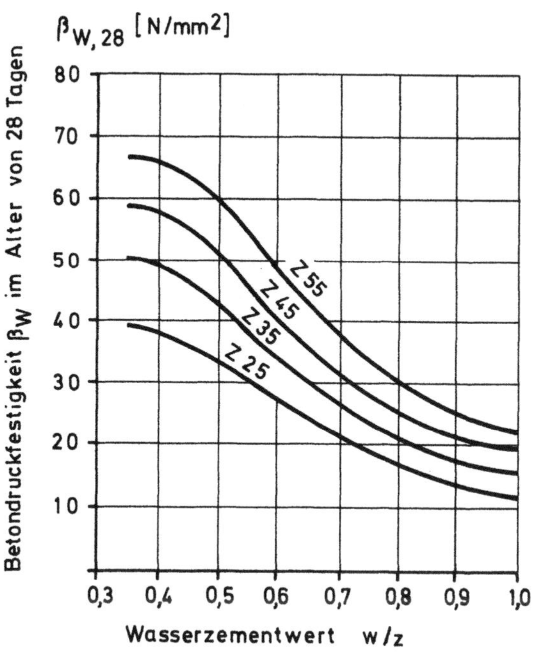

Bild 2.5   Einfluß des Wasserzementwerts
auf die Betondruckfestigkeit β_{W28} für Zemente verschiedener Normenfestigkeit
(nach Walz [11])

2.5.1.3 Mehlkorngehalt

Um gute Verarbeitbarkeit (insbes. bei Pumpbeton) und ein dichtes Gefüge
(z. B. bei Bauteilen, die möglichst wasserdicht sein sollen) zu erhalten,
muß der Beton eine bestimmte Menge an Mehlkorn enthalten. Hierunter
ist das Bindemittel (Zement) und der Kornanteil der Zuschläge von 0 bis
0,25 mm zu verstehen.

Bei stetiger Sieblinie wird empfohlen:

bei Größtkorn   8 mm : 480 kg Mehlkorn je cbm Beton
      "   16 mm : 400 kg   "   "   "
      "   32 mm : 350 kg   "   "   "

2.5.2 Eigenschaften des Frischbetons (properties of fresh concrete)

Die wichtigste Eigenschaft des Frischbetons ist neben der Rohdichte ρ_R
(density) die Konsistenz (consistence of mix), die für die Verarbeitbarkeit (workability) entscheidend ist [20].

Zur Bestimmung der Konsistenz (Frischbetonsteife) wurden viele Verfahren entwickelt, vgl. [21]; nach DIN 1045 und DIN 1048 sind das Verdichtungsmaß v (das Verhältnis der ursprünglichen Füllhöhe in einem prismatischen Kasten zur Höhe nach der Verdichtung) und das Ausbreitmaß a
(mittlerer Durchmesser des Betonkuchens auf dem Ausbreittisch nach
15 Fallstößen) vorgeschrieben. Entsprechend diesen Konsistenzmaßen
werden in DIN 1045 drei Konsistenzbereiche unterschieden:

Konsistenzbereich K 1 :   erdfeucht, steif;
(v = 1,45 bis 1,26)   Verdichten durch Stampfen, Schocktisch,
                              Rütteltisch und kräftige Rüttler

Konsistenzbereich K 2 :   plastisch, weich;
(v = 1,25 bis 1,11 ;   Verdichten durch Innen- und Oberflächenrütt-
  a $\leqq$ 40 cm)   ler, Stochern oder Stampfen

Konsistenzbereich K 3 :   breiig bis flüssig;
(v = 1,10 bis 1,04;   Verdichten durch Stochern u.ä.
  a = 41 bis 50 cm)   (Rüttler schädlich, da sie entmischen).

Die Konsistenz von Fließbeton liegt oberhalb K 3 und damit außerhalb
der Konsistenzbereiche der DIN 1045. Er wird aus Frischbeton mit üblicher plastischer bis weicher Konsistenz durch n a c h t r ä g l i c h e s Zu-
mischen eines besonders wirksamen Betonverflüssigers, der als Fließmittel (Superverflüssiger) bezeichnet wird, hergestellt. Fließbeton entspricht somit wegen des nachträglichen Zumischens des Zusatzmittels
und seiner Konsistenz außerhalb der üblichen Konsistenzbereiche nicht
den Festlegungen der DIN 1045; seine Herstellung und Verarbeitung ist
in einer besonderen Richtlinie [187] geregelt.

Die Eigenschaften des angestrebten Fließbetons sind vorab durch eine
Eignungsprüfung abzuklären, durch welche die Wirksamkeit des Fließmittels, seine Wirkungsdauer (i.a. 30 bis 90 min) und seine Verträg-
lichkeit mit anderen Zusatzmitteln (z.B. Luftporenmittel) überprüft
werden. Die Frischbetonkonsistenz des Ausgangsbetons muß im Bereich
Ende K 2/Anfang K 3 (Ausbreitmaß a = 38 bis 42 cm) liegen. Nach der
Zugabe des Fließmittels soll das Ausbreitmaß zwischen a = 51 und 60 cm
betragen; wichtig ist dabei, daß der Frischbeton sein homogenes Gefüge
behält und nicht Wasser oder Zementleim absondert. Das Fließmittel
ist dem Ausgangsbeton nachträglich im Mischer zuzumischen (Mischzeit
mindestens 5 min), und zwar ohne Zugabe weiterer Stoffe, insbesondere

Zugabewasser; der Fließbeton darf sich somit in seiner Zusammensetzung vom Ausgangsbeton nur durch das zugegebene Fließmittel unterscheiden. Die Eigenschaften des erhärteten Fließbetons müssen denen des erhärteten Ausgangsbetons entsprechen.

Fließbeton wird in der Regel durch Pumpen gefördert und ist wegen der begrenzten Wirkungsdauer des Fließmittels zügig einzubauen. Zum Verdichten reicht Stochern oder leichtes Rütteln aus.

2.6 Einflüsse auf die Erhärtung des Betons

Das Erstarren (setting) und Erhärten (hardening) des Betons werden sehr von der Zementart und der Temperatur beeinflußt. Die Festigkeitsentwicklung ist nicht auf den Zeitraum bis zum 28. Tag beschränkt; der weitere Zuwachs an Festigkeit mit dem Alter wird als Nacherhärtung bezeichnet, sie erstreckt sich über Jahre [22].

2.6.1 Zementart

Die Zementart hat großen Einfluß auf die Entwicklung und weniger auf den Endwert der Festigkeit, wie Bild 2.6 für normale Temperaturverhältnisse erkennen läßt.

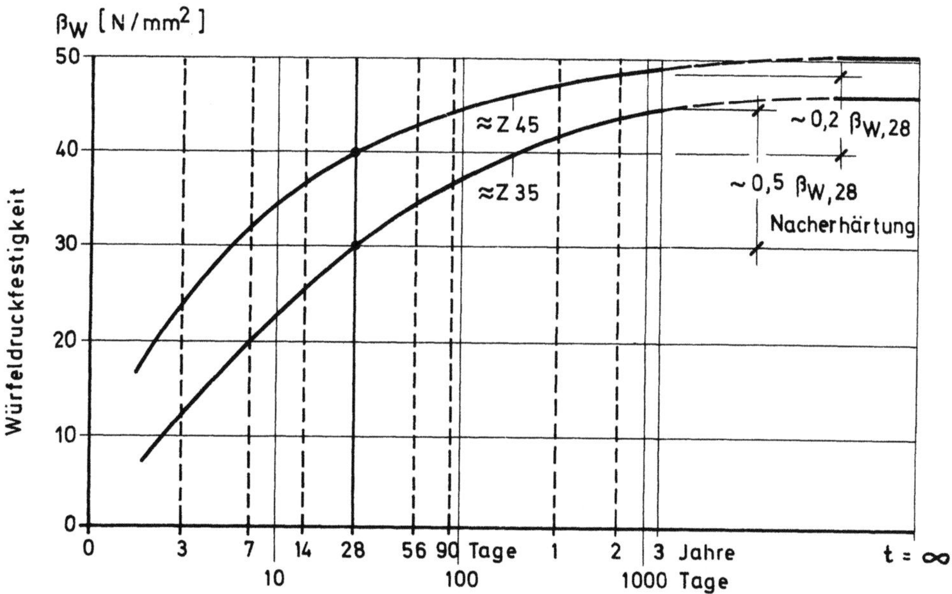

Bild 2.6   Festigkeitsentwicklung des Betons bei Temperatur + 20 °C für unterschiedliche Norm-Zementgüten

2.6.2 Temperatur und Reifegrad

Günstigste Temperaturen für eine normale Festigkeitsentwicklung sind 18 bis 25 °C. Höhere Temperaturen beschleunigen die Erhärtung, besonders günstig ist feuchte Wärme bis 90 °C (s. Dampfhärtung). Temperaturen unter + 18 °C verlangsamen, unter + 5 °C verzögern merklich die Erhärtung. Unter + 5 °C müssen bei Frostgefahr besondere Vorsichtsmaßnahmen getroffen werden (Erwärmen von Zuschlägen und Wasser, Abdecken der Bauteile mit Planen und Matten, Bau unter beheizten Schutzzelten).

In Bild 2.7 ist der Verlauf der Festigkeitszunahme mit der Zeit bei verschiedenen Temperaturen angegeben. Die während der Erhärtungszeit herrschende Temperatur hat nur wenig Einfluß auf die Endfestigkeit.

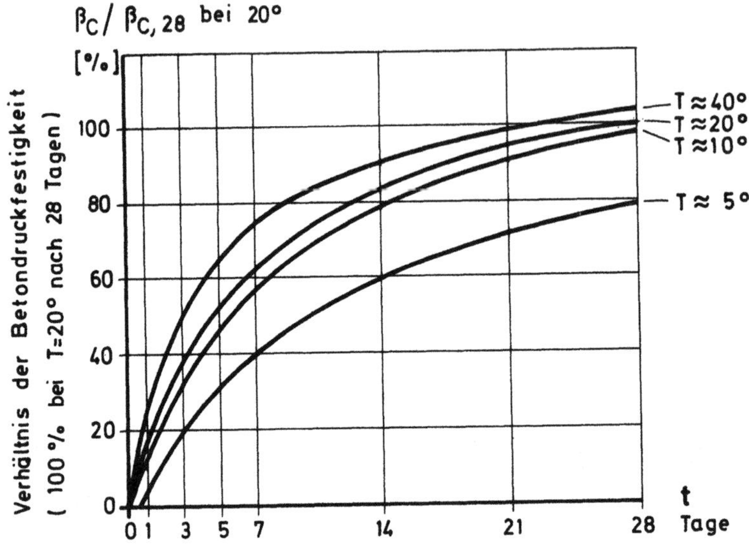

Bild 2.7   Entwicklung der Betondruckfestigkeit während der Erhärtung bei unterschiedlichen Betontemperaturen [23]

Statt vom Alter des Betons sollte man zur Berücksichtigung des Temperatureinflusses besser von der R e i f e (maturity) bzw. dem R e i f e g r a d R nach Saul [24] und Nurse [25] ausgehen. Man versteht darunter die Summe der Produkte aus Temperatur und Zeit nach der Formel

$$R = \Sigma t \cdot (T + 10) \qquad\qquad (2.1)$$

mit T = mittlere Temperatur eines Tages in ^{o}C
     t = Anzahl der Tage

Der erforderliche Reifegrad zum Erlangen von β_{W28} ist nach 28 Tagen Erhärtung bei durchweg 20 ^{o}C: erf R = 28 (20 + 10) = 840.

Der Einfluß der Zementart ist hierbei nicht berücksichtigt. Die Gleichung (2.1) berücksichtigt, daß der chemische Abbindeprozeß bei rd. -10 ^{o}C zum Stillstand kommt.

2.6.3 Dampfhärtung (steam curing)

Durch Dampfhärtung können sehr schnell hohe Festigkeiten erreicht werden. Der Beton zeigt jedoch später nur geringe Nacherhärtung, so daß seine Endfestigkeit bis zu 10 % niedriger ausfallen kann als die von normal erhärteten Proben der gleichen Betonmischung. Langsames Abkühlen ist bei Dampfhärtung wichtig, da sonst Oberflächenrisse entstehen.

Sehr rasche Erhärtung erhält man bei Dampfhärtung unter Druck (high-
pressure steam curing) von mindestens 3 bar, die Endfestigkeit wird dabei erhöht [26].

2.6.4 Nachverdichtung

Die Festigkeit des Betons kann durch Nachverdichtung mit Außenrüttlern,
etwa 15 bis 45 Min. nach der ersten Verdichtung mit Rüttlern merklich
gesteigert werden (vgl. Walz und Schäffler [27]).

2.6.5 Nachbehandlung (curing)

Der junge Beton muß nachbehandelt werden: Nicht zu frühes Ausschalen,
Warmhalten, Feuchthalten durch Verhinderung des Verdunstens von Wasser im Beton, Schutz vor Hitze, Wind, Frost und starkem Regen.

Das Warm- und Feuchthalten wirkt sich günstig auf Druck- und Zugfestigkeit, Dichtigkeit und Schwindmaß aus. Geeignete Mittel sind: das Bedek-
ken mit dampfsperrenden Folien, mit wassergetränkten Tüchern oder Sand.
Anspritzen mit kaltem Wasser gehört verboten, weil dies große Temperaturdifferenzen zwischen innen (Hydratationswärme) und außen erzeugt und
zu Oberflächenrissen führt.

Für größere Flächen eignen sich Überzüge oder "Nachbehandlungsfilme",
die aufgesprüht werden und das Verdunsten der Betonfeuchtigkeit behindern, z.B. eine Paraffin-Emulsion. Diese Filme sind meist nicht gehfest,
ein Schutz des Betons vor direkter Sonnenbestrahlung ist trotzdem erforderlich. Sie sollen spätestens 1 Stunde nach dem "Anziehen" des Betons
aufgebracht werden [28].

2.6.6 Betonieren bei hohen und tiefen Temperaturen

Die betontechnologischen Probleme, die das Betonieren bei trockenem und
heißem Wetter mit sich bringt, werden nicht allein durch die hohe Temperatur verursacht, sondern auch durch die niedrige relative Luftfeuchte
(< 50%), die sich besonders schädlich bei hohen Windgeschwindigkeiten
(> 3 m/s) auswirkt. Von diesen Einflüssen ist nicht nur der Frischbeton
sondern auch der "grüne" Beton (verdichteter, jedoch noch nicht erstarrter Beton) und der "junge" Beton (erstarrter Beton, dessen Erhärtung
gerade begonnen hat) betroffen.

Mit steigender Frischbetontemperatur steigt der Wasseranspruch einer Betonmischung an; gegenüber einer Temperatur von 5°C erhöht sich bei 35°C
der Wasseranspruch um rd 20 l/m^3, woraus sich bei gleichem Zementgehalt eine Erhöhung des Wasserzementwerts um etwa 0,06 ergibt. Der höhere Wassergehalt hat eine geringere Festigkeit und ein erhöhtes Schwinden
und Kriechen zur Folge. Mit steigender Frischbetontemperatur vergrößert
sich auch die Neigung des Betons zum Ansteifen, wodurch sich der Verar-
beitungszeitraum verkürzt. Im übrigen wirken sich hohe Temperaturen während der Erhärtung auch ungünstig auf die 28-Tage-Festigkeit aus; ein bei
50°C erhärtender Beton erreicht nur etwa 75% der Festigkeit eines Betons,
der bei 10°C erhärtet. Dagegen ergeben sich bei hohen Temperaturen höhere
Frühfestigkeiten (1-Tage-Festigkeit).

Eine besondere Gefahr für den grünen und jungen Beton stellt die erhöhte
Verdunstung von Wasser an der Betonoberfläche bei trockenem und heißem
Wetter dar. Der Dampfdruck des Wassers im Beton steigt mit zunehmender
Temperatur an. Maßgebend für das Verdunsten ist der Dampfdruckunter-
schied des Wassers an der Betonoberfläche zur umgebenden Luft. Über der

Betonoberfläche bildet sich in der Regel eine mit Wasserdampf angereicherte Luftschicht, die den Verdunstungsvorgang zum Stillstand kommen läßt.
Bei höheren Windgeschwindigkeiten kann sich jedoch diese schützende Luftschicht nicht ausbilden, so daß bei gleichbleibendem Dampfdruckunterschied eine erhöhte Verdunstung erfolgt. Diese Verdunstung führt beim grünen Beton zu starkem Schwinden, das als Schwinden im plastischen Zustand oder plastisches Schwinden (plastic shrinkage) bezeichnet wird. Dieses Schwinden des Betons im plastischen Zustand kann ein Vielfaches des Schwindens des erhärteten Betons erreichen und ist die Ursache für die sogenannten Schrumpfrisse, die den gesamten Querschnitt durchtrennen oder zumindest von der Oberfläche ausgehend bis zur Bewehrung reichen können.
Zur Vermeidung von Schäden sollten beim Betonieren bei heißem Wetter folgende Maßnahmen getroffen werden:

Senken der Frischbetontemperatur durch Arbeiten während der kühleren Tageszeit, Verwendung gekühlter Ausgangsstoffe und teilweisen Ersatz des Anmachwassers durch Eis.

Begrenzung des Wassergehalts durch Wahl eines Zuschlaggemisches mit niedrigem Wasseranspruch, Verwendung von Betonverflüssigern, Anstreben von kurzen Transport- und Verarbeitungszeiten.

Schutz vor Verdunstung durch Erhöhung der Luftfeuchte an der Einbaustelle, Besprühen mit Wasser, Abdecken mit Folien, Aufbringen eines Nachbehandlungsfilms.

Beim Betonieren bei tiefen Temperaturen ist mit folgenden Auswirkungen zu rechnen:

Gefrieren des Frischbetons und Frosteinwirkungen auf den jungen Beton

Verzögerung der Festigkeitsentwicklung

Entstehung von Spannungen und Gefahr der Rißbildung infolge von Temperaturunterschieden innerhalb eines Bauteils

Unmittelbar nach dem Einbringen verhält sich Frischbeton wie ein nasser Boden, in dem sich beim Gefrieren Eislinsen bilden. Bei schnellerem Gefrieren verteilt sich das Eis ziemlich gleichmäßig im Beton als nadelförmige Kristalle in den Kapillaren und auf der Oberfläche der Zuschlagkörner. Beide Vorgänge bewirken eine Auflockerung des Betongefüges.

Im jungen Beton verhindert die bereits vorhandene Festigkeit das Entstehen der Eislinsen und -kristalle. Durch das gefrierende Wasser wird jedoch in den Poren ein hydraulischer Druck aufgebaut, der zu einer Schädigung des Zementsteins führen kann. Es ist daher sehr wichtig, den jungen Beton so lange vor Frost zu schützen, bis er einen bestimmten Hydratationsgrad und damit seine "Gefrierbeständigkeit" erreicht hat. Junger Beton gilt als gefrierbeständig, wenn seine Druckfestigkeit etwa 5 N/mm^2 beträgt.

Durch folgende Maßnahmen kann der Gefahr beim Betonieren bei niedrigen Temperaturen begegnet werden:

Verwendung einer geeigneten Betonzusammensetzung: Die Festigkeitsentwicklung des Betons läßt sich durch die Erhöhung des Zementgehalts und durch die Verwendung eines frühhochfesten Zements bei möglichst niedrigem Wasserzementwert beschleunigen. Dadurch wird gleichzeitig die infolge der Hydratation freiwerdende Wärmemenge erhöht.

Warmhalteverfahren: Beim Warmhalteverfahren ist man bestrebt, die Wärmeverluste des Betons durch Anordnung einer wärmedämmenden Ummantelung einzuschränken. Der Beton wird mit erhöhter Temperatur (nicht über 30°C) in die Schalung eingebracht und durch die Hydratationswärme so lange auf einer genügend hohen Temperatur gehalten, bis er gefrierbeständig ist.

Beheizungsverfahren: Bei diesem Verfahren wird die das Bauteil umgebende Luft künstlich erwärmt. Solange auf diesem Wege die Temperatur des Betons oberhalb eines bestimmten Wertes über dem Gefrierpunkt bleibt, schreitet die Festigkeitsentwicklung fort.

Das Betonieren bei tiefen Temperaturen erfordert eine sorgfältige Kontrolle der Beton- und Lufttemperatur, aus der sich auch Hinweise über die Festigkeitsentwicklung und für die Ausschalfristen ergeben. Durch eine Wärmedämmung wird das Entstehen von Temperaturunterschieden im Bauteil und damit die Gefahr der Rißbildung vermieden.

2.7 Ausschalfristen

Die für eine bestimmte Festigkeit erforderliche Erhärtungszeit bestimmt in der Praxis die frühest möglichen Ausschalfristen (vgl. Tabelle 8 der DIN 1045). Bei Temperaturen über $+18\,^{\circ}$C gelten als Anhalt für das Ausschalen (stripping) von z.B. Stahlbetondeckenplatten Mindestfristen von:

10 Tagen bei Z 25	5 Tagen bei Z 35 F und Z 45 L
8 Tagen bei Z 35 L	3 Tagen bei Z 45 F und Z 55

Bei Temperaturen unter $+18\,^{\circ}$C müssen Zuschläge zur Ausschalfrist nach Bild 2.7 gemacht werden. Seitenschalungen können früher, untere Schalungen von weitgespannten Balken usw. dürfen erst später entfernt werden.

2.8 Festigkeiten des erhärteten Betons

Die Festigkeitseigenschaften des erhärteten Betons (strength of concrete) werden im allgemeinen an Prüf- oder Probekörpern bestimmt, die gleichzeitig mit dem jeweiligen Bauteil hergestellt werden.

In DIN 1045 wird dabei zwischen der G ü t e p r ü f u n g und der E r h ä r t u n g s p r ü f u n g unterschieden. Die Güteprüfung dient dem Nachweis, daß der für den Einbau hergestellte Beton die geforderten Eigenschaften erreicht. Die Erhärtungsprüfung dagegen gibt einen Anhalt über die Festigkeit des Betons im Bauwerk zu einem bestimmten Zeitpunkt (Ausschalungsfristen, Aufbringen der Vorspannkraft). Dementsprechend unterliegen die Prüfkörper unterschiedlichen Erhärtungsbedingungen; für die Güteprüfung werden die Probekörper 7 Tage lang unter Wasser und anschließend bis zur Prüfung im Alter von 28 Tagen bei Normklima gelagert. Die Probekörper für die Erhärtungsprüfung werden unmittelbar bei dem zugehörigen Bauteil gelagert und sollen unter den gleichen Bedingungen wie dieses erhärten (DIN 1048, Teil 1).

Die Prüfmethode sowie Größe und Form der Prüfkörper beeinflussen entscheidend die ermittelten Festigkeitswerte; direkt vergleichen lassen sich deshalb verschiedene Betone nur, wenn Prüfkörper und Prüfmethoden gleich sind, was durch Normung erreicht wird (z.B. in DIN 1048).

2.8.1 Druckfestigkeit (compressive strength)

Die Druckfestigkeit wird unter einachsiger Beanspruchung im
Kurzzeitversuch, d.h. bei hoher Belastungsgeschwindigkeit, ermittelt. Die Abhängigkeit der Druckfestigkeit vom Alter des Betons wurde
bei der Festigkeitsentwicklung im Abschnitt 2.6 behandelt (vgl. Bild 2.6),
ebenso die Einflüsse des Zement- und Wassergehalts.

2.8.1.1 Prüfkörper (control specimens) und Prüfmethoden

Maßgebend für deutsche Normen und Vorschriften ist die <u>Würfeldruck-
festigkeit</u> β_W (cube strength) im Alter von 28 Tagen, gemessen an Würfeln mit 20 cm Kantenlänge (DIN 1048, DIN 1045). In den USA und in den
CEB/FIP-Richtlinien [29] wird die <u>Zylinderdruckfestigkeit</u> β_C (cylinder
strength) von Zylindern mit d = 15 cm und h = 30 cm zugrunde gelegt.
Für die <u>Prismendruckfestigkeit</u> β_P ist die Größe der Prüfkörper noch
nicht einheitlich festgelegt worden, üblich ist: Höhe = 4-fache Querschnittsbreite.

Die Schlankheit der Prüfkörper beeinflußt die Druckfestigkeit, wie Bild 2.8
zeigt. Die Würfel ergeben schon eine überhöhte Druckfestigkeit, Platten

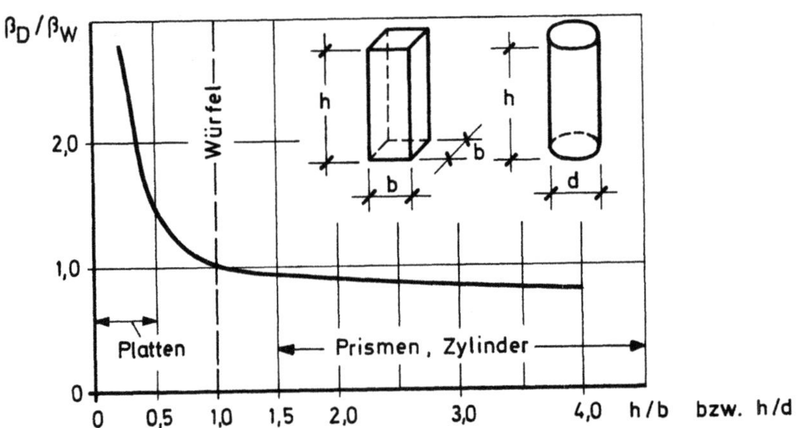

Bild 2.8   Verhältnis der Druckfestigkeit β_D prismatischer Körper zur
Würfeldruckfestigkeit β_W in Abhängigkeit von der Schlankheit h/d bzw.
h/b [30, 31]

und dünne Schichten können noch weit über der Würfeldruckfestigkeit liegende Pressungen ertragen.

Die Überhöhung der einachsigen Druckfestigkeit der Würfel beruht auf der
Behinderung der Querdehnung an den starren Stahlplatten der Prüfmaschine (Bild 2.9 a). Wird diese Behinderung der Querdehnung z.B. durch Belastung über Stahldrahtbürsten [32, 33] aufgehoben (Bild 2.9 b), so erhält
man niedrigere Werte für die Druckfestigkeit.

Die Erklärung für die Spaltrisse in Druckrichtung brachte die Arbeit von
M. Lusche [34]. Die groben Körner der Zuschläge sind härter und fester
als der Mörtel. Die Drucktrajektorien fließen daher bevorzugt von Korn
zu Korn und werden dabei hin und her umgelenkt. Die Umlenkkräfte erzeugen je nach ihrem Richtungswechsel Quer-Zug und Quer-Druck. Die Querzugkräfte bewirken die Spaltrisse (Bild 2.10 und 2.11). Bei Leichtbeton

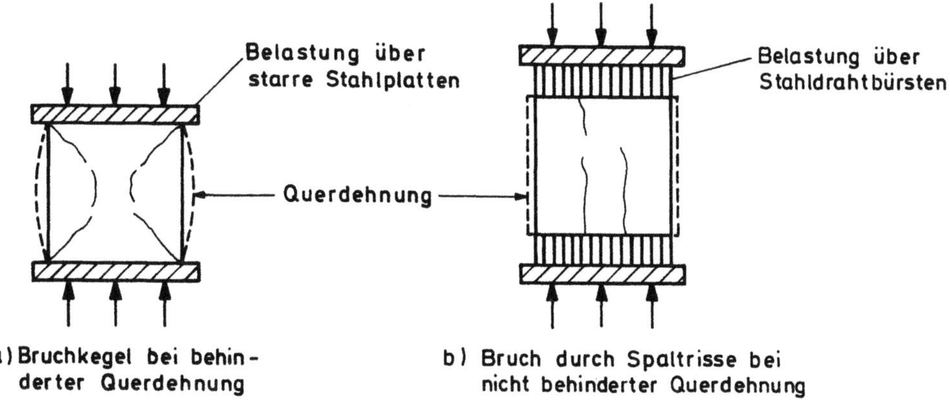

Bild 2. 9   Bruchbilder von Betonwürfeln mit (a) und ohne Behinderung (b)
der Querdehnung

sind die Körner in der Regel weicher als der Mörtel, die Drucktrajektorien fließen daher um die Grobkörner herum und werden umgelenkt, wobei
die Querzugkräfte zur Spaltung der Körner führen, wie dies bei Druckprü-
fungen von Leichtbeton regelmäßig beobachtet wird. Die Festigkeit des
Leichtbetons hängt deshalb wesentlich von der Mörtelfestigkeit ab, die um
40 bis 50 % über der angestrebten Festigkeit des Leichtbetons liegen muß.
Entscheidend für den Bruch ist die geringe Zugfestigkeit β_Z des Betons;
das Verhältnis β_Z / β_D beeinflußt also auch die Größe der Druckfestigkeit.

Die Behinderung der Querdehnung durch die Platten der Prüfmaschine
macht sich besonders bei kleinen Prüfkörpern bemerkbar: kleinere Würfel ergeben bei sonst gleichen Bedingungen etwas höhere Druckfestigkeiten. Für Beton mit großen Zuschlagkörnern (> 40 mm) sollte man Würfel mit 30 cm Kantenlänge, bei feinen Körnungen (< 16 mm) kann man

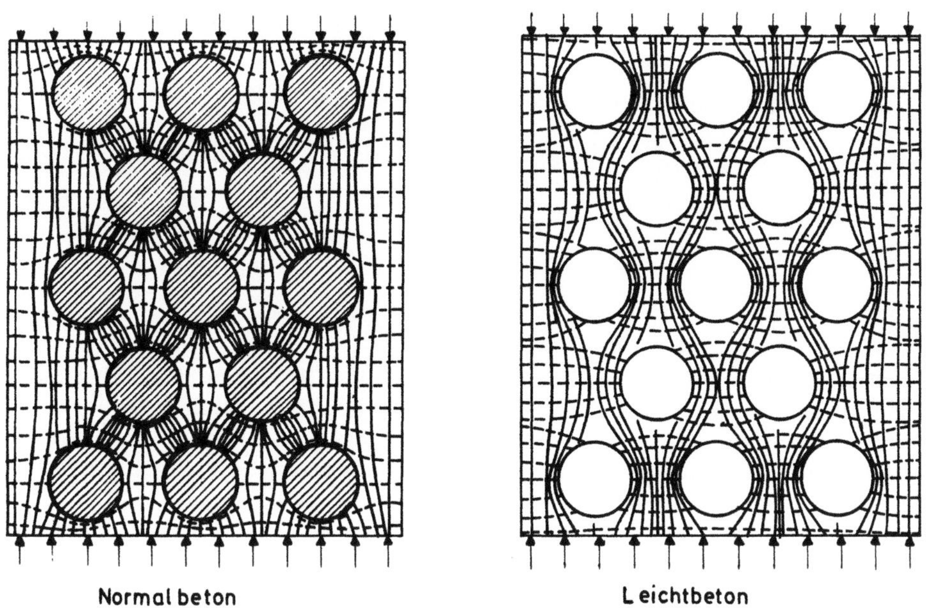

Bild 2. 10   Hauptspannungslinien im Modell eines Normalbetons und eines
Leichtbetons mit dichtem Gefüge [34]

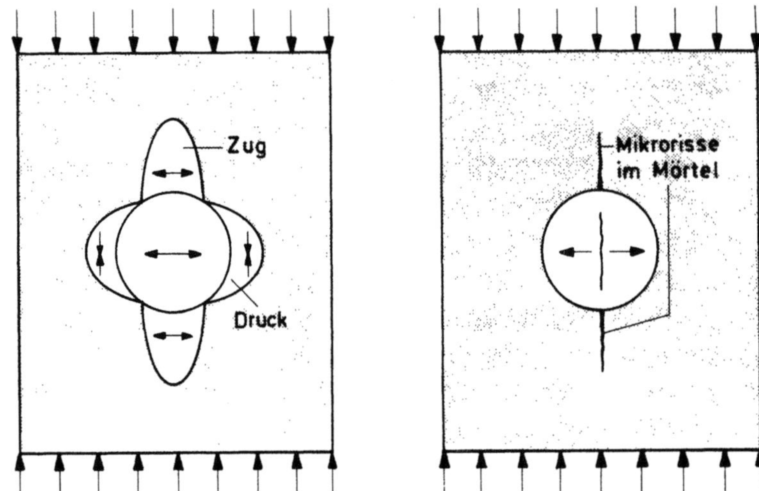

Bild 2.11   Spannungsverteilung und Mikrorißbildung im Bereich
eines Kornes im Leichtbetonmodell [34]

10 cm Kantenlänge verwenden. Die Normwerte β_W für Würfel mit 20 cm
Kantenlänge erhält man genähert, wenn die Prüfergebnisse mit folgenden
Faktoren k multizipliert werden:

Würfelkantenlänge	10 cm	30 cm
Faktor k	0,85	1,05

Für die Umrechnung von Zylinderdruckfestigkeit β_C (von Zylindern mit
d = 15 cm und h = 30 cm) bzw. Prismendruckfestigkeit β_P zur Würfeldruckfestigkeit β_W (Würfel mit 20 cm Kantenlänge) gelten folgende Werte:

nach DIN 1045: $\beta_W = 1,25\ \beta_C$ bei Betongüten $\leqq$ B 15

$$\beta_W = 1,18\ \beta_C \qquad \text{bei Betongüten} \geqq \text{B 25} \tag{2.2}$$

nach CEB/FIP-Richtlinien (1978) und ISO-Norm 3893:

$$\beta_C = 0,83\ \beta_W \quad \text{und} \quad \beta_C = 1,05\ \beta_P \tag{2.3}$$

2.8.1.2 Nennfestigkeit β_{WN} nach DIN 1045

Die Festigkeitsklassen des Betons (z.B. B 15, B 25 usw.) werden nach
der Güteprüfung im Alter von 28 Tagen entsprechend dem Mindestwert
für die Druckfestigkeit β_{WN} von Würfeln mit 20 cm Kantenlänge eingeteilt. Dabei wird die 5 %-Fraktile der Grundgesamtheit zugrunde gelegt,
d.h. 5 % einer größeren, wahllos entnommenen Probenzahl dürfen geringere Festigkeiten als β_{WN} aufweisen. Statistische Untersuchungen an
zahlreichen Großbaustellen und Prüfanstalten ergaben, daß die 5 %-Frak-
tile eingehalten ist, wenn der Mittelwert β_{Wm} einer Serie von drei Würfeln aus drei verschiedenen Mischerfüllungen um 5 N/mm^2 über β_{WN}
liegt. Man bezeichnet dies als "Vorhaltemaß" von 5 N/mm^2; z.B. muß
der Mittelwert einer Serie von drei Würfeln den Wert $\beta_{Wm} = 40$ N/mm^2
bei der Festigkeitsklasse B 35 erreichen.

2.8.1.3 Beton-Prüfung in Zeitnot

Soll bei Eignungs- und Güteprüfungen aus der 7-Tage-Würfeldruckfestig-
keit β_{W7} die 28-Tage-Würfeldruckfestigkeit β_{W28} ermittelt werden,
dann gilt nach DIN 1045:

$$\beta_{W28} = 1,4 \; \beta_{W7} \text{ bei Z 25;} \qquad \beta_{W28} = 1,2 \; \beta_{W7} \text{ bei Z 35 F u. Z 45 L}$$

$$\beta_{W28} = 1,3 \; \beta_{W7} \text{ bei Z 35 L;} \quad \beta_{W28} = 1,1 \; \beta_{W7} \text{ bei Z 45 F u. Z 55}$$

2.8.1.4 Schnellprüfung (accelerated curing test)

Wird der (abgedichtete) Probewürfel zwei Stunden nach Herstellung für
6 Stunden in kochendes Wasser oder (ohne Abdichtung) für 6 Stunden in
einen auf 80° erhitzten Wärmeschrank gestellt, so kann man bereits am
nächsten Tag nach Abkühlung der Probe die Druckfestigkeit prüfen. Aus
ihr kann im Vergleich zu entsprechenden Proben bei der vorhergegange-
nen Eignungsprüfung mit ausreichender Genauigkeit auf die 28-Tage-Norm-
festigkeit geschlossen werden (vgl. Walz u. Dahms [35]).

2.8.1.5 Druckfestigkeit bei langdauernder Belastung

Die Druckfestigkeit des Betons nimmt bei langeinwirkender Belastung
(Jahre) ab (vgl. [36, 199]). Der Dauerstandsbruch tritt innerhalb einer
bestimmten Zeitspanne ein, die umso kürzer ist, je jünger der Beton zum
Zeitpunkt der Belastung und je größer seine Nacherhärtung ist. Die Dauer -
standfestigkeit des Normalbetons beträgt etwa 85 % der Kurzzeitfestigkeit und wird bei der Bemessung durch den Rechenwert der Betondruckfestigkeit β_R berücksichtigt, der zu 85 % der Prismendruckfestigkeit festgelegt ist.

Der Nacherhärtung kommt dabei eine wesentliche Bedeutung zu; sie
führt zu Festigkeiten, die weit über der 28-Tage-Festigkeit liegen können.
So wurden an zwei Brücken, die 25 bzw. 30 Jahre nach ihrer Herstellung
aus verkehrstechnischen Gründen abgebrochen werden mußten, an Bohr-
kernen folgende Druckfestigkeiten ermittelt:

$$\begin{aligned}
\text{Pliensaubrücke bei Esslingen:} \quad & \beta_D = 70 \; \text{N/mm}^2 \\
\text{Brücke bei Bruchsal} \quad : \quad & \beta_D = 97 \; \text{N/mm}^2
\end{aligned}$$

Die planmäßige Festigkeit entsprach bei beiden Bauwerken der Festigkeitsklasse B 45.

Beim Dauerstandsbruch, wie im übrigen auch beim Bruch unter nicht ruhender Belastung, handelt es sich um einen zeitabhängigen Bruchvorgang,
den Zaitsev und Wittmann [200] mit Hilfe der mathematischen Rißtheorie
wie folgt erklären. Setzt man Beton einem einachsigen Druck aus, so entstehen an Poren und Zuschlagkörnern infolge der Kraftumlenkung jeweils
Querzugspannungen, welche die Bildung von Mikrorissen in Richtung der
angelegten Spannung zur Folge haben. Mit steigender Last wächst die Rißlänge an, bis eine kritische Rißlänge erreicht wird; die einzelnen Risse
vereinigen sich in einem Makroriß und führen den Bruch der Probe herbei.
Bei einer unter Dauerlast stehenden Probe ist die mittlere Rißlänge zunächst kleiner als die kritische Länge. Das Kriechen des Materials führt
jedoch dazu, daß sich die Risse ausdehnen und nach einer bestimmten Zeit
die kritische Länge erreichen, so daß es zum Versagen der Probe, zum
Dauerstandsbruch kommt.

Dieser Vorgang wird in [200] durch folgende Funktion beschrieben:

$$\rho = \frac{\beta_D(t, t_1)}{\beta_K(t_1)} = \frac{\beta_K(t)}{\beta_K(t_1)} \sqrt{\frac{E(t_1)}{E(t)} \cdot \frac{1}{1 + \varphi(t, t_1)}}$$

Hierin ist ρ die auf die Kurzzeitfestigkeit (Index K) zum Zeitpunkt t_1 des Aufbringens der Dauerlast bezogene Dauerstandfestigkeit. Der Ausdruck vor der Wurzel berücksichtigt die Festigkeitssteigerung infolge der Nacherhärtung, während der Ausdruck unter der Wurzel die Festigkeitsabnahme als Funktion der Rißausbreitung durch das Kriechen beschreibt.

In Übereinstimmung mit Versuchsergebnissen steigt nach dieser Theorie die Dauerfestigkeit für große Belastungszeiten wieder an; physikalisch bedeutet dies, daß in diesem Bereich kein Dauerbruch unter konstanter Last mehr eintritt. Das Minimum der Dauerfestigkeit wird nach einer relativ kurzen Belastungsdauer erreicht.

2.8.1.6 Druckfestigkeit unter schwellender oder schwingender Last

Die Festigkeit unter schwingender Last (dynamic loading) ist abhängig von der Zahl der Lastwechsel und von der Schwingbreite $2\sigma_a$ bzw. der mittleren Beanspruchung σ_m. Als Schwellfestigkeit β_F (fatigue strength) wird die 5 %-Fraktile der bei 2 Millionen Lastwechseln erreichten Werte bezeichnet. Die auf die Prismenfestigkeit β_P bezogene Schwellfestigkeit β_F bei Druckbeanspruchung zeigt Bild 2.12 in zwei verschiedenen Darstellungen [37].

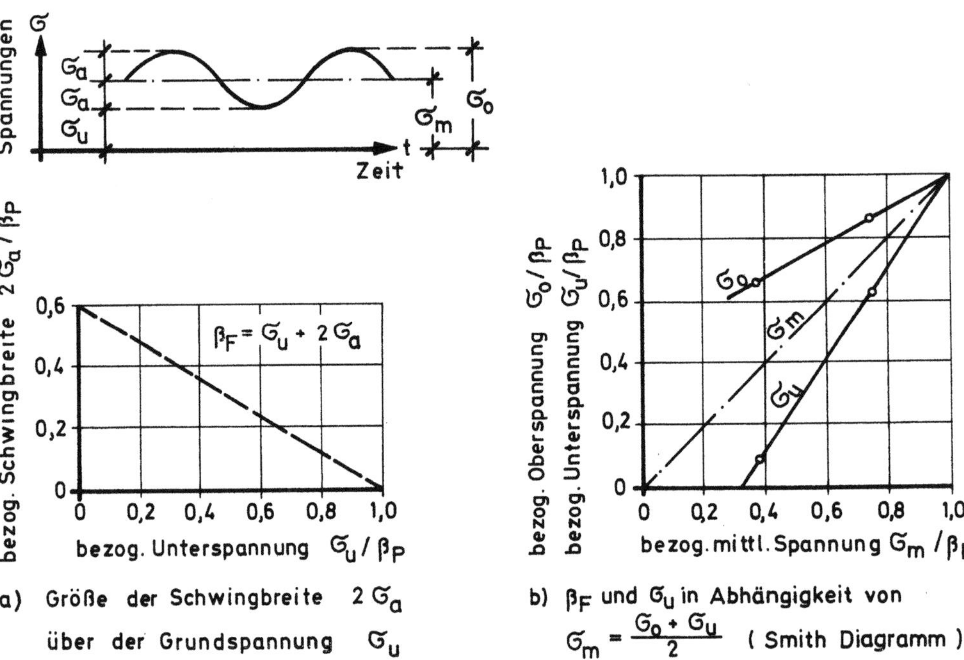

Bild 2.12   Dauerschwingfestigkeit des Normalbetons im Druckschwellbereich

2.8.1.7 Druckfestigkeit bei sehr hohen und sehr tiefen Temperaturen

Der Beton kann planmäßig in bestimmten Anwendungsfällen oder nicht planmäßig bei Katastrophen extremen Temperaturen ausgesetzt sein. Für Sicherheitsbetrachtungen ist es wichtig, das Festigkeits- und Verformungsverhalten des Betons sowohl während einer solchen Temperaturbeanspruchung als auch die Restfestigkeit (residuelle Festigkeit) nach erfolgter Abkühlung zu kennen.

Hohe Temperaturen bis $500\,^{\circ}C$ kommen z.B. beim Betrieb von Kernreaktoren vor, bei Bränden können Temperaturen bis $1100\,^{\circ}C$ entstehen. Sie verändern die Festigkeits- und Verformungseigenschaften des Betons; in [38] wird hierzu eine umfassende Darstellung des Kenntnisstandes gegeben. In jüngster Zeit wurden weitere Untersuchungen in München [39] durchgeführt.

Die physikalische Zerstörung des Zementgesteins beginnt bereits bei vergleichsweise niedrigen Temperaturen ($100\,^{\circ}C$). Die Festigkeitsverluste werden zunächst jedoch teilweise durch Grenzflächenreaktionen mit den Zuschlägen kompensiert. Nach Bild 2.13 erfolgt dementsprechend mit zunehmender Temperatur zunächst ein langsamer, ab einer bestimmten Temperatur jedoch ein steiler Druckfestigkeitsabfall. Bei Betonen mit

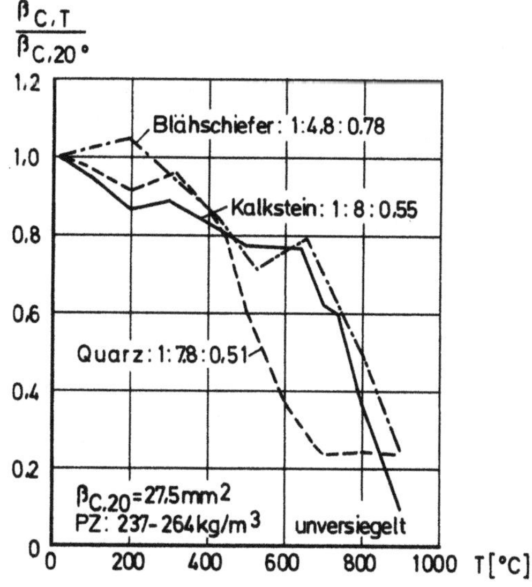

Bild 2.13   Einfluß der Zuschlagsart auf die Hochtemperaturfestigkeit von Beton

Kalkstein- oder Leichtzuschlägen tritt der beschleunigte Festigkeitsabfall erst bei höheren Temperaturen auf als bei Beton mit Quarzzuschlägen. Zementart, Ausgangsfestigkeit und Wasser-Zement-Wert sind von geringem Einfluß auf die Hochtemperaturfestigkeit; dagegen erfahren zementreiche Betone und wassergesättigte Betone (versiegelte Proben) höhere Festigkeitseinbußen als vergleichbare zementarme bzw. trockene Betone. Wiederholte Temperaturzyklen führen zu einer fortschreitenden Festigkeitsverminderung.

Die Betonzugfestigkeit und die Verbundfestigkeit nehmen bei hohen Temperaturen in gleichem Maße ab wie die Druckfestigkeit.

Das Verformungsverhalten des Betons erfährt mit zunehmender Temperatur eine deutliche Veränderung; der Elastizitätsmodul wird kleiner, die Bruchdehnung nimmt deutlich zu (Bild 2.14).

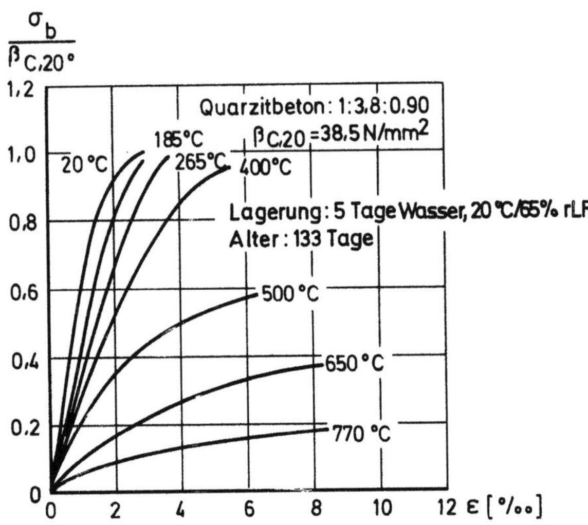

Bild 2.14   Spannungs-Dehnungs-Linien von Normalbeton (lastgesteuerte Druckversuche) bei unterschiedlichen Temperaturen

Nach der Abkühlung erreicht der Beton seine ursprüngliche Festigkeit nicht mehr; nach Bild 2.15 liegt die Restfestigkeit sogar noch unter dem Wert der Hochtemperaturfestigkeit. Noch größere Festigkeitsverluste entstehen durch das Abschrecken heißer Proben, z.B. durch Löschwasser.

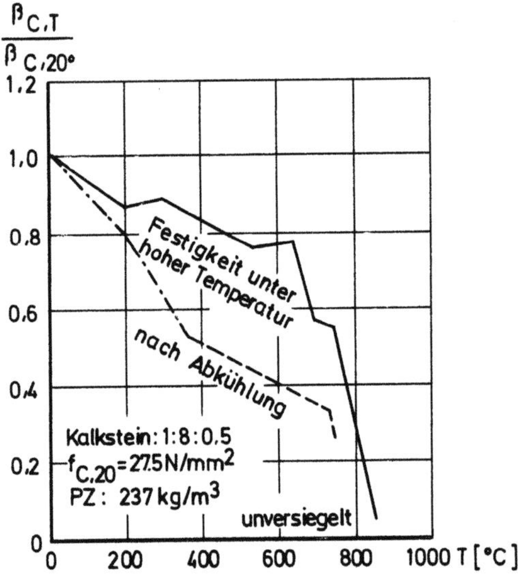

Bild 2.15   Druckfestigkeit des Betons unter hoher Temperatur und Restfestigkeit nach der Abkühlung

Sehr tiefen Temperaturen bis rd. -160°C ist der Beton von Flüssiggasbehältern ausgesetzt. Solche Tieftemperaturbeanspruchungen können bei Störfällen einmalig und schockartig oder wiederholt planmäßig beim Befüllen und Entleeren auftreten.

Die Festigkeit und der Elastizitätsmodul des Betons nehmen zu mit fallender Temperatur [40, 41] . Nach Bild 2.16 ist der Druckfestigkeitsanstieg um so größer, je höher der Feuchtigkeitsgehalt des Betons zum Zeitpunkt des Einfrierens ist. Bei wassersatten Betonen wurde das Drei- bis Vierfache der Raumtemperaturfestigkeit festgestellt [40], während bei $+105^{O}C$ getrocknete Betone kaum einen Festigkeitszuwachs aufweisen. Die Festigkeitssteigerung eines wassersatten Betons beruht darauf, daß das Eis Kräfte zu übernehmen vermag, wobei die Festigkeit des Eises mit abnehmender Temperatur zunimmt. Außerdem entsteht eine Druckvorspannung in den mit Eis gefüllten Poren, so daß diese keine Gefügeschwachstellen mehr bilden. Daraus erklärt sich auch der vergleichsweise hohe Festigkeitszuwachs bei Betonen mit großem Wasser-Zement-Wert, die entsprechend ihrem größeren Porenvolumen eine größere Menge gefrierbaren Wassers enthalten.

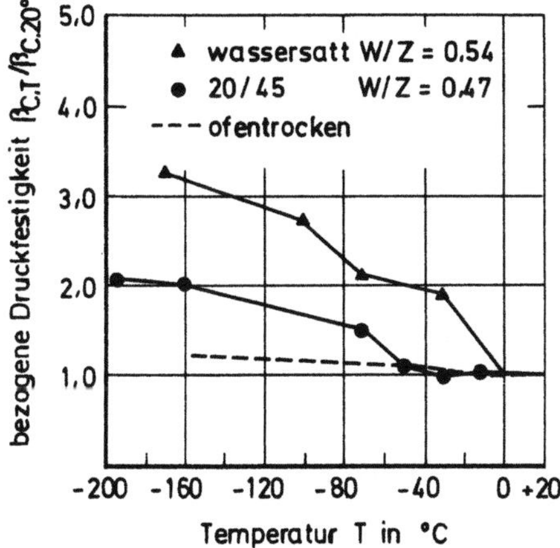

Bild 2.16   Einfluß des Feuchtegehalts des Betons auf die Druckfestigkeit bei tiefen Temperaturen, nach [41]

Mit abnehmender Temperatur verändert sich auch das Verformungsverhalten des Betons (Bild 2.17); die Spannungs-Dehnungs-Linie verliert immer mehr ihre Krümmung und ist bei $-170\,^{O}C$ nahezu linear elastisch.

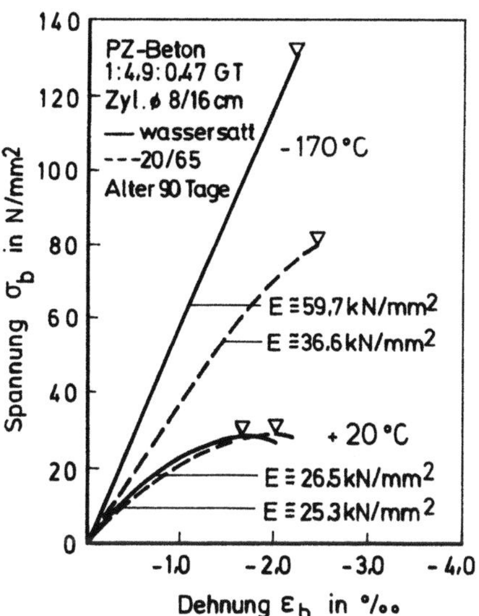

Bild 2.17   Spannungs-Dehnungs-Linien von Normalbeton mit unterschiedlichem Feuchtegehalt bei $+20\,^{O}C$ und $-170\,^{O}C$

Bei schockartiger Abkühlung ergeben sich etwas kleinere Tieftemperaturfestigkeiten als bei langsamer Abkühlung. Nach einem einmaligen Kälteschock bleibt die ursprüngliche Druckfestigkeit nahezu erhalten, die Spaltzugfestigkeit ist jedoch deutlich herabgesetzt.

Zyklische Temperaturbeanspruchungen führen zu einer fortschreitenden Schädigung insbesondere bei wassersattem Beton, wobei die Spaltzugfestigkeit in weit stärkerem Maße absinkt als die Druckfestigkeit. Diese Festigkeitsabnahme erfolgt schon bei vergleichsweise geringer zyklischer Tieftemperaturbeanspruchung um $-30\,^{\circ}C$ (Bild 2.18 a, b) Trockener Beton dagegen (Bild 2.18 c) erfährt kaum eine Schädigung.

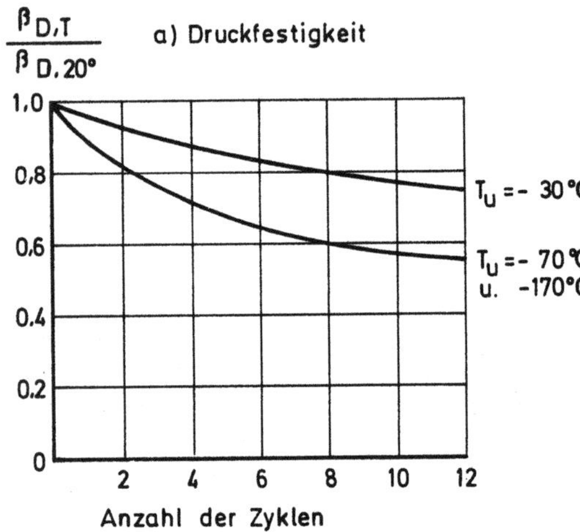

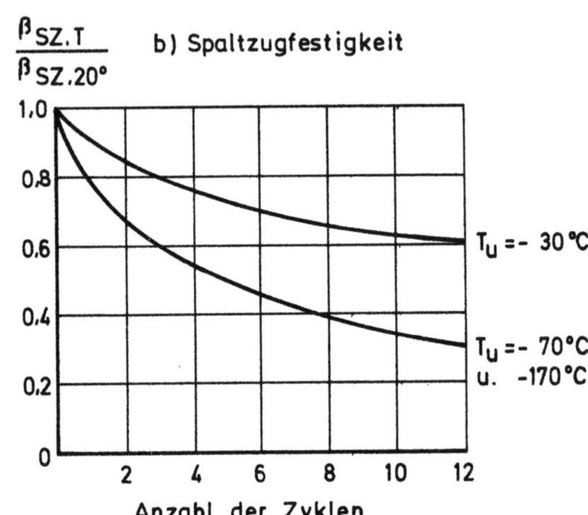

Bilder 2.18a und b   Restfestigkeit (Zylinderdruckfestigkeit und Spaltzugfestigkeit) von wassergesättigtem Beton (Portlandzement) nach zyklischer Tieftemperaturbeanspruchung zwischen $T_o = +20\,^{\circ}C$ und $T_u = -30\,^{\circ}C$, $-70\,^{\circ}C$ und $-170\,^{\circ}C$

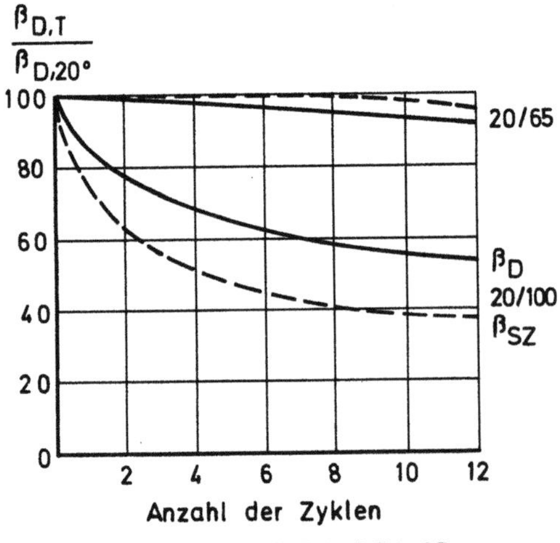

Bild 2.18 c   Einfluß des Feuchtegehalts des Betons auf die Restfestigkeit (Zylinderdruckfestigkeit) nach zyklischer Tieftemperaturbeanspruchung zwischen $T_o = +20\,^{\circ}C$ und $T_u = -170\,^{\circ}C$

2.8.1.8 Druckfestigkeit im Bauwerk

Nachträglich läßt sich die Druckfestigkeit des im Bauwerk bereits erhärteten Betons an herausgetrennten Prüfkörpern oder "zerstörungsfrei" mit besonderen Geräten ermitteln.

Die Prüfkörper werden aus herausgetrennten Betonstücken in Form von Prismen oder Würfeln gesägt oder besser als Zylinder aus dem Bauwerk mit Kernbohrern entnommen.

Z e r s t ö r u n g s f r e i e P r ü f u n g e n (nondestructive testing) des Betons am Bauwerk sind Schlag- und Schallprüfungen (vgl. [42] und DIN 1048, Teil 2); sie sollten nur von erfahrenen Sachverständigen durchgeführt werden. Bei der Schlagprüfung wird entweder der Eindruck einer Kugel im Beton mit dem Kugelschlaghammer (z.B. Frank-Federhammer) oder der Rückprall eines Federhammers, des Prellhammers oder sog. "Schmidt-Hammers" (rebound hammer), gemessen. Die Schallprüfung (ultrasonic pulse test) ist in den USA und in der UdSSR gebräuchlich, wird in Deutschland jedoch nur in Ausnahmefällen angewendet. Hierbei wird aus der Leitfähigkeit von Schall (meistens Ultraschall) auf die Festigkeit geschlossen.

2.8.1.9 Streuung der Druckfestigkeiten des Normalbetons

Statistische Auswertungen von H. Rüsch [43] ergaben folgende Streuung der Druckfestigkeit β_W:

	5 % Fraktile	Mittelwert	95 % Fraktile
Normale Bauausführung	$0,85\,\beta_W$	β_W	$1,15\,\beta_W$
Sorgfältige Bauausführung	$0,91\,\beta_W$	β_W	$1,09\,\beta_W$

2.8.2 Zugfestigkeit (tensile strength)

Die Zugfestigkeit ist von vielen Faktoren abhängig, insbesondere von der Haftung der Zuschlagkörner am Zementstein. Damit hängt die Zugfestigkeit auch von der Zugrichtung in bezug auf die Betonierrichtung ab, weil unter jedem groben Korn der Mörtel absackt und Poren hinterläßt, die die Haftung schwächen (vgl. Bild 4.15). Die Zugfestigkeit ist deshalb im Tragwerk in etwa vertikaler Richtung kleiner als in horizontaler Richtung. Die Versuchswerte streuen stark, weil z.B. Eigenspannungen aus Temperatur und Schwinden kaum ganz vermeidbar sind. Je nach Prüfmethode werden unterschieden: zentrische Zugfestigkeit, Spaltzug- oder Biegezugfestigkeit.

2.8.2.1 Zentrische Zugfestigkeit (axial tensile strength)

Hochwertige Kunststoff-Kleber ermöglichen es, Betonkörper ohne störende Nebeneinflüsse auf zentrischen Zug zu prüfen (Bild 2.19).

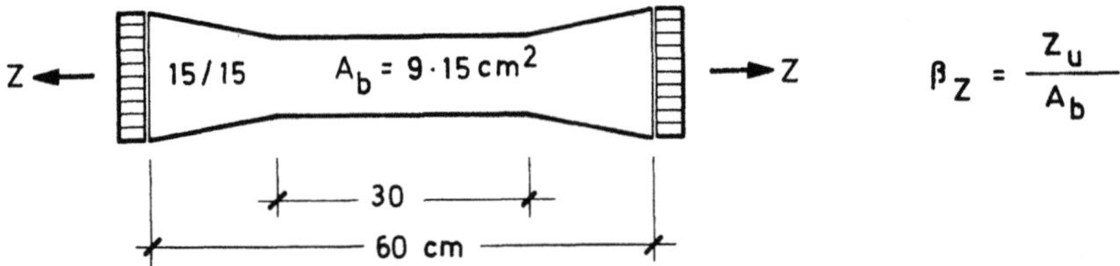

Bild 2.19   Versuchskörper zur Ermittlung der zentrischen Zugfestigkeit

2.8.2.2 Spaltzugfestigkeit (splitting tensile strength)

Die Spaltzugfestigkeit wird nach Bild 2.20 aus den Querzugspannungen in einem liegend belasteten Zylinder ermittelt (Spaltzugversuch). Der Spannungszustand ist dabei zweiachsig; trotzdem ist die Spaltzugfestigkeit β_{SZ} meistens etwas höher als bei zentrischem Zug, weil der Riß im Inneren des Körpers beginnen muß (vgl. Bonzel [44]).

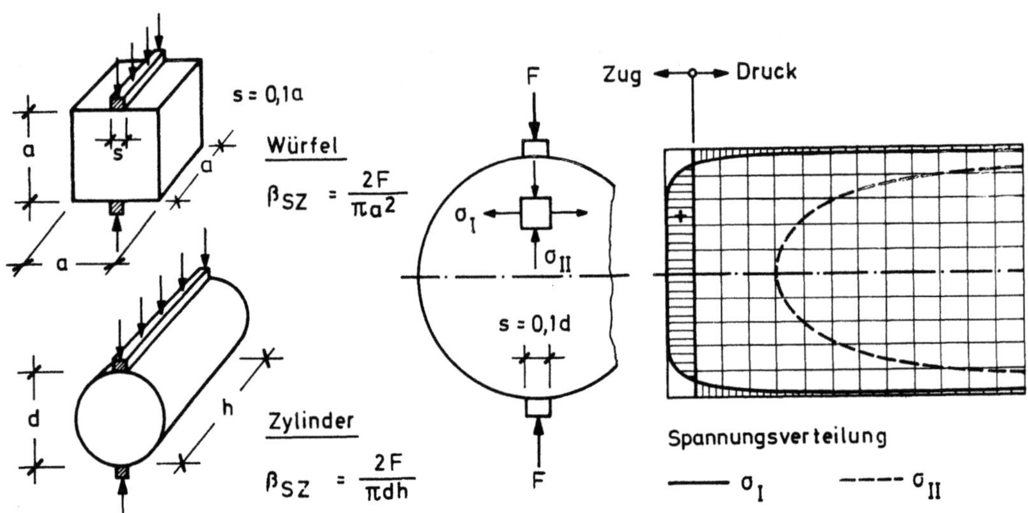

Bild 2.20   Ermittlung der Spaltzugfestigkeit an Betonzylindern oder
-würfeln [44]

2.8.2.3 Biegezugfestigkeit (bending tens. str. ; modulus of rupture)

Die Biegezugfestigkeit β_{BZ} wird durch Biegebelastung eines unbewehrten Betonbalkens ermittelt. Sie ist stark von den Abmessungen der Prüfkörper und von der Laststellung abhängig und wird heute vorwiegend nur noch im Straßenbetonbau verwendet.

Bild 2.21 zeigt einen Betonbalken 15 x 15 x 70 cm mit zwei Einzellasten in $\ell/3$. Die Biegezugfestigkeit ergibt sich bei Annahme einer geradlinigen Spannungsverteilung über der Querschnittshöhe als rechnerische Biegerandspannung zu:

$$\beta_{BZ} = \frac{M_u}{W} = \frac{F_u}{2} \cdot \frac{\ell}{3} \bigg/ \frac{bd^2}{6} = \frac{F_u \cdot \ell}{bd^2}$$

Sie fällt bei kleinen Prismen größer aus als die zentrische Zugfestigkeit
oder die Spaltzugfestigkeit, weil die größte Spannung nur in der äußersten
Faser entsteht und bei kleinem d weniger beanspruchte Nachbarfasern mit-
tragen helfen.

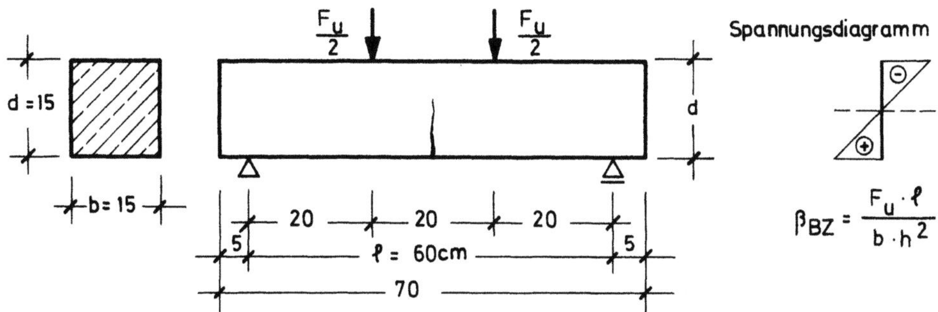

Bild 2.21   Prüfkörper zur Ermittlung der Biegezugfestigkeit

Bei größerem d ist die Spannungsgradiente kleiner, Nachbarfasern helfen
weniger. Die Biegezugfestigkeit nimmt daher mit zunehmender Trägerhöhe d ab. Die CEB/FIP-Richtlinien (1978) geben deshalb die Biegezugfestigkeit an zu

$$\beta_{BZ} = \beta_{Z} \cdot (0,6 + \frac{0,4}{d^{1/4}}) \geqq \beta_{Z} \quad \text{(d in m)}$$

Dies ergibt bei   d = 0,1 m $\beta_{BZ} = 1,4\,\beta_{Z}$

                   d = 1 m $\beta_{BZ} = 1,0\,\beta_{Z}$.

2.8.2.4 Zahlenwerte für die Zugfestigkeiten

Für die Verhältnisse der Zugfestigkeiten untereinander und zur Druckfestigkeit lassen sich keine allgemein gültigen Zahlenwerte angeben. Die
Form, Größe und Festigkeit der Zuschläge sowie der w/z-Wert und die
Nachbehandlung wirken sich sehr unterschiedlich aus. Als Anhalt können
die folgenden Mittelwerte gelten:

Zentr. Zugfestigkeit $\beta_{Z} = 0,23 \cdot \sqrt[3]{\beta_{W}^{2}}$ (2.4)

Spaltzugfestigkeit $\beta_{SZ} = 0,28 \cdot \sqrt[3]{\beta_{W}^{2}}$ in N/mm^2 (2.5)

Biegezugfestigkeit $\beta_{BZ} = 0,46 \cdot \sqrt[3]{\beta_{W}^{2}}$ (2.6)
bei d = 15 cm

In etwa vertikaler Richtung (quer zur Lage beim Betonieren) sind die Werte bis zu 50 % kleiner.

2.8.2.5 Streuung der Zugfestigkeit β_Z des Normalbetons in N/mm^2 nach Rüsch [45]

Beton-Festigkeitsklasse	5 % Fraktile	95 % Fraktile	Richtung
β_W	$0,15\,\beta_W^{2/3}$	$0,24\,\beta_W^{2/3}$	quer zur Betonier-richtung
B 25	1,3	2,1	
B 45	1,9	3,1	
B 25	0,7	1,1	in Betonier-richtung
B 45	1,0	1,6	

2.8.3 Festigkeiten bei mehrachsiger Beanspruchung

Die Zug- und Druckfestigkeit des Betons werden durch mehrachsige Be-anspruchung stark beeinflußt [32, 33, 46, 47, 48].

Für zweiachsige Beanspruchung zeigt Bild 2.22 ein Diagramm, das aus Versuchen von Rüsch und Kupfer an der T.H. München gewonnen wurde [46]. Die Lasteintragung wurde dabei über Stahldrahtbürsten (vgl. Bild 2.9 b) vorgenommen. Bei zweiachsigem Druck nimmt die Festigkeit zu, während schon geringe Zugbeanspruchung in einer Richtung die Druck-festigkeit in der anderen Richtung erheblich herabsetzt.

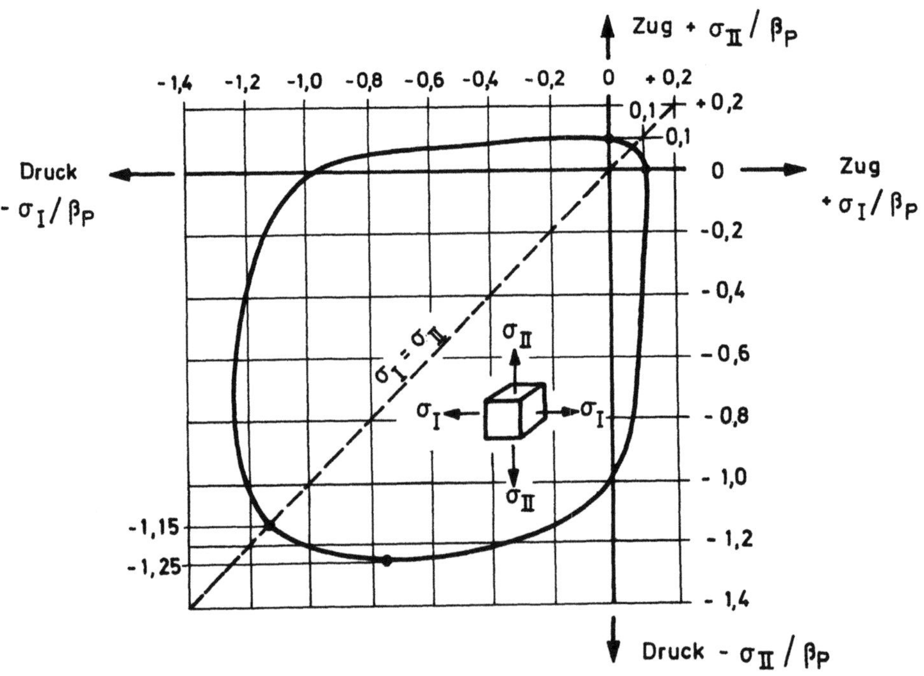

Bild 2.22   Beton unter zweiachsiger Beanspruchung [46]

Die Zunahme der Druckfestigkeit bei zweiachsigem Druck kann auch durch Behinderung der Querdehnung geweckt werden (vgl. Abschn. 2.8.1.1). Darauf beruht die günstige Wirkung von Umschnürungen und Querbewehrungen, die z.B. bei umschnürten Stützen, Spanngliedverankerungen und Teilflächenbelastungen angewendet werden. Die Verringerung der Druckfestigkeit bei zweiachsiger Druck-Zug-Beanspruchung ist z.B. beim Auftreten von Spaltkräften oder in den Druckplatten von Plattenbalken usw. zu beachten.

2.8.4 Schub-, Scher-, Torsionsfestigkeit

<u>Schubfestigkeit</u> (shear strength) . . . . gibt es beim spröden

<u>Scherfestigkeit</u> (punching shear strength) . . . . . . Beton als Werkstoffkennwerte nicht

<u>Torsions- oder Drillfestigkeit</u> (torsional strength) . .

In Wirklichkeit entsteht bei Querkraft, Torsion oder Scherkraft ein System von schiefen Zug- und Druckspannungen (Hauptspannungen). Der Bruch tritt durch Überwinden der Zugfestigkeit in der Richtung der Hauptzugspannung ein: unter 45° bei reinem Schub ohne Längskraft (z.B. bei Torsion, Verdrehung), als Zickzacklinie bei Scherbeanspruchung.

2.9 Formänderungen des Betons

Beim erhärteten Beton sind zu unterscheiden:

1. elastische Formänderungen (elastic deformations) durch Belastung oder Temperatur, die nach Entlastung vollständig zurückgehen;

2. plastische Formänderungen (plastic deformations) durch hohe kurzzeitige Belastung, die nach Entlastung nicht vollständig zurückgehen;

3. zeit- und klimaabhängige Formänderungen durch Veränderungen des Zementgels im Beton, wobei unterschieden wird:

   Schwinden (shrinkage) und Quellen (swelling) als lastunabhängige Formänderungen durch Feuchtigkeitsänderungen im Zementgel,

   Kriechen (creep) und Erholkriechen (creep recovery) als lastabhängige Formänderungen durch Volumenänderungen des Zementgels bei Belastung bzw. Entlastung.

Bei Belastung beginnt das Kriechen schon nach kurzer Lastdauer, so daß rein elastische Formänderungen schwierig festzustellen sind. Bei Messungen an Bauwerken in Versuchen muß daher stets die Zeit zwischen Belastung und Messung, aber auch die Temperatur und Feuchtigkeit der Luft festgehalten werden.

Die Berechnung der Formänderungen erfolgt im wesentlichen mit Hilfe der Elastizitätstheorie. Grundlegend wird dabei von den Dehnungen (strains) $\varepsilon = \sigma/E$ des einachsig mit σ beanspruchten Prismas ausgegangen, wobei E der Elastizitätsmodul (modulus of elasticity, Young's modulus), ein Baustoffkennwert, ist.

Im folgenden wird das Formänderungsverhalten des Betons aus normalen Gesteinszuschlägen im wesentlichen durch Betrachtung der Spannungs-Dehnungs-Linien (σ - ε -Linien) von einachsig und mittig gedrückten Prismen behandelt.

2.9.1 Elastische Formänderungen

2.9.1.1 Elastizitätsmodul des Betons (modulus of elasticity)

Rein e l a s t i s c h e s Verhalten des Betons mit $E = \sigma/\varepsilon$ = konstant haben wir nur bei niedrigen, kurzzeitigen Spannungen (σ bis $1/3\ \beta_P$). Die Bestimmung des E-Moduls erfolgt entsprechend dem im Bild 2.23 dargestellten Verfahren. Durch mehrmalige kurzzeitige Wiederholung der Laststufe $\Delta\sigma \approx 1/3\ \beta_P$ mit einer Belastungsgeschwindigkeit von $0,5\ \text{N/mm}^2$ je Sekunde werden anfängliche plastische Anteile der Dehnung beseitigt. Der E-Modul ist auch von der Belastungsgeschwindigkeit abhängig. Die so ermittelten Werte des E-Moduls für 28 Tage alten, normbehandelten Beton liegen den Angaben in den DIN zugrunde.

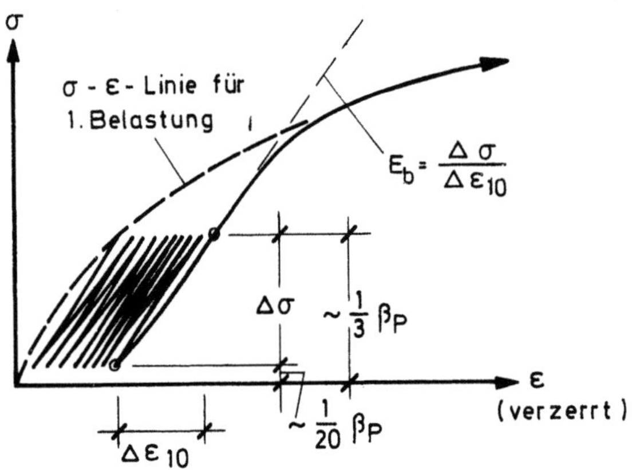

Bild 2.23   Bestimmung des E-Moduls von Betonprismen nach DIN 1048

Die für eine bestimmte Betongüte angegebenen E_b-Werte sind nur Mittelwerte, weil auch die Art der Zuschläge, die Kornzusammensetzung und der w/z-Wert noch merklichen Einfluß haben. Man muß weiterhin beachten, daß E_b noch mit dem Alter, der Temperatur und der Feuchtigkeit (chemischer Reifegrad) veränderlich ist. Für große Bauwerke sollte daher der E-Modul des verwendeten Betons bei den Eignungs- oder Güteprüfungen bestimmt werden.

Eine geläufige Formel ist (E_b und β_W in N/mm^2):

$$E_b = 5\ 600\ \sqrt{\beta_W} \qquad\qquad (2.7)$$

In Deutschland gelten nach DIN 1045 die Werte der Tabelle Bild 2.24, wobei Abweichungen von $\pm\ 20\ \%$ möglich sind.

	Festigkeitsklasse					
	B 10	B 15	B 25	B 35	B 45	B 55
E_b N/mm^2	22000	26000	30000	34000	37000	39000

Bild 2.24   Rechenwerte des Elastizitätsmoduls E_b nach DIN 1045

Vielfach werden im Schrifttum höhere Werte für einen sog. "dynamischen E-Modul" angegeben, der z.B. in Schallprüfungen (vgl. Abschn. 2.8.1.8) bestimmt wird. Bei sehr rascher Spannungsänderung, also bei hoher Schwingungsfrequenz, kann sich das Spannungsniveau nicht mehr im ganzen Körper entwickeln, so daß die Verformung kleiner und damit der E-Modul scheinbar größer wird. Der "dynamische E-Modul" kann daher nicht für Verformungsberechnungen im Stahlbetonbau verwendet werden.

2.9.1.2 Temperaturdehnung

Die T e m p e r a t u r d e h n z a h l α_T (coefficient of thermal expansion) ist die auf eine Temperaturänderung von 1° C bzw. 1 Kelvin K bezogene Dehnung. Für Beton gilt:

$$\alpha_T = 9 \cdot 10^{-6} \text{ bis } 12 \cdot 10^{-6} \left[\frac{1}{K}\right]$$

Im Mittel kann wie bei Stahl (vgl. Abschnitt 3) $\alpha_T = 10 \cdot 10^{-6} \left[\frac{1}{K}\right]$ angesetzt werden.

Die Temperaturdehnzahl hängt von der Temperatur ab: bei h o h e n Temperaturen wird α_T größer mit wachsender Temperatur (bis ca. $22 \cdot 10^{-6}$, vgl. [38, 49]), bei t i e f e n Temperaturen wird α_T kleiner mit fallender Temperatur (bis ca. $5 \cdot 10^{-6}$, vgl. [40]).

2.9.1.3 Wärmeleitfähigkeit

Die Wärmeleitfähigkeit λ (coefficient of thermal conductivity) gibt die Wärmemenge an, die in 1 Stunde durch 1 m^2 einer 1 m dicken Schicht bei $\Delta T = 1$ K hindurchfließt. Sie hängt vom Feuchtigkeitsgehalt, der Rohdichte ρ_R und besonders vom Quarzsandgehalt ab und liegt für $\rho_R = 2,2$ bis $2,4$ t/m^3 und Feuchtigkeit von ca. 2 Gew. % zwischen $\lambda = 1,2$ und $\lambda = 2,4$ W/m $\cdot$ K. Bei Nachweisen der Wärmedämmung von Decken und Wänden verwendet man gemäß DIN 4108 den Wert von 2,1 W/m $\cdot$ K, bei Ermittlung von Temperaturgradienten in Betonquerschnitten Werte von 1,4 oder 1,5 W/m $\cdot$ K.

Es ist zu beachten, daß Stahl eine sehr viel größere Wärmeleitzahl (rd. 60 W/m $\cdot$ K) aufweist als Beton. Dies kann zu Temperaturunterschieden zwischen Bewehrungsstäben und umgebendem Beton führen, die in Verbundspannungen und Spaltkräften resultieren.

2.9.1.4 Querdehnung und Schubmodul

Jede Kraft bzw. Spannung erzeugt neben den Dehnungen in Kraftrichtung
auch Verformungen in Querrichtung. Das Verhältnis Querdehnung zu
Längsdehnung = die Querdehnzahl μ (Poisson's ratio) ist beim Beton mit der Betondruckfestigkeit und dem Beanspruchungsgrad veränderlich und liegt zwischen 0,15 und 0,25; im Mittel gilt der Wert 0,2.

Mit Hilfe der Querdehnzahl μ wird nach der Elastizitätstheorie der
Schubmodul G ermittelt:

$$G = \frac{E}{2(1 + \mu)} \tag{2.8}$$

Er kann nur zur Ermittlung der Schubverformungen in Tragwerken aus
homogenem Baustoff verwendet werden, bei Stahlbeton also nur vor der
Rißbildung und bei niedrigen Spannungen. Die Schubverformungen gerissener Stahlbetonbauteile lassen sich mit diesem Wert nicht ermitteln.

2.9.2 Zeitunabhängige, plastische Verformungen

Die Spannungs-Dehnungslinien des Betons zeigen bei Kurzzeitbelastung
(short time loading) für Spannungen über $1/3$ β_P einen stark gekrümmten
Verlauf; bei Entlastung geht die Dehnung also nicht auf Null zurück
(Bild 2.25). Zu den elastischen Dehnungen kommen plastische Deh-
nungen, d.h. $\varepsilon_{tot} = \varepsilon_{el} + \varepsilon_{pl}$, und Verformungen können für höhere
Beanspruchungen nicht mehr mit konstantem E_b berechnet werden.

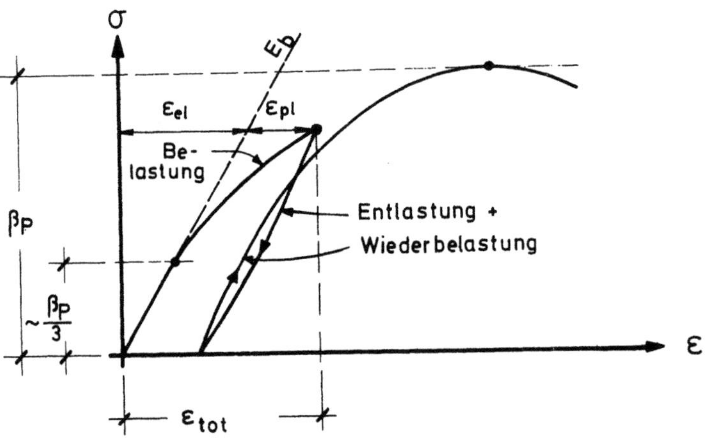

Bild 2.25   Dehnungen eines Betonprismas unter Belastung (schematisch)

Für Betone unterschiedlicher Festigkeit (aus gleichem Gestein und Kornaufbau) ergeben sich bei konstanter Belastungsgeschwindigkeit die in
Bild 2.26a [50] und bei konstanter Dehngeschwindigkeit (z.B. 1‰ in
100 min) und mittiger Belastung die in Bild 2.26b [51] dargestellten
Spannungs-Dehnungs-Linien.

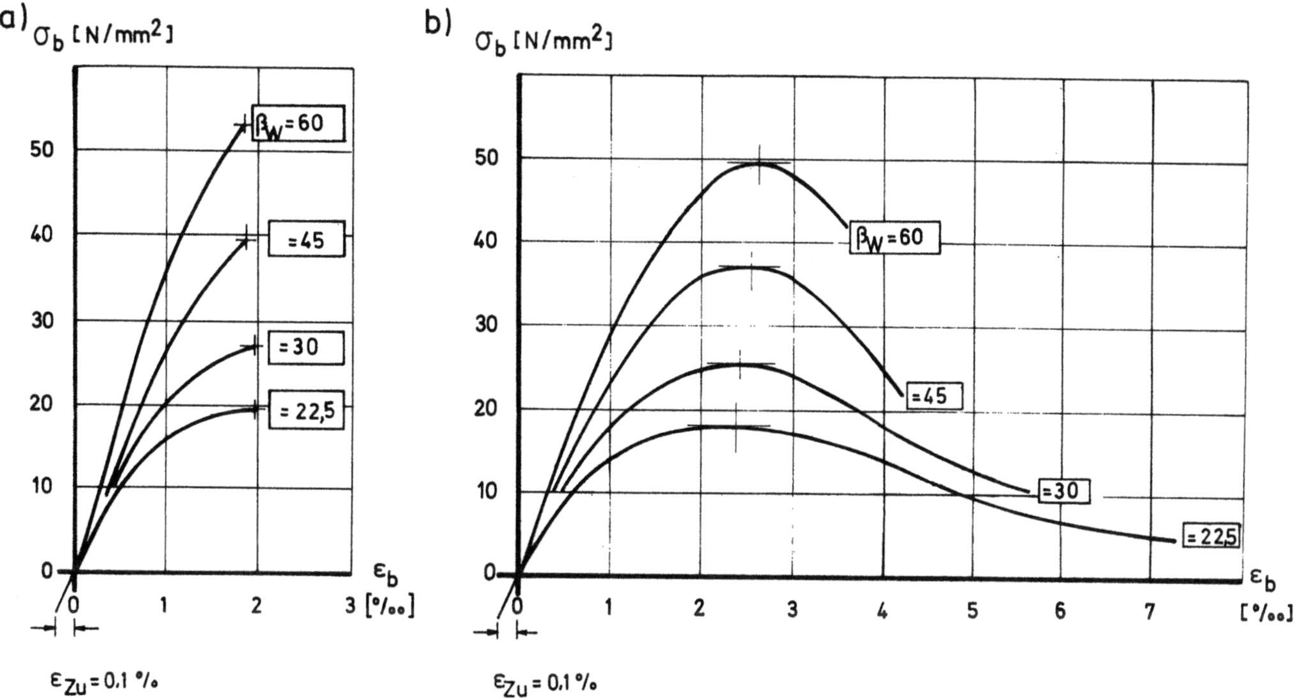

Bild 2.26   Spannungs-Dehnungs-Linien für Betone unterschiedlicher Druckfestigkeit, gemessen an mittig belasteten Prismen: a) bei konst. Belastungsgeschwindigkeit [50] , b) bei konst. Dehngeschwindigkeit [51]

Es zeigt sich, daß die Scheitelwerte (max $\sigma_b \approx \beta_P$) etwa bei ε_b = 2,0 bis 2,5 ‰ unabhängig von der Druckfestigkeit liegen und daß die Linien für Betone geringerer Festigkeit bis zum Scheitelpunkt hin stärker gekrümmt sind als die bei hochfesten Betonen; erstere haben also ein grösseres plastisches Formänderungsvermögen.

Die Zug-Bruchdehnung des Betons beträgt fast unabhängig von der Betongüte ε_{Zu} = 0, 10 bis 0, 12 ‰ .

Der Verlauf der σ-ε - Linien und die Größe der Druckfestigkeit sind weiterhin von dem Unterschied zwischen Belastungs- und Betonierrichtung abhängig, wie Bild 2.27 für einen Beton mit $\beta_W \approx 20$ N/mm² zeigt. Die lotrecht betonierten Prismen zeigten bei Belastung in Betonierrichtung größere Dehnungen ε_b bzw. kleinere Festigkeiten als quer zur Betonierrichtung belastete. Dies rührt von kleinen Hohlräumen unter den groben Zuschlagkörnern durch Setzung des frischen Mörtels her. Bei höherfesten Betonen sind die Unterschiede geringer [52].

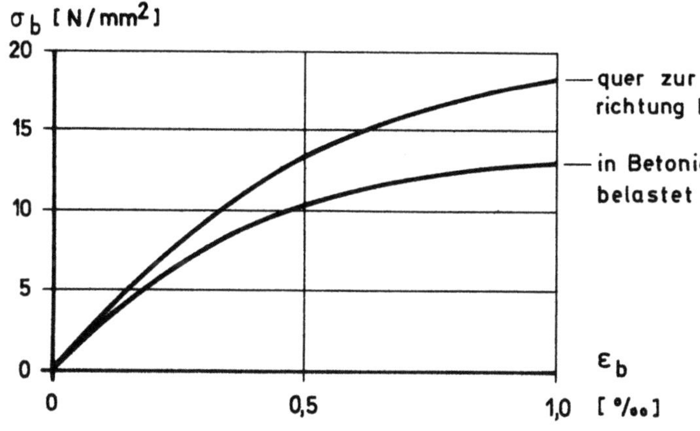

Bild 2.27   Einfluß des Unterschiedes zwischen Belastungs- und Betonierrichtung auf die σ-ε-Linien eines Betons mit $\beta_W \approx 20$ N/mm² [52]

2.9.3 Zeitabhängige Formänderungen

2.9.3.1 Arten und Ursachen

Beton erfährt mit der Zeit durch Einwirkung der umgebenden Medien
(Luft, Wasser), d. h. des Klimas, Volumenänderungen. S c h w i n d e n
(shrinkage) ist die Volumenverkleinerung beim Verdunsten des chemisch
nicht gebundenen Wassers im Beton. Q u e l l e n (swelling) ist die Volumenvergrößerung von Beton durch Wasseraufnahme bei sehr hoher Feuchtigkeit der Luft oder bei Wasserlagerung.

Während Schwinden und Quellen lastunabhängige Formänderungen sind,
versteht man unter Kriechen (creep) und Relaxation (relaxation) zeitabhängige Erscheinungen, die gleichzeitig last- bzw. verformungsbezogen
sind. K r i e c h e n ist die Zunahme einer Formänderung mit der Zeit unter dauernd wirkenden Lasten bzw. Spannungen. Die Abnahme einer anfänglich erzeugten Spannung bei konstant gehaltener Länge nennt man
R e l a x a t i o n .

Die Ursachen für diese nichtelastischen Form- und Spannungsänderungen
liegen in der Mikrostruktur des Zementsteins (vgl. [6]). Zementstein
ist der erhärtete Zementleim, der die Zuschlagkörner umhüllt und verkittet. Die Grundmasse des Zementsteins ist das Zementgel, eine kolloi-
dale bzw. mikrokristalline, hochfeste und weitgehend homogene Masse,
in die größere Teile, wie Klinkeranteile des Zements und Kalkhydrat-
kristalle, eingelagert sind. Im Zementgel ist Wasser in verschiedener
Form enthalten: als chemisch gebundenes Wasser, als physikalisch gebundenes Wasser in den Gelporen (die ca. 100-mal kleiner sind als die
Kapillaren) und als freies Wasser neben Luft in den Kapillaren und Makro-
poren.

S c h w i n d e n entsteht somit durch das Schrumpfen der Gelmasse, wobei
chemisch nicht gebundenes Wasser des Zementgels verdunstet. Dieses
geschieht im Betonkörper unabhängig von seinem Spannungszustand und
ist nur von den Kapillarspannungen, der Zeit bzw. dem Alter des Betons
und wesentlich vom Klima, d. h. der Temperatur und der relativen Luftfeuchte der Umgebung, abhängig. Schwinden ist teilweise reversibel durch
Q u e l l e n bei Wasserlagerung oder hoher relativer Luftfeuchte (relative
humidity), (Bild 2.28).

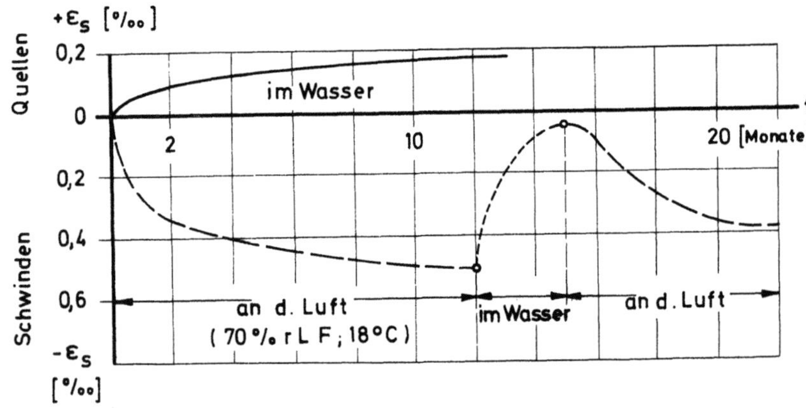

Bild 2.28   Schwinden und Quellen von Betonkörpern mit Z 25 und einem
Zementgehalt von 300 bis 350 kg/m^3 (nach A. Hummel [7])

Beim K r i e c h e n von Betonkörpern, die unter dauernd wirkenden Spannungen stehen, wird chemisch nicht gebundenes Wasser aus den Mikroporen
des Zementgels (Gelporen) in die Kapillaren gepreßt und verdunstet, was
eine Volumenverringerung des Gels zur Folge hat (vgl. auch [53, 54]).
Wie beim Schwinden, so wird dieser Vorgang auch von den Kapillarspannungen und besonders wieder dem Klima beeinflußt. Die Zunahme der
Kriechverformung wird mit der Zeit immer geringer, das Kriechen kommt
jedoch erst nach sehr langer Zeit - bei Bauten im Freien z.B. nach 15 bis
20 Jahren - zum Stillstand.

Bei Längsdruck σ_L zeigt sich auch in Querrichtung eine der elastischen
Querdehnung $\varepsilon_q = \mu\varepsilon_L$ entsprechende Kriechverformung. Forschungsergebnisse hierzu sind noch spärlich und widersprechen sich teilweise
[55, 56]. Um Kriechverformungen bei zweiachsigen Spannungszustän-
den genügend genau ermitteln zu können, müßte die Kriech-Querdehnung
bekannt sein.

Analog zum Schwinden sind Kriechverformungen zum Teil reversibel. So
beobachtet man nach einer Entlastung zusätzlich zur elastischen Rückfe-
derung einen weiteren Rückgang der Verformung mit der Zeit, was als
"E r h o l k r i e c h e n" (creep-recovery), "reversibles Kriechen" (rever-
sible creep) oder "verzögert-elastische Verformung ε_v" (delayed elasticity) bezeichnet wird (Bild 2.29). Nur der Restanteil der Dehnung ist blei-
bend oder irreversibel und wird auch "Fließen" ε_f (flow) genannt.

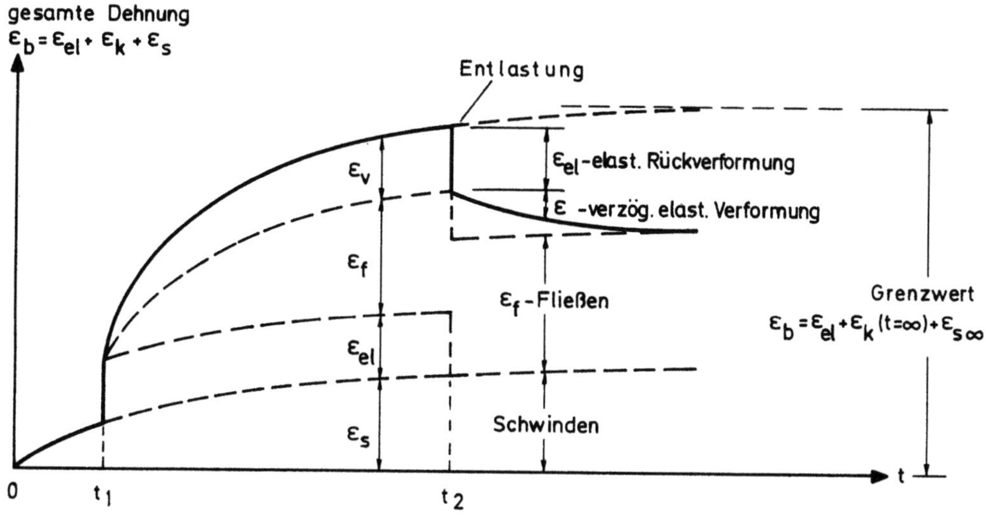

Bild 2.29   Zeitliche Entwicklung des Schwindens und Kriechens bei
Be- und Entlastung eines Betonprismas (schematisch zur Erläuterung
der Begriffe)

Bei der R e l a x a t i o n beginnt der Vorgang des Auspressens von chemisch nicht gebundenem Wasser zunächst wie beim Kriechen. Durch den
inneren Wasserverlust nimmt aber wegen des gleichbleibenden Volumens
der i n n e r e Spannungszustand ab, d.h. das weitere Wasser wird mit
geringerer Kraft ausgepreßt. Auch dieser Vorgang verläuft mit abnehmender Intensität und ist vom Klima abhängig.

Kriechen und Relaxation zeigen sich bei jeder Beanspruchungsart, also
bei Druck, Zug, Schub und Torsion; am häufigsten sind sie unter Druckbeanspruchung zu beachten.

Diese zeitabhängigen Verformungen werden wesentlich durch Eigenschaften des Zementsteins beeinflußt, d.h. durch den Zementgehalt und den Wasserzementwert. Ein Betonkörper, der früh nach der Erhärtung belastet wird (geringer Austrocknungs- oder Reifegrad), kriecht mehr als ein Beton, der erst in hohem Alter eine Belastung erhält.

In den folgenden Abschnitten werden qualitative und quantitative Angaben über das Schwinden und Kriechen gemacht.

2.9.3.2 Verlauf und Abhängigkeiten des Schwindens

In Bild 2.30 ist der an Prismen gemessene zeitliche Verlauf des Schwindens, ausgedrückt durch die Schwinddehnung ε_s, für verschiedene Bedingungen gezeigt. Die Schwindeigenschaften des betreffenden Betons werden durch das Endschwindmaß $\varepsilon_{s\infty}$ zur Zeit $t = \infty$ gekennzeichnet.

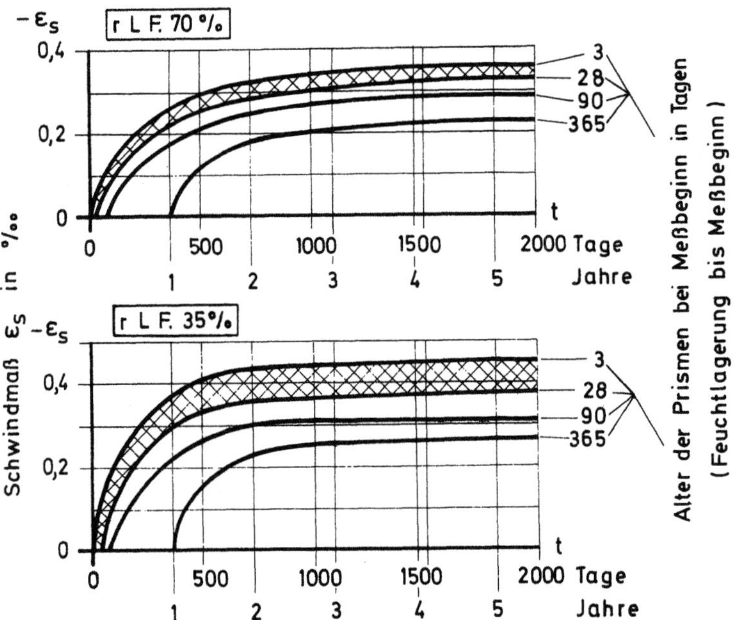

Bild 2.30   Zeitlicher Verlauf des Schwindens von Betonprismen 12/12/36 cm nach verschieden langer Feuchtlagerung bei ca + 18° bis Meßbeginn (nach M. Roš [57])

Für das Schwinden können folgende Abhängigkeiten angegeben werden:

1. Die relative Luftfeuchte (rLF.) beeinflußt sowohl Größe wie Dauer des Schwindens (Bild 2.30). Man muß daher abhängig von der rLF. unterschiedliche Endschwindmaße $\varepsilon_{s\infty}$ zur Zeit $t = \infty$ berücksichtigen. Das stärkste Schwindmaß ($\varepsilon_{s\infty} \approx 60 \cdot 10^{-5}$) ergibt sich in geheizten Gebäuden oder in besonders trockenen Klimazonen.

2. Das Endschwindmaß hängt stark vom Alter bzw. Reifegrad des Betons beim Beginn der Austrocknung ab (Bild 2.30). Durch einjährige Feuchtlagerung kann das Endschwindmaß um bis zu 40 % verkleinert werden. Bei der üblichen Nachbehandlungsdauer von 10 bis 28 Tagen (schraffierter Bereich in Bild 2.30) ist der Einfluß des Alters jedoch so gering, daß er in der Praxis in der Regel vernachlässigt wird.

3. Die Kurven in Bild 2.30 zeigen, daß das Schwinden von Prismen mit
etwa $12 \cdot 12$ cm^2 Querschnitt nach 2 bis 4 Jahren bei konstanter rLF. be-
endet ist. Dickere Bauteile brauchen jedoch länger, bei $d > 1$ m z. B. bis
zu 15 Jahren, weil sie langsamer austrocknen; sie erreichen im Inneren
einen höheren Reifegrad beim Beginn des Austrocknens und zeigen ein
kleineres Endschwindmaß. Der Einfluß der Dicke ist groß und wird bei
Schwindberechnungen berücksichtigt.

4. Es wurde schon erläutert, daß der Zement- und Wassergehalt des Betons das Schwindmaß beeinflussen: ein hoher Zementgehalt und/oder ein
hoher Wasserzementwert vergrößern die Schwindverformungen. Dies
wird in der Berechnung durch unterschiedliche Grundwerte des Schwindens
für die verschiedenen Konsistenzbereiche des Betons K_1, K_2 oder K_3 berücksichtigt.

5. Die Temperatur der umgebenden Luft beeinflußt das Austrocknen des
Betons und damit das Schwinden. Beobachtungen an Bauwerken zeigen,
daß das Schwinden im Winter meist zum Stillstand kommt. Versuchsergebnisse hierzu gibt es noch kaum; der Ingenieur in der Praxis muß diese Tatsache jedoch beachten.

2.9.3.3 Verlauf und Abhängigkeiten des Kriechens

Das Kriechverhalten eines Betons wird entweder durch die Kriechdehnung
ε_k, wie sie in Bild 2.29 dargestellt ist, oder durch die Kriechzahl φ beschrieben. Die Kriechverformung hat sich bis zur Beanspruchung
$\sigma_b \leqq 0,4 \cdot \beta_P$, also für den gesamten Bereich der Gebrauchslastspannun-
gen, als proportional zur anfänglichen elastischen Verformung erwiesen.
Mit Einführung eines Proportionalitätsfaktors $\varphi = \varepsilon_k / \varepsilon_{el}$ ist dann die
Kriechdehnung

$$\varepsilon_k = \frac{\Delta \ell_k}{\ell} = \varphi \cdot \varepsilon_{el} = \varphi \frac{\sigma_b}{E_b} \qquad (2.9)$$

Die Endkriechzahl φ_∞ zur Zeit $t = \infty$ kennzeichnet die Kriecheigenschaf-
ten des Betons.

Der zeitliche Verlauf der Kriechdehnung von mittig gedrückten Prismen
ist in Bild 2.31 dargestellt, wobei ε_k durch die auf die Endkriechzahl
φ_∞ bezogene Kriechzahl φ_t ausgedrückt ist. Man sieht, daß das Kriechen
ähnlich wie das Schwinden verläuft, jedoch länger dauert.

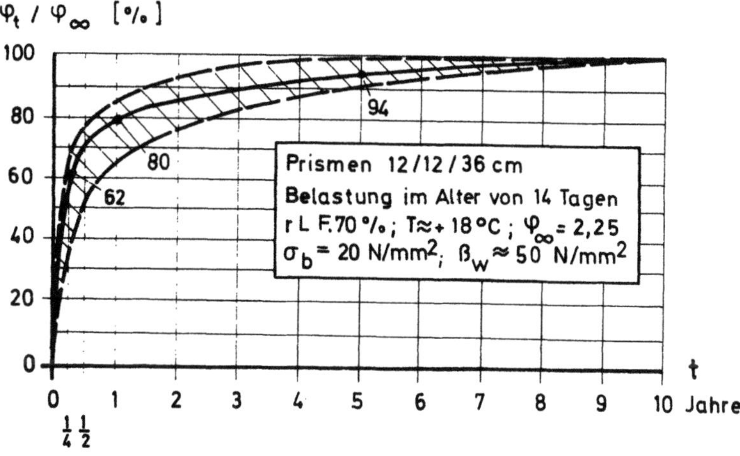

Bild 2.31   Zeitlicher Verlauf des Kriechens mittig belasteter Prismen bei
konstanter Temperatur und relativer Luftfeuchte (nach M. Roš [57])

Das Kriechen umfaßt neben bleibenden Verformungsanteilen auch solche,
die reversibel sind; es ist dies der bereits erwähnte verzögert-elastische
Verformungsanteil ε_v, der eine Größe von 24 % bis 44 % der unmittelbar
bei der Belastung entstehenden elastischen Verformung ε_{el} erreichen kann.
Dieser Anteil kann während der Belastung nicht direkt gemessen werden,
sondern wird aus dem Kurvenverlauf n a c h der Entlastung ermittelt.

Die gesamte Kriechverformung kann somit in 2 Anteile aufgespalten werden

$$\varepsilon_k = \varepsilon_v + \varepsilon_f$$

(Kriechen = verzögert-elastische Verformung + Fließen)

Diese Aufspaltung ist dann von Bedeutung, wenn die das Kriechen auslösen-
de Spannung sich innerhalb des betrachteten Zeitraums stark ändert.

Ein erheblicher Anteil der Fließverformung entsteht unmittelbar nach der
Belastung und ist bei jungem Beton besonders ausgeprägt. Durch Abspalten
dieses Anteils der raschen Anfangsverformung ε_a an der gesamten Fließverformung ε_f erhält man den Anteil des Restfließens $\bar{\varepsilon}_f$, das sich wieder
in die Anteile $\varepsilon_{f,g}$ des Grundfließens und $\varepsilon_{f,tr}$ des Trocknungsfließens
aufteilen läßt. Das Grundfließen ist dabei diejenige Verformung, die sich
bei völlig behindertem Feuchtigkeitsaustausch mit der Umgebung entwik-
kelt, während das Trocknungsfließen Verformungen infolge Feuchtigkeits-
verlustes berücksichtigt.

In Bild 2.32 sind die Meßwerte eines Kriechversuchs mit Zerlegung in die
einzelnen Verformungsanteile dargestellt; die folgende Zusammenstellung
gibt eine Übersicht über die einzelnen Anteile der zeitabhängigen Verformungen (Schwinden eingeschlossen) und die Einflußfaktoren, welche ihre
Größe mitbestimmen (nach [58]).

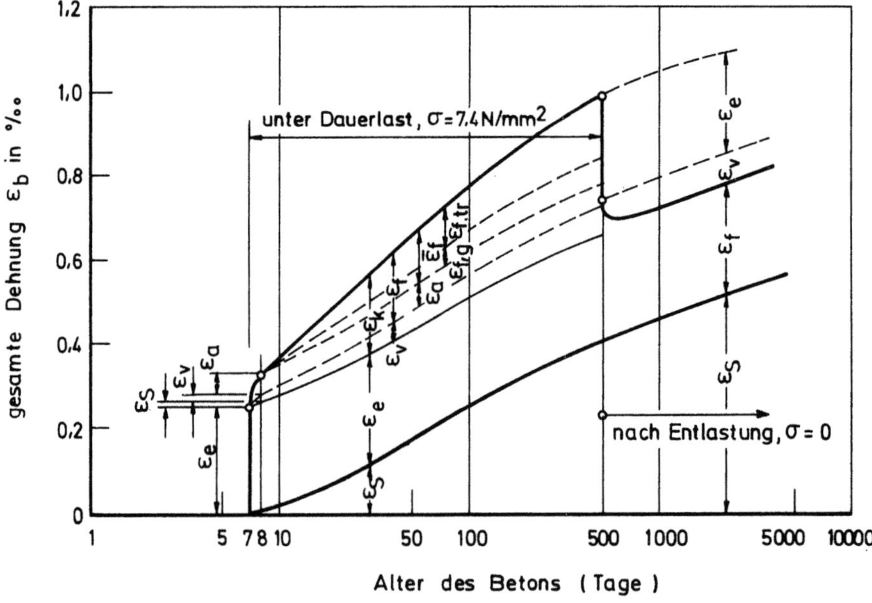

Bild 2.32   Meßwerte eines Kriechversuchs mit Zerlegung in die einzelnen Verformungsanteile nach [58]

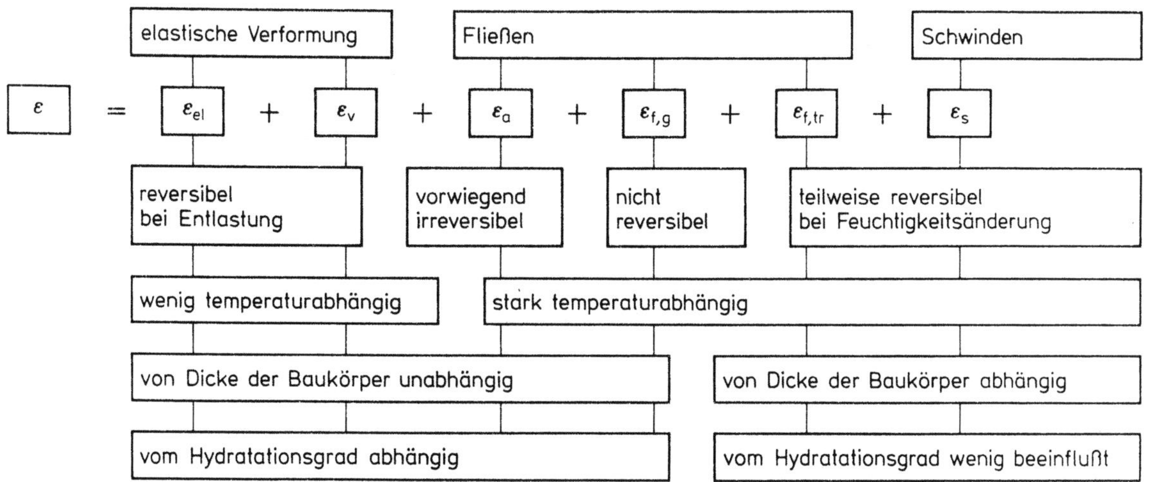

Wie in der Zusammenstellung angedeutet, wird die Größe der zeitabhängigen Verformungen durch eine Vielzahl von Einflußfaktoren bestimmt:

1. Der Einfluß der relativen Feuchte der umgebenden Luft ist in Bild 2.33 gezeigt. Der Beton kriecht in trockener Luft, z.B. bei 30 % rLF. in beheizten Gebäuden, wesentlich mehr als in feuchter Luft, z.B. bei 70 % bis 80 % rLF. im Freien; er kriecht aber auch noch bei Lagerung im Wasser. Dieser Einfluß wird in Berechnungen durch unterschiedliche Grundwerte des Endkriechmaßes berücksichtigt.

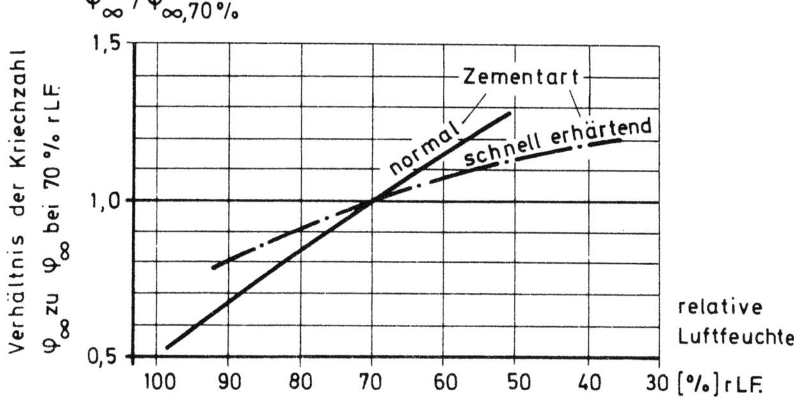

Bild 2.33   Abhängigkeit der Kriechzahl von der relativen Luftfeuchte bei normal und schnell erhärtendem Zement (nach O. Wagner [53])

2. Das Alter oder besser der Reifegrad des Betons bei Belastungsbeginn beeinflußt das Kriechen weit mehr als das Schwinden, was aus den Kurven des Bildes 2.34 hervorgeht.

3. Die Dicke eines Bauteils hat großen Einfluß auf Größe sowie zeitlichen Verlauf des Kriechens (die Kurven des Bildes 2.34 gelten nur für Körper mit kleiner Dicke). Dicke Bauteile zeigen ein kleineres Endkriechmaß als dünne, weil das Austrocknen im Inneren verzögert wird.

4. Größere Zement- und Wassermengen vergrößern das Kriechmaß, was in Berechnungen durch unterschiedliche Endkriechmaße für die Konsistenzbereiche K_1 bis K_3 berücksichtigt wird. Will man einen kriecharmen Beton herstellen, so kann man z.B. durch Ausfallkörnung den Mörtelgehalt niedrig halten und damit die gewünschte Festigkeit mit weniger Zement und Wasser erreichen.

5. Die Zementfestigkeitsklasse hat insofern Einfluß, als frühhochfeste
Zemente in kürzerer Zeit einen hohen Reifegrad ergeben als langsam er-
härtende Zemente.

6. Der Einfluß der Gesteinsart der Zuschläge ist nur in den Anfängen erforscht [59]. Bei Zuschlägen aus rotem Sandstein wurden schon bis zu
50 % größere Kriechverformungen gemessen als bei Rheinkies. Das Verhalten von Beton mit Leichtzuschlägen wird in Abschnitt 2.12 erläutert.

7. Der Einfluß erhöhter Temperaturen auf das Kriechen wurde in jüngster
Zeit von Aschl und Stöckl [39] im Zusammenhang mit Reaktorbeton untersucht. Nach Bild 2.35 haben erhöhte Temperaturen, die bei den erwähnten
Versuchen bei 80 $^\circ$C lagen, ein verstärktes Kriechen zur Folge, das bei
versiegelten Proben den rd. 2,0-fachen Wert, bei unversiegelten Proben
sogar den 2,5-fachen Wert der bei Normaltemperatur 20 $^\circ$C belasteten
Proben erreichte. Dieser Temperatureinfluß kann bei Brücken besonders
beim Freivorbau eine erhebliche Rolle spielen. Bei niedrigen Temperaturen nimmt das Kriechen ab und hört etwa unter +5 $^\circ$C fast auf.

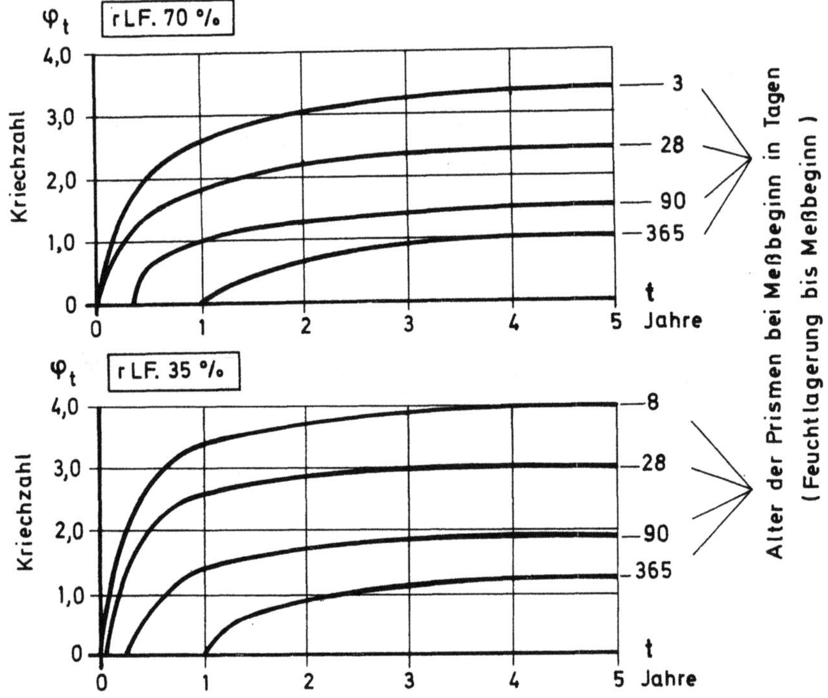

Bild 2.34   Einfluß des Betonalters bei Belastungsbeginn auf den Kriech-
verlauf nach M. Roš [57] (Prismen 12 · 12 · 36 cm^3, $\beta_W \approx 50$ N/mm^2,
$\sigma_b = 10$ N/mm^2, T = 18 $^\circ$C)

Entsprechend der Aufteilung in die einzelnen Verformungsanteile wird der
zeitliche Verlauf des Kriechens durch folgende Beziehung (nach [58]) beschrieben:

$$\varphi_t = \varphi_v \cdot k_{v,(t_2-t_1)}$$

$$+ \varphi_{fo} \cdot (k_{f,t_2} - k_{f,t_1}) \tag{2.10}$$

$$- \varphi_v \cdot k_{v,(t_2-t_1)} \cdot k_{v,(t-t_2)}$$

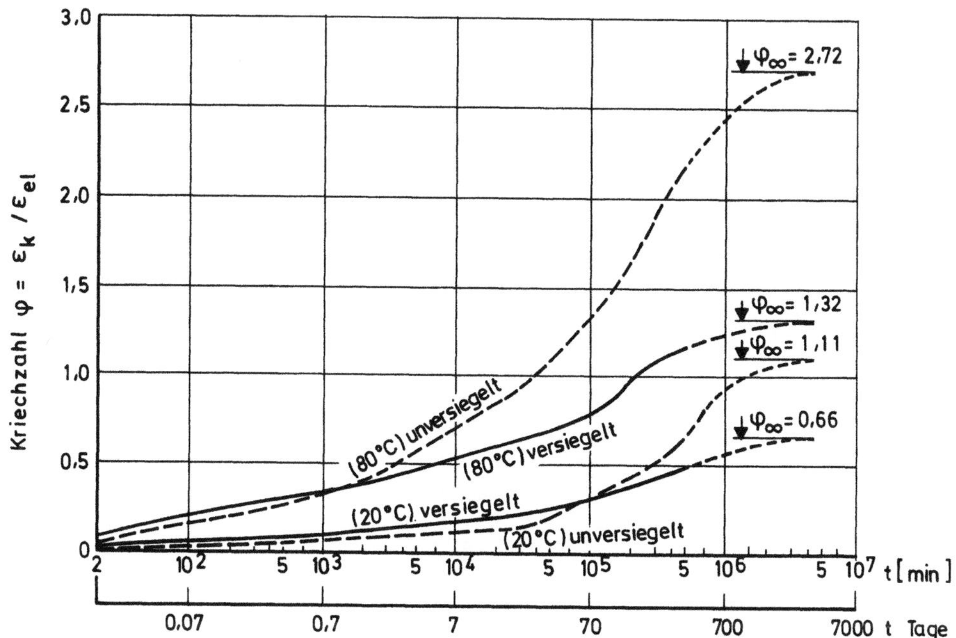

Bild 2.35   Das Kriechen des Betons bei normaler und erhöhter Temperatur nach [39]

Die Kriechzahl φ_t wird in die Anteile der verzögert-elastischen und der Fließverformung aufgespalten. Die Beziehung (2.10) beschreibt den Fall einer von t_1 bis t_2 wirkenden Dauerlast und gibt die Kriechzahl φ_t für einen Zeitpunkt $t > t_2$, also nach der Entlastung der Probe, an.

Der erste Summand von Gl. (2.10) stellt den Anteil der verzögert-elastischen Verformung, der zweite Summand den Anteil der Fließverformung und der dritte Summand den Anteil der verzögert-elastischen Rückverformung nach der Entlastung zum Zeitpunkt t_2 dar.

In der Gl. (2.10) bedeuten:

φ_v Endwert der verzögert-elastischen Verformung, der aufgrund der Versuchsergebnisse zu 0,4 angesetzt werden kann.

k_v Beiwert zur Berücksichtigung der zeitlichen Entwicklung der verzögert-elastischen Verformung nach Bild 2.36.

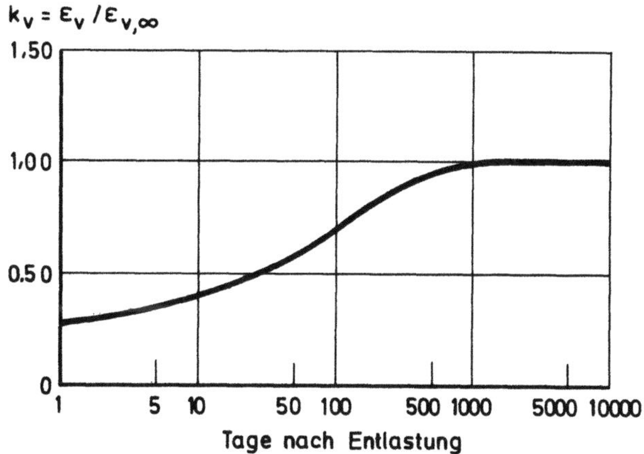

Bild 2.36   Zeitliche Entwicklung der verzögert-elastischen Verformung

t   das w i r k s a m e   Betonalter zum untersuchten Zeitpunkt t.

t_1, t_2 das w i r k s a m e   Betonalter am Anfang (t_1) und Ende (t_2)
der Belastungsdauer.

φ_{fo} die Grundzahl des Fließens nach Spalte 3 der Tabelle Bild 2.38.

k_f Beiwert nach Bild 2.37, der den zeitlichen Verlauf der Fließver-
formungen unter Berücksichtigung der wirksamen Körperdicke
und des wirksamen Alters beschreibt.

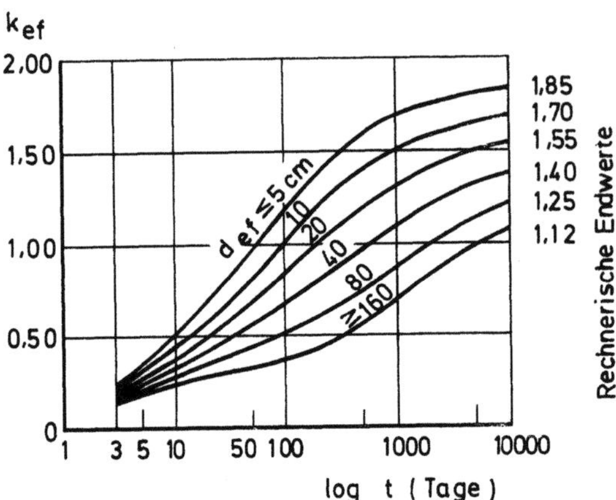

Bild 2.37
Zeitliche Entwicklung
der Fließverformung

	1	2	3	4
	Lage des Bauteils	Mittl. rel. Luftfeuchte in %	Grundzahl[*] des Fließens fo	Beiwert k_{ef} nach Gl. (2.12)
1	im Wasser	-	0,8	30
2	in sehr feuchter Luft z.B. unmittelbar über dem Wasser	90	1,3	5,0
3	allgemein im Freien	70	2,0	1,5
4	in trockener Luft, z.B. in trockenen Innenräumen	40	3,0	1,0

[*] Die Werte der Tabelle gelten für Rüttelbeton der Konsistenz K2.
Für die Konsistenzbereiche K1 (steifer Beton) bzw. K3 (weicher
Beton) sind die Werte um 25 % zu ermäßigen bzw. zu erhöhen.

Bild 2.38   Grundzahl des Fließens in Abhängigkeit von den Umweltbedingungen

Durch den Begriff des wirksamen Alters

$$t = k_z \cdot \sum \frac{T^o + 10^o}{30^o} \cdot \Delta t \qquad (2.11)$$

wird der Hydratationsgrad des Betons erfaßt; in dem Beiwert k_z ist der
Einfluß der Zementart auf die Erhärtungsgeschwindigkeit enthalten:

$$k_z = 1,0 \text{ für langsam erhärtende Zemente Z 25, Z 35 L, Z 45 L}$$

$$k_z = 2,0 \text{ für rascher erhärtende Zemente Z 35 F und Z 45 F}$$

$$k_z = 3,0 \text{ für Zement Z 55}$$

Durch den Begriff der wirksamen Körperdicke

$$d_{ef} = k_{ef} \cdot \frac{2A}{U} \qquad\qquad (2.12)$$

wird der Einfluß der Austrocknung erfaßt. A ist die Fläche und U der Umfang einschließlich evtl. belüfteter Innenräume des Querschnitts. Der von den klimatischen Bedingungen abhängige Beiwert k_{ef} ist in Spalte 4 der Tabelle Bild 2.38 angegeben.

2.9.3.4 Behinderung des Schwindens und Kriechens

Das Schwinden beginnt immer an den Außenflächen der Baukörper und wird durch die inneren Zonen behindert, woraus besonders bei dicken Bauteilen innere Spannungen entstehen. Diese Eigenspannungen können zu Rissen führen, weil die größten Schwindkürzungen außen am jungen Beton mit noch geringer Zugfestigkeit auftreten. Den Beginn des Schwindens sollte man daher stets durch Schutz des Betons gegen Austrocknen (Nachbehandlung) so lange wie möglich verzögern (vgl. Krenkler [28]).

Wird das Schwinden durch äußeren Zwang, durch Bewehrungsstäbe oder Reibung auf dem Baugrund behindert, so werden die der behinderten Schwindkürzung entsprechenden Zugspannungen durch Kriechen des Betons abgebaut. Diese Ermäßigung der Zwangsspannungen wird im allgemeinen bei Ingenieurbauwerken und Bauwerken aus Spannbeton rechnungsmäßig ermittelt. Für einfache Fälle des Hochbaus kann bei mittleren Bewehrungsgraden dieser Effekt näherungsweise mit abgeminderten Schwindmaßen berücksichtigt werden.

Wird die Kriechverformung beispielsweise durch in Kriechrichtung liegende Bewehrung behindert, so wird der Beton durch Spannungsumlagerungen auf die Bewehrungsstäbe entlastet. Bei Behinderung der Kriechverformung durch äußeren Zwang nehmen die Zwangskräfte durch Kriechen zu und die Betonspannungen infolge Relaxation ab. In beiden Fällen handelt es sich um Probleme, bei denen Kriechen und Relaxation gekoppelt sind.

2.9.3.5 Auswirkungen von Schwinden und Kriechen auf Bauwerke

Zu den u n e r w ü n s c h t e n Auswirkungen zählen (vgl. [5]) :

- Vergrößerung der Durchbiegungen durch Schwinden und Kriechen der Druckzone (z. B. bei Balken und Platten),

- Vergrößerung der Krümmungen von ausmittig belasteten Stützen durch Kriechen, wodurch die anfänglichen Lastausmitten vergrößert und die Traglast der Stütze verkleinert werden,

- Spannkraftverluste in Spannbetonbauteilen durch Schwinden und Kriechen,

- Spannungsumlagerungen infolge Schwinden und Kriechen von einem Bauteil auf mit ihm starr verbundene Konstruktionsteile (z. B. Verkleidungen von Wänden oder Brückenpfeilern),

- Risse an Außenflächen infolge Schwindeigenspannungen (vgl. Teil 4 der ''Vorlesungen'').

Zu den **günstigen** Auswirkungen zählen:

- Abbau von Spannungsspitzen durch Kriechen (z. B. in Rahmenecken) oder bei örtlicher Belastung von Beton,

- Abbau von Zwangspannungen durch Relaxation und Kriechen (z. B. in durchlaufenden Trägern bei Stützensenkungen).

2.9.3.6 Rechnerische Behandlung von Schwinden und Kriechen

siehe Teil 5 der ''Vorlesungen'', Kapitel 23.

2.10 Chemische Einwirkungen auf den Beton

2.10.1 Betonkorrosion

Unter Betonkorrosion werden im folgenden ausschließlich Schädigungen durch chemische Angriffe verstanden und nicht solche durch physikalische Einwirkungen (z.B. Sprengwirkung des gefrierenden Wassers). Schäden am Beton entstehen einmal durch **lösende** Angriffe und zum anderen durch **treibende** Angriffe.

Lösende Angriffe werden durch weiches Wasser verursacht, das eine Lösung und Auslaugung des Calciumhydroxids $Ca(OH)_2$ bewirkt; hieraus entsteht ein Festigkeitsverlust, der bei dichtem Beton jedoch nur die Betonoberfläche beeinflußt.

Kohlensäurehaltiges Wasser löst ebenfalls das Calciumhydroxid aus dem Zementstein, indem durch die Kohlensäure zunächst unlösliches Calciumkarbonat $CaCO_3$ und weiter leichtlösliches Bikarbonat $Ca(HCO_3)_2$ gebildet wird. Das an der Betonoberfläche austretende Bikarbonat wandelt sich wieder in Calciumkarbonat zurück und bildet weiße Kalkaussinterungen. Bei der Einwirkung von Salzen (vor allem Magnesium- und Ammoniumsalzen) entsteht eine Austauschreaktion nach folgender Formel:

$$MgCl_2 + Ca(OH)_2 \longrightarrow CaCl_2 + Mg(OH)_2$$

Calciumchlorid ist wasserlöslich und wird herausgewaschen. Säuren bewirken eine ähnliche Auslaugung des Zementsteines.

Treibende Angriffe werden hervorgerufen durch die Einwirkung von Sulfaten auf den Zementstein. Durch die Einwirkung von gipshaltigem Wasser bildet sich Ettringit, oder das Calciumhydroxid wird bei Vorhandensein anderer Schwefelverbindungen in Gips umgewandelt:

$$Na_2SO_4 + Ca(OH)_2 \longrightarrow CaSO_4 + Mg(OH)_2$$

In beiden Fällen entsteht durch das eingebaute Kristallwasser eine Volumenvergrößerung, die zur Zerstörung des Betongefüges führt.

2.10.2 Karbonatisierung

Mit Karbonatisierung des Betons wird die Veränderung seiner alkalischen
Eigenschaften unter der Einwirkung der Luftkohlensäure bezeichnet. Junger
Beton besitzt einen hohen pH-Wert über 12,5 infolge des im Porenwasser
gelösten Calciumhydroxids $Ca(OH)_2$, weiteres $Ca(OH)_2$, das aus der über-
sättigten Kalklösung ausfällt, ist in Form von Kristallen im Zementstein
eingebettet.

Trocknet der erhärtete Beton aus, so kann die Kohlensäure der Luft von
außen in die Poren des Zementsteins eindiffundieren und dort mit dem
Calciumhydroxid zu Calciumkarbonat reagieren:

$$Ca(OH)_2 + CO_2 \longrightarrow CaCO_3 + H_2O$$

Nach einer bestimmten Zeit ist das gesamte Calciumhydroxid umgewandelt,
und damit sinkt der pH-Wert unter 9 ab.

Diesen von außen in das Innere des Betons fortschreitenden Vorgang bezeichnet man als Karbonatisierung. Die Dicke der karbonatisierten Schicht
(Tiefe) bestimmt man auf einfache Weise durch Benetzen frischer Bruchflächen mit Phenolphtalein-Lösung, die bei pH-Werten unter 9 farblos
bleibt und bei höheren Werten eine intensive Rotfärbung ergibt.

Für unbewehrten Beton ist dieser Vorgang ohne Bedeutung, zumal die
Festigkeit sogar etwas anwächst. Bei bewehrtem Beton dagegen geht der
Korrosionsschutz durch die Karbonatisierung verloren, der bei hohen
pH-Werten (> 9) durch die Bildung einer sogenannten Passivschicht auf
der Stahloberfläche entsteht und einen Schutz gegen   f l ä c h e n h a f t a b -
t r a g e n d e Korrosion auch bei ausreichendem Feuchtigkeits- und Sauer-
stoffangebot gewährleistet. Einschränkend muß gesagt werden, daß l o k a -
l e Korrosion (Lochfraß) auch bei hohen pH-Werten entstehen kann, wenn
korrosionsfördernde Stoffe, z.B. Chloridionen (bei Streusalz!), in den Beton eindringen.

Die Karbonatisierung ist eine Phasengrenzreaktion, deren Geschwindigkeit
von der Nachlieferung der gasförmigen Phase bzw. vom Diffusionswiderstand des Betons bestimmt wird; die chemische Reaktion von CO_2 und
$Ca(OH)_2$ verläuft dagegen relativ rasch. Im wesentlichen sind es die 4 folgenden Einflußgrößen, welche die Karbonatisierung bestimmen.

- Umweltbedingungen: Erhöhte CO_2-Gehalte der Luft können in Industrie-
  gebieten und Großstädten auftreten und so die Karbonatisierung begünsti-
  gen. Die Aufnahme von CO_2 ist weiterhin stark vom Feuchtigkeitsgehalt
  des Betons abhängig; wassergesättigter Beton nimmt praktisch kein CO_2
  auf, vollkommen trockener Beton karbonatisiert nicht, da für eine chemische Reaktion Wasser notwendig ist. Wechselnde Durchfeuchtung (unge-
  schützte Bauteile im Freien) behindert ebenfalls die Karbonatisierung
  gegenüber Bauteilen, die geschützt gelagert sind bei einer rel. Feuchte
  von 50 bis 70 %.

- Betonzusammensetzung: Die Porosität des Betons und damit der Diffusionswiderstand wird von der Betonzusammensetzung und vom Wasser-
  Zement-Wert bzw. der Betonfestigkeit maßgeblich beeinflußt. Diese Abhängigkeit geht aus Bild 2.39 nach Klopfer [60] deutlich hervor.

- Nachbehandlung: Längere Nachbehandlungszeiten verbessern neben allen
  anderen Eigenschaften auch den Widerstand des Betons gegenüber Karbonatisierung durch Verminderung der Kapillarporosität bei längerer Hydra-
  tationsdauer.

- Zeit: In Räumen mit konstanter Temperatur und mittlerer Luftfeuchtigkeit ist der Karbonatisierungsfortschritt etwa proportional der Quadrat-
wurzel der Zeit ($\sqrt{t}$ - Gesetz).

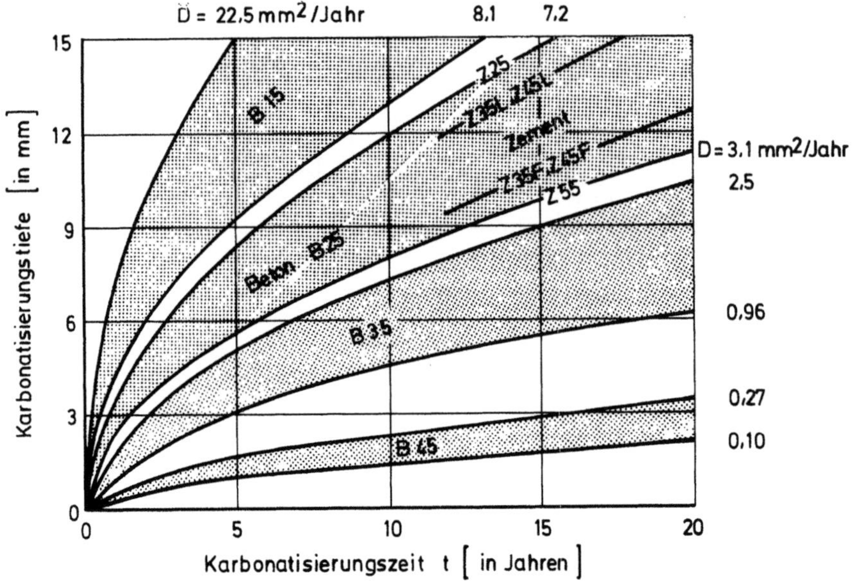

Bild 2.39   Der zeitliche Verlauf der Karbonatisierung von Beton bei
geschützter Lagerung im Freien nach [60]

Aus den Münchner Versuchen wurden folgende Formeln zur Berechnung
der Karbonatisierungstiefe abgeleitet:

Formel von Smoltczyk [61]

$$x(t) = 7,00 \left(\frac{10 \ w/z}{\sqrt{N_T}} - 0,175 \right) \cdot \sqrt{t} - 0,50$$

Formel von Wierig [61]

$$x(t) = (84,62 \cdot \frac{w/z}{\sqrt{N_7}} - 0,64 \cdot w/z - 1,63) \cdot \sqrt{t} + 0,95$$

worin

$x(t)$ = Karbonatisierungstiefe in mm

t = Betonalter in Monaten

N_T = Normdruckfestigkeit des Zements in kp/cm^2

nach $T = 5 + 0,003 \dfrac{N_5 - 100}{10 \cdot w/z} \cdot t$ Tagen

N_5 bzw. N_7 = Normdruckfestigkeit des Zements in kp/cm^2 nach 5
bzw. 7 Tagen

Neuere Forschungen lassen vermuten, daß die Karbonatisierung zum Stillstand kommt, wenn gerade so viel CO_2 eindiffundiert, wie nötig ist, um
das aus dem nicht karbonatisierten Betoninneren ausdiffundierende $Ca(OH)_2$
zu binden.

Nach Martin und Schießl [62, 63] beträgt die Endkarbonatisierungstiefe
x_∞ für $t \longrightarrow \infty$

$$x_\infty = \frac{D_{B,A}(c_1 - c_2)}{\bar{b}}$$

Zwischen Karbonatisierungstiefe und Karbonatisierungsdauer besteht folgender Zusammenhang

$$t = -\frac{a}{\bar{b}} \left(x + x_\infty \cdot \ln \left(1 - \frac{x}{x_\infty} \right) \right)$$

Durch den Faktor $\bar{b}$ wird der feuchtigkeitsabhängige Diffusionswiderstand des Betons berücksichtigt ($\bar{b} = 0,8 - 1,5 \cdot 10^{-10}$ $g/cm^2 \cdot$ sec für Beton im Freien unter Dach bzw. $\bar{b} = 0,8 - 2,8 \cdot 10^{-10}$ $g/cm^2 \cdot$ sec für ungeschützten Beton). a ist die zur Umsetzung der karbonatisierbaren Hydratationsprodukte des Zements erforderliche Menge CO_2 in g/cm^3, $D_{B,A}$ ist die Diffusionskonstante an der Betonaußenseite, und c_1 und c_2 sind die CO_2-Gehalte an der Betonaußenseite bzw. an der Karbonatisierungsgrenze.

Eine Korrosion der Bewehrung im Beton entsteht nur, wenn folgende 3 Bedingungen, und zwar gleichzeitig, erfüllt sind (jedoch nicht bei Anwesenheit von Chloridionen!):

> Karbonatisierung des Betons
> Vorhandensein von Feuchtigkeit
> Zutritt von Sauerstoff.

Hieraus ergeben sich auch die Möglichkeiten, ein korrosionsgefährdetes Bauteil zu schützen (Abdichten, Beschichten).

2.11 Dauerhaftigkeit des Betons

Dauerhaftigkeit ist die erwünschte Eigenschaft, um bei Beanspruchung durch natürliche Einwirkungen (planmäßige Beanspruchung, Witterung, in der Natur vorkommende Wässer einschl. Meerwasser) die vorgesehene Lebensdauer zu erreichen.

Die weithin vertretene Ansicht, Beton sei ohne Einschränkung dauerhaft, sofern die verlangte Druckfestigkeit nachgewiesen ist, gilt nicht allgemein. Auch Betonbauteile bedürfen je nach ihrer Beanspruchung einer Überwachung und Pflege [64].

Latente Schäden, die nach einiger Zeit eine Instandsetzung erforderlich machen, können vielerlei Ursachen haben:

- Konstruktive Mängel: Zu kleine Betondeckung des Betonstahls, zu große Stababstände, falsche Ausbildung von Bewegungsfugen, Anschlüsse dünnwandiger Bauteile an massige Bauteile, fehlerhafte Ausbildung von Wärmedämm-, Trenn- und Gleitschichten, Korbwirkungen im Bereich von Öffnungen

- Betontechnologische Mängel: Falsche Zementwahl, ungünstiger Kornaufbau des Zuschlags, falsche Anwendung von Zusatzmitteln

- Mängel bei der Nachbehandlung: Zu rasche Abkühlung und/oder Austrocknung, zu niedrige Temperaturen

- Schädliche Angriffe durch verschmutzte Luft (CO_2, SO_2, H_2OS_3...) oder aggressive Wasser, Karbonatisierung des Betons, Eindringen korrosionsfördernder Stoffe (z.B. Chloridionen durch Streusalz), mechanische und physikalische Einwirkungen (z.B. extreme Temperaturwechsel).

Diese Mängel können zu Rissen im Beton, zur Gefahr der Korrosion der Bewehrung und zu Abplatzungen führen, die eine Instandsetzung erforderlich machen. Für solche Arbeiten sind eine Reihe von Merkblättern und Richtlinien ausgearbeitet worden (s. Zusammenstellung in [64]), in denen die erforderlichen Arbeitsgänge und geeignete Baustoffe beschrieben sind (Ausbessern schadhafter Oberflächen durch kunststoffvergütete Reparaturmörtel, Schließen von Rissen durch Einpressen von Kunstharz, Beschichtungen von Betonoberflächen...).

2.12 Leichtbeton für Tragwerke

2.12.1 Vorbemerkung - Leichtbetonarten

In den Abschnitten 2.2 bis 2.11 wurde unter Beton stets Beton mit dichtem Gefüge aus Natursteinzuschlägen (Sand, Kies, Splitt) mit Rohdichten ρ_R zwischen 2,0 und 2,8 t/m^3, sogen. N o r m a l b e t o n verstanden. Es gibt jedoch auch S c h w e r b e t o n mit Zuschlägen aus Baryt, Magnetit oder Schrott, $\rho_R > 2,8$ bis etwa 3,8 t/m^3, der als Ballast oder für Strahlenschutz, jedoch selten für Tragwerke verwendet wird, und L e i c h t b e t o n (light weight concrete) mit $\rho_R < 2,0$ t/m^3 (= 2,0 kg/dm^3).

Die Gruppe der Leichtbetone gliedert sich in

1. Leichtbeton mit dichtem Gefüge aus porigen Zuschlägen mit $\rho_R = 0,8$ bis 2,0 kg/dm^3 und $\beta_W = 10$ bis 35 N/mm^2 (Bild 2.40).

2. Leichtbeton mit groben Poren zwischen dichten Zuschlägen (Haufwerksporigkeit), z.B. sog. Einkornbeton, nur eine Korngrößengruppe, z.B. 4 - 8 oder 8 - 12 mm, mit wenig Zementmörtel verkittet (Bild 2.41). Rohdichten von 1,0 bis 2,0 kg/dm^3 bei $\beta_W = 2,5$ bis 20 N/mm^2.

3. Leichtbeton aus porigen Zuschlägen mit porigem Gefüge (Bild 2.42), z.B. Bimsbeton für Mauersteine, Rohdichten von 0,7 bis 1,4 kg/dm^3 mit β_W von 2 bis 10 N/mm^2.

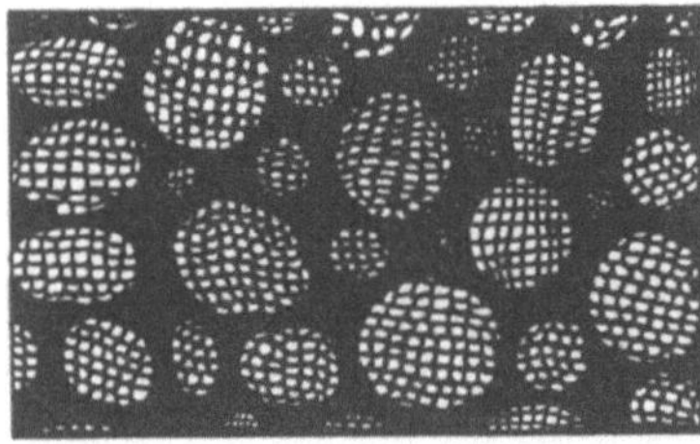

Bild 2.40   Leichtbeton mit dichtem Gefüge aus porigen Zuschlägen

Bild 2.41   Leichtbeton aus dichtem Gestein mit Haufwerksporigkeit

Bild 2.42   Leichtbeton aus porigen Zuschlägen mit Haufwerksporigkeit

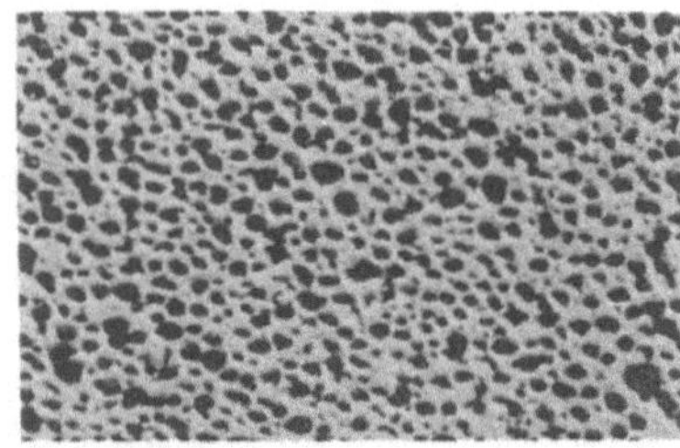

Bild 2.43   Gasbeton (Hebel-Werke)

4. Leichtbeton ohne grobe Zuschläge aus feinkörnigem Mörtelbrei mit
gleichmäßig verteilten Poren als Gasbeton, durch gaserzeugende Treib-
mittel (Alu-Pulver in Reaktion mit Zement oder Wasserstoffsuper-
oxyd + Chlorkalk) oder als Schaumbeton mit Schäumen hergestellt
(Bild 2.43). Rohdichten von 0,4 bis 1,0 kg/dm^3 mit β_W = 1 bis 10 N/mm^2.

5. Leichtbeton aus nichtmineralischen Zuschlägen wie Kugeln aus Kunst-
stoffschäumen, z. B. Styropor, Polystyrol, in dichtem Zementmörtel,
Rohdichten von 0,3 bis 0,8 kg/dm^3, Festigkeiten sehr niedrig.

Die Leichtbetone mit Festigkeiten unter β_W = 15 N/mm^2 werden ihrer
wärmedämmenden Eigenschaften wegen für Wände aus Mauersteinen (voll
oder hohl) (DIN 1053 mit DIN 18151 und 18152) [65, 66, 67] oder aus
Schüttbeton verwendet. Je geringer das Gewicht um so besser ist die Wärmedämmung. Tragende Wände aus Schüttbeton sind nach DIN 4232 [68] zu
bemessen. Man kann damit auch Hochhäuser bauen, ältestes Beispiel
Max-Kade-Hochhaus, Studentenwohnheim, Stuttgart 1949, tragende Wände
außen 37, innen 25 cm dick aus Schüttbeton, Ziegelsplitt-Einkornbeton;

Stoffgruppe	Korn-rohdichte kg/dm^3	Schütt-dichte (lose ein-gefüllt) kg/dm^3	Dichte (Rein-dichte) kg/dm^3	Korn-festigkeit	Erreichbare Betonfestigkeitsklasse	
					gefüge-dichter Leicht-beton	hauf-werk-poriger Leicht-beton
Leichtzuschläge nach DIN 4226 Teil 2						
Naturbims	0,4 bis 0,7	0,3 bis 0,5	rd. 2,5	niedrig	LB 10	LB 5
Schaumlava	0,7 bis 1,5	0,5 bis 1,3	rd. 3,0	mittel	LB 25	LB 5
Hüttenbims	0,5 bis 1,5	0,4 bis 1,3	2,9 bis 3,0	niedrig bis mittel	LB 25	LB 5
Sinterbims	0,5 bis 1,8	0,4 bis 1,4	2,6 bis 3,0	niedrig bis mittel	LB 25	LB 5
Ziegelsplitt	1,2 bis 1,8	1,0 bis 1,5	2,5 bis 2,8	mittel	LB 25	LB 5
Blähton, Blähschiefer	0,4 bis 1,9	0,3 bis 1,5	2,5 bis 2,7	niedrig bis hoch	LB 55	LB 8
Hochwärme-dämmende anorganische Leichtzuschläge						
Kieselgur	0,2 bis 0,4	0,2 bis 0,3	2,6 bis 2,7	sehr niedrig	LB 5	LB 2
Blähperlit	0,1 bis 0,2	0,1 bis 0,2	2,3 bis 2,5	sehr niedrig	LB 5	LB 2
Blähglimmer	0,1 bis 0,3	0,1 bis 0,3	2,5 bis 2,7	sehr niedrig	LB 5	LB 2
Schaumsand, Schaumkies	0,1 bis 0,3	0,1 bis 0,3	2,5 bis 2,7	sehr niedrig	LB 5	LB 2
Organische Leichtzuschläge						
Holzwolle, Holzspäne, Holzmehl	0,4 bis 1,0	0,2 bis 0,3	1,5 bis 1,8	niedrig	LB 10	LB 5
Geschäumter Kunststoff-zuschlag	< 0,1	< 0,1	rd. 1,0	sehr niedrig	LB 5	LB 2

Bild 2.44   Übersicht über die wichtigsten Leichtzuschläge und ihre Eigenschaften

Rohdichte 1, 6 bis 1, 2 kg/dm^3, β_W = 10 bis 3 N/mm^2 von unten nach oben abnehmend. Unter diesen Leichtbetonen werden nur der Gasbeton (z.B. Siporex, Ytong, Hebel-Gasbeton) und der Bimsbeton mit $\rho_R \geqq 0,8$ kg/dm^3 und $\beta_W \geqq 10$ N/mm^2 auch für auf Biegung tragende Elemente (Decken- und Dachplatten) verwendet. Hierfür gibt es besondere Regelungen für die Bemessung in DIN 4223 [69] und den zugehörigen Zulassungen.

Die Tabelle Bild 2.44 aus [70] gibt eine Übersicht über die wichtigsten Leichtzuschläge und ihre kennzeichnenden Eigenschaften.

Im folgenden soll nur der Leichtbeton der ersten Gruppe näher behandelt werden, weil er als "Konstruktionsleichtbeton" bewehrt oder vorgespannt werden kann und so für Tragwerke Bedeutung erlangte.

2.12.2 Zuschläge und Zusammensetzung des Leichtbetons für Tragwerke

2.12.2.1 Porige Zuschläge

Die natürlichen porigen Gesteine sind vulkanischen Ursprungs wie Bims und Lavalit, sie haben zu geringe Festigkeit. Daher wurden künstliche porige Zuschläge entwickelt, wobei in der Regel Ton oder Schiefer in geeigneter Zusammensetzung und Korngröße im Drehrohrofen stark erhitzt und dabei "gebläht" werden. Das Blähen beruht auf der Gasentwicklung natürlicher Bestandteile oder zugemischter Blähhilfen, wodurch sich Poren bilden. Die geblähten Körner werden bis zur Sinterung des Materials bei rd. 1100 °C erhitzt, damit die Porenwände möglichst hart werden. So entstehen Leichtzuschläge (light weight aggregate) aus B l ä h t o n (expanded clay) oder B l ä h s c h i e f e r (expanded shale), die bei leichtem Gewicht genügend hohe Festigkeit für die Herstellung von Tragwerken ergeben [71].

Geschichtlich ist zu bemerken, daß Blähschiefer zuerst 1917 von S. J. H a y d e in USA hergestellt wurde (Haydite). Von dort kam das Verfahren über Dänemark nach Europa (etwa 1940 in Schlesien für Schiffsbau durch Fa. Dywidag). In den USA und der USSR (als Keramsit) ist die Anwendung seit langem weit verbreitet. In Deutschland kam die Erzeugung erst ab 1966 in Gang unter den Firmenbezeichnungen Leca, Liapor (Bild 2.45), Berwilit, Norlit u.a.

Bild 2.45   Blähton-Zuschlagkörner, z.B. Liapor

Die Leichtzuschläge für Konstruktionsleichtbeton sollen folgende Eigenschaften haben:

1. gedrungene, möglichst kugelrunde Form mit geschlossener Oberfläche,

2. gleichmäßig verteilte feine Poren,

3. sinterharte und damit raum- und witterungsbeständige Porenwände,

4. hohe Steifigkeit und Korneigenfestigkeit.

Diese Eigenschaften werden in der nötigen Gleichmäßigkeit am besten durch Mahlen des Rohstoffes, z. B. Opalinuston, unter Zugabe eines Blähmittels, Vorformen auf dem Granulierteller auf gewünschte Korngröße und anschließendes Brennen im Drehrohrofen erreicht. Die Zuschläge sind entsprechend teuer, was die Wirtschaftlichkeit des Leichtbetons beeinträchtigt.

Die Eigenschaften der verschiedenen Fabrikate sind unterschiedlich. Leider gibt es noch keine normreife Güteprüfung und Einteilung in Güteklassen. Daher werden zunächst für jede größere Anwendung Eignungsprüfungen mit Leichtbetonproben verlangt. Folgende Eigenschaften der Zuschläge sind dabei von Bedeutung, ihre Ermittlung erfolgt nach DIN 4226 [72] und dem Merkblatt I für Leichtbeton und Stahlleichtbeton [73].

K o r n r o h d i c h t e $\rho_{Rg} = \dfrac{\text{Masse}}{\text{Volumen}}$ des getrockneten Zuschlagkorns.
Sie liegt je nach Porengehalt zwischen 0,7 und 1,4 kg/dm^3, leichtere Zuschläge sind für Tragwerksbeton nicht geeignet. ρ_{Rg} ist in der Regel bei Korngrößen unter 8 mm höher als bei gröberem Korn. Der Porengehalt liegt dabei zwischen 74 und 45 %.

K o r n s t e i f i g k e i t kann nicht durch Verformung am Einzelkorn gemessen werden. Daher mißt man den dynamischen E-Modul durch Ultraschall-Laufzeitmessung. Nach F. R. Schütz [71, S. 23] ist er etwa von ρ_{Rg}^2 abhängig und beträgt für gute Zuschläge von 12 bis 16 mm Korndurchmesser etwa

$$\text{dyn } E_g = 7850 \cdot \rho_{Rg}^2 \; [\text{N/mm}^2] \text{ bei } \rho_{Rg} \; [\text{in kg/dm}^3]$$

Die für Stahlleichtbeton besonders geeigneten Blähton- und Blähschiefer-zuschläge weisen dynamische E-Moduln zwischen 5000 bis 15000 N/mm^2 auf, die beträchtlich unter denen der Zuschläge mit dichtem Gefüge liegen (dyn E_g = 60000 N/mm^2 für Quarz, 80000 N/mm^2 für Kalkstein und 100000 N/mm^2 für Basalt).

Die K o r n e i g e n f e s t i g k e i t kann zwar für bestimmte Zuschlagarten unmittelbar aus der Zylinderdruckfestigkeit bzw. der Spaltzugfestigkeit des Einzelkorns oder über den Druckzertrümmerungsgrad bestimmt werden, doch lassen sich aus diesen Meßwerten keine gesicherten Aussagen über die erreichbaren Betonfestigkeiten ableiten. Die Kornfestigkeit des Zuschlags wird daher meist mittelbar durch sein Verhalten im Beton überprüft [71, S. 25].

Aus dem zu prüfenden Zuschlag wird ein Normbeton mit vorgegebenem Zementgehalt und w/z-Wert nach DIN 4226, T 3 [72] und dem Merkblatt I [73] hergestellt, dessen Druckfestigkeit ein Maß für die Kornfestigkeit darstellt. Die Korneigenfestigkeiten sind nach solchen Proben sehr verschieden, sie können für ρ_{Rg} = 0,7 kg/dm^3 bei 14 N/mm^2, bei Liapor mit ρ_{Rg} = 1,4 kg/dm^3 über 60 N/mm^2 liegen.

W a s s e r a u f n a h m e . Da die Poren nicht absolut geschlossen sind, saugen die Blähton- und Blähschiefer-Zuschläge in unterschiedlichem Maß Wasser, was für die Leichtbetone in vielerlei Hinsicht von Bedeutung ist.

Die Wasseraufnahme wird nach [73] in Gew. % ermittelt. H. Weigler empfiehlt in [71, S. 29] die Angabe der Wasseraufnahme in Vol. % nach dem Ansatz

$$a_w = \frac{m_{g,w}}{m_{g,d}} \cdot \frac{\rho_{Rg}}{\rho_w \, (\approx 1,0)} \cdot 100 \quad \left[\text{Vol.-\%} \right]$$

Dabei ist $m_{g,d}$ = Masse der trockenen Zuschlagprobe

$m_{g,w}$ = Masse der 30 min lang unter Wasser gelagerten Zuschlagprobe.

Die Wasseraufnahme a_w liegt bei dieser Prüfung etwa zwischen 5 und 15 Vol %, sie nimmt bei längerer Wasserlagerung aber noch um 60 bis 90 % zu.

Für Leichtbeton sind die Zuschläge in folgenden Korngrößengruppen zu liefern:

0 - 2	2 - 8	8 - 16	16 - 25 mm
0 - 4	4 - 8		

2.12.2.2 Zusammensetzung und Verarbeiten des Leichtbetons

Bei der Kornzusammensetzung können stetige Sieblinien nach DIN 1045, etwa Linie B, angewandt werden. Die besten Ergebnisse (im Verhältnis zur Festigkeit niedrige Rohdichte) werden mit viel Grobkorn 8 bis 16 oder 16 bis 25 mm, wenig Sperrkorn (2 bis 8 mm) und hochfestem Mörtel aus 0 bis 2 oder 0 bis 4 mm erreicht (also mit Ausfallkörnung), weil die groben Zuschläge das Gewicht mindern und die Mörtelfestigkeit für die Betonfestigkeit ausschlaggebend ist. Da Leichtzuschläge < 2 mm den Wasseranspruch unnötig heraufsetzen und die Mörtelfestigkeit mindern, wird besser Natursand 0 bis 2 mm verwendet. Für eine günstige Verarbeitung braucht man mehr Mehlkorn als bei Kiesbeton, die Zementzugabe soll daher reichlich sein und eventuell durch Steinmehl oder Traß ergänzt werden. Für bewehrten Leichtbeton ist min $z = 300$ kg/m^3 zu beachten.

Zuschläge mit $\rho_{Rg} < 0,9$ kg/dm^3 schwimmen beim Mischen und Verdichten gerne hoch, was durch steife Konsistenz und fetten Mörtel zu verhüten ist; daher ist die Konsistenz K_3 für Leichtbeton nicht geeignet. Der Wasserbedarf hängt auch von der Saugfähigkeit der Zuschläge ab, die am besten vor dem Mischen gut durchfeuchtet werden. Geschieht dies nicht, dann muß die Wasserzugabe etwas überhöht werden, damit die Konsistenz während der Verarbeitung durch das Einsaugen des Kornporenwassers nicht zu tief absinkt. Die Konsistenz wird mit dem Verdichtungsmaß v (nach DIN 1048) besser gemessen als mit Ausbreitmaß. Zum Verdichten eignen sich Tauchrüttler mit Flaschendurchmessern von 50 bis 70 mm und Frequenzen von 9000 bis 12 000 Schw./min, die in Abständen von 20 bis 25 cm einzusetzen sind. (Näheres siehe [71, S. 82]).

2.12.3 Kraftfluß im Leichtbeton

Der Kraftfluß im Leichtbeton unterscheidet sich grundsätzlich von demjenigen im Normalbeton. Im Leichtbeton ist der erhärtete Mörtel steifer als die Zuschläge, im Normalbeton sind die Kieskörner härter als der Mörtel. Deshalb fließen Druckkräfte im Normalbeton bevorzugt von Korn zu Korn, im Leichtbeton im Mörtel um die Körner herum. M. Lusche [34] hat dies mit spannungsoptisch ermittelten Trajektorienbildern der Hauptspan-

nungen anschaulich gemacht (Bild 2.10). Die Krümmung der Drucktrajektorien führt bei Leichtbeton zu Querzug im Mörtel über und unter den ''wei-
chen'' Körnern und zu Querzug in den Körnern selbst, die an Bruchflächen
spalten (Bild 2.11). Die Festigkeiten des Leichtbetons sind demnach wesentlich von der Mörtelfestigkeit und von der Struktur des Mörtelgerippes zwischen den Zuschlägen (in manchen Veröffentlichungen ''Matrix'' genannt)
abhängig, besonders auch von der Kornform, dem Kornabstand und der
Kornverteilung, die die Tragfähigkeit des Mörtelgerippes beeinflussen.
Die Mörtelfestigkeit muß um 40 bis 50 % über der angestrebten Druckfestigkeit des Leichtbetons liegen. Der unterschiedliche innere Spannungsverlauf
ergibt unterschiedliche Festigkeitseigenschaften, die bei Tragwerksbeton
zu beachten sind und im folgenden kurz behandelt werden.

2.12.4 Klassen des Leichtbetons

Leichtbeton (im folg. LB) wird wie Normalbeton (NB) in Festigkeitsklassen, zusätzlich aber auch in Rohdichteklassen eingeteilt. Beide Angaben
sind zur Ausschreibung und Bemessung von Bauteilen aus Stahlleichtbeton
erforderlich. Die bei einer gewünschten Betonrohdichte $\rho_{Rb,d}$ (trocken)
mit Leichtzuschlägen unterschiedlicher Korneigenfestigkeit erzielbaren
Würfeldruckfestigkeiten β_{W28} sind Bild 2.46 zu entnehmen.

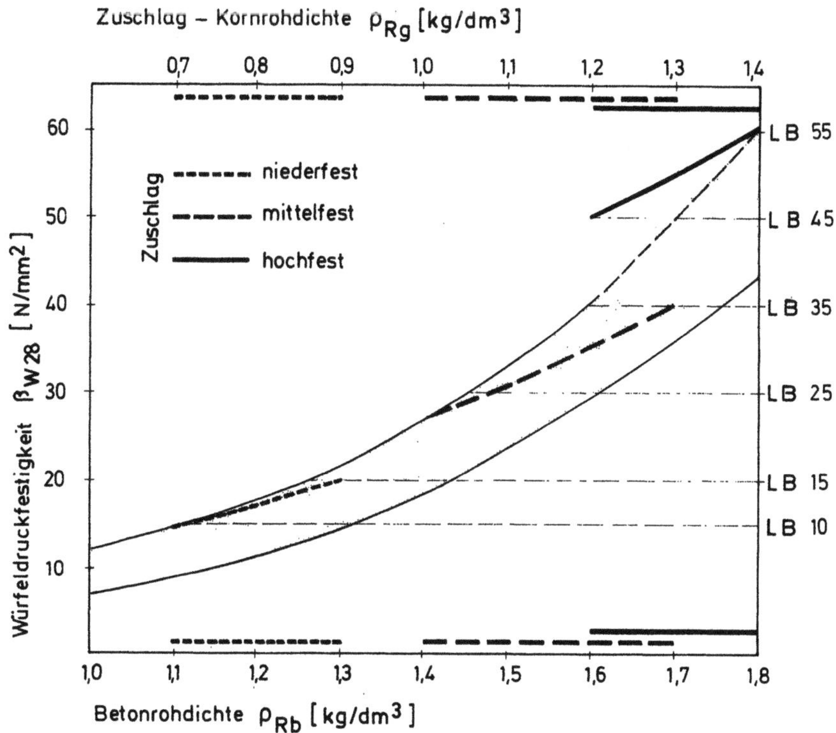

Bild 2.46   Zusammenhang zwischen Kornrohdichte - Betonrohdichte und
Würfeldruckfestigkeit von Leichtbetonen mit dichtem Gefüge (nach H. Weigler)

Die Rohdichten ρ_{Rb} sind in Klassen von 1,0 - 1,2 - 1,4 - 1,6 - 1,8 und
2,0 kg/dm³ eingeteilt, wobei die Ziffer jeweils die obere Grenze der Trok-
kenrohdichte des Betons angibt. Für die den Berechnungen zugrunde zu le-
genden Eigengewichte (Berechnungsgewichte) muß für Porenwasser ein Zu-

schlag von 0, 05 kg/dm^3, für Bewehrung ein weiterer Zuschlag von 0, 07
bis etwa 0, 15, in der Regel 0, 10 kg/dm^3 gemacht werden.

Die Festigkeitsklassen für Stahlleichtbeton sind L B 10 - 15 - 25 -
35 - 45, ermittelt durch β_{W28}, wobei wie beim NB die Serienfestigkeit
β_{WS} (Mittelwerte) um je 5 N/mm^2 höher als die Nennfestigkeit β_{WN} liegen
muß. L B 45 und L B 55, z.B. mit Liapor 8 zu erreichen, bedürfen der Zustimmung der Aufsichtsbehörde.

Die Prismendruckfestigkeit steht bei LB in etwa gleichem Verhältnis zur Würfeldruckfestigkeit wie bei NB ($\beta_P \approx 0, 85\ \beta_W$).

2.12.5 Wesentliche Abweichungen der Leichtbeton-Eigenschaften vom Normalbeton

2.12.5.1 Zugfestigkeit

Die Biegezug- und Spaltzugfestigkeiten des LB streuen mehr als bei NB,
weil sie stark von der Korneigenfestigkeit und Kornform abhängig sind.
Sie liegen bei den niedrigen Festigkeitsklassen bis etwa LB 25 im Durch-
schnitt über den Werten des NB, bei den höheren Festigkeiten darunter,
weil über β_W = 35 N/mm^2 die Zugfestigkeit der Körner selbst maßgebend
wird. Die folgende Beziehung liegt etwa im unteren Drittel des Streube-
reiches:

$$\beta_{BZ} \approx 0, 46 \cdot \sqrt[3]{\beta_W^2} \qquad \beta_{SZ} \approx 0, 23 \cdot \sqrt[3]{\beta_W^2} \qquad\qquad (2.13)$$

und entspricht damit den Angaben in Abschnitt 2.8.2.4 für NB. In manchen
Versuchen mit geringer Korneigenfestigkeit ergab sich die Spaltzugfestigkeit um 20 bis 30 % niedriger als für NB.

2.12.5.2 Festigkeit bei Teilflächenbelastung

Einige Münchener Versuche [71, S. 150] zeigten, daß die niedrige Korneigenfestigkeit der Leichtzuschläge die Tragfähigkeit bei Teilflächenbelastung gegenüber derjenigen von NB vermindert. Die Bruchpressung σ_u
unter der mittigen Lastfläche A_1 auf dem Prisma mit der Fläche A nimmt

nur mit $\sqrt[3]{\dfrac{A}{A_1}}$ und nicht wie bei NB mit $\sqrt[2]{\dfrac{A}{A_1}}$ zu (vgl. 1045, 17.3.3)

Demnach ist die zulässige Lastpressung anzusetzen zu

$$\sigma_1 = \frac{\beta_R}{2, 1} \cdot \sqrt[3]{\frac{A}{A_1}} \leqq \beta_R \qquad\qquad (2.14)$$

(β_R nach DIN 1045 wie für NB)

Teilflächenbelastung haben wir auch bei Linienbelastung, wie sie bei der
Verankerung von Bewehrungsstäben mit Haken oder Schlaufen auftritt.
Entsprechende Versuche zeigten aber überraschend, daß sich hier für LB
günstigere Werte ergaben als für NB, so daß kein Anlaß besteht, die zul.
Biegeradien für Bewehrungen zu verändern. Der Randabstand von Haken
oder Schlaufen ist jedoch wegen der niedrigeren Spaltzugfestigkeit des LB
etwas größer zu wählen als bei NB.

2.12.5.3 Verbundfestigkeit

Ausziehversuche mit gerippten Betonstahlstäben $\emptyset$ 12 und $\emptyset$ 26 mm ergaben, daß die zu einem Schlupf von 0,01 oder von 0,1 mm führende Zugkraft bei LB bis über doppelt so groß ist wie bei NB. Die Steigerung ist
bei Stäben $\emptyset$ 12 mm größer als bei denen mit $\emptyset$ 26 mm, weil bei den kleinen Durchmessern die Scherverbundbeanspruchung ganz im Mörtelbereich
liegt, während bei größeren Durchmessern die weniger festen Leichtzuschläge in die "Betonzähne" zwischen die Stahlrippen eingreifen und den
Scherwiderstand vermindern. Der Grund für diese höhere Verbundfestigkeit liegt darin, daß bei gleicher Druckfestigkeit des Normal- und des
Leichtbetons im LB eine wesentlich höhere Mörtelfestigkeit vorhanden sein
muß.

Wenn jedoch der Verbund durch Spaltwirkung gefährdet wird, dann kann bei
Druck quer zum Stab oder in der Stabrichtung die in Abschn. 2.12.3 be-
schriebene Querzugwirkung die Spaltgefahr erhöhen und den Verbund gefährden. Im Bereich hoher Verbundspannungen an Stäben mit $\emptyset$ > 18 mm ist daher eine ausreichende Querbewehrung zu empfehlen. Die günstige Verbundfestigkeit erlaubt Spannbett-Verbundanker von Spannstahl wie bei Normalbeton. Sie wirkt sich auch auf das Rißverhalten, auf die Rißabstände und Rißbreiten usw. günstig aus.

2.12.5.4 Dauerstandfestigkeit

Unter Dauerlast sind beim Leichtbeton wie beim Normalbeton zwei gegen-
läufige Einflüsse wirksam. Unter dem Einfluß der Dauerlast nimmt die
Festigkeit ab, gleichzeitig steigt sie jedoch infolge der Nacherhärtung an.
Bedingt durch die geringere Steifigkeit des Zuschlags gegenüber dem
Zementstein tritt beim Leichtbeton keine Kraftumlagerung vom Zementstein auf das Zuschlaggerüst auf. Weiterhin ist der Festigkeitszuwachs
infolge der Nacherhärtung beim Leichtbeton wegen seiner schnelleren Festigkeitsentwicklung in der Regel geringer als beim Normalbeton. Diese
Einflüsse erklären die geringere Dauerstandfestigkeit des Leichtbetons
von rd. 70 bis 75 % seiner 28-Tage-Kurzzeitfestigkeit gegenüber Normalbeton, der eine Dauerstandfestigkeit von 85 % seiner Kurzzeitfestigkeit
besitzt. Nach Bild 2.47 aus [76] wird das Festigkeitsminimum bei einer
kritischen Standzeit von 15 bis 30 Tagen erreicht.

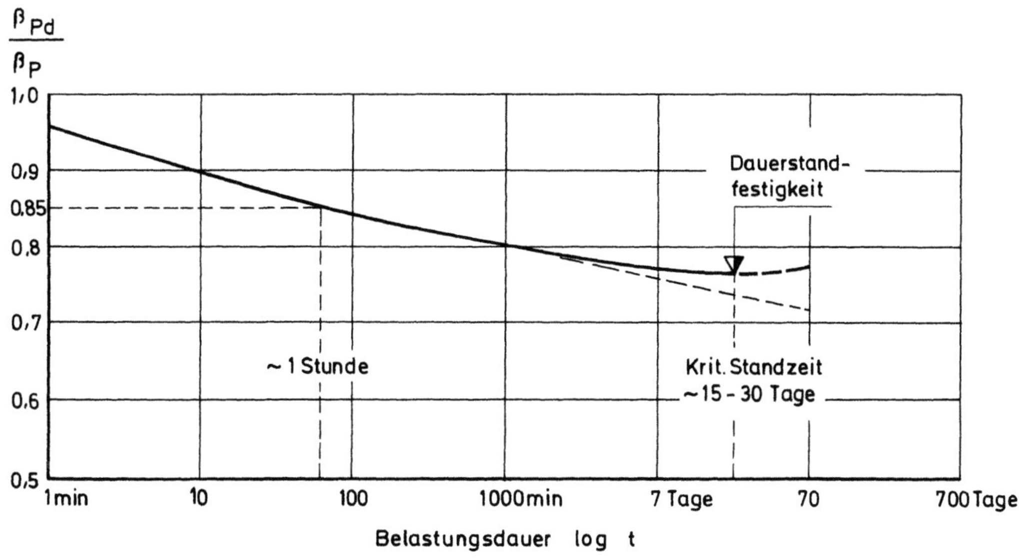

Bild 2.47   Dauerstandfestigkeit von Leichtbeton nach [76]

2.12.5 5. Dauerschwingfestigkeit

Nach den Untersuchungen von **Weigler** und **Freitag** [77] liegt die Dauerschwingfestigkeit von Leichtbeton im Bereich von 10^9 bis 10^{10} Schwingspielen und beträgt ca. $2\,\sigma_A = 0,30 \cdot \beta_C$ bis $0,35 \cdot \beta_C$ (Bild 2.48).

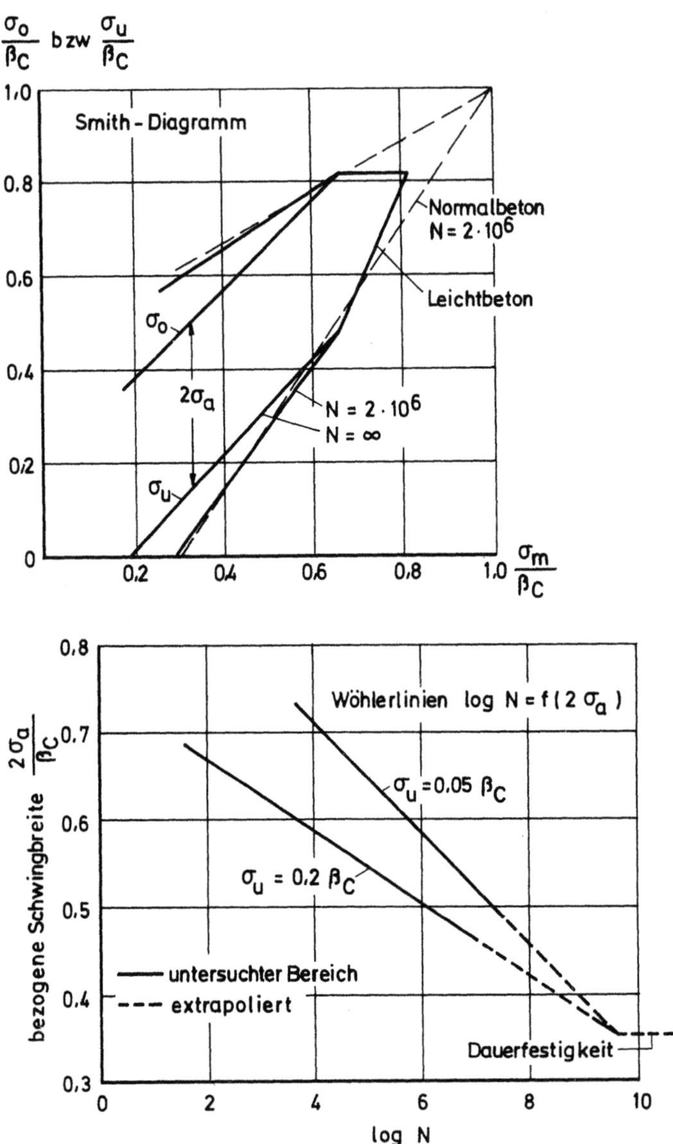

Bild 2.48   Dauerschwingfestigkeit von Leichtbeton im Druckschwell-bereich nach [77]

2.12.5.6 Verformungen, σ-ε, E-Modul bei Kurzzeitlasten

Die Spannungs-Dehnungslinien für Kurzzeit-Druckbeanspruchung an Prismen (Belastungsdauer rd. 10 min bis zum Erreichen des Bruches) verlaufen bei gleicher Festigkeitsklasse für LB flacher und gestreckter als bei NB, die Bruchdehnung ist mit max $\varepsilon_b \gtreqqless 2,5\ \%_{oo}$ um 20 bis 30 % größer (Bild 2.49).

Die geringere Völligkeit der Spannungsverteilung in der Druckzone wird also durch einen größeren Wert von max ε_b in etwa ausgeglichen. Das ergab sich auch aus Kurzzeit-Versuchen an Plattenbalken im OGI - Stuttgart.

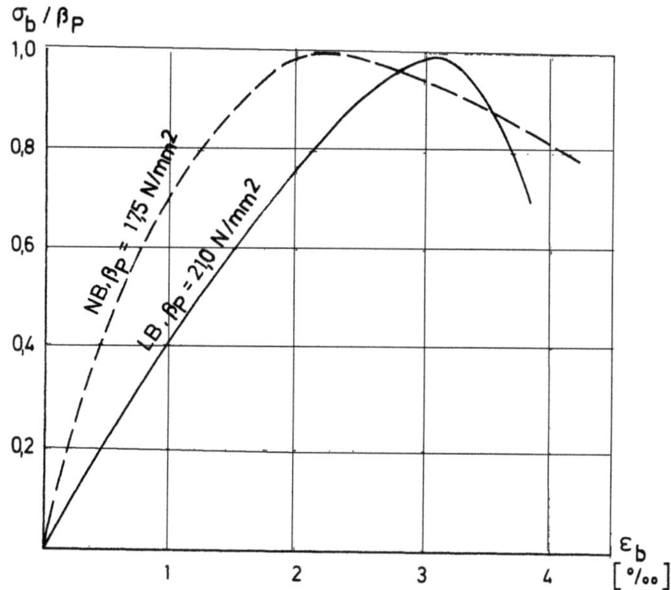

Bild 2.49   Gemessene σ-ε-Linien eines Normalbetons B 25 mit $\rho_{Rb,d}$ = 2,15 kg/dm³ und eines Leichtbetons LB 25 (Blähton-Zuschlag) mit $\rho_{Rb,d}$ = 1,3 kg/dm³ [71, 74]

Der E-Modul (nach DIN 1048 für $\sigma_b \approx \frac{1}{3} \cdot \beta_P$) hängt nicht nur von der Druckfestigkeit, sondern auch von der Betonrohdichte ρ_{Rb} und der Zuschlagsart (Blähton, Blähschiefer) ab. H. W e i g l e r [71, S. 102] gibt folgende Formeln:

für Blähtonbeton
$$E_{LB}^{T} \approx 5790 + 733 \sqrt[3]{\rho_{Rb,od}^{3} \cdot \beta_W} \quad [N/mm^2]$$

$$(2.15)$$

für Blähschieferbeton
$$E_{LB}^{S} \approx 8370 + 745 \sqrt[3]{\rho_{Rb,od}^{3} \cdot \beta_W} \quad [N/mm^2]$$

mit $\rho_{Rb,od}$ (in kg/dm³) und β_W (in N/mm²) nach 28 Tagen, lufttrocken.

Die Zugabe von Natursand wird durch das erhöhte ρ_{Rb} berücksichtigt. Die Streuung ist mit ± 10 % anzunehmen. Die in DIN 4219 [75] angegebenen E-Moduln, nur von der Rohdichteklasse abhängig, sind grobe Schätzwerte. Es wird deshalb angeraten, den E-Modul versuchsmäßig zu ermitteln.

Die gegenüber NB wesentlich niedrigeren E-Moduln des LB wirken sich im allgemeinen günstig aus: Alle Zwangschnittgrößen werden kleiner, die Tragwerke neigen weniger zu Rissen infolge Zwang. Durchbiegungen werden nur wenig größer, weil die Höhe der Biegedruckzone größer ist und deshalb die Randdehnung ε_b und damit die Krümmung kleiner wird.

2.12.5.7 Quellen, Schwinden und Kriechen

Das Kornporenwasser bewirkt eine feuchte Nachbehandlung des Mörtels im ganzen Inneren des LB, was bei behinderter Feuchtigkeitsabgabe in den ersten 100 bis 300 Tagen bei Luftlagerung mit 20°C und 60 % rLF zunächst zu einem Q u e l l e n des Betons bis zu etwa $\varepsilon_s = + 10 \cdot 10^{-5}$

führt (Bild 2.50). Bei dampfdichter Umhüllung quillt der Beton über Jahre bis zu $\varepsilon_s = +35 \cdot 10^{-5}$. Mit diesem Quellen muß man im Inneren dicker Betonbauteile und vor allem in feuchtem Klima rechnen. Die **E n d s c h w i n d -m a ß e** bleiben mit $\varepsilon_{s\infty} = -25 \cdot 10^{-5}$ bis $-30 \cdot 10^{-5}$ unter denen von Prismen ohne behinderte Trocknung, bei denen $\varepsilon_{s\infty} = -35$ bis $-40 \cdot 10^{-5}$ er-

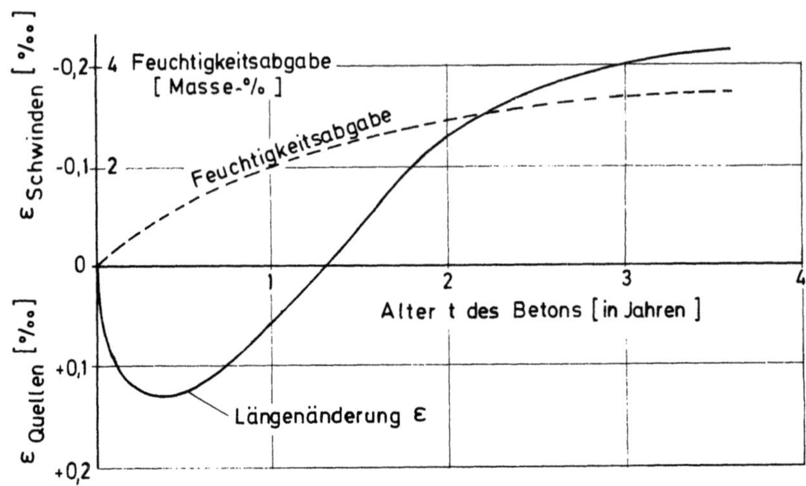

Bild 2.50   Quellen und Schwinden unbelasteter Zylinder aus Leichtbeton (mit Blähton-Zuschlag) [71]

reicht. Die für NB zulässige starke Abminderung des Endschwindmaßes mit dem Faktor k_{ef} abhängig von der Dauer der Naßbehandlung und der Dicke d_{ef} der Körper ist demnach bei LB nicht zulässig. Den zeitlichen Ablauf des Schwindens von LB im Vergleich zu dem von gleichwertigem NB zeigt Bild 2.51.

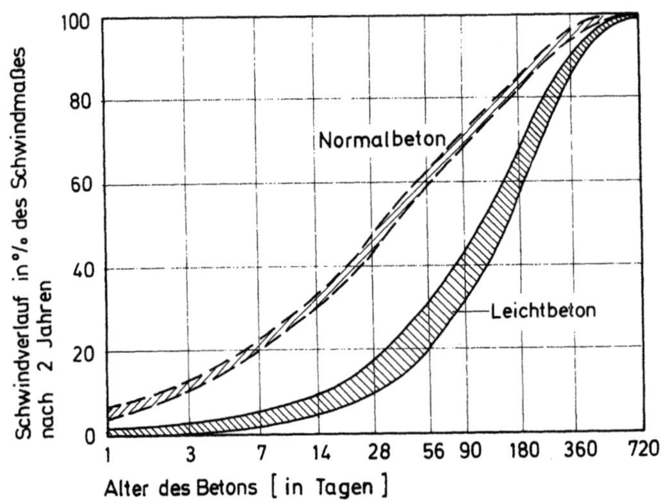

Bild 2.51   Vergleich des zeitlichen Ablaufs des Schwindens von Leichtbeton und Normalbeton

Bei kleinen Querschnitten und wenig angenäßten Zuschlägen ist das Quellen gering und das Schwinden verläuft ähnlich wie bei NB, bleibt jedoch bei gleichem Zementgehalt für Blähschiefer etwas niedriger (Bild 2.52). Die Endschwindmaße streuen stärker als bei NB.

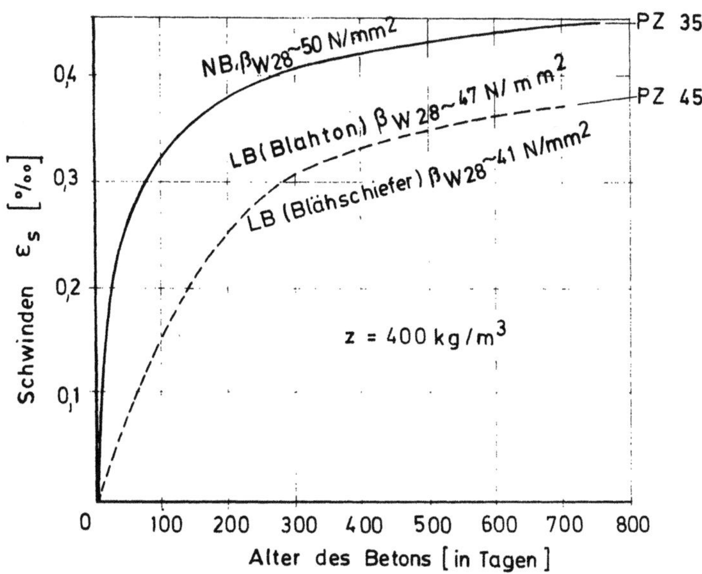

Bild 2.52 Verlauf der Schwindkürzungen von Normalbeton und Leichtbetonen mit Blähschiefer- und Blähton-Zuschlägen bei gleichem Zementgehalt z = 400 kg/m³, PZ 35 [71]

Für die Berechnung der Schwindverformungen schreibt DIN 4219 vor, die
für Normalbeton nach DIN 4227 ermittelten Grundschwindmaße $\varepsilon_{s\infty}$ wie
folgt zu erhöhen:

> bei LB 8 bis LB 15: um 50 %
> bei LB 25 bis LB 55: um 20 %

Die Form der **Kriechkurven** ist bei Leichtbeton etwa gleich wie bei
NB (Bild 2.53). Das Kriechmaß $\alpha_k = \varepsilon_k/\sigma_D$ (in 10^{-5} mm²/N) hängt bei
LB weniger vom Alter (Reifegrad) bei Belastungsbeginn ab als bei NB,
weil das Kornporenwasser als Nachbehandlung wirkt. Das Endkriechmaß wird bei vollem Schutz gegen Austrocknung jedoch nur um rd. 20 %
kleiner als bei ungeschützter Luftlagerung mit ~ 60 % rLF.

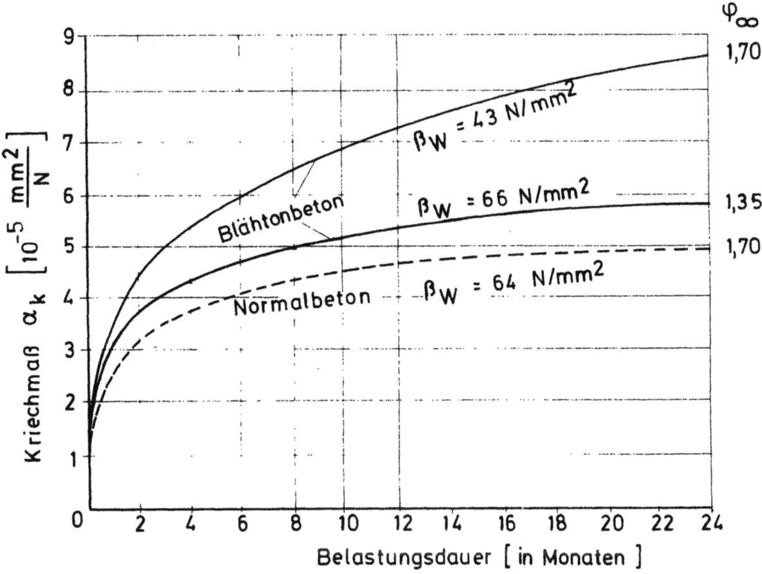

Bild 2.53 Verlauf des Kriechens von Leichtbeton und Normalbeton aus-
gedrückt durch das Kriechmaß $\alpha_k = \varepsilon_k/\sigma_D$ mit $\sigma_D = 1/3\cdot\beta_W$. Alter bei
Belastungsbeginn 28 Tage [71]

Das Endkriechmaß $\alpha_{k\,\infty}$ ist für gleiche β_W für LB etwas größer bis
gleich groß wie bei NB, jedoch nicht etwa im umgekehrten Verhältnis der
E-Moduln E_{NB}/E_{LB} größer. Dies bedeutet, daß die Kriechzahlen
$\varphi = \dfrac{\varepsilon_k}{\varepsilon_{el}}$ bei LB kleiner sind als bei NB, und zwar etwa im Verhältnis der
E-Moduln, weil

$$\varphi = \frac{\sigma_D \cdot \alpha_k}{\varepsilon_{el}} = \alpha_k E_b .$$

Für Kriechberechnungen mit φ muß daher bei Leichtbeton eine reduzierte
Endkriechzahl φ_∞ bzw. Grundfließzahl φ_{fo}

$$\varphi_{LB} = \frac{\alpha_{k,LB}}{\alpha_{k,NB}} \cdot \frac{E_{LB}}{E_{NB}} \cdot \varphi_{NB} = \xi \cdot \frac{E_{LB}}{E_{NB}} \cdot \varphi_{NB} \qquad (2.16)$$

benützt werden.

In DIN 4219 [75] ist $\xi = 1,3$ für Festigkeitsklassen LB 8 bis LB 15
und $\xi = 1,0$ für LB 25 bis 55 festgelegt. Bei neueren Kriechuntersuchun-
gen in München [78] haben sich bei hochfestem Leichtbeton ($\beta_{W28} =$
63 N/mm^2) Kriechmaße um $80 \cdot 10^{-5}$ mm^2/N ergeben, die einem ξ-Wert
von rund 1,5 entsprechen.

Die Kriechdehnungen von LB sind besonders bei früh belasteten Proben
groß. Man sollte LB deshalb, wenn Kriechverformungen nachteilig sind,
nur bei höherem Reifegrad Dauerlasten aussetzen. Die Korneigenfeuchte
des Zuschlages bewirkt, daß der Einfluß der wirksamen Körperdicke d_{ef}
geringer ist als bei NB.

2.12.5.8 Wärmeverhalten des Leichtbetons

Die Temperaturdehnzahl α_T des LB liegt bei niedrigem Feuchtigkeitsgehalt zwischen 8 bis $10 \cdot 10^{-6}$/K, sie nimmt bei Durchfeuchtung ab bis
auf $6,5 \cdot 10^{-6}$/K. Die Wärmeleitfähigkeit des Leichtbetons hängt
stark von der Rohdichte und dem Feuchtigkeitsgehalt ab, in DIN 4108 sind
die Rechenwerte λ in Abhängigkeit von der Rohdichteklasse angegeben.

Die Wärmeleitzahl λ liegt schon bei ρ_{Rb} = 1,4 kg/dm^3 und Ausgleichsfeuchte (rd. 5 Vol-%) mit $\lambda \approx 0,6$ bis $0,7$ W/mK unter 1/3 des Wertes von
NB aus Rheinkies mit ρ_{Rb} = 2,2 kg/dm^3 (λ_{NB} = 2,0 W/mK). Daraus ergibt sich die starke Abminderung der Wärmeleitung durch die Leichtzuschläge, die sich günstig auf den Feuerwiderstand , z.B. durch Schutz
der Stahleinlagen vor rascher Erhitzung, auswirkt. Den starken negativen
Einfluß der Durchfeuchtung zeigt Bild 2.54 anhand des Wärmedurchlaß-
widerstandes $1/\lambda$ einer 1 m dicken Wand, für Leichtbetone mit $\rho_{Rb,d} \approx$
1,45 kg/dm^3, wobei zu beachten ist, daß rd. 5 Vol-% Feuchtigkeit
als Ausgleichsfeuchte im Außenklima praktisch unvermeidbar sind.

Die geringe Wärmeleitfähigkeit führt natürlich dazu, daß die beim Abbin-
den des Zementes entstehende Hydratationswärme langsamer ab-
fließt als bei NB und daher in dicken Bauteilen höhere Temperaturen und
Temperatur-Eigenspannungen entstehen (Bild 2.55). Man sollte daher für
LB die Außenflächen gegen Abkühlung schützen und keine frühhochfesten
F-Zemente verwenden, wenn die Dicke der Bauteile 60 bis 80 cm überschreitet.

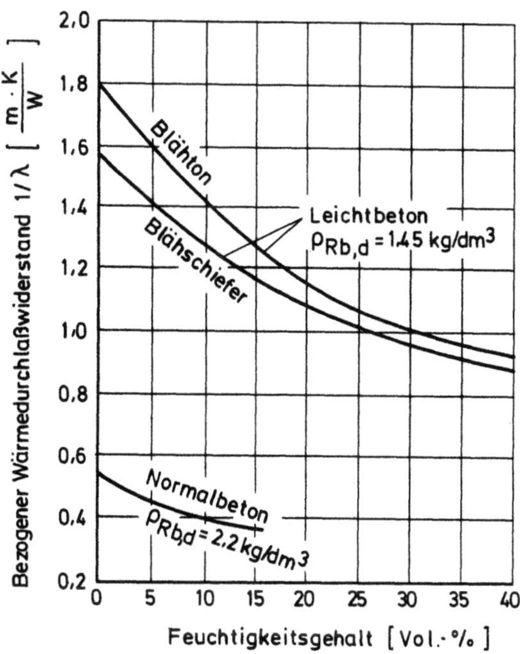

Bild 2.54 Auf die Dicke 1 bezogener Wärmedurchlaßwiderstand $1/\lambda$ für Beton mit Naturkies- und mit Leichtzuschlägen ($\rho_{Rb,d}$ = 1,45 kg/dm³) in Abhängigkeit vom Feuchtigkeitsgehalt in Vol. % [71]

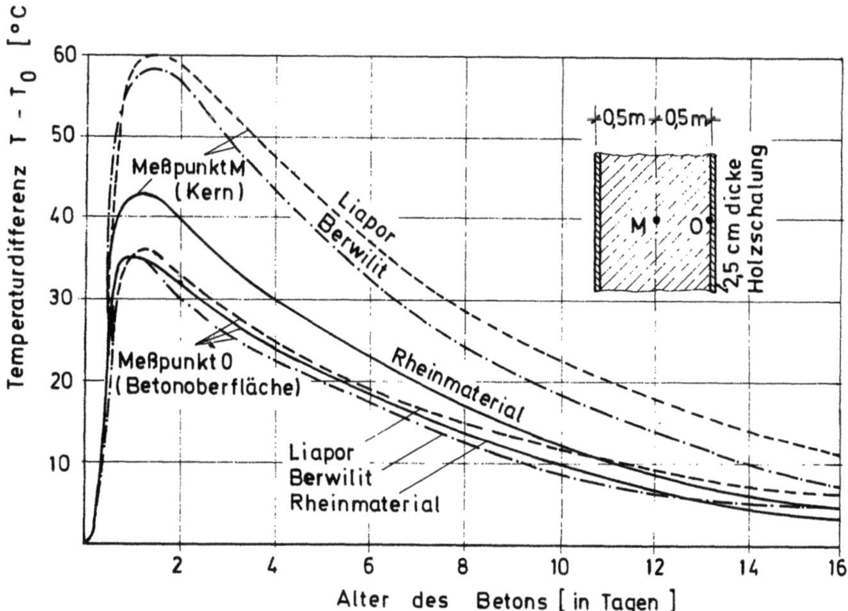

Bild 2.55 Entwicklung der Temperaturdifferenz zur Außenluft $T_0 \approx 20\,°C$ infolge Hydratation im Kern und an der Oberfläche von 1 m dicken Plattenabschnitten aus Normal- und aus Leichtbeton [71]

2.12.5.9 Korrosionsschutz der Bewehrung

Der zementreiche und hochfeste Mörtel des LB wirkt sich für den Korrosionsschutz günstig aus, wenn die Betondeckung der Stahlstäbe gut verdichtet ist. Leider setzen jedoch die meisten Leichtzuschläge der Gasdiffusion wenig Widerstand entgegen, so daß Kohlendioxyd bis zu der Zementhaut am Stab vordringen kann, wenn das Korn fast die ganze Dicke der Betondeckung einnimmt. Damit kann dort die basische Schutzwirkung des Zementsteines durch Karbonatisierung rasch verloren gehen und Korrosion des Stahles auftreten. Aus diesem Grund wird die erf. Betondeckung für Stahlstäbe um einen vom $\emptyset$ des größten Korns abhängigen Zuschlag von in der Regel 5 mm vergrößert (s. Tabelle 1 in DIN 4219, T2 [75]).

2.12.6 Zur Wirtschaftlichkeit von Tragwerken aus Leichtbeton

Die Leichtzuschläge und die Verarbeitung von Leichtbeton sind teurer als
bei Normalbeton. Diese Mehrkosten können aufgewogen werden durch Einsparungen infolge des geringeren Gewichtes und der niedrigen Wärmeleitfähigkeit. Das kleinere Gewicht ergibt Einsparungen an Bewehrungsstahl,
am Querschnitt stützender Bauglieder und an Fundamentabmessungen,
was sich vor allem bei großen Spannweiten, hohen Bauten und schlechtem
Baugrund günstig auswirkt. Das niedrige Eigengewicht kann auch für Fer-
tigteile vorteilhaft sein, weil für eine gewisse Tragfähigkeit der Fahrzeuge und Krane größere Einheiten, z. B. Dachbinder oder Brückenträger mit
größerer Spannweite, versetzt werden können. Die Wärmedämmung des
LB erlaubt bei Hochbauten Einsparungen an Wärme- und Witterungsschutz
(z. B. tragende Wände aus LB 10 der Rohdichteklasse 1,0 ohne zusätzliche
Außenhaut) und an Feuerschutz.

In Deutschland ist bisher die Wirtschaftlichkeit nur selten gegeben, die
Produktionsmengen an geeigneten Leichtzuschlägen sind noch gering, die
Transportwege oft weit.

2.12.7 Anwendungen

In den USA sind schon zahlreiche Großbauten und viele Fertigteilbauten
aus Leichtbeton hergestellt worden, vor allem dort, wo Kies und Splitt
aus Naturstein nicht vorkommen und über weite Wege antransportiert
werden müssen. In technischer Hinsicht sind Leichtbeton-Tragwerke bei
großen Fertigteilen des Hochbaues und vor allem bei Brücken aus Spannbeton oft vorteilhaft und für den Ingenieur reizvoll.

Einige der großen Anwendungen sind:

Erste Straßenbrücke in Leichtspannbeton in Europa: 1967 in Gittelde
(ℓ = 12,5 - 15,1 - 12,5 m);

Fußgängerbrücke über einen Rheinarm in Schierstein, ℓ = 96,4 m;

Straßenbrücke über den Fühlinger See bei Köln, ℓ = 136 m;

3 Straßenbrücken über den Maas-Waal-Kanal, Mittelfeld mit 105 m
in LB bei ℓ = 112 m;

Dachbinder des Kunsteisstadions Augsburg, ℓ = 62 m;

Jumbo Wartungshalle, Flughafen Frankfurt, Hängedach mit ℓ = 135 m.

2.13 Betone für besondere Anwendungsbereiche

2.13.1 Massenbeton

Zur Herstellung großer und massiger Bauteile (Staumauern, Hochhaus-
fundamente u.ä.) wird Massenbeton verwendet, der aus physikalischen und wirtschaftlichen Gründen eine besondere, z.T von den Festlegungen bestehender Normen abweichende Zusammensetzung besitzen
muß.

Die bei der Hydratation des Zements frei werdende Wärme führt zu einer
Temperaturerhöhung im Inneren des Bauteils, während an Außenflächen
die Wärme schneller abgeleitet wird. Dieser Temperaturunterschied erzeugt Spannungen, die zu Rissen im Beton führen können. Die jeweilige
Temperaturerhöhung und der Temperaturverlauf werden bestimmt durch

- die charakteristische Hydratationswärme der Zementart
- den Zementgehalt
- die Frischbetontemperatur
- den Erhärtungsfortschritt
- die Bauteilabmessungen.

Aus wirtschaftlichen Gründen werden bevorzugt örtlich vorkommende Zuschläge verwendet, deren Brauchbarkeit gegebenenfalls durch entsprechende Eignungsnachweise beurteilt werden muß.

Hieraus ergeben sich eine Reihe von Anforderungen an die Ausgangsstoffe und die Zusammensetzung des Betons sowie an die Nachbehandlung.

<u>Bindemittel:</u> Für Massenbeton werden bevorzugt Zemente mit niedriger Hydratationswärme (NW) verwendet. Eine weitere Verminderung der Wärmeentwicklung kann durch Ersetzen eines Teils des Zements durch latent hydraulische Zusatzstoffe erreicht werden.

<u>Betonzuschlag:</u> Das Größtkorn der Zuschläge sollte möglichst groß (≈ 150 mm) gewählt werden. Die Sieblinie wird so gewählt, daß bei möglichst geringem Wasseranspruch eine ausreichende Verarbeitbarkeit gewährleistet ist. Kornzusammensetzungen zwischen den Linien B 125 und A 125 gemäß Bild 2.56 haben sich als günstig erwiesen. Wegen des gros-

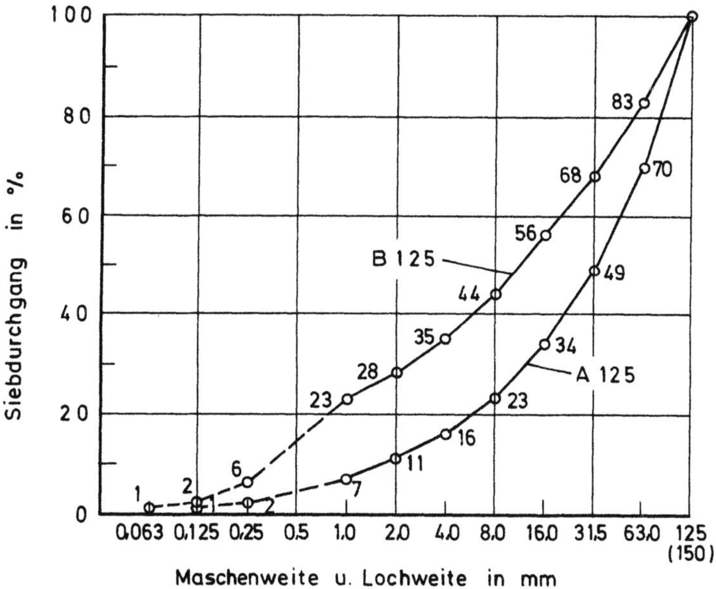

Bild 2.56   Sieblinie der Zuschläge mit einem Größtkorn von 125 bis 150 mm für Massenbeton nach [188]

sen Einflusses des Feinsandgehalts auf die Frisch- und Festbetoneigenschaften sind hier die Grenzen sehr eng gesetzt. Aus dem gleichen Grund werden an die Dosiereinrichtungen erhöhte Genauigkeitsanforderungen gestellt. Stetige Zuschlaggemische mit 150 mm Größtkorn werden in der Regel aus 6 Korngruppen (zwei davon im Sandbereich) zusammengesetzt. Für unbewehrten Massenbeton haben sich auch Ausfallkörnungen als geeignet erwiesen.

<u>Betonzusammensetzung:</u> Massenbeton wird in der Regel als Beton B II hergestellt. Die Betonzusammensetzung wird aufgrund von Eignungsprüfungen festgelegt; dabei wird im Hinblick auf eine niedrige Hydratationswärme der kleinstmögliche Bindemittelgehalt angestrebt, mit dem die Anforderungen an Festigkeit und gegebenenfalls Korrosionsschutz erfüllt werden.

Für den unbewehrten Kernbeton von Staumauern mit 125 mm Größtkorn
beträgt der Mindestbindemittelgehalt bei ungebrochenem Korn etwa
125 kg/m^3, bei gebrochenem Korn etwa 140 kg/m^3, für Vorsatzbeton
mit erhöhten Anforderungen an Festigkeit und Frostwiderstand etwa
200 kg/m^3.

Wegen des Korrosionsschutzes der Bewehrung sind bei bewehrtem Massenbeton höhere Zementgehalte erforderlich (Tabelle Bild 2.57).

Größtkorn des Zuschlags	Betondeckung	Mindest-zementgehalt
63 mm	4 cm	220 kg/m^3
	10 cm	180 kg/m^3
125 mm	6 cm	200 kg/m^3
	16 cm	160 kg/m^3

Bild 2.57   Mindestzementgehalt von bewehrtem Massenbeton nach [188]

Mischen, Fördern und Verarbeiten des Betons: Die erforderliche Misch-
dauer hängt von der Intensität des Mischers ab (ca. 90 s bei Freifall-
mischer). Massenbeton wird mit Kübeln, Lkw, Fahrmischern oder Be-
tonpumpen gefördert. Maßgebend für die Wahl des Beförderungsmittels
ist die Forderung, daß keine Entmischung stattfindet. Pumpbarer Massenbeton mit 63 mm Größkorn erfordert eine Pumpleitung mit etwa
200 mm Nenndurchmesser. Zum Verdichten des Betons werden besonders kräftig wirkende Innenrüttler eingesetzt. Wegen seiner langsamen
Erhärtung ist bei Massenbeton eine entsprechend lange Nachbehandlung
erforderlich.

Maßnahmen zur Verminderung der Auswirkungen der Hydratationswärme:
Um das Wärmeenergieniveau möglichst niedrig zu halten, wird eine niedrige Frischbetontemperatur angestrebt (Kühlen der Zuschläge durch Be-
rieseln, teilweises Ersetzen des Zugabewassers durch Eis). Zur Ableitung der entstehenden Hydratationswärme wird das Bauwerk in lotrechte
und waagerechte Betonierabschnitte unterteilt. Dabei müssen die Tempe-
raturunterschiede zwischen dem Inneren des Betons und den rascher ab-
kühlenden Außenflächen gering gehalten werden, z.B. durch wärmedäm-
mende Schalung. In einigen Fällen wurde eine besondere Kühlung durch
Wasser, das durch einbetonierte Rohre geleitet wird, geschaffen.

Nachweis der Eigenschaften des Betons: In [188] wird empfohlen, die
Probekörper für die Prüfungen abweichend von DIN 1048 so groß zu wäh-
len, daß ihre kleinste Abmessung mindestens dem dreifachen Durchmes-
ser des Größtkorns entspricht. Es können jedoch auch die üblichen Wür-
fel mit 200 mm Kantenlänge verwendet werden, bei deren Herstellung die
Korngruppen über 63 mm ausgelesen werden. Anstelle der 28-Tage-
Festigkeit wird die Druckfestigkeit von Massenbeton im allgemeinen im
Alter von 91 Tagen bestimmt.

2.13.2 Strahlenschutzbeton

Beim Bau von Kernkraftwerken dient Beton besonderer Zusammensetzung
als Schutzschild zur Abschirmung gegenüber gefährlichen Strahlungen.
Die Abschirmwirkung von Betonschilden gegenüber ionisierenden Strahlen,
vor allem Neutronenstrahlen, wird durch die im Beton enthaltenen che-

mischen Elemente, insbesondere durch die Anwesenheit von Wasserstoff-
atomen, bestimmt. Zur Verbesserung der Neutronenabsorption können
dem Beton kristallwasserhaltige Zuschläge (z.B. Bauxit) zugegeben werden. Die Wirksamkeit von Betonschilden gegenüber γ-Strahlen wird maßgeblich von der Betonrohdichte bestimmt, welche durch die Verwendung
von Zuschlag mit hoher Gesteinsrohdichte (Baryt, Eisenerz, Eisen) gesteuert werden kann. In DIN 25 413 sind die Abschirmbetone nach Elementanteilen klassifiziert [189] .

2.13.3. Faserbeton

Der Begriff Faserbeton umfaßt allgemein zementgebundene Betone und
Mörtel, denen kurze Fasern beigemischt werden; dahinter steht die Idee,
einen Beton mit einer konstruktiv ausnützbaren Zugfestigkeit zu schaffen. Durch die Zugabe von Fasern, die keine bestimmte Orientierung
aufweisen, entsteht ein Verbundbaustoff, der makroskopisch wie der
faserfreie Beton als homogen und isotrop anzusehen ist. Im Gegensatz
dazu sind beim Stahlbeton die einzelnen Stoffe entsprechend der am Querschnitt angreifenden Beanspruchung verteilt.

Die Wirkungsweise der Fasern besteht darin, daß sie entsprechend ihrem
Querschnittsanteil und Elastizitätsmodul einen bestimmten Lastanteil übernehmen. Darüber hinaus wird eine Steigerung der Zugfestigkeit der Mörtelmatrix erwartet, die dadurch zustande kommt, daß die Mikrorisse an
der Ausdehnung und Bildung von Makrorissen behindert werden. Dies hat
aber zur Voraussetzung, daß die Faserabstände sehr eng, d.h. etwa gleich
dem Durchmesser des Größtkorns des Zuschlags sind. Dies kann jedoch
nur bei sehr feinen Fasern erreicht werden, da der Faseranteil aus verarbeitungstechnischen Gründen ca. 5 Vol.-% nicht übersteigen kann; bei
vergleichsweise groben Fasern, wie Stahlfasern, ist also keine besondere
Steigerung der Zugfestigkeit zu erwarten. Dagegen werden andere Eigenschaften vorteilhaft verändert.

In Tabelle Bild 2.58 sind Art und Eigenschaften einiger Fasern zusammengestellt. Die Wirksamkeit der organischen Fasern ist wegen des
niedrigen Elastizitätsmoduls auf die Verbesserung der Grünstandfestig-
keit des jungen Betons beschränkt. Aus verarbeitungstechnischen Gründen ist die Faserlänge von eingemischten Glas- und Stahlfasern durch-

Faser	Durchmesser (Einzelfaser)	Länge	Zugfestig-keit	Bruch-dehnung	Elastizitäts-modul
-	mm	mm	N/mm^2	%	N/mm^2
Sisal	0,007 - 0,05	50 - 70	600 - 800	-	20 000
Nylon	0,003 - 0,06	50 - 70	700 - 900	200	5 000
Polypropylene	0,01 - 0,06	50 - 70	500 - 700	200	6 000
Asbest	0,0001 - 0,01	10	1000 - 3000	3	150 000
Kohlenstoff	0,01	50 - 70	1500 - 3000	10	240 000
E-Glas	0,005 - 0,01	50 - 70	1500 - 2000	20 - 30	80 000
Glas (alkalibest.)	0,01 - 0,02	50 - 70	2000 - 2500	30	80 000
Stahl	0,2 - 1,0	20 - 50	1000 - 2000	20 - 80	200 000

Bild 2.58   Mechanische Eigenschaften der Fasern

weg kleiner als die für die Ausnützung der Faserzugfestigkeit erforder-
liche kritische Faserlänge. Die Fasern werden deshalb nicht bis zum
Bruch beansprucht, sondern aus der Matrix langsam herausgezogen.
Der Verbundbaustoff zeichnet sich dadurch gegenüber dem faserfreien
Beton durch eine höhere Duktilität (Verformungsvermögen) aus.

Stahlfaserbeton wird in üblichen Mischern durch Zugabe der Stahlfasern
hergestellt und entweder als Stahlfaser-Mixbeton in Schalungen eingebracht oder durch Spritzen aufgetragen (vgl. hierzu Merkblatt Stahlfaser-
spritzbeton [190]). Für Glasfaser-Spritzbeton wurde ein besonderes
Verfahren entwickelt, mit dem es gelingt, Faserlängen bis 50 mm zu verarbeiten, ohne die Fasern zu sehr zu beschädigen. Der fertig gemischte
Mörtel wird mit einer Mörtelpumpe in einen Spritzkopf gedrückt, in den
gleichzeitig ein Glasfaser-Roving (Strang aus 32 Faserbündeln, die wiederum aus 200 Einzelfasern mit 0,01 mm Durchmesser bestehen) eingeführt wird. Im Spritzkopf wird der Roving auf die vorgesehene Länge ge-
schnitten und zusammen mit dem Mörtel auf die Schalung geschleudert.
Auf diese Weise wurde die Glasfaserbetonschale für die Bundesgartenschau 1977 in Stuttgart hergestellt, die bei einem Durchmesser von 31 m
eine Schalendicke von nur 10 bis 12 mm aufweist [191].

Die Festigkeits- und Verformungseigenschaften des Faserbetons (im folgenden am Beispiel des Stahlfaserbetons gezeigt) unterscheiden sich von
denen des faserfreien Ausgangsbetons deutlich. In [192] wird über Versuche berichtet, bei denen für einen Stahlfaseranteil von 3 Vol.-% folgende Festigkeitserhöhungen festgestellt wurden:

- Erhöhung der Druckfestigkeit: 44 %
- Erhöhung der Spaltzugfestigkeit: 110 %
- Erhöhung der Schlagfestigkeit: 1970 %

Der Einfluß der Fasern auf die Duktilität des Verbundbaustoffs geht aus
den Bildern 2.59 und 2.60 hervor. Dabei ist zu betonen, daß die großen

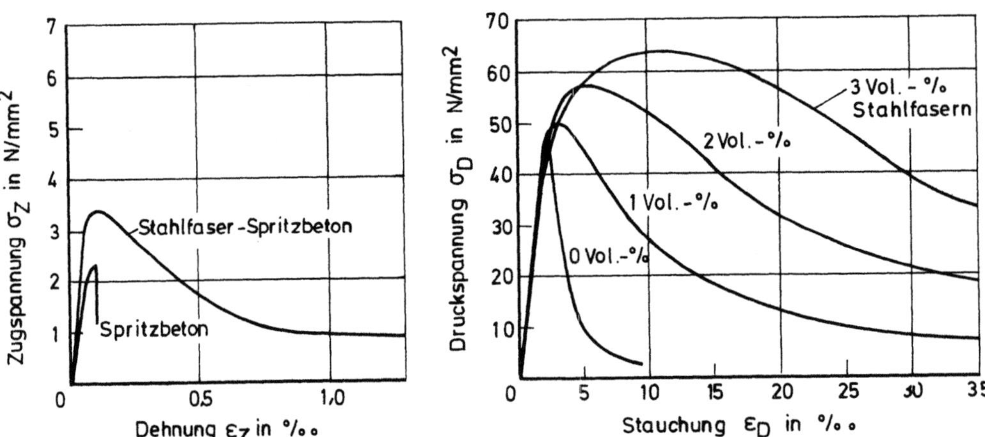

Bild 2.59   Vergleich der Spannungs-Dehnungs-Linien von faserfreiem
Spritzbeton und Stahlfaser-Spritzbeton (Zugversuche)

Bild 2.60   Spannungs-Dehnungs-Linien von Betonen mit unterschiedlichen
Fasergehalten (Druckversuche)

Dehnungen nicht durch elastische oder plastische Verformungen der Fasern ermöglicht werden, sondern durch die Bildung von Rissen und das
Herausziehen der Fasern aus der Mörtelmatrix infolge ihrer kurzen Verankerungslänge. Um das Verformungsverhalten des Faserbetons gegenüber dem Ausgangsbeton zu charakterisieren, wird der Begriff des "Ar-
beitsvermögens" (= Fläche unter der Spannungs-Dehnungs-Linie

$\int_{\varepsilon=0}^{\varepsilon=\varepsilon_u} \sigma \cdot d\varepsilon$) verwendet. Aus Bild 2.59 wird deutlich, daß der Faserbeton ein vielfach größeres Arbeitsvermögen besitzt.

2.13.4 Ferrozement

Mit Ferrozement oder Armozement wird ein dem Stahlbeton verwandter Verbundbaustoff bezeichnet, der sich von diesem dadurch unterscheidet, daß die Bewehrung aus einer Vielzahl feiner Bewehrungsdrähte besteht, die den gesamten Querschnitt eines Ferrozementbauteils gleichmäßig durchsetzen. Üblicherweise werden gewobene oder geschweißte Bewehrungsnetze mit quadratischen Maschen mit Drahtdurchmessern zwischen 0,2 mm und 1,2 mm und Drahtabständen zwischen 4 mm und 12 mm verwendet, welche in mehreren Lagen übereinander, z.T. ohne Zwischenräume, angeordnet sind. Wegen der engen Drahtabstände ist anstelle des üblichen Betons ein feiner Zementmörtel erforderlich, um die Bewehrungsnetze zu durchdringen und dicht zu umhüllen.

Durch die extrem feine Verteilung der Bewehrung über den Querschnitt und den guten Verbund zwischen Bewehrung und Beton entsteht ein Baustoff, der gegenüber dem unbewehrten Beton eine um ein Vielfaches gesteigerte Dehnfähigkeit und entsprechend dem hohen Bewehrungsgehalt eine große Zugfestigkeit aufweist. Die Risse im Beton treten in engen Abständen auf und sind so fein, daß sie kaum sichtbar werden.

Um diese günstigen Eigenschaften zu gewährleisten, muß ein bestimmter Verteilungsgrad der Bewehrung eingehalten werden. Zur Beurteilung dient die spezifische Oberfläche K_x, welche das Verhältnis der Oberfläche der wirksamen Drähte (= Verbundfläche) zur Volumeneinheit des Bauteils darstellt:

$$K_x = \frac{n \cdot \pi \cdot d_s}{s \cdot t} \quad [\text{cm}^{-1}]$$

n = Anzahl der Bewehrungslagen
d_s = Drahtdurchmesser in cm
s = Drahtabstand in cm
t = Bauteildicke in cm

Die Grenzwerte von K_x für Ferrozement betragen nach [193] etwa

$$0,8 \text{ cm}^{-1} \leqq K_x \leqq 1,5 \text{ cm}^{-1} .$$

Die Einhaltung der unteren Grenze, die rd. 10 mal so hoch wie bei Stahlbeton ist, garantiert, daß der Verbundbaustoff die speziellen Eigenschaften von Ferrozement aufweist, während die obere Grenze dadurch gegeben ist, daß nur eine begrenzte Anzahl von Bewehrungslagen im Querschnitt unterzubringen ist.

Ferrozement wird ohne Schalung für die Herstellung beliebig gekrümmter Flächen eingesetzt, wobei der Zementmörtel von Hand oder im Spritzverfahren auf ein mit Drahtnetzen bespanntes Stahlgerippe aufgetragen wird. Auf diese Weise wurden bereits Schiffsrümpfe [194] oder Kuppeln [195] hergestellt. In den osteuropäischen Ländern ist eine bedeutende Industrie entstanden, welche Dachelemente, Trennwände, Schalen, Faltwerke, Behälter aus Ferrozement herstellt, die sich durch ihr geringes Gewicht und den geringen Materialbedarf auszeichnen [196].P.L. Nervi hat schon frühzeitig für seine vielfach gegliederten Konstruktionen vorgefertigte Ferrozementelemente verwendet [197].

In Stuttgart wurde gerade ein umfangreiches Forschungsprogramm [198]
abgeschlossen, in dem untersucht wurde, wie durch die Verwendung von
Ferrozement als Schalung und gleichzeitig als mittragende Außenhaut das
Trag-, Verformungs- und Risseverhalten von Stahlbetonbauteilen verbessert werden kann. In Bild 2.61 wird der Einfluß der spezifischen
Oberfläche K_x auf Rißbreite und -abstand des Ferrozements gezeigt.
In Bild 2.62 ist das Ergebnis eines Zugversuchs an einem Stahlbetonstab
mit Ferrozement-Außenhaut dargestellt. Im Stahlbetonkern bilden sich
die Risse im normalen Abstand, dringen aber nicht bis zur Außenfläche
vor, sondern verteilen sich innerhalb der Ferrozementhaut, so daß an
der Außenfläche zwar viele, jedoch sehr feine und kaum sichtbare Risse
entstehen.

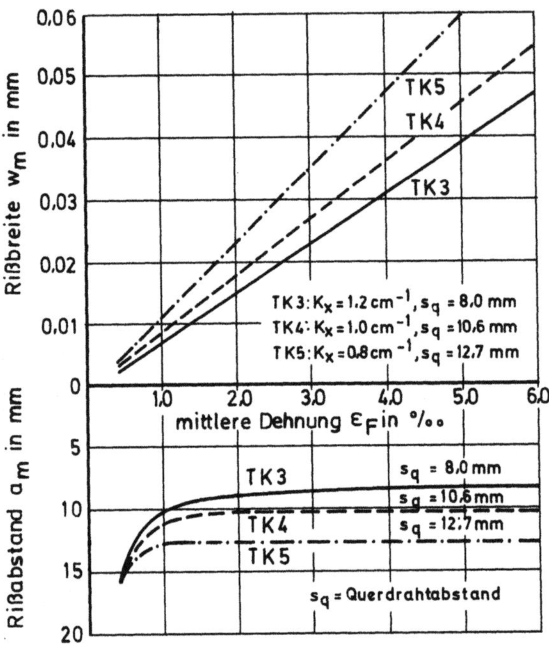

Bild 2.61   Einfluß der Bewehrungsaufteilung (spezifische Oberfläche K_x)
auf Rißbreite und -abstand des Ferrozements

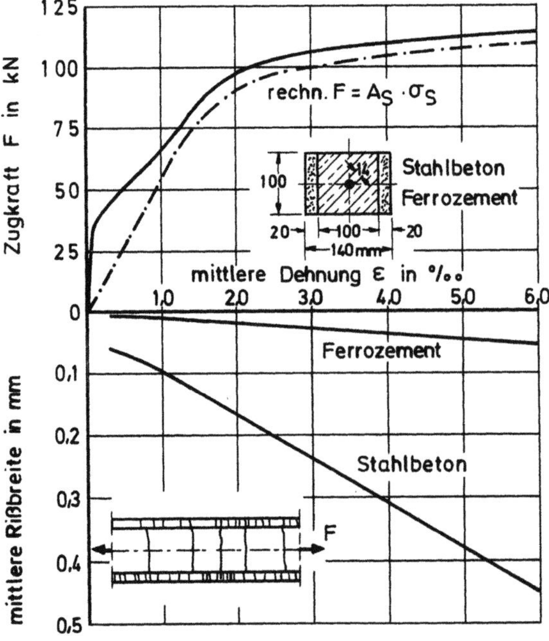

Bild 2.62   Verbesserung des Risseverhaltens von Stahlbetonbauteilen
durch Ferrozement-Außenschalen

3. Betonstahl

3.1 Allgemeines

Der zur Bewehrung von Stahlbetonbauteilen verwendete Stahl wird als Betonstahl (reinforcing steel) bezeichnet. Der Verbrauch von Betonstählen in der Bundesrepublik Deutschland betrug 1979 etwa 3.484.000 t und 1980 ca. 3.504.000 t. Bei den Betonstählen handelt es sich um Produkte, die gezielt auf die Verwendung im Stahlbetonbau hergestellt werden. Sie sind dadurch gekennzeichnet, daß sie eine Optimierung hinsichtlich der notwendigen Gebrauchseigenschaften darstellen. Die Entwicklung ist gekennzeichnet durch Steigerung der Festigkeiten, Verbesserung des Verbundes durch eine entsprechende Gestaltung der Oberfläche und die Erzielung hoher Verformbarkeit. Die neueste Entwicklung geht in Deutschland sowie in anderen europäischen Ländern nunmehr zu schweißgeeigneten Stählen; deren Vorteile bestehen in der leichteren Weiterverarbeitbarkeit und in einem größeren Verformungsvermögen.

3.2 Betonstahlsorten

Die Anforderungen an die wesentlichen im Gebrauch befindlichen Betonstahlsorten sind durch DIN 488 [79] geregelt. Neuere Sorten werden im Rahmen von Zulassungen erfaßt.

Betonstähle werden in Betonstabstähle (reinforcing bars) und Betonstahlmatten (wire fabric) eingeteilt. Die Neufassung der DIN 488 (Bild 3.1) wird voraussichtlich nur noch zwei Sorten von Stabstählen und eine Sorte von Betonstahlmatten enthalten. Sie werden nach ihren statischen Festigkeitswerten unterschieden und tragen die Bezeichnung B St 420 S und B St 500 S; die Bezeichnung der Betonstahlmatte lautet B St 500 M. Der Zahlenwert gibt die Streckgrenze in N/mm^2 an, durch den Buchstaben S wird auf die generelle Schweißeignung der Stähle hingewiesen. Für spezielle Anwendungsgebiete kennt die Norm ferner noch das sogenannte Mattengrundmaterial, hierbei handelt es sich um das Vormaterial für die geschweißten Betonstahlmatten.

Bei den Betonstahlmatten wird nach Aufbau und Abmessungen der Matten zwischen Lagermatten, Listenmatten und Zeichnungsmatten unterschieden. Erstere sind Matten mit vom Hersteller festgelegten Abmessungen, die in der Regel vom Händlerlager auf die Baustelle gelangen. Bei Listen- und Zeichnungsmatten werden Stababstände und -durchmesser vom Besteller angegeben.

Folgende Stahlsorten sind im Rahmen von Zulassungen geregelt:

GEWI-Stahl
bi-Stahl und bi-Stahl-Streifen
Reaktor-Stahl (BSt 1080/1320 für den kerntechnischen Ingenieurbau)
Sonderdyn-Matte.

Im Gegensatz zu anderen Ländern ist es in der Bundesrepublik nicht erlaubt, Betonstähle vom Ring zu verarbeiten.

In der derzeit noch gültigen Norm DIN 488 ist eine Reihe weiterer Stahlsorten enthalten (Bild 3.2), die künftig entfallen werden. Es sind dies vor allem die Betonstähle mit niedriger Festigkeit und glatter Oberfläche; wegen der Vorteile, die sich aus der Ausnützung der höheren Stahlfestigkeiten ergeben, und wegen des besseren Verbundes zwischen Stahl und Beton wird die neue Norm nur noch gerippte Stabstähle höherer Festigkeit und Matten aus gerippten Drähten enthalten. Die Unterscheidung

Kurzname		B St 420 S	B St 500 S	B St 500 M [2]	Fraktilenwert [3] der Grundgesamtheit %
Kurzzeichen [1]		III S	IV S	IV M	
Werkstoffnummer		-	1.0438	1.0466	
Erzeugnisform		Betonstabstahl	Betonstabstahl	Betonstahlmatte	
Nenndurchmesser d_s	mm	6 bis 28	6 bis 28	5 bis 12	-
Streckgrenze R_e bzw. β_S 0,2 % Dehngrenze $R_{p0,2}$ bzw. $\beta_{0,2}$	N/mm^2	420	500	500	5,0
Zugfestigkeit R_m bzw. β_Z	N/mm^2	500 [4]	550 [4]	550 [4]	5,0
Bruchdehnung A_{10}	%	10		8	5,0
Dauerschwingfestigkeit gerade Stäbe [5]	N/mm^2 $\dfrac{\text{Schwingbreite}}{2\,\sigma_A\,(2 \cdot 10^6)}$	215		-	10,0
gebogene Stäbe	$2\,\sigma_A\,(2 \cdot 10^6)$	170		-	10,0
gerade freie Stäbe von	$2\,\sigma_A\,(2 \cdot 10^6)$	-		100	10,0
Matten mit Schweißstelle	$2\,\sigma_A\,(2 \cdot 10^5)$	-		200	10,0
Rückbiegeversuch mit	6 bis 12	$5\,d_s$		-	1,0
Biegerollendurchmesser für	14 und 16	$6\,d_s$		-	1,0
Nenndurchmesser d_s mm	20 bis 28	$8\,d_s$		-	1,0
Biegedorndurchmesser beim Faltversuch an der Schweißstelle		-		$6\,d_s$	5,0
Knotenscherkraft S	N	-		$0,3 \cdot A_s \cdot R_e$	5,0
Unterschreitung des Nennquerschnittes A_s [6]	%	4		4	5,0
Bezogene Rippenfläche f_R		siehe DIN 488 Teil 2		siehe DIN 488 Teil 4	0
Chemische Zusammensetzung	C	0,22 (0,24)		0,15 (0,17)	-
Schmelzenanalyse	P	0,050 (0,055)		0,050 (0,055)	-
(Stückanalyse)	S	0,050 (0,055)		0,050 (0,055)	-
Gew.%, max.	N [7]	0,012 (0,013)		0,012 (0,013)	-
Schweißeignung für Verfahren [8]		E, MAG, GP, RA, RP		E [9], MAG [9], RP	-

[1] Für Zeichnungen und statische Berechnungen

[2] Die in dieser Spalte festgelegten Anforderungen gelten auch für das Mattengrundmaterial, wobei die Angaben über den Faltversuch an der Schweißstelle und die Knotenscherkraft entfallen.

[3] Fraktile für eine statistische Wahrscheinlichkeit $W = \ell - \alpha = 0,90$ (einseitig)

[4] Für die Istwerte des Zugversuchs gilt, daß R_m min. $1,05 \cdot R_e$ (bzw. $R_{p0,2}$), beim Betonstahl B St 500 M mit Streckgrenzenwerten über 550 N/mm^2 min. $1,03 \cdot R_e$ (bzw. $R_{p0,2}$) betragen muß.

[5] Der Dauerschwingfestigkeitsnachweis an geraden Stäben gilt als erbracht, wenn die geforderten Werte für den gebogenen Stab eingehalten werden.

[6] Die Produktion ist so einzustellen, daß der Querschnitt im Mittel mindestens dem Nennquerschnitt entspricht.

[7] Die Werte gelten für den Gesamtgehalt an Stickstoff. Höhere Werte sind nur dann zulässig, wenn ausreichende Gehalte an stickstoffabbindenden Elementen vorliegen.

[8] Die Kennbuchstaben bedeuten: E = Metall-Lichtbogenschweißen, MAG = Schutzgasschweißen, GP = Gaspreßschweißen, RA = Abbrennstumpfschweißen, RP = Widerstandspunktschweißen.

[9] Für die Verfahren E und MAG muß der Nenndurchmesser der Mattenstäbe $\geqq 6,5$ mm betragen, wenn Stäbe von Matten untereinander oder mit Stabstählen < 16 mm Nenndurchmesser geschweißt werden.

Bild 3.1   Einteilung und geforderte Eigenschaften der Betonstähle nach Neufassung der DIN 488

nach der Herstellungsart - unbehandelt U und kalt verformt K - wird künftig entfallen. Im weiteren unterscheiden sich die neuen Betonstahlsorten durch ihre generelle Schweißbarkeit, die bei den Stählen der noch gültigen Norm nicht in allen Fällen gewährleistet ist.

Die Neueinteilung der Betonstahlsorten wird auch eine Überarbeitung der DIN 1045 erforderlich machen; die darin festgelegten Bemessungsgrundlagen (vgl. Kapitel 7) bauen noch auf der Einteilung der Stähle nach DIN 488, Ausgabe 1972 auf.

Kurzname [1]		B St 220/340 GU	B St 220/340 RU	B St 420/500 RU	B St 420/500 RK	B St 500/550 GK	B St 500/550 PK	B St 500/550 RK	B St 500/550 RK
Kurzzeichen		I G	I R	III U	III K	IV G	IV P	IV R	IV R X
Werkstoff-Nummer		1.0003	1.0005	1.0433	1.0431	1.0464	1.0465	1.0466	1.0466
Erzeugnisform		Betonstabstahl				Betonstahlmatte			
Nenndurchmesser d_s mm		5 bis 28	6 bis 40	6 bis 28	6 bis 28	4 bis 12	4 bis 12	4 bis 12	6 bis 12
Mindeststreckgrenze β_S oder $\beta_{0,2}$ N/mm^2		220	220	420	420	500	500	500	500
Mindestzugfestigkeit β_Z N/mm^2		340	340	500	500	550	550	550	550
Bruchdehnung A_{10} %		18	18	10	10	8	8	8	8
Dauerschwingfestigkeit bei einer Schwingbreite 2 $\sigma_{A, 2\ Mill}$ in N/mm^2	gerade Stäbe	180	-	230	230	120	120	120	230
	gekrümmte Stäbe $d_{br} = 15\ d_s$	180	-	200	200	120	120	120	200
Schweißeignung [2] gewährleistet für Durchmesser	$d_s \leqq 12$ mm	RA	RA	RA	RA, RP	RA, RP	RA, RP	RA, RP	RA, RP
	$d_s \geqq 14$ mm	RA	RA, E	RA	RA, E, RP	-	-	-	

[1] Die Kennbuchstaben bezeichnen die Oberflächengestaltung und die Herstellungsart: G = glatt, P = profiliert, R = gerippt, U = unbehandelt, K = kalt verformt

[2] RA = Widerstands-Abbrennstumpfschweißen, E = Metall-Lichtbogenschweißen, RP = Widerstands-Punktschweißen

Bild 3.2 Sorteneinteilung und Eigenschaften der Betonstähle nach DIN 488, Blatt 1, Fassung 1972 (Auszug)

3.3 Herstellung der Betonstähle

Die Betonstabstähle werden warmgewalzt und gegebenenfalls einer Nachbehandlung unterzogen. Der wärmebehandelte Stahl (TEMPCORE) erfährt nach dem Warmwalzen eine teilweise Vergütung. Dabei wird die Randzone zuerst abgeschreckt und anschließend durch die im Inneren des Stabes noch vorhandene Restwärme angelassen.

Die zweite Möglichkeit, schweißgeeignete Betonstähle zu erzielen, besteht darin, sog. Mikrolegierungselemente hinzuzufügen wie V, Nb, Ti.

Die früher am weitesten verbreitete Herstellungsart, das Kaltverformen eines warmen Ausgangsproduktes, hat bei Stabstählen an Bedeutung verloren.

Die Betonstahlmatte wird aus kaltgewalzten Drähten hergestellt, die miteinander durch Widerstandspunktschweißung zu einem gitterartigen Element scherfest verbunden werden.

3.4 Kennzeichnung

Die Betonstähle sind entweder durch ihre Oberflächengestalt oder durch
die Lieferform gekennzeichnet. Die Kennzeichnung dient dazu, die Stahlsorten augenfällig zu dokumentieren. Das Bild 3.3 zeigt den BSt 420 S.

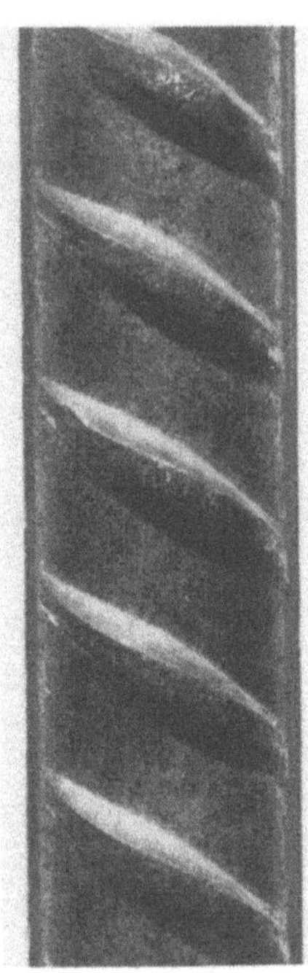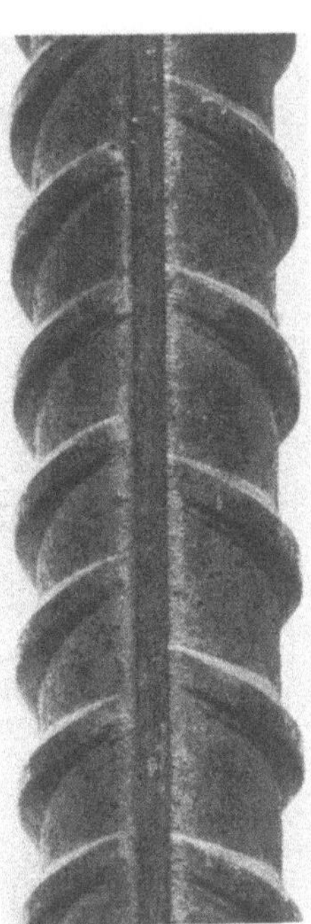

Bild 3.3   Oberflächengestaltung des B St 420 S

das Bild 3.4 den BSt 500 S. Die geschweißte Betonstahlmatte ist als zwei-
dimensionales Bewehrungselement   durch ihre Form erkennbar.

Die Herstellungsart ist aus der Oberflächengestalt nicht zu ersehen (Ausnahme kaltverwundener und kaltgewalzter Stahl). Aus baurechtlichen Grün-

Bild 3.4   Oberflächengestaltung des B St 500 S

den ist es notwendig, das Herstellwerk auf dem Stabstahl zu erkennen. Zu
diesem Zweck hat man eine Gruppierung von verdickten Rippen eingeführt,
das sog. Walzkennzeichen, aus dem Herstelland und Herstellwerk entnommen werden können (Beispiel siehe Bild 3.5). Betonstähle ohne Walzkennzeichen dürfen in der Bundesrepublik nicht verwendet werden.

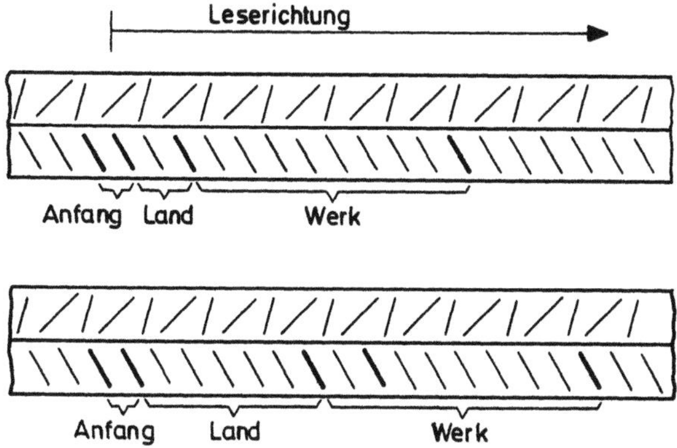

Bild 3.5   Kennzeichnung von Betonstahl B St 500 S
            Beispiel a: Land Nr. 1, Werknummer 8
            Beispiel b: Land Nr. 5, Werknummer 16

3.5 Eigenschaften der Betonstähle

3.5.1 Allgemeines

Die Gebrauchseigenschaften sind bei allen Betonstählen als sog. Nennwerte (Mindestwerte) vorgegeben, z.B. Streckgrenze 420 N/mm^2 oder
Bruchdehnung A_{10} = 10 % (Bild 3.1). Die Betonstähle entsprechen den
Anforderungen der Norm bzw. Zulassungen, wenn die jeweilige Produktion so gesteuert wird, daß diese Nennwerte mindestens den 5 %-Frakti-
len der Summemhäufigkeitsverteilung der jeweiligen Eigenschaften entsprechen. Bei einigen Eigenschaften sind abweichende Fraktilenwerte
festgelegt (s. Bild 3.1, letzte Spalte). Die Fraktilen sind mit einer einseitigen statistischen Sicherheit von 0,9 nachzuweisen. Betonstähle nach
Norm und Zulassung unterliegen einer sog. Güteüberwachung. Diese besteht darin, daß das Herstellwerk vor Aufnahme der Produktion seine
Eignung nachzuweisen hat und während der laufenden Produktion selbst
eine intensive Kontrolle durchführt, die durch die sog. Fremdüberwa-
chung durch unabhängige Prüfstellen ergänzt wird.

3.5.2 Abmessungsbereich

Betonstabstähle werden in folgenden Abmessungen produziert:

Nenndurchmesser d_s = 6, 8, 10, 12, 14, 16, 20, 25 und 28 mm.

Die Stäbe der Betonstahlmatten werden in Abständen von einem halben Mil-
limeter - zwischen d_s = 5,0 und 12,0 mm hergestellt.

Die übliche Lieferlänge von Stabstählen beträgt 12 m. Die Lagermatte hat
eine Abmessung von 2,15 x 5,0 m, Listenmatten werden nach Auftrag ge-
fertigt.

3.5.3 Querschnitt

Der Querschnitt der Betonstähle ist als sog. Nennquerschnitt festgelegt.
Die Überprüfung des Nennquerschnitts ist wegen der Oberflächengestalt
(Rippen) durch direkte Messung nicht möglich. Aus diesem Grund hat man
sich darauf geeinigt, einen theoretischen kreisförmigen Ist-Querschnitt aus

Gewicht und Länge eines Stababschnitts über das spezifische Gewicht zu errechnen. Die entsprechende Zahlenwertgleichung lautet wie folgt:

$$d_s = \sqrt{\frac{4 \cdot G}{\ell \cdot \gamma \cdot \pi}} = 12,74 \sqrt{\frac{G}{\ell}}$$

d_s = Stabdurchmesser (mm)
G = Gewicht (g)   (3.1)
ℓ = Länge (mm)
γ = 0,00785 (spez. Gewicht)
                (g/mm^3)

3.5.4 Verhalten bei einaxialer Beanspruchung durch Zug oder Druck

3.5.4.1 Zugbeanspruchung

Im Zugversuch haben die Betonstahlsorten typische Spannungs-Dehnungs-Linien (siehe Bild 3.6). Gleichartig für alle Stahlsorten ist der E-Modul, der einheitlich zu $2,05 \cdot 10^5$ N/mm² angenommen wird. Nach Überschreiten des elastischen Bereichs erkennt man beim TEMPCORE-Stahl und bei den mittels Mikrolegierungselementen erschmolzenen Stählen eine relativ ausgeprägte Streckgrenze (R_e, yield stress), der sich ein Verfestigungsbereich bis zur Zugfestigkeit (R_m, tensile strength) anschließt.

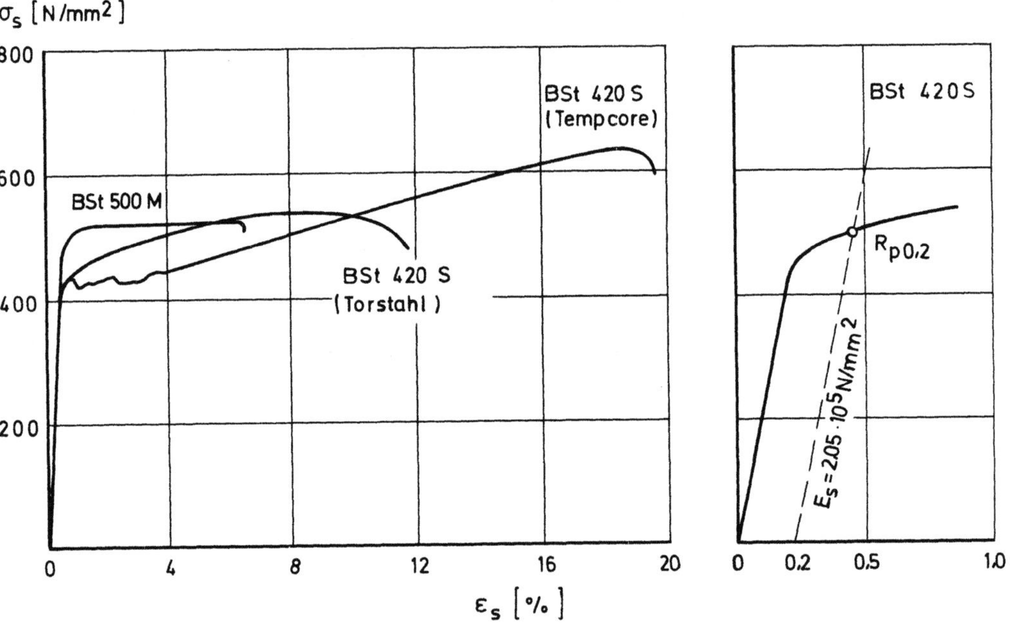

Bild 3.6   Spannungs-Dehnungs-Linien von Betonstählen

Bei den kaltverformten Stählen ergibt sich eine kontinuierliche Spannungs-Dehnungs-Linie mit z.T. äußerst geringer Verfestigung (Arbeitsvermögen). In diesen Fällen ist die Streckgrenze als sog. 0,2 %-Dehngrenze $R_{p0,2}$ definiert. Der Mindestwert des Verhältnisses R_m/R_e (Zugfestigkeit/Streckgrenze) beträgt in der Bundesrepublik Deutschland 1,05.

Die Verformungsfähigkeit unter einaxialer Beanspruchung wird derzeit als Bruchdehnung A_{10} bestimmt. Auf diesem Weg wird ein Dehnungswert erfaßt, der für bautechnische Belange nur in Sonderfällen von Bedeutung ist. Der wesentlich geeignetere Meßwert wäre die sog. Gleichmaßdehnung A_G, die aber meßtechnisch sehr schwer zu erfassen ist. Sie entspricht der Dehnung zwischen dem Erreichen der Streckgrenze und derjenigen bei Erreichen der Zugfestigkeit.

Die vergleichbaren Gleichmaßdehnungswerte sind bei kaltverformten Stabstählen und Betonstahlmatten relativ gering (2 bis 4 %). Bei den TEMPCORE-
Stählen betragen sie beispielsweise bis zu 70 % des Bruchdehnungswertes.

Das übliche Produktionsniveau von Betonstählen der Sorte BSt 420 S ist im
Bild 3.7 für die Streckgrenze dargestellt.

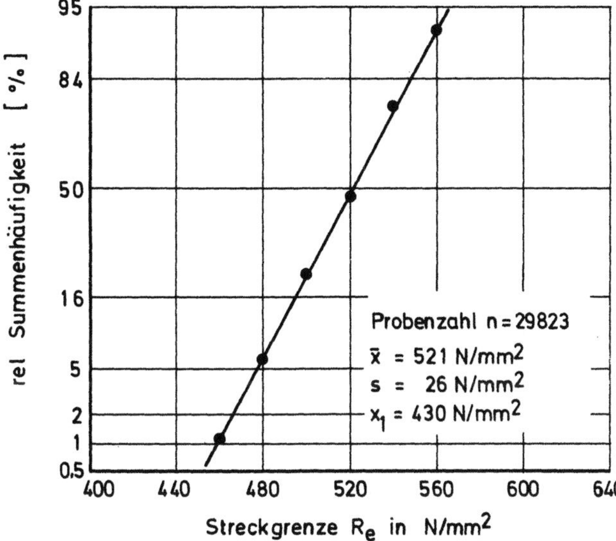

Bild 3.7   Verteilung der Streckgrenzenwerte bei B St 420 S (TEMPCORE)

3.5.4.2 Druckbeanspruchung von Betonstählen

Betonstähle werden zwar überwiegend auf Zug, jedoch z.B. bei Stützen
auch auf Druck beansprucht. Über das Verhalten der Stähle unter Druckbeanspruchung gibt ein sog. Stauchversuch Auskunft. Bei diesem wird die
Quetschgrenze ermittelt, bei der eine plastische Verformung beginnt.

Bei den warmgewalzten Betonstählen und bei den durch Verwinden herge-
stellten kaltverformten Stählen entspricht diese Quetschgrenze in etwa der
Streckgrenze. Auch der bei der Druckbeanspruchung auftretende Elastizitätsmodul entspricht dem der Zugbeanspruchung. Damit kann im elastischen
Bereich bei Druckbeanspruchung mit den gleichen Kennwerten gerechnet
werden wie bei Zugbeanspruchung.

Das Verhalten von Stählen bei größeren plastischen Stauchungen ist sehr
schwer versuchstechnisch erfaßbar. Derartige Beanspruchungen des Stahls
sind aber im Stahlbetonbau nicht zu erwarten, weil der Beton vorher versagt.

3.5.5 Biegen

Das Biegen ist die häufigste Bearbeitung von Betonstählen. Die DIN 1045,
Tab. 18, sieht Mindestbiegedorndurchmesser vor. Diese Werte sind bau-
technisch (Betonpressung) und werkstofftechnisch bedingt.

Die Verformungsfähigkeit der Stähle beim Biegen läßt sich nicht aus Anga-
ben über Gleichmaßdehnung oder Bruchdehnungswerte herleiten. Aus diesem
Grund erfolgt ein spezieller Rückbiegeversuch. Dieser berücksichtigt die
Tatsache, daß nach dem Biegen bei Auslagerung bei Raumtemperatur eine
Reckalterung des Werkstoffes erfolgt, die zu einer Verformungsabminderung

im gebogenen Stab führen kann. Der Rückbiegeversuch stellt aber nicht sicher,
daß die Stäbe generell zurückgebogen werden können.

Das Biegen mit den in DIN 1045 vorgesehenen Biegedornen wird von den
Betonstählen in der Regel problemlos ertragen. Bild 3.8 gibt die Grenz-
biegedurchmesser der verschiedenen, derzeit auf dem Markt befindlichen
Stahlsorten wieder.

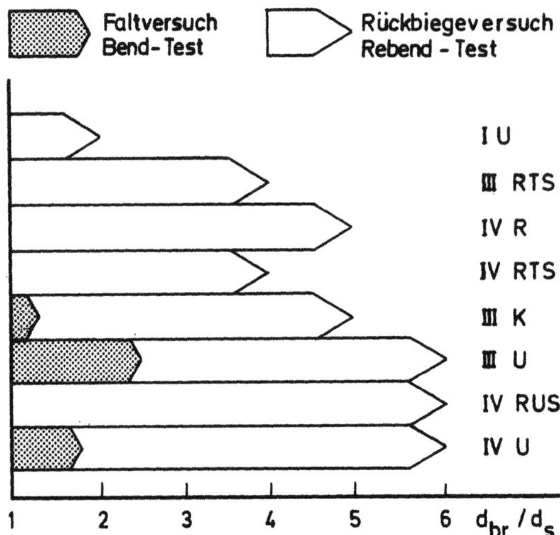

Bild 3.8 Grenzbiegedorndurchmesser für Falt- und Rückbiegeversuch
nach [80]

In der Praxis ist das Zurückbiegen z.T. planmäßig vorgesehen, z.T. ist
es als Korrekturbiegen notwendig. Um diese Maßnahmen ausführen zu können, sind spezielle Untersuchungen am Werkstoff notwendig, z.B. ein Zugversuch am zurückgebogenen Stab, wenn man nicht gezielt Betonstähle bestimmter Herstellungsart mit guter Zähigkeit (ductility) wählt.

Manche Mängel, die beim Biegen in Erscheinung treten, sind nicht dem
Werkstoff, sondern der Ausführung des Biegevorgangs anzulasten. Tiefe
Temperaturen und hohe Biegegeschwindigkeiten mindern die Biegefähig-
keit. Das Biegen kann in der Regel bis zu Temperaturen von $-5\,^{\circ}C$ problemlos ausgeführt werden.

3.5.6 Dauerschwingfestigkeit

Für die Bemessung von Bauteilen unter nicht vorwiegend ruhender Beanspruchung (siehe DIN 1045, Abschnitt 17.8) ist es notwendig, daß der Betonstahl eine ausreichende Dauerschwingfestigkeit (fatigue strength) besitzt.
Die Dauerschwingfestigkeit $2\,\sigma_A$ ist wesentlich geringer als die im quasi-
stationären Zugversuch ermittelte Festigkeit. Die Rippenform sowie der
Zustand der Oberfläche besitzen aber einen sehr großen Einfluß. Bei Betonstählen wird üblicherweise nur die Schwellfestigkeit (auf Zug) bis zu
einer Grenzlastspielzahl von $2 \cdot 10^6$ Lastzyklen bestimmt. Die dabei erhaltenen Werte können bei einer Bemessung als Dauerfestigkeit eingesetzt
werden (siehe auch Bild 3.9). Da Bemessungen unter Betriebsfestigkeit im
Stahlbetonbau nicht üblich sind, werden weder vollständige Wöhlerlinien
noch ein Schadensakkumulationsgesetz in die Überlegungen miteinbezogen.

In einigen Fällen jedoch ist die Bemessung auf Zeitfestigkeit bei Kenntnis
einer vorgegebenen Schwingbreite zweckmäßig. Hierfür sind Werkstoffda-
ten nur bei Matten aus der DIN 488 zu entnehmen. Wegen der Schweißstellen ist die Dauerschwingfestigkeit bei Betonstahlmatten wesentlich geringer
als bei den nicht geschweißten Stäben. Das Biegen der Stäbe verringert die

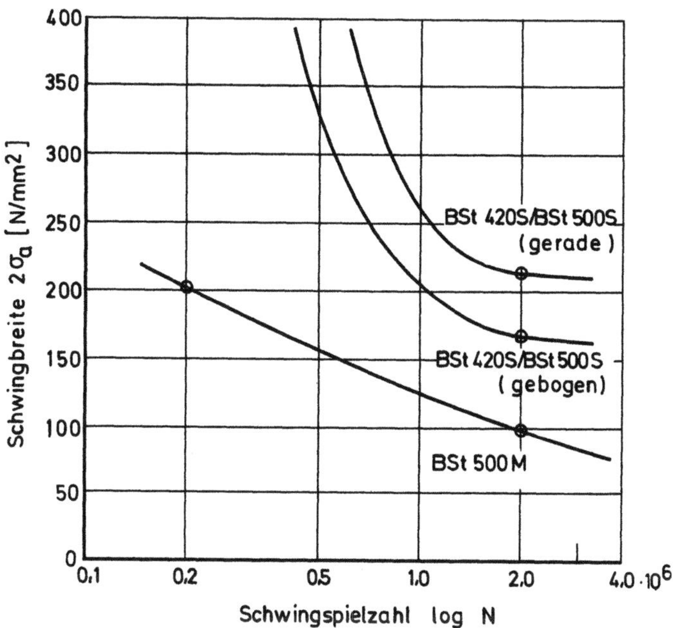

Bild 3.9   Wöhlerlinien (P_{10}) in halblogarithmischer Darstellung
(O = Mindestwerte für Betonstähle nach DIN 488)

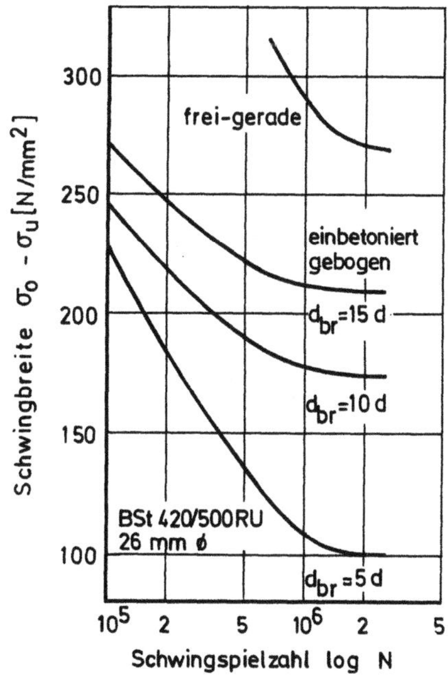

Bild 3.10
Einfluß des Biegedorndurchmessers auf die Dauerschwingfestigkeit von Betonstabstählen nach [81]

Dauerschwingfestigkeit (Bild 3.10)beträchtlich. Unabhängig von den Betonstahlsorten werden für den gebogenen Stab Dauerschwingfestigkeitswerte
von 170 N/mm² (10 %-Fraktile) am gebogenen Stab und 215 N/mm² (10 %-
Fraktile) am geraden Stab gefordert. Für die geschweißte Matte muß dem-
gegenüber eine 10 %-Fraktile von nur 100 N/mm² nachgewiesen werden.

Die Dauerschwingfestigkeit bei Wechselbeanspruchung durch Zug und Druck
oder Druck allein ist bei Betonstählen noch nicht untersucht worden.

Die Dauerschwingfestigkeitswerte werden durch das Schweißen der Betonstähle stark reduziert. Einen Überblick über die erreichbaren Dauerschwingfestigkeitswerte von geschweißten Verbindungen gibt Bild 3.11.
Bei geschweißten Verbindungen ist besonders zu beachten, daß sich bei
einer Grenzlastspielzahl von $2 \cdot 10^6$ k e i n e Dauerschwingfestigkeit
ausbildet.

3.5.7 Schweißen

Das Schweißen von Betonstählen setzt einen schweißgeeigneten Stahl voraus.
Die Schweißbarkeit ist jedoch zusätzlich abhängig von der Ausführung der
Schweißarbeiten und der Art der Konstruktion.

Bei den Betonstählen wird von genereller Schweißeignung gesprochen, wenn
der Stahl für folgende Verfahren geeignet ist:

> Abbrennstumpfschweißen
> Gaspreßschweißen
> Lichtbogenhandschweißen
> Schutzgasschweißen (MAG und
> elektr. Widerstandspunktschweißen)

Art der Prüfung	Ertragbare Schwingbreite $\Delta\sigma$ (N/mm^2) für eine Lebensdauer von N Lastspielen bei 50 % Überlebenswahrscheinlichkeit		
	$\Delta\sigma$ $N_{50} = 10^5$	$\Delta\sigma$ $N_{50} = 10^6$	$\Delta\sigma$ $N_{50} = 2 \cdot 10^6$
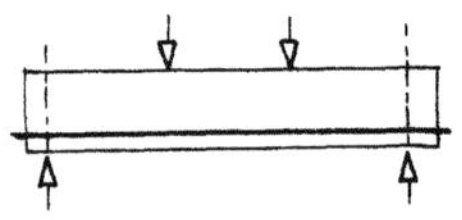 gerader, profilierter Betonstahl, einbetoniert	(410)	(260)	230
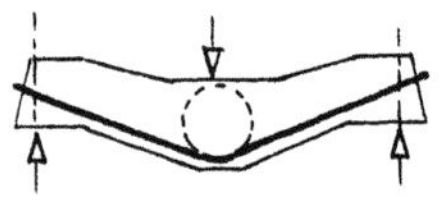 gekrümmter, profilierter Betonstahl, einbetoniert	(400)	(230)	200
 freie Stumpfstoßverbindung von profiliertem Betonstahl	390	170	135
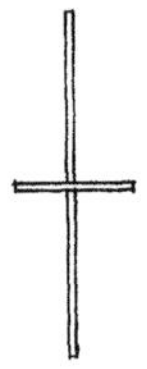 freie nichttragende Kreuzungsstoßverbindung (Heftschweißung) von profiliertem Betonstahl	340	160	110
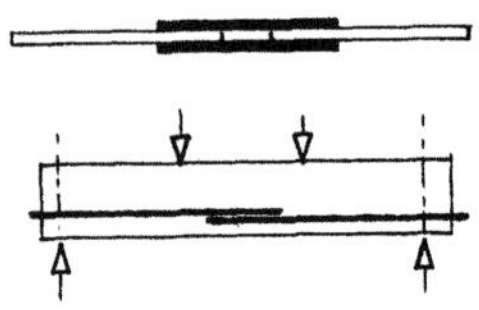 freie Laschenstoßverbindung und einbetonierte Übergreifungsstoßverbindung von profiliertem Betonstahl	230	100	70

Bild 3.11 Dauerschwingfestigkeitswerte von geschweißten Verbindungen
nach [82]. (Eingeklammerte Werte statistisch nicht abgesichert)

Das Schweißen von Betonstählen wird durch die DIN 4099 geregelt. Die Tabelle 1 dieser Norm gibt eine Übersicht, welche Verbindungsarten mit dem jeweiligen Schweißverfahren hergestellt werden können. Es ist zu beachten, daß bei den Längsstößen statisch voll tragfähige Verbindungen hergestellt werden können, wobei auch 100 % der Stäbe in einem Querschnitt gestoßen sein dürfen.

Sämtliche Betonstahlsorten sind unabhängig von ihrem Herstellungsverfahren untereinander durch Schweißen verbindbar. Einschränkungen bestehen nur für die geschweißten Betonstahlmatten wegen der kleinen Abmessung.

Das Schweißen muß durch ausgebildete Schweißer unter Aufsicht erfolgen. Ferner ist eine Güteüberwachung dieser Arbeiten vorgeschrieben. In vielen Fällen kann es zweckmäßig sein, z.B. zum Herstellen von Verankerungen, andere Stähle mit Betonstählen zu schweißen. Hierüber gibt DIN 4099 Auskunft. Es ist darauf zu achten, daß auch die angeschweißten Stahlteile für das jeweils verwendete Schweißverfahren geeignet sind (Bild 3.12). Werden Schweißarbeiten nicht ordnungsgemäß ausgeführt, so ist bei Betonstählen mit einer Entfestigung im Bereich der Schweißung zu rechnen. Bei Schweißverfahren, bei denen die Wärme sehr schnell eingebracht wird, kann es zu lokalen Aufhärtungen kommen. Diese haben örtlich eine wesentliche Reduzierung der Verformungsfähigkeit zur Folge. Betonstähle dürfen daher in der Regel an den Schweißstellen nachträglich nicht gebogen werden. Das Schweißen an vorgebogenen Stäben ist möglich.

3.5.8 Oberflächengestalt der Betonstähle (Verbund)

Eine der wesentlichen Aufgaben der Betonstähle besteht darin, die Zug-, aber auch die Druckkräfte in der Konstruktion zu übernehmen. Zu diesem Zweck ist es notwendig, die Kräfte aus dem Beton in den Betonstahl überzuleiten. Früher waren vorwiegend glatte Betonstähle im Einsatz. Man hat jedoch erkannt, daß der Verbund durch eine geschickte Wahl der Rippen wesentlich verbessert werden kann. Nach langer Entwicklungszeit haben die in der Bundesrepublik Deutschland verwendeten Betonstähle eine Rippenform erreicht, die im Hinblick auf den Verbund nahezu optimal ist.

Die Rippen verursachen allerdings am Rippenfuß Kerbspannungen, welche die Dauerschwingfestigkeit reduzieren und die Verformungsfähigkeit beeinträchtigen. Das Optimum der Rippenausbildung bestünde wahrscheinlich in etwas geringeren Rippenabständen und Rippenhöhen, als sie derzeit üblich sind.

Die Verbundgüte wird bei den üblichen Betonstahlsorten durch die Messung der Geometrie der Rippen ermittelt. Der Meßwert der Verbundgüte wird als bezogene Rippenfläche f_R bezeichnet und errechnet sich wie folgt (Bild 3.13):

$$f_R = \frac{(\pi \cdot d_s - \Sigma e)\left[a_{1/2} + 2\,(a_{1/4} + a_{3/4})\right]}{6 \cdot \pi \cdot d_s \cdot c} \approx \frac{a}{c} \cdot 0,56$$

Werden Betonstähle benutzt, die eine wesentliche Abweichung von der jetzt üblichen Rippenform haben, so sind Verbundversuche notwendig.

Aus der Verbundgüte lassen sich auch obere Grenzen für die im Stahlbetonbau nutzbare Höhe der Streckgrenze sowie der max. Durchmesser herleiten (siehe Kapitel 3.4).

Schweißverfahren	Schweißverbindung[7]	Durchmesserbereich[1] [mm]			
		tragende Verbindung		nichttragende Verbindung	
		Stäbe	Matten	Stäbe	Matten
Lichtbogenhand-schweißen (E)	Stumpfstoß	20 bis 28	-	-	-
und	Laschenstoß	6 bis 28	6,5 bis 12	-	-
Metall-Aktivgas-schweißen (MAG)	Überlappstoß (Übergreifungsstoß)	6 bis 28	6,5 bis 12	6 bis 28	6,5 bis 12[2]
	Kreuzungsstoß	6 bis 16[5]	6,5 bis 12[5]	6 bis 28[6]	6,5 bis 12[2][6]
	Verbindung mit anderen Stahlteilen	6 bis 28	-	6 bis 28	-
Gaspreßschweißen (GP)	Stumpfstoß	14 bis 28[3]	-	-	-
Abbrennstumpf-schweißen (RA)	Stumpfstoß	6 bis 28[4]	-	-	-
Widerstands-Punktschweißen (RP)	Überlappstoß (Übergreifungsstoß)	-	-	6 bis 12	5 bis 12
	Kreuzungsstoß	6 bis 16[5]	5 bis 12[5]	6 bis 28[6]	5 bis 12[6]

[1] Soweit in einer Zeile Stäbe und Matten aufgeführt sind, dürfen diese auch miteinander verbunden werden.

[2] Bei Schweißverbindungen mit Stabstählen Nenndurchmesser $\geqq$ 16 mm dürfen auch Mattenstäbe ab 5 mm Nenndurchmesser verwendet werden.

[3] Die Differenz der zu verbindenden Stabnenndurchmesser darf $\leqq$ 3 mm betragen.

[4] Es dürfen nur gleiche Stabnenndurchmesser miteinander verbunden werden.

[5] Zulässiges Verhältnis der Nenndurchmesser sich kreuzender Stäbe $\geqq$ 0,57

[6] Zulässiges Verhältnis der Nenndurchmesser sich kreuzender Stäbe $\geqq$ 0,28

[7] Symbolische Darstellung der Verbindungsarten:
Tragende Verbindungen:

Stumpfstoß ————X———— Laschenstoß ——X——X——

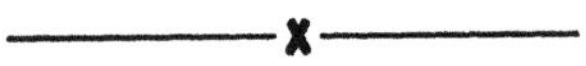

Überlappstoß ——X—X—— Kreuzungsstoß ——X——

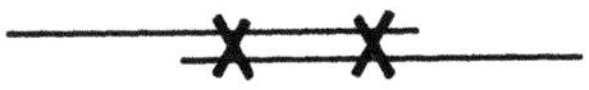

Nichttragende Verbindungen:

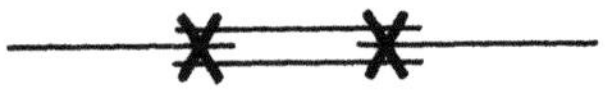

Überlappstoß ——/—— Kreuzungsstoß ——/——

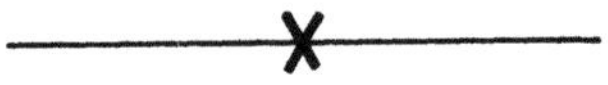

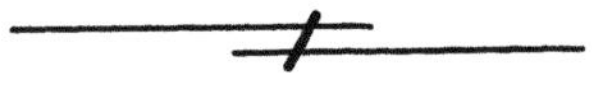

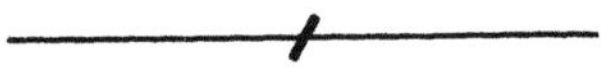

Bild 3.12 Schweißverfahren, Schweißverbindungen und zulässige Stabnenndurchmesser nach DIN 4099 [83]

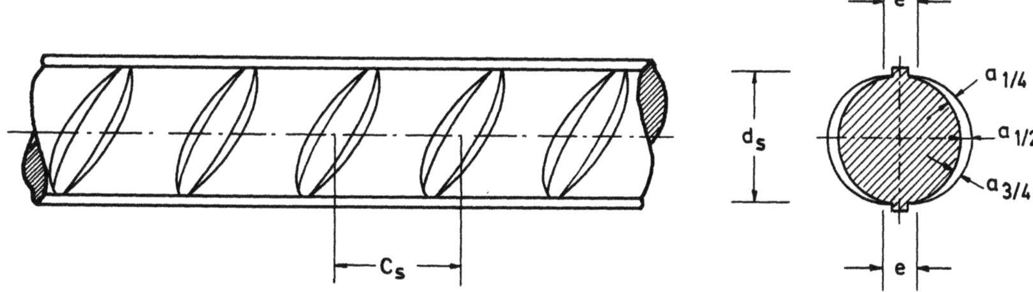

Σ_e　　　　　　　= Rippenreihenabstand

$a_{1/4}$, $a_{1/2}$, $a_{3/4}$ = Rippenhöhen in den Viertelspunkten

C_s　　　　　　　= Rippenabstand

Bild 3.13　Bestimmung der bezogenen Rippenfläche f_R als Kennwert für die Verbundgüte

3.5.9 Korrosion

Die Korrosion von Betonstählen spielt bei korrekter Bauausführung und Lagerung der Stähle eine untergeordnete Rolle. Wichtig ist, daß alle Betonstähle nicht zu denjenigen Stählen zählen, die besonders empfindlich auf spannungsrißartig verlaufende Korrosionsmechanismen sind. Hierzu gehören der wasserstoffinduzierte Sprödbruch und die herkömmliche Spannungsrißkorrosion.

Alle Betonstähle rosten bei normaler Lagerung im Freien unter der Einwirkung der atmosphärischen Gegebenheiten. In der Regel bildet sich aber nur ein sog. leichter Flugrost, der für die Verwendung nicht nachteilig ist. Falls jedoch aufgrund von langzeitiger Lagerung oder bei Lagerung unter extremen Klimabedingungen (Baustellen an Orten mit hoher Temperatur und Luftfeuchtigkeit) schalenartige Oxidationsprodukte sich an der Oberfläche gebildet haben, so sind diese Stähle vom Einbau auszuschließen, es sei denn, man wählt ein geeignetes (z.B. mechanisches) Verfahren zur Entrostung. Die schalenartigen Oxidationsprodukte an der Oberfläche würden den Verbund des Stahls zum Beton wesentlich beeinträchtigen.

Es ist darauf zu achten, daß die Stähle vor ihrem Einbau nicht mit aggressiven Substanzen wie Chloriden (Tausalz) in Berührung kommen. Auf diese Weise würde örtlich eine lochfraßartige Korrosion ausgelöst. Falls auf der Stahloberfläche bereits sichtbare narbenartige Korrosionsstellen vorhanden sind, sollte der Stahl jedoch auf keinen Fall verwendet werden. Das Auftreten von narbenartigen Korrosionsstellen führt zu einer lokalen Querschnittsreduzierung und zusätzlichem Auftreten von Kerbspannungen an diesen Stellen.

Solange der Betonstahl in dichtem Beton mit basischer, alkalischer Phase (pH-Wert > 9) liegt, besteht keine Korrosionsgefahr. Korrosion tritt auf, wenn die Betondeckung zu gering ist, die Karbonatisierung bis zum Stahl vorgedrungen ist oder wenn Säuren (z.B. H_2SO_3 aus SO_2-haltiger Luft) oder Chloride (Tausalz) angreifen und Feuchtigkeit und Sauerstoff vorhanden sind. Durch den Rost wird das Volumen vergrößert, er kann daher die Betondeckung absprengen.

3.6 Verhalten von Betonstählen unter speziellen Bedingungen

3.6.1 Einfluß erhöhter Belastungsgeschwindigkeiten

Einige bauliche Anlagen (z.B. Kernkraftwerke) sind so zu bemessen, daß sie bei einem Katastrophenfall widerstehen. Dabei können stoßartige Belastungen auftreten. Ähnliches gilt auch für seismische Beanspruchungen. Die Dehngeschwindigkeit $\dot{\varepsilon}$ kann dabei Werte bis über 8,5 $[\text{s}^{-1}]$ annehmen oder überschreiten.

Mit Hilfe von verformungsgesteuerten Zugversuchen mit hohen Beanspruchungsgeschwindigkeiten kann das Werkstoffverhalten (Festigkeitswerte, Verformung) für diese Beanspruchungen ermittelt werden. Es zeigt sich, daß mit zunehmender Dehngeschwindigkeit die Verformungswerte steigen (Bild 3.14). Der Anstieg ist jedoch werkstoffspezifisch. Bei warmgewalzten Stählen, die bereits ein sehr hohes Ausgangsdehnvermögen besitzen, ist der Anstieg nur geringfügig, während bei kaltverformten Stählen, die bei niedriger Geschwindigkeit ein vergleichsweise bescheidenes Dehnvermögen aufweisen, eine deutliche Zunahme der Dehnfähigkeit bei höheren Geschwindigkeiten entsteht.

Der Ordnung halber muß erwähnt werden, daß die in Bild 3.14 gezeigten Verformungszunahmen bei kaltverformten Stählen keine Gleichmaßdehnungen sind, sondern schon Einschnürdehnungen. Wie aus dem Bild ersichtlich, treten die großen Verformungen bereits unter Lastabfall auf, was für die Tragfähigkeit der Konstruktion von Nachteil ist.

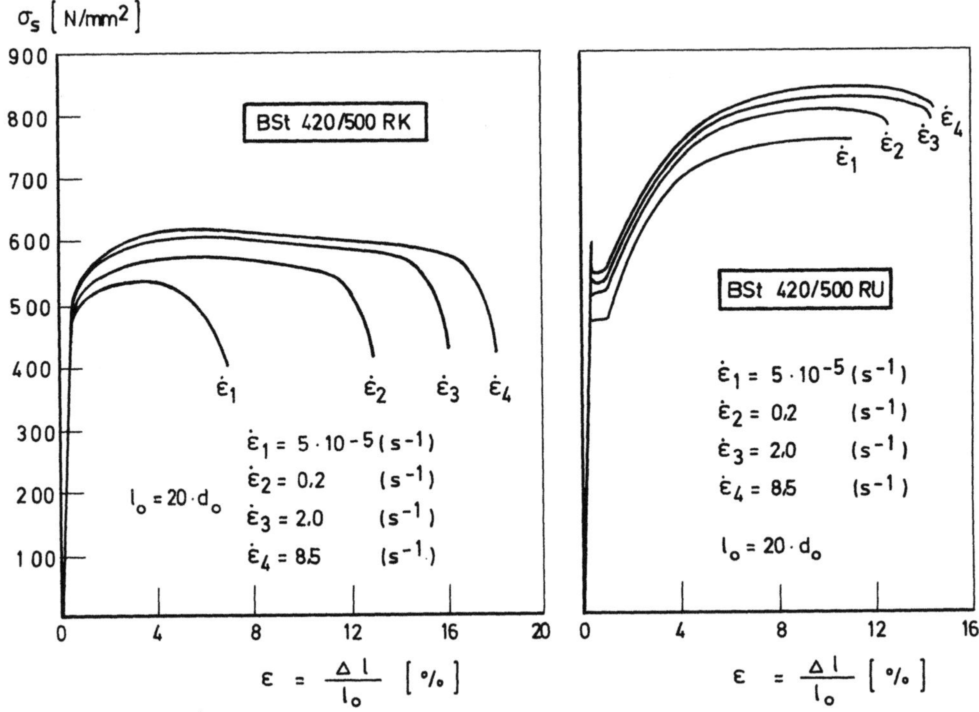

Bild 3.14 Spannungs-Dehnungs-Linien bei Zugversuchen mit hoher Dehngeschwindigkeit nach [84]

Die Form der Spannungs-Dehnungs-Linie bleibt, abgesehen von der Vergrößerung des plastischen Bereiches, in etwa erhalten.

Es ist zu beachten, daß sich geschweißte oder gemuffte Verbindungen, aber auch gebogene Stäbe unter diesen Bedingungen anders verhalten. Ein auf der sicheren Seite liegender Mindestwert für die Gleichmaßdehnung bei stoßartiger Beanspruchung liegt in der Größenordnung von 2,5 bis 4 %. Wichtig ist in diesem Fall aber nicht nur ein Verformungsvermögen, sondern die zur Energievernichtung zu leistende Arbeit. Diese resultiert aus der Verformung und der Verfestigung im plastischen Bereich. Das Streckgrenzenverhältnis R_m/R_e ist bei kaltverformten Stählen auch bei hohen Beanspruchungsbedingungen niedriger als bei warmgewalzten Stählen.

3.6.2 Verhalten bei tiefen Temperaturen

In den Klimazonen Mitteleuropas ist an nicht wenigen Tagen des Jahres mit Temperaturen bis zu - $10\,^{\circ}$C zu rechnen. Unter bestimmten Umständen ist ein Arbeiten an der Bewehrung auch dann notwendig. Zu beachten sind im wesentlichen das Biegen und das Schweißen. Es ist auch wichtig zu wissen, ob in den Stahlbetonbauten bei im Winter auftretenden Temperaturen bis zu - $40\,^{\circ}$C der Bewehrungsstahl seine Aufgabe noch übernehmen kann. Untersuchungen an wärmebehandelten und kaltverformten sowie an naturharten Bewehrungsstählen haben gezeigt, daß in diesem Bereich ein Festigkeitsanstieg zu verzeichnen ist, während das Verformungsvermögen nur in geringem Umfang abnimmt. Für TEMPCORE-Stähle sind auch gezielte Untersuchungen der Schweißeignung bis - $25\,^{\circ}$C durchgeführt worden (E-Schweissen: Kreuz-/Überlappstoß), und keine Beeinträchtigungen wurden gefunden.

An den Stahlsorten BSt 420 S und BSt 500 S fanden Sprödbruchtests (dropweight-test) mit gekerbten Proben bis zu - $60\,^{\circ}$C statt. In keinem Fall ist es zu einem spröden Bruch gekommen.

Eine wesentliche Veränderung des Verformungsvermögens findet erst bei Temperaturen unter - $160\,^{\circ}$C statt. In diesem Bereich sinken die Verformungskennwerte beträchtlich ab. Auch werden die Betonstähle sehr empfindlich gegenüber mechanischen Verletzungen.

Die Dauerschwingfestigkeit bei tiefen Temperaturen ist noch nicht ausreichend erforscht. Das gleiche gilt für geschweißte Verbindungen.

Für bestimmte Konstruktionsaufgaben, z.B. Flüssiggasbehälter, ist es notwendig, das Verhalten der Stähle bei Temperaturen bis - $165\,^{\circ}$C zu kennen. Die herkömmlichen Betonstähle verlieren in diesem Bereich weitgehend ihre Zähigkeit. Um bei diesen Temperaturen dennoch Bewehrungsaufgaben wahrnehmen zu können, empfiehlt es sich, spezielle Stähle (KRYBAR: Hersteller ARBED) zu verwenden.

3.6.3. Verhalten bei hohen Temperaturen

Bei höheren Temperaturen erleiden die Betonstähle im Gegensatz zum Verhalten bei tiefen Temperaturen eine Vielzahl von Gefügeumwandlungen im festen Zustand. Diese sind im wesentlichen abhängig von der Herstellungsart der Stähle. Auskunft über das Verhalten bei hohen Temperaturen geben entweder isotherme Zugversuche bei erhöhter Temperatur oder Zugversuche, nachdem eine isotherme oder kontinuierliche Wärmbehandlung stattgefunden hat. Die sogenannten Warmzugversuche zeigen, daß die Betonstähle nahezu unabhängig von der Stahlsorte bei Temperaturen über $200\,^{\circ}$C beginnen, ihre Festigkeitseigenschaften zu verlieren. Bei ca. $500\,^{\circ}$C ist die Zugfestigkeit auf etwa die Hälfte der bei Raumtemperatur vorhandenen Festigkeit abgefallen, bei $900\,^{\circ}$C etwa auf 15 % der Festigkeit bei Raumtemperatur (siehe Bild 3.15).

Unter Einwirkung von Feuer kann daher eine Konstruktion ihr Tragvermögen allein aufgrund des temperaturbedingten Festigkeitsabfalls der Stähle verlieren. Der Regelfall ist jedoch, daß in Konstruktionen unter Feuereinwirkung die Betonstähle örtlich kurzfristig auf höhere Temperaturen gebracht werden und anschließend wieder auf Raumtemperatur abkühlen.

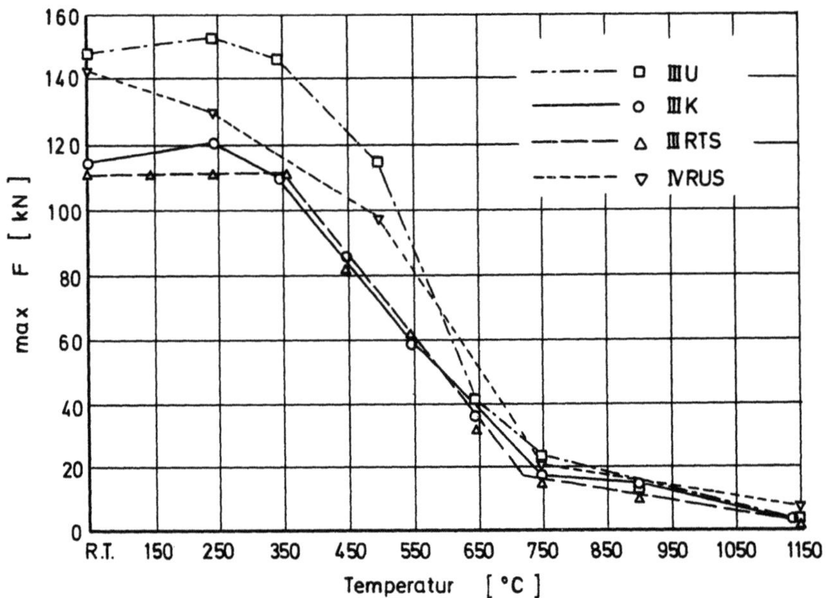

Bild 3.15   Einfluß der Temperatur auf die ertragbaren Zugkräfte von Betonstählen d_s = 16 mm

Bei kaltverformten Stählen setzt ein signifikanter Festigkeitsabfall bei 550 bis 600°C ein. Dies hängt damit zusammen, daß bei den kaltverformten Stählen eine Rekristallisation die festigkeitssteigernde Wirkung der Kaltverformung aufhebt.

Bei wärmebehandelten Stählen wird bei einer Temperatur von über 630°C der Festigkeitszuwachs durch die Vergütung der Randzone beseitigt. Warmgewalzte, mikrolegierte Stähle erleiden erst bei Temperaturen von über 800°C einen deutlichen Festigkeitsabfall.

Beim Warmbiegen macht man sich die Abnahme der Festigkeit bei steigender Temperatur zunutze. Diese Arbeiten sind prinzipiell an allen Stählen möglich, erfordern aber eine sehr große Kenntnis der werkstofftechnischen Zusammenhänge und ein äußerst exaktes Arbeiten beim Erwärmen, beim Biegen selbst und beim anschließenden Abkühlen. Falls derartige Arbeiten unumgänglich werden, empfiehlt es sich, einen Fachmann zu Rate zu ziehen.

3.7 Sonderfragen

3.7.1 Abarbeiten von Bewehrungsstählen

Bewehrungsstähle sollten generell nur in ihrer ursprünglichen Form verwendet werden. Falls es notwendig ist, Betonstähle abzuarbeiten, muß beachtet werden, daß bei kaltverformten und wärmebehandelten Stählen die Festigkeit nicht über den Querschnitt gleich ist, die Randbereiche weisen höhere Festigkeiten auf.

3.7.2 Mechanische Verletzungen

Betonstähle sind gegenüber mechanischen Verletzungen relativ unempfindlich. Beim Auftreten von Verletzungen in größerem Umfang ist dennoch Vorsicht geboten. So können beispielsweise lokale, durch Reibung erzeugte Schleifstellen (Riefen) zu einer ungünstigen Veränderung des örtlich vorhandenen Gefüges führen.

3.8 Korrosionsgeschützte Betonstähle

Der Beton stellt einen sehr guten Korrosionsschutz dar. Bei extremer Korrosionsbeanspruchung kann es jedoch angebracht sein, den Betonstahl zusätzlich zu schützen. Denkbare Fälle sind der Bau von Schwimmbecken, Wasserbehältern, Bauten im Seewasserbereich oder Anlagen in der chemischen Industrie. Der Korrosionsschutz des Betonstahls kann auf verschiedene Weisen erfolgen. Ein bewährtes Verfahren ist das Verzinken. Es besteht aber auch die Möglichkeit einer Kunststoffbeschichtung. In allen Fällen sind jedoch wichtige Gegebenheiten zu beachten. Weder zink- noch kunststoffbeschichtete Betonstähle lassen sich nach dem Beschichten biegen, weil dabei die Beschichtung abplatzt bzw. durch hohe Flächenpressung zerstört wird. Nachträgliche Schnittstellen sind ebenfalls zu beachten. Hinsichtlich der Dicke der Beschichtung muß darauf geachtet werden, daß der Verbund nicht beeinträchtigt wird. Zink reagiert beim Einbringen von Beton unter Wasserstoffentwicklung, während die Kunststoffbeschichtung auf ihre Langzeitbeständigkeit erprobt sein muß. Bei der Kunststoffbeschichtung ist insbesondere die Haftung (wegen möglicher Unterrostung) ein Problem. Bei verzinkten Stählen müssen ferner im Bauwerk selbst Kontakte mit den unbehandelten Stählen, insbesondere den Spannstählen vermieden werden. Ist ein Verarbeiten von korrosionsgeschützten Betonstählen im Einzelfall notwendig, sollten Fachleute auf diesem Gebiet zu Rate gezogen werden, da die Zweckmäßigkeit der gewählten Lösung mit den Gegebenheiten der Verarbeitung variiert. Es ist auch zu beachten, daß der Preis für den Korrosionsschutz nicht unerheblich ist (bis zu DM 500.--/t).

3.9 Lieferung von Betonstählen

Die Lieferung von Betonstählen erfolgt in der Regel über Händler oder Biegebetriebe. Auf den Lieferscheinen muß vom Händler oder Biegebetrieb versichert werden, daß der Betonstahl nur aus Herstellwerken, die einer Güteüberwachung nach DIN 488, Teil 6, unterliegen, bezogen wird. Diese Lieferscheine müssen Angaben enthalten über den Hersteller, das Werkkennzeichen und die fremdüberwachende Stelle (Überwachungszeichen). Nur dann ist sichergestellt, daß Betonstahl entsprechend der Norm oder der Zulassung zur Verfügung steht. Eine Kontrolle ist über das Werkkennzeichen möglich (siehe Bild 3.5). Kommt es dennoch zu Mängelbeanstandungen, so ist der Werkstoff sicherzustellen und einer anerkannten Prüfstelle zur Prüfung zuzuleiten.

4. Verbundbaustoff Stahlbeton

4.1 Zusammenwirken von Stahl und Beton

Der Stahlbeton verdankt seine günstigen Eigenschaften für Bauwerke der
schubfesten V e r b i n d u n g zwischen dem Beton und den eingelegten
Stahlstäben. Durch den Verbund (bond) ist gewährleistet, daß die Stahlstäbe, grob gesehen, gleiche Dehnungen ε aufweisen wie die benachbar-
ten Betonfasern. Da die Zugdehnung des Betons mit $\varepsilon_{bZ} = 0,10$ bis
$0,15 \cdot 10^{-3}$ gering ist, reißt der Beton bei höheren Zugbeanspruchungen,
und die Stahleinlagen müssen dann die Zugkräfte übernehmen. Der Verbund muß dabei bewirken, daß die Rißbreite klein bleibt, man spricht von
Haarrissen. Wir unterscheiden zwei Zustände des Baustoffes Stahlbeton:

Zustand I   - der Beton ist in der Zugzone nicht gerissen und trägt auf
                   Zug mit,

Zustand II   - der Beton ist in der Zugzone mehrfach gerissen; die Zug-
                   kräfte müssen ganz von den Stahleinlagen aufgenommen
                   werden.

Das Zusammenwirken von Stahl und Beton in den beiden Zuständen soll
zunächst an einem Stahlbetonprisma unter zentrischem Zug und an einem
Balken erläutert werden.

4.1.1 Verbund am Zugstab aus Stahlbeton

Der Stahlbetonstab wird an den Enden des zentrisch einbetonierten Stahlstabes mit den Zugkräften F beansprucht (Bild 4.1). Die Zugkraft im
Stahl ist dort $Z_s = F$, die Stahlspannung $\sigma_{so} = Z_s/A_s$, die Dehnung entsprechend $\varepsilon_{so} = \sigma_{so}/E_s$. Am Beginn des Betonstabes zwingt der Verbund
den Beton sich auch zu dehnen und sich an der Zugkraft zu beteiligen;
σ_s und ε_s nehmen ab, dafür baut sich eine Zugkraft Z_b im Beton mit ent-
sprechendem σ_b und ε_b auf. Nach einer gewissen Eintragungslänge ℓ_e
sind die Dehnungen beider Stoffe gleich, d.h. $\varepsilon_s = \varepsilon_b$. In dieser Eintragungslänge ℓ_e wirken an der Oberfläche der Stahlstäbe Verbundspannungen τ_1, deren Verlauf nicht genau bekannt ist. τ_1 steigt am Beginn
von ℓ_e steil an zu einem Wert, der bei hohem σ_s die Verbundfestigkeit
$\max \tau_1$ erreichen kann, und klingt dann rasch ab (Bild 4.1, τ_1-Diagramm).
Zwischen den ℓ_e wirkt keine Verbundspannung ($\tau_1 = 0$), weil sich die σ_s
und σ_b nicht mehr verändern.

<u>Im Eintragungsbereich</u> ist die Gleichgewichtsbedingung an einem Element
der Länge dx

$$dZ_s = d\sigma_s \cdot A_s = \tau_1(x) \cdot u \cdot dx = dZ_b = d\sigma_b \cdot A_{bn} \qquad (4.1)$$

mit $u \quad = \pi \, d_s$ = Umfang des Bewehrungsstabes
$\quad\ A_{bn} = A_b - A_s$ = Nettofläche des Betonquerschnitts
$\quad\ A_b \quad$ = Bruttofläche des Betonquerschnitts

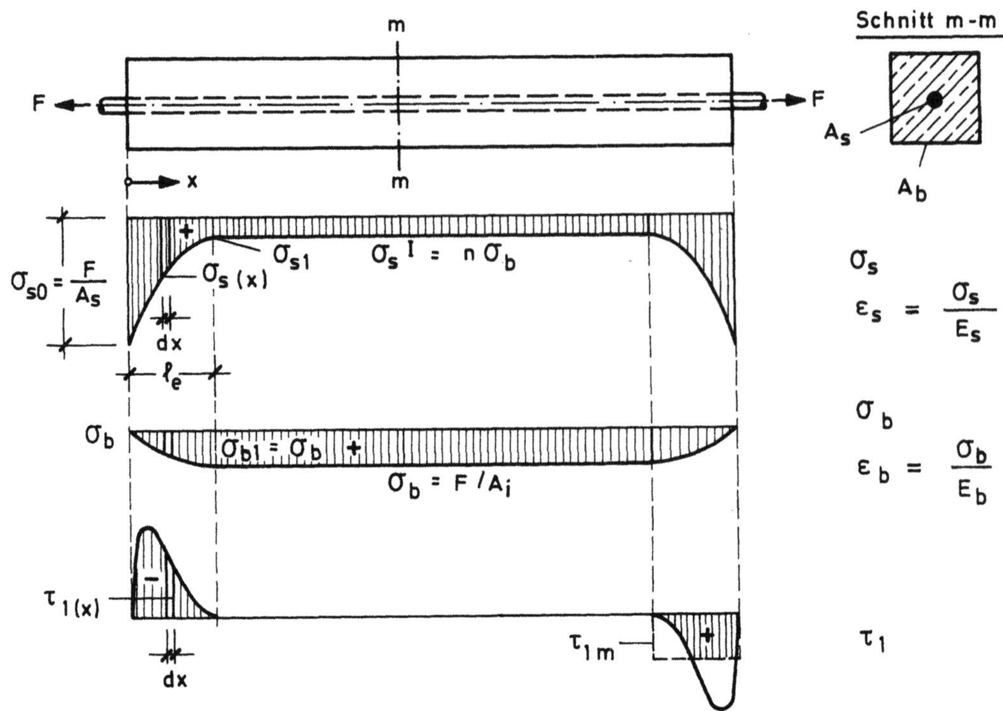

Bild 4.1   Qualitativer Verlauf der Spannungen σ_s, σ_b und τ_1 bei einem
ungerissenen Stahlbetonprisma (Zustand I) unter zentrischem Zug

Die Stahlspannung nimmt auf die Länge ℓ_e von σ_{so} auf σ_{s1} ab. Am Ende
der Eintragungslänge ℓ_e ist die auf den Beton übertragene Kraft Z_b:

$$Z_b = (\sigma_{so} - \sigma_{s1}) A_s = \int_o^{\ell_e} \tau_1(x) \cdot u \cdot dx = \sigma_b \cdot A_{bn} \qquad (4.2)$$

In der Praxis bedient man sich eines Mittelwertes τ_{1m} der Verbundspannungen und kann dann einfach anschreiben:

$$Z_b = \tau_{1m} \cdot u \cdot \ell_e = \sigma_b \cdot A_{bn} \qquad (4.3)$$

Zwischen den Eintragungsbereichen werden im Zustand I die Spannungen
σ_s und σ_b aus einer Gleichgewichts- und einer Verformungsbedingung ermittelt:

$$\text{Gleichgewicht:} \qquad F = Z_s + Z_b = \sigma_s \cdot A_s + \sigma_b \cdot A_{bn} \qquad (4.4)$$

$$\text{Verformung:} \qquad \varepsilon_s = \varepsilon_b \qquad (4.5)$$

Die beiden Baustoffe verhalten sich bei den niedrigen Spannungen $\sigma_b < \beta_{bZ}$
etwa elastisch, also gilt:

$$\sigma_s = \varepsilon_s E_s \quad \text{und} \quad \sigma_b = \varepsilon_b E_b \qquad (4.6)$$

Daraus folgt im Zustand I :

$$\boxed{\sigma_s^I = \frac{E_s}{E_b} \sigma_b^I = n \sigma_b^I} \qquad (4.7)$$

wobei die Zahl $n = E_s/E_b$, das Verhältnis der E-Moduln **beider** Baustoffe,
je nach Betongüte zwischen 6 und 10 liegt. Die Stahlspannungen im Zu-
stand I bleiben niedrig, für B 55 können sie $n\,\sigma_{bz} = 6 \cdot 6 = 36 \text{ N/mm}^2$
erreichen.

Die Betonspannung σ_b ergibt sich durch Einsetzen der Gl. (4.7) in Gl. (4.4):

$$F = n \cdot \sigma_b^I \cdot A_s + \sigma_b^I \cdot A_{bn} = \sigma_b^I (A_{bn} + n A_s)$$

$$\sigma_b^I = \frac{F}{(A_{bn} + n A_s)} = \frac{F}{A_i} \qquad (4.8)$$

A_i nennen wir den "ideellen Querschnitt":

$$A_i = A_{bn} + n A_s \qquad (4.9a)$$

Über den ideellen Querschnitt A_i können im Zustand I die Stahl- und Betonspannungen wie für einen homogenen Baustoff berechnet werden

Mit dem Bewehrungsgehalt $\mu = A_s/A_b$ läßt sich A_i auch wie folgt anschreiben:

$$A_i = A_b + (n-1) \cdot A_s = [\,1 + (n-1)\,\mu\,]\, A_b \qquad (4.9b)$$

Erreicht bei Laststeigerung die Betonspannung $\sigma_b^I = F/A_i$ die Zugfestigkeit des Betons β_{bZ}, dann reißt der Beton an einer schwachen Stelle im Betongefüge (Bild 4.2). Am Riß ist der Stahlbetonstab dann im <u>Zustand II</u>.

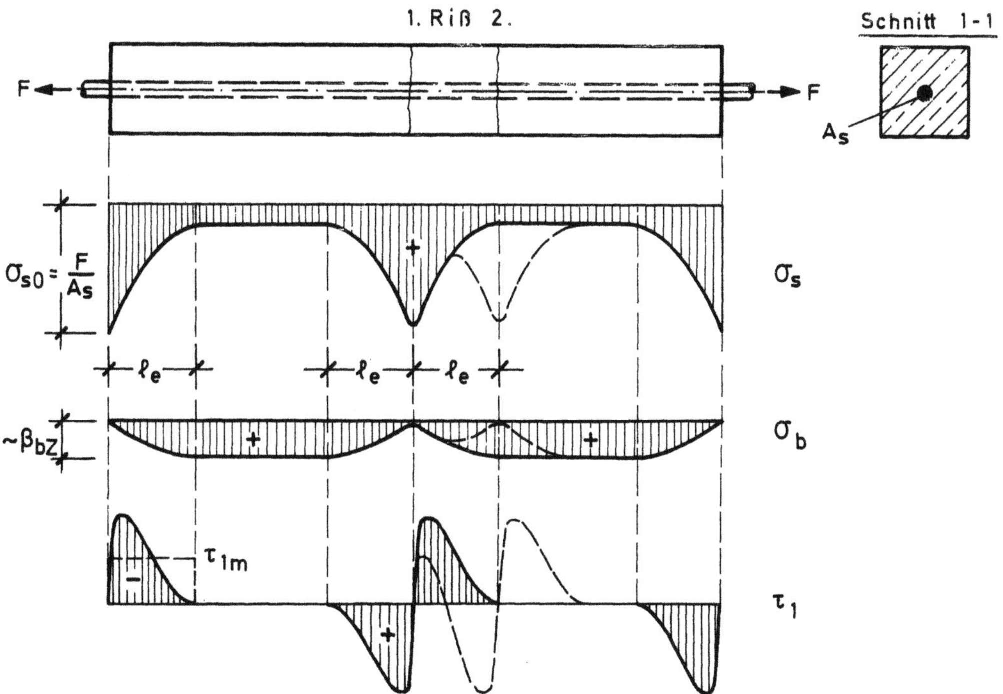

Bild 4.2   Verlauf der Spannungen σ_s, σ_b und τ_1 bei einem gerissenen Stahlbetonprisma (Zustand II) unter zentrischem Zug

Beim Reißen springt die zuvor noch vom Beton getragene Zugkraft $Z_{b,r} = \beta_{bZ} \cdot A_{bn}$ am Riß auf den Stahlstab über und die Stahlspannung steigt dort schlagartig auf $\sigma_{s0} = F/A_s$, weil am Riß nur der Stahl trägt. Der Verbund bewirkt, daß sich σ_s und σ_b am Riß nicht sprunghaft sondern kontinuierlich über weitere Eintragungslängen ℓ_e ändern, in denen wieder τ_1 wirken, die jedoch am Riß ihre Richtung und damit ihr

Vorzeichen wechseln. Bei weiterer Laststeigerung entstehen weitere Risse, deren Abstände durch die Verbundgüte bestimmt werden, weil neben einem Riß frühestens in der Entfernung der Eintragungslänge

$$\ell_e = \frac{Z_{b,r}}{\tau_{1m} \cdot u} \tag{4.10}$$

die zum weiteren Reißen des Betons erforderliche Zugkraft $Z_{b,r}$ wieder erreicht sein kann. Im Bild 4.2 ist der qualitative Verlauf der Spannungen zwischen den Rissen gestrichelt eingezeichnet.

4.1.2 Verbund am Stahlbetonbalken

Belastet man einen Balken, dann trägt der Beton in der Zugzone mit, solange die Randspannung σ_{bZ} die Biegezugfestigkeit des Betons nicht erreicht, also $\sigma_{bZ} < \beta_{BZ}$ (Zustand I), (Bild 4.3). Da wieder $\varepsilon_s = \varepsilon_b$ sein muß, werden dabei die Stahlspannungen $\sigma_s^I = n\,\sigma_b$, wobei σ_b^I für die Betonfaser gilt, die den gleichen Abstand z_s von der Schwerlinie hat wie der Stahlstab.

Die Biegespannungen im Zustand I lassen sich mit dem Trägheitsmoment J_i des ideellen Querschnittes A_i wie bei einem Balken aus homogenem Baustoff errechnen. Die Spannungen des Betons am unteren Rand des Balkens infolge des Biegemomentes M sind z.B.

$$\sigma_{bz}^I = \frac{M \cdot z_u}{I_i} \tag{4.11}$$

und die Spannungen des Stahles im Abstand z_s von der Schwerlinie

$$\sigma_s^I = \frac{n\,M \cdot z_s}{I_i} = \frac{n\,\sigma_{bu}^I \cdot z_s}{z_u} \tag{4.12}$$

Mit dem zunehmenden Biegemoment M müssen die Biegespannungen σ_x in beiden Baustoffen, also σ_s und σ_b, wachsen. Dabei müssen Verbundspannungen τ_1 im Zustand I auftreten, weil der n-fache Stahlquerschnitt $n \cdot A_s$ gewissermaßen an den Betonquerschnitt angeschlossen werden muß. Diese τ_1^I sind von $dM/dx = Q$, also von der Querkraft abhängig (vgl. Abschnitt 8).

Der erste Biegeriß entsteht im Bereich des größten M, und der Schnitt am Riß ist damit im Zustand II. Der wirksame Querschnitt besteht nur noch aus der Biegedruckzone A_{bD} und den Stahlstäben A_s (Bild 4.3). Die Stahlspannung ergibt sich aus der Zugkraft $Z_s = M/z$ in den Stäben zu

$$\sigma_s^{II} = \frac{Z_s}{A_s} = \frac{M}{z \cdot A_s} \tag{4.13}$$

wobei z der innere Hebelarm zwischen Zugkraft Z_s und Druckresultierender D_b ist. Unmittelbar neben dem Riß wirken nach beiden Richtungen Verbundspannungen τ_1 über Eintragungslängen ℓ_e wie beim Zugstab in Bild 4.2. Bei weiteren Rissen wiederholen sich diese Verbundspannungs-Zacken. Die Betonspannungen σ_b im Zuggurt pendeln zwischen $\sigma_b = 0$ und $\sigma_b < \beta_{bZ}$.

Bei Steigerung der Last von F_1 auf F_2 entstehen weitere Risse auch im Bereich abnehmender Momente. Bei hohem Belastungsgrad hat ein Stahl-

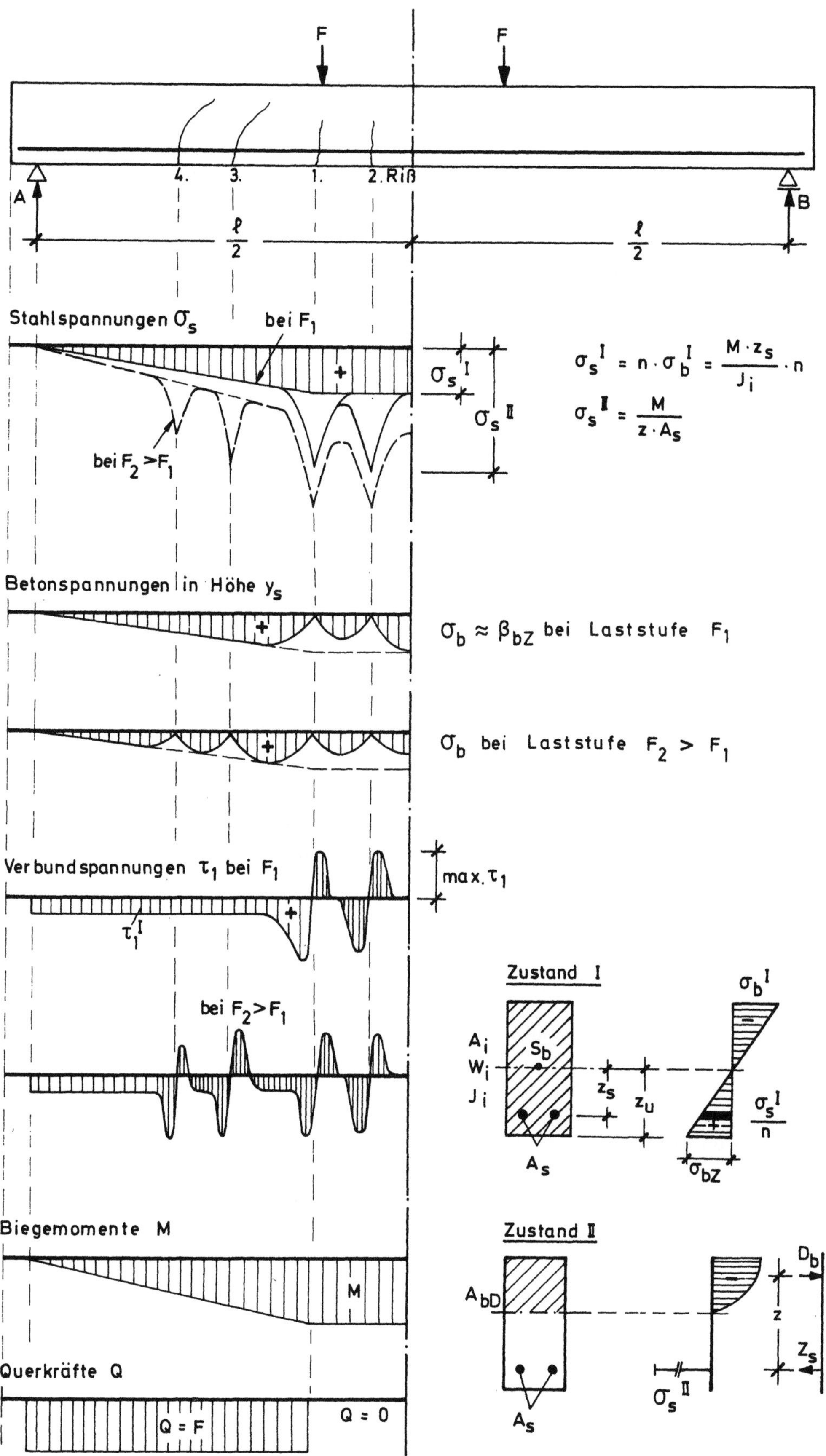

Bild 4.3 Verlauf der Spannungen σ_s, σ_b und τ_1 bei einem Stahlbetonbalken im Zustand I und Zustand II

betonbalken fast auf seiner ganzen Länge viele Risse und befindet sich damit fast ganz im Zustand II. Der Verbund wird an den vielen Rissen jeweils hoch beansprucht. Man erkennt hier leicht die sehr große Bedeutung einer hohen Verbundgüte für Stahlbetontragwerke.

4.1.3 Ursachen von Verbundspannungen in Tragwerken

Verbundspannungen sind vorhanden, sobald die Stahlspannungen sich in einem Bereich ändern. Dies kann folgende Ursachen haben:

1. Lasten - sie bewirken Änderungen der Zug- bzw. Druckspannungen im Stahl.

2. Risse - sie haben örtlich hohe Spitzen der Verbundspannungen zur Folge.

3. Ankerkräfte an Stabenden - die Stabkraft muß in der Regel über Verbundspannungen an den Beton abgegeben werden.

4. Temperaturänderung - bei Bränden z. B. bewirkt die größere Wärmeleitfähigkeit des Stahls eine raschere Erhitzung der Stahlstäbe gegenüber dem Beton; sie wollen sich mehr dehnen als der Beton, was durch den Verbund behindert wird bis die Verbundspannungen so hoch werden, daß die Betondeckung abplatzt.

5. Schwinden des Betons - es wird durch die Stahleinlagen behindert, wobei im Stahl negative Spannungen und im Beton positive Zugspannungen erzeugt werden.

6. Kriechen des Betons in gedrückten Stahlbetonbauteilen (Stützen) - durch die Kriechverkürzung erhalten die Stahleinlagen zusätzliche Druckspannungen und der Beton wird entlastet.

4.2 Verbundwirkung

4.2.1 Arten der Verbundwirkung

4.2.1.1 Haftverbund

Zwischen Stahl und Zementstein ist eine Klebewirkung vorhanden, die auf Adhäsion oder Kapillarkräften beruht. Diese Klebewirkung oder "Haftung" hängt u. a. von der Rauhigkeit und Sauberkeit der Oberflächen der Stahleinlagen ab; sie allein ist für einen guten Verbund nicht ausreichend und wird schon bei kleinen Verschiebungen zerstört.

4.2.1.2 Reibungsverbund

Geht die Haftung verloren, dann wird bei der geringsten Verschiebung zwischen Stahl und Beton Reibungswiderstand geweckt, wenn quer auf die Stahleinlagen wirkende Pressungen vorhanden sind. Solche Querpressungen können von quer gerichteten Druckspannungen aus Lasten oder vom Schwinden oder Quellen des Betons herrühren. Der Reibungsbeiwert ist wegen der Oberflächenrauhigkeit des Stahles hoch (μ = 0,3 bis 0,6).

Bild 4.4 zeigt die großen Unterschiede der Rauhigkeiten der Oberflächen von gerostetem und walzfrischem Rundstahl sowie von gezogenem Draht mit 36-facher Überhöhung. Rost bewirkt so große Rauhigkeit, daß eine

mechanische Verzahnung und damit Scherverbund entsteht. Der Reibungsverbund gibt nur dann eine verläßliche Verbundwirkung, wenn die Querpressung planmäßig erzeugt wird.

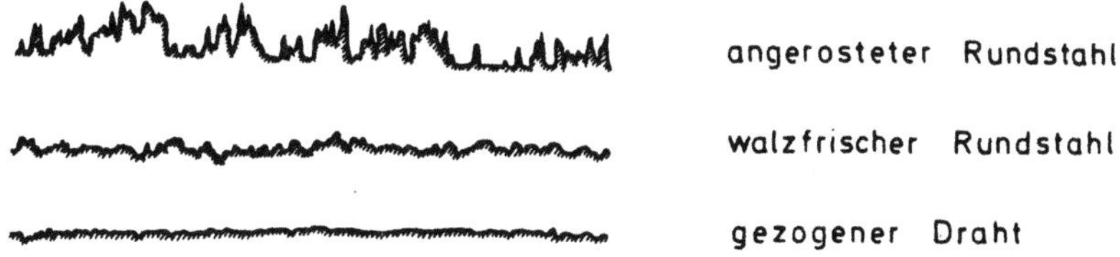

Bild 4.4   Oberflächen-Rauhigkeit verschiedener Bewehrungsstäbe 36-fach
überhöht und vergrößert (nach [85])

4.2.1.3 Scherverbund

Bei mechanischer, dübelartiger Verzahnung von Stahloberfläche und Beton müssen erst die in die Verzahnung eingreifenden "Betonkonsolen" ab-
geschert werden, bevor der Stab im Beton gleiten kann (Bild 4.5). Der
Scherwiderstand ist die wirksamste und zuverlässigste Verbundart und
zur Nutzung hoher Stahlfestigkeiten notwendig. Er wird in der Regel
durch aufgewalzte Rippen (Rippenstahl) erzielt, entsteht aber auch bei
stark verdrillten Stäben mit geeignetem Profil (z.B. Quadratstab bei
Caronstahl) durch Korkzieherwirkung, wobei die Ganghöhe bei walzrauher
Oberfläche etwa $\leq 7\ \emptyset$ sein muß.

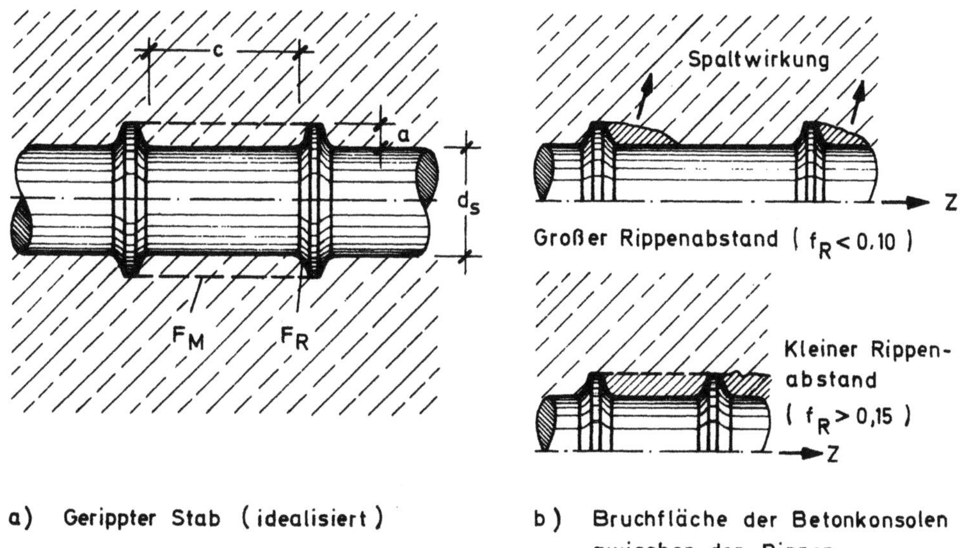

Bild 4.5   Erläuterung der Bezeichnungen an einem idealisierten Stab mit
kreisringförmigen Rippen und mögliche Bruchflächen der Betonkonsolen
zwischen den Rippen [86]

Bei gerippten Stäben hängt die Größe des Scherwiderstandes von der Form
und Neigung der Rippen, ihrer Höhe a und ihrem lichten Abstand c ab.
G. Rehm hat diese Abhängigkeiten in [86] beschrieben und gezeigt, daß
die sog. "bezogene Rippenfläche" f_R einen brauchbaren Vergleichsmaß-
stab für unterschiedlich profilierte Stäbe liefert (vgl. Kap. 3.5.8). Diese
bezogene Rippenfläche ist das Verhältnis der Rippenfläche F_R, die gleich
der Aufstandsfläche der Betonkonsole auf der Rippe ist, zur Mantelfläche

F_M des abzuscherenden Betonzylinders. Für eine idealisierte kreisringförmige Rippe nach Bild 4.5 und 4.6 ergibt sich:

$$f_R = \frac{F_R}{F_M} = \frac{a\,(d_s + a)}{c\,(d_s + 2a)} \approx \frac{a}{c} \qquad (4.14)$$

Für sichelförmig oder schräg verlaufende Rippen (Bild 4.6), die eine höhere Dauerfestigkeit ergeben als Ringrippen, müssen die Projektionen der Rippenflächen eingesetzt werden. Für die üblichen Betonstähle nach DIN 488 ergibt sich eine bezogene Rippenfläche von $f_R = 0,040$ bis $0,080$; f_R sollte nicht größer sein als $0,15$, weil sonst die Festigkeit der Betonkonsolen nicht ausgenützt werden kann (Bild 4.5 b).

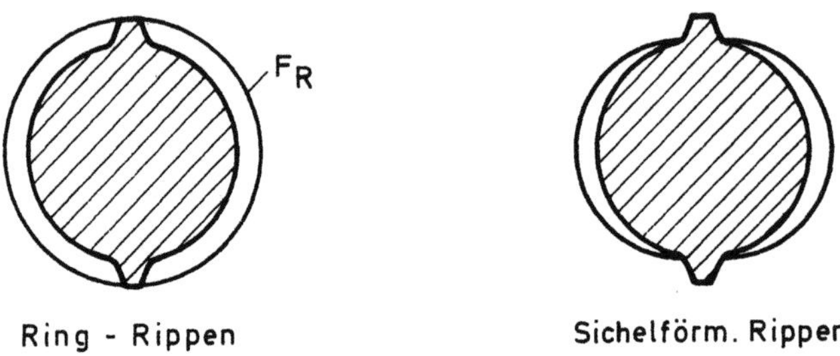

Bild 4.6   Rippenfläche F_R bei kreisringförmigen und sichelförmigen Rippen

Die Bruchfläche der abgescherten Betonkonsole ist bei dem spröden Baustoff Beton eine gezahnte Fläche (Bild 4.7) entsprechend den Richtungen der Hauptzug- und Hauptdruckspannungen (vgl. Bild 4.7 b sowie c nach E. Mörsch [1]). Der Scherbruch wird also durch Zugbruch in Richtung der Hauptzugspannungen eingeleitet, dann entsteht eine Querverschiebung mit Spaltwirkung auf den umgebenden Beton, bis die Zähne aneinander vorbeigleiten können.

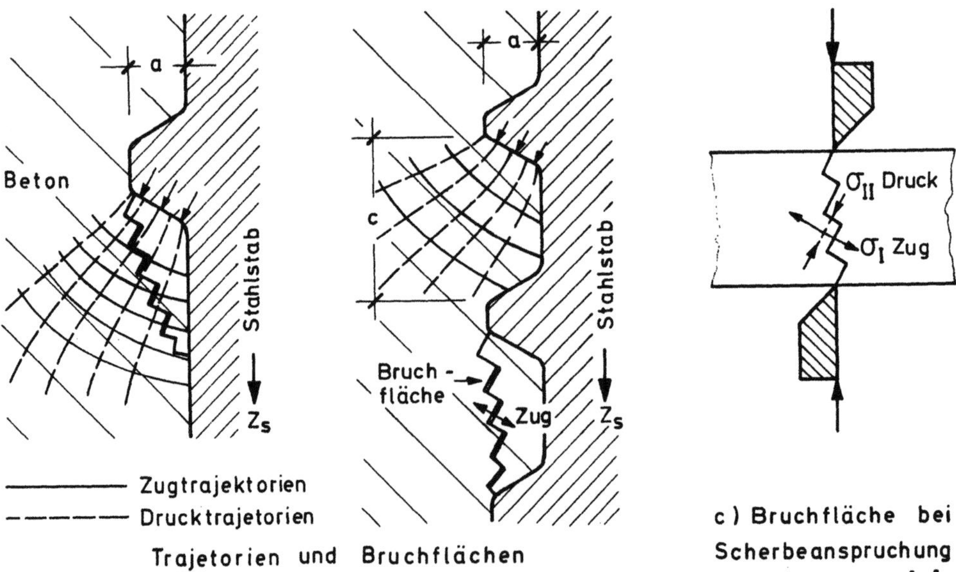

Bild 4.7   Qualitativer Verlauf der Hauptspannungen und Bruchflächen in den Betonkonsolen unter kreisringförmigen Rippen

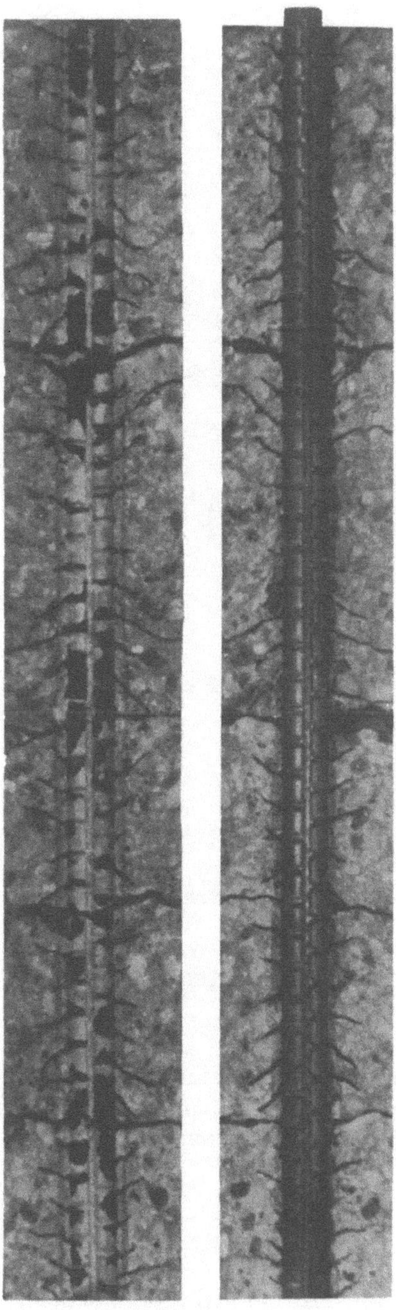

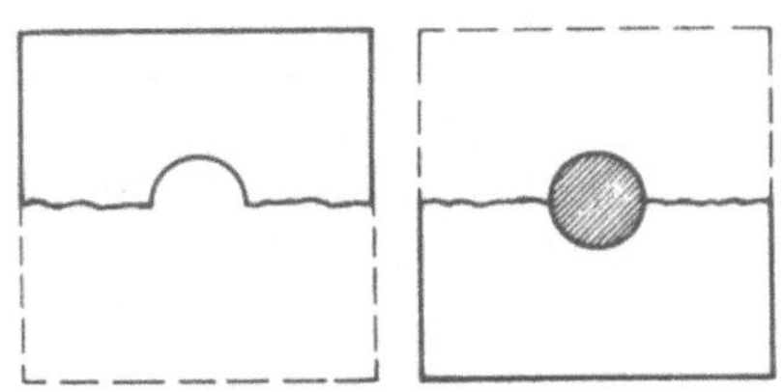

Bild 4. 8   Mikrorisse in der
Betonzone um einen Rippenstab
(nach Y. Goto [88])

4. 2. 2 Verformungsgesetz des Verbundes

4. 2. 2. 1 Qualitative Beschreibung der Verbund-Verformung

In der Bemessungstheorie des Stahlbetons wird grob angenommen, daß
$\varepsilon_b = \varepsilon_s$ auch für Zustand II gilt, also
keine Verschiebungen zwischen Stahl
und Beton auftreten. Dies ist über mehrere Rißabstände hinweg richtig. An
und zwischen den Rissen treten jedoch
gegenseitige Verschiebungen Δ zwischen den beiden Baustoffen auf, teils
weil der Haftverbund gelöst wird, teils
durch Verformungen und sekundäre
Risse an den "Betonkonsolen" oder
"Betonzähnen" zwischen den Rippen
bei Scherverbund. Dies hat theoretisch
H. Martin [87] und durch Versuche
Y. Goto [88] nachgewiesen, indem er
nahe am einbetonierten Rippenstahl unter Zug nach der Rißbildung rote Tinte
injizierte (Bild 4. 8). Zwischen den Hauptrissen konnten so innere sekundäre Risse
an jeder Querrippe und Verformungen der
Betonzähne sowie der weitgehende Verlust der Haftung nachgewiesen werden
(Bild 4. 9). Die sekundären Risse wechseln ihre Neigung zwischen zwei Hauptrissen, was dem Vorzeichenwechsel
der Verbundspannung entspricht (vgl.
Bild 4. 2). Am Hauptriß ist der erste
Betonzahn in jeder Richtung mehr oder
weniger abgebrochen, der Scherverbund ist dort bei hohen Beanspruchungen auf eine kurze Länge zerstört, was
zur Vergrößerung der Rißbreite bei-
trägt. Nach 10 000 Lastwechseln zwischen σ_s = 50 und 200 N/mm^2 war
die Tinte fast an der ganzen Stahloberfläche; der Haftverbund war also zerstört und der Scherverbund wirkte allein.

Die Verschiebungen Δ entstehen hauptsächlich durch Verformung der Betonzähne, sie müssen von der Verbundspannung τ_1, der bezogenen Rippenfläche f_R und der Betonfestigkeit abhängen. Die Beziehung τ_1/Δ kann als
Verbundsteifigkeit gewertet werden
(Bild 4. 10). Der anfänglich sehr steile
Verlauf der τ_1-Δ-Linie entspricht dem
Haftverbund, der geneigte Teil dem
Scherverbund, der flache Teil, der bei
walzrauhen glatten Stäben ausgeprägt
ist, dem Reibungsverbund. Ist die
τ_1-Δ-Linie horizontal oder fällt sie,
dann ist der Verbund zerstört und der
Stab gleitet mit unzuverlässigem Rei-
bungswiderstand.

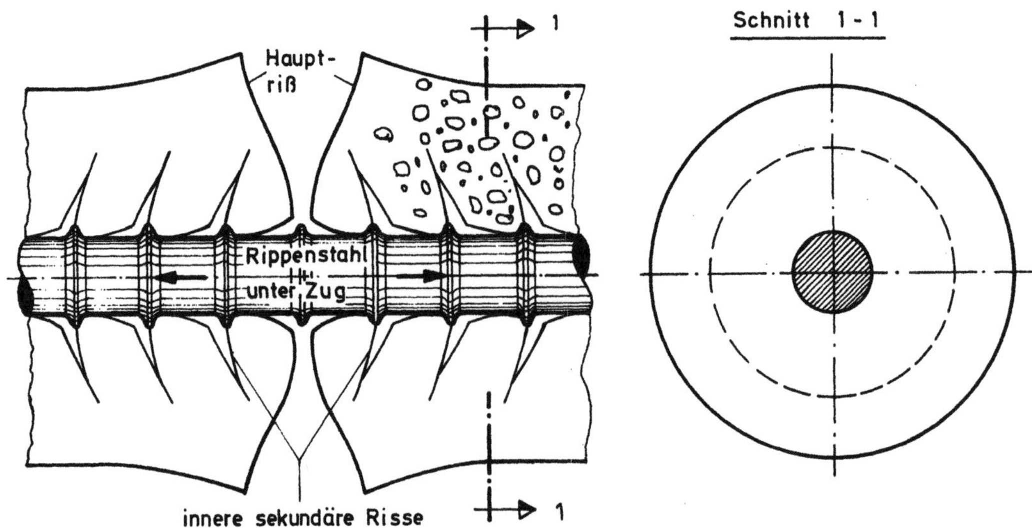

Bild 4.9   Kleine (sekundäre) Risse zwischen Hauptrissen bei einem
Stahlbetonstab unter zentrischen Zug (nach Y. Goto [88] , Rißbreiten
stark übertrieben)

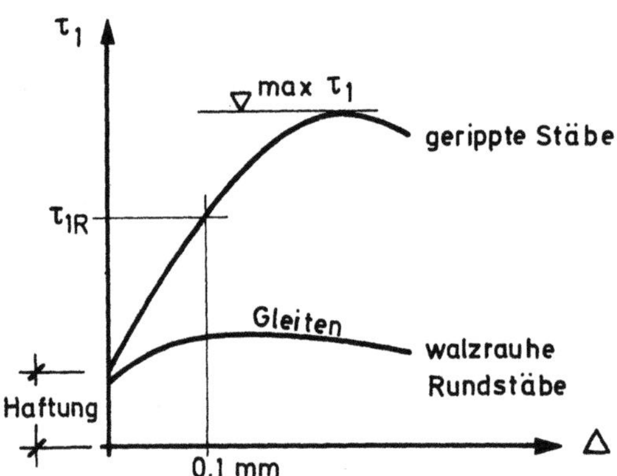

Bild 4.10   Qualitativer Zusammenhang zwischen τ_1
und Δ bei glatten und gerippten Betonstählen

G. Rehm hat diese Zusammenhänge eingehend erforscht und spricht von
einem "Grundgesetz des Verbundes" [85]. Die τ_1-Δ-Linien sowie Verbundfestigkeit und Verbundsteifigkeit werden durch "Ausziehversuche"
bestimmt

4.2.2.2 Prüfkörper für Ausziehversuche

Beim Ausziehversuch (pull-out test) wird ein mit bestimmter Verbundlänge ℓ_v einbetonierter Stahlstab aus dem Prüfkörper herausgezogen,
wobei die Verschiebung des Stahlstabes gegenüber dem Beton am heraus-
stehenden freien Stabende gemessen wird (Bild 4.11).

Die Größe und Form der Prüfkörper sowie Lage und Länge der Verbund-
strecke des Stabes (Verbundlänge) beeinflussen wesentlich die Versuchsergebnisse. Der im Bild 4.11 dargestellte Prüfkörper a) ist ungeeignet,
weil durch Behinderung der Querdehnung an den Auflagerplatten und durch
Druckgewölbe ein Querdruck auf den Stab ausgeübt wird, was zusätzlichen
Reibungsverbund bewirkt. Durch Längen ohne Verbund werden diese Einflüsse bei den Prüfkörpern b) und c) vermindert. G. Rehm [85] hat
lange den Prüfkörper b) verwendet, um die Verbundwerte gewissermaßen für das Längenelement $dx = d_s$ zu erhalten. Die Querpressung
bleibt dabei sehr klein, weil die Zugkraft bei der kleinen Verbundlänge klein bleibt.

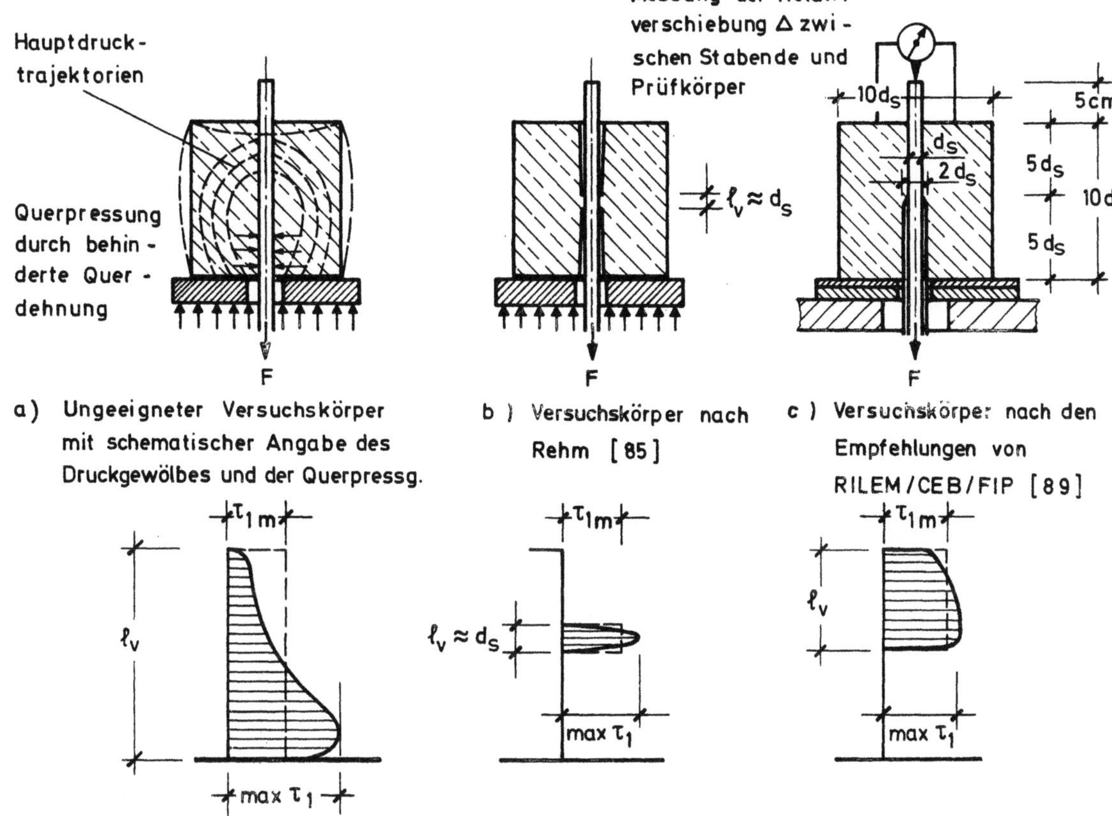

Bild 4.11 Versuchskörper für Ausziehversuche und zugehöriger Verlauf der Verbundspannung über die Verbundlänge ℓ_v

Da es schwierig und aufwendig ist, den Verlauf der τ_1 über die Verbundlänge ℓ_v zu messen, werden als Ergebnisse der Ausziehversuche meist die Mittelwerte

$$\tau_{1m} = \frac{F}{u \cdot \ell_v} \qquad (4.15)$$

angegeben. Der vermutliche Verlauf der τ_1 über die Verbundlänge in Bild 4.11 zeigt, daß damit nur bei Prüfkörper b) ein nahe an max τ_1 liegender Wert erhalten wird; bei a) und c) liegt τ_{1m} deutlich unter dem Spitzenwert. Die τ_{1m} genügen andererseits für Vergleiche und für Berechnungsgrundlagen.

4.2.3 Verbundsteifigkeit und -festigkeit

Für die Berechnungsgrundlagen wurden aus Ausziehversuchen ermittelte Verbund-Gesetze nach Bild 4.12 verwendet und daraus mit Hilfe theoretischer Grundlagen die Rechenwerte der Verbundfestigkeit τ_{1R}, das sind Mittelwerte der Verbundspannungen über größere Verbundlängen, bestimmt.

Näherungsweise entspricht der Rechenwert der Verbundfestigkeit der Verbundspannung $\tau_{0,1}$, bei der eine Verschiebung des freien Stab-endes von $\Delta = 0,1$ mm gegenüber dem Beton gemessen wird.

Mit der zugehörigen Kraft F ($\Delta = 0,1$) gilt somit

$$\tau_{1R} = \frac{F(\Delta = 0,1)}{u \cdot \ell_v} \qquad (4.16)$$

In Wirklichkeit ist die eigentliche Verbundfestigkeit max τ_1 besonders bei Scherverbund viel höher, bis zum 2-fachen Rechenwert, wobei Verschiebungen Δ von mehr als 1 mm erreicht werden können. Im Hinblick auf die starke Streuung bei Verbundwerten und die Vielfalt der Einflußgrößen ist jedoch für Bemessungen ein so großer Abstand der Rechenwerte von max τ_1 angezeigt.

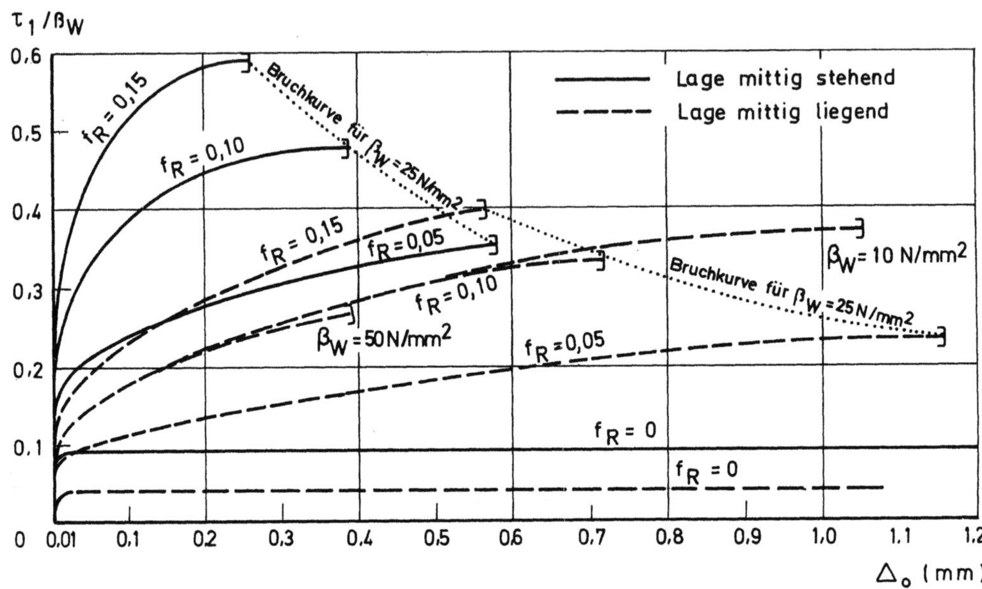

Bild 4.12   Abhängigkeit der bezogenen Verbundspannung τ_1/β_W (Mittelwerte) von der Endverschiebung Δ_o für verschiedene bezogene Rippenflächen f_R und Betonierlagen [90]

4.2.3.1   Einfluß der Betongüte auf die Verbundfestigkeit

Die Versuche von G. Rehm [85] zeigten, daß für die örtlichen τ_1-Δ-Beziehungen (Verbund-Gesetze) mit genügender Genauigkeit ein linearer Zusammenhang zwischen τ_1 und β_W über den gesamten Verschiebungsbereich angenommen werden kann. Die Rechenwerte der Verbundfestigkeit τ_{1R} sind dann für Rippenstähle etwa $\sqrt[3]{\beta_W^2}$ und für glatte Rundstähle etwa $\sqrt{\beta_W}$ proportional.

4.2.3.2 Einfluß der Profilierung der Oberfläche und des Durchmessers der Stäbe

Der Einfluß der Staboberfläche - insbesondere der bezogenen Rippenfläche f_R - ist in Bild 4.13 gezeigt.

Der Stabdurchmesser d_S hat gemäß Bild 4.14 nur wenig Einfluß auf τ_{1m}. Dünne Stäbe sind aber günstiger als dicke, weil der Stabquerschnitt und damit das einzuleitende Z_S quadratisch mit d_S^2, der Umfang u jedoch nur linear mit d_S abnimmt. Bei Verringerung des Durchmessers d_S um die Hälfte kann ein Stab (bei gleichem τ_{1m} über die Länge $\Delta\ell$) mit der doppelten Spannung σ_S ausgenutzt werden.

4.2.3.3 Einfluß der Lage des Stabes beim Betonieren

Für die Verbundgüte ist wesentlich, ob die Stäbe beim Betonieren waagrecht liegen oder senkrecht stehen und wie hoch sie über dem Schalungsboden liegen. Durch die Sedimentation des Frischbetons sammelt sich

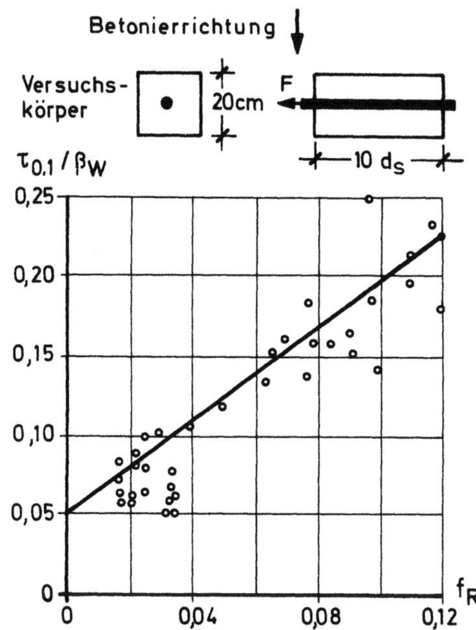

Bild 4.13 Einfluß der bezogenen Rippenfläche f_R auf die bezogene Verbundfestigkeit $\tau_{0,1}$ bei konstanter Verbundlänge $\ell_v = 10\, d_s$ [86]

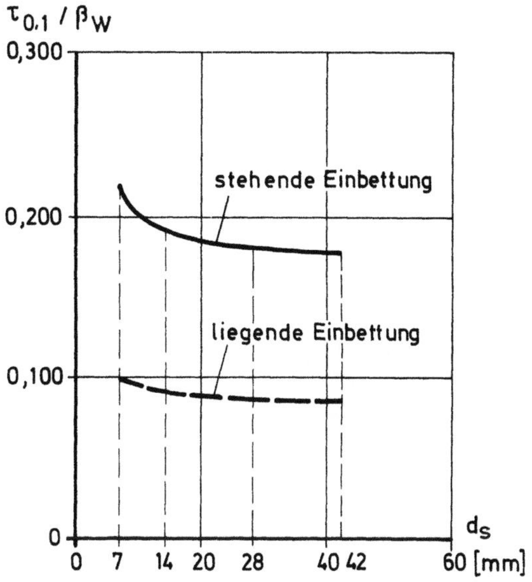

Bild 4.14 Einfluß des Stabdurchmessers d_s auf die mittlere bezogene Verbundspannung für $\Delta = 0,005$ mm, $f_R = 0,065$, $\ell_v = 14$ cm, $\beta_W = 22,5$ N/mm^2 [86]

nämlich unter den Stäben etwas Wasser an, das später vom Beton aufgesogen wird und Hohlräume oder zahlreiche Poren hinterläßt (Bild 4.15).

Die Verbundgüte kann dadurch bis unter die Hälfte der günstigen Werte stehender Stäbe absinken; die Abnahme hängt vom Wasser-Zement-Wert und von der Höhe des Stabes über der Schalung oder über der zuvor verdichteten Betonschicht ab (Bild 4.16). Derartig große Unterschiede müssen für Rechenwerte zur Bemessung berücksichtigt werden.

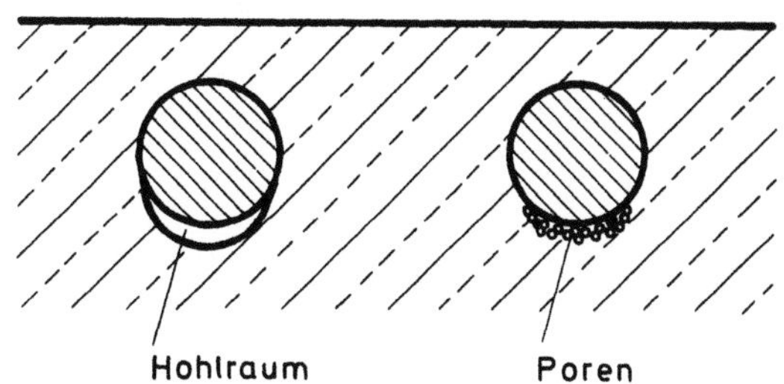

Bild 4.15 Bildung von Hohlräumen oder Poren unter liegenden Stäben infolge Sedimentation und Wasseransammlung

4.2.3.4 Einfluß der Betondeckung

Beim Scherverbund entstehen als Folge der örtlich hoch auf Druck belasteten Betonkonsolen zwischen den Rippen Ringzugspannungen im Beton um den Stahlstab herum. Diese sind um so höher, je kleiner die Betondeckung und je höher die Verbundbeanspruchung sind. Wird die Zugfestigkeit des Betons überschritten, entstehen Risse längs des Stabes. Solche Längsrisse vermindern die Verbundfestigkeit. Im allgemeinen genügt bei Rippenstählen eine Betondeckung von $c \gtreqqless d_s$. Die erforderliche Betondeckung ist also auch von d_s abhängig. Bei sehr dicken Stäben ist eine leichte Querbewehrung der Betondeckung angezeigt.

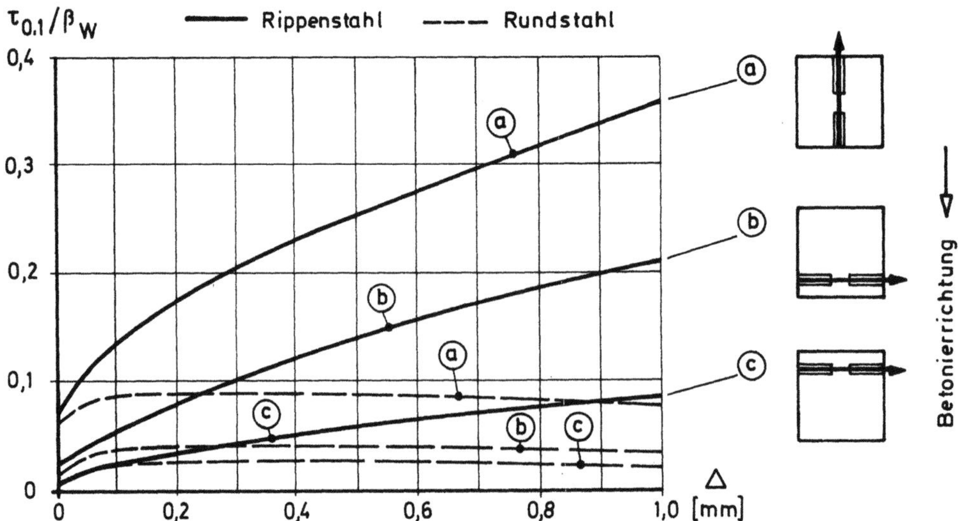

Bild 4.16   Schematische Darstellung der Ergebnisse von Ausziehversuchen an geraden Stäben mit unterschiedlicher Lage beim Betonieren nach
G. Rehm [91]

4.2.3.5 Einfluß der Betonzusammensetzung und der Konsistenz

Die Verbundfestigkeit wird in einem hohen Maß auch durch die Kornzusammensetzung und die Konsistenz des Betons beeinflußt - siehe Bild 4.17.
Dies gilt unabhängig von Betongüte und Wasser-Zementwert. Die höhere
Verbundsteifigkeit feinteil-ärmerer Betone (Sieblinie A nach DIN 1045)
ist durch den örtlich höheren Betonwiderstand im Bereich der Konsolen
zwischen den Rippen und durch geringere Absetzerscheinungen zu erklären.
Mit steifer werdender Konsistenz wird das Betongefüge örtlich geschlossener; die Betonkonsolen sind daher höher belastbar und weisen geringere
Verformungen auf.

4.2.3.6 Einfluß von Dauerlasten, dynamischer Beanspruchung und Stoßbelastung

Die Betonkonsolen sind örtlich hoch auf Druck belastet. Unter Dauerlast setzt daher ein Kriechvorgang ein und die Verschiebungen nehmen

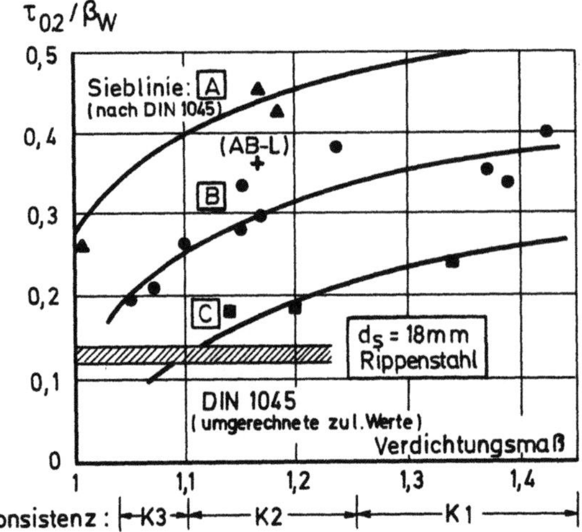

Bild 4.17   Einfluß der Kornzusammensetzung und der Konsistenz des
Betons auf die bezogenen Verbundspannungen $\tau_{0,2}/\beta_W$ (Δ = 0,2 mm)
bei konstanter Verbundlänge ℓ_v = 5 d_s [92]

zu. (Folge: Zunahme der Rißbreiten unter Dauerlast). Solange die
Dauerbelastung unterhalb der Verbundfestigkeit erfolgt, wird diese
nicht beeinflußt [93].

Häufig wiederkehrende Belastungen (dynamische Beanspruchung) wirken sich ähnlich wie Dauerlasten aus, sie besitzen einen Zeitraffer-
Effekt.

Unter sehr hohen Belastungsgeschwindigkeiten (Stoßbeanspruchung)
wird die Verbundfestigkeit um 10 - 20 % erhöht [94].

4.3 Verbundgesetze an Verankerungselementen

4.3.1 Ausziehversuche mit Haken

Auch bei Haken hat die Lage beim Betonieren Unterschiede der Steifigkeit, hier ausgedrückt durch σ_s-Δ-Linien, ergeben. In Bild 4.18 sind
Versuchsergebnisse für Haken aus glattem, in Bild 4.19 aus geripptem
Betonstahl $\emptyset$ 12 mm gezeigt. Am günstigsten erwiesen sich beim Betonieren stehende, mit der Krümmung nach oben gerichtete Haken. Am Beginn eines Hakens führen die großen Umlenkpressungen zu örtlichen Verformungen, die mehr Längsverschiebung ergeben, wenn der Beton dort
durch Sedimentation porig ist. Haken aus geripptem Stahl sind in den unteren Spannungsbereichen wesentlich steifer als solche aus glattem Stahl,
die Tragfähigkeit unterscheidet sich jedoch nur wenig.

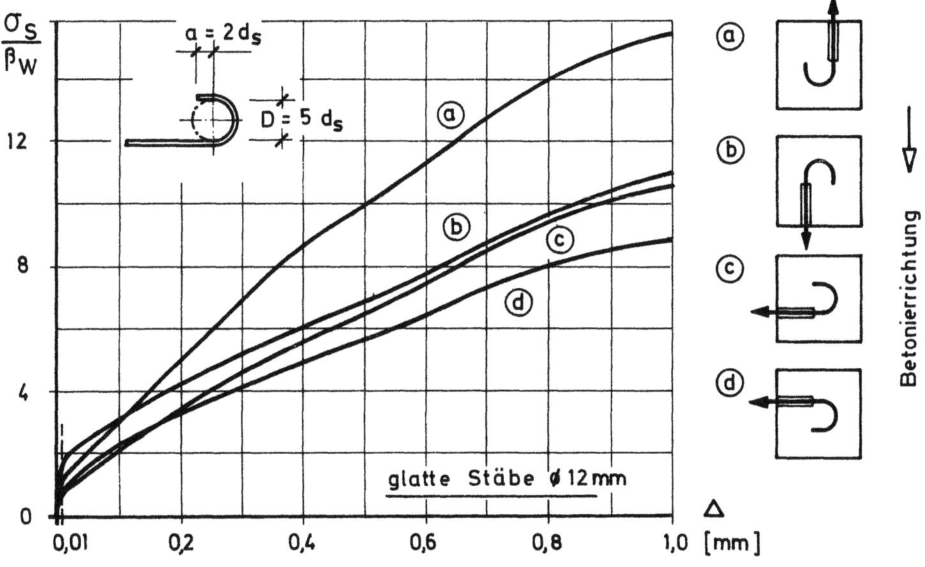

Bild 4.18   Bezogene σ_s-Δ-Linien für glatte Stäbe $\emptyset$ 12 mm mit Haken
bei unterschiedlicher Lage beim Betonieren [86]

Betoniert man gerippte Stäbe mit gleicher Stablänge ℓ_v = 10 d$_s$ ein und
variiert den Biegewinkel α des bei ℓ = 2 d$_s$ beginnenden Hakens von 0°
über 45°, 90°, 135° bis 180° (Bild 4.20), dann zeigt sich, daß der stehende gerade Stab die größte, der liegende gerade Stab die kleinste Verbundsteifigkeit aufweist und der Haken nur gegenüber dem liegenden geraden Stab überlegen ist. Haken sind daher in stehenden Stäben nutzlos.
Der Haken ergibt größere Sicherheit gegen die mindernden Einflüsse der

Sedimentation. Gerade Stabenden hinter einem Haken kommen erst nach großen Verschiebungen zur Wirkung und haben wenig Sinn.

Bei glattem Stahl ist der volle Haken mit min $\alpha = 135^{\circ}$ nötig, um ein Herausgleiten zu verhüten.

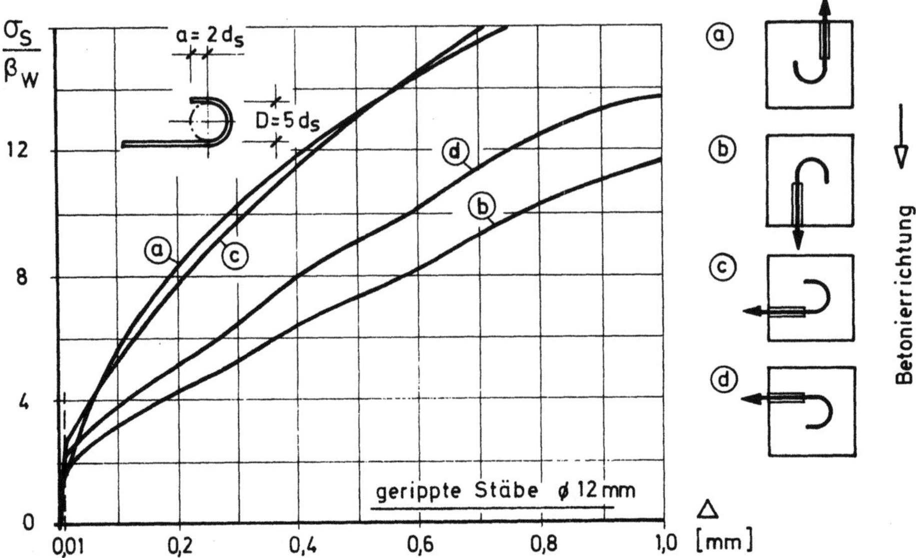

Bild 4.19   Bezogene σ_s-Δ-Linien für <u>gerippte</u> Stäbe ⌀ 12 mm mit Haken bei unterschiedlicher Lage beim Betonieren [86]

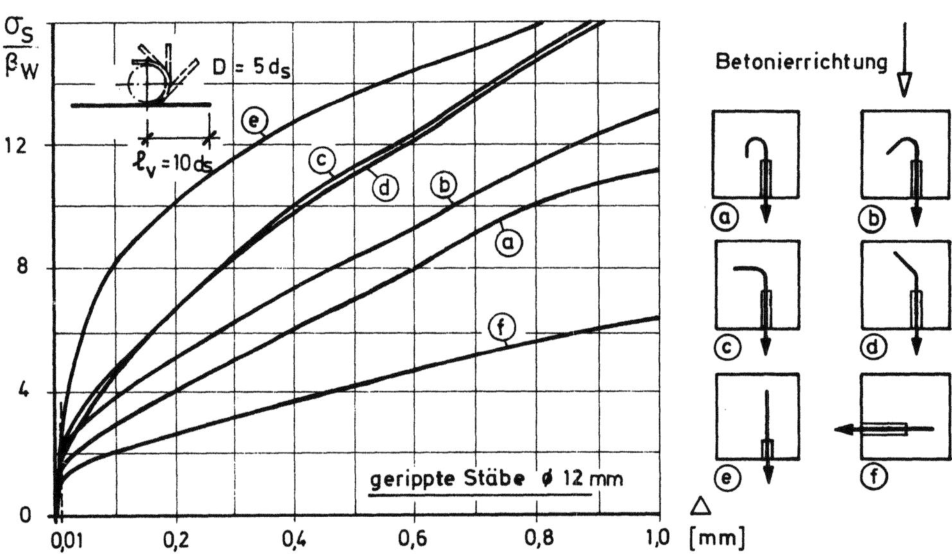

Bild 4.20   Einfluß des Biegewinkels α des Hakens auf die bezogenen σ_s-Δ-Linien von gerippten Stäben mit konstanter Verbundlänge $\ell_v \approx 10\,d_s$

4.3.2 Ausziehversuche an Stäben mit angeschweißten Querstäben

Versuche an Ausziehkörpern gemäß Bild 4.11 c von <u>gerippten</u> Stäben mit angeschweißten Querstäben [95] ergaben, daß der Verbund des Längsstabes und der angeschweißte Querstab bei der Verankerung zusammenwirken. Die vom Querstab aufnehmbare Verankerungskraft wird von der Scherfestigkeit des Schweißknotens begrenzt, die vom ⌀-Verhältnis und von der Einstellung der Schweißmaschine abhängig ist. Sie ist im einbetonierten Zustand viel größer als am nackten Stahl. Der Scherwiderstand kommt allerdings erst nach einer gewissen Verschiebung Δ an der Stelle des angeschweißten Querstabes voll zur Wirkung.

Bild 4.21 zeigt einen Vergleich der mittleren σ_s-Δ-Linien, bezogen auf β_W. Mit dem Querstab am Verankerungsbeginn konnten bei Schlupfbeginn größere Kräfte aufgenommen werden als mit zwei angeschweißten Querstäben am Ende der Verbundlänge. Querstäbe am Ende der Verbundlänge wirken erst bei größeren Verschiebungen stärker mit.

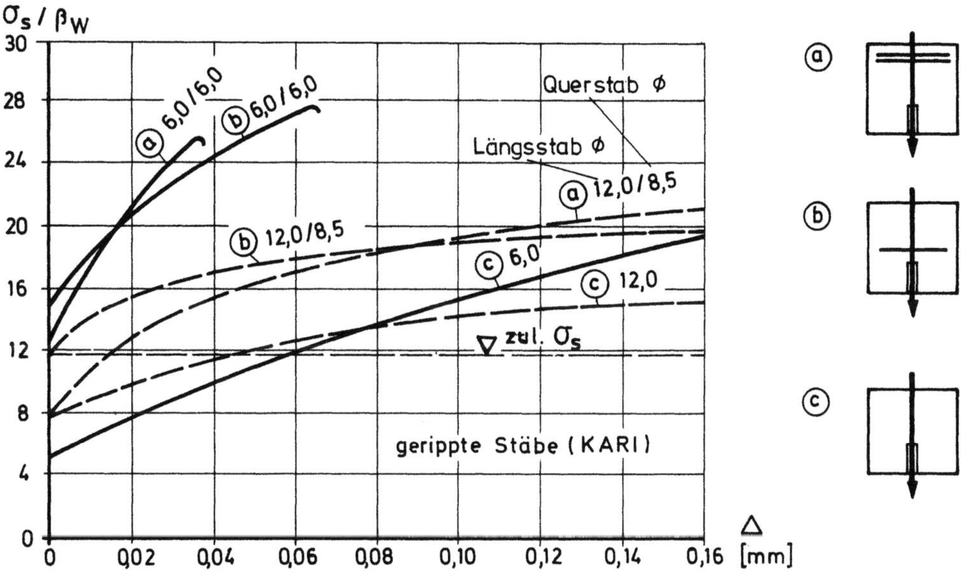

Bild 4.21 Mittlere bezogene σ_s-Δ-Linien für gerippte Stäbe mit angeschweißten Querstäben (nach [95])

4.4 Rechnerische Behandlung des Verbundes

4.4.1 Allgemeines

Mit einer gegebenen τ_1-Δ-Beziehung kann die Veränderung der Stahlspannung $d\sigma_s/dx$ ermittelt werden, wenn der Verlauf der $\tau_1(x)$ bekannt ist. Interessant sind dabei eigentlich nur die Verhältnisse im Zustand II. An Rissen hängt aber der Verlauf von $\tau_1(x)$ von so vielen Einflüssen ab, daß die Differentialgleichung des Verbundes, wie sie G. Rehm [85] aufgestellt hat, nur wissenschaftlichen Wert hat, für die Praxis aber noch keine Bedeutung erlangen konnte.

4.4.2 Bemessung des Verbundes nach DIN 1045

Für die Sicherheit der Stahlbeton-Tragwerke spielt der Verbund zwar eine wichtige Rolle, ein rechnerischer Nachweis ist jedoch vorwiegend nur bei Verankerungen und bei sehr hohen Querkräften im Zustand II notwendig. Für solche Nachweise sind in DIN 1045 auf Gebrauchslast bezogene zul. Verbundspannungen zul τ_1 angegeben für zwei Bereiche, die die Lage der Stäbe beim Betonieren kennzeichnen (Bild 4.22). Die Werte beinhalten einen Sicherheitsbeiwert $\gamma \approx 2,1$ gegenüber dem Rechenwert τ_{1R} und von $\gamma = 5$ bis 6 gegenüber max τ_1.

Verbund- bereich	Oberflächen- gestaltung	Festigkeitsklasse des Betons				
		B 15	B 25	B 35	B 45	B 55
I	glatt B St 220/340 GU, B St 500/550 GK	0,6	0,7	0,8	0,9	1,0
	profiliert B St 500/550 PK	0,8	1,0	1,2	1,4	1,6
	gerippt B St 420/500 RU, RK B St 500/550 RU, RK	1,4	1,8	2,2	2,6	3,0
II	50 % der Werte von Verbundbereich I					

Verbundbereich I gilt für

- alle Stäbe, die beim Betonieren zwischen 45° und 90° gegen die
  Waagerechte geneigt sind,
- flacher als 45° geneigte Stäbe, wenn sie beim Betonieren entweder höchstens 25 cm über der Unterkante des Frischbetons oder
  mindestens 30 cm unter der Oberseite des Bauteils oder eines
  Betonierabschnittes liegen.

Verbundbereich II gilt für

- alle Stäbe, die nicht dem Verbundbereich I zuzuordnen sind,
- alle horizontalen Stäbe in Bauteilen, die im Gleitbauverfahren
  hergestellt werden.

Bild 4.22   Zulässige Grundwerte der Verbundspannung
zul τ_1 in N/mm^2

5. Tragverhalten von Stahlbetontragwerken

Bei den Tragwerken unterscheidet man entsprechend der Tragwirkung
grundlegend zwischen Stabtragwerken und Flächentragwerken.
Balken und Stützen sind z. B. Stabtragwerke, während Platten, Scheiben
und Schalen zu den Flächentragwerken zählen.

Die Vielfalt der im Stahlbetonbau möglichen Formen von Tragwerken und
Querschnitten wird in den Bildern 5. 1 und 5. 2 angedeutet.

5.1 Einfeldrige Stahlbetonbalken unter Biegung und Querkraft

5. 1. 1 Tragverhalten und Zustände

5. 1. 1. 1 Zustände I und II

Der im Bild 5. 3 gezeigte Stahlbetonbalken sei durch zwei symmetrische
Einzellasten belastet und mit einer Längs-Gurtbewehrung für die Biegezug-
kräfte und einer Schub- oder Stegbewehrung bewehrt. Die Schubbewehrung kann dabei allein aus Bügeln bestehen oder aus Bügeln und aufge-
bogenen Längsstäben (Schrägstäben) kombiniert sein.

Bei geringen Lasten P treten keine Risse im Balken auf, solange die Biegerandspannung kleiner als die Biegezugfestigkeit des Betons bleibt, also
$\sigma_{bZ} < \beta_{BZ}$. In diesem Zustand I bildet sich ein System von Hauptzug-
und Hauptdruckspannungen aus; der Verlauf der Hauptspannungstrajektorien - dies sind die Linien der Hauptspannungsrichtungen - ist in Bild
5. 3 a eingezeichnet. Bei Steigerung der Last treten erste Biegerisse im
Bereich zwischen den Lasten auf, wenn die Zugfestigkeit des Betons
erreicht wird, d. h. $\sigma_{bZ} = \beta_{BZ}$ (Bild 5. 3 b). Dieser Bereich befindet
sich dann im Zustand II (Betonzugzone gerissen), während der Bereich
zwischen Auflager und Last noch rissefrei und damit im Zustand I ist.

Im Bild 5. 3 b sind außerdem die wirksamen Querschnitte von Zustand I
und II sowie die zugehörigen Dehnungs- und Spannungsverteilungen aufgezeichnet.

Bei weiterer Laststeigerung treten auch im Bereich zwischen Last und
Auflager Risse auf, die wegen der dortigen Neigung der Hauptzugspannung σ_I schräg verlaufen (Schubrisse). Die Rißneigung entspricht etwa
der Neigung der Hauptspannungstrajektorien (vgl. Bild 5. 3 a), d. h. sie
ist etwa rechtwinklig zur Richtung der Hauptzugspannung. Bei hoher Belastung befindet sich also der Träger fast auf ganzer Länge im Zustand II,
nur die Auflagerbereiche bleiben meist bis zum Bruch rissefrei.

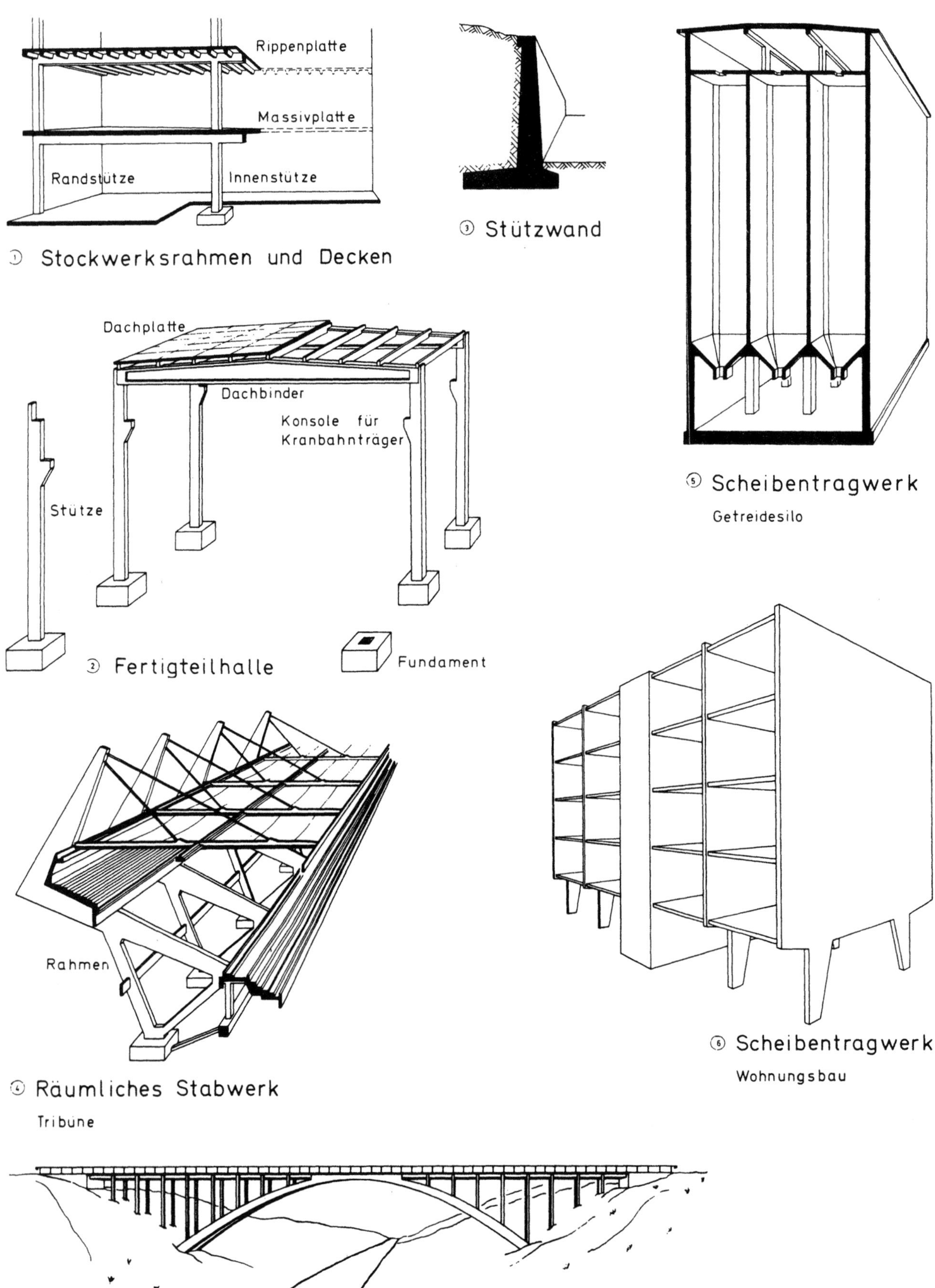

Bild 5.1　Stahlbetontragwerke

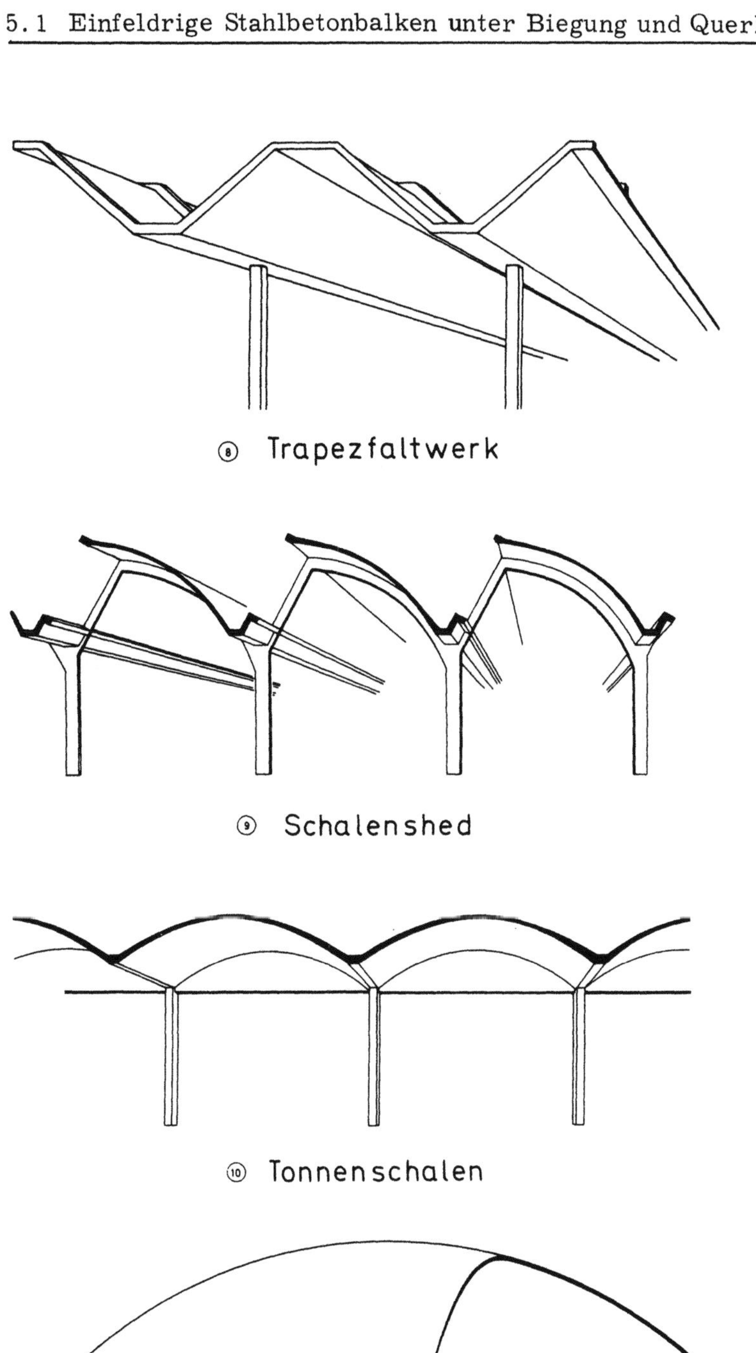

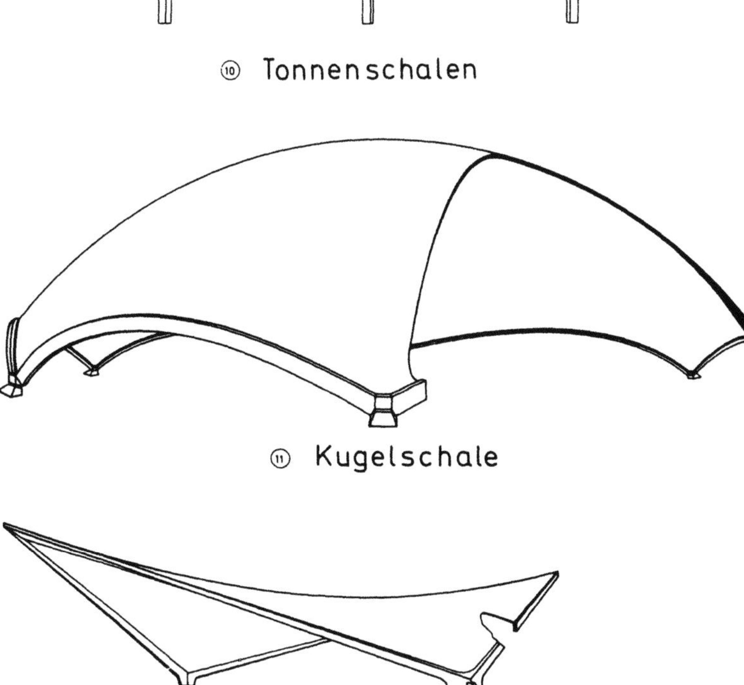

Bild 5.2   Stahlbetontragwerke

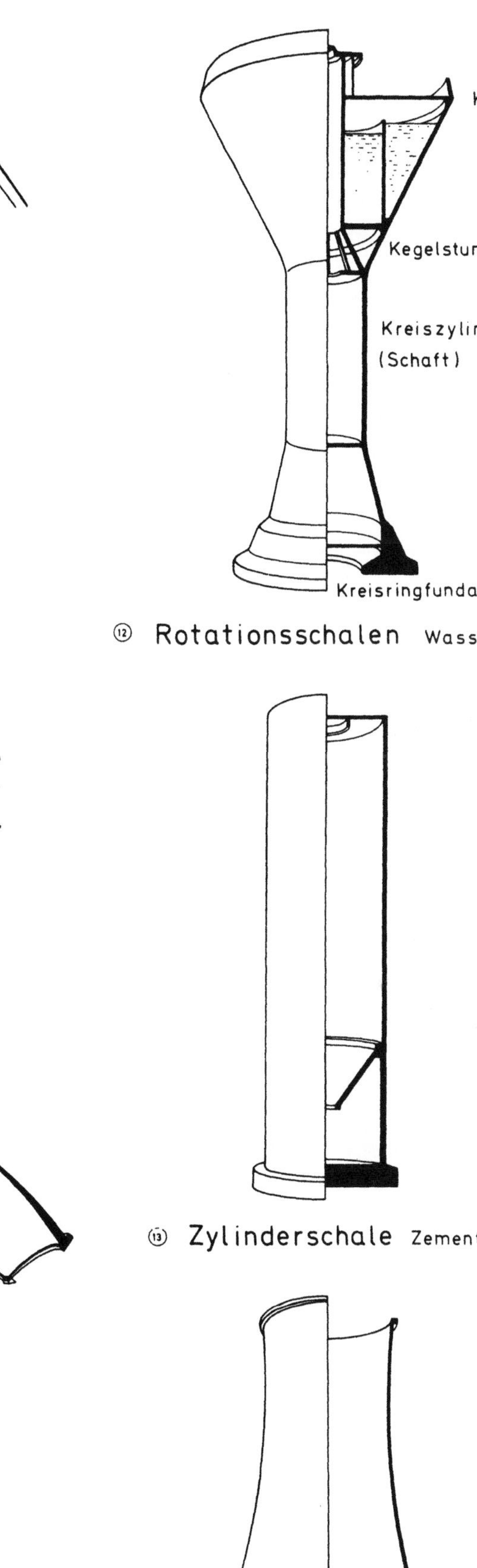

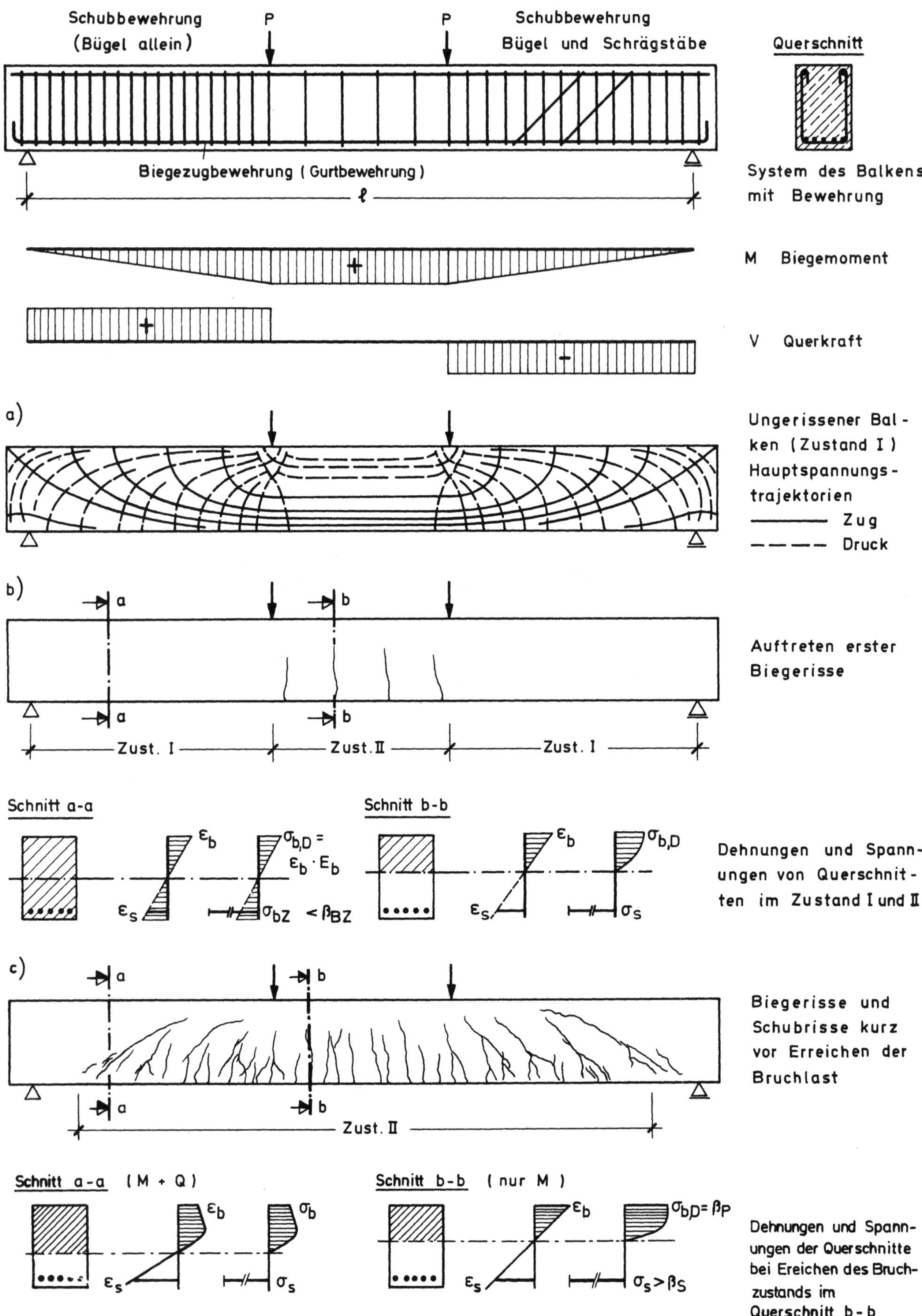

Bild 5.3 Tragverhalten und Zustände eines einfeldrigen Stahlbetonbalkens bei Belastung bis zum Bruch

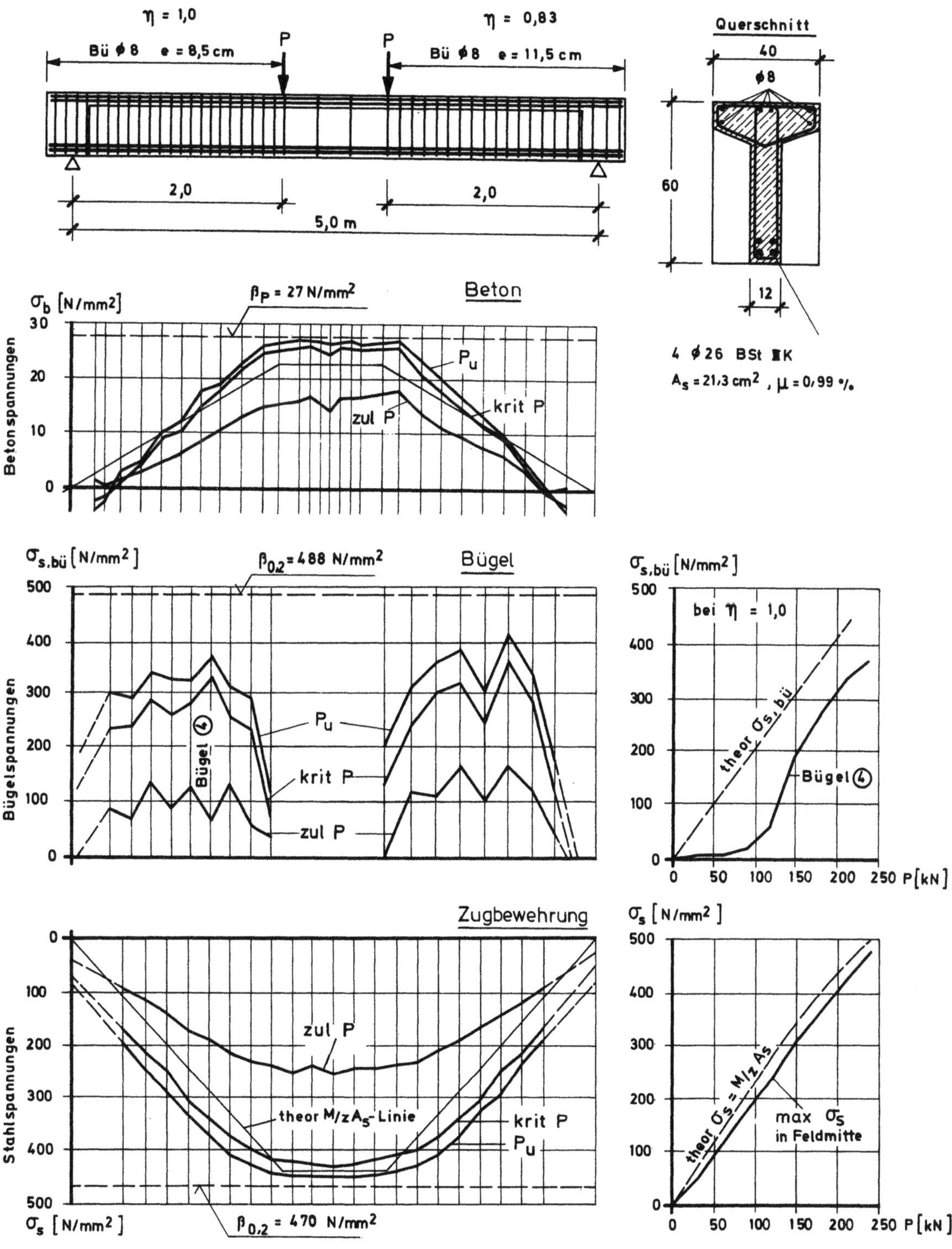

Bild 5.4   Verlauf der Beanspruchungen des Betons am oberen Rand des Druckgurtes, der Bügel und der Längsgurtstäbe über die Trägerlänge eines Versuchsträgers für 3 Laststufen [96]

5.1.1.2 Beanspruchung von Bewehrung und Beton

Ein anschauliches Bild des Tragverhaltens eines Stahlbetonbalkens gewinnt man aus Versuchen und dabei gemessenen Dehnungen ε , aus denen die Spannungen $\sigma = \varepsilon \cdot E$ gerechnet werden. Bild 5.4 zeigt den Verlauf gemessener Längsspannungen σ_b an der Balkenoberfläche und σ_s an der Gurtbewehrung für drei Laststufen.

1. Gebrauchslast   zul P   = 120 kN   } bei Erreichen der
2. Kritische Last   krit P   = 210 kN   } Dehngrenzen
3. kurz vor Bruchlast P_u = 240 kN

Für die kritische Last ist die Linie der σ eingetragen, die sich aus der techn. Biegelehre (setzt Ebenbleiben der Querschnitte voraus, also geradliniges ε-Diagramm) für den Zustand II ergibt. Beim Vergleich sieht man, daß die Betonrandspannungen im reinen Biegebereich (Q = 0) die theoretischen Werte σ_b und σ_s erreichen, im Querkraftbereich sind jedoch die σ_b kleiner und die σ_s größer als nach der Theorie, weil die Querschnitte nicht mehr eben bleiben. Am Auflager ist die Zugkraft nicht gleich Null. Wir werden diese Erscheinung später erklären und die Folgerungen für die Bemessung ableiten. Der Balken versagte durch Überschreiten der Streckgrenze der Gurtbewehrung $\sigma_s > \beta_S$ (Biegebruch).

In den Bügeln (Schubbewehrung) treten nur im mittleren Teil des Querkraftbereiches große Spannungen auf, sie sind nahe am Auflager und nahe bei der Last deutlich kleiner, weil dort aus der Krafteinleitung lotrechte σ_z-Druckspannungskomponenten wirken. Wichtig ist festzustellen, daß die Bügelspannungen unter Gebrauchslast noch klein sind (Mittel: 100 N/mm^2) und erst bei höheren Laststufen überproportional zunehmen (bei doppelter Gebrauchslast 320 bis 400 N/mm^2), s. Last-Spannungs-Diagramm). Daraus ist zu folgern, daß die Bemessung vom Grenzzustand kurz vor dem Bruch ausgehen muß.

5.1.1.3 Biegesteifigkeit und Durchbiegung

Der Verlauf der Durchbiegung in Feldmitte in Abhängigkeit von der Belastung P ist in Bild 5.5 für den Versuchsträger aus Bild 5.4 aufgezeichnet. Im Zustand I bleibt die Durchbiegung klein und entspricht genau dem theoretischen Wert, der mit der **Biegesteifigkeit E J^I** unter Berücksichtigung der ideellen Querschnittswerte errechnet wurde. Sobald die ersten Risse auftreten, wachsen die Durchbiegungen schneller. Bei abge-

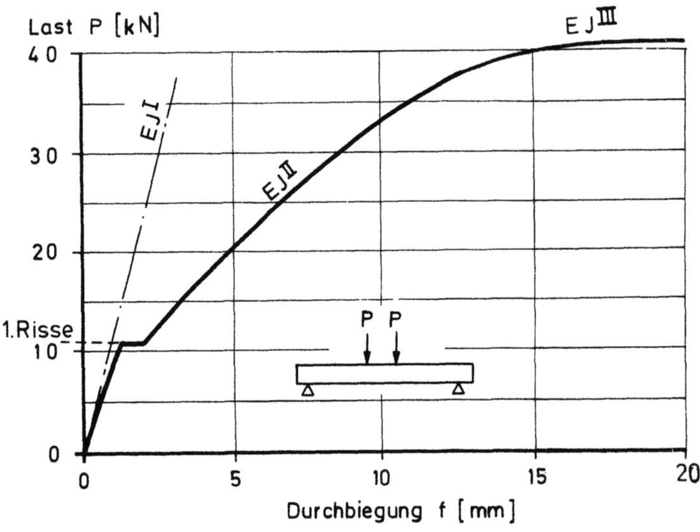

Bild 5.5
Last-Durchbiegungs-Diagramm aus einem Versuch an einem Einfeldbalken mit Rechteckquerschnitt und $\mu \approx 1,0\,\%$

schlossener Rißbildung und wiederholter Belastung stellt sich ein neuer,
fast geradliniger Verlauf ein, der einer Biegesteifigkeit EJ^{II} entspricht.
Im Zustand II verhält sich der Balken also auch etwa elastisch, und die
Durchbiegung kann nach der Elastizitätstheorie unter Berücksichtigung
des im Zustand II wirksamen Querschnitts mit EJ^{II} berechnet werden.

Das Verhältnis der Biegesteifigkeiten in den Zuständen I und II hängt hauptsächlich vom Bewehrungsverhältnis μ ab: je größer μ ist, desto größer
ist die im Zustand II verbleibende Druckzone und damit die Steifigkeit EJ^{II}.
(Rechnerische Behandlung von EJ^{II} siehe Teil 4 der "Vorlesungen").

Die Linie der Durchbiegungen wird flacher, wenn der Stahl ins Fließen
kommt und/oder der Beton sich plastisch verformt. Dieser plastische Bereich des Tragverhaltens wird als Zustand III bezeichnet.

5.1.2 Tragverhalten bei reiner Biegung

5.1.2.1 Tragfähigkeit und Gebrauchsfähigkeit

Im Bereich reiner Biegung (M = konst., Q = 0) entstehen vertikale Biegerisse in Abständen, die vom Verhältnis des Bewehrungsquerschnittes zum
Betonquerschnitt und der Bewehrungsart abhängen (Bild 5.6). Die Risse
gehen nahe bis an die Nullinie (ε = 0) hoch. Die Nullinie stellt sich so ein,
daß das innere Kräftepaar aus der Zugkraft Z_s in den Stahlstäben und der
resultierenden Druckkraft D_b in der Biegedruckzone des Betons gleich
groß ist und einen solchen Abstand z (innerer Hebelarm) hat, daß das innere Moment $M_i = D_b \cdot z = Z_s \cdot z$ dem Moment M_a aus äußeren Lasten
gleich ist (Gleichgewichtsbedingungen).

Die "Tragfähigkeit" gilt als erschöpft, wenn bei Laststeigerung im
Beton die Grenzdehnung $\max \varepsilon_b$ von rd. 3 bis 3,5 ‰ oder im Stahl die
Grenzdehnung von $\max \varepsilon_s$ = 5 ‰ erreicht wird. Die zugehörige Last wird
hier "kritische Last" genannt. Die zulässige "Gebrauchslast" ist
die mit dem Sicherheitsbeiwert γ verkleinerte kritische Last, d.h.:

$$\text{zul } P = \frac{\text{krit } P}{\gamma} \qquad\qquad (5.1)$$

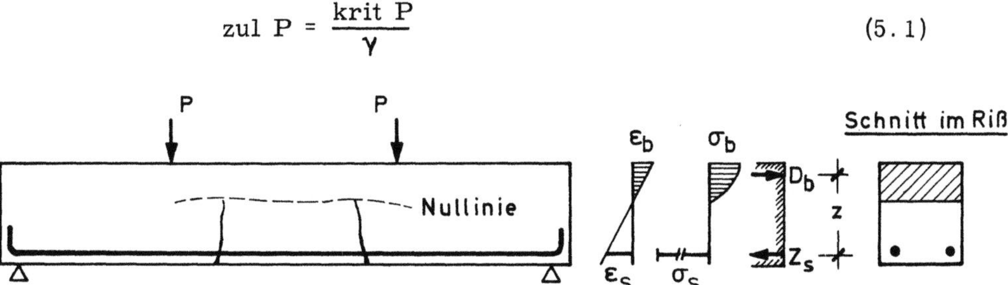

Wenige, breite Biegerisse bei relativ geringem Bewehrungsquerschnitt
oder wenigen dicken Stäben.

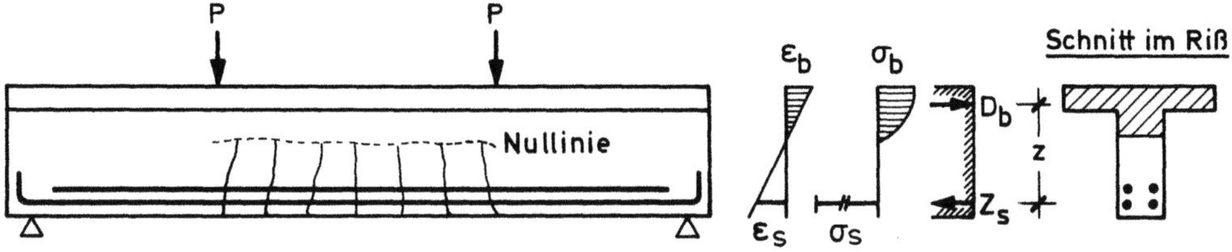

Viele feine Risse bei relativ großem Bewehrungsquerschnitt oder gut
verteilten dünnen Stäben.

Bild 5.6 Rißbildung und Dehnungsverteilung bei Balken mit geringem und
großem Bewehrungsgehalt

Sofern der Querschnitt der Biegedruckzone ausreichend groß ist, geht der Balken erst bei einer noch höheren Last zu Bruch (Bruchlast). Dabei dehnt sich der Stahl nach Überschreiten der Streckgrenze β_S ohne nennenswerte Spannungszunahme weiter, die Nullinie wandert nach oben und der Hebelarm z wird größer, bis sich die Druckzone soweit eingeschnürt hat, daß der Beton seine Bruchdehnung erreicht und damit seine Tragfähigkeit verliert.

Die "Gebrauchsfähigkeit" des Balkens gilt bei Biegung als gewährleistet, wenn

a) die Rißbreiten die durch die Anforderungen bestimmten Werte nicht überschreiten,

b) die Durchbiegung nicht so groß wird, daß Folgeschäden je nach Verwendung des Balkens eintreten.

Beide Bedingungen werden in Teil 4 der "Vorlesungen" behandelt.

5.1.2.2 Biegebrucharten

Bei den üblichen Bewehrungsgraden $\mu = A_s/bh$ wird die Grenzdehnung des Stahles max ε_s vor der Erschöpfung der Biegedruckzone erreicht. Der Stahl der Gurtbewehrung versagt zuerst: man spricht von einem Biegezugbruch, der sich durch Risse und eine große Durchbiegung ankündigt. Bei starker Gurtbewehrung (überbewehrt) wird max ε_b zuerst erreicht, die Biegedruckzone versagt also vor der Gurtbewehrung: es liegt ein Biegedruckbruch vor, der besonders bei gutem, hochfestem Beton schlagartig ohne deutliche vorherige Ankündigung auftreten kann.

Bei sehr schwach bewehrten Querschnitten kann die Biegezugkraft im Beton Z_b größer sein als die von der Gurtbewehrung aufnehmbare Kraft $Z_{s,u} = \beta_Z \cdot A_s$, die Gurtbewehrung kann dann mit dem Auftreten des ersten Risses schlagartig durchbrechen [97]. Diese gefährliche Biegezug-Bruchart muß vermieden werden, indem ein Mindestbewehrungsgrad min μ vorgeschrieben wird.

5.1.3 Tragverhalten bei Biegung mit Querkraft

5.1.3.1 Zustand I

Beim einfeldrigen Balken unter Gleichlast nehmen das Biegemoment $M(x)$ und damit auch die Biegerandspannungen σ_x vom Auflager zur Feldmitte hin zu, entsprechend wirkt eine Querkraft $Q(x) = dM/dx$. Über die Höhe des Rechteckquerschnitts oder im Steg von Plattenbalken wirkt dabei ein System von schiefen Hauptzug- und Hauptdruckspannungen, die in der Höhe der Nullinie (im Zustand I = Schwerlinie) eine Neigung von 45° bzw. 135° gegen die Stabachse haben (Bild 5.7). Die Hauptspannungen werden nach der Festigkeitslehre in die Spannungskomponenten σ_x, σ_z und τ_{xz} zerlegt, wobei σ_z vernachlässigt wird (Bild 5.8). Diese Vereinfachung ist jedoch nicht immer zulässig. Abhängig vom Ort und der Intensität des Lastangriffs, also im Auflagerbereich und unter hohen Einzellasten bewirken die σ_z, daß die einfache technische Biegelehre, die σ_z vernachlässigt, mit

$$\sigma_x = \frac{M}{W}$$ nicht mehr gilt (vgl. Teil 2 der "Vorlesungen".)

Der Ingenieur muß sich klar darüber sein, daß die Schubspannung τ_{xz} keine so $\leftrightarrows$ oder so $\updownarrow$ wirkende Beanspruchung, sondern ebenso wie die Spannungskomponenten σ_x und σ_z nur ein Rechenhilfswert ist, der sich ergibt, weil das x-z-Koordinatensystem mit x parallel zur Balkenachse angenommen wurde. Tatsächlich wirken im Balken nur die Hauptspannungen σ_I und σ_{II} gemäß Bild 5.7 oder 5.3a. Für die Bemessung im Stahlbetonbau geht man allerdings meist von σ_x bzw. τ aus.

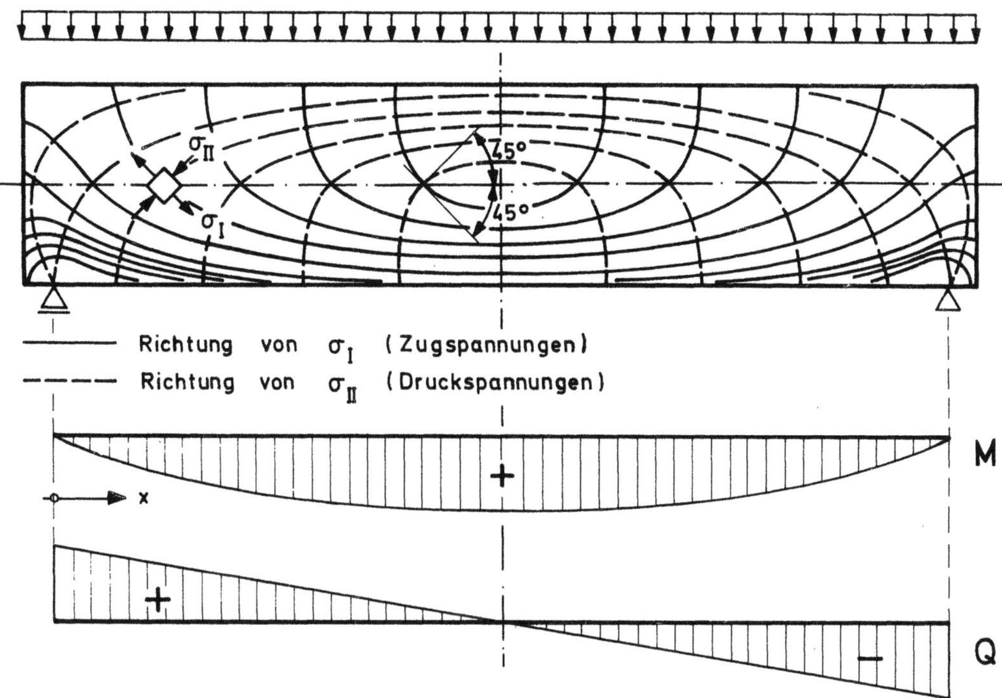

Bild 5.7 Hauptspannungstrajektorien eines homogenen Balkens unter Gleichlast (im Stahlbeton = Zustand I)

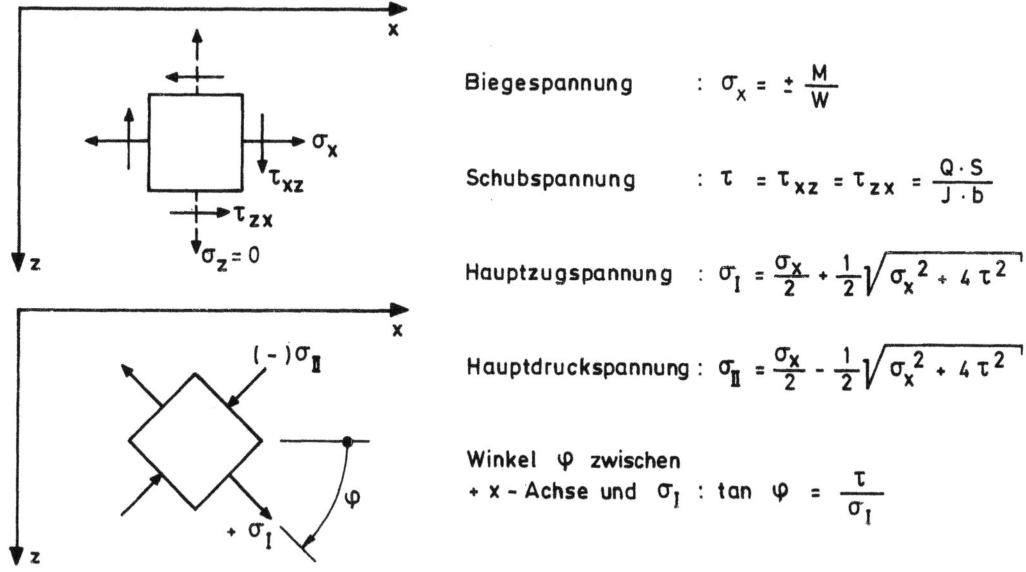

Biegespannung : $\sigma_x = \pm \dfrac{M}{W}$

Schubspannung : $\tau = \tau_{xz} = \tau_{zx} = \dfrac{Q \cdot S}{J \cdot b}$

Hauptzugspannung : $\sigma_I = \dfrac{\sigma_x}{2} + \dfrac{1}{2}\sqrt{\sigma_x{}^2 + 4\,\tau^2}$

Hauptdruckspannung : $\sigma_{II} = \dfrac{\sigma_x}{2} - \dfrac{1}{2}\sqrt{\sigma_x{}^2 + 4\,\tau^2}$

Winkel φ zwischen
+ x - Achse und σ_I : $\tan \varphi = \dfrac{\tau}{\sigma_I}$

Bild 5.8 Definition und Berechnung der Spannungen nach der einfachen technischen Biegelehre (σ_z vernachlässigt) für einen ebenen Spannungszustand

Dies hat E. Mörsch schon 1927 in [98] genau so klar gesagt. Daß es sich bei der Schubspannung τ um einen Rechenhilfswert und nicht um eine wirkliche Beanspruchung handelt, wird besonders deutlich, wenn man die Spannungen in einem mittig gedrückten prismatischen Körper für ein unter 45° und 135° zur Achse geneigtes x-z-Koordinatensystem berechnet (Bild 5.9). Bei einer Stütze mit $\sigma_0 = 10$ N/mm^2 wäre $\tau = 5$ N/mm^2. Die Stütze könnte nach keiner Vorschrift gebaut werden, weil τ weit über den zulässigen Werten liegt! In Wirklichkeit ist sie ohne Schubbewehrung tragfähig.

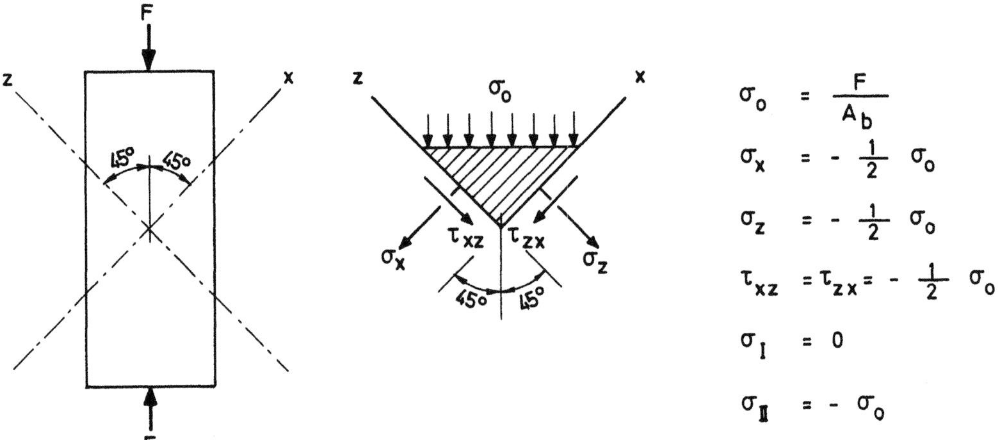

Bild 5.9　Haupt-, Normal- und Schubspannungen in einem mittig gedrückten prismatischen Körper bezogen auf ein unter 45° geneigtes Achsen-
system

5.1.3.2 Zustand II

Überschreitet die Hauptzugspannung σ_I im Steg die Zugfestigkeit des Betons β_Z, dann entstehen S c h u b r i s s e (Bild 5.10) rechtwinklig zu
σ_I, also in Richtung der Drucktrajektorien. Die Hauptdruckspannungen
zwischen den Schubrissen können fast ungestört weiterwirken, wenn die
im Beton auftretenden Zugkräfte (Resultierende aus den σ_I) durch Schubbewehrung aufgenommen werden und dabei ein Öffnen der Schubrisse
verhütet wird. Dazu müßte die Schubbewehrung am besten in der Richtung der σ_I-Trajektorien, also etwa 45° schief eingebaut sein.

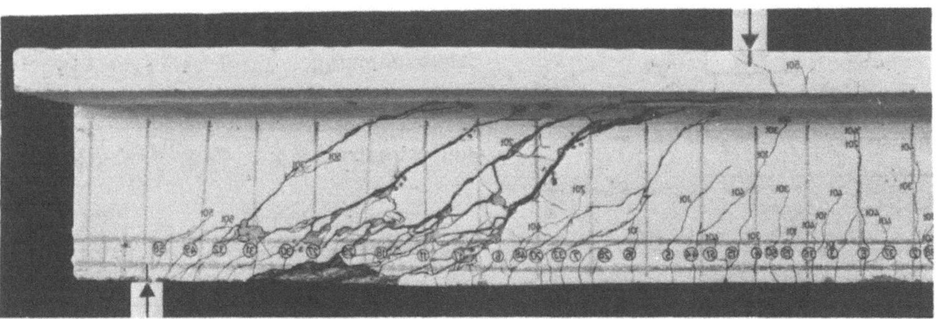

Bild 5.10　Riß- und Bruchbild eines Plattenbalkens mit Schubbewehrung
(Schubrisse entwickeln sich aus Biegerissen)

Die Schubrisse entstehen bei rechteckigen Stegen aus Biegerissen (Bie-
geschubrisse), ihre Neigung wird dadurch von den inneren Kräfteumlagerungen aus den Biegerissen schon beeinflußt, sie wird z. T. flacher als
45°. Dadurch werden die Stegzugkräfte vermindert. Reine Schubrisse,
die im Steg entstehen, stellen sich bei I-Trägern mit einem Zugflansch
oder bei Spannbetonbalken ein (Bild 5.11).

Die Tragwirkung im Zustand II im Schubbereich mit Schubrissen stellt
man sich am besten fachwerkartig vor (Fachwerkanalogie nach M ö r s c h).
Die Schubbewehrungsstäbe sind die Zugdiagonalen, die Betonprismen zwischen den Schubrissen die Druckdiagonalen (Druckstreben) eines engma-
schigen Fachwerkes. Zugdiagonalen mit 45°-Neigung entsprechen am
besten den Hauptspannungen (Bild 5.12a). Aus praktischen Gründen wird
die Schubbewehrung gerne aus vertikalen Bügeln gemacht, dann besteht

das Fachwerk aus vertikalen Zugpfosten und geneigten Druck-Diagonalen
(Bild 5.12 b).

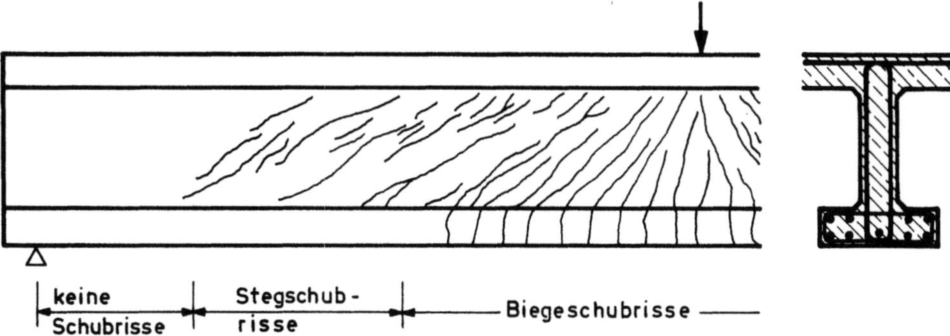

Bild 5.11   Schubrisse nahe am Auflager im Steg eines I-Balkens, die
nicht aus Biegerissen entstanden sind (σ_I im Steg > β_{bZ})

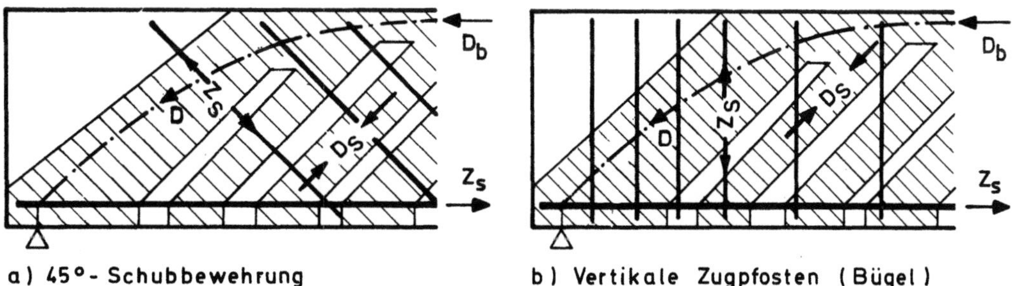

Bild 5.12   Fachwerkanalogie für die inneren Kräfte im Schubbereich
eines Stahlbetonbalkens bei konstanter Querkraft

Die Abweichung der Zugpfosten von der Richtung der σ_I beträgt dann allerdings 45°, was sich ungünstig auf die Schubrißbreiten und die Größe
der Druckstrebenkräfte auswirkt. Gegenüber dem Fachwerk mit 45° geneigten Zugdiagonalen werden die Druckstrebenkräfte etwa verdoppelt.
Die Gurtkräfte ergeben sich aus der Fachwerkanalogie bei Annahme eines
statisch bestimmten einfachen Strebenzuges für einen vertikalen Schnitt
zu (vgl. Abschn. 8.3) :

$$Z = \frac{M}{z} + \frac{Q}{2} \quad \text{und} \quad D = \frac{M}{z} - \frac{Q}{2} \tag{5.2}$$

Die Linien der Zug- und Druckgurtkräfte sind also gegenüber den M/z-
Linien versetzt.

Im Versuch stellt sich dieser durch die Fachwerkwirkung bedingte Versatz
der Gurtkräfte durch die Kräfteumlagerungen im Zustand II tatsächlich ungefähr ein (vgl. Bild 5.4). Gewisse Abweichungen müssen entstehen, weil
die Netzfachwerke mit mehrfachen Strebenzügen innerlich statisch unbestimmt sind. Dabei verteilen sich die inneren Kräfte so nach den Steifigkeitsverhältnissen, daß die Formänderungsarbeit ein Minimum bleibt. So
nehmen die Stegzugkräfte ab, wenn die Druckstreben im Vergleich zum
Druckgurt steif sind, was z.B. beim Rechteckquerschnitt der Fall ist. Die
Schubrisse verlaufen dann flacher als 45° bis herab zu 30°, und die Druckgurtkraft verläuft bogenartig bzw. sprengwerkartig geneigt (Bild 5.13). Der
geneigte Druckgurt übernimmt einen Teil der Querkraft und entlastet dadurch den Steg. Ein weiterer Querkraftanteil wird durch Kornverzahnung
entlang der Risse, welche die Betonzähne begrenzen, übertragen (vgl.
Teil 3 der "Vorlesungen", Abschn. 8.2).

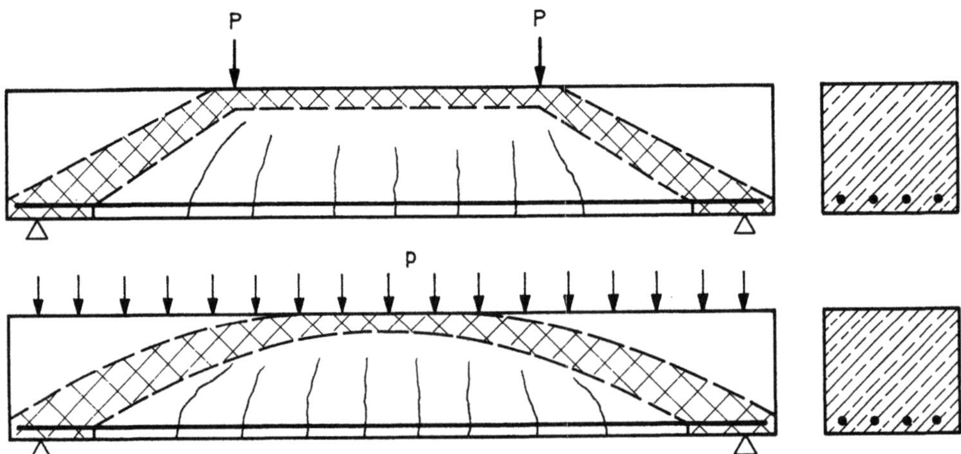

Bild 5.13   Tragwirkung über Sprengwerk oder Bogen mit Zugband bei
Rechteckbalken und Platten

Wenn umgekehrt der Druckgurt im Vergleich zum Steg sehr breit ist, also $b : b_o \geqq 6$, dann kann die Druckgurtkraft nur wenig geneigt sein und
die Schubrisse stellen sich unter etwa 45° Neigung ein (Bild 5.14).

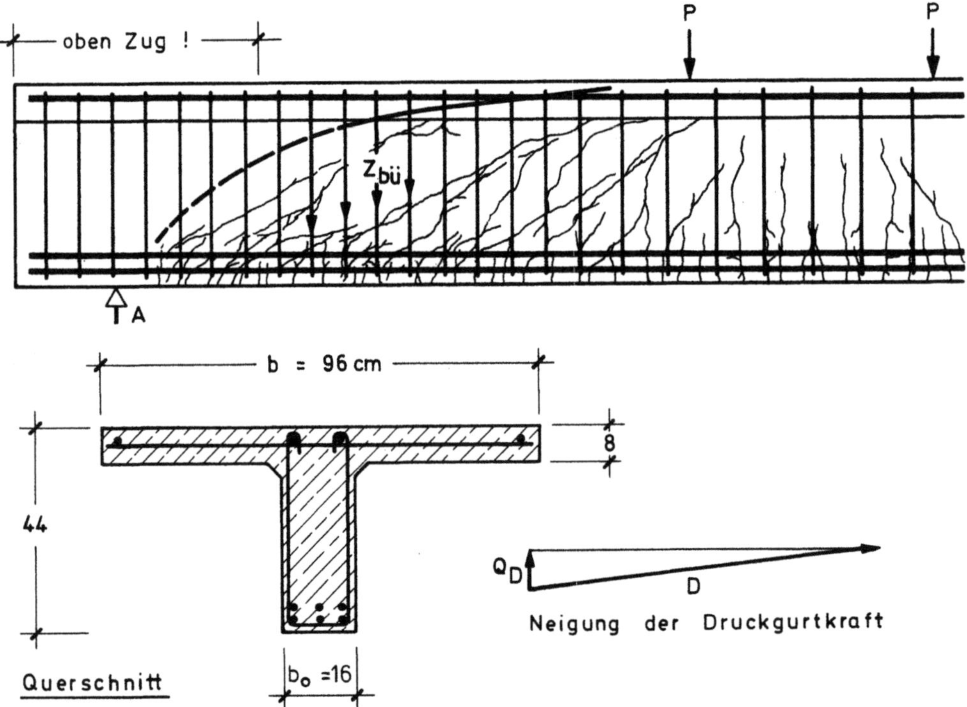

Bild 5.14   Verlauf der Druckgurtkraft bei einem Plattenbalken mit dem
Breitenverhältnis $b/b_o = 6$

Die Steifigkeitsverhältnisse, die sich im Verhältnis $b : b_o$, aber auch im
Verhältnis der Bewehrungsgrade der Längs- und Schubbewehrung ausdrücken, sind also maßgebend für die innere Kräfteverteilung. Für Balken wurde hierfür eine "erweiterte Fachwerkanalogie" (siehe Abschn. 8.4
und [99]) entwickelt. Die Fachwerkanalogie ist so eine wertvolle Hilfe
für die Vorstellung, wie die Schubübertragung im Stahlbeton trotz der
Risse im Zustand II funktioniert.

5.1.3.3 Schubbrucharten

Schubbrüche entstehen bei fehlender oder zu schwacher Schubbewehrung,
indem die Schubrisse zu weit in die Biegedruckzone vordringen, so daß
diese versagt (Schubzugbruch). Bei dünnen, hochbewehrten Stegen
können auch die Druckstreben durch zu hohe schiefe Druckspannungen

versagen (S c h u b d r u c k b r u c h oder D r u c k s t r e -
b e n b r u c h). Diese Schubbrüche werden durch ausreichend bemessene Schubbewehrung bzw. eine obere
Begrenzung der Schubspannung τ_o verhütet.

5.2 Durchlaufende Stahlbetonbalken

In den über mehrere Felder durchlaufenden Balken
oder Rahmen usw. haben wir neben den positiven auch
negative Momente. Sie zeigen im grundsätzlichen be-
züglich Biegung und Querkraft das gleiche Tragverhalten wie Einfeldbalken. Das Bruchbild eines Durch-
laufträgers zeigt Bild 5.15. Über der Zwischenstütze
bilden sich die ersten Risse, weil das negative Stützmoment größer ist als die positiven Feldmomente.
Dadurch fällt dort die Steifigkeit (Zustand II) gegenüber derjenigen im Feld (noch Zustand I) stark ab,
so daß der Träger für die weitere Belastung über seine Länge unterschiedliche Trägheitsmomente besitzt.
Als Folge nehmen die Feldmomente schneller zu als
das Stützmoment, bis auch im Feld Biegerisse den
Zustand II herbeiführen. Die Biegerisse im Stützenbereich werden, wie Bild 5.15 zeigt, infolge der dort
herrschenden schiefen Hauptzugspannungen aus den
großen Querkräften schräg in Richtung auf den Aufla-
gerpunkt abgelenkt. Sie reichen tiefer in den Balken
hinein als bei reiner Biegung und lassen eine geringere Höhe der Biegedruckzone übrig als in Bereichen
ohne Querkraft.

Diese Erscheinungen führen zu einer "Umlagerung
der Momente" von der Stütze zum Feld, zu einer geringeren Ausnutzung der Biegezugbewehrung über
der Stütze und zu einer größeren Gefahr für Biege-
und Schubbrüche im Stützenbereich. Andererseits
zeigt sich hierbei die oft günstige Eigenschaft statisch
unbestimmter Stahlbetonkonstruktionen: sie können
Kräfte von hoch beanspruchten Bereichen in weniger
beanspruchte verlagern und haben dadurch Tragreserven.

Im Bereich des Momenten-Nullpunktes (zwischen
Feld- und Stützmoment) verlaufen die Biegeschub-
risse besonders flach, so daß sowohl am unteren
wie am oberen Rand Zug auftritt. Es stellt sich
ein Bogen mit Zugband ein, wobei sich der Bogen
nahe am Zwischenauflager auf Bügel abstützt, die
an der Stützbewehrung auf Zug verankert sind. Die
dort sehr flachen Druckstreben bedingen einen
vergrößerten Versatz der Gurtkraftlinien gegenüber den M/z-Linien. Daraus ergeben sich gewisse Bewehrungsrichtlinien (vgl. Teil 3 der
"Vorlesungen").

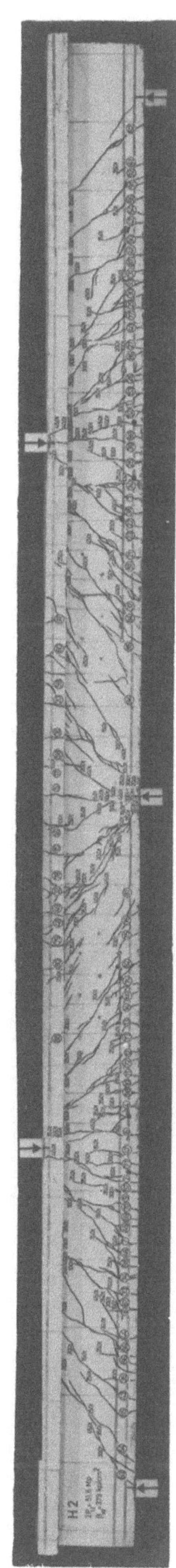

Bild 5.15 Riß- und Bruchbild eines über zwei Felder durchlaufenden Stahlbetonträgers unter Einzellasten [100]

5.3 Torsionsbeanspruchte Balken oder Stäbe

5.3.1 Reine Torsion

Wird ein zylindrischer oder prismatischer Stab auf reine Torsion beansprucht, dann ergeben sich im Zustand I nur Torsionsschubspannungen τ_T ohne σ_x. Die Hauptspannungen sind also mit $\sigma_I = \tau_T = -\sigma_{II}$ am ganzen Umfang unter $45°$ und $135°$ gegen die x-Achse geneigt, und die Trajektorien laufen wendelartig, sich kreuzend um den Stab (Bild 5.16). Entsprechend müssen Torsions-Risse unter $45°$ zur Stabachse entstehen (Bild 5.17).

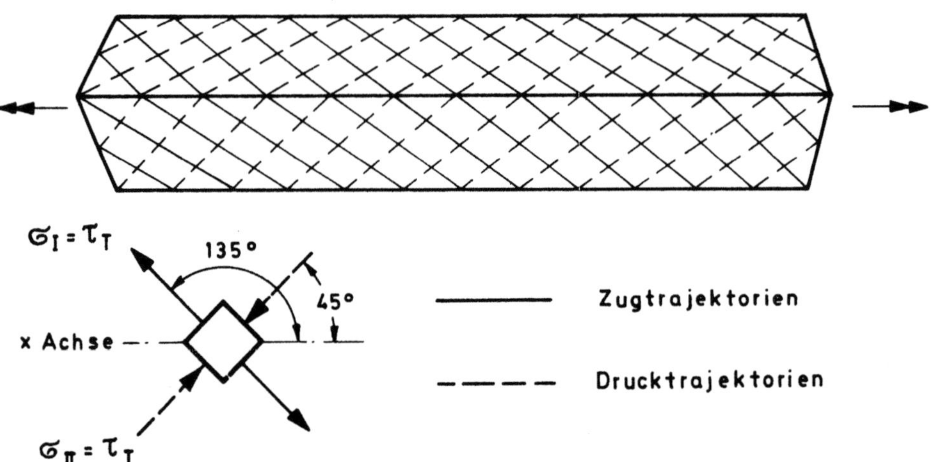

Bild 5.16   Verlauf der Hauptspannungen bei reiner Torsionsbeanspruchung

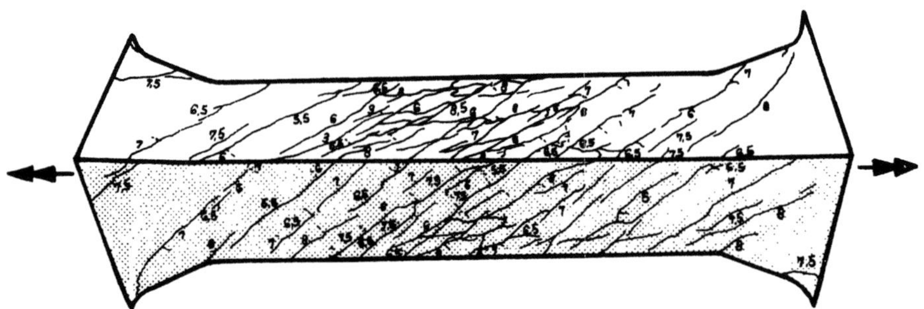

Bild 5.17   Rißbildung in einem Stahlbetonprisma, das durch reine Torsion beansprucht wurde (nach E. Mörsch [1])

Die günstigste Bewehrung wäre die mit $135°$ geneigte, umlaufende Bewehrung, die jedoch kaum ausführbar ist. Deshalb wird ein zu den Achsen paralleles Bewehrungsnetz eingelegt, was aber nach der Fachwerkanalogie, die sich auch hier anwenden läßt, eine Erhöhung der Druckstrebenkräfte zwischen den Torsionsrissen zur Folge hat (Bild 5.18).

Versuche zeigten, daß im Zustand II nur eine dünne äußere Schicht des Betons wirksam ist, daß also Bauteile aus Stahlbeton mit Rechteckquerschnitt wie dünnwandige Hohlkasten wirken [101, 102].

Bei reiner Torsion sinkt die Verdrehungssteifigkeit durch die Risse und durch die von σ_I abweichende Bewehrungsrichtung erheblich ab - bei voll entwickelter Rißbildung bis auf 3 bis 12 % - gegenüber derjenigen im Zustand I (vgl. Teil 4 der "Vorlesungen").

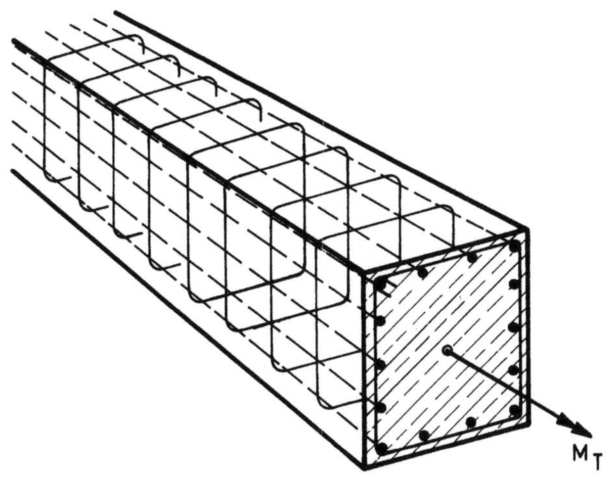
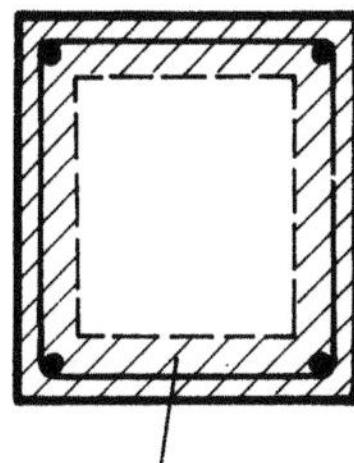

Bild 5.18 Ausbildung der Bewehrung von prismatischen, torsionsbean-
spruchten Stahlbetonkörpern

5.3.2 Torsion mit Querkraft und Biegung

Hier addieren sich die Schubspannungen aus Querkraft τ_Q und aus Torsion τ_T auf einer Balkenseite, auf der anderen subtrahieren sie sich.
Dadurch wird der Verlauf der Hauptzugspannungen kompliziert. Die grös-
seren Hauptzugspannungen entstehen auf der Seite, wo τ_Q und τ_T gleiche Richtung haben und sich addieren. Dort treten auch die ersten Schubrisse etwa unter 45° auf.

Sind die Biegemomente im Vergleich zum Torsionsmoment groß, so
bleibt die Biegedruckzone frei von Torsionsrissen und damit im Zustand I.
Die Torsionstragfähigkeit und -steifigkeit wird dadurch wesentlich gesteigert.

5.4 Stützen und andere Druckglieder

Stützen, die mittig oder annähernd mittig belastet werden, könnten ohne
Bewehrung ausgeführt werden, weil keine Zugspannungen auftreten. Meist
sind aber die Deckenplatten oder -balken (Unterzüge) biegesteif mit
den Stützen verbunden, so daß die Stützen durch Rahmenwirkung auch Bie-

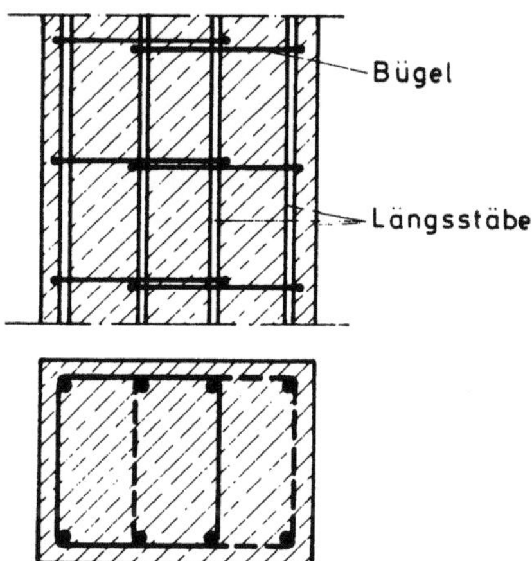

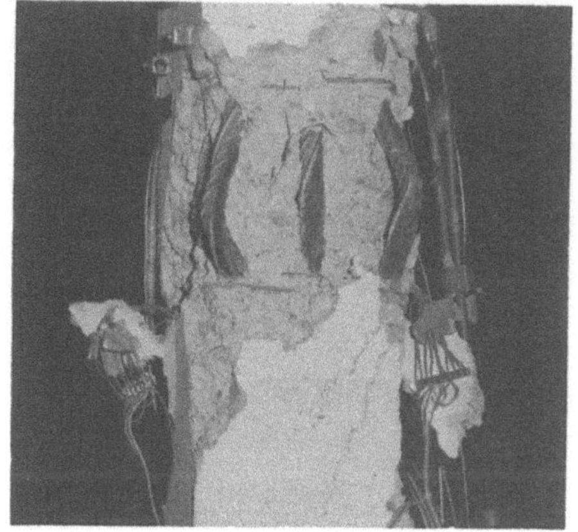

Bild 5.19 Bewehrung
einer Stahlbetonstütze

Bild 5.20 Bruchstelle einer Stahlbetonstütze mit ausgeknickter Bewehrung bei zu großem Bügelabstand

gemomente erhalten. Aus diesen Gründen werden Stützen in der Regel
auch in ihrer Längsrichtung bewehrt. Die Längsstäbe werden in den Ecken
oder bei größeren Abmessungen auch über den Umfang verteilt angeordnet. Sie müssen durch Bügel, die die Längsstäbe umschließen (Bild 5.19),
gegen Ausknicken gesichert werden, sofern - z. B. in Wänden - die Betondeckung nicht allein hierfür ausreicht.

Die Längsstäbe erfahren die gleiche Kürzung ϵ wie der Beton. Da der Beton schwindet und kriecht, nehmen die Stahlspannungen in den Längsstäben mit der Zeit zu und können sehr hohe Werte (bis zur Streckgrenze)
erreichen. Die Sicherung der Stäbe durch Bügel gegen Ausknicken ist daher bei hoch belasteten Stützen sehr wichtig. Abstand, Querschnitt und
Form der Bügel müssen dieser Aufgabe angemessen sein. Bild 5.20
zeigt die Bruchstellen einer Stütze im Versuch mit ausgeknickten Längsstäben.

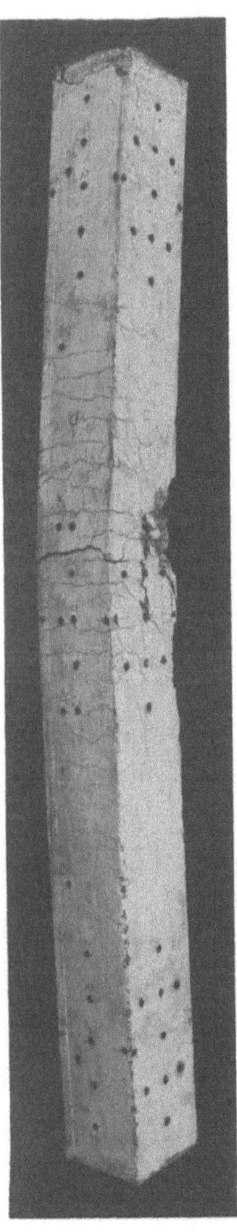

Bei mittigem Druck ist die Tragfähigkeit einer
Stütze bei zügiger Laststeigerung (ohne Kriechen)
bei max $\epsilon_b \approx 2\,\%_{00}$ erschöpft. Dabei wird bei Verwendung der üblichen Betonstähle die Streckgrenze
in den Längsstäben überschritten, so daß die
Tragfähigkeit aus der Summe $D_u = A_b \cdot \beta_P + A_s \cdot \beta_{0,2}$
errechnet werden kann, solange keine Knickgefahr
besteht. Diese Tragfähigkeit wird dann durch unvermeidliche Ausmitten der Last und damit durch
zusätzliche Biegebeanspruchung abgemindert.

Sind die Stützen schlanker als $s/d = 15$ (s = Stützen-
höhe, d = kleinste Querschnittsseite), dann verursachen schon kleinste Ausmittigkeiten bei wachsender
Last zunehmende Ausbiegungen und damit ungleiche
Druckspannungen, bis der Beton an der höchst beanspruchten Seite in den plastischen Bereich der Verformung gelangt und versagt (Bild 5.21).

Das Versagen schlanker Stützen durch zunehmende
Ausbiegung nennt man "Knicken", obschon nicht das
echte Knicken der Elastostatik, d. h. ein Stabilitätsproblem vorliegt, sondern ein Spannungsproblem.
Zur Ermittlung der Traglast von schlanken Stützen
müssen deshalb beim Stahlbeton die Einflüsse unge-
wollter Ausmittigkeiten der Lasten sowie das nicht
elastische Verhalten des Betons und die überlinear
wachsende Ausbiegung (Theorie 2. Ordnung) in Rechnung gestellt werden.

Ähnlich verhalten sich schlanke Stahlbetonwände. Bei
ihnen ist jedoch meist die örtliche Einleitung der Last
am Kopf und Fuß kritischer als die Knickgefahr.

Bild 5.21   Bruchbild einer ausgeknickten Stahlbetonstütze

5.5 Stahlbetonplatten

5.5.1 Einachsig gespannte Stahlbetonplatten

Unter gleichmäßig verteilter Last sind bei einer einachsig gespannten
Platte die Biegemomente in x-Richtung gleich groß wie bei einer Schar
frei nebeneinanderliegender Balken, weil sich keine unterschiedlichen

Durchbiegungen in z-Richtung einstellen (abgesehen von freien Rändern).
Eine einachsig gespannte Platte mit der Breite b kann in x-Richtung also
wie ein Rechteckbalken bemessen werden, wobei ein auf eine Einheits-
breite (z.B. 1 m) bezogenes Biegemoment $m_x = M_x/b$ [kNm/m] eingeführt wird.

Im Gegensatz zu frei nebeneinanderliegenden Balken ist jedoch bei der
Platte die Querdehnung des Betons, d.h. die freie Verformung $\varkappa_y$, behindert (Bild 5.22a). Das führt zu Spannungen σ_y und damit zu Momenten
$m_y = \mu \cdot m_x$ (μ ist die Querdehnzahl) und erklärt die im Vergleich
zum Balken geringere Durchbiegung der einachsig gespannten Platte.
Die Momente m_y sind im Verhältnis zu den Momenten m_x klein und haben
beim Übergang zur Grenzlast keinen Einfluß auf die Größe des Biege-
bruchmomentes.

Die Schubbruchgefahr ist bei Platten gering (τ und σ_I sind klein), so daß
Platten meist ohne Schubbewehrung tragfähig sind. Bei hoher Flächenlast

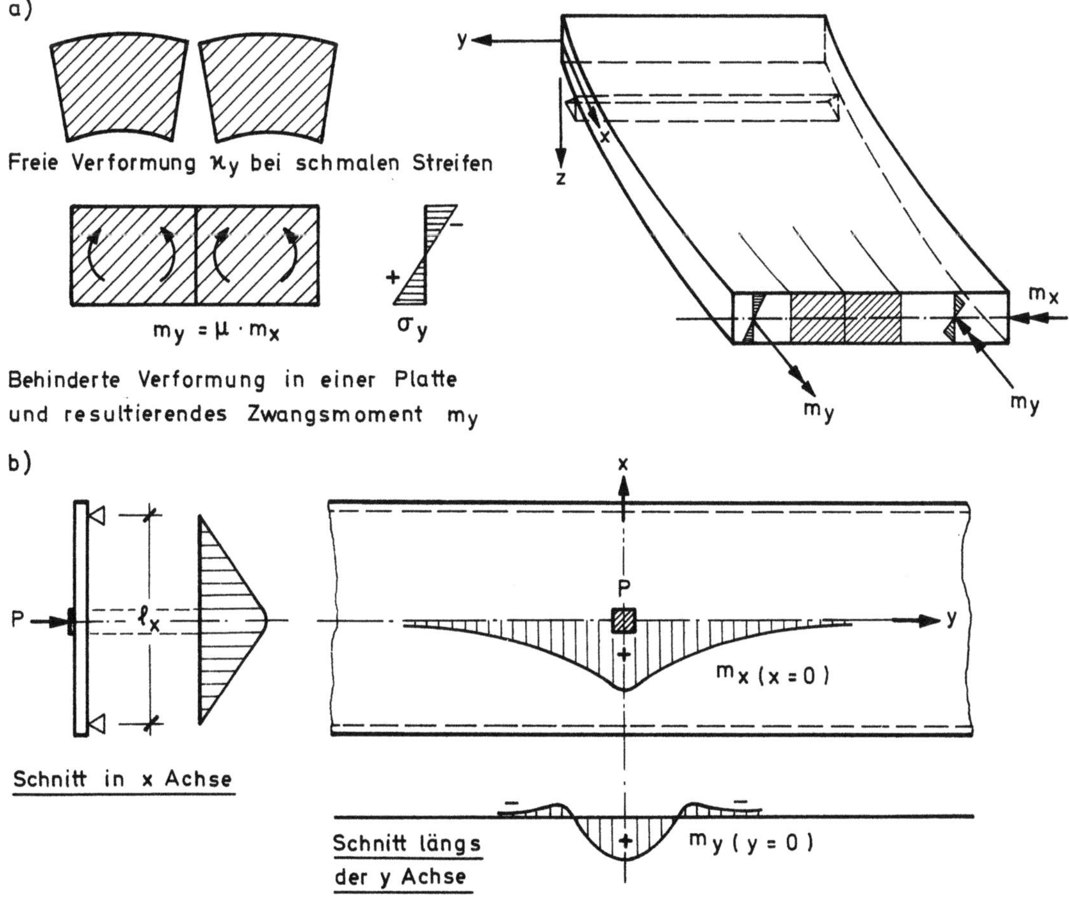

Bild 5.22   Biegemomente m_x und m_y einer einachsig gespannten Platte
a) unter Gleichlast b) unter einer konzentrierten Last

kann jedoch ein Schubzugbruch im Abstand x = 2 bis 3 d vom Auflager
eintreten, der durch Schubbewehrung zu verhindern ist.

Bei ungleichmäßigen Lasten oder unter Einzellasten treten außer den Biegemomenten m_x auch Lastquermomente m_y und zugehörige Krümmungen
auf. Beide Momente nehmen mit dem Abstand x bzw. y von der Lastmit-
te ab, vgl. Bild 5.22 b. Entsprechend sind solche Platten mit Bewehrungen in beiden Richtungen x und y zu versehen. Unter Einzellasten tre-

ten entsprechend Risse in beiden Richtungen oder sogar in Kreisform auf.
Der Beton wird beim Biegebruch zweiachsig beansprucht. Die in y-Rich-
tung mitwirkende Plattenbreite hängt vom Verhältnis der Bewehrungen
$a_{sx} : a_{sy}$ ab. Unter sehr hohen Einzellasten kann an der Laststelle ein
Schubbruch auftreten, indem ein flacher Betonkegel durchgestanzt wird
(Bruch durch Durchstanzen, punching failure), vgl. Bild 5.26.

5.5.2 Zweiachsig gespannte Stahlbetonplatten

Zweiachsig gespannte, d.h. an Rändern mit unterschiedlicher Richtung
oder am ganzen Umfang aufgelagerte Platten zeigen ein anderes Tragverhalten als einachsig gespannte Platten. Bei Belastung stützt sich z.B.
eine vierseitig gelagerte rechteckige Platte vorzugsweise im Mittelbe-
reich der Auflagerränder ab, und außerhalb einer einbeschriebenen Ellipse heben sich die Plattenecken von ihrer Unterlage ab (Bild 5.23). Verankert man die Eckbereiche oder ist eine Auflast vorhanden, dann entstehen dort negative Hauptmomente m_1 (Zug auf Plattenoberseite) in Dia-
gonalrichtung und rechtwinklig dazu positive Hauptmomente m_2 (Zug auf
Plattenunterseite). Mit der Plattentheorie werden bei Wahl des üblichen
x-y-Koordinatensystems Momentenkomponenten m_x, m_y und m_{xy} errechnet, aus denen sich Hauptmomente m_1 und m_2 ergeben, deren Richtungen je nach der Größe von m_{xy} mehr oder weniger von den x- und y-
Richtungen abweichen. Die Größen der m_1 und m_2 und ihre Richtungen
sind von der Laststellung oder Lastverteilung sowie von der Lagerungsart abhängig.

Die Verankerung in den Ecken bewirkt über das zurückdrehende Moment
m_1 eine merkbare Verringerung der Momente m_x und m_y im inneren
Feldbereich. Die Hauptmomente verlaufen in Plattenmitte rechtwinklig
zu den Lagerrändern (Bild 5.24) und in den Eckbereichen unter 45°.

Bild 5.25 zeigt die Rißbilder an der Ober- und Unterfläche einer rechtek-
kigen Stahlbetonplatte im Bruchzustand, an denen das geschilderte Tragverhalten abzulesen ist. Solche Platten versagen im allgemeinen durch
Biegebruch bei zweiachsiger Betonbeanspruchung. Bei sehr hohen Einzellasten kann auch das schon erwähnte Durchstanzen an der Laststelle auftreten. Schubbruchgefahr an den Auflagern ist selten.

Ähnliches Tragverhalten liegt bei Platten mit dreieckigem oder trapezförmigem Grundriß und bei Rechteckplatten vor, die nur an drei oder nur
an zwei aneinanderstoßenden Rändern aufliegen.

Das Verhältnis der m_x zu m_y kann durch die Wahl der Bewehrungsgrade
in x- und y-Richtung beeinflußt werden. Es ist jedoch zweckmäßig, dabei
das Verhältnis zu wählen, das sich für homogenen Baustoff ergibt.

5.5.3 Punktförmig gestützte Stahlbetonplatten

Bei punktgestützten Platten (z.B. Flachdecken) oder an Fundamentplatten
für Einzelstützen entstehen im Stützenbereich Hauptmomente, die - beide
negativ - in konzentrischen Kreisen und radial verlaufen, so daß in erster
Linie radiale und kreisförmige Biegerisse entstehen (Bild 5.26 a), die jedoch wegen der gleichzeitig großen Querkraft sich in der Platte als Schubrisse flach geneigt fortsetzen. Dabei besteht die Gefahr des Durchstanzens,
wobei in Platten mit Last auf großer Fläche ein Betonkegel mit 30° bis 35°
Neigung herausgestanzt wird. Bei Fundamentplatten mit großem Lastan-
teil auf der Grundfläche des Bruchkegels beträgt die Kegelneigung etwa
45° (Bild 5.26 b). Zur Sicherung gegen diese Bruchart müssen die Rechenwerte der Schubspannungen begrenzt oder eine über die Kegelbruch-

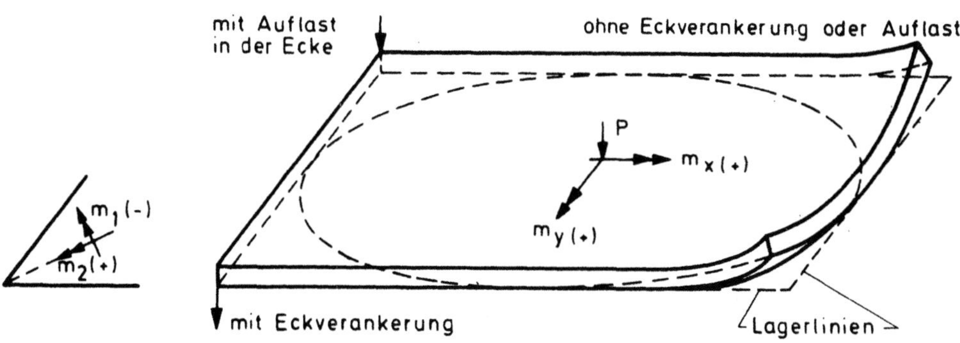

Bild 5.23 Vierseitig gelagerte Rechteckplatte unter Einzellast mit und ohne Eckverankerung

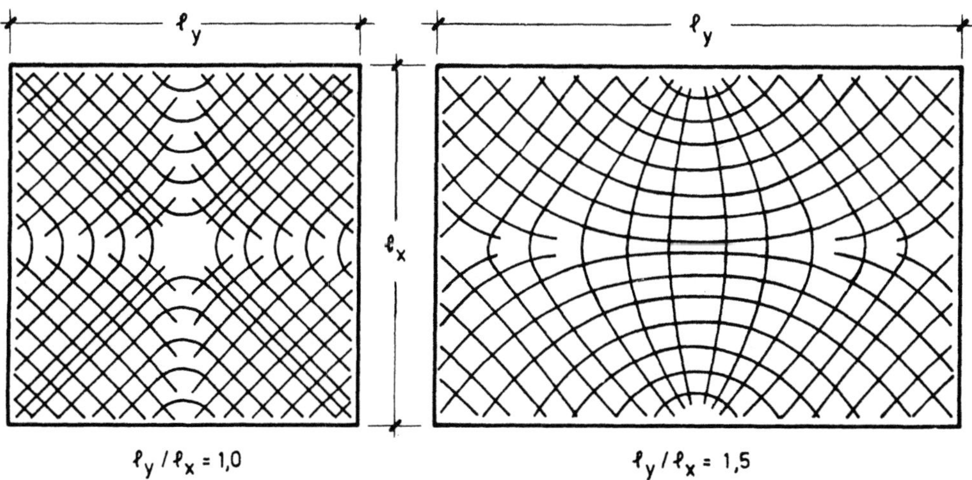

Bild 5.24 Verlauf der Richtung der Hauptmomente und Hauptmomentenlinien in einer quadratischen und einer rechteckigen, drehbar gelagerten Platte

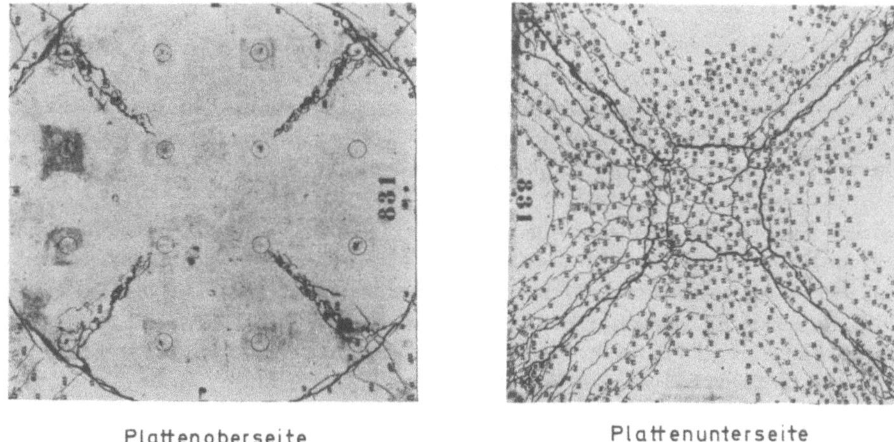

Bild 5.25 Rißbilder einer rechteckigen Stahlbetonplatte unter Gleichlast im Bruchzustand

fläche verteilte Schubbewehrung vorgesehen werden. Die Biegemomente werden durch Bewehrungen in zwei oder drei Richtungen abgedeckt.

5.6 Scheiben und wandartige Träger

Scheiben sind Flächentragwerke, die in ihrer Ebene belastet werden (Platten sind quer zu ihrer Ebene belastet). Lotrecht stehende Scheiben oder Wände werden Wandscheiben genannt oder wandartige Träger, wenn sie eine Öffnung überspannen. Scheiben kommen auch als horizontale Tragwerke vor, z. B. Deckenplatten oder Fahrbahnplatten in Brücken gegen Windlasten - man spricht dann von Deckenscheiben oder Fahrbahntafeln. Sie sind jedoch auch quer zu ihrer Ebene beansprucht.

Das Tragverhalten von Stahlbetonscheiben kann am besten an wandartigen Trägern gezeigt werden. Die technische Biegelehre gilt hier nicht mehr, weil die Querschnitte nicht eben bleiben. Dies wird am Verlauf der Hauptspannungen bei Biegebeanspruchung, z.B. am Diagramm der σ_x in $\ell/2$ deutlich. Während das σ_x-Diagramm des Balkens geradlinig ist, ist es beim wandartigen Träger stark gekrümmt mit niedriger Zugzone und hoher Druckzone (Bild 5.27). Diese Abweichung macht sich schon bei $\ell/h = 4$ bemerkbar, in der Praxis berücksichtigt man sie ab $\ell/h = 2$.

Die Tragwirkung wird am besten wieder aus dem Verlauf der Hauptspannungstrajektorien (Richtungen der σ_I und σ_{II}) Bild 5.28 abgelesen. Bei von oben einwirkender Last verlaufen die Drucktrajektorien steil und streben dem Auflager zu, die Zugtrajektorien sind entsprechend auch in Auflagernähe flach, es gibt also keine stark geneigten Hauptzugspannungen, die "Schubrisse" erzeugen und Schubbewehrungen nötig machen könnten. Die Risse sind durchweg steil und bedingen waagrechte Bewehrung (Bild 5.29). Bruchgefahr besteht vorwiegend in der Auflagerzone, wo die Verankerung der Bewehrung und die Einleitung der Auflagerkraft den Beton örtlich hoch beanspruchen.

Ganz anders verhält sich der wandartige Träger, wenn die Last nicht von oben auf ihn drückt ($-\sigma_z$), sondern unten angehängt wird, wodurch positive σ_z erzeugt werden. Die σ_{II}-Trajektorien verlaufen dann bogenartig (Bild 5.28), die Lasten hängen sich gewissermaßen an Gewölben auf. Die σ_I-Trajektorien sind auch hier im unteren Bereich flach, ihre Neigung nimmt außen nach oben zu; im mittleren Bereich unten sind σ_I und σ_{II} positiv (Zug), so daß eine lotrechte Aufhängebewehrung nötig ist, die den Rändern zu geneigt sein kann. Das Rißbild 5.29 bestätigt diese Tragwirkung.

Am Beispiel der Scheiben wird deutlich, daß der Ort des Lastangriffes für die inneren Kräfte eine Rolle spielt und beachtet werden muß. In Scheiben kommt es auch vor, daß Lasten nicht nur an den Rändern des Tragwerkes sondern auch innerhalb der Scheibenfläche angreifen.

In beiden Fällen - Last oben oder unten - nimmt die Längskraft am Biegezugrand nicht nach der Momentenlinie ab, sondern behält nach dem Eintreten der Biegerisse ihre Größe fast unvermindert bis zum Auflager, so daß die Bewehrung als Zugband ungeschwächt durchgeführt und am Auflager entsprechend verankert sein muß. Verankerungsbruch ist entsprechend eine Gefahr bei wandartigen Trägern.

Da Scheiben meist dünnwandig gebaut werden, können die schiefen Hauptdruckspannungen in Auflagernähe, wo die σ_z einen wesentlichen Anteil ergeben, kritisch werden (Druckstrebenbruch). Dies gilt besonders an Zwischenstützen mehrfeldriger wandartiger Träger.

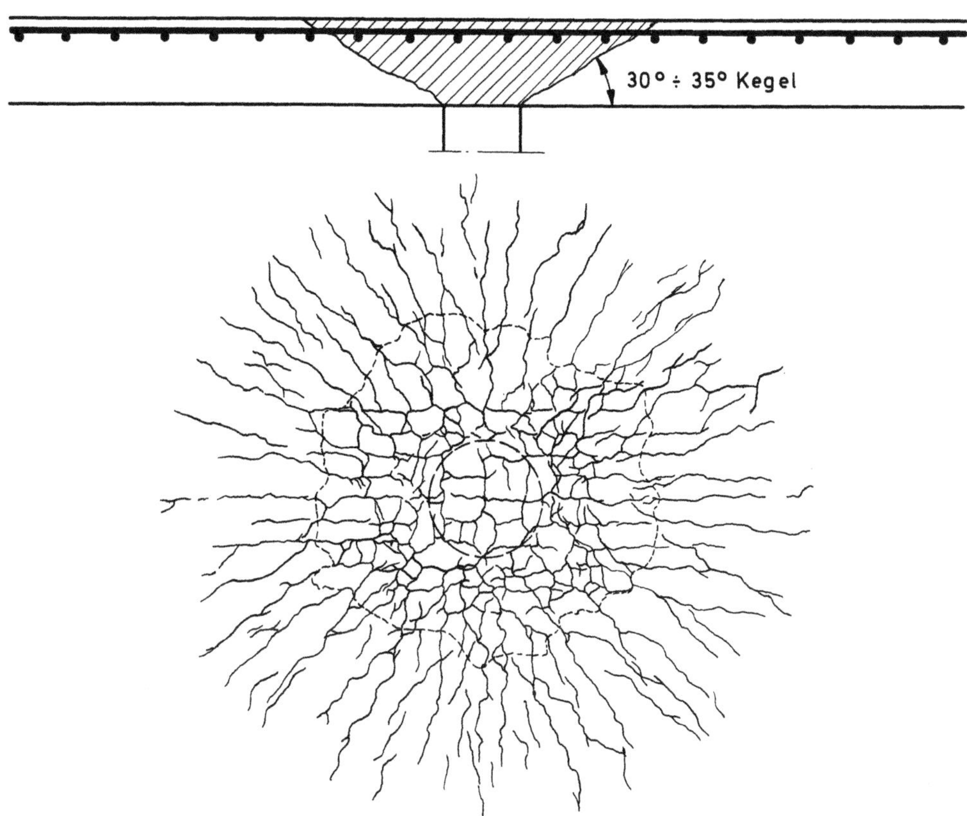

a) Rißbild und Bruchkegel einer Flachdecke aus [103]

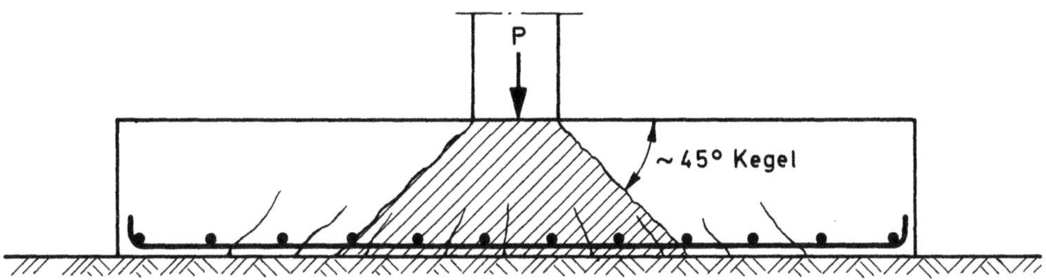

b) Bruchkegel bei einer Fundamentplatte

Bild 5.26 Herausstanzen eines kegelförmigen Bruchkörpers bei punktförmig gestützten oder belasteten Platten

5.7 Faltwerke

Verbindet man Scheiben unter einem Winkel zwischen ihren Ebenen schubfest oder auch biegefest miteinander, dann erhält man ein Faltwerk (ge-
faltete Scheiben). Solche Faltwerke können aus schmalen oder breiten
Rechtecken (prismatische Faltwerke), aus Dreiecken, aus Sechsecken
usw. zusammengesetzt werden, so daß viele Formen möglich sind (vgl.
Bild 5.2). Sie erlangen meist erst Tragfähigkeit, wenn ihre Ränder durch
Querscheiben oder Querrahmen ausgesteift sind, so daß sich die Faltwin-
kel am Rand nicht verändern können.

Die Faltwerke wirken quer zu den Kanten als Platten auf Biegung und in
Richtung der Kanten als Scheiben. Ihre Verformungen sind an den Kanten
jeweils gleich, dadurch steifen sich die Elemente gegenseitig so aus, daß
die Kanten wie biegesteife Balken wirken. Die Tragfähigkeit dieses "qua-
si-Balkens" hängt dabei von dem Verhältnis der Faltwerkshöhe zur Spannweite ab.

5.8 Schalen

Schalen sind Flächentragwerke mit gekrümmter Mittelfläche. Sie können
einfach (Bild 5.2, Nr. 9, 10, 12, 13) oder doppelt gekrümmt sein. Liegen
bei doppelt gekrümmten Schalen die beiden Hauptkrümmungsmittelpunkte
auf der gleichen Seite (Bild 5.2, Nr. 11, 14), so spricht man von sinkla-
stischer oder einsinniger Krümmung; liegt ein Krümmungsmittelpunkt auf
der einen, der andere auf der entgegengesetzten Seite (Bild 5.2, Nr. 15),
so nennt man die Schale antiklastisch oder gegensinnig gekrümmt.

Die Schale vereinigt in sich die Tragwirkung der Scheibe (über die Dicke
gleichmäßig verteilte Normalspannungen) und der Platte (reine Biegung).
Unter bestimmten Bedingungen zwischen Last und Form sind in Teilbereichen oder in der ganzen Schale die Biegespannungen gegenüber den
Normalspannungen vernachlässigbar klein. Die Schale steht dann unter
einem sogenannten Membranspannungszustand. Die Schale ist zur Aufnahme eines Membranspannungszustandes gut, zur Aufnahme von Biegespannungen jedoch schlecht geeignet. Eine Verdickung der Schale gegen zu
hohe Biegemomente ist in der Regel wirkungslos, weil die damit vergrößerte Biegesteifigkeit noch größere Momente anzieht. Der Membranspannungszustand ist auch insofern von praktischer Bedeutung, als er sich als
reiner Gleichgewichtszustand ohne Hinzuziehen von Verträglichkeitsbedingungen sehr einfach rechnerisch ermitteln läßt. Andererseits ist er als
Berechnungsgrundlage nur brauchbar, wenn er die inneren und äußeren
Verträglichkeitsbedingungen nicht spürbar verletzt.

Im Gegensatz zum Bogen, bei dem eine Abweichung von der Stützlinie Biegung hervorruft, kann jede Schale beliebig verteilte und wechselnde Flä-
chenlasten (z.B. Eigengewicht, Wind, Schnee) über Membrankräfte abtragen, wenn die Schalenform der Membranform angepaßt wird. Einfach gekrümmten Schalen sind dabei engere Grenzen gesetzt als doppelt gekrümmten. Allerdings führen Unstetigkeiten in der Lastverteilung oder Einzellasten immer zu örtlicher Biegung. Vermeiden sollte man zu flache Schalen, da sie sich unter den Membrankräften so stark verkrümmen können,
daß die zugehörigen Biegespannungen nicht mehr vernachlässigt oder sogar
nicht mehr aufgenommen werden können.

Von den Schalenrändern, an denen meist Randglieder zur Fortleitung der
Schalenkräfte erforderlich sind, gehen die größten Biegespannungen aus,
wenn ihre Verformungen mit denen der Schalenränder nicht verträglich
sind. Diese Biegespannungen klingen zum Schaleninneren hin schnell ab
und werden deshalb als Randstörungen bezeichnet.

t = Scheibendicke

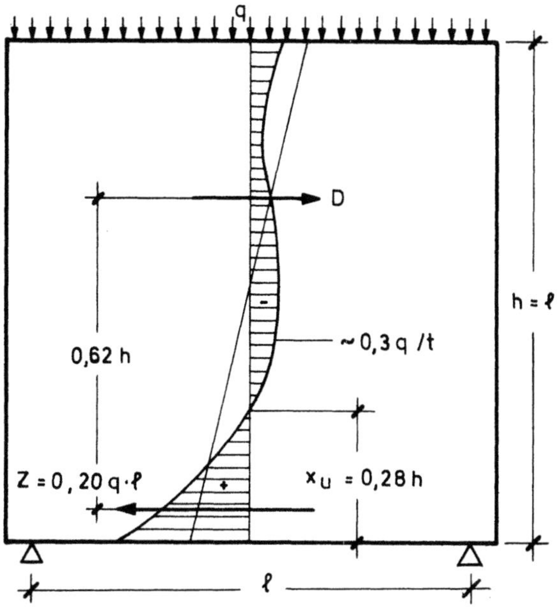

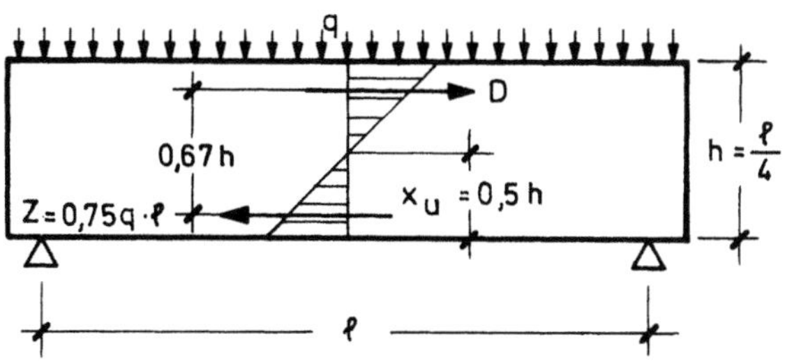

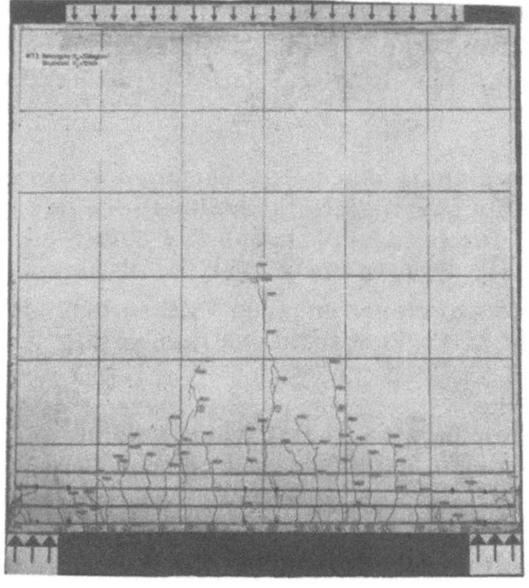

Bild 5.27 Verlauf der Spannungen σ_x in Feldmitte bei einer Scheibe (ℓ/d = 1) und bei einem Balken

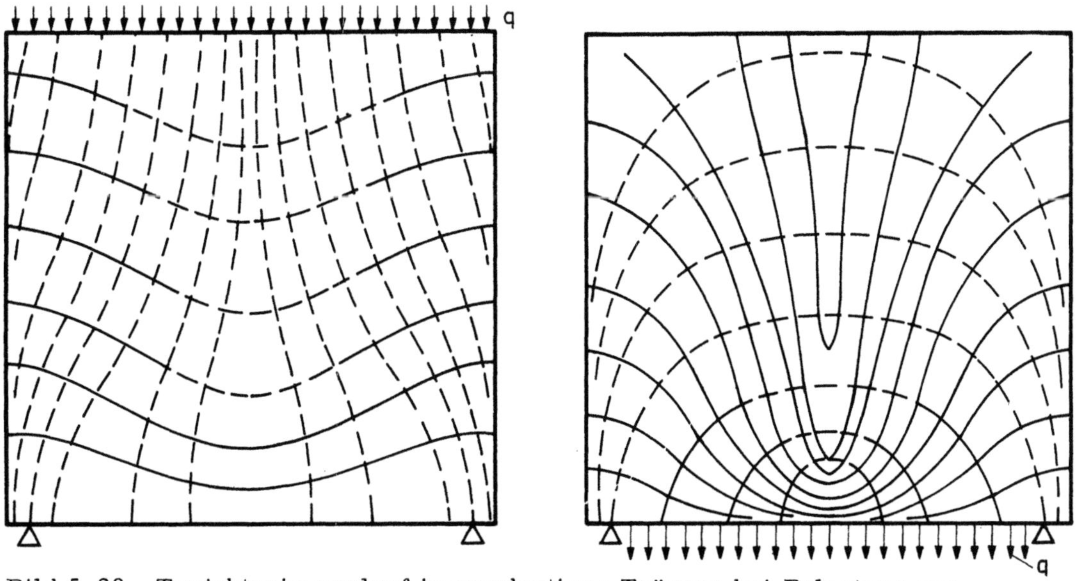

Bild 5.28 Trajektorienverlauf in wandartigen Trägern bei Belastung von oben und bei unten angehängter Last

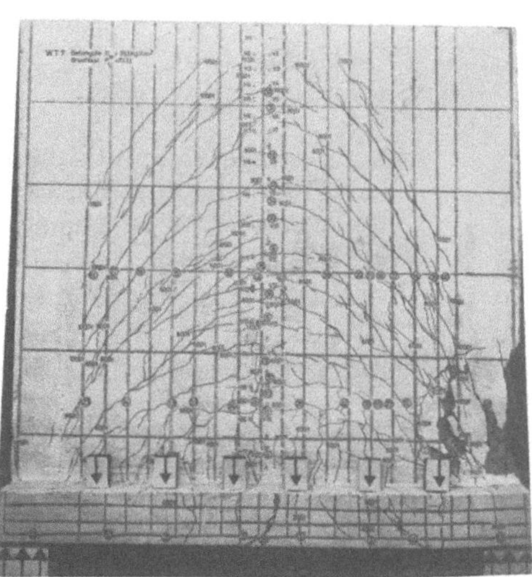

Bild 5.29 Rißbilder von wandartigen Trägern bei Belastung von oben und bei unten angehängter Last [104]

Bei weitgespannten flachen Schalen besteht B e u l g e f a h r , wenn sie zu
dünn oder nicht mit Rippen ausgesteift sind. Für die Beulsicherheit müssen die unvermeidlichen baulichen Imperfektionen beachtet werden. Sie
sind die Ursache dafür, daß die strenge Beultheorie nicht gilt, sondern
die Tragfähigkeit mit Spannungen aus Biegung und Normalkräften unter
Beachtung der Verformungen (Theorie 2. Ordnung) gerechnet werden muß.

Stahlbetonschalen werden bevorzugt so geformt, daß die Membrankräfte
Druckkräfte sind. Es können aber auch zugbeanspruchte Schalen erstellt
werden (Getreide- und Zementsilos oder Wasser- und Ölbehälter). Dabei
entstehen Risse quer zur Hauptzugrichtung, deren Breiten durch geeignete Wahl der Bewehrung beschränkt oder die mit Vorspannung für den Gebrauchszustand verhindert werden können.

5.9 Tragverhalten von Stahlbetontragwerken unter besonderen Beanspruchungen

5.9.1 Einleitung von Lasten

Jede Lasteinleitung am Tragwerk (Bild 5.30) - z. B. von oben über eine
Belastungsfläche, von unten über eine Hängestange bzw. innerhalb
oder verteilt über die Trägerhöhe (indirekte Belastung) - ruft örtliche
Lasteinleitungsspannungen hervor.

Diese bestehen bei Balkenträgern vorwiegend aus Druck- oder Zugspannungen in z-Richtung, also σ_z (Druck unterhalb der Last, Zug über der
Last), aber auch durch die seitliche Ausbreitung der Hauptspannungen
aus quer gerichteten Druck- und Zugspannungen. Dabei interessieren
die Zugspannungen bei Stahlbeton besonders, weil sie Bewehrung nötig
machen, sofern sie nicht aus anderen Lastspannungen (z. B. Biegedruck-
spannungen in Balken) überdrückt werden.

Diese Lasteinleitungsbereiche werden auch St. Venant'sche Störbereiche
genannt, weil dort das Spannungsbild der techn. Biegelehre gestört ist
und sich mit den Einleitungsspannungen überlagert. Die Spannungen in
Lasteinleitungsbereichen lassen sich im Zustand I als Scheibenprobleme
mit Airy'schen Spannungsfunktionen oder mit finiten Elementen berechnen.

5.9.2 Einfluß der Temperatur

Die Gleichheit der Wärmedehnzahlen für Beton und Stahl führt dazu, daß
bei gleichmäßiger Temperaturänderung keine Dehnungsunterschiede be-
nachbarter Fasern der verschiedenen Baustoffe und damit keine Verbundspannungen auftreten.

Die geringe Wärmeleitfähigkeit des Betons läßt bei Änderung der Temperatur der umgebenden Luft ein Temperaturgefälle über die Dicke des Betonquerschnitts entstehen. Einem Temperaturrückgang der äußeren Fa-
sern z.B. müßte eine Kürzung dieser Fasern um $\varepsilon = \alpha_T \cdot \Delta T$ entsprechen.
Diese Kürzung wird aber durch die wärmeren inneren Fasern behindert,
es entsteht ein innerer Zwang, der zu Eigenspannungen (außen Zug, innen Druck) führt (Bild 5.31 nach [5]).

Je nach der Behinderung der Verformung des Bauteils durch seine Lagerung können auch noch Zwangspannungen entstehen, die je nach dem Vorzeichen der Temperaturänderung weitere Zug- oder Druckspannungen ergeben. Die Temperaturspannungen können leicht die Zugfestigkeit des Betons erreichen und damit zu Rissen führen. Gefahr besteht in den ersten
Tagen nach dem Betonieren, solange die Betonfestigkeiten noch gering
sind, vor allem in kühlen Nächten. Daraus ergibt sich die Notwendigkeit

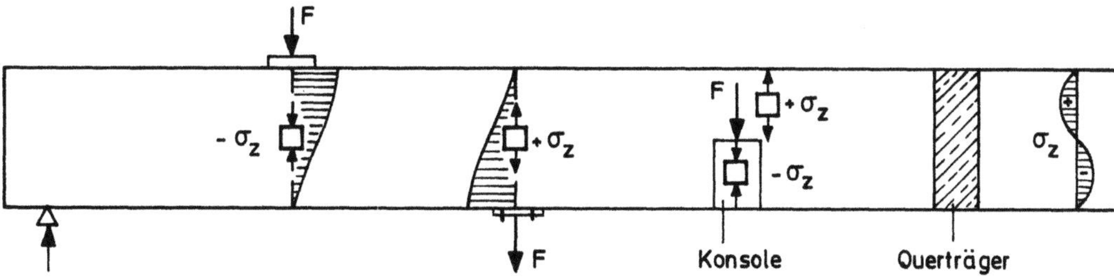

Bild 5.30 Spannungen σ_z in Lasteinleitungsbereichen bei verschiedenen Arten der Lasteintragung

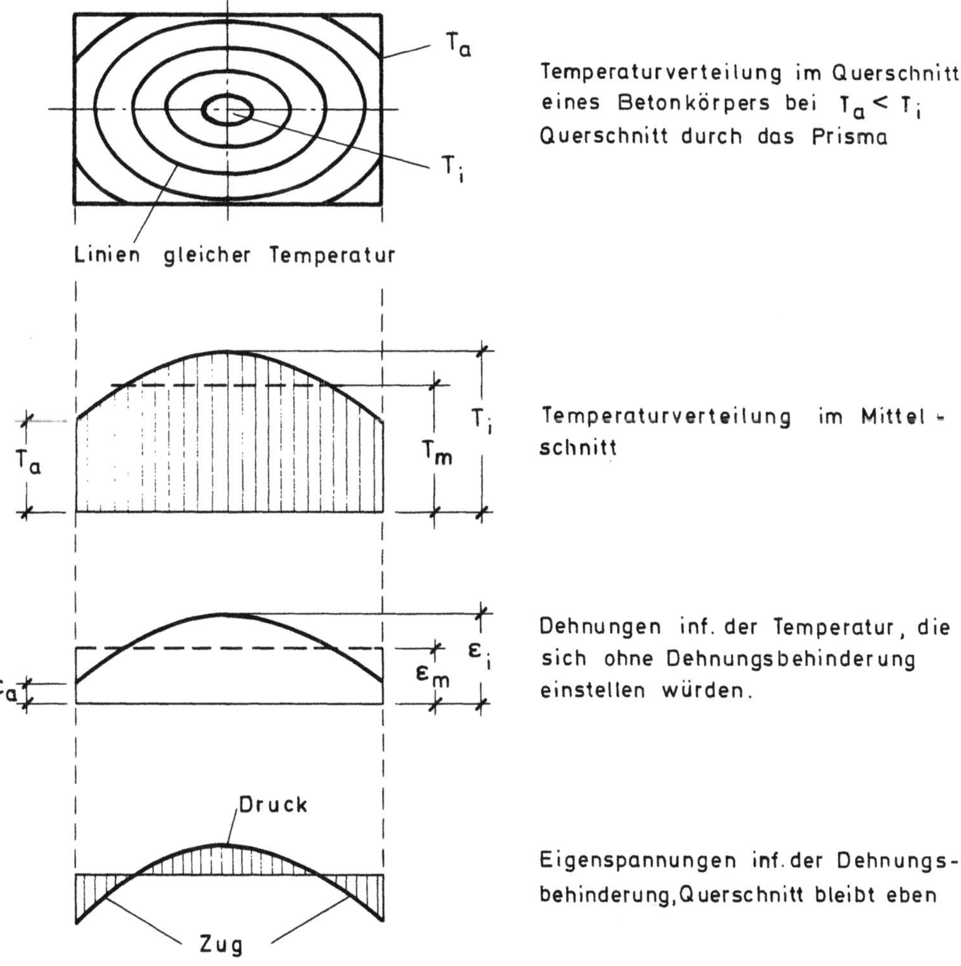

Bild 5.31 Temperaturverteilung und Spannungen eines Betonprismas infolge äußerer Abkühlung (nach [5])

einer sorgfältigen Nachbehandlung mit Schutz vor rascher Abkühlung. Bei starken Temperaturdifferenzen ist eine Bewehrung zur Rissebeschränkung oder eine leichte Vorspannung notwendig, weil sonst wenige aber grobe (breite) und damit deutlich sichtbare Risse entstehen.

Die beim Stahlbetonbau so vorteilhafte homogene (biege- und schubsteife) Verbindung der einzelnen Bauelemente miteinander führt bei Temperaturänderungen oft zu Schäden. Der Ingenieur muß beim Entwurf von Stahlbetonbauten entweder für geringe Temperaturänderungen (also gute Wärmedämmung) sorgen, oder er muß die Beweglichkeit unterschiedlicher, erwärmter Bauteile durch besondere Maßnahmen sicherstellen und Dehnungsfugen anordnen.

5.9.3 Feuer, Brände

Im Brandfall sind Stahlbetonbauteile hohen Flammentemperaturen ausgesetzt. Die Hitze dringt wegen der schlechten Wärmeleitfähigkeit des Betons nur langsam ein, so daß normale Stahlbetontragwerke auch ohne zusätzlichen Schutz im allgemeinen guten Feuerwiderstand aufweisen.

Die Erhitzung des Stahles ist besonders gefährlich, weil Stahl bei Temperaturen über $350\,^{\circ}C$ rasch an Festigkeit verliert. Die Temperaturzunahme des Stahles hängt von der Betondeckung ab, d. h. die Feuerwiderstandsdauer kann durch die Dicke der Betondeckung beeinflußt werden. Der Beton kann abplatzen, wenn er Quarzzuschläge oder freies Porenwasser enthält (Kalkzuschläge sind günstig). Die erforderliche Feuerwiderstandsdauer regelt DIN 4102 [105] .

Zu beachten ist bei allen durch Feuer gefährdeten großen Gebäuden, daß die waagerechten Bauglieder (z. B. Decken und Balken) durch die Temperaturerhöhung beträchtliche Verlängerungen erfahren. Für sie müssen offene Fugen zwischen Gebäudeteilen genügend Spielraum geben. Die Längenänderung der Decken und Balken bewirkt auch Winkelverdrehungen zwischen ihnen und den unterstützenden Bauteilen (Stützen, Wände). Hierdurch können große Biegemomente entstehen, die bei der Bemessung berücksichtigt werden müssen, wenn Sicherheit gegen Einsturz bei Brand gefordert wird (z. B. wenn Menschenleben gefährdet sind).

5.9.4 Schwinden des Betons

Die im Kap. 2 angegebenen Schwindverformungen des Betons werden beim Verbundbaustoff Stahlbeton durch die Stahleinlagen behindert. Da aber infolge des Verbundes benachbarte Fasern beider Baustoffe gleiche Dehnungen aufweisen müssen, stellen sich z. B. in einem symmetrisch bewehrten Bauteil im Stahl Druckspannungen und im Beton Zugspannungen ein. Der Verbundkörper verkürzt sich also um ein reduziertes Schwindmaß ε'_s (vgl. Abschnitt 2.9).

Schwindet der Beton in einem nur einseitig bewehrten Bauteil (z. B. einem Balken), dann erfährt der Balken zusätzlich eine Krümmung, weil die unbewehrte Seite sich mehr verkürzt als die bewehrte. Bei der Berechnung von Durchbiegungen ist dies zu berücksichtigen. Das Austrocknen des Betons und damit das Schwinden dringt von außen in den Betonkörper ein, wodurch ein Schwindgefälle entsteht, das wie ein Temperaturgefälle Eigenspannungen erzeugt. In statisch unbestimmten Tragwerken (z. B. Rahmen) erzeugt die Verkürzung infolge Schwinden zusätzliche Zwangschnittkräfte wie bei Temperaturabfall. Durch solchen Zwang kann das Schwinden Risse verursachen. Die meisten sogenannten "Schwindrisse" entstehen durch Zusammenwirken von Schwinden und Temperaturrückgang.

5.9.5 Kriechen des Betons

Bei Druckgliedern nehmen die Druckspannungen des Stahles durch Kriechverkürzungen des Betons zu. Aus Gleichgewichtsgründen müssen dann die Betonspannungen abnehmen, d. h. der Beton wird entlastet und ein Teil der Last wird zu den Stahleinlagen umgelagert. Die Kriechverkürzung einer Stütze z. B. wird durch die Stahleinlagen behindert und kann durch die Wahl der Stahlmenge beeinflußt werden.

In einem durch Biegung beanspruchten Stahlbetonträger kriecht der Beton nur in der Biegedruckzone und in den schiefen Druckstreben im Steg. Das Kriechen ergibt dabei zeit- und klimaabhängige Durchbiegungen nach dem

Ausrüsten (nachträgliche Durchbiegungen), die mehrfach größer sein können als die anfängliche elastische Durchbiegung.

Will man solche - zumeist unerwünschten - nachträglichen Durchbiegungen gering halten, dann müssen die Druckspannungen durch geringe Schlankheit oder durch große Biegedruckzonen klein gehalten werden. Man kann auch Stahleinlagen in der Druckzone vorsehen, die das Kriechen ebenso wie das Schwinden behindern.

5.9.6 Verhalten bei Schwingungen und Stößen

Bauteile erleiden erzwungene Schwingungen z. B. durch Fahrzeuge auf Brücken oder durch Maschinen in Fabriken oder durch Wind bei freistehenden Türmen und Schornsteinen. Freie Schwingungen werden auch durch Stöße ausgelöst.

Stahlbetonbauteile, die starken Schwingungen (dynamischer Beanspruchung) ausgesetzt sind, können durch Sprödbruch des Bewehrungsstahles oder durch Ermüdung des Betons versagen, wenn die oftmals vorkommenden Spannungen oder Spannungswechsel die Dauerfestigkeit oder die mögliche Schwingbreite der Baustoffe überschreiten (vgl. Kap. 2 und 3). Sie werden deshalb zumeist für erhöhte Lasten (z. B. Schwingungsbeiwerte nach DIN 1072 [106] oder Lastzuschläge nach DIN 4024 [107]) bemessen. Werden solche Zuschläge auf die maximale Last bezogen, rechnet man meist zu ungünstig. Man müßte besser die Lastgröße bestimmen, die sich während der Lebensdauer des Tragwerkes mit großer Wahrscheinlichkeit etwa $2 \cdot 10^6$ mal wiederholt. Die dadurch entstehenden Spannungswechsel dürfen die zulässige Schwingbreite $2 \sigma_A$ nicht überschreiten. Die schwingende Beanspruchung beschädigt vor allem den Verbund an Rissen und steigert die Rißbildung (Zunahme der Rißbreiten bis zu 35 % gegenüber Zustand nach Erstbelastung). Stark dynamisch beanspruchte Bauteile müssen daher besonders sorgfältig im Hinblick auf Biegeradien beim Stahl, Betondeckung und Ausbildung von Bewehrung zur Rissebeschränkung durchkonstruiert werden. Spannbeton eignet sich hierfür besser als Stahlbeton. Die hohe innere Dämpfung von Stahlbetonbauten ist vorteilhaft zur Verhütung von Resonanzschwingungen bei wiederholter Erregung. Das logarithmische Dekrement der Dämpfung ist 0,04 bis 0,06, es ist im Zustand II größer als im Zustand I.

5.9.7 Verhalten bei Erdbeben

Erdstöße auf Stahlbetontragwerke sind als dynamisches Problem zu betrachten. Die Schwingungen der Erde können in jeder beliebigen Richtung auch mit Vertikalkomponenten auftreten. Frequenzen, Amplituden und Beschleunigungen bis max 0,2 g sind von zufälliger Art. Die hohen Beschleunigungen gehören meist zu hohen Frequenzen mit kleinen Amplituden. Da die Masse des Bauwerkes in schwingende Bewegung versetzt werden muß, hängt die Größe der das Bauwerk beanspruchenden Kräfte primär von der Masse des Bauwerkes ab. Die kinetische Energie der Erdstöße muß im Bauwerk durch in Schwingungen wiederholte Formänderungsarbeit aus Kraft x Weg vernichtet werden. Demnach sind die auf das Bauwerk wirkenden Kräfte umso größer, je kleiner die durch Erdstöße bewirkten Verformungen sind. Elastisch verformbare Tragwerke werden daher kleineren Kräften unterworfen als steife Tragwerke.

Niedrige Bauwerke (z. B. Brückenpfeiler, niedrige Geschoßbauten mit Stahlbetonwänden) können steif sein und dennoch Erdbeben standhalten, wenn sie zur Aufnahme großer Kräfte vorwiegend in horizontaler Richtung, bemessen und entsprechend bewehrt sind. Hierbei genügt eine quasistatische Betrachtung.

Hohe Bauwerke (mit mehr als 3 oder 4 Geschossen) sollten elastisch verformbar, z. B. mit schlankem Kern oder mit vielen Stützen, die rahmen-
artig mit Deckenscheiben verbunden sind, gebaut werden. Für sie muß
eine dynamische Untersuchung für vorgegebene Schwingungserregung
durchgeführt werden. Wird für die dabei ermittelten Kräfte bemessen und
eine auf "zähes Verhalten" ausgelegte Bewehrung verwendet, dann widerstehen auch Hochhäuser mit 30 bis 40 Stockwerken selbst starken Erdbeben. "Zähes Verhalten" (ductility) erreicht man bei horizontalen Stoß-
kräften vor allem durch horizontale kräftige Verbügelung aller Stützele-
mente.

5.9.8. Verhalten von Stahlbetonbauteilen bei tiefen Temperaturen und bei Schlagbeanspruchung

Nach den Versuchen von Soretz [201] haben tiefe Temperaturen keinen
negativen Einfluß auf das Trag- und Verformungsverhalten von Stahlbetonbauteilen. Die Biegetragfähigkeit nimmt im Gegenteil infolge der Festigkeitssteigerung von Stahl und Beton sogar zu ; die Verformungsfähigkeit
nimmt zwar ab, jedoch nicht in dem Maße, daß es zu einem spröden
Bruch kommt.

Unter Schlagbeanspruchung tritt ebenfalls eine Erhöhung der Biegetragfähigkeit ein, die den doppelten Wert der Tragfähigkeit bei statischer Belastung erreichen kann; maßgebend für diese Steigerung ist die Zunahme
der Stahlfestigkeit mit zunehmender Belastungsgeschwindigkeit. Auch bei
Schlagbeanspruchung tritt kein sprödes Versagen auf.

6. Grundlagen für die Sicherheitsnachweise

6.1 Grundsätze

6.1.1 Ziel

Das Ziel der Sicherheitsnachweise (checking safety) für Bauwerke ist
die Gewährleistung

1. genügender Tragfähigkeit und Standfestigkeit,
2. guter Gebrauchsfähigkeit hinsichtlich der geplanten Nutzung,
3. ausreichender Dauerhaftigkeit.

Die Sicherheit ist gegeben, wenn das Bauwerk den verschiedenen Angriffen und Beanspruchungen im Hinblick auf diese drei Ziele mit genügendem
Abstand von seiner Versagensgrenze standhält. Wir müssen also einerseits die Beanspruchungen und andererseits die Grenzen des Versagens
der Bauwerke betrachten und einander gegenüberstellen.

6.1.2 Beanspruchungen

Bauwerke werden beansprucht von den L a s t e n , (Eigengewicht, Nutzlast) und von k l i m a t i s c h e n E i n w i r k u n g e n , wie Sonne, Wind, Regen, Wärme, Kälte, Frost. Als außergewöhnliche Angriffe sind von Fall
zu Fall Erdbeben, Feuer, Explosion zu beachten. Diese Beanspruchungen sind teilweise bekannt (determiniert) und einfach berechenbar wie
z. B. Eigengewichtslasten, teilweise in gewissen Grenzen mit Streuungen
voraussagbar, wobei wahrscheinliche (probabilistische) Größtwerte angesetzt werden (Beispiel Wind, Temperatur), teilweise durch die Art der
Nutzung festlegbar z. B. Nutzlasten. Bei mancher Nutzung entstehen
Schwingungen, z. B. durch Maschinen oder Fahrzeuge, die das Bauwerk
dynamisch (schwingend) beanspruchen. Entsprechend wird unterschieden
zwischen ruhenden oder vorwiegend r u h e n d e n L a s t e n , die zu statischer Beanspruchung führen, und oftmals wiederholten oder s c h w i n -
g e n d e n B e l a s t u n g e n , die das Tragwerk dynamisch beanspruchen.

Die tatsächlich oder wahrscheinlich zu erwartenden Beanspruchungen der
genannten Arten werden als "Gebrauchslast" (design load - working load)
bezeichnet.

Außer diesen von außen kommenden Angriffen gibt es noch Beanspruchungen der Tragwerke durch innere Kräfte, die durch eine Behinderung der
freien Verformung infolge äußerer Angriffe entstehen. Zu unterscheiden
sind dabei
ä u ß e r e Z w a n g k r ä f t e am Tragwerksystem durch Behinderung seiner Verformung - sie rufen Auflagerreaktionen und Schnittkräfte hervor
und hängen von der Steifigkeit des Tragwerksystemes ab;

i n n e r e Z w a n g s k r ä f t e in Tragwerksteilen, die keine äußeren Reak-
tionen hervorrufen, sondern nur E i g e n s p a n n u n g e n , z. B. durch Tem-
peraturunterschiede in dicken Bauteilen. Diese Eigenspannungen beeinflussen die Tragfähigkeit der Bauteile.

Bei den Sicherheitsüberlegungen spielt noch eine Rolle, mit welcher Wahrscheinlichkeit die verschiedenen Last- und Angriffsarten gleichzeitig mit ihren Größtwerten auftreten können und für die Bemessung überlagert werden müssen - dies wird in Abschn. 6. 3. 1 weiterbehandelt.

6.1.3 Grenzen der Beanspruchbarkeit, Grenzzustände

Das Bauwerk muß den Beanspruchungen widerstehen, es weist Grenzen der Beanspruchbarkeit (limit states) auf, die berechenbar sein müssen, um die geforderte Sicherheit gegen ein Versagen zu gewährleisten. Dabei sind Entwürfe von ausreichend ausgebildeten Bauingenieuren und eine einwandfreie Bauausführung vorausgesetzt.

Zunächst sind zwei Gruppen von Grenzzuständen zu unterscheiden:

a) Grenzzustände der Tragfähigkeit (Bruch-Grenzzustände)
b) Grenzzustände der Gebrauchsfähigkeit (Gebrauchs-Grenzzustände)

Zu jedem Grenzzustand gehört eine <u>Grenzlast oder Traglast</u> oder kritische Last.

a) Grenzzustände der Tragfähigkeit (ultimate limit states)

- Versagen des Tragwerkes durch Bruch an einer kritischen Stelle (kritischer Querschnitt, Bruchquerschnitt) - führt bei statisch bestimmt gelagerten Trägern zum Einsturz;

- Versagen des Tragwerkes durch starke örtliche Verformung an mehreren kritischen Stellen (Bildung plastischer Gelenke), führt bei statisch unbestimmten Tragwerken zum Versagen, wobei sich ein sog. Bruch-Mechanismus oder eine Gelenkkette bildet;

- Umkippen des Tragwerkes oder eines Teiles - Verlust der Standfestigkeit z. B. durch Versagen einer Verankerung;

- Knicken oder Beulen von Tragwerksteilen, bevorzugt durch ausmittigen Druck (Instabilität);

- Instabilität als Folge großer Verschiebungen oder Formänderungen;

- Zerstörung durch Ermüdung oder dynamische Beanspruchung oder durch plastische Formänderung aus Kriechen.

Bruch-Grenzzustände können auch durch Feuer, Explosionen oder Erdbeben eintreten, was im Einzelfall zu prüfen und zu berücksichtigen ist.

b) Grenzzustände der Gebrauchsfähigkeit (serviceability limit states)

- übermäßige Formänderungen, besonders Durchbiegungen, die die normale Benutzung des Bauwerkes behindern oder Schäden an Einbauteilen verursachen ,

- übermäßige Rißbildung,

- unerträgliche Schwingungen,

- Eindringen von Wasser oder Feuchtigkeit,

- Korrosion am Beton oder Stahl.

6.2 Berechnungsverfahren zur Gewährleistung der Sicherheit

Die Beanspruchungen aus den Gebrauchslasten müssen mit genügender Sicherheit unter den Grenzzuständen der Tragwerke bleiben. "Genügende Sicherheit" wird durch Sicherheitsbeiwerte γ gewährleistet, mit denen die Gebrauchslast multipliziert wird, um die erforderliche Traglast oder Grenzlast zu erhalten. Die Sicherheitsbeiwerte werden in Abschn. 6.3.1 weiter behandelt. Aus der geschichtlichen Entwicklung heraus kann man drei verschiedene Berechnungsverfahren unterscheiden.

6.2.1 Das alte Verfahren mit zulässigen Spannungen

Für die Gebrauchslasten (Summe aller Größtwerte der verschiedenen Lastfälle) werden die S p a n n u n g e n σ an den höchst beanspruchten Schnitten berechnet. Es muß dann sein

$$\max \sigma \; \lessgtr \; \text{zul } \sigma = \frac{\text{Festigkeit } \beta}{\text{Sicherheitsbeiwert } \gamma}$$

zul σ ist in Vorschriften so festgelegt, daß $\gamma \cdot$ zul $\sigma \lessgtr \beta$ ist. Die Sicherheit wird also auf die Festigkeit der Baustoffe und nicht auf die Tragfähigkeit der Bauteile oder Tragwerke bezogen. Das Verfahren mit zul σ würde zum Ziel führen, wenn bei allen Beanspruchungs- und Tragwerksarten die Spannung σ linear mit der Belastung bis zum Bruch anwachsen würde. Dies ist aber besonders bei den Verbundbaustoffen Stahlbeton und Spannbeton nicht der Fall. Mit dem zul σ-Verfahren entstehen daher recht unterschiedliche tatsächliche Sicherheiten, wenn die zul σ-Werte nicht auf die Grenzzustände der Tragwerke bezogen werden, was inzwischen in Teilbereichen der DIN-Vorschriften geschehen ist.

6.2.2 Auf Grenzzustände bezogene Verfahren

Hier wird nachgewiesen, daß die mit dem Sicherheitsbeiwert γ multiplizierte Gebrauchslast kleiner ist als die Grenz- oder T r a g l a s t.

Die Rechenvorschrift lautet also: Bemesse das Tragwerk für die

erforderliche Traglast = γ -fache Gebrauchslast.

Diese Bedingung kann auf kritische Schnitte oder bei statisch unbestimmten Systemen auf das ganze Tragwerk mit Bruchmechanismus bezogen werden.

Soweit man dabei von bestimmten Festigkeitswerten der Baustoffe und von bestimmten Lasten oder Lastfällen ausgeht, wird dieses Verfahren als "d e t e r m i n i s t i s c h" bezeichnet. Die in die Rechnung einzusetzenden Festigkeitswerte und Lastgrößen können dabei statistisch bestimmt sein, um die Streuung der tatsächlichen Werte zu berücksichtigen. Meist wird z.B. die 5 %-Fraktile der Häufigkeitskurve der Festigkeit als Nennwert der Festigkeit bezeichnet und den Berechnungen und Bemessungen zugrunde gelegt.

Bei diesem Verfahren kann man den Sicherheitsbeiwert unterteilen in Lastbeiwerte und Materialbeiwerte und diese beiden sogar in unterschiedlichen Größen anwenden (siehe Abschn. 6.3.1).

6.2.3 Auf der Wahrscheinlichkeitstheorie beruhende Verfahren

Viele in die Berechnung eingehende Parameter sind nicht nur Streuungen sondern auch Zufällen unterworfen ("wissenschaftlich" ausgedrückt sind dies "stochastische" Werte). Dies gilt vor allem bei Naturkräften, wie Wind und Erdbeben, wo unbekannte, stochastische Größtwerte rein zufällig oft in großen Zeitabständen, z. B. alle 100 Jahre, auftreten. Auch in unseren Tragwerken können zufällige Materialfehler zu vorzeitigem Versagen führen. Es gibt daher keine absolute Sicherheit, sondern nur eine gewisse Wahrscheinlichkeit, daß die berechnete Soll - Tragfähigkeit vorhanden und ausreichend sein wird. Diese Wahrscheinlichkeit der Soll-Erfüllung sollte möglichst hoch sein. Die Sicherheitstheoretiker drücken dies leider negativ aus, sie sagen, daß die Versagens - Wahrscheinlichkeit möglichst klein sein soll, z. B. 10^{-6}, was bedeutet, daß in einer Million Fälle mit einem Versagensfall zu rechnen ist. Statistik und Wahrscheinlichkeitstheorie sind dabei die Grundlagen der Sicherheitsbetrachtung, die zu probabilistischen Verfahren unter Berücksichtigung stochastischer Erscheinungen führt. Dieser Betrachtungsweise gehört als Grundlage der Sicherheitsberechnungen die Zukunft, für die Praxis verdienen jedoch die auf dieser Grundlage entwickelten deterministischen Rechenverfahren den Vorzug.

Die streuenden Werte werden in Häufigkeitskurven oder Kurven der Verteilungsdichte dargestellt. Die Verteilungsdichte der voraussichtlichen Beanspruchungen des Bauwerkes wird der Häufigkeitskurve der erwarteten Tragfähigkeit gegenübergestellt (Bild 6.1). Je nach der Höhe oder Bedeutung des mit einem Versagen verbundenen Schadens sollte der Abstand dieser Kurven oder zweier niederprozentigen Fraktilenwerte groß oder klein gewählt werden. Dieser Abstand, z. B. der 95 %- bzw. 5 %-Fraktilen, entspricht dann der Nenn-Sicherheit oder anders ausgedrückt: der Quotient aus den Fraktilenwerten ergibt den Sicherheitsbeiwert γ. Die wahrscheinliche wirkliche Sicherheit ist größer, sie kann über die "zentrale Sicherheitszone" hinaus reichen.

CEB/FIP haben die probabilistische Methode frühzeitig in das Bauwesen eingeführt, aber noch nicht konsequent durchgeführt [108]. Gute Darstellungen sind in [109, 110, 111] und in der Arbeitstagung "Sicherheit" 1973 des Deutschen Betonvereins [112] zu finden.

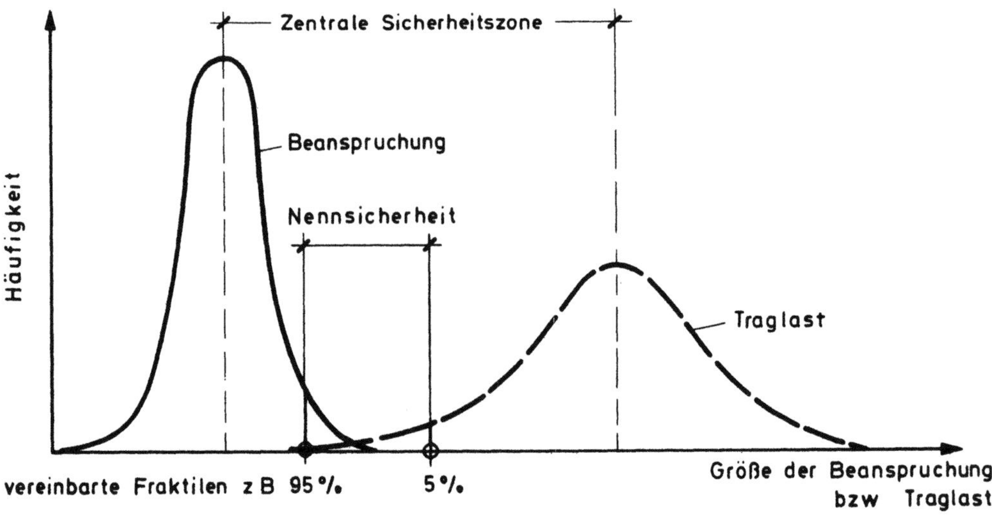

Bild 6.1   Die Lage der Häufigkeitskurven der Beanspruchung und der Tragfähigkeit zueinander bestimmen die Sicherheit

6.3 Größe der Sicherheitsbeiwerte

6.3.1 Sicherheit für die Tragfähigkeit und Standfestigkeit

Der Sicherheitsbeiwert γ muß eine große Zahl von Unsicherheiten abdecken z.B.:

1. unvermeidliche oder versehentliche Ungenauigkeiten der Lastannahmen sowohl bei Eigengewicht wie bei Nutzlast, bei denen die in der statischen Berechnung getroffenen Annahmen überschritten werden können,

2. mangelhafte Erfassung der wirklichen Spannungen in der statischen Berechnung und Bemessung, die auf idealisierten, vereinfachenden Annahmen beruhen,

3. Abweichung des angenommenen statischen Systems von der Wirklichkeit, bei Stahlbeton insbesondere hinsichtlich der gegenseitigen Einspanngrade der Bauteile,

4. Abweichung des Verhaltens der Baustoffe und der Tragwerke von angenommenen σ-ε-Gesetzen.

5. Beschränkung der Berechnung auf ebene Tragwerksysteme und ebene Spannungsermittlung und Vernachlässigung des Einflusses der räumlichen Spannungen auf die Festigkeiten, obwohl in Wirklichkeit meist räumliche Tragwerke und auch dreiachsige Spannungen vorliegen.,

6. Rechenungenauigkeiten und mäßige Rechenfehler,

7. falsches Einschätzen kritischer Schnitte für die Bemessung,

8. mangelhafte Annahmen oder mangelhafte Beachtung von Ausmittigkeiten in Stabilitätsfällen (Knicken, Beulen),

9. in den Berechnungen unbeachtete oder bewußt vernachlässigte Wirkungen wie Temperaturänderungen und -differenzen, Kriechen und Schwinden des Betons, Verformungen, Schwingungen,

10. unvermeidliche Ungenauigkeiten und Fehler der Bauausführung, wie z.B. Ungenauigkeiten der Abmessungen, der Raumgewichte, der Richtung (schräg stehende Stützen),

11. Mängel der Festigkeiten der Baustoffe, die außerhalb der gewährleisteten und durch Abnahme geprüften Nennwerte liegen, besonders bei Beton (z.B. sogenannte Nester, d.h. schlecht verdichtete Stellen), aber auch bei Stahl (z.B. örtliche Fehlstellen wie Walzfehler und Lunker),

12. falsche Lage der Bewehrung, insbesondere Abweichungen von der planmäßigen Höhenlage (herabgetretene obere Bewehrung oder dergleichen),

13. Korrosionseinflüsse am Beton und Stahl.

Nach der Wahrscheinlichkeitstheorie müßte nun jeder dieser Einflüsse auf die Sicherheit beurteilt und mit einem Faktor belegt werden. Dies wäre viel zu kompliziert. Es ist auch unwahrscheinlich, daß all diese Unsicherheitsfaktoren gleichzeitig auftreten; auch für das Zusammenwirken von Unsicherheiten muß man Wahrscheinlichkeitsbetrachtungen anstellen. Immerhin ist einleuchtend, daß ein ausreichend hoher Sicherheitsbeiwert gefordert werden muß.

Der Sicherheitsbeiwert wird je nach der Versagensart verschieden hoch gewählt: ist zu erwarten, daß der Bruch schlagartig ohne Ankündigung durch Verformungen oder Risse eintritt (so versagt z. B. hochfester Beton durch Druck), dann wird ein höherer Sicherheitsbeiwert für erforderlich gehalten als bei einer Bruchart, bei der warnende Erscheinungen, wie z. B. große Durchbiegungen, breite Risse oder Abbröckeln von Betonteilen, das Versagen ankündigen, bevor die Bruchlast erreicht ist.

Die geforderten Sicherheitsbeiwerte werden in Vorschriften, z. B. in DIN 1045, festgelegt. Sie sind zur Zeit für L a s t s c h n i t t g r ö ß e n bei Bauteilen aus Stahlbeton

$$\text{bei angekündigtem Bruch} \quad : \gamma = 1,75,$$
$$\text{bei Bruch ohne Vorwarnung} \quad : \gamma = 2,1\,.$$

Neben den Schnittgrößen aus Lasten können auch Z w a n g s c h n i t t g r ö ß e n aus Temperatur, Schwinden und dergl. auftreten (vgl. Abschn. 6. 1. 2). Die für Zustand I ermittelten Schnittgrößen infolge Zwang werden jedoch beim Übergang zum Zustand II durch Verminderung der den Zwang hervorrufenden Steifigkeiten kleiner, d. h. sie steigen nicht wie die Schnittgrößen infolge Lasten bis zur kritischen Last an, sondern nehmen im allgemeinen sogar ab. Aus diesem Grund brauchen sie bei der Bemessung nicht wie Lastschnittgrößen mit dem 1,75- bis 2,1-fachen Wert, sondern nur mit einem verminderten Sicherheitsbeiwert γ_{Zw} angesetzt werden. Die DIN 1045 sieht etwas willkürlich vor:

$$\text{Sicherheitsbeiwert für Zwang} \quad \gamma_{Zw} = 1,0$$

Wenn Zwang eine wesentliche Rolle spielt, sollte man aus dem Verformungszustand kurz vor der Grenzlast seine noch vorhandene Größe nachweisen. Zwang kann dabei ganz verschwinden oder z. B. bei Stützen mit kleiner Ausmitte mit der Last weiter anwachsen. Im letzteren Fall ist eine Verminderung von γ_{Zw} auf 1,0 nicht gerechtfertigt, und der Sicherheitsbeiwert für die Zwangschnittgrößen m u ß größer als 1,0 angesetzt werden!

DIN 1045 benützt "globale" Sicherheitsbeiwerte (global safety factors, overall $\sim \sim$), die sowohl die mögliche Überschreitung der Last wie auch die Unterschreitung der Festigkeiten der Baustoffe abdecken. Im CEB und in einigen Ländern werden geteilte Sicherheitsbeiwerte (partial safety factors) z. B. Lastfaktoren γ_f und Baustoff-Faktoren γ_m, benützt und je nach dem tragbaren Risiko und dem durch ein Versagen entstehenden Schaden differenziert. Durch diese Sicherheitsbeiwerte > 1 werden einerseits die einwirkenden Beanspruchungen vergrößert ($\gamma_f \cdot F$) und andererseits die vorhandenen Baustoffestigkeiten reduziert (β / γ_m). Die Sicherheit gegen Verlust der Tragfähigkeit kann auf diese Weise besser an die von Fall zu Fall unterschiedlichen Bedürfnisse angepaßt werden.

Die geteilten Sicherheitsbeiwerte führen zu einer ausgeglicheneren tatsächlichen Sicherheit als die globalen, vor allem wenn Last und Spannung nicht linear zusammenhängen. Man kann empfehlen, die Lastbeiwerte zu 1,4 bis 1,5 zu wählen. Bei einer Häufung von Lastfällen kann man je nach der Wahrscheinlichkeit des Auftretens der Größtwerte oder des gleichzeitigen Eintretens der Lastfälle die Lastbeiwerte für einzelne Lastfälle abmindern, z. B. auf 1,0 bis 1,2. Die Baustoffbeiwerte wird man von der Verteilungsdichte ihrer Festigkeiten bzw. der Form ihrer Häufigkeitskurve abhängig wählen. Nach CEB/FIP [29] wird für Stahl $\gamma_m = 1,15$, für Beton je nach Art der Überwachung $\gamma_m = 1,4$ bis 1,6 gesetzt.

6.3.2 Sicherheit gegen Verlust der Gebrauchsfähigkeit

Der Verlust der Gebrauchsfähigkeit wird im wesentlichen vermieden durch:

- Begrenzen der Formänderungen,
- Begrenzen der Rißbreiten.

Für die zulässigen Grenzwerte lassen sich keine allgemein gültigen Angaben machen: die zulässige Durchbiegung z. B. hängt ganz von der Nutzungsart des Tragwerkes ab; die Rißbreiten müssen in einem Träger in einem chemischen Werk mit erhöhter Korrosionsgefahr kleiner bleiben als in einem Deckenträger in einem trockenen Bürogebäude. Der entwerfende Ingenieur muß hier zusammen mit dem Bauherrn sinnvolle Entscheidungen treffen.

6.4 Bemessung der Tragwerke

6.4.1 Grundgedanke der Bemessung

Aus den Sicherheitsüberlegungen ergibt sich grob, daß wir unsere Tragwerke für die

$$\text{erforderliche Traglast} = \gamma \text{ -fache Gebrauchslast}$$

bemessen müssen.

Die geforderte Sicherheit kann an kritischen Schnitten mit den Schnittgrößen N, M, M_T und Q nachgewiesen werden, es muß dann z. B. jeweils sein:

$$\gamma \, (M+N)_{g+p} \leqq \text{ Traglast für } (M+N)$$

$$\gamma \, Q_{g+p} \leqq \text{ Traglast für Q usw.}$$

(M + N) bedeutet hier Zusammenwirken von Moment (Biegung) und Längskraft. Wenn M überwiegend von anderen Ursachen erzeugt wird als N, dann kann eine Längsdruckkraft N die Tragfähigkeit für M auch steigern, wenn sie innerhalb der Kernweite des Querschnittes wirkt und damit auf der Biegezugseite Druck ergibt und so die erforderliche Biegezugbewehrung vermindert. In solchen Fällen wird die notwendige Sicherheit nur erreicht, wenn man $\gamma_1 \, M_{g+p} + \gamma_2 \, N_g \leqq$ Traglast bildet, wobei $\gamma_2 \leqq 1,0$ zu setzen ist, je nachdem ob eine Wahrscheinlichkeit besteht, daß N_g in Wirklichkeit kleiner sein kann als das errechnete. Ein typischer Fall hierfür ist der durch Wind belastete Turm, dessen N_g die Biegezugspannungen infolge der Windmomente verkleinert.

Bei statisch unbestimmten Tragwerken kann darüber hinaus die Tragreserve ausgenützt werden, die durch Schnittkraft-Umlagerungen infolge von Verformungen im elastischen oder plastischen Bereich entstehen (erweiterte Traglastverfahren, Bruchmechanismen). Dies wird in einem späteren Band behandelt.

6.4.2 Vorgang des Bemessens

Nachdem das Tragwerk entworfen ist, werden seine voraussichtlichen Abmessungen meistens nach Erfahrung oder nach einer Vorbemessung ange-

nommen. Mit einer statischen Berechnung werden nun die Schnittgrößen
M, N, Q und M_T für Eigengewicht, Nutzlast und Zwang in kritischen
Schnitten ermittelt. Für diese Schnittgrößen müssen die Querschnitte
dann bemessen werden. Unter Bemessen (design, dimensioning) versteht man dabei das Berechnen der erforderlichen Querschnittsabmessungen für den Beton und die Stahleinlagen, so daß die errechneten Schnittgrößen mit der vorgeschriebenen Sicherheit aufgenommen werden können.
Häufig wird die Bemessung bei vorweg angenommenen Betonabmessungen
nur für die Stahleinlagen durchgeführt, wobei gleichzeitig die Beton-Druck-
spannungen bzw. -Dehnungen nachgeprüft werden. Ebenso muß kontrolliert
werden, ob die errechnete Bewehrungsmenge konstruktiv mit den nötigen
Stababständen im Betonquerschnitt unterzubringen ist, und die Aufteilung
und Dicke der gewählten Bewehrungsstäbe noch eine ausreichende Beschränkung der Rißbreite gewährleisten. Hier soll zunächst nur gezeigt
werden, wie die sichere Aufnahme der Schnittgrößen nachgewiesen werden kann.

Die Bemessung erfolgt in der Regel nur für ausgewählte kritische Schnitte
des Tragwerkes, an denen eine oder mehrere Schnittgrößen ein Maximum
aufweisen. Aus der Erfahrung weiß man meist, auf welche Schnitte man
sich beschränken kann, um für das ganze Tragwerk die geforderte Sicherheit zu erzielen. Bei großen Tragwerken, z. B. Brücken, werden mehr
Schnitte bemessen als bei einfachen Tragwerken des Hochbaus, um z. B.
Gurt- und Schubbewehrungen sparsam abstufen zu können.

In Sonderfällen genügt nicht der Ansatz der äußeren Lastschnittgrößen auf
einen ausgewählten kritischen Querschnitt, sondern es muß ihr Verlauf
über ein ganzes Bauteil und ihre Wirkung auf seine Verformungen beachtet
werden, weil diese Verformungen die Schnittgrößen ungünstig beeinflussen
können. Das ist z. B. der Fall bei schlanken Druckgliedern (s. Abschn. 10)
und bei Bauteilen unter schwingenden Lasten (schlanke Türme unter An-
griff von Windböen, Maschinenfundamente usw.). Auch die Nachweise zur
Gewährleistung der Gebrauchsfähigkeit durch Begrenzung der Durchbiegung von Balken, Platten und Trägern sind der Bemessung zuzuordnen.

6. 4. 3 Bemessen für verschiedene Arten von Schnittgrößen

In den Tragwerken wirken die Schnittgrößen N, M und Q gleichzeitig, wobei Biegemomente und Querkräfte schiefwinklig angreifen können, d. h.
mit Komponenten in zwei Achsrichtungen. Für Tragwerke aus homogenen
Baustoffen lassen sich mit Hilfe der Festigkeitslehre und Elastizitätstheorie die maximalen Spannungen für kombinierte Beanspruchungen leicht berechnen, nicht jedoch für den inhomogenen Verbundbaustoff Stahlbeton, bei
dem die inneren Kräfte durch die Risse im Beton und durch die konstruktiv meist vorgegebenen Richtungen der Bewehrungen nicht mehr exakt erfaßbar sind. Aus diesem Grund wird die Bemessung der Stahlbetontragwerke in der Regel getrennt vorgenommen für:

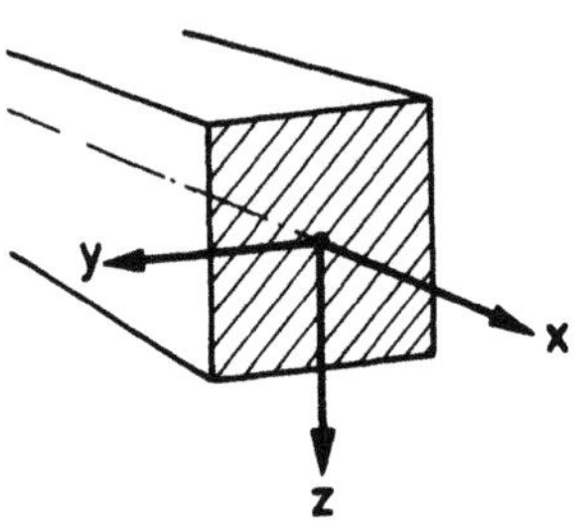

- Biegemomente um die y- und z-Achse mit
  oder ohne Längskraft in x-Richtung, die
  Spannungen rechtwinklig (normal) zur
  Schnittebene erzeugen,

- Querkräfte in z- und y-Richtung, die Spannungen in der Schnittebene bzw. zur x-Achse
  geneigte Hauptspannungen erzeugen,

- Torsionsmomente um die x-Achse, die Spannungen in der Schnittebene bzw. zur x-Achse
  geneigte Hauptspannungen erzeugen.

Die Überlagerung der Beanspruchungen aus diesen getrennten Nachweisen
wird nur dort durchgeführt, wo sie kritisch werden kann, z. B. bei Schubspannungen aus Querkraft und Torsion.

Für einachsige und zweiachsige (schiefe) Biegung mit und ohne Längskraft
gibt es Bemessungsverfahren, die die Wirkung der resultierenden Kräfte
wirklichkeitsnah erfassen.

6.4.4 Einfluß der Steifigkeitsverhältnisse von Zustand I und II auf die Schnittgrößen bei statisch unbestimmten Tragwerken

Bei statisch unbestimmten Tragwerken müssen zur Schnittgrößenermitt-
lung in der statischen Berechnung die Steifigkeitswerte der Tragwerks-
glieder eingesetzt werden, um damit die Formänderungen für die Verträglichkeitsbedingungen zu berechnen. Bei Stahlbetontragwerken setzt
man in der Regel die Steifigkeitswerte EA und EJ des vollen Betonquer-
schnittes für den Zustand I meist ohne Berücksichtigung der Bewehrungs-
einlagen ein. Man erhält damit eine brauchbare Schnittgrößenverteilung.

In Wirklichkeit verändern sich die Steifigkeiten beim Übergang zum Zustand II, der für alle nicht vorgespannten, durch Biegung, Torsion oder
Zug beanspruchten Tragwerke eintritt, sobald die Zugspannungen im Beton dessen Zugfestigkeit überschreiten. Diese Steifigkeitswerte des Zustandes II unterscheiden sich zum Teil recht erheblich von denen des Zustandes I. Dies gilt z. B. für die Biegesteifigkeit von schlanken Balken,
die bestimmt in den Zustand II kommen, während Stützen meist im Zustand I bleiben. Die Torsionssteifigkeit nimmt im Zustand II weit mehr
ab als die Biegesteifigkeit. Durch solche Veränderungen der Verhältnisse
der Steifigkeiten ergeben sich beachtliche Unterschiede in der Verteilung
der Schnittgrößen gegenüber derjenigen, die bei pauschalem Ansatz von
Steifigkeiten im Zustand I aus der statischen Berechnung ermittelt wird.
In manchen Fällen kann man bei der Bemessung mit Schnittgrößen für Zustand II (evtl. durch gezielte Verteilung der Bewehrungsmengen) Vorteile
für die Baukosten erreichen.

Die Steifigkeiten des Zustandes II dürfen nach DIN 1045 zur Ermittlung
der Schnittgrößen verwendet werden. Sie sind vom Bewehrungsverhältnis
abhängig, das zunächst geschätzt werden muß. Jede Abstufung der Bewe-
rung bedeutet eine Veränderung der Steifigkeit. Eine genaue Berücksichtigung würde zu umständlich und umfangreich, man wird sich daher mit
Mittelwerten der Steifigkeiten begnügen. Eine zu genaue Ermittlung der
Schnittgrößen ist ohnehin nicht nötig, weil statisch unbestimmte Stahlbetontragwerke durch Momentenumlagerungen anpassungsfähig sind.

6.4.5 Bemerkungen zu den gebräuchlichen Bemessungsverfahren

Beim Verfahren mit zulässigen Spannungen für Gebrauchslast (design
based on permissible working stresses) werden die zulässigen Spannungen neuerdings, z. B. in DIN 1045 für Schub und Torsion, so festgelegt,
daß der gewünschte Sicherheitsabstand gegen Erreichen der Traglast des
betreffenden Bauteils gegeben ist.

Beim Verfahren nach Grenzzuständen (limit state design) oder bei Traglastverfahren (ultimate load design) wird die Traglast krit F oder F_u
mit vorgeschriebenen Rechenwerten der Baustoffestigkeiten ermittelt.
Der kritische Querschnitt muß damit für die γ-fache Gebrauchslast =
erforderliche Traglast (leider in DIN 1045 "rechnerische Bruchlast"
genannt) bemessen werden. Bei der Ermittlung der Traglast wird nicht-
lineares Verhalten der Baustoffe oder der inneren Kräfte im Tragwerk

berücksichtigt. Die Rechenwerte der Baustoffestigkeiten sind nicht identisch mit den aus genormten Versuchen gewonnenen Festigkeitswerten (z. B. β_W oder β_Z), sondern sind reduzierte Werte, die in Abschnitt 7 näher begründet und in Vorschriften festgelegt sind.

Die Traglastverfahren erlauben auch Reserven einzelner Tragwerksteile auszunützen, indem z. B. Momentenumlagerungen berücksichtigt werden, die sich ergeben, wenn die Biegetragfähigkeit in einem Teil nahe der Erschöpfung ist, während ein benachbartes Teil noch Zusatzmomente aufnehmen kann. Im Stahlbau wird von solchen Traglastreserven schon lange Gebrauch gemacht.

Das Verfahren nach Grenzzuständen der Tragfähigkeit ist für den Lastfall Biegung mit Längskraft beinahe in allen Ländern eingeführt, stößt jedoch bei Anwendung auf die Lastfälle Querkraft und Torsion noch auf Schwierigkeiten, weil dafür noch keine zuverlässigen Bruchtheorien entwickelt werden konnten. Auch bei Schalen, Scheiben und ähnlichen Tragwerken kann das Verfahren nach Grenzzuständen noch nicht angewandt werden.

Bei der praktischen Anwendung deutscher Vorschriften wird man sich der unterschiedlichen Verfahren kaum bewußt, weil Tabellen, Diagramme usw. (z. B. Heft 220 DAfStb. [113]) als Bemessungshilfen dienen, bei denen man in allen Fällen von der Gebrauchslast ausgehen kann

7. Bemessung für Biegung mit Längskraft

7.1 Bemessungsgrundlagen

7.1.1 Grundsätze zur Bemessung

Die Biegebemessung, wie sie hier behandelt wird, gilt nur für Bauglieder
(z.B Balken, Platten, Stützen) mit einer Schlankheit von $\ell/d \geqq 2$ (ℓ =
Länge, bzw. Spannweite, d = Querschnittshöhe) und bei diesen auch nur
au ß e r h a l b von Bereichen, in denen konzentrierte Kräfte wie Einzellasten oder Auflagerreaktionen angreifen (St.Venant-Bereiche). Bauglieder mit $\ell/d \leqq 2$ (Scheiben und dergleichen) zeigen ein anderes Tragverhalten.

Nur bei schlanken Baugliedern ist die Schubverformung im Verhältnis zur
Biegeverformung so gering, daß wir die H y p o t h e s e von B e r n o u l l i
als 1. G r u n d g e s e t z der Bemessung anwenden können:

> die Querschnitte bleiben bei Verformungen des Bauteils eben,

woraus folgt:

> die Dehnungen ε der Fasern eines Querschnitts verhalten sich zuein-
> ander wie ihre Abstände z von der Dehnungs-Nullinie, d.h. das Deh-
> nungsdiagramm ist geradlinig (Bild 7.1).

das 2. G r u n d g e s e t z für die Bemessung von Stahlbetonquerschnitten
wurde schon im Abschnitt 5 angesprochen:

> die Betonzugfestigkeit wird nicht in Rechnung gestellt, d.h Betonzonen,
> in denen Längs-Z u g - Dehnungen auftreten, sind als nicht wirksam zu
> betrachten,

woraus folgt:

> für alle zum inneren Gleichgewicht nötigen Z u g kräfte müssen Stahl-
> einlagen vorgesehen werden.

Als 3. G r u n d g e s e t z wird die Hypothese über den v o l l k o m m e n e n
V e r b u n d zwischen Stahl und Beton eingeführt, d.h.:

> Querschnittselemente aus Stahl und aus Beton, die in Fasern mit glei-
> chem Abstand von der Dehnungs-Nullinie liegen, erfahren gleiche Deh-
> nungen.

Hat ein Bauteil eine Symmetrieebene und wirkt die äußere Schnittgröße in
dieser Ebene, dann spricht man von "einachsiger Beanspruchung" (uniaxial
loading). Dieser häufigste Fall wird in den Abschnitten 7.2 bis 7.3.3 behandelt. Die Bemessung von Bauteilen mit unsymmetrischen Querschnitten oder mit Schnittkräften, die nicht in der Symmetrieebene angreifen,
folgt im Abschn. 7.3.4.

Bei einachsiger Biegung mit Längskraft hängt der in Rechnung zu stellen-
de wirksame Querschnitt vom Vorzeichen der Längskraft (+ Zug, - Druck)
und von der Größe der Exzentrizität oder Ausmitte (excentricity) ab
(Bild 7.2). Die Lage der Dehnungsnullinie (neutral axis) wird auch von
der jeweiligen auf den Betonquerschnitt bezogenen Bewehrungsmenge, d.h.
dem Bewehrungsgehalt (Bewehrungsgrad bzw. -prozentsatz) beeinflußt.

Die T r a g f ä h i g k e i t eines Stahlbetonquerschnitts ist erschöpft, wenn
der Beton auf Druck oder der Stahl auf Zug versagt. Über diese B r u c h -
l a s t F_u (u = ultimate) hinaus ist keine weitere Laststeigerung möglich.
Bei der Bemessung werden jedoch nicht die an Prüfkörpern festgestellten
Festigkeitswerte der Baustoffe (vgl. Abschn. 2 und 3) in Rechnung gestellt,
sondern vereinbarte und garantierte Mindestwerte, sog. Rechenwerte der
Festigkeiten (characteristic strengths). Die mit solchen Rechenwerten ermittelte Grenzlast wird als "kritische Last" krit F bezeichnet. Im folgenden wird jedoch auch für diesen Grenzzustand der Index "u" verwendet,
wie z.B. F_u, M_u, N_u usw., weil diese Bezeichnungen in DIN 1045 und
Heft 220 DAfStb. [113] benützt werden.

7.1.2 Rechenwerte der Baustoff-Festigkeiten und der Spannungs-Dehnungs-Linien

7.1.2 1 Rechenwerte des Betons

Für den B e t o n a u f D r u c k nimmt man die in Bild 7.3a dargestellte
σ-ϵ-Beziehung an, die sich aus einer Parabelfläche (bis ϵ_b = 2‰) und
einem Rechteck (von ϵ_b = 2,0 bis 3,5‰) zusammensetzt. Sie gilt für
jede Betongüte gleichermaßen! Die Gleichung der Parabel lautet (ϵ_b als
Absolutwert in ‰, der Index b kennzeichnet ϵ als Kürzung):

$$\sigma_b = \frac{1}{4} \beta_R (4 - \epsilon_b) \epsilon_b \qquad\qquad (7.1)$$

Diese Form der σ-ϵ-Linie des Betons (Parabel-Rechteck-Diagramm)
unterscheidet sich nicht wesentlich von den wirklichen σ-ϵ-Linien (vgl.
Bild 7.3b) und erleichtert die rechnerische Behandlung von Bemessungsaufgaben. Die größte Betondehnung von ϵ_b = 3,5‰ darf nur bei Querschnitten mit dreieckförmigem Dehnungsdiagramm ausgenutzt werden,
also i.a. bei Betondruckzonen von Querschnitten im Zustand II. Bei Querschnitten mit trapezförmigem Dehnungsdiagramm (Zustand I) dürfen nur
geringere Randdehnungen ϵ_b angesetzt werden (vgl. Abschn. 7.1.3), im
Grenzfall nur ϵ_b = 2‰ bei mittigem Druck (rechteckige Dehnungsverteilung).

Zur Vereinfachung der Bemessung darf nach DIN 1045 für den Beton auch
eine bilineare σ-ϵ-Linie gemäß Bild 7.4 (vgl. Bemessung von Druckgliedern, Abschn. 10) oder die in Abschn. 7.3.4.4 erläuterte rechteckige
Spannungsverteilung nach Bild 7.54 verwendet werden. Für die in Abschnitt 7.2 und 7.3 angegebenen Bemessungsdiagramme und -tabellen
wurde nur das Parabel-Rechteck-Diagramm nach Bild 7.3a verwendet.

Die Rechenwerte β_R der Betondruckfestigkeit sind für die verschiedenen
Betongüten in DIN 1045 festgelegt (vgl. Bild 7.3 a). Ihre Ermäßigung gegenüber den garantierten Würfeldruckfestigkeiten β_{WN} hat folgende Gründe:

a) am Druckrand von Biegeträgern und bei prismatischen Druckgliedern
   ergibt sich als größte aufnehmbare Spannung ein Wert, der etwa der
   Prismenfestigkeit β_P entspricht, also ungefähr 0,85 β_{WN};

b) unter langdauernden Lasten nimmt die Festigkeit auf das etwa 0,85-
   fache der im Kurzzeitversuch ermittelten Festigkeit ab.

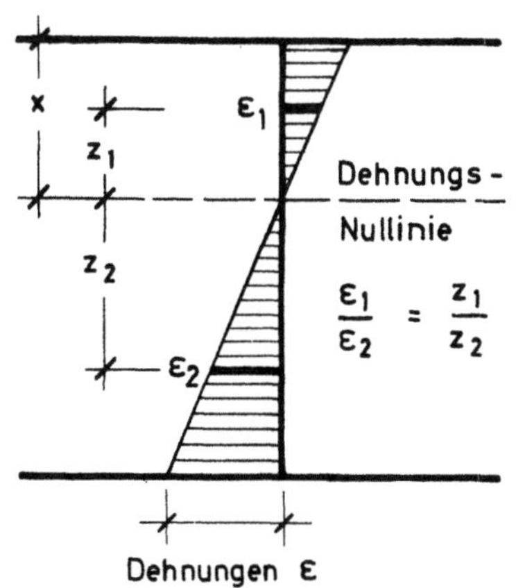

Bild 7.1 Dehnungsdiagramm gemäß der Hypothese von Bernoulli für schlanke Bauglieder (ebenbleibender Querschnitt bei Biegeverformung, geradliniges Dehnungsdiagramm)

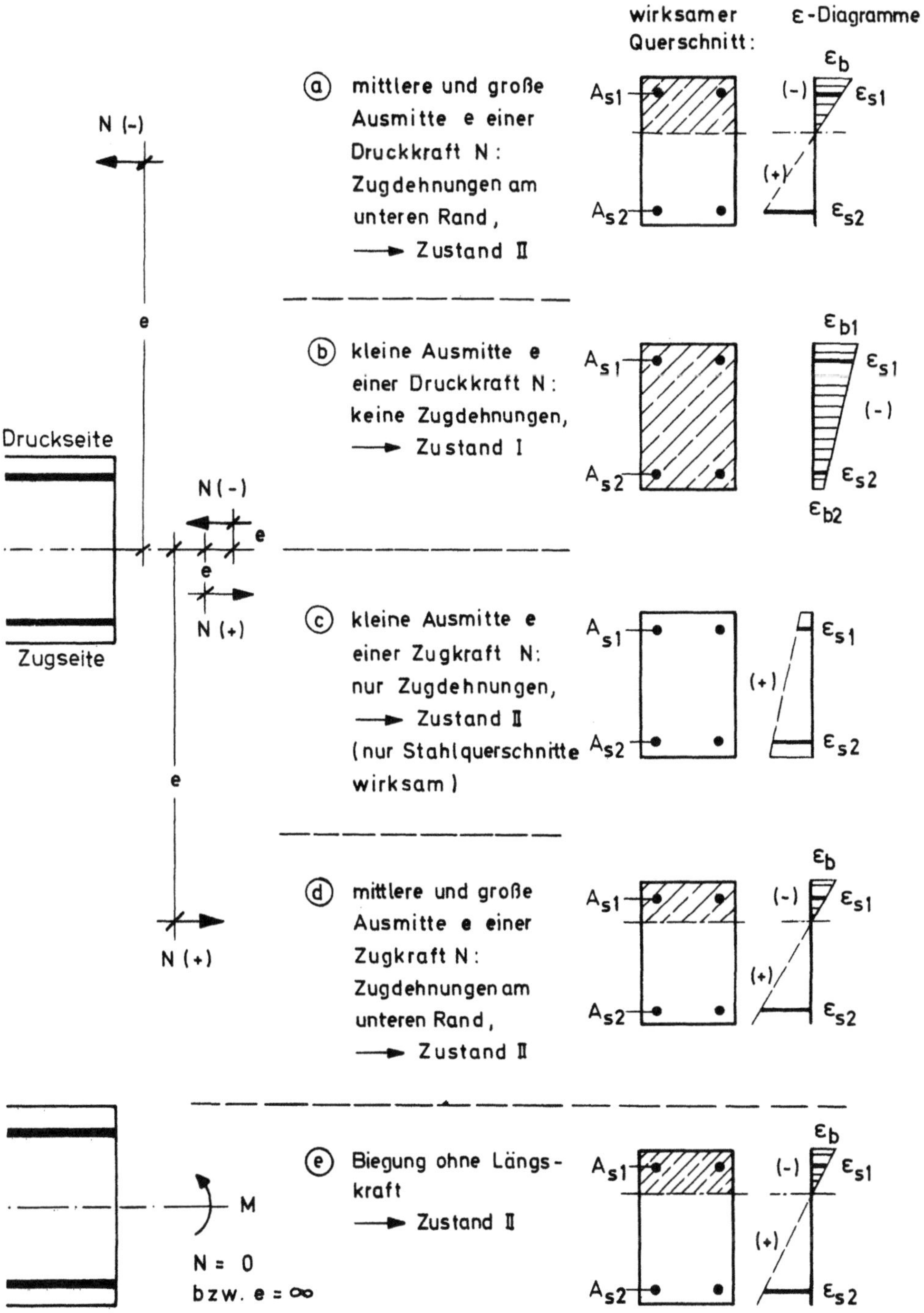

Bild 7.2 Charakteristische Lagen einer ausmittig in der Trägerebene angreifenden Längskraft sowie zugehörige wirksame Querschnitte und Dehnungsverteilungen

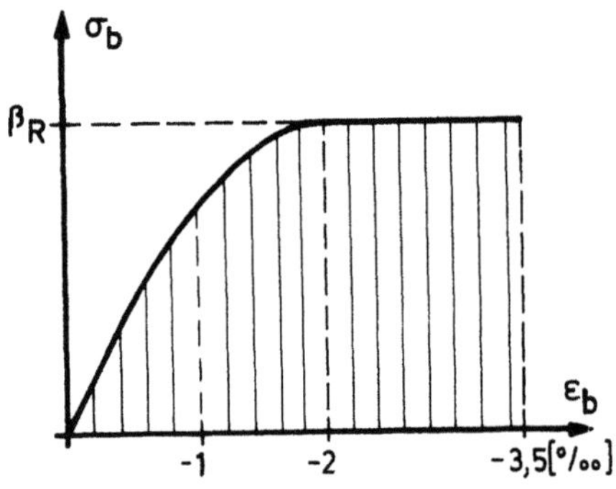

a) Rechenwerte für die
σ-ε-Linie des Betons

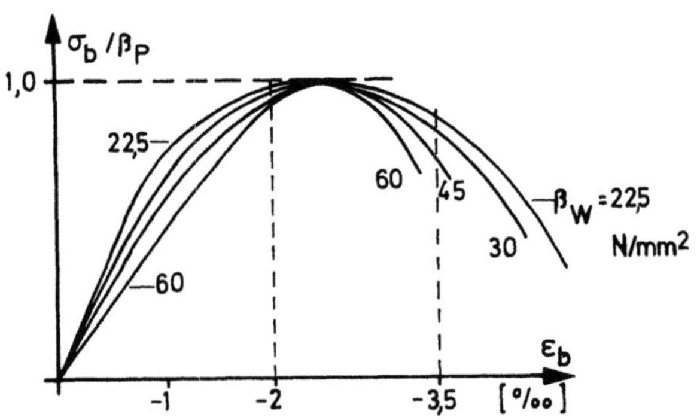

b) Mittlere bezogene
σ-ε-Linien des Betons
für rechteckförmige Biege –
druckzone bei verschiedenen
Betongüten (nach [50]
vgl. Bild 2.26)

Rechenwerte β_R [in N/mm²] der Betondruckfestigkeit

Nennfestigkeit des Betons β_{WN}	5,0	10	15	25	35	45	55
Rechenwert β_R	3,5	7,0	10,5	17,5	23	27	30
Verhältnis β_R/β_{WN}	0,70	0,70	0,70	0,70	0,66	0,60	0,55

Bild 7.3   Rechenwerte für die σ-ε-Linie des Betons nach DIN 1045 und Vergleich mit Versuchswerten an ausmittig gedrückten Prismen

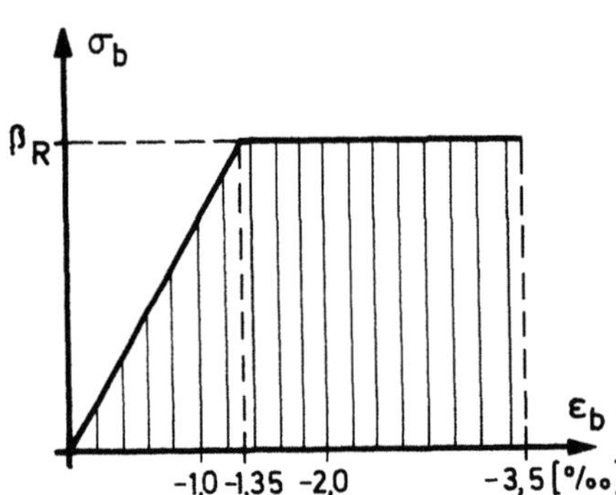

Bild 7.4   Bilineare σ-ε-Linie des Betons zur Vereinfachung der Bemessung (nach DIN 1045)

Daraus folgt für den Rechenwert der Betondruckfestigkeit:

$$\beta_R = 0,85 \cdot 0,85 \cdot \beta_{WN} \approx 0,7 \, \beta_{WN} \qquad (7.2)$$

Für Betonfestigkeitsklassen mit $\beta_{WN} \geqq 35$ N/mm² sind in DIN 1045 die Rechenwerte β_R vorerst noch stärker reduziert, was aber sachlich nicht berechtigt ist.

Bei dieser Festlegung des Rechenwertes der Betondruckfestigkeit ist nicht berücksichtigt, daß sich der Beton bei dünnen Bauteilen schlechter verdichten läßt, als die zur Ermittlung der Betongüte verwendeten Probewürfel, so daß in solchen Fällen die tatsächliche Druckfestigkeit auch

bei sorgfältiger Herstellung nicht den Werten der Güteprüfung entspricht.
Bei dünnen Bauteilen ist außerdem der Einfluß, daß die oberste Mörtel-
schicht immer etwas geringere Festigkeit aufweist als tiefer gelegene
Schichten (vgl. [115]), sehr viel größer als bei normal dicken Bauteilen.
Um trotzdem die angegebenen Rechenwerte β_R einheitlich verwenden zu
können, sind nach DIN 1045 Bauteile mit Nutzhöhen h < 10 cm für
15/(h + 5)-fache Schnittgrößen zu bemessen.

Die aus gleichartigen Erwägungen vom CEB ausgesprochene Empfehlung,
bei dünnen Druckplatten von Plattenbalken die Beton-Grenzdehnung zu reduzieren, wird in Abschn. 7.3.3.1 behandelt.

7.1.2.2 Rechenwerte des Betonstahls

Für den S t a h l verwendet man zur Vereinfachung der Bemessung bei
Druck- und Zugbeanspruchung bilineare σ-ε-Linien nach Bild 7.5.
Bis auf kleine Bereiche beim Übergang vom elastischen zum plastischen
Verhalten, in denen die Abweichungen aber unbedeutend sind, bleibt man
mit diesen Rechenwerten auf der sicheren Seite und ist damit bei der Bemessung von der Art des Betonstahls (vergütet oder kaltverformt) unabhängig.

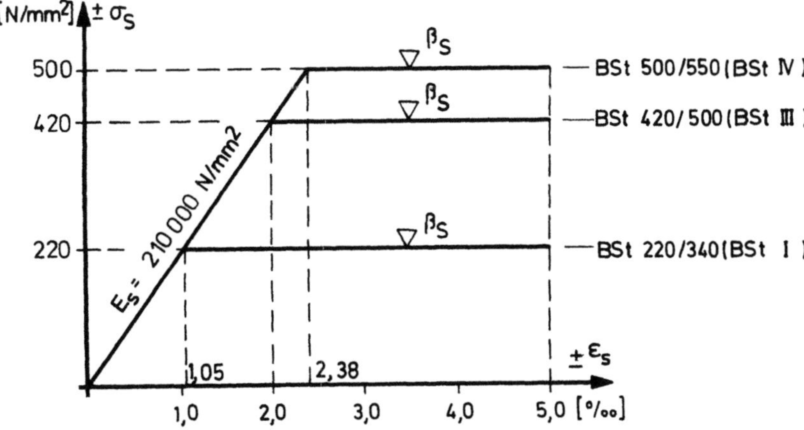

Bild 7.5   Rechenwerte für die σ-ε-Linien der Betonstähle (nach DIN 1045)

Die Gleichmaßdehnung der Betonstähle (5 bis 18 %) kann in Tragwerken
aus Stahlbeton praktisch nie ausgeschöpft werden, weil bei großen Dehnungen die Risse im Beton und die Verformungen übermäßig groß würden. Die Stahldehnung wird daher für die Bemessung nach DIN 1045 auf
max ε_s = 5°/oo begrenzt (nach CEB/FIP max ε_s = 10°/oo).

7.1.3 Brucharten, Dehnungsverteilung und Größe des Sicherheitsbeiwertes

7.1.3.1 Brucharten

Bei der im Abschn. 5.1.2 geschilderten Tragwirkung von Stahlbetonbalken im Bereich von Biegemomenten sind mehrere Arten des Versagens in
Abhängigkeit vom Bewehrungsgrad (= Verhältnis des Stahlquerschnittes
der Zugbewehrung zum Betonquerschnitt) festzustellen.

Biegezugbruch : Bei Stahlbetonquerschnitten mit normalem Bewehrungsgrad tritt die Rißbildung in der Biegezugzone frühzeitig, d.h. schon bei
mäßigen Stahlzugspannungen auf. Mit zunehmender Last bzw. zunehmendem äußeren Biegemoment erreicht die Biegezugbewehrung die Streck-
oder Dehngrenze, womit die Tragfähigkeit des Querschnitts p r a k t i s c h

erschöpft ist. Infolge der nach Überschreiten der Streckgrenze $\beta_{0,2}$ noch ansteigenden σ-ϵ-Linie bei kaltverformten Stählen oder infolge der Verfestigung nach Überschreiten der Streckgrenzendehnung bei naturharten Stählen ist allerdings eine geringe Laststeigerung bei gleichzeitigem Auftreten übermäßig breiter Risse möglich. Da der Stahl erst bei sehr großen Dehnungen reißt, erfolgt der Bruch schließlich durch Überschreiten der Druckfestigkeit des Betons in der mit zunehmendem Aufklaffen der Risse immer niedriger werdenden Betondruckzone; Bruchursache ist aber das Versagen des Stahls.

<u>Schlagartiger Biegezugbruch</u> : Dabei wird die Zugfestigkeit der Stahleinlagen am Zugrand schlagartig in dem Augenblick überschritten, in dem der erste Biegeriß auftritt und der Beton damit zur Aufnahme der bisher (im Zustand I) mit Zugspannungen über die Rißhöhe getragenen Zugkraft ausfällt. Diese Zugkraft muß dann vom Stahlquerschnitt allein übernommen werden, was aber bei sehr geringen Bewehrungsgraden bzw. bei verhältnismäßig großen Betonquerschnitten mit hoher Betongüte (hohe Betonzugfestigkeit) zum Bruch ohne Vorankündigung führen kann [97]. Besonders ist zu beachten, daß aus Zwangbeanspruchungen wie z.B. Schwinden oder Temperatur schon Zugspannungen in einem Bauteil auftreten können, so daß die Betonzugfestigkeit schon bei geringen Lastspannungen erreicht werden kann. Diese Bruchart wird durch die übliche Bemessung nach den folgenden Abschnitten 7.2 und 7.3 nicht verhindert. In vielen ausländischen Vorschriften - nicht jedoch in DIN 1045 - wird deshalb eine Mindestbewehrung vorgeschrieben (vgl. Abschn. 7.5).

<u>Biegedruckbruch</u> : Ist der Querschnitt so stark mit Biegezugbewehrung versehen, daß die Stahlzugspannungen im Verhältnis zu den Betonspannungen nur langsam bei steigender Last zunehmen, dann wird die Betondruckfestigkeit am gedrückten Rand erreicht, bevor die Stahlzugspannung auf β_S bzw. $\beta_{0,2}$ angestiegen ist. Der Bruch tritt bei dieser Bruchart meist sehr bald nach Bildung der ersten sichtbaren Risse und Durchbiegungen auf, d.h. mit nur geringer Vorwarnung.

<u>Schlagartiger Biegedruckbruch</u> : Bei Querschnitten mit weiter verstärkter Zugbewehrung und insbesondere bei solchen, die zur Aufnahme von gering ausmittig angreifenden Längsdruckkräften mit zusätzlicher Bewehrung in der Druckzone (= Druckbewehrung) versehen sind, z.B. bei Stützen, kann die Betondruckspannung die Festigkeitsgrenze schon erreichen, bevor am weniger beanspruchten Rand Risse aufgetreten sind (also im Zustand I). In solchen Fällen versagt der Querschnitt ohne Vorankündigung schlagartig mit Ausbrechen des Betons am Druckrand.

Die Wahrscheinlichkeit eines Auftretens dieser Brucharten wird durch die Bemessung nach Abschn. 7 möglichst gering gehalten, abgesehen vom schlagartigen Biegezugbruch (Vorschrift einer Mindestbewehrung).

<u>7.1.3.2 Dehnungsverteilung und Größe des Sicherheitsbeiwertes</u>

Für die durch Biegung mit Längskraft beanspruchten Bauteile aus Stahlbeton sind in DIN 1045 Sicherheitsbeiwerte γ festgelegt, deren Größe von der Dehnungsverteilung kurz vor der Bruchlast abhängt. Bei einem durch Risse und Durchbiegungen "angekündigten Bruch" begnügt man sich mit $\gamma = 1,75$. Mit solchen warnenden "Vorankündigungen" kann man bei Stahldehnungen $\epsilon_S \gtrsim 3\%_0$ rechnen.

Je geringer die Stahldehnung auf der Zugseite kurz vor dem Bruch des Betons bleibt, desto geringer werden die Rißbildung oder warnende Verformung des Bauglieds und umso größer ist die Gefahr eines schlagartigen Bruches. Mit einem <u>Versagen ohne Vorankündigungen</u> kann bei Stahldehnungen $\epsilon_S < 0\%_0$ gerechnet werden; in diesen Fällen müssen bei der

Bemessung die Schnittgrößen mit dem höheren Sicherheitsbeiwert von $\gamma = 2,1$ angesetzt werden.

Im Übergangsbereich zwischen $\varepsilon_s = 3\%_0$ und $\varepsilon_s = 0\%_0$ steigt der Sicherheitsbeiwert geradlinig von 1,75 auf 2,1 an; es gilt also:

$$2,1 \geqq \gamma = 2,1 - 0,35 \frac{\varepsilon_s}{3} \geqq 1,75 \qquad (7.3)$$

In Bild 7.6 sind die bei einem Stahlbetonquerschnitt möglichen Dehnungsverteilungen zwischen den äußeren Grenzen max ε_b und max ε_s bei Erreichen der kritischen Last angegeben. Man unterscheidet die Bereiche 1 bis 5, die durch die Linien a bis h begrenzt sind; sie sollen im folgenden kurz erläutert werden.

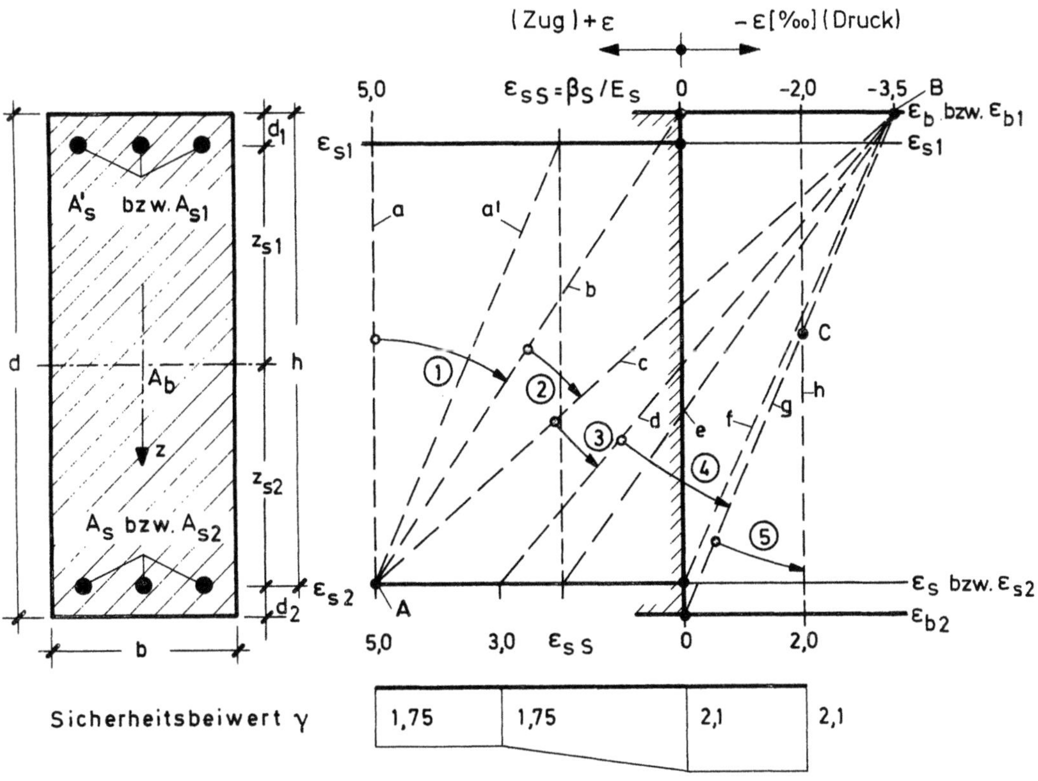

Bild 7.6 Bereiche der am Stahlbetonquerschnitt möglichen Dehnungsverteilungen bei Erreichen der kritischen Last sowie Größe des zugehörigen Sicherheitsbeiwertes γ (nach DIN 1045)

Linie a : die Dehnungen sind mit $\varepsilon = + 5\%_0$ über den ganzen Querschnitt gleich groß bei mittig angreifender Längszugkraft;

Linie a': die Dehnung der oberen Bewehrungslage beträgt $\varepsilon_{s1} = \beta_S/E_s$, die der unteren $\varepsilon_{s2} = + 5\%_0$.

Im Bereich zwischen den Linien a und a' kann eine Dehnungsverteilung nicht eindeutig definiert werden, weil bei gering ausmittig angreifender Längszugkraft auch im weniger beanspruchten Bewehrungsstrang die Dehnung ε_{sS} überschritten wird und dann infolge der bilinear angesetzten σ-ε-Linien des Stahls (Bild 7.5) keine dem Gleichgewicht zugeordnete Dehnungsverteilung bestimmt werden kann.

Linie b : am oberen Rand ist die Dehnung $\varepsilon_{b1} = 0$, am unteren Rand werden die Stahleinlagen A_{s2} mit $\varepsilon_{s2} = + 5\%_0$ gedehnt.

<u>Bereich 1</u>   zwischen den Linien a und b umfaßt alle Fälle, bei denen über dem gesamten Querschnitt nur Zugdehnungen auftreten, also Querschnitte von Zugstäben mit <u>gering ausmittig angreifender Längszugkraft.</u>

Der wirksame Querschnitt besteht nur aus den Stahleinlagen A_{s1} und A_{s2} (Zustand II, vgl. Fall c im Bild 7.2). Drehpunkt der möglichen Dehnungslinien ist A.

Bruchursache ist das Versagen des Stahls; Sicherheitsbeiwert: $\gamma = 1,75$.

L i n i e   c : am oberen Rand ist die Dehnung gleich der bei Biegedruck größtzulässigen Betonkürzung $|\varepsilon_{b1}| = \max \varepsilon_b = 3,5$‰, während die unteren Stahleinlagen mit $\varepsilon_{s2} = 5$‰ gedehnt werden. Beide Baustoffe sind also bis zu ihren Grenzdehnungen ausgenutzt.

<u>Bereich 2</u>   zwischen den Linien b und c kennzeichnet die am häufigsten vorkommenden Fälle mit <u>reiner Biegung oder Biegung mit Längskraft (Zug oder Druck) bei großer und mittlerer Ausmitte</u> (Zustand II, hochliegende Nullinie im Querschnitt, vgl. Fälle e bzw. a und d im Bild 7.2). Der Beton ist dabei nur im Grenzfall der Linie c voll ausgenutzt. Drehpunkt der möglichen Dehnungslinien ist A.

Bruchursache ist das Versagen des Stahls; Sicherheitsbeiwert: $\gamma = 1,75$.

L i n i e   d : am oberen Rand ist $|\varepsilon_{b1}| = \max \varepsilon_b = 3,5$‰, die Dehnung der unteren Stahleinlagen beträgt $\varepsilon_{s2} = 3$‰.

<u>Bereich 3</u>   zwischen den Linien c und d enthält die Fälle überbewehrter Querschnitte mit <u>reiner Biegung oder Biegung mit Längskraft bei großer</u> oder mittlerer <u>Ausmitte</u> (Zustand II, tiefliegende Nullinie im Querschnitt, vgl. Fälle e bzw. a und d im Bild 7.2). Die Stahleinlagen auf der Zugseite sind überbemessen und erreichen bei der kritischen Last kleinere Dehnungen als $\varepsilon_s = 5$‰. Die Betondruckfestigkeit wird ausgenutzt, d.h. Drehpunkt der möglichen Dehnungslinien ist B.

Bruchursache ist das Versagen des Betons auf Druck, nachdem der Stahl über die Streckgrenze beansprucht wurde; Sicherheitsbeiwert: $\gamma = 1,75$.

L i n i e   e : am oberen Rand ist $\varepsilon_{b1} = -3,5$‰, die Dehnung der unteren Stahleinlagen beträgt $\varepsilon_{sS} = \beta_S / E_s$.

L i n i e n   f   u n d   g : bei ausgenutzter Betondruckfestigkeit, d.h. $\varepsilon_{b1} = -3,5$‰, ist die Dehnung $\varepsilon_{s2} = 0$ (Linie f) bzw. die Dehnung am unteren Rand $\varepsilon_{b2} = 0$ (Linie g).

<u>Bereich 4</u>   zwischen den Linien d und g enthält die Fälle mit <u>Längsdruckkraft bei mittlerer und kleiner Ausmitte</u> (Zustand II, tiefliegende Nullinie im Querschnitt, vgl. Fall a im Bild 7.2). Die Bewehrung A_{s2} ist nicht ausgenutzt; Drehpunkt der möglichen Dehnungslinien ist B.

Bruchursache ist das Versagen des Betons, bevor der Stahl die Streckgrenze erreicht; Sicherheitsbeiwert: $\gamma = 2,1 - 0,35\,\varepsilon_{s2}/3$ gemäß Gl. (7.3).

L i n i e   h : die Dehnungsverteilung ist mit $\varepsilon = -2$‰ über den Querschnitt konstant (infolge mittig angreifender Längsdruckkraft).

<u>Bereich 5</u>   zwischen den Linien g und h umfaßt die Fälle mit <u>Längsdruckkraft bei kleiner Ausmitte</u> (Zustand I, Nullinie außerhalb des Querschnitts, vgl. Fall b im Bild 7.2). Es treten nur Druckspannungen im Querschnitt auf, wobei mit kleiner werdender Ausmitte der Längsdruckkraft (d.h. zunehmender Kürzung ε_{b2} am unteren Rand) die zuläs-

sige Betondehnung ε_{b1} am oberen Rand verkleinert werden muß. Drehpunkt der möglichen Dehnungslinien ist C, und es gilt für ε_{b1} in Abhängigkeit von der unteren Randdehnung ε_{b2} (Dehnungen in Absolutwerten):

$$\varepsilon_{b1} = 3,5 - 0,75\ \varepsilon_{b2} \tag{7.4}$$

Bruchursache ist das Versagen des Betons; Sicherheitsbeiwert: $\gamma = 2,1$.

Die Stahleinlagen A_{s1} (und evt. auch A_{s2}) sind bis zur Streckgrenze ausgenutzt, abgesehen von B St 500/550, bei dem sich für sehr geringe Ausmitten auch eine Dehnung ε_{s1} kleiner als $\varepsilon_{sS} = -2,38‰$ einstellen kann (vgl. Bild 7.5).

7.1.4 Schnittgrößen und Gleichgewichtsbedingungen

7.1.4.1 Äußere Schnittgrößen

Die Längskraft N und das Biegemoment M werden in der statischen Berechnung aus den auf das Tragwerk wirkenden Gebrauchslasten g, p bzw. P ermittelt, wobei i.a. die Schwerachse des ungerissenen Betonquerschnitts als Bezugsachse verwendet wird. Da im Stahlbetonbau der Bruchzustand maßgebend für die Bemessung ist (vgl. Abschn. 5 und 6), müssen die im Gebrauchszustand ermittelten Schnittgrößen M und N mit dem Sicherheitsbeiwert γ multipliziert werden, also

$$M_u = \gamma \cdot M_{g+p} \quad \text{und} \quad N_u = \gamma \cdot N_{g+p} \tag{7.5}$$

Man kann diese äußeren Schnittgrößen M_u und N_u statt auf die Schwerachse auch auf jede andere zur Schwerachse parallele Linie beziehen und erhält dann ein Versatzmoment. Bei den Bemessungen erweist es sich als zweckmäßig, die äußeren Schnittgrößen auf die Achse der Zug- bzw. Druckbewehrung mit den Abständen z_{s2} bzw. z_{s1} von der Schwerachse zu beziehen. Damit ergeben sich die in Bild 7.7 dargestellten vier verschiedenen, aber gleichwertigen Ansätze für die am Querschnitt angreifenden Schnittgrößen M_u und N_u.

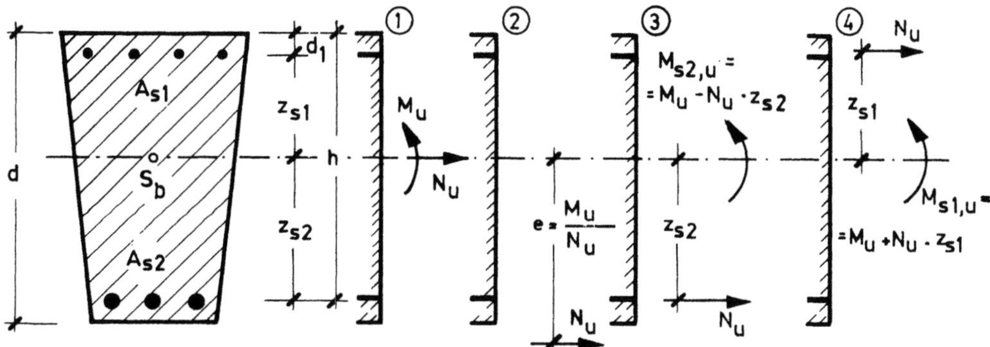

Bild 7.7   Umwandlung der in der Schwerachse eines Querschnitts angreifenden äußeren Schnittgrößen M_u und N_u in ausgewählte, "versetzte" Schnittgrößen N_u und $M_{s2,u}$ bzw. $M_{s1,u}$

Greift die Längskraft N_u in Höhe der Zugbewehrung A_{s2} an (Fall 3), dann ergibt sich ein Versatzmoment

$$M_{s2,u} = M_u - N_u \cdot z_{s2} \tag{7.6}$$

greift N_u in Höhe der Druckbewehrung A_{s1} an (Fall 4), dann ergibt sich ein Versatzmoment

$$M_{s1,u} = M_u + N_u \cdot z_{s1} \tag{7.7}$$

Im Zustand II ist die Höhe der Betondruckzone und damit der wirksame Querschnitt von der Art der Belastung und dem Bewehrungsgrad abhängig (vgl. z. B. Bild 7.2). Da der wirksame Querschnitt unbekannt ist und von der Beanspruchung abhängt, muß er für jeden Lastfall mit der Bemessung ermittelt werden. Deshalb können die Wirkungen der Schnittgrößen N_u und M_u auf die Spannungen und die inneren Kräfte n i c h t g e t r e n n t ermittelt und überlagert werden, wie dies für homogene elastische Baustoffe in den Grundvorlesungen der Technischen Mechanik gezeigt wurde (Bild 7.8). Daraus folgt, daß jede mögliche Kombination der äußeren Schnittgrößen N_u und M_u in gesonderten Berechnungen untersucht werden muß, um die ungünstigsten Verhältnisse zu erfassen. Es ist dabei möglich, daß ein Bauteil im 1. Fall mit N_{u1} und M_{u1} auf der Betondruckseite und in einem 2. Fall mit N_{u2} und M_{u2} auf der Zugseite, also im Stahl, kritisch beansprucht wird.

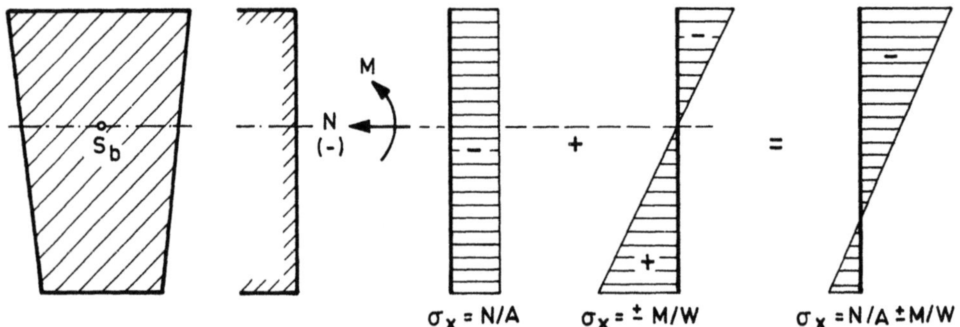

a)   Überlagerung der Spannungen bei einem homogenen Querschnitt

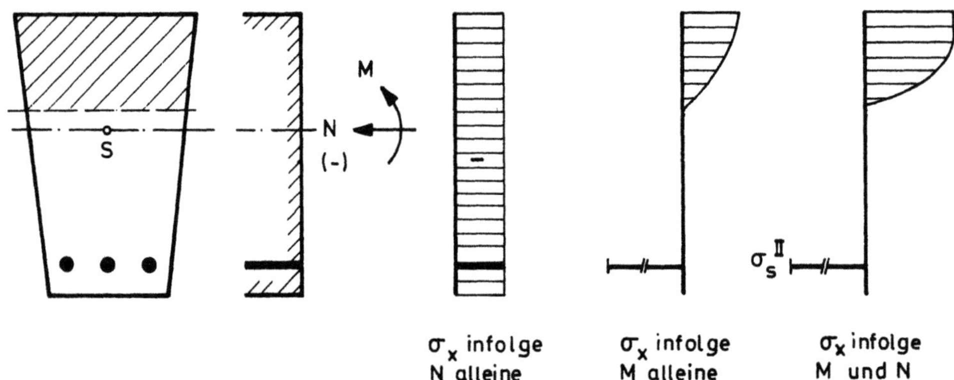

b) Keine Überlagerung bei einem Stahlbetonquerschnitt im Zustand II

Bild 7.8   Gegenüberstellung der Wirkung von N und M bei einem homogenen Querschnitt und beim Stahlbetonquerschnitt im Zustand II

V o r z e i c h e n - R e g e l n :

- Moment M immer als Absolutwert;
- Längskraft N als Zugkraft positiv, als Druckkraft negativ;
- Querschnittswerte z.B. z_{s2}, z_{s1}, e, d_1, h als Absolutwerte.

7.1.4.2 Innere Schnittkräfte

Die aus der Belastung resultierenden äußeren Schnittgrößen M und N bewirken Beanspruchungen oder Spannungen im Tragwerk. Integriert man

in einem Querschnitt die Spannungen σ_b bzw. σ_s über die jeweils beanspruchten Querschnittsflächen, so erhält man die sog. inneren Kräfte,
z.B. D_b und Z_s, die mit den äußeren Schnittgrößen im Gleichgewicht
stehen müssen.

Bei der Ermittlung der inneren Kräfte geht man von den Dehnungen ε
aus, deren Verteilung über die Querschnittshöhe nach der Hypothese von
Bernoulli (1. Grundgesetz) geradlinig sein soll. Aus den (zunächst angenommenen) Dehnungen ε können mit Hilfe der Rechenwerte für die σ-ε-
Linien von Beton und Stahl (vgl. Bild 7.3 a und 7.5) die Spannungen σ_b
und σ_s ermittelt werden. In den Bildern 7.9 und 7.10 ist dieser Weg
für Stahlbetonquerschnitte im Zustand II bzw. Zustand I aufgezeigt.

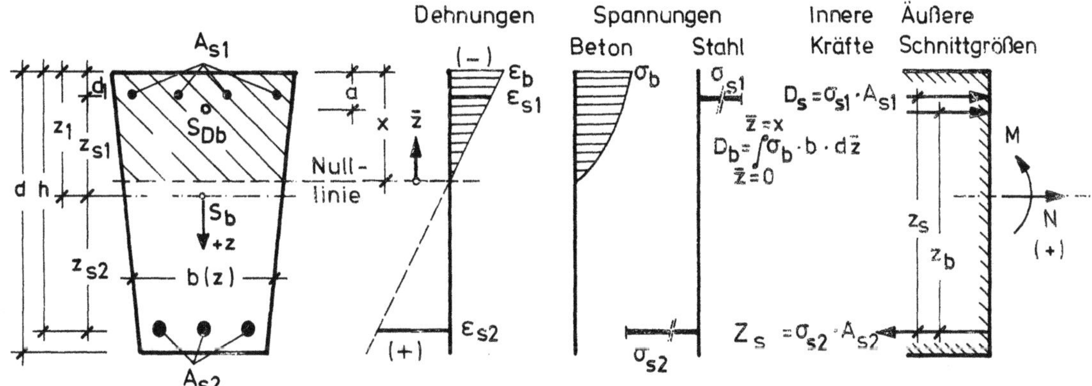

Bild 7.9 Berechnung der inneren Kräfte eines Stahlbetonquerschnitts im
Zustand II bei Beanspruchung durch Biegemoment mit Längskraft (große
Ausmitte, Nullinie im Querschnitt)

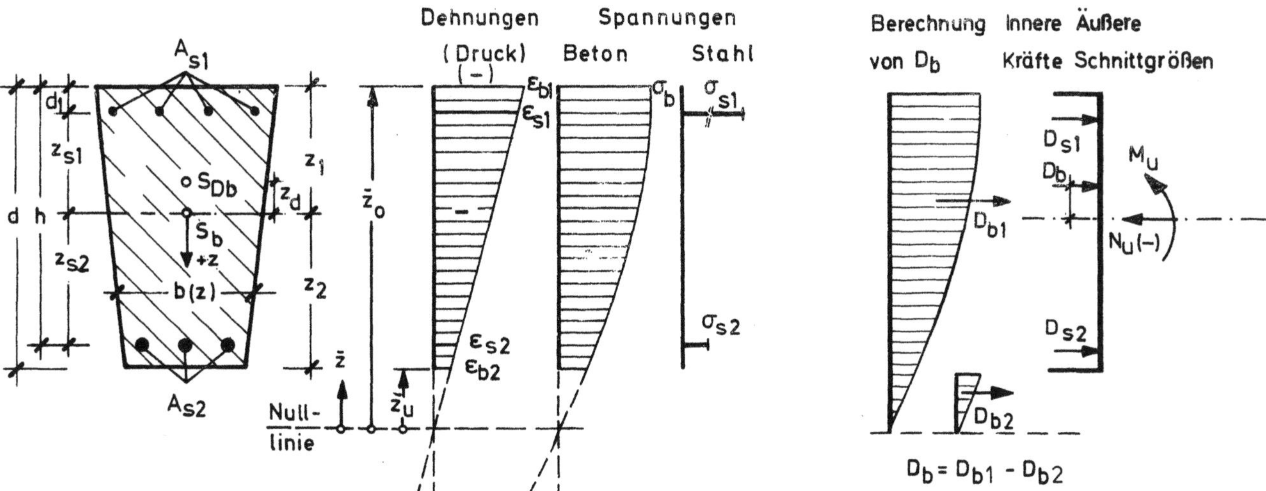

Bild 7.10 Berechnung der inneren Kräfte eines Stahlbetonquerschnitts
im Zustand I bei Beanspruchung durch Biegung mit Längsdruckkraft bei
kleiner Ausmitte (Nullinie außerhalb des Querschnitts)

Sind die inneren Kräfte ermittelt worden, dann zeigt eine Kontrolle des
Gleichgewichts zwischen den inneren Kräften und den äußeren Schnittgrößen, ob die angenommene Größe der Dehnungen ε zutreffend war
(s. Abschn. 7.2.2).

Vorzeichen-Regeln:

- Zugdehnungen positiv, Druckdehnungen (= Kürzungen) negativ;
- ε_b als Absolutwert;
- σ_b als Absolutwert, da Betonzugspannungen nicht berücksichtigt werden und somit Verwechslungen ausgeschlossen sind;
- σ_{s2} positiv = Zugspannung in Zugbewehrung bei Querschnitten im Zust. II;
- σ_{s1} als Absolutwert = Druckspannung in Druckbewehrung A_{s1};
- D_b, D_s, Z_s als Absolutwerte, Kraftrichtung entsprechend ihrer Wirkung als Zug- oder Druckkräfte.

7.1.4.3 Größe und Lage der Betondruckkraft D_b

Aus den Bildern 7.9 und 7.10 war schon ersichtlich, daß die Verteilung der Druckspannungen über gedrückten Querschnittsflächen nicht geradlinig, sondern zur σ-ε-Linie des Betons nach Bild 7.3a konform ist in Abhängigkeit vom jeweils vorliegenden Dehnungsverlauf. Damit ist die Größe der Druckkraft D_b als Resultierende der Druckspannungen und ihr Angriffspunkt als Ort dieser Resultierenden zu bestimmen.

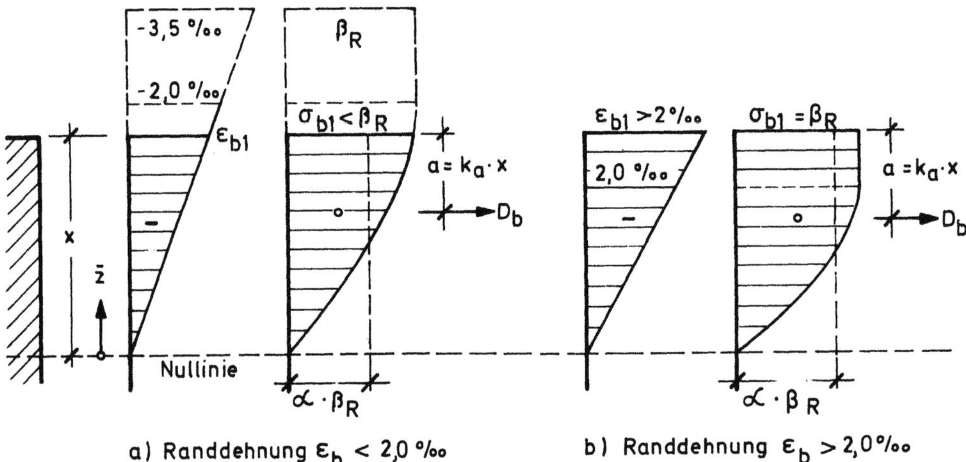

Bild 7.11   Erläuterung zur Größe und Form der σ_b-Fläche und zur Höhenlage ihres Schwerpunktes bei rechteckiger Betondruckzone (b = konst), abgeleitet aus den Rechenwerten der σ-ε-Linie für Beton gemäß Bild 7.3a

Bei dreieckförmiger Dehnungsverteilung ist mit den Bezeichnungen der Bilder 7.9 und 7.11 allgemein die Größe der Betondruckkraft

$$D_b = \int_{\bar{z}=0}^{\bar{z}=x} \sigma_b (\bar{z}) \cdot b (\bar{z}) \cdot d\bar{z} \tag{7.8}$$

und der Abstand ihres Angriffspunktes vom gedrückten Rand:

$$a = x - \frac{1}{D_b} \cdot \int_{\bar{z}=0}^{\bar{z}=x} \sigma_b (\bar{z}) \cdot b (\bar{z}) \cdot \bar{z} \cdot d\bar{z} \tag{7.9}$$

In diesen Gleichungen ist $\bar{z}$ mit ε_b nach der Bernoulli-Hypothese (vgl. Bild 7.1) verknüpft, und σ_b ergibt sich für ε_b aus der σ-ε-Linie des Betons in Bild 7.3a bzw. aus Gl. (7.1).

Für eine __Betondruckzone mit konstanter Breite b__ $(\bar{z}) = \text{konst} = b$ gilt:

$$D_b = b \int_0^x \sigma_b (\bar{z}) \cdot d\bar{z} \qquad (7.10)$$

$$a = x - \frac{1}{D_b} b \int_0^x \sigma_b (\bar{z}) \cdot \bar{z} \cdot d\bar{z} \qquad (7.11)$$

Zur Vereinfachung wurden der __Völligkeitsbeiwert__ α und der __Höhenbeiwert__ k_a eingeführt (erstmals von H. Rüsch [116]), so daß die Gleichungen (7.10) und (7.11) wie folgt lauten:

$$D_b = b \cdot x \cdot \alpha \cdot \beta_R \qquad (7.12)$$

$$a = k_a \cdot x \qquad (7.13)$$

Der Völligkeitsbeiwert beschreibt also die Größe der σ_b-Fläche, so daß über die Höhe x das Rechteck $\alpha \cdot \beta_R$ gleich der Fläche unter der σ_b-Linie bis zur Randdehnung ε_{b1} ist (Bild 7.11). Entsprechend ist k_a der Beiwert für den Abstand des Schwerpunktes der σ_b-Fläche vom oberen Rand.

Da die σ-ε-Linie des Betons sich aus einer Parabel und einer Geraden zusammensetzt, können die Integrale für α und k_a leicht exakt gelöst werden, und es gilt somit für diese Beiwerte bei dreieckförmiger Dehnungsverteilung in der Betondruckzone der Breite b (Zustand II, Nullinie im Querschnitt):

$$\text{für } \varepsilon_{b1} \leqq 2\text{‰} : \quad \alpha = \frac{\varepsilon_{b1}}{12} (6 - \varepsilon_{b1}) \qquad (7.14a)$$

$$k_a = \frac{8 - \varepsilon_{b1}}{4(6 - \varepsilon_{b1})} \qquad (7.15a)$$

$$\text{für } \varepsilon_{b1} \geqq 2\text{‰} : \quad \alpha = \frac{3\varepsilon_{b1} - 2}{3\varepsilon_{b1}} \qquad (7.14b)$$

$$k_a = \frac{\varepsilon_{b1}(3\varepsilon_{b1} - 4) + 2}{2\varepsilon_{b1}(3\varepsilon_{b1} - 2)} \qquad (7.15b)$$

Die Beiwerte α und k_a sind im Diagramm Bild 7.12 in Abhängigkeit von der Randdehnung des Betons ε_{b1} dargestellt.

Bei trapezförmiger Dehnungsverteilung in der Betondruckzone, d.h. Betondruckspannungen über die gesamte Querschnittshöhe (Zustand I, Nullinie außerhalb des Querschnitts), kann die Größe der Betondruckkraft D_b aus der Differenz zweier Druckkräfte bestimmt werden, die sich, ausgehend von der Nullinie $\bar{z} = 0$, aus den Spannungsdiagrammen für die Randdehnungen ε_{b1} und ε_{b2} ergeben (Bild 7.10). Es gilt also:

$$D_b = D_{b1} - D_{b2} = \int_{\bar{z}_u}^{\bar{z}_o} \sigma_b (\bar{z}) \cdot b(\bar{z}) \cdot d\bar{z} = \int_0^{\bar{z}_o} \sigma_b (\bar{z}) \cdot b(\bar{z}) \cdot d\bar{z} - \int_0^{\bar{z}_u} \sigma_b (\bar{z}) \cdot b(\bar{z}) \cdot d\bar{z} \qquad (7.16)$$

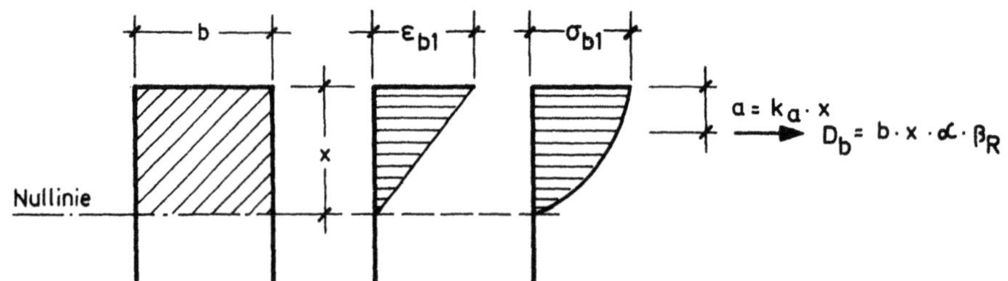

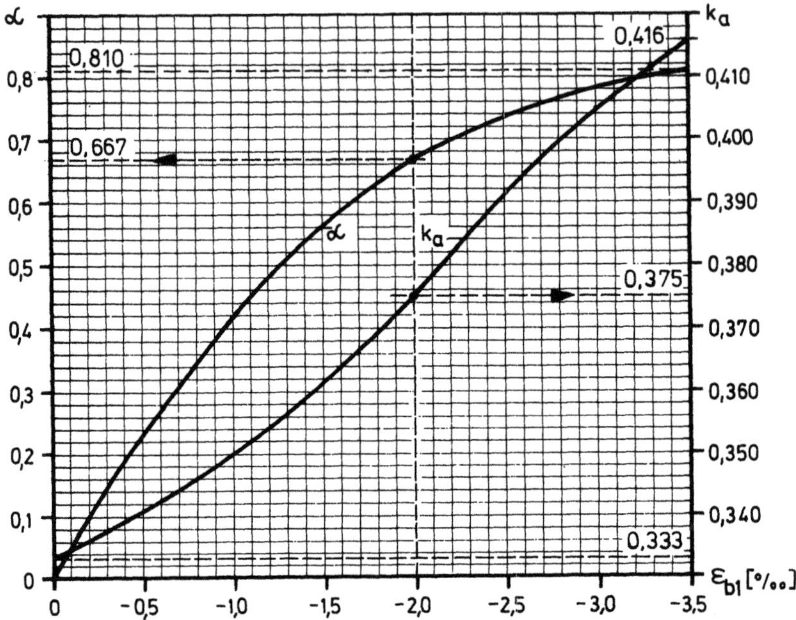

Bild 7.12   Völligkeitsbeiwert α und Höhenbeiwert k_a bei rechteckiger Betondruckzone eines Querschnitts im Zustand II (Nullinie im Querschnitt) mit Ablesebeispiel für ε_{b1} = 2 ‰

Die Lage der Druckkraft D_b wird zweckmäßigerweise von der Schwerachse aus gemessen ; es gilt für diesen Abstand z_d:

$$z_d = \frac{1}{D_b}\left(\int_0^{\bar{z}_o} \sigma_b(\bar{z}) \cdot b(\bar{z}) \cdot \bar{z} \cdot d\bar{z} - \int_0^{\bar{z}_u} \sigma_b(\bar{z}) \cdot b(\bar{z}) \cdot \bar{z} \cdot d\bar{z}\right) - \bar{z}_u - z_2 \quad (7.17)$$

Für <u>Rechteckquerschnitte</u> können wieder ein Völligkeitsbeiwert α_d und ein Höhenbeiwert k_d angegeben werden (Bild 7.13), so daß gilt:

$$D_b = b \cdot d \cdot \alpha_d \cdot \beta_R \qquad (7.18)$$

und

$$z_d = k_d \cdot d \qquad (7.19)$$

Für die Beiwerte α_d und k_d erhält man nach Auflösung der Integrale die folgenden Gleichungen:

$$\alpha_d = \frac{1}{189}(125 + 64\,\varepsilon_{b1} - 16\,\varepsilon_{b1}^2) \qquad (7.20)$$

$$k_d = \frac{40}{7}\,\frac{(\varepsilon_{b1} - 2)^2}{125 + 64\,\varepsilon_{b1} - 16\,\varepsilon_{b1}^2} \qquad (7.21)$$

Nach Umkehrung von Gl. (7.4) gilt für die Dehnung ε_{b2} am unteren Rand
in Abhängigkeit von der oberen Randdehnung ε_{b1}:

$$\varepsilon_{b2} = \frac{14 - 4\,\varepsilon_{b1}}{3} \qquad\qquad (7.22)$$

Bild 7.13 zeigt den Verlauf der Beiwerte α_d und k_d sowie der Dehnung ε_{b2}
am unteren Rand in Abhängigkeit von der Dehnung ε_{b1} am oberen Rand.

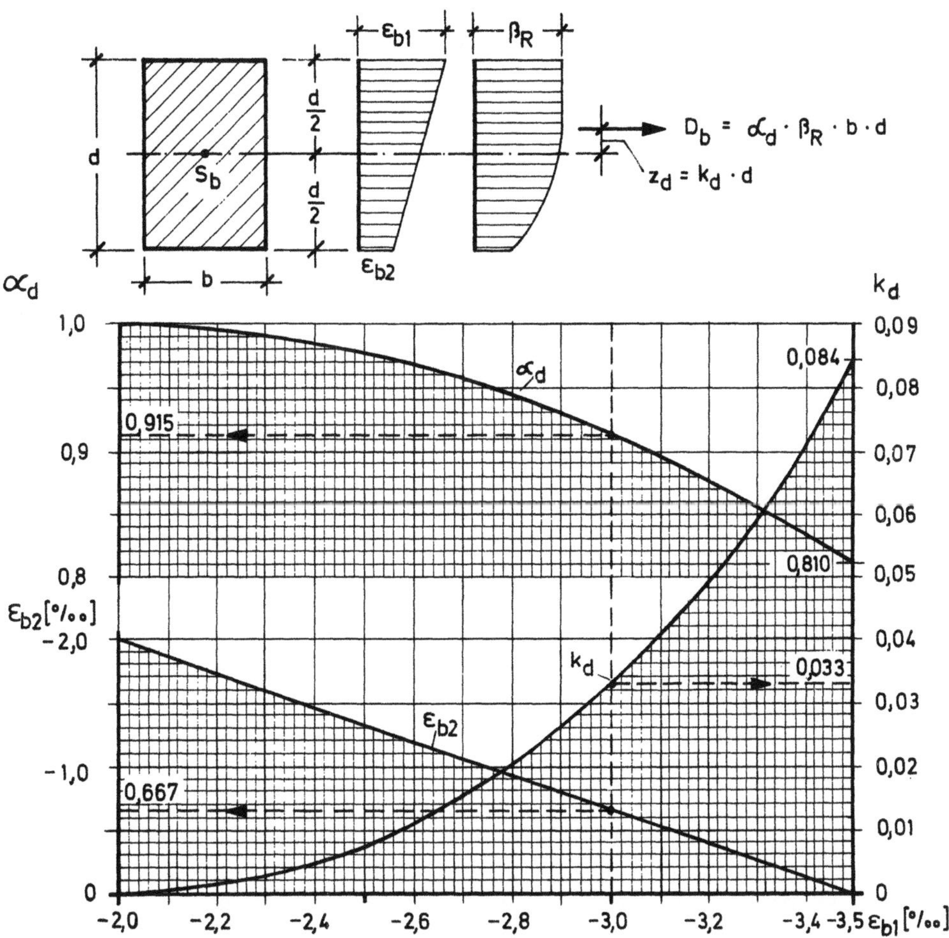

Bild 7.13 Völligkeitsbeiwert α_d, Höhenbeiwert k_d und Dehnung ε_{b2} am
weniger gedrückten Rand in Abhängigkeit von ε_{b1} für einen Rechteckquerschnitt im Zustand I (Nullinie außerhalb des Querschnitts) mit Ablesebeispiel für ε_{b1} = 3 °/oo

Für eine Druckzone mit veränderlicher Breite können ähnliche Beiwerte
angegeben werden, sofern sich b(z) mathematisch formulieren läßt. Für
eine dreieckförmige Betondruckzone z.B. sind die Beiwerte α und k_a in
Bild 7.14 dargestellt. In der Praxis wird man jedoch bei unregelmäßig
geformten Druckzonen elektronische Rechenprogramme oder die in Abschn. 7.3.4.4 angegebene rechteckige Spannungsverteilung benutzen.

7.1.4.4 Gleichgewichtsbedingungen

Die inneren Kräfte müssen mit den äußeren Schnittgrößen im Gleichgewicht
stehen. Da Querkräfte hier nicht berücksichtigt werden, sind am Schnitt
zwei Gleichgewichtsbedingungen zu erfüllen:

$$\Sigma N = 0 \qquad \text{und} \qquad \Sigma M = 0$$

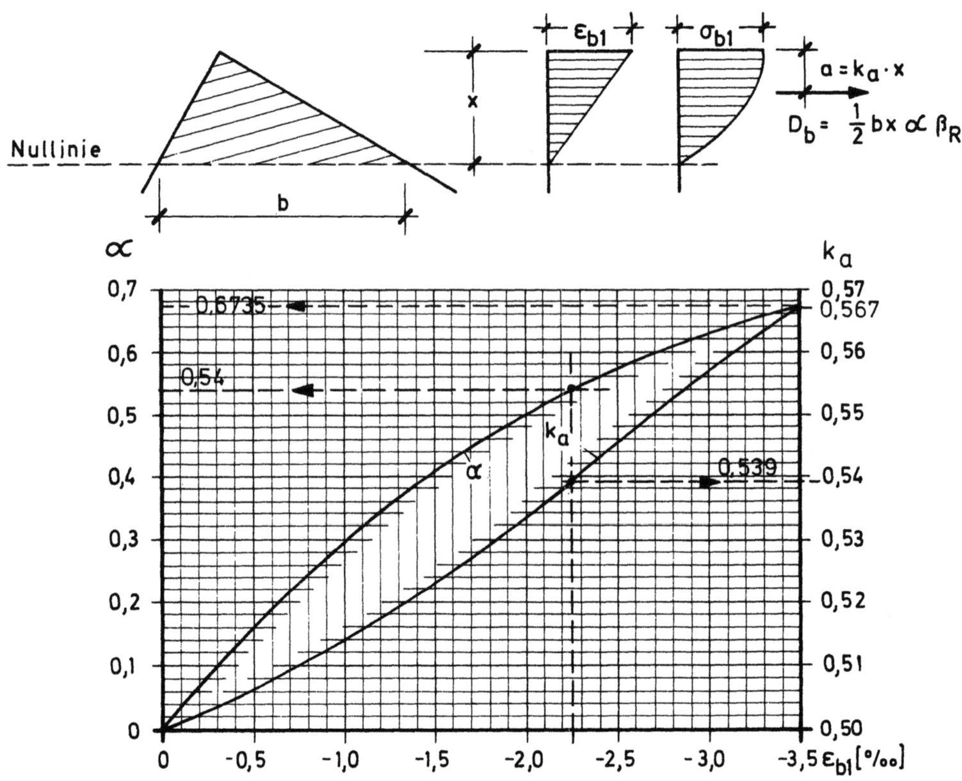

Bild 7.14   Völligkeitsbeiwert α und Höhenbeiwert k_a für eine dreieckige
Betondruckzone eines Querschnitts im Zustand II (Nullinie im Querschnitt)
mit Ablesebeispiel für ε_{b1} = 2,25 ‰

Für die erste Bedingung $\Sigma N = 0$ erhält man z.B. für einen Querschnitt
im Zustand II:

$$N + D_b + D_s - Z_s = 0 \tag{7.23}$$

Die zweite Bedingung $\Sigma M = 0$ kann für jeden beliebigen Punkt angeschrieben werden. So ergibt sich z.B. für $\Sigma M = 0$ um die Schwerachse des ungerissenen Betonquerschnitts mit den Angaben nach Bild 7.9 (vgl. Fall 1
in Bild 7.7):

$$- D_b (z_1 - a) - D_s (z_1 - d_1) - Z_s (h - z_1) + M = 0 \tag{7.24}$$

bzw. $- D_b (z_1 - a) - D_s \cdot z_{s1} - Z_s \cdot z_{s2} + M = 0$

oder für $\Sigma M = 0$ um den Angriffspunkt von Z_s (Fall 3 in Bild 7.7) :

$$- D_b z_b - D_s (h - d_1) + M_{s2} = 0 \tag{7.25}$$

oder für $\Sigma M = 0$ um den Angriffspunkt von D_s (Fall 4 in Bild 7.7) :

$$D_b (h - d_1 - z_b) - Z_s (h - d_1) + M_{s1} = 0 \tag{7.26}$$

Entsprechende Gleichungen können auch für Querschnitte im Zustand I
nach Bild 7.10 aufgestellt werden.

Da nur zwei Gleichgewichtsbedingungen zur Verfügung stehen, müssen zur
Lösung einer Bemessungsaufgabe alle Größen bis auf zwei jeweils bekannt

sein oder geschätzt werden. Für das Dehnungsdiagramm kann man Bedingungen vorgeben, z.B. Ausnützen des Stahles mit max ε_s und dafür A_s bestimmen. Sind alle Querschnittsabmessungen und A_s gegeben, können das Dehnungsdiagramm und daraus die aufnehmbaren Schnittgrößen ermittelt werden. Geschlossene Lösungen gelingen nur bei regelmäßig geformten Querschnitten, wie z.B. bei Rechteckquerschnitten (vgl. Abschn. 7.2).

7.2 Bemessung von Querschnitten mit rechteckiger Betondruckzone

7.2.1 Vorbemerkungen

Die Bemessung erfolgt, wie in Abschn. 6 erläutert wurde, grundsätzlich für die Grenzlast = γ-fache Gebrauchslast, also für krit F = $\gamma \cdot F_{g+p}$ bzw. krit M = $\gamma \cdot M_{g+p}$. In DIN 1045 werden die Bezeichnungen F_u und M_u anstelle von krit F und krit M verwendet, und deshalb sind in diesem Abschnitt die kritischen Schnittgrößen mit M_u und N_u bezeichnet.

In Heft 220 des DAfStb. [113] sind die Bemessungshilfen auf Gebrauchslast-Schnittgrößen M_{g+p} und N_{g+p} aufgebaut, was voraussetzt, daß beide Schnittgrößen mit dem gleichen Sicherheitsbeiwert γ zu vergrößern waren. Ist ein kritischer Zustand möglich, bei dem die Längskraft N mit einem kleineren Sicherheitsbeiwert vergrößert werden muß als das Moment M, um zur ungünstigsten Beanspruchung zu gelangen, dann ist es sinnvoller, die hier wiedergegebenen Diagramme oder Tabellen für M_u und N_u zu benutzen.

Anmerkung: Bezeichnet γ_M den für das Biegemoment und γ_N den für die Längskraft zutreffenden Sicherheitsbeiwert, dann können die Bemessungshilfen benutzt werden, nachdem man die Längskraft N im Verhältnis γ_N/γ_M reduziert hat. Entsprechend kann bei Zwangschnittgrößen, die mit dem verminderten Sicherheitsbeiwert γ_{Zw} = 1,0 berücksichtigt werden dürfen, die Bemessung für den 1,0/1,75 $\approx$ 0,6-fachen Wert durchgeführt werden.

7.2.2 Bemessung für Biegung mit Längskraft bei großer Ausmitte (hochliegende Nullinie im Querschnitt)

7.2.2.1 Gleichungen zur rechnerischen Lösung

Die rechnerische Behandlung von Querschnitten geht von den folgenden grundlegenden Beziehungen aus (Abschn. 7.1):

1) Ebenbleiben der Querschnitte, d.h. Proportionalität zwischen Dehnung und Abstand von der Nullinie (Hypothese von Bernoulli).

2) Betonzugfestigkeit wird nicht in Rechnung gestellt,

3) vollkommener Verbund zwischen Beton und Stahl,

4) σ-ε-Linie des Betons nach Bild 7.3 a,

5) σ-ε-Linie des Betonstahls nach Bild 7.5.

Ausgehend von einer vorgegebenen Dehnungsverteilung mit ε_{b1} am Druckrand und ε_{s2} in der Zugbewehrung ergeben sich die im folgenden hergeleiteten Beziehungen (Bild 7.15). Die noch unbekannte Größe des wirksamen Betonquerschnitts (vgl. Abschn. 7.1.4.1) folgt aus 1), d.h. die Höhe x der Betondruckzone bzw. der Abstand der Nullinie vom gedrückten Rand ist:

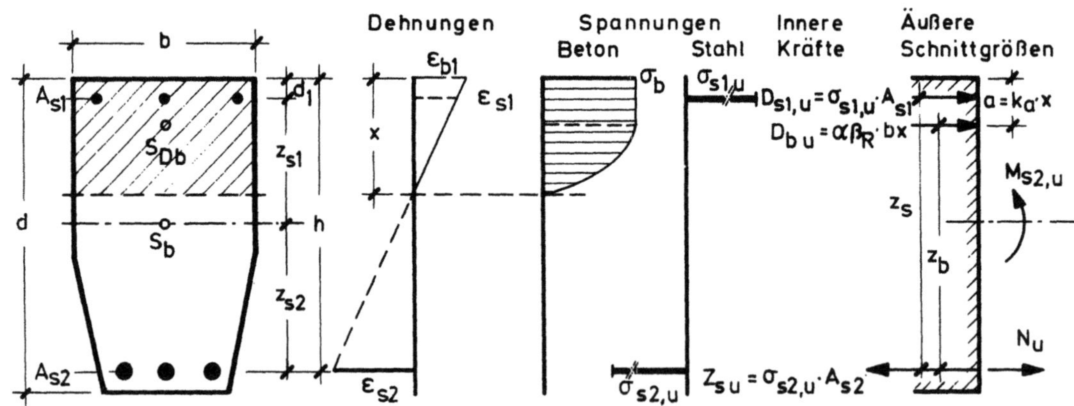

Bild 7.15   Bezeichnungen an einem Querschnitt im Zustand II mit rechteckiger Betondruckzone für den Grenzzustand

$$x = \frac{\varepsilon_{b1}}{\varepsilon_{b1} + \varepsilon_{s2}} \, h = k_x h \qquad (7.27)$$

mit $\qquad k_x = \dfrac{\varepsilon_{b1}}{\varepsilon_{b1} + \varepsilon_{s2}} \qquad\qquad (7.28)$

Die Dehnung ε_{s1} folgt aus dem Verhältnis

$$\frac{\varepsilon_{s1}}{\varepsilon_{b1}} = \frac{x - d_1}{x}$$

und mit $\xi = d_1/h$ gilt:

$$\varepsilon_{s1} = \frac{k_x - \xi}{k_x} \, \varepsilon_{b1} \qquad (7.29)$$

Für die Druckkraft in der Betondruckzone ergibt sich damit aus Gl. (7.12)
mit α nach Gl. (7.14) bzw. Bild 7.12:

$$D_{bu} = b \cdot x \cdot \alpha \cdot \beta_R = b \cdot k_x \cdot h \cdot \alpha \cdot \beta_R \qquad (7.30)$$

Die Kräfte D_{su} in der Druck- und Z_{su} in der Zugbewehrung sind mit den
Dehnungen ε_{s1} und ε_{s2} über die σ-ε-Linie des Stahls nach Bild 7.5 definiert:

$$D_{su} = \sigma_{s1,u} \cdot A_{s1} \qquad (7.31)$$

$$Z_{su} = \sigma_{s2,u} \cdot A_{s2} \qquad (7.32)$$

Zum Aufstellen des Momenten-Gleichgewichts werden noch die <u>Hebelarme
der inneren Kräfte</u> benötigt. Für den Hebelarm zwischen der Betondruckkraft D_{bu} und der Zugkraft Z_{su} gilt mit $a = k_a x$ nach Gl. (7.13):

$$z_b = h - a = h - k_a x = (1 - k_a k_x)h = k_z h \qquad (7.33)$$

also $\qquad\qquad\qquad k_z = 1 - k_a k_x \qquad\qquad\qquad (7.34)$

Entsprechend ergibt sich für den Hebelarm zwischen den Kräften D_{su} und Z_{su} mit $\xi = d_1/h$:

$$z_s = h - d_1 = (1 - \xi)\, h \qquad (7.35)$$

Damit sind zum Aufstellen der Gleichgewichtsbeziehungen $\Sigma N = 0$ und $\Sigma M = 0$ alle Größen in Abhängigkeit von Querschnittsabmessungen, Dehnungen und Baustoffgüten bekannt.

$\Sigma N = 0$ ergab Gl. (7.23):

$$N_u + D_{bu} + D_{su} - Z_{su} = 0$$

und mit den Gl. (7.30) bis (7.32) folgt daraus:

$$\boxed{N_u + b\,h\,k_x\,\alpha\,\beta_R + \sigma_{s1,u} \cdot A_{s1} - \sigma_{s2,u} \cdot A_{s2} = 0} \qquad (7.36)$$

$\Sigma M = 0$ um den Angriffspunkt der Zugkraft Z_{su} lieferte mit $M_{s2,u} = M_u - N_u \cdot z_{s2}$ nach Gl. (7.6) die Gl. (7.25):

$$M_{s2,u} - D_{bu} \cdot z_b - D_{su} \cdot z_s = 0$$

und mit den oben angegebenen Beziehungen folgt:

$$\boxed{M_{s2,u} - b\,h^2\,k_x\,k_z\,\alpha\,\beta_R - \sigma_{s1,u} \cdot A_{s1} \cdot h\,(1 - \xi) = 0} \qquad (7.37)$$

Die Gleichungen (7.36) und (7.37) sind die Grundlage für alle weiteren Rechnungen; darin sind die folgenden 12 Größen unbekannt:

$$M_u, \ N_u, \ b, \ h, \ z_{s2}, \ d_1, \ A_{s2}, \ A_{s1}, \ \beta_S, \ \beta_R, \ \varepsilon_{b1}, \ \varepsilon_{s2}$$

Im allgemeinen werden die Baustoffgüten, d.h. β_S und β_R, sowie die Abmessungen b, h, z_{s2} und d_1 bekannt sein, und es verbleiben nur noch 6 Unbekannte:

$$M_u, \ N_u, \ A_{s2}, \ A_{s1}, \ \varepsilon_{b1}, \ \varepsilon_{s2}$$

Für Querschnitte ohne Druckbewehrung werden die Unbekannten auf 5 reduziert, und die Gleichungen lauten somit:

$$N_u + D_{bu} - Z_{su} = N_u + b\,h\,k_x\,\alpha\,\beta_R - \sigma_{s2,u} \cdot A_{s2} = 0 \qquad (7.38)$$

$$M_{s2,u} - D_{bu} \cdot z_b = M_{s2,u} - b\,h^2\,k_x\,k_z\,\alpha\,\beta_R = 0 \qquad (7.39)$$

Bei reiner Biegung von Querschnitten ohne Druckbewehrung lauten die Gleichungen

$$D_{bu} - Z_{su} = b\,h\,k_x\,\alpha\,\beta_R - \sigma_{s2,u} \cdot A_{s2} = 0 \qquad (7.40)$$

$$M_u - D_{bu} \cdot z_b = M_u - b\,h^2\,k_x\,k_z\,\alpha\,\beta_R = 0 \qquad (7.41)$$

mit den 4 Unbekannten

$$M_u, \ A_{s2}, \ \varepsilon_{b1}, \ \varepsilon_{s2} \ .$$

Für die <u>Bemessung der Bewehrung</u> bei gegebenen Schnittgrößen M_u und N_u dürfen also nur A_{s2} und A_{s1} unbekannt sein. Jede beliebige Annahme der Dehnungen ε_{b1} und ε_{s2} führt bei Vorgabe aller übrigen Größen zu einer Lösung. Die Schwierigkeit der praktischen Bemessung besteht darin, die beste oder wirtschaftlichste Lösung zu finden. Für Biegung mit Längskraft bei großer Ausmitte ist das immer dann der Fall, wenn der Stahl im Zuggurt, d.h. A_{s2}, voll ausgenutzt ist. In solchen Fällen ist es also zweckmäßig, von $\varepsilon_{s2} = 5\,°/_{oo}$ auszugehen.

Eine weitere Reduzierung der vorzugebenden Größen wird möglich, wenn der Querschnitt ohne Druckbewehrung ausgeführt werden soll. Es bleiben dann nur A_{s2} und ε_{b1} als Freiwerte, womit eine eindeutige rechnerische Lösung möglich wird.

Für die <u>Ermittlung der kritischen Schnittgrößen</u> M_u und N_u gelten die gleichen Zusammenhänge. Sind alle Querschnittswerte einschließlich A_{s2} und A_{s1} bekannt, dann kann zu jeder Dehnungsverteilung ε_{s2}, ε_{b1} ein zugehöriges Paar der Größen M_u und N_u gefunden werden. Gesucht ist aber immer nur der Größtwert, der e n t w e d e r bei Ausnützung der Zugbewehrung A_{s2} mit $\sigma_{su} = \beta_S$ bei $\varepsilon_{s2} = 5\,°/_{oo}$ o d e r des Betons mit $\sigma_{bu} = \beta_R$ bei $\varepsilon_{b1} = 3,5\,°/_{oo}$ erreicht werden kann. Damit wird die Aufgabe iterativ lösbar. Zu geschlossenen Lösungen kommt man auch hierbei nur, wenn eine weitere Größe, z.B. die Druckbewehrung entfällt.

Mit den hier angegebenen Beziehungen und Formeln können alle Aufgaben der Bemessung für Biegung und Längskraft gelöst werden, allerdings ist der Rechenaufwand erheblich. Für den Gebrauch in der Praxis verwendet man deshalb Bemessungstafeln und Bemessungsdiagramme. In den nachfolgenden Abschnitten wird die Herleitung einiger dieser Hilfsmittel gezeigt.

7.2.2.2 Dimensionsloses Bemessungsdiagramm (nach H. Rüsch) für Querschnitte <u>o h n e</u> Druckbewehrung

Um ein Bemessungsdiagramm unabhängig von den Dimensionen der Querschnittsabmessungen sowie für alle Beton- und Stahlgüten anwenden zu können, ist es zweckmäßig, die auf die Schwerachse der Stahleinlagen A_{s2} bezogene kritische Schnittgröße $M_{s2,\,u}$ nach Gl. (7.6) in eine dimensionslose Form zu bringen:

$$m_{s2,\,u} = \frac{M_{s2,\,u}}{b\,h^2\,\beta_R} \tag{7.42}$$

Punktweise werden nun zu beliebig vorgegebenen Wertepaaren ε_{b1} und ε_{s2} folgende Größen berechnet:

k_x nach Gl. (7.27),$\qquad\qquad$ k_a nach Gl. (7.15) bzw. Bild 7.12,

k_z nach Gl. (7.34)$\qquad$ und $\qquad$ $D_{bu} = \alpha\,\beta_R\,b\,k_x\,h$ nach Gl. (7.30).

Führt man in Gl. (7.30) einen neuen Beiwert ein:

$$k_b = \alpha\,k_x \tag{7.43}$$

dann gilt für die Betondruckkraft:

$$D_{bu} = k_b \, b \, h \, \beta_R \qquad (7.44)$$

Aus $\Sigma M = 0$ um den Angriffspunkt von Z_{su} folgt nach Gl. (7.39):

$$M_{s2,u} = b \, h^2 \, k_x \, k_z \, \alpha \, \beta_R$$

und hieraus gemäß Gl. (7.42) das bezogene Moment:

$$m_{s2,u} = k_x \, k_z \, \alpha \qquad (7.45a)$$

oder mit Gl. (7.43):

$$m_{s2,u} = k_b \, k_z \qquad (7.45b)$$

Im Bemessungsdiagramm nach H. Rüsch (Bild 7.16) sind die Beiwerte k_z, k_b und k_x sowie die zugehörigen Dehnungen ε_{s2} und ε_{b1} über dem bezogenen Moment $m_{s2,u}$ aufgetragen.

Das Diagramm dient bevorzugt zur Ermittlung der erforderlichen Zugbewehrung A_{s2}, wozu man wie folgt vorgeht. Bei bekannten Betonabmessungen und Baustoffgüten bestimmt man aus den gegebenen kritischen Schnittgrößen M_u und N_u die Werte für

$$M_{s2,u} = M_u - N_u \cdot z_{s2} \quad \text{und} \quad m_{s2,u} = \frac{M_{s2,u}}{b \, h^2 \, \beta_R}$$

Über $m_{s2,u}$ kann der Wert für k_b abgelesen und somit gemäß Gl. (7.44) die Kraft D_{bu} berechnet werden. Die Zugkraft Z_{su} der Stahleinlagen ist dann nach Gl. (7.38):

$$Z_{su} = D_{bu} + N_u$$

Das Diagramm Bild 7.16 liefert für $m_{s2,u}$ ebenfalls die Stahldehnung ε_{s2} für die man aus Bild 7.5 die Stahlspannung $\sigma_{s2,u}$ ablesen kann. Der erforderliche Stahlquerschnitt ist somit:

$$\text{erf } A_{s2} = \frac{Z_{su}}{\sigma_{s2,u}} = \frac{D_{bu} + N_u}{\sigma_{s2,u}} \qquad (7.46)$$

Die Berechnung von D_{bu} nach Gl. (7.44) kann vermieden werden, indem man D_{bu} mit Hilfe von Gl. (7.39) eliminiert, also:

$$D_{bu} = \frac{M_{s2,u}}{z_b}$$

Der innere Hebelarm $z_b = k_z \cdot h$ wird mit Hilfe des Beiwerts k_z berechnet, der aus Diagramm Bild 7.16 über $m_{s2,u}$ abgelesen werden kann. Somit ergibt sich aus Gl. (7.46) mit $\sigma_{s2,u}$ über ε_{s2} eine einfachere Gleichung für den erforderlichen Stahlquerschnitt

$$\text{erf } A_{s2} = \frac{M_{s2,u}}{k_z \cdot h \cdot \sigma_{s2,u}} + \frac{N_u}{\sigma_{s2,u}} \qquad (7.47)$$

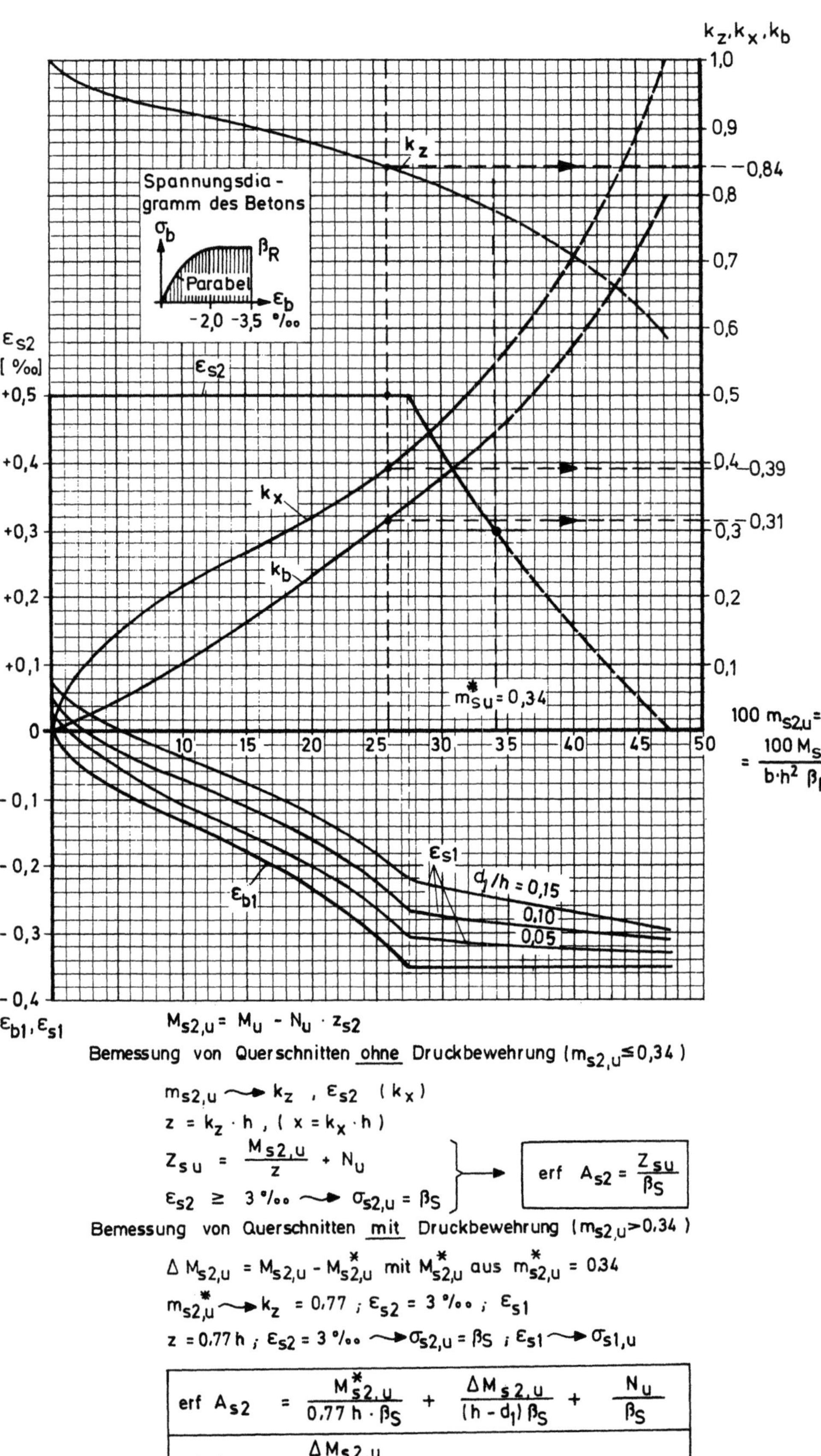

$$M_{s2,u} = M_u - N_u \cdot z_{s2}$$

Bemessung von Querschnitten __ohne__ Druckbewehrung $(m_{s2,u} \leqq 0,34)$

$$m_{s2,u} \rightsquigarrow k_z \, , \, \varepsilon_{s2} \, (k_x)$$

$$z = k_z \cdot h \, , \, (x = k_x \cdot h)$$

$$z_{su} = \frac{M_{s2,u}}{z} + N_u$$

$$\varepsilon_{s2} \geq 3\,°/oo \rightsquigarrow \sigma_{s2,u} = \beta_S$$

$$\boxed{\text{erf } A_{s2} = \frac{z_{su}}{\beta_S}}$$

Bemessung von Querschnitten __mit__ Druckbewehrung $(m_{s2,u} > 0,34)$

$$\Delta M_{s2,u} = M_{s2,u} - M^*_{s2,u} \text{ mit } M^*_{s2,u} \text{ aus } m^*_{s2,u} = 0,34$$

$$m^*_{s2,u} \rightsquigarrow k_z = 0,77 \, ; \, \varepsilon_{s2} = 3\,°/oo \, ; \, \varepsilon_{s1}$$

$$z = 0,77\,h \, ; \, \varepsilon_{s2} = 3\,°/oo \rightsquigarrow \sigma_{s2,u} = \beta_S \, ; \, \varepsilon_{s1} \rightsquigarrow \sigma_{s1,u}$$

$$\text{erf } A_{s2} = \frac{M^*_{s2,u}}{0,77\,h \cdot \beta_S} + \frac{\Delta M_{s2,u}}{(h-d_1)\,\beta_S} + \frac{N_u}{\beta_S}$$

$$\text{erf } A_{s1} = \frac{\Delta M_{s2,u}}{(h-d_1)\,\sigma_{s1,u}}$$

Bild 7.16   Bemessungsdiagramm nach H. Rüsch für Querschnitte mit rechteckiger Betondruckzone bei Biegung mit Längskraft mit großer und mittlerer Ausmitte, bezogen auf k r i t i s c h e Schnittgrößen = γ · Gebrauchslast-Schnittgrößen

Im Diagramm Bild 7.16 sind alle Linien für Werte 100 $m_{s2,u} \geqq 34$ gestrichelt eingezeichnet, da ab diesem Wert die Stahldehnung $\varepsilon_{s2} < 3$‰ ist und somit $\gamma > 1,75$ wird. Es ist nicht wirtschaftlich und sinnvoll, das Bemessungsdiagramm in diesem Bereich für Querschnitte ohne Druckbewehrung zu benutzen (vgl. Abschn. 7.2.2.6).

In Heft 220 des DAfStb. [113] ist auch eine abgewandelte Form dieses Diagrammes, aufgebaut auf Gebrauchslastschnittgrößen M und N, abgebildet.

7.2.2.3 Benutzung des Bemessungs-Diagramms (nach H. Rüsch) für Querschnitte mit Druckbewehrung

Das Diagramm Bild 7.16 zeigt, daß bei großen bezogenen Momenten, d.h. bei Stahlzugdehnungen $\varepsilon_{s2} < 3$‰ , infolge des dann ansteigenden Sicherheitsbeiwertes die Wirtschaftlichkeit der Bemessung leidet. Man verwendet in solchen Fällen besser eine Druckbewehrung. Die Grenze, von der ab dies erfolgen sollte, ist dem Ermessen des Entwerfenden anheim gestellt. Empfohlen wird, als Grenzwert $M_{s2,u}^*$ bzw. $m_{s2,u}^*$ für Bemessungen o h n e Druckbewehrung das zu $\varepsilon_{s2} = 3$‰ gehörende Moment ($m_{s2,u} = 0,34$) anzusehen. Bei größeren Momenten $M_{s2,u}$ muß der über diesen Grenzwert hinausgehende Anteil

$$\Delta M_{s2,u} = M_{s2,u} - M_{s2,u}^* \qquad (7.48)$$

durch ein Kräftepaar aufgenommen werden, das von den Kräften in der Druckbewehrung A_{s1} und in einem zusätzlichen Querschnitt ΔA_{s2} der Zugbewehrung gebildet wird. Der Hebelarm dieses Kräftepaares ist $z_s = h - d_1$. Es muß also sein:

$$\Delta M_{s2,u} = A_{s1} \cdot \sigma_{s1,u} \cdot z_s = \Delta A_{s2} \cdot \sigma_{s2,u} \cdot z_s \qquad (7.49)$$

Der Gesamtquerschnitt der Zugbewehrung ist dann der in Gl. (7.47) angegebene Betrag A_{s2}, vermehrt um ΔA_{s2} aus Gl. (7.49), also

$$\text{erf } A_{s2} = \frac{M_{s2,u}^*}{z_b \cdot \sigma_{s2,u}} + \frac{\Delta M_{s2,u}}{(h-d_1) \cdot \sigma_{s2,u}} + \frac{N_u}{\sigma_{s2,u}} \qquad (7.50)$$

und der erforderliche Querschnitt der Druckbewehrung:

$$\text{erf } A_{s1} = \frac{\Delta M_{s2,u}}{(h-d_1) \cdot \sigma_{s1,u}} \qquad (7.51)$$

Die Größe von $\sigma_{s1,u}$ erhält man über ε_{s1}, das man aus dem Bemessungs-Diagramm Bild 7.16 für das jeweils vorliegende $\xi = d_1/h$ genügend genau abliest oder aus Gl. (7.29) errechnet.

Es sollte beachtet werden, daß man die Vergrößerung der Tragfähigkeit durch Zulage bzw. Anrechnung einer Druckbewehrung bei reiner Biegung (also ohne Längskraft) nur in Ausnahmefällen vornehmen sollte (z.B. bei örtlichen Querschnittsschwächungen). Keinesfalls darf (auch bei Biegung mit Längskraft) A_{s1} mit einem größeren Betrag als A_{s2} in Rechnung gestellt werden.

7.2.2.4 Dimensionsgebundene Bemessungstafeln für Querschnitte o h n e Druckbewehrung

Für den praktischen Gebrauch sind Zahlentafeln leichter zu handhaben als das Diagramm Bild 7.16. Man kann damit auch einfacher anstelle des erforderlichen Stahlquerschnitts A_{s2} z.B. die erforderliche Nutzhöhe oder das zulässige Moment ermitteln. Andererseits muß man sich aber gewisse Einschränkungen auferlegen, weil Änderungen der wirksamen Querschnitte oder des Sicherheitsbeiwertes der Vertafelung schwer zugänglich sind.

Die nachfolgend gezeigten <u>Tafeln</u> Bilder 7.17 und 7.18 benutzen <u>dimensionsgebundene Beiwerte,</u> die zugehörigen Vereinbarungen über die zu verwendenden Dimensionen dürfen also nie außer acht gelassen werden.

Aus $\Sigma M = 0$ um den Angriffspunkt von Z_{su} ergab Gl. (7.39):

$$M_{s2,u} = b\,h^2\,k_x\,k_z\,\alpha\,\beta_R$$

Löst man diese Gleichung nach h auf, so folgt:

$$h = \sqrt{\frac{1}{k_x\,k_z\,\alpha\,\beta_R}\cdot\frac{M_{s2,u}}{b}} = k_h\sqrt{\frac{M_{s2,u}}{b}} \tag{7.52}$$

mit dem Beiwert
$$k_h = \sqrt{\frac{1}{k_x\,k_z\,\alpha\,\beta_R}} \tag{7.53a}$$

bzw. durch Umkehrung von Gl. (7.52):
$$\boxed{k_h = \frac{h}{\sqrt{M_{s2,u}/b}}} \tag{7.53b}$$

Für den in Bild 7.17 vertafelten Wert k_h, der für jede Kombination von ε_{b1}, ε_{s2} und β_R berechnet werden kann, wurden folgende <u>Dimensionen</u> vereinbart:

$$h\;[\text{cm}]\;!\,;\quad M_{s2,u}\;[\text{kNm}]$$
$$b\;[\text{m}]\quad;\quad \beta_R\;[\text{kN/cm}^2]$$

Führt man in Gl. (7.47) einen Beiwert ein:

$$k_s = \frac{1}{\sigma_{s2,u}\cdot k_z} \tag{7.54}$$

so ergibt sich:

$$\text{erf }A_{s2} = k_s\,\frac{M_{s2,u}}{h} + \frac{10\cdot N_u}{\sigma_{s2,u}} \tag{7.55}$$

Hierbei sind aber folgende <u>Dimensionen</u> zu verwenden:

$$h\;[\text{cm}]\;!\;;\quad M_{s2,u}\;[\text{kNm}]$$
$$N_u\;[\text{kN}]\quad;\quad \sigma_{s2,u}\;[\text{N/mm}^2]$$

Weil k_s von der Stahlspannung $\sigma_{s2,u}$ abhängt und bei jeder Betonstahlsorte dafür unterschiedliche Grenzwerte gelten, muß die Bemessungstafel für jede Stahlgüte eine besondere Spalte mit k_s-Werten enthalten.

Aus der Tafel Bild 7.17 können Teile, die nur für eine bestimmte Stahl-

| k_h | | | | | k_s | | | k_x | k_z | ε_b | ε_s | Bemer-kungen |
B 15	B 25	B 35	B 45	B.55	B St 220/340	B St 420/500	B St 500/550			[‰]	[‰]	
13,03	10,09	8,80	8,12	7,71	4,6	2,4	2,0	0,05	0,98	0,25	5,00	
6,87	5,32	4,64	4,28	4,06	4,7	2,5	2,1	0,09	0,97	0,50	5,00	
4,83	3,74	3,26	3,01	2,85	4,8	2,5	2,1	0,13	0,96	0,75	5,00	
3,82	2,96	2,58	2,38	2,26	4,8	2,5	2,1	0,17	0,94	1,00	5,00	
3,22	2,49	2,17	2,01	1,90	4,9	2,6	2,2	0,20	0,93	1,25	5,00	Bereich 2 in Bild 7.6
2,83	2,19	1,91	1,76	1,67	5,0	2,6	2,2	0,23	0,92	1,50	5,00	
2,56	1,98	1,73	1,60	1,51	5,0	2,6	2,2	0,26	0,90	1,75	5,00	
2,37	1,83	1,60	1,48	1,40	5,1	2,7	2,2	0,29	0,89	2,00	5,00	$\gamma = 1{,}75$; $\sigma_{s2,u} = \beta_S$
2,22	1,72	1,50	1,39	1,32	5,2	2,7	2,3	0,31	0,88	2,25	5,00	
2,12	1,64	1,43	1,32	1,25	5,2	2,7	2,3	0,33	0,87	2,50	5,00	
2,03	1,57	1,37	1,27	1,20	5,3	2,8	2,3	0,35	0,86	2,75	5,00	
1,96	1,52	1,33	1,22	1,16	5,4	2,8	2,4	0,38	0,85	3,00	5,00	
1,90	1,48	1,28	1,19	1,13	5,4	2,8	2,4	0,39	0,84	3,25	5,00	
1,86	1,44	1,25	1,16	1,10	5,5	2,9	2,4	0,41	0,83	3,50	5,00	
1,82	1,41	1,23	1,14	1,08	5,5	2,9	2,4	0,43	0,82	3,50	4,60	Bereich 3
1,79	1,38	1,21	1,11	1,06	5,6	2,9	2,5	0,45	0,81	3,50	4,20	
1,75	1,36	1,18	1,09	1,04	5,7	3,0	2,5	0,48	0,80	3,50	3,80	
1,71	1,33	1,16	1,07	1,01	5,8	3,0	2,5	0,51	0,79	3,50	3,40	
1,68	1,30	1,13	1,05	0,99	5,9	3,1	2,6	0,54	0,78	3,50	3,00	

letzte Zeile = k_h^* !

Bild 7.17 Dimensionsgebundene Bemessungstafel für einfach bewehrte Querschnitte mit rechteckiger Betondruckzone bei Biegung mit Längskraft mit großer und mittlerer Ausmitte für γ-fache Gebrauchslast

| k_h | | | | | k_s |
B 15	B 25	B 35	B 45	B 55	
26,1	20,2	17,6	16,3	15,4	3,4
4,58	3,55	3,09	2,85	2,71	2,5
2,81	2,17	1,90	1,75	1,66	2,6
2,24	1,73	1,51	1,39	1,32	2,7
1,98	1,53	1,34	1,23	1,17	2,8
1,83	1,45	1,23	1,14	1,08	2,9
1,73	1,34	1,17	1,08	1,02	3,0
1,68	1,30	1,13	1,05	0,99	3,1

letzte Zeile = k_h^* !

$$M_{s2,u} = \gamma \cdot M - \gamma \cdot N \cdot z_{s2}$$

$$k_h = \frac{h\,[\mathrm{cm}]}{\sqrt{\dfrac{M_{s2,u}\,[\mathrm{kNm}]}{b\,[\mathrm{m}]}}}$$

$$\mathrm{erf}\ A_{s2}\,[\mathrm{cm}^2] =$$

$$= k_s \frac{M_{s2,u}\,[\mathrm{kNm}]}{h\,[\mathrm{cm}]} + \frac{10 \cdot \gamma \cdot N\,[\mathrm{kN}]}{\beta_S\,[\mathrm{N/mm}^2]}$$

Bild 7.18 Auszug aus der dimensionsgebundenen Bemessungstafel Bild 7.17 für B St 420/500

güte gelten, herausgelöst werden. Bild 7.18 zeigt eine solche verkleinerte Tafel für B St 420/500.

Die Handhabung dieser Bemessungstafeln ist sehr einfach: Man bestimmt aus gegebenen Betonabmessungen b und h und für das gegebene $M_{s2,u}$ den Richtwert k_h nach Gl. (7.53 b). Das zugehörige k_s zur Berechnung von erf A_{s2} wird in derjenigen Zeile abgelesen, in der unter der betreffenden Betongüte ein k_h-Wert angegeben ist, der k l e i n e r als der errechnete ist.

Die Tafeln sind hier nur soweit ausgearbeitet, wie es den Bereichen 2 und 3 zwischen Linie b und d im Bild 7.6 entspricht, d.h. es ist immer $\varepsilon_{s2} \geqq 3\,\text{‰}$ und $\sigma_{s2,u} = \beta_S$ sowie der Sicherheitsbeiwert einheitlich $\gamma = 1,75$. Damit sind für die Anwendung der Gl. (7.55) keine weiteren Hilfsmittel nötig. Der Wert k_h, der dem Dehnungsverhältnis $\varepsilon_{s2} = 3\,\text{‰}$, $\varepsilon_{b1} = 3,5\,\text{‰}$ (Linie d in Bild 7.6) zugeordnet ist, ist aus praktischen Gründen als Grenzwert anzusehen. Er wird deshalb k_h^* genannt (vgl. Definition von $M_{s2,u}^*$ in Abschn. 7.2.2.3) und ist in der letzten Zeile dieser Tabellen angegeben. Wird aus Gl. (7.52) ein Wert k_h kleiner als k_h^* errechnet, so sollte man bei reiner Biegung den Betonquerschnitt vergrößern oder in Zwangslagen Druckbewehrung nach Abschn. 7.2.2.5 vorsehen.

Im Betonkalender bzw. in Heft 220 DAfStb. sind Tafeln mit vollständigeren Zahlenreihen als in den Bildern 7.17 und 7.18 enthalten, sie gelten aber wiederum für Gebrauchslastschnittgrößen!

7.2.2.5 Benutzung der dimensionsgebundenen Bemessungstafeln für Querschnitte mit Druckbewehrung

Sind bei Biegung mit Längskraft die Momente $M_{s2,u}$ so groß, daß der Kennwert k_h kleiner wird als k_h^* in der letzten Zeile der Tafel Bild 7.17 oder 7.18 (zugehöriges $\varepsilon_{s2} = 3\,\text{‰}$), dann sollte eine Druckbewehrung angeordnet werden. Wie in 7.2.2.3 entwickelt, ist die Druckbewehrung zu bemessen für den fehlenden Betrag

$$\Delta M_{s2,u} = M_{s2,u} - M_{s2,u}^* \qquad (7.48)$$

Zur Entwicklung eines Bemessungs-Hilfswertes werden die beiden ersten Summanden im Ausdruck für A_{s2} gemäß Gl. (7.50) und mit $\xi = d_1/h$ wie folgt umgeformt:

$$\frac{M_{s2,u}^*}{z_b \cdot \sigma_{s2,u}} + \frac{\Delta M_{s2,u}}{(h-d_1)\cdot\sigma_{s2,u}} = \frac{1}{h\cdot k_z \cdot \sigma_{s2,u}}\left(M_{s2,u}^* + \frac{k_z}{1-\xi}\Delta M_{s2,u}\right) \quad (7.5$$

Entsprechend der Definition von k_h gemäß Gl. (7.52) gilt:

$$\frac{M_{s2,u}^*}{M_{s2,u}} = \frac{k_h^2}{k_h^{*2}} \qquad \text{bzw.} \qquad M_{s2,u}^* = \frac{k_h^2}{k_h^{*2}} \cdot M_{s2,u} \qquad (7.5$$

und aus Gl. (7.48) erhält man damit:

$$\Delta M_{s2,u} = M_{s2,u} - M_{s2,u}\cdot\frac{k_h^2}{k_h^{*2}} = \left[1 - \left(\frac{k_h}{k_h^*}\right)^2\right]\cdot M_{s2,u} \qquad (7.5$$

Werden die Ausdrücke (7.57) und (7.58) in Gl. (7.56) eingesetzt, so ergibt sich nach einigen Umformungen:

$$\frac{M^{\bullet}_{s2,u}}{z_b \cdot \sigma_{s2,u}} + \frac{\Delta M_{s2,u}}{(h-d_1)\sigma_{s2,u}} = \frac{M_{s2,u}}{h} \cdot \frac{(1 - \xi - k_z)\left(\dfrac{k_h}{k_h^{*}}\right)^2 + k_z}{k_z \cdot \sigma_{s2,u} \cdot (1 - \xi)} \qquad (7.59)$$

Der 2. Bruch auf der rechten Seite ist also der Bemessungswert k_s bei Querschnitten mit Druckbewehrung, wenn eine Bemessungsgleichung nach Art der Gl. (7.55) angestrebt wird:

$$k_s = \frac{(1 - \xi - k_z)\left(\dfrac{k_h}{k_h^{*}}\right)^2 + k_z}{k_z \cdot (1 - \xi) \cdot \sigma_{s2,u}} \qquad (7.60)$$

In den folgenden Tafeln (z.B. Bild 7.19 b) wird k_s nur für den Abstand der Druckbewehrung $\xi = d_1/h = 0,07$ angegeben. Ist ξ kleiner, so wird k_s in Wirklichkeit kleiner als der Tafelwert und das errechnete erf A_{s2} also etwas zu groß - man bleibt auf der sicheren Seite. Ist ξ aber größer als 0,07, dann wird das zugehörige k_s größer und damit muß auch erf A_{s2} größer werden, als sich aus der Tafel ergeben würde. Für $\xi > 0,07$ muß deshalb ein K o r r e k t u r f a k t o r ρ eingeführt werden (Bild 7.19 a):

$$\rho = \frac{k_s \text{ bei } \xi_{vorh}}{k_s \text{ bei } \xi_{0,07}} = \frac{\left[(1 - k_z - \xi)\left(\dfrac{k_h}{k_h^{*}}\right)^2 + k_z\right] 0,93}{\left[(0,93 - k_z)\left(\dfrac{k_h}{k_h^{*}}\right)^2 + k_z\right](1 - \xi)} \qquad (7.61)$$

Die Tafeln liefern den erforderlichen Stahlquerschnitt mit der Gleichung:

$$\text{erf } A_{s2} \, [\text{cm}^2] = \frac{M_{s2,u}\,[\text{kNm}]}{h\,[\text{cm}]} \cdot k_s \cdot \rho + \frac{10 \cdot N_u\,[\text{kN}]}{\sigma_{s2,u}\,[\text{N/mm}^2]} \qquad (7.62)$$

wobei entsprechend der Definition für den verwendeten Wert k_h^{*} die Dehnung $\varepsilon_{s2} = 3\text{‰}$ und die Stahlspannung $\sigma_{s2,u} = \beta_S$ ist.

Für einen entsprechenden Hilfswert k_{s1} zur Bestimmung von A_{s1} setzt man die bereits angegebenen Ausdrücke in die Gleichung (7.51) für A_{s1} ein und erhält:

$$\text{erf } A_{s1} = \frac{M_{s2,u}}{h} \cdot \frac{1 - \left(\dfrac{k_h}{k_h^{*}}\right)^2}{(1 - \xi) \cdot \sigma_{s2,u}} \qquad (7.63)$$

Der Beiwert k_{s1} ist damit:

$$k_{s1} = \frac{1 - \left(\dfrac{k_h}{k_h^{*}}\right)^2}{(1 - \xi)\sigma_{s2,u}} \qquad (7.64)$$

Auch er ist in den Tafeln nur für Fälle mit $\xi = 0,07$ angegeben. Ein Korrekturwert ρ_1 wird für größere Abstände ξ nötig. Er ergibt sich zu

	$\xi = d_1/h$								
	0,07	0,08	0,10	0,12	0,14	0,16	0,18	0,20	0,22
ρ_1	1,0	1,01	1,03	1,06	1,08	1,11	1,13	1,16	1,19
k_h/k_h^*	ρ								
1,0	1,00	1,01	1,01	1,01	1,01	1,01	1,02	1,02	1,02
0,95	1,00	1,01	1,01	1,02	1,02	1,02	1,02	1,03	1,03
0,90	1,00	1,01	1,02	1,02	1,02	1,03	1,03	1,04	1,04
0,85	1,00	1,01	1,02	1,02	1,03	1,04	1,04	1,05	1,06
0,80	1,00	1,01	1,02	1,03	1,04	1,05	1,05	1,06	1,07
0,75	1,00	1,01	1,02	1,03	1,04	1,05	1,06	1,07	1,08
0,70	1,00	1,01	1,02	1,03	1,04	1,06	1,07	1,08	1,09

a) Beiwerte ρ_1 und ρ für $\xi > 0,07$

k_h/k_h^*	k_{s1}	k_s
1,000	0	3,1
0,975	0,1	3,0
0,950	0,2	3,0
0,925	0,4	3,0
0,900	0,5	3,0
0,875	0,6	2,9
0,850	0,7	2,9
0,825	0,8	2,9
0,800	0,9	2,9
0,775	1,0	2,9
0,750	1,1	2,8
0,725	1,2	2,8
0,700	1,3	2,8

b) Beiwerte k_{s1} und k_s für $\xi \leqq 0,07$

B St 420/500

$$\text{erf } A_{s2}\left[\text{cm}^2\right] = \frac{M_{s2,u}\,[\text{kNm}]}{h\,[\text{cm}]} \cdot k_s \cdot \rho + \frac{10 \cdot N_u\,[\text{kN}]}{\sigma_{s2,u}\,[\text{N/mm}^2]}$$

$$\text{erf } A_{s1}\left[\text{cm}^2\right] = \frac{M_{s2,u}\,[\text{kNm}]}{h\,[\text{cm}]} \cdot k_{s1} \cdot \rho_1$$

Bild 7.19 Bemessungstafel für Querschnitte mit rechteckiger Betondruckzone mit Druckbewehrung als Ergänzung zur dimensionsgebundenen Bemessungstafel Bild 7.17 (gültig nur für B St 420/500)

$$\rho_1 = \frac{k_{s1} \text{ bei } \xi_{\text{vorh}}}{k_{s1} \text{ bei } \xi_{0,07}} = \frac{\left[1 - \left(\frac{k_h}{k_h^*}\right)^2\right] 0,93}{(1-\xi)\left[1-\left(\frac{k_h}{k_h^*}\right)^2\right]} = \frac{0,93}{1-\xi} \qquad (7.65)$$

Dieser Korrekturfaktor ist also vom Verhältnis k_h/k_h^* unabhängig, er ist ebenfalls in den Tafeln angegeben.

Den erforderlichen Bewehrungsquerschnitt A_{s1} erhält man nach Gl. (7.63) zu:

$$\text{erf } A_{s1} = \frac{M_{s2,u}}{h} \cdot k_{s1} \cdot \rho_1 \qquad (7.66)$$

Als Beispiel ist in Bild 7.19 eine für B St 420/500 gültige Tafel abgedruckt.

Es sei hier auf die im Abschnitt 7.2.3 erwähnten "Interaktions-Diagram-me" verwiesen, die für Biegung mit Längskraft in Rechteckquerschnitten bei symmetrischer Bewehrung $A_{s2} = A_{s1}$ auch für mittlere und große Ausmitte zweckmäßig sind.

7.2.2.6 Herleitung eines dimensionslosen Bemessungsdiagramms für Querschnitte o h n e Druckbewehrung bei reiner Biegung

Für B i e g u n g o h n e L ä n g s k r a f t kann in einfacher Weise ein dimensionsloses Diagramm oder eine entsprechende Tafel aufgestellt werden. Dabei geht man vom (geometrischen) Bewehrungsgrad μ aus, der definiert ist als

$$\mu_2 = \frac{A_{s2}}{b \cdot h} \qquad \text{(geometrischer Bewehrungsgrad der Zugbewehrung)}$$

$$\mu_1 = \frac{A_{s1}}{b \cdot h} \qquad \text{(geometrischer Bewehrungsgrad der Druckbewehrung)} \qquad (7.67)$$

und meistens als Bewehrungsprozentsatz μ [%] angegeben wird.

Für die Zugkraft kann also geschrieben werden:

$$Z_{su} = A_{s2} \cdot \sigma_{s2,u} = \mu_2 \cdot b \cdot h \cdot \sigma_{s2,u} \qquad (7.68)$$

Aus $\Sigma M = 0$ um den Angriffspunkt von D_{bu} ergibt sich

$$M_u = Z_{su} \cdot z_b = \mu_2 \cdot b \cdot h \ \sigma_{s2,u} \cdot k_z \cdot h = \mu_2 \cdot k_z \cdot b \cdot h^2 \cdot \sigma_{s2,u} \qquad (7.69)$$

und damit das bezogene Moment m_u:

$$m_u = \frac{M_u}{b \cdot h^2 \cdot \beta_R} = \mu_2 \cdot k_z \frac{\sigma_{s2,u}}{\beta_R} \qquad (7.70)$$

Die Bedingung $\Sigma N = 0$ liefert $D_{bu} = Z_{su}$; daraus ergibt sich mit Gl. (7.30) und (7.68):

$$\alpha \ \beta_R b k_x h = \mu_2 b h \sigma_{s2,u}$$

bzw. umgeformt:

$$\mu_2 \frac{\sigma_{s2,u}}{\beta_R} = \alpha k_x \qquad (7.71)$$

Hinweis: Wird Gl. (7.71) in (7.70) eingesetzt, dann ergibt sich die schon bekannte Gl. (7.45 a): $m_u = k_x k_z \alpha$.

Für beliebige Dehnungsverteilungen (innerhalb der Bereiche 2 und 3 des Bildes 7.6) können nun Wertepaare m_u und μ_2 berechnet werden. Der Verlauf von m_u in Abhängigkeit vom Bewehrungsprozentsatz μ_2 ist in Bild 7.20 für die Betonfestigkeitsklasse B 25 und die verschiedenen Betonstähle gezeigt. Alle Kurven weisen einen Knick auf, wenn die Stahldehnung den Wert $\varepsilon_{s,S} = \beta_S/E_s$ erreicht (da $\varepsilon_b = 3,5\,‰$, entspricht die Dehnungsverteilung der Linie e nach Bild 7.6). Für Stahldehnungen $\varepsilon_s < \varepsilon_{s,S}$ steigt der erforderliche Bewehrungsprozentsatz sehr stark an; eine Bemessung wäre in diesem Bereich unwirtschaftlich.

Noch deutlicher wird die Grenze des wirtschaftlichen Bewehrungsgrades, wenn man m_u durch den jeweiligen Sicherheitsbeiwert γ dividiert und

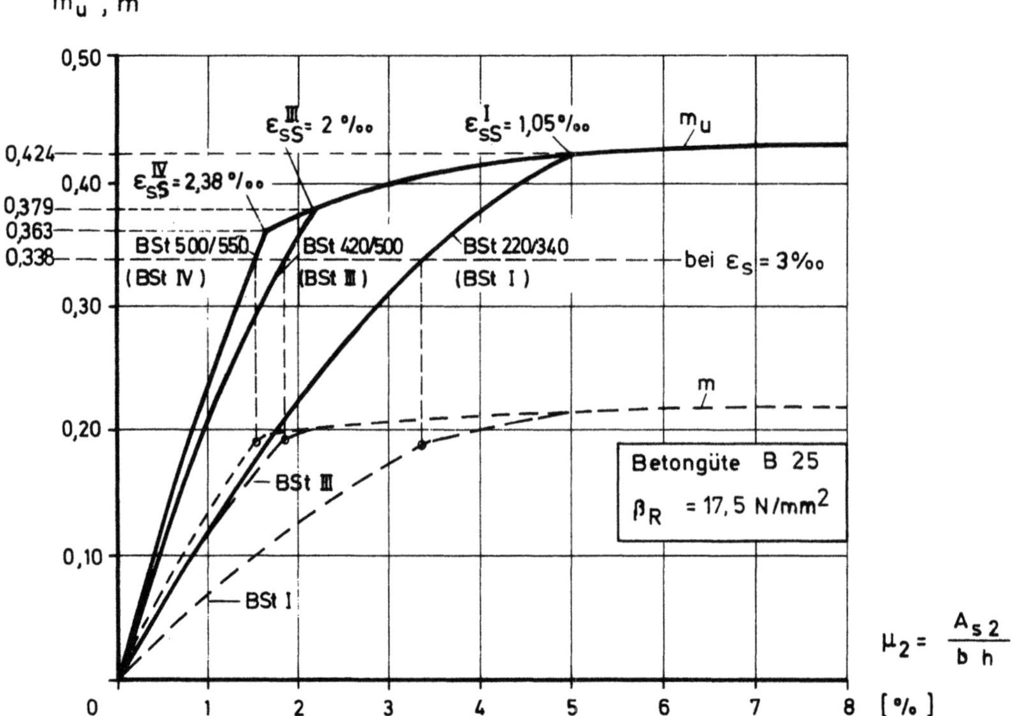

Bild 7.20   Verlauf des aufnehmbaren bezogenen Moments m_u bei reiner
Biegung eines Querschnitts mit rechteckiger Betondruckzone o h n e Druckbewehrung für B 25 in Abhängigkeit vom geometrischen Bewehrungsprozentsatz μ_2 und der Betonstahlgüte

den Verlauf des bezogenen Moments m aufzeichnet (gestrichelte Linien
in Bild 7.20). Diese Kurven weisen einen zweiten Knick für die Stahldehnung ε_{s2} = 3 ‰ auf und zeigen deutlich, daß für m > 0,338/1,75 = 0,193
eine weitere Vergrößerung des Bewehrungsquerschnitts A_{s2} nur geringe
Steigerungen der aufnehmbaren Momente bewirkt.

Zum Aufstellen eines dimensionslosen Bemessungsdiagrammes, das unabhängig von der Betonstahlsorte und der Betonfestigkeitsklasse sein soll,
führt man den <u>mechanischen Bewehrungsgrad</u> ω ein, der definiert ist als:

$$\omega_2 = \mu_2 \cdot \frac{\beta_S}{\beta_R} \quad \text{(Zugbewehrung)} \qquad (7.72\,a)$$

$$\omega_1 = \mu_1 \cdot \frac{\beta_S}{\beta_R} \quad \text{(Druckbewehrung)} \qquad (7.72\,b)$$

Da das Bemessungsdiagramm nur für Stahldehnungen $\varepsilon_{s2} \geqq 3\,\%_o$ aufgestellt werden soll, ist in allen Fällen $\sigma_{s2,u} = \beta_S$; damit ergeben sich
durch Einsetzen in Gl. (7.70) und Gl. (7.71) die einfachen Beziehungen:

$$m_u = k_z \cdot \omega_2 \qquad (7.73)$$

$$\omega_2 = \alpha\,k_x \qquad (7.74)$$

Wie schon erläutert, können für beliebige Dehnungsverteilungen (bei
$\varepsilon_{s2} > 3\,\%_o$) Wertepaare m_u und ω_2 berechnet werden. Diese Beziehungen zwischen m_u und ω_2 sind als "Bemessungskurve" in Bild 7.21 dargestellt. Die gestrichelte Linie entspricht dem bezogenen Gebrauchslast-

moment m, das man durch Division mit dem Sicherheitsbeiwert $\gamma = 1,75$
aus m_u erhält. Für die Kurve m_u kann eine leicht zu merkende Näherung für den Bereich $\varepsilon_{s2} > 3\,°/_{00}$ angegeben werden:

$$m_u \approx \omega_2 \,(1 - 0,5 \cdot \omega_2) \qquad\qquad (7.75)$$

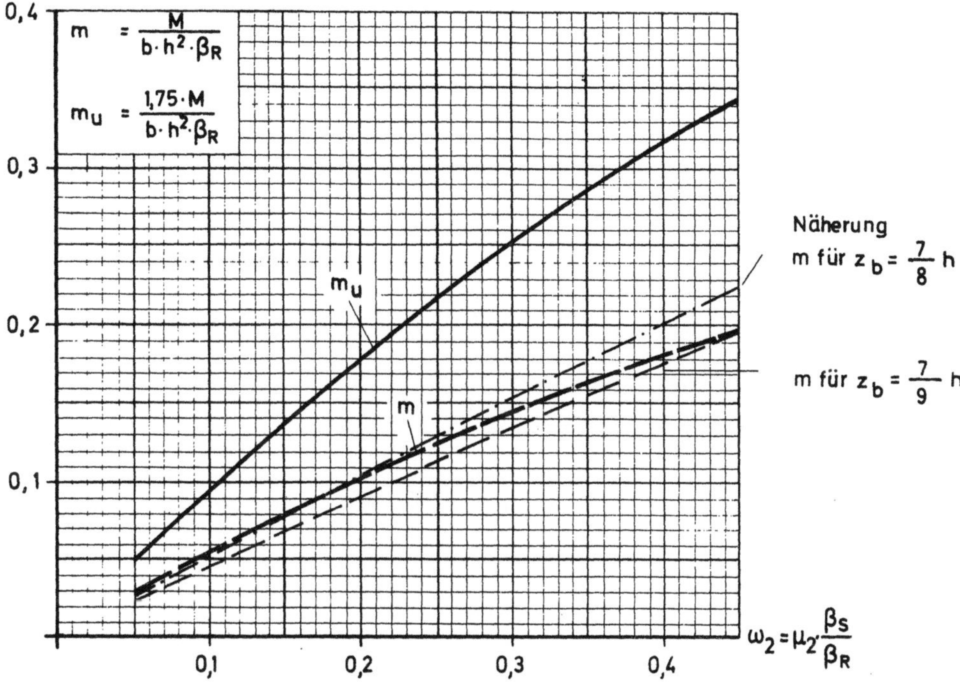

Bild 7.21   Verlauf des aufnehmbaren bezogenen Moments m_u bei reiner
Biegung eines Querschnitts mit rechteckiger Betondruckzone o h n e
Druckbewehrung in Abhängigkeit vom mechanischen Bewehrungsgrad ω_2
(die Näherungen gemäß Abschn. 7.2.2.7 mit Faustformeln für den
inneren Hebelarm z_b sind gestrichelt eingetragen)

7.2.2.7   Faustformeln zur Bemessung von Querschnitten o h n e Druckbe-wehrung bei r e i n e r Biegung

Der erforderliche Stahlquerschnitt kann bei reiner Biegung von Querschnitten ohne Druckbewehrung nach Gl. (7.47), also

$$\text{erf } A_{s2} = \frac{M_u}{z \cdot \sigma_{s2,u}}$$

leicht bestimmt werden, wenn man eine Näherung für den inneren Hebelarm $z = z_b$ angeben kann. Das Diagramm Bild 7.16 zeigt, daß der innere Hebelarm je nach dem Beanspruchungsgrad des Betons in der Druck-
zone bei ausgenützter Stahldehnung $\varepsilon_{s2} = 5\,°/_{00}$ im praktischen Anwendungsbereich zwischen $z = 0,83$ h und $z = 0,92$ h schwankt.

Die Bemessung der Längsbewehrung liegt also auf der sicheren Seite,
wenn man - wie in der Praxis seit Jahrzehnten üblich - bis ungefähr
$\omega_2 < 0,3$ setzt:

$$z = \frac{7}{8}\,h = 0,875\ h$$

Mit $\sigma_{s2,u} = \beta_S$ erhält man

$$\text{erf } A_{s2} = \frac{M_u}{\frac{7}{8}h \cdot \beta_S} \qquad \text{(bei } \omega_2 \lesseqgtr 0,3) \qquad\qquad (7.76)$$

Für hohe Bewehrungsgrade $\omega_2 > 0,3$ gibt $z = \frac{7}{9} h = 0,78 \, h$ sichere Werte, damit erhält man

$$\text{erf } A_{s2} = \frac{M_u}{\frac{7}{9}h \cdot \beta_S} \qquad \text{(bei } \omega_2 > 0,3) \qquad\qquad (7.77)$$

Diese Näherungs- oder Faustformeln sind auch für Biegung <u>mit Längskraft</u> brauchbar, sofern die gleiche Grenze für ω_2 eingehalten und <u>keine Druckbewehrung</u> in Rechnung gestellt wird.

7.2.3 Bemessung für Biegung mit Längskraft bei mittlerer und kleiner Ausmitte (tiefliegende Nullinie und Nullinie außerhalb des Querschnitts)

7.2.3.1 Bemessungsdiagramme nach Mörsch-Pucher für unsymmetrische Bewehrung (tiefliegende Nullinie im Querschnitt)

Bei Benutzung der Bemessungstafeln des Abschn. 7.2.2.5 für Querschnitte mit Druckbewehrung werden häufig die in DIN 1045, Abschn. 17.2.3 festgelegten Grenzen für A_{s1} überschritten (A_{s1} muß $< A_{s2}$ sein und bei überwiegender Biegung soll $A_{s1} < 1\,\%$ von A_b bleiben). Eine Lösung für solche Bemessungsfälle ergibt sich, wenn man auf der Zugseite A_{s2} nicht ganz ausnützt; damit rückt die Nullinie näher an A_{s2} heran, die Druckzone wird größer und erf A_{s1} kleiner!

Da sich die Dehnung auf der Zugseite nach Ermessen herabsetzen läßt, ist die Bemessungsaufgabe vieldeutig geworden (vgl. Abschn. 7.2.2.1) E. Mörsch hat als erster den Vorschlag gemacht, die Zusammenhänge zwischen möglichen Dehnungen und beliebig aufgeteilten Bewehrungen A_{s2} und A_{s1} in einem Diagramm ablesbar zu machen. Pucher hat diese Darstellung vereinfacht.

Die Wege zur Aufstellung dieser Diagramme werden hier gekürzt für Zustand II aufgezeigt und ihre Anwendung erläutert.

Der Stahlbeton-Rechteckquerschnitt soll geometrische Symmetrie hinsichtlich der Lage der Bewehrungen A_{s2} und A_{s1} aufweisen (vgl. Kopf des Bildes 7.22) Es ist also $z_{s2} = z_{s1}$ und mit $\xi = d_1/h$ folgt:

$$h = \frac{1}{1+\xi} d \qquad\qquad (7.78)$$

$$z_{s2} = z_{s1} = \frac{d}{2} - d_1 = \frac{1-\xi}{2(1+\xi)} d \qquad\qquad (7.79)$$

Wie in den vorhergehenden Abschnitten gelten die Beziehungen

$$k_x = \frac{x}{h} = \frac{\varepsilon_{b1}}{\varepsilon_{s2}+\varepsilon_{b1}} \qquad\qquad \varepsilon_{s1} = \frac{k_x - \xi}{k_x}\varepsilon_{b1} \qquad\qquad k_z = \frac{z_b}{h} = 1 - k_a k_x$$

Die inneren Kräfte können wie folgt angeschrieben werden (α ist nach Gl. (7.14) einzusetzen):

$$D_{bu} = \alpha\, k_x\, b\, h\, \beta_R = \frac{\alpha\, k_x}{1 + \xi}\, b\, d\, \beta_R$$

$$D_{su} = A_{s1} \cdot \sigma_{s1,u} \quad \text{und} \quad Z_{su} = A_{s2} \cdot \sigma_{s2,u}$$

Mit den auf den **vollen** Betonquerschnitt $A_b = b \cdot d$ bezogenen Bewehrungen schreiben sich die geometrischen Bewehrungsgrade:

$$\mu_{02} = \frac{A_{s2}}{b \cdot d} \quad \text{und} \quad \mu_{01} = \frac{A_{s1}}{b \cdot d} \qquad (7.80)$$

und die mechanischen Bewehrungsgrade:

$$\omega_{02} = \mu_{02}\, \frac{\beta_S}{\beta_R} \quad \text{und} \quad \omega_{01} = \mu_{01} \cdot \frac{\beta_S}{\beta_R} \qquad (7.81)$$

Damit erhält man für die Kräfte im Stahl:

$$D_{su} = \omega_{01}\, b\, d\, \beta_R\, \frac{\sigma_{s1,u}}{\beta_S} \qquad (7.82)$$

$$Z_{su} = \omega_{02}\, b\, d\, \beta_R\, \frac{\sigma_{s2,u}}{\beta_S} \qquad (7.83)$$

Die in Gl. (7.6) und (7.7) angegebenen Momente

$$M_{s2,u} = M_u - N_u \cdot z_{s2} \quad \text{und} \quad M_{s1,u} = M_u + N_u \cdot z_{s1}$$

werden auf den vollen Betonquerschnitt bezogen:

$$m_{s2,u} = \frac{M_{s2,u}}{b\, d^2\, \beta_R} \qquad (7.84) \quad \text{und} \quad m_{s1,u} = \frac{M_{s1,u}}{b\, d^2\, \beta_R} \qquad (7.85)$$

Bildet man $\Sigma M = 0$ um A_{s1} bzw. A_{s2}, dann ergeben sich zwei Gleichungen, in denen nur jeweils A_{s2} bzw. A_{s1} vorkommt. Mit k_a nach Gl. (7.15) gilt dann:

$$M_{s2,u} = D_{su}\,(h - d_1) + D_{bu}\,(1 - k_a k_x) \cdot h$$

$$M_{s1,u} = Z_{su}\,(h - d_1) - D_{bu}\,(k_a k_x h - d_1)$$

Mit den Gl. (7.81) bis (7.83) erhält man für die bezogenen Momente:

$$m_{s2,u} = \omega_{01}\, \frac{\sigma_{s1,u}}{\beta_S} \cdot \frac{1 - \xi}{1 + \xi} + \alpha\, k_x\, \frac{1 - k_a k_x}{(1 + \xi)^2} \qquad (7.86)$$

$$m_{s1,u} = \omega_{02}\, \frac{\sigma_{s2,u}}{\beta_S} \cdot \frac{1 - \xi}{1 + \xi} - \alpha \cdot k_x \cdot \frac{k_a k_x - \xi}{(1 + \xi)^2} \qquad (7.87)$$

In diesen Beziehungen sind ξ, β_R und β_S bekannt; die Größen α, k_a, k_x

$\sigma_{s1,u}$ und $\sigma_{s2,u}$ können für jedes beliebige Dehnungsdiagramm bestimmt werden. Damit sind die Gleichungen gefunden, mit denen sich die bezogenen Momente $m_{s1,u}$ und $m_{s2,u}$ ausdrücken lassen. Nach Umstellung folgt aus Gl. (7.86) und Gl. (7.87):

$$\omega_{02} = \frac{m_{s1,u}\,(1+\xi)^2 + \alpha\,k_x\,(k_a k_x - \xi)}{1 - \xi^2} \cdot \frac{\beta_S}{\sigma_{s2,u}} \qquad (7.88)$$

$$\omega_{01} = \frac{m_{s2,u}\,(1+\xi)^2 - \alpha\,k_x\,(1 - k_a k_x)}{1 - \xi^2} \cdot \frac{\beta_S}{\sigma_{s1,u}} \qquad (7.89)$$

Mit diesen Gleichungen lassen sich für jeweils gewählte ε_{s2} bei vorgegebenen ε_{b1} = max ε_b bzw. für jeweils gewählte ε_{b1} bei vorgegebenen ε_{s2} = max ε_s punktweise Diagramme konstruieren, von denen eines für $\xi = 0,1$ und B St 420/500 für den Bereich ε_{s2} = 0 bis ε_{s2} = 5 ‰ bei ausgenutzter Betondruckzone ε_{b1} = 3,5 ‰ (Zustand II) in Bild 7.22 wiedergegeben ist.

Dieses Diagramm wird wie folgt benutzt: man bildet $m_{s2,u}$ und $m_{s1,u}$ aus M_u und N_u, sucht die zugehörigen Kurven und entnimmt an Schnittpunkten dieser Kurven mit beliebigen waagerechten Ablesegeraden für gewisse Stahldehnungen ε_{s2} die Abszissenwerte ω_{01} und ω_{02}. Zu beachten ist gemäß Gl. (7.88) und (7.89)

Schnitt der Ablesegeraden mit $m_{s1,u}$ ergibt ω_{02},

Schnitt der Ablesegeraden mit $m_{s2,u}$ ergibt ω_{01}.

Der Ablesevorgang wird aus der Skizze Bild 7.23 deutlich: jede Linie a unterhalb des Schnittpunktes der beiden Kurven $m_{s2,u}$ und $m_{s1,u}$ liefert eine brauchbare Lösung mit $\omega_{02} > \omega_{01}$; die Linie b durch den Schnittpunkt ergibt die Lösung mit symmetrischer Bewehrung $\omega_{02} = \omega_{01}$; alle Linien c oberhalb des Schnittpunktes der beiden Kurven liefern keine brauchbaren Lösungen, weil dann $\omega_{01} > \omega_{02}$ wird (nicht zulässig); brauchbar sind also immer nur waagerechte Ablesegeraden für die Stahldehnung ε_{s2}, die unterhalb des Schnittpunktes der beiden Kurven für die errechneten $m_{s2,u}$ und $m_{s1,u}$ liegen!

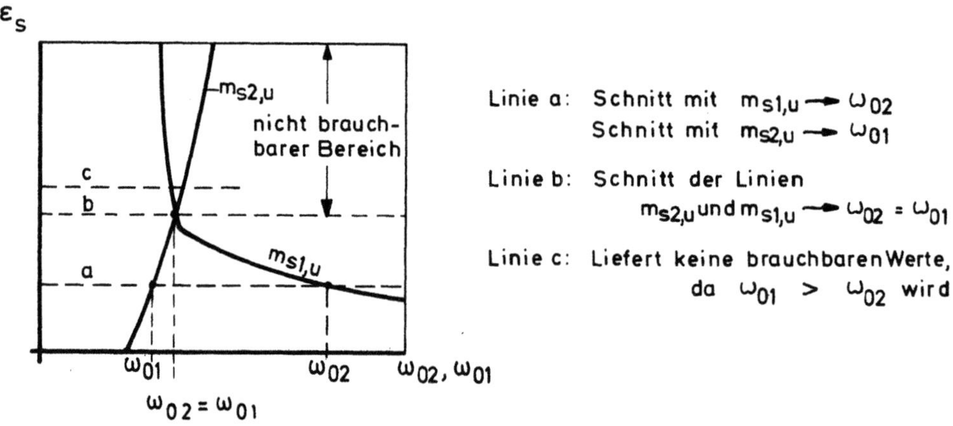

Bild 7.23   Schlüssel zum Gebrauch des Diagramms Bild 7.22

Die gesuchte Bewehrung erhält man dann aus Gl. (7.80) und (7.81) zu:

$$\text{erf } A_{s2} = \frac{\omega_{02}}{\beta_S/\beta_R}\,b\,d \quad (7.90\,a)\,; \qquad \text{erf } A_{s1} = \frac{\omega_{01}}{\beta_S/\beta_R}\,b\,d \quad (7.90\,b)$$

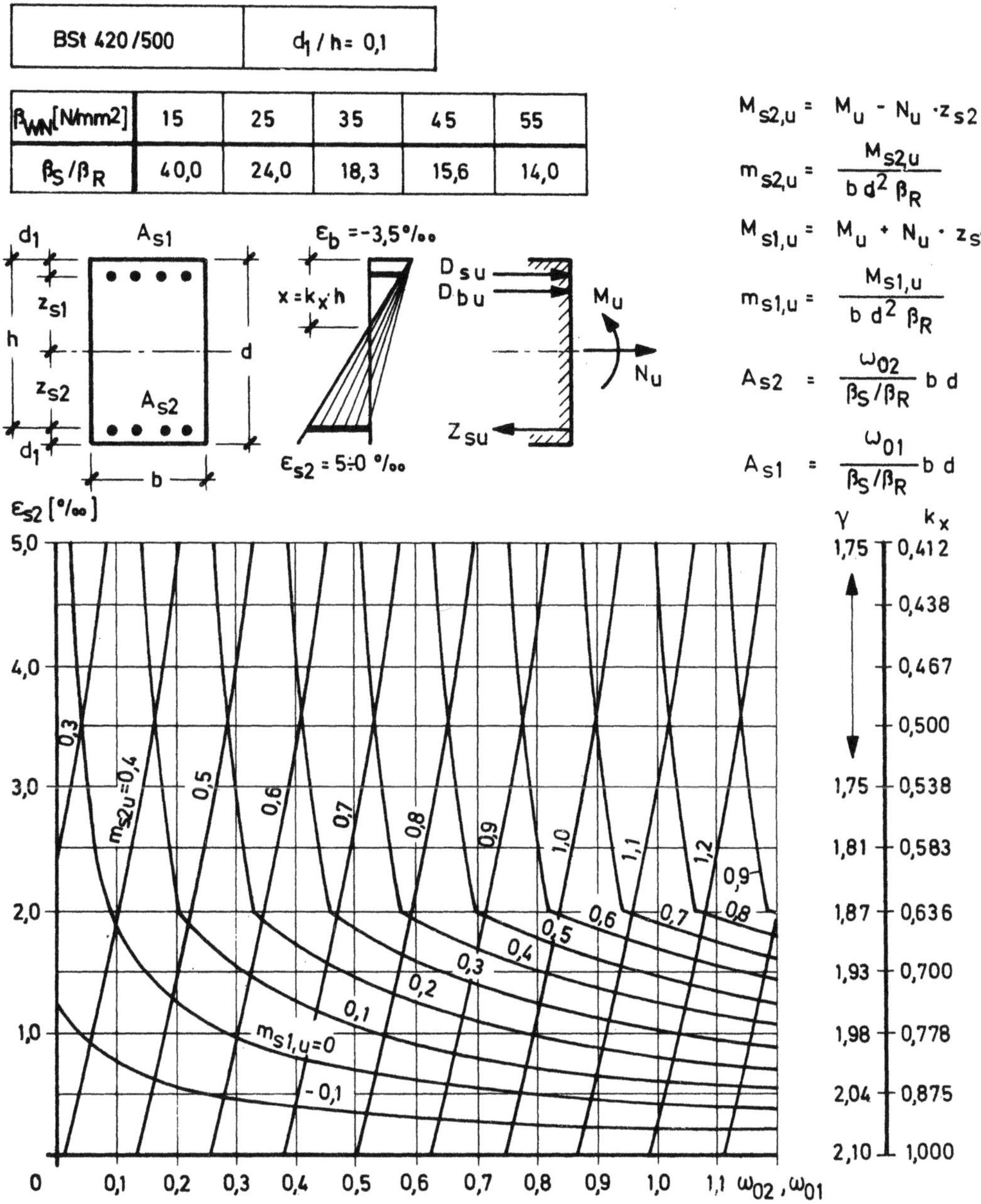

Bild 7.22 Diagramm nach Mörsch-Pucher zur Bemessung von Rechteckquerschnitten mit Druckbewehrung für Bruchlastschnittgrößen M_u und
N_u (tiefliegende Nullinie im Querschnitt) für BSt 420/500 und $d_1/h = 0,10$

Am rechten Rand des Diagrammes sind die Beiwerte k_x für die Höhe der
Nullinie und die den Stahldehnungen zugeordneten Sicherheitsbeiwerte γ
angegeben.

In Bild 7.24 sind diese Sicherheitsbeiwerte bereits in das Diagramm eingearbeitet (wie in [114]), so daß die Kurven für $m_{s2} = m_{s2,u}/\gamma$ und
$m_{s1} = m_{s1,u}/\gamma$ gelten. Für den Normalfall sind auf Schnittgrößen im
Gebrauchszustand bezogene Diagramme einfacher zu benutzen als solche,
die auf Schnittgrößen im Bruchzustand bezogen sind. Die inneren Zusammenhänge werden aber wegen der Verzerrung mit γ nicht so deutlich.

Zur sinnvollen Benutzung der Diagramme Bild 7.22 bzw. 7.24 und zur
zweckmäßigen Bewehrungswahl lassen sich einige Hinweise geben:

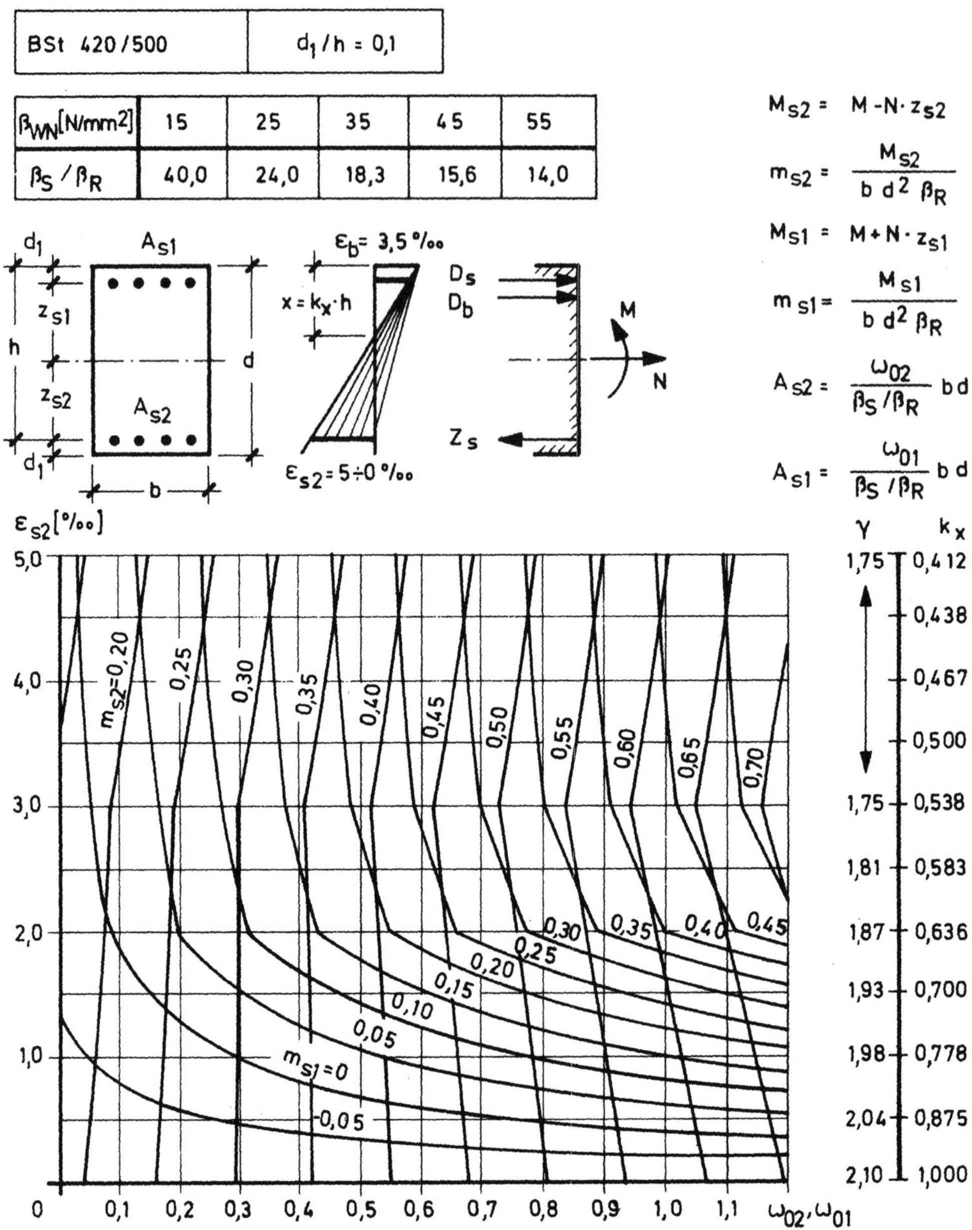

Bild 7.24   Diagramm nach Mörsch-Pucher zur Bemessung von Rechteckquerschnitten mit Druckbewehrung für Gebrauchslastschnittgrößen M und N (tiefliegende Nullinie im Querschnitt) für B St 420/500 und $d_1/h = 0,10$

- Liegt der Schnittpunkt der Ablesegeraden mit den Kurven für die errechneten $m_{s2,u}$ und $m_{s1,u}$ bzw. m_{s2} und m_{s1} **unterhalb** $\varepsilon_s = \varepsilon_{s,S}$ (2‰ für B St 420/500), dann nimmt ω_{02} und damit A_{s2} sehr viel stärker zu als ω_{01} und A_{s1} bestenfalls abnimmt. In diesen Fällen ist also symmetrische Bewehrung $A_{s2} = A_{s1}$ am wirtschaftlichsten.

- Liegt der Schnittpunkt von $m_{s2,u}$ und $m_{s1,u}$ bzw. m_{s2} und m_{s1} **oberhalb des Diagrammbereichs** (ausgenutzte Stahldehnung $\varepsilon_{s2} = 5‰$ und Betondehnung $\varepsilon_b < 3,5‰$), dann ist einfache Bewehrung nach Abschn. 7.2.2.2 bzw. 7.2.2.4 vorzuziehen. Auf die Wiedergabe des Diagramms für diesen Bereich wird deshalb verzichtet.

- Liegt der Schnittpunkt der Kurven $m_{s2,u}$ und $m_{s1,u}$ bzw. m_{s2} und m_{s1}
  unterhalb des Diagrammbereichs von Bild 7.22, dann liegt
  ein Fall geringer Ausmitte mit Druckspannungen über die ganze Querschnittsfläche (Zustand I) vor. In Bild 7.25 ist als Beispiel ein Diagramm für diesen Dehnungsbereich für $\xi = d_1/h = 0,1$ und B St 420/500
  gezeigt. Es ist ebenso wie Bild 7.22 zu verwenden, die Regel zur Vermeidung von $A_{s1} > A_{s2}$ muß aber umgekehrt werden: es geben nur solche waagerechte Ablesegeraden brauchbare Lösungen, die **oberhalb**
  des Schnittpunktes der Kurven $m_{s1,u}$ und $m_{s2,u}$ liegen.

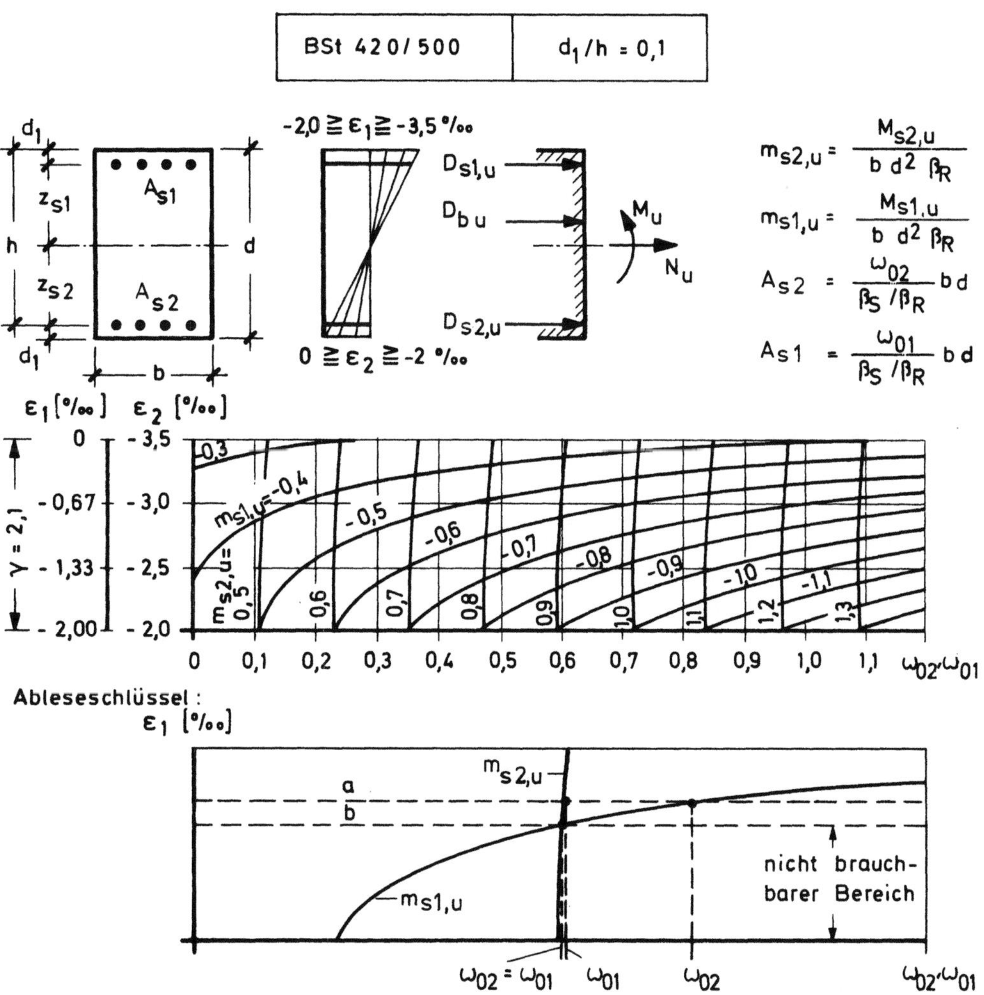

Bild 7.25   Diagramm nach Mörsch-Pucher zur Bemessung von Rechteckquerschnitten mit Druckbewehrung für Bruchschnittgrößen M_u und N_u
(Nullinie **außerhalb** des Querschnitts) für B St 420/500 und $d_1/h = 0,10$

Das Bild 7.25 läßt im übrigen erkennen, daß es bei Querschnitten im Zustand I **immer** zweckmäßig ist, symmetrische Bewehrung zu wählen,
da sie auch den geringsten Gesamtstahlverbrauch liefert. Für Querschnitte mit symmetrischer Bewehrung sind aber die Diagramme Bild 7.27 und
7.29 zweckmäßiger, die in den nächsten Abschnitten gezeigt werden.

7.2.3.2 Bemessungsdiagramme für Biegung mit Längsd r u c k kraft bei symmetrischer Bewehrung

Wie anhand des Diagrammes Bild 7.25 gezeigt werden konnte, ist für Biegung mit Längsdruckkraft bei kleiner Ausmitte (Zustand I) symmetrische Bewehrung $A_{s2} = A_{s1}$ zweckmäßig.

Das nachfolgende Diagramm Bild 7.27 erlaubt eine schnelle und genaue Bemessung von Rechteckquerschnitten mit symmetrischer Bewehrung. Die Herleitung soll mit den Bezeichnungen des Bildes 7.26 für den dem Zustand I zugeordneten Dehnungsbereich erläutert werden.

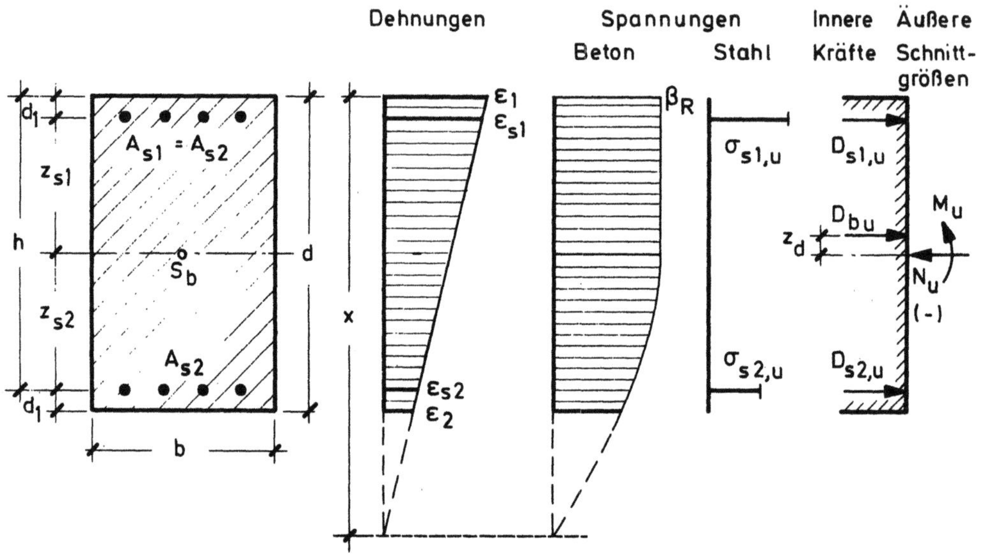

Bild 7.26   Bezeichnungen an einem Rechteckquerschnitt im Zustand I

Es wird die auf den v o l l e n B e t o n q u e r s c h n i t t b · d (und nicht wie in Gl. (7.42) auf b · h) bezogene Normalkraft eingeführt:

$$n_u = \frac{N_u}{b\,d\,\beta_R} \tag{7.91}$$

Im übrigen werden die bereits bekannten Größen verwendet:

$$\xi = \frac{d_1}{h} \qquad h = \frac{1}{1+\xi}\,d \qquad d_1 = d - h = \frac{\xi}{1+\xi}\,d$$

$$\mu_o = \mu_{o2} = \frac{A_{s2}}{b \cdot d} = \mu_{o1} = \frac{A_{s1}}{b \cdot d} \quad \text{und} \quad \omega_o = \omega_{o2} = \omega_{o1} = \mu_o\,\frac{\beta_S}{\beta_R}$$

Die außerhalb des Querschnitts liegende Nullinie hat folgenden Abstand vom s t ä r k e r gedrückten Rand (Dehnungen als Absolutwerte):

$$x = \frac{\varepsilon_1}{\varepsilon_1 - \varepsilon_2}\,d \tag{7.92}$$

wobei unter ε_1 die Betondehnung (Kürzung) am stärker beanspruchten Rand verstanden wird; mit $\varepsilon_2 = (14 - 4\,\varepsilon_1)/3$ nach Gl. (7.22) ergibt sich dann:

$$x = \frac{3}{7}\, d\, \frac{\varepsilon_1}{\varepsilon_1 - 2} \tag{7.93}$$

Für die Stahldehnungen gilt in Abhängigkeit von ε_1:

$$\varepsilon_{s1} = (1 - \frac{d_1}{x})\,\varepsilon_1 \tag{7.94}$$

$$\varepsilon_{s2} = (1 - \frac{h}{x})\,\varepsilon_1 \tag{7.95}$$

Mit dem Völligkeitsbeiwert α_d nach Gl. (7.20) gilt für die Resultierende der Betondruckspannungen

$$D_{bu} = b\,d\,\alpha_d\,\beta_R \tag{7.18}$$

Der Abstand der Betondruckkraft D_{bu} von der Schwerachse des Betonquerschnitts (Rechteck!) ergibt sich aus dem von der Randdehnung ε_1 abhängigen Beiwert k_d nach Gl. (7.21) zu $z_d = k_d\,d$.

Weitere innere Kräfte sind:

$$D_{s1,u} = \sigma_{s1,u} \cdot A_{s1} \qquad \text{und} \qquad D_{s2,u} = \sigma_{s2,u} \cdot A_{s2}$$

oder als bezogene Kräfte:

$$d_{s1,u} = \frac{D_{s1,u}}{b \cdot d \cdot \beta_R} = \frac{\sigma_{s1,u}}{\beta_S} \cdot \omega_o \;;\quad d_{s2,u} = \frac{D_{s2,u}}{b \cdot d \cdot \beta_R} = \frac{\sigma_{s2,u}}{\beta_S} \cdot \omega_o \tag{7.96}$$

Als Gleichgewichtsbedingungen müssen $\Sigma\,N = 0$ und $\Sigma\,M = 0$ um die Schwerachse erfüllt sein:

$$D_{bu} + D_{s1,u} + D_{s2,u} + N_u = 0$$

$$D_{bu} \cdot z_d + D_{s1,u} \cdot (\frac{d}{2} - d_1) - D_{s2,u}\,(\frac{d}{2} - d_1) - M_u = 0$$

Mit den bezogenen Kräften nach Gl. (7.18), (7.91) und (7.96) ergeben sich hieraus die Gleichungen:

$$n_u = -\alpha_d - \omega_o\,\frac{\sigma_{s1,u} + \sigma_{s2,u}}{\beta_S} \tag{7.97}$$

$$m_u = \alpha_d \cdot k_d + \frac{1 - \xi}{2\,(1 + \xi)} \cdot \frac{\omega_o}{\beta_S}\,(\sigma_{s1,u} - \sigma_{s2,u}) \tag{7.98}$$

Bei vorgegebenen Werten ω_o, ξ und β_S liefern diese Gleichungen für jede angenommene Dehnungsverteilung im Zustand I die Größen n_u und m_u (für Zustand II können ähnliche Beziehungen aufgestellt werden), mit denen die bezogene Ausmitte e/d berechnet werden kann:

$$\frac{e}{d} = \frac{m_u}{n_u} \tag{7.99}$$

In Bild 7.27 sind n_u und e/d für B St 420/500 und $\xi = d_1/h = 0,10$ sowie ω_0 als Parameter in einem für alle Betonfestigkeitsklassen gültigen Bemessungsdiagramm wiedergegeben. Hilfslinien für den Sicherheitsbeiwert γ sind im Diagramm eingetragen. Die Linie für $\gamma = 2,1$ kennzeichnet den Übergang von Zustand I zum Zustand II, der abhängig von ω_0 ist und bei bezogenen Ausmitten von $e/d = 0,15$ (bei $\omega_0 = 0,05$) bis $e/d = 0,3$ (bei $\omega_0 = 1,1$) eintritt. Im Bild sind außerdem die Werte β_S/β_R sowie min ω_0 entsprechend der Mindestbewehrung von $\mu_0 = 0,4\,\%$ für Druckglieder nach DIN 1045 (Abschn. 25.2.2.1) angegeben.

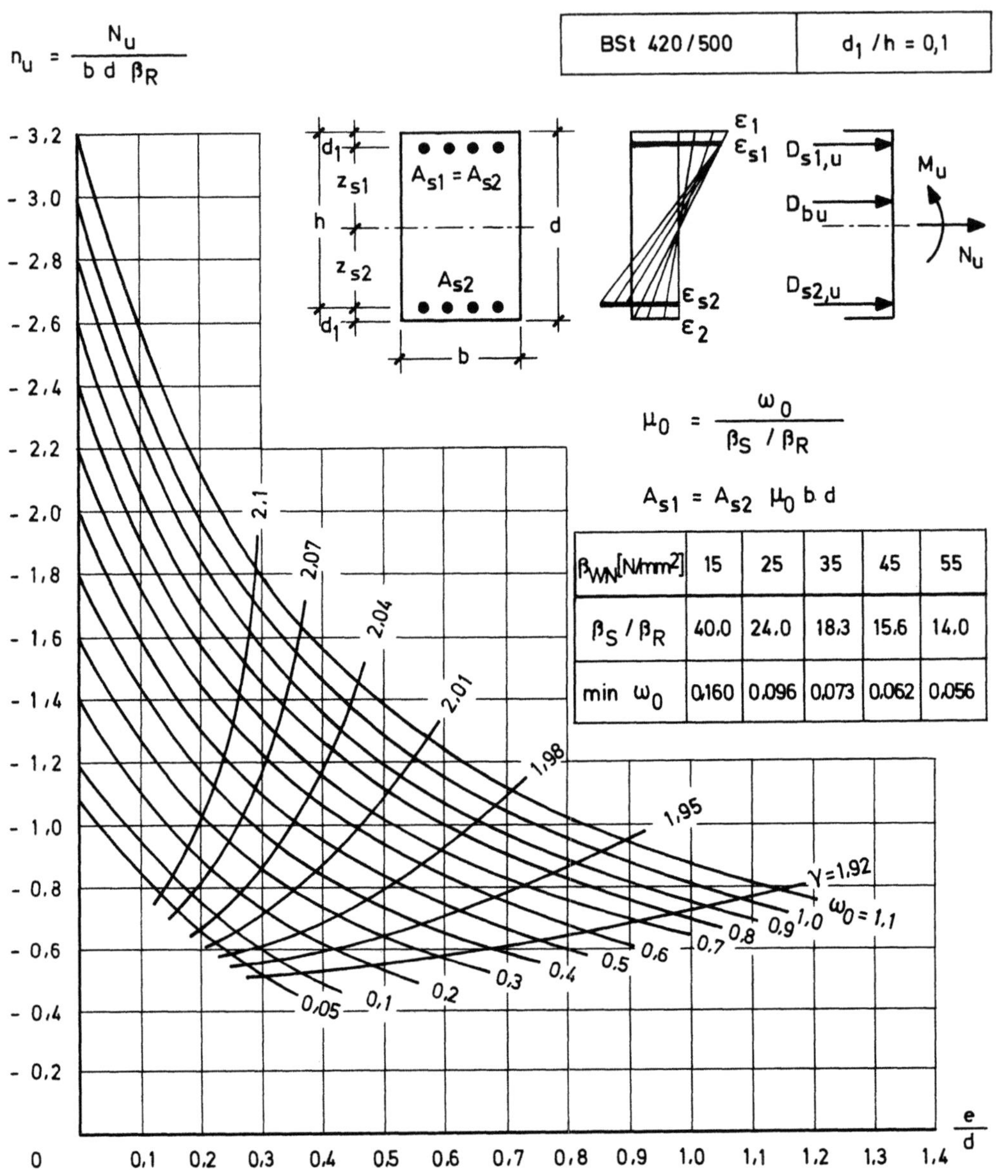

$\beta_{WN}[N/mm^2]$	15	25	35	45	55
β_S/β_R	40,0	24,0	18,3	15,6	14,0
min ω_0	0,160	0,096	0,073	0,062	0,056

Bild 7.27   Bemessungsdiagramm für Rechteckquerschnitte mit symmetrischer Bewehrung bei Längsdruckkraft mit mittlerer und geringer bezogener Ausmitte e/d (Nullinie außerhalb des Querschnitts und tiefliegende Nullinie) für B St 420/500 und $d_1/h = 0,10$

Zur Bemessung von Querschnitten, d.h. zur Ermittlung der erforderlichen Bewehrung bei gegebenen Betonabmessungen, errechnet man e/d sowie für einen g e s c h ä t z t e n Sicherheitsbeiwert γ die bezogene Längskraft n_u und liest am Schnittpunkt der zugehörigen Ordinate und Abszisse den Sicherheitsbeiwert γ an den Hilfslinien ab. Wenn der abgelesene Sicherheitsbeiwert mit dem geschätzten γ nicht übereinstimmt, muß die Rechnung mit verbessertem Sicherheitsbeiwert, also einem neuen n_u, wiederholt werden. Ist eine genügend gute Übereinstimmung gegeben, kann am Schnittpunkt von n_u und e/d der Wert ω_0 abgelesen werden. Daraus folgt als erforderliche Bewehrung:

$$\text{erf } A_{s1} = A_{s2} = \mu_o \, b \, d = \frac{\omega_o}{\beta_S / \beta_R} \, b \, d \tag{7.100}$$

Für den praktischen Gebrauch sind wiederum auf Gebrauchslastschnittgrößen aufgebaute Diagramme einfacher, weil der Sicherheitsbeiwert eingearbeitet ist und somit das Schätzen von γ und eine eventuelle Neurechnung vermieden wird.

Im Falle <u>mittiger Längsdruckkraft (e = 0)</u> ist die Betonkürzung $\varepsilon_b = 2\,°/°°$ konstant über die Querschnittshöhe, und es gilt mit dem Sicherheitsbeiwert $\underline{\gamma = 2, 1}$:

$$N_u = - b \, d \, \beta_R - (A_{s1} + A_{s2}) \, \sigma_{su} \tag{7.101a}$$

oder wegen $A_{s1} = A_{s2}$ aus Gl. (7.97) mit $\sigma_{s1,u} = \sigma_{s2,u} = \sigma_{su}$

$$n_u = - (1 + 2 \cdot \omega_o \, \frac{\sigma_{su}}{\beta_S} \,) \tag{7.101b}$$

$$\text{mit} \quad \sigma_{su} = 220 \text{ N/mm}^2 = \beta_S \qquad\qquad \text{bei B St } 220/340 \text{ (B St I)}$$
$$\sigma_{su} = 420 \text{ N/mm}^2 = \beta_S \qquad\qquad \text{bei B St } 420/500 \text{ (B St III)}$$
$$\sigma_{su} = 420 \text{ N/mm}^2 (!) \text{ (also nicht } \beta_{0,2}) \qquad \text{bei B St } 500/550 \text{ (B St IV)}$$

7.2.3.3 Bemessung für Längszugkraft mit kleiner Ausmitte

Dieser Fall wurde in Bild 7.2 unter c gezeigt. Die Ausmitte $e = M_u/N_u$ ist kleiner als der Abstand z_{s2} der Zugbewehrung vom Schwerpunkt des Querschnitts. Dann ergibt sich keine Druckzone mehr und der ganze Betonquerschnitt ist als gerissen anzunehmen, so daß nur noch die Stahleinlagen wirken (Bild 7.28), die Form des Betonquerschnitts ist also ohne Bedeutung).

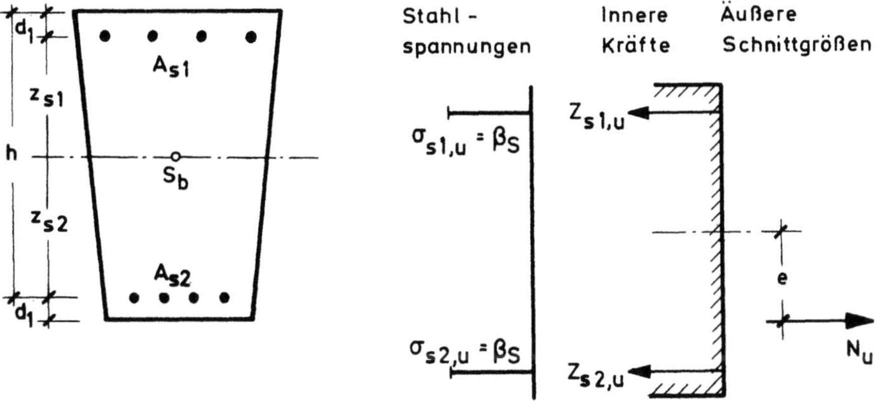

Bild 7.28 Bezeichnungen an einem vollständig gerissenen Querschnitt bei Längszugkraft mit geringer Ausmitte

In Bild 7.6 entspricht dieser Fall den Dehnungsdiagrammen im Bereich 1 zwischen den Linien a und b. Wenn die Ausmitte e noch annähernd gleich z_{s2} ist, bleibt $\varepsilon_{s1} < \varepsilon_{s,S}$ und hierfür wäre eine Bemessung auf der Grundlage der Dehnungsverteilung möglich. Zur Vereinfachung geht man aber bei Längszugkraft mit Ausmitten $e < z_{s2}$ grundsätzlich von der Annahme aus, daß auch A_{s1} die Streckgrenzen-Dehnung bzw. β_S erreicht (vgl. hierzu die Anmerkungen in Abschn. 7.1.3.2 für den Bereich zwischen Linie a und a'); die Abweichungen in den Lösungen für Dehnungslinien zwischen a' und b sind unbedeutend.

Die Kräfte Z_{s1} und Z_{s2} sind mit der Annahme gleicher Spannungen β_S in beiden Strängen somit proportional den Querschnitten A_{s1} und A_{s2}. Da Gleichgewicht vorhanden sein muß, folgt aus

$$\Sigma\, N = 0: \qquad\qquad N_u - Z_{s1,u} - Z_{s2,u} = 0$$

$$\Sigma\, M = 0 \text{ um } Z_{s1,u}: \qquad N_u\,(z_{s1} + e) - Z_{s2,u}\,(z_{s1} + z_{s2}) = 0$$

$$\Sigma\, M = 0 \text{ um } Z_{s2,u}: \qquad N_u\,(z_{s2} - e) - Z_{s1,u}\,(z_{s1} + z_{s2}) = 0$$

Mit $Z_{s1,u} = A_{s1} \cdot \beta_S$ und $Z_{s2,u} = A_{s2} \cdot \beta_S$ erhält man für die erforderlichen Bewehrungen:

$$\text{erf } A_{s1} = \frac{z_{s2} - e}{z_{s1} + z_{s2}} \cdot \frac{N_u}{\beta_S} \qquad\qquad (7.102)$$

$$\text{erf } A_{s2} = \frac{z_{s1} + e}{z_{s1} + z_{s2}} \cdot \frac{N_u}{\beta_S} \qquad\qquad (7.103)$$

Die angreifende Längszugkraft N_u verteilt sich also nach dem Hebelgesetz auf die Stahlquerschnitte der beiden Bewehrungen A_{s1} und A_{s2}.

Zur Kontrolle muß sein:

$$A_{s1} + A_{s2} \geqq \frac{N_u}{\beta_S} \qquad\qquad (7.104)$$

Da der Querschnitt A_{s1} mit Hilfe der Differenz der Werte z_{s2} und e berechnet wird, die fast gleich groß sein können, ist der Stahlquerschnitt A_{s1} bei kleiner Differenz $(z_{s2} - e)$ besser reichlicher zu wählen als die Rechnung ergibt. (Beachte: Ungenauigkeiten bei Berechnung der Schnittgrößen M und N und damit der Ausmitte e sowie Ungenauigkeit beim Einbau der Bewehrung mit Abstand z_{s2}!)

7.2.4 Allgemeine Bemessungsdiagramme für Rechteckquerschnitte (Interaktionsdiagramme)

Trägt man die bezogene Normalkraft n_u in Abhängigkeit vom bezogenen Moment m_u auf (statt der bezogenen Ausmitte e/d wie im Diagramm Bild 7.27), dann erhält man ein sogenanntes Interaktionsdiagramm für Biegung und Längskraft. Solche Diagramme sind vor allem in den USA sehr gebräulich und sind auch in Heft 220 DAfStb. aufgenommen.

Bild 7.29 zeigt ein Interaktionsdiagramm für Rechteckquerschnitte mit symmetrischer Bewehrung für $d_1/h = 0,10$ und B St 420/500. Es läßt anschaulich den Zusammenhang der aufnehmbaren Bruchschnittgrößen erkennen von überwiegendem Druck über reines Biegemoment bis zu über-

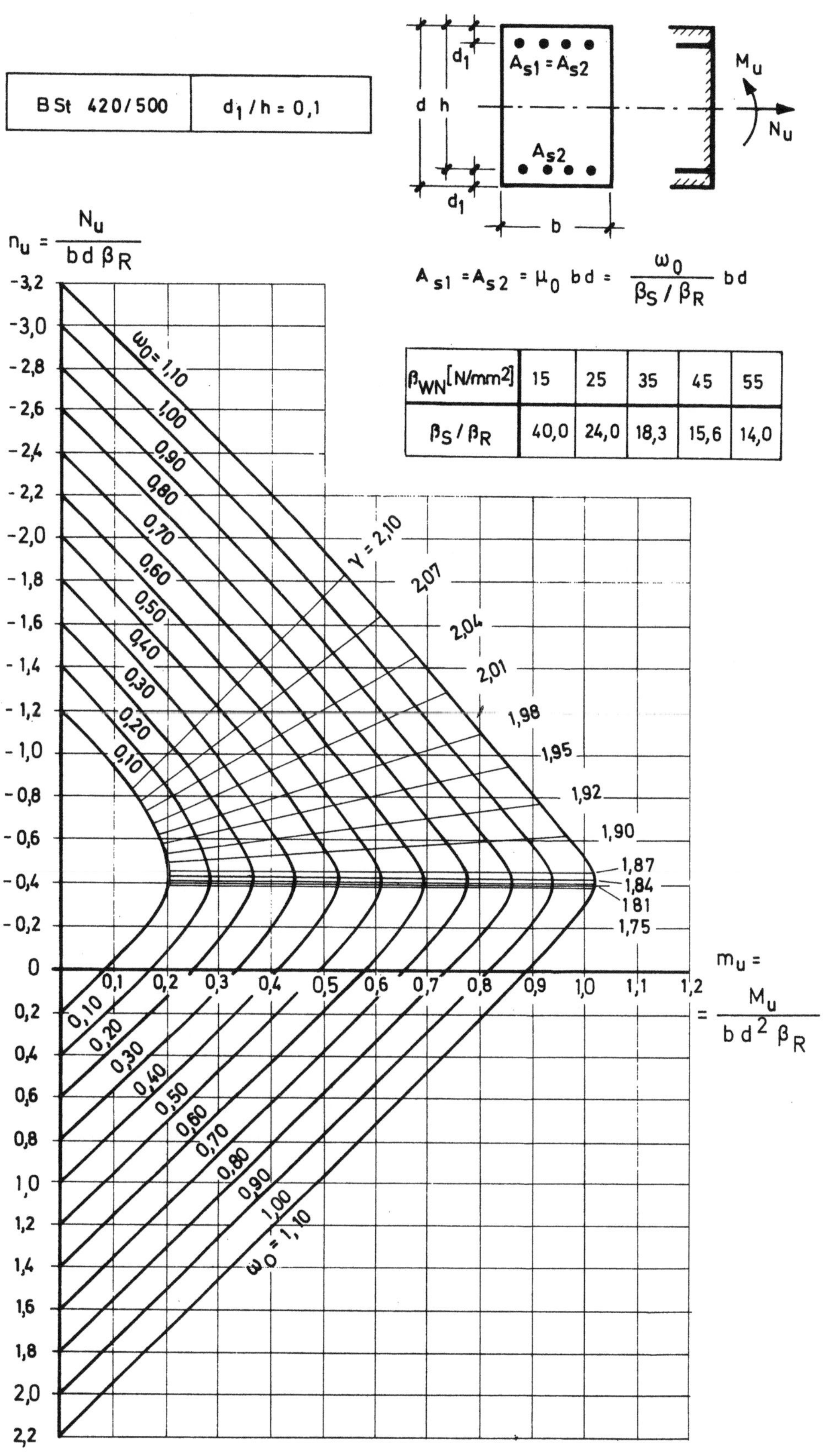

β_{WN} [N/mm²]	15	25	35	45	55
β_S/β_R	40,0	24,0	18,3	15,6	14,0

Bild 7.29   Interaktionsdiagramm für Biegung und Längskraft im Bruchzustand bei Rechteckquerschnitten mit symmetrischer Bewehrung aus
B St 420/500 und für $d_1/h = 0,1$

wiegendem Zug. Allerdings ist die Anwendung für praktische Bemessungs-
aufgaben wieder dadurch erschwert, daß sich der Sicherheitsbeiwert in
Abhängigkeit von ε_s bzw. ε_{s2} zwischen 1,75 und 2,1 in bestimmten
Bereichen ändert. Diese Diagramme sind deshalb leichter zu verwenden,
wenn sie für die Gebrauchslast-Schnittgrößen erstellt werden (siehe
Heft 220 DAfStb.).

Dieses aus Bruchlastschnittgrößen abgeleitete Diagramm zeigt deutlich,
daß unterschiedliche Sicherheitsbeiwerte für N und M zu größeren erforderlichen Bewehrungsmengen führen können als ein einheitlicher Sicherheitsbeiwert γ für N und M mit den Diagrammen nach Heft 220
DAfStb. (vgl. Bemerkung in Abschn. 6.2.1 und 7.2.1): zwischen
$n_u \sim -0,45$ und $n_u = 0$ ergeben kleinere n_u bei gleichem m_u größere Werte für ω_o, d.h. der ungünstigste Lastfall ergibt sich für das kleinste n_u
mit einem Sicherheitsbeiwert $\gamma_N < \gamma_M$ (z.B. für $\gamma_N = 1,0$).

7.3 Bemessung von Querschnitten mit nicht rechteckiger Betondruckzone

7.3.1 Einführung

Im Stahlbetonbau kommen häufig Querschnitte mit T, $\square$, $\triangle$, $\bigcirc$ -förmiger
oder beliebig geformter Druckzone vor, so daß die Bemessung hierfür
nach den Grundsätzen des Abschnittes 7.1 erfolgen muß. Dabei steht der
Balken mit T-förmiger Druckzone wegen seiner wirtschaftlichen Vorteile
als häufigster Fall im Vordergrund.

7.3.2 Mitwirkende Breite beim Plattenbalken

7.3.2.1 Problemstellung

Balken mit T-förmigem Querschnitt nennt man Plattenbalken (tee-beam,
T-beam, beam and slab structure); die Platte wirkt als Druckgurt, der
"Balken" als Steg und die darin liegende Längsbewehrung im unteren Teil
des Balkens als Zuggurt (Bild 7.30). Der Steg muß zur Gewährleistung
einer schubfesten Verbindung von Zug- und Druckgurt mit Schubbewehrung
versehen sein, die Platte braucht eine Querbewehrung. Durch die schub-
feste Verbindung erfahren am Anschluß die seitlichen Plattenteile und der
Balkensteg bei Biegung die gleichen Längsdehnungen. Mit zunehmendem
Abstand vom Steg nehmen aber die Dehnungen (Spannungen) in der Platte
ab - eine breite Platte entzieht sich in ihren äußeren Zonen der Mitwirkung als Druckgurt des Balkens.

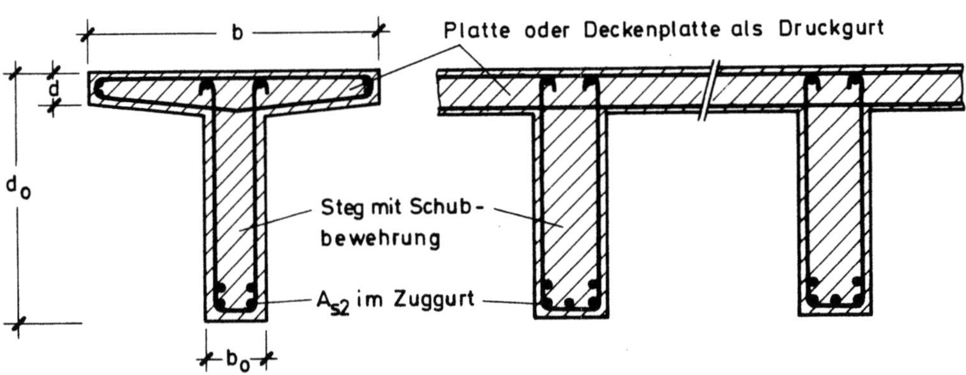

Bild 7.30   Der Plattenbalken und seine Teile

Am Auflager des Plattenbalkens muß sich die Mitwirkung der Platte als Druckgurt erst entwickeln (Einleitungsbereich). Bild 7.31 zeigt dieses Verhalten anhand der Hauptspannungstrajektorien. In der Platte entwikkeln sich die Drucktrajektorien vom Auflager aus und sind zum Balken hin geneigt und gekrümmt. Bei der Bemessung für Biegung und Längskraft werden zunächst nur die längs in x-Richtung wirkenden inneren Kraftkomponenten ΔD_x betrachtet; die Komponenten ΔZ in Querrichtung werden durch eine Anschlußbewehrung aufgenommen, deren Bemessung in Abschn. 8.6.1 bei der Schubsicherung behandelt wird.

Zur Berechnung der mitwirkenden Breite wird in einem Schnitt längs des Plattenanschlusses die unbekannte Schubkraft T eingeführt. Diese Schubkraft T beansprucht die Platte als Scheibe (Bild 7.32, [203]). Eine exakte Bestimmung der Spannungsverteilung bedingt die Lösung einer Differentialgleichung, die mit der Airy' schen Spannungsfunktion zur sogenannten Scheibengleichung führt. Hierzu wird auf spätere Vertiefungsvorlesungen und das Schrifttum verwiesen [202, 203, 117] . Das Problem kann elektronisch mit finiten Elementen gelöst werden.

Die Verteilung der Längsdruckspannungen σ_x in der Druckzone eines Plattenbalkens zeigt Bild 7.33. Da die äußeren Zonen der Platte sich weniger durchbiegen als der Balken, ist die Nullinie im Querschnitt nicht mehr gerade sondern gekrümmt. Der Verlauf der Spannungen in der Platte hängt von der Art der Belastung, von der Art und Entfernung der Auflagerung, vom Verhältnis der Plattensteifigkeit zur Steifigkeit des Balkensteges und von der Schlankheit ℓ/d_o des Plattenbalkens ab. Auch wirkt es sich aus, ob die Plattenränder frei sind (beim Einzelbalken) oder ob sich die Platte seitlich über mehrere Balken fortsetzt.

Bei der praktischen Bemessung von Stahlbeton-Plattenbalken begnügt man sich anstelle einer genauen Berechnung nach Bild 7.32 mit tabellierten Hilfswerten, die mit idealisierten Annahmen nach der strengen Theorie errechnet wurden. Diese Hilfswerte liefern die Ersatzbreiten der Platte, die als "mitwirkende Plattenbreiten" (effective widths) bezeichnet werden. Somit ergeben sich am Steg in der oberen Faser die gleiche Dehnung ε_x und etwa die gleiche Gesamtdruckkraft im Druckgurt, wie sie in Wirklichkeit auftreten. Bild 7.34 zeigt den idealisierten Spannungskörper.

Bild 7.35 zeigt eine andere Darstellung des wirklichen und idealisierten Verlaufs der Längsdruckspannungen σ_x. Da im Bereich der Balkenbreite b_o praktisch keine Änderung der Dehnung der obersten Faser bemerkbar ist, müssen die Bedingungen gleicher Größe der Druckkräfte nur für die Plattenbreite außerhalb des Steges erfüllt werden:

$$b_{m1} \cdot \max \sigma_x \approx \int_0^{b_1} \sigma_x \cdot dy_1$$

$$b_{m2} \cdot \max \sigma_x \approx \int_0^{b_2} \sigma_x \cdot dy_2$$

Am Verlauf der in Bild 7.31 dargestellten Drucktrajektorien in der Platte erkennt man, daß in der Nähe eines Endauflagers die mitwirkende Plattenbreite b kleiner sein muß als weiter im Feld; b ist also von der Entfernung vom Auflager abhängig. Auch an Zwischenauflagern oder an Einzellasten ist b kleiner als im Feld, weil sich dort jeweils die Mitwirkung über Schubkräfte erst entwickeln muß (Bild 7.36). Trotz dieser Einschnürung der mitwirkenden Breite b dürfen in den statischen Berechnungen die äußeren Schnittgrößen der Durchlaufträger mit konstantem Trägheitsmoment J ermittelt werden.

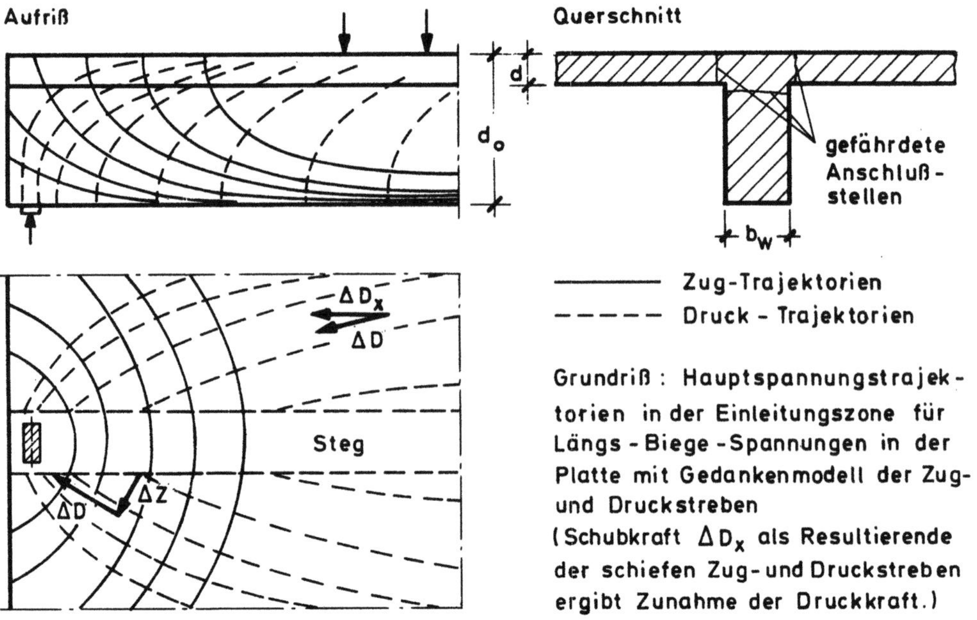

Bild 7. 31   Hauptspannungstrajektorien am Ende eines frei drehbar gelagerten Plattenbalkens

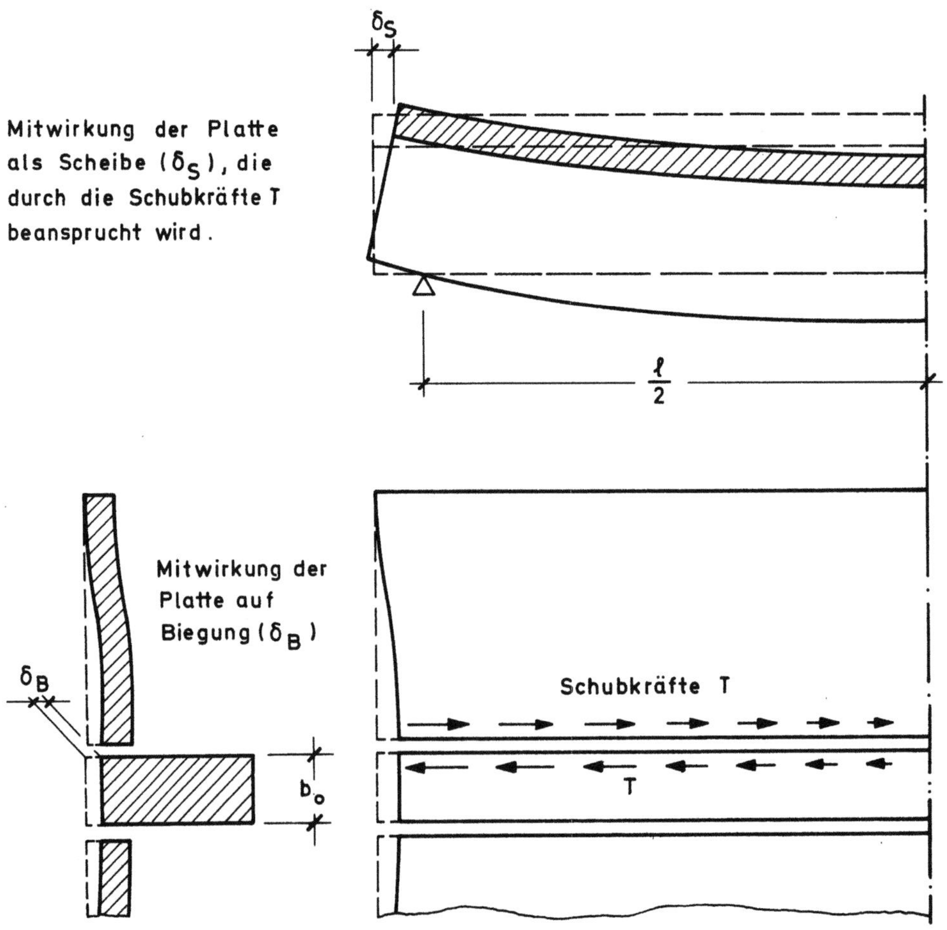

Bild 7. 32   Mitwirkung der Platte bei einem Plattenbalken nach Brendel [203]

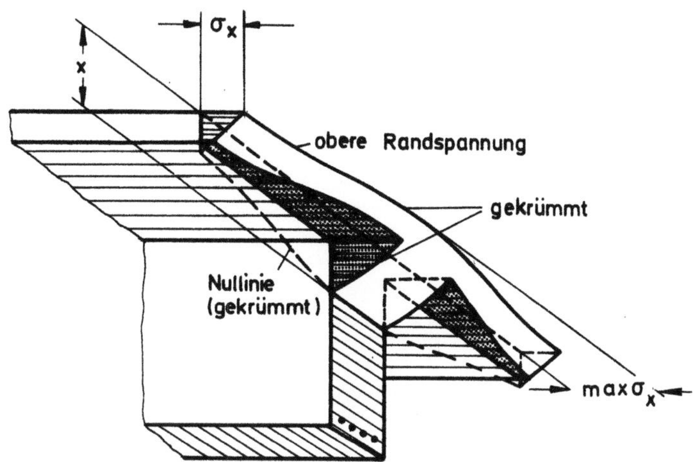

Bild 7.33   Verteilung der Druckspannungen σ_x und Verlauf der Nullinie an einem Plattenbalken im Zustand II

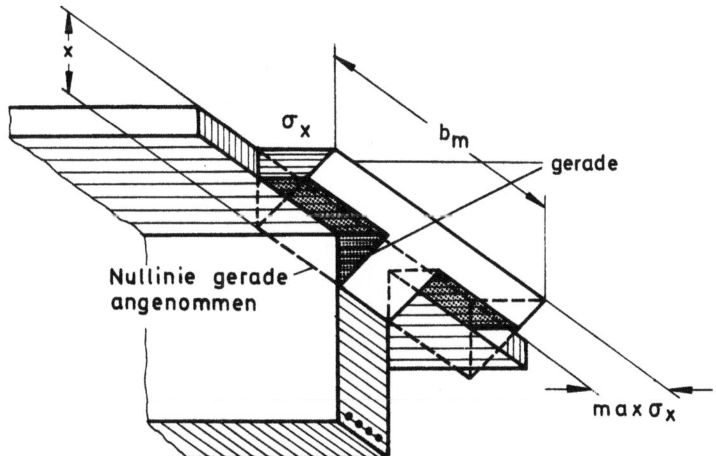

Bild 7.34   Idealisierte Spannungsverteilung über die gedachte mitwirkende Plattenbreite b_m am Plattenbalken im Zustand II

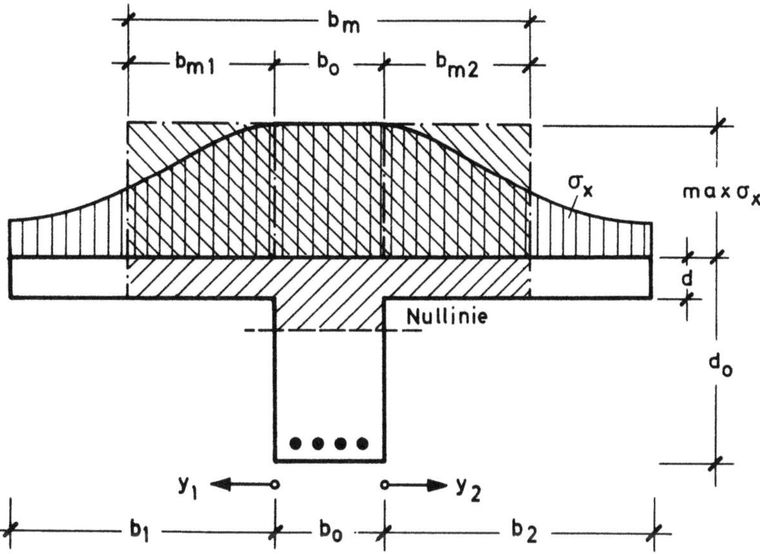

Bild 7.35   Vergleich der über die mitwirkenden Teilbreiten b_{m1} und b_{m2} konstant angenommenen Randspannungen σ_x mit den wirklich auftretenden Randspannungen bei einem Einzelbalken

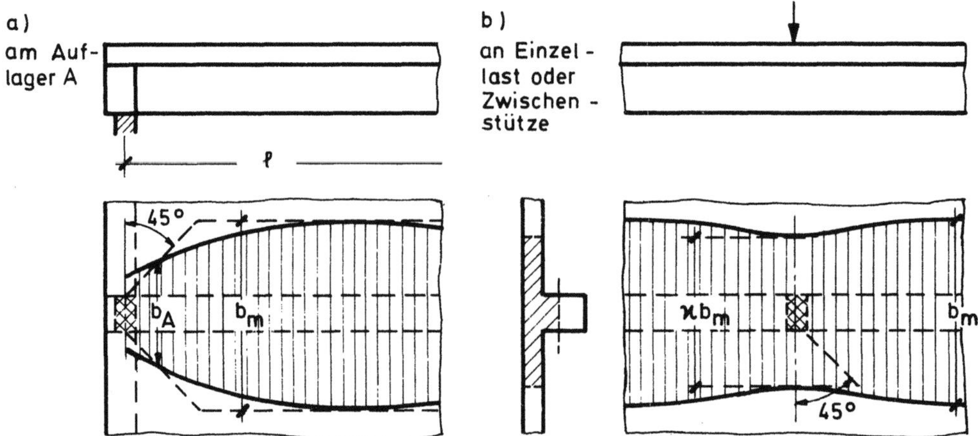

Bild 7.36 Einschnürung der mitwirkenden Plattenbreite b an Endauflagern und Zwischenauflagern von Durchlaufträgern bzw. unter Einzellasten im Feld

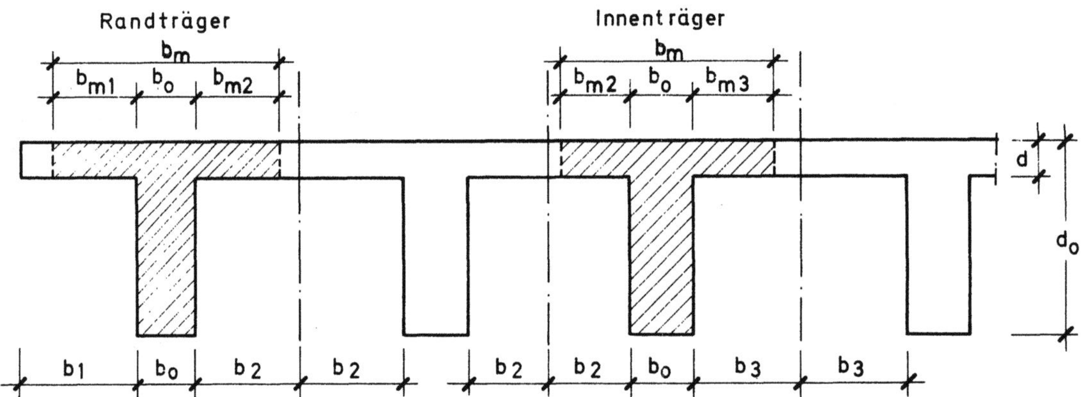

Bild 7.37 Mitwirkende Plattenbreite bei Innenträgern und Randträgern von mehrstegigen Plattenbalken

| d/d_o | b_{m1}/b_1 bzw. b_{m2}/b_2 bzw. b_{m3}/b_3 | | | | | | | | | |
| | für b_1/ℓ_o, b_2/ℓ_o bzw. b_3/ℓ_o | | | | | | | | | |
	1,0	0,9	0,8	0,7	0,6	0,5	0,4	0,3	0,2	0,1
0,10	0,18	0,20	0,23	0,26	0,31	0,38	0,48	0,62	0,82	1,00
0,15	0,20	0,22	0,25	0,28	0,33	0,40	0,50	0,64	0,82	1,00
0,20	0,23	0,26	0,29	0,33	0,38	0,45	0,55	0,68	0,85	1,00
0,30	0,32	0,36	0,40	0,44	0,50	0,56	0,63	0,74	0,87	1,00
1,0	0,67	0,72	0,78	0,85	0,91	0,95	0,97	0,99	1,00	1,00

Bild 7.38 Bezogene mitwirkende Plattenbreiten b_{m1}/b_1, b_{m2}/b_2 und b_{m3}/b_3 in Abhängigkeit von den Verhältnissen d/d_o und b_1/ℓ_o bzw. b_2/ℓ_o und b_3/ℓ_o für Gleichlast nach [118]

7. 3. 2. 2 Berechnung der mitwirkenden Breite

Als grobe Faustformel ist in Heft 220 des DAfStb. für die mitwirkende
Breite angegeben:

$$b = \frac{1}{3}\,\ell_o \qquad\qquad (7.105)$$

wobei ℓ_o der Abstand der Momentennullpunkte ist. Zur Vereinfachung
dürfen folgende Werte für ℓ_o angenommen werden (ℓ = Spannweite):

- bei Einfeldbalken $\ell_o = \ell$

- bei Kragträgern (mit Druckplatte) $\ell_o = 1,5\,\ell$

- bei Innenfeldern von Druchlaufträgern $\ell_o = 0,6\,\ell$

- bei Endfeldern von Durchlaufträgern $\ell_o = 0,8\,\ell$

Die Berechnung zutreffenderer Werte für die mitwirkende Breite erfolgt
in Heft 240 des DAfStb. [118] statt genauerer Rechnung vereinfacht über
Beiwerte, die auf die Arbeiten von G. B r e n d e l [203] zurückgehen.
Man vernachlässigt dabei, daß die theoretischen Untersuchungen nach der
Elastizitätstheorie für Träger aus homogenem Baustoff angestellt wurden,
während aber im Stahlbetonbau mit gerissenen Zugzonen (hier Biege- und
Schubrisse im Steg und in der Platte) und bei hohem Belastungsgrad mit
plastisch verformten Druckzonen zu rechnen ist. Beide Erscheinungen
wirken gegenläufig und heben sich etwa auf, so daß die Näherungen zulässig sind.

Mit den Bezeichnungen der Bilder 7.35 und 7.37 beträgt die mitwirkende
Breite:

- für Einzelträger und Randträger:
$$b_m = b_o + b_{m1} + b_{m2} \qquad\qquad (7.106a)$$

- für Innenträger: $\quad b_m = b_o + b_{m2} + b_{m3} \qquad\qquad (7.106b)$

wobei die Teilbreiten $b_{m1,2,3}$ mit den Beiwerten der Tabelle Bild 7.38
in Abhängigkeit von d/d_o und b_1/ℓ_o bzw. b_2/ℓ_o und b_3/ℓ_o bestimmt werden können.

Für den Sonderfall eines Plattenbalkens, bei dem die Platte mit einem
schrägen Anlauf (Voute) an den Steg anschließt, kann man über die Angaben in Heft 240 des DAfStb. hinaus anstelle von b_o in den Gleichungen (7.106)
die vergrößerte mittlere Stegbreite b_{om} nach Bild 7.39 einsetzen.

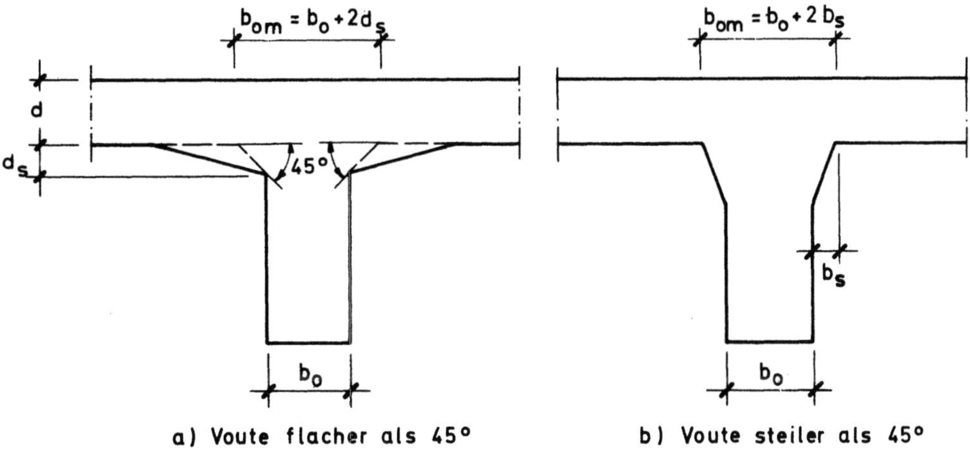

Bild 7. 39　Vergrößerung der Stegbreite b_o auf b_{om} zur Berücksichtigung
von Vouten bei der Ermittlung der mitwirkenden Plattenbreite

	b_1/ℓ_o bzw. b_2/ℓ_o						
	2,0	1,0	0,8	0,6	0,4	0,2	0,1
$\varkappa$	0,60	0,61	0,62	0,63	0,65	0,70	0,90

Bild 7.40   Faktor $\varkappa$ zur Reduktion der für Gleichlast gültigen mitwirkenden Plattenbreite an Stellen schwerer Einzellasten oder Zwischenauflagern (für Lastbreite $a/\ell_o < 0,1$)

Da die Tabellenwerte in Bild 7.38 für gleichmäßig verteilte Last ermittelt sind, müssen sie für konzentrierte Einzellasten, soweit diese die Momente maßgebend bestimmen, korrigiert werden. Der Reduktionsfaktor $\varkappa$ kann der Tabelle Bild 7.40 entnommen werden. Es gilt dann:

$$b_{m,F} = \varkappa \cdot b_{m,q} \qquad (7.107)$$

mit $b_{m,q}$ nach Tabelle Bild 7.38. Als "konzentriert" gelten Lasten, die auf eine Länge $a < 0,1\,\ell_o$ angreifen. Ist a größer, so braucht keine Reduktion vorgenommen zu werden.

In Heft 240 des DAfStb. wird vereinfachend festgelegt, über Stützen von Durchlaufträgern mit einer Platte in der Druckzone (also i.a. unten) die mitwirkende Breite um 40 % zu verringern.

Bei Randträgern (edge beams) und unsymmetrischen Einzelträgern darf die nach Gl. (7.106 a) bestimmte mitwirkende Breite nur dann angesetzt werden, wenn der Träger durch Querträger, Platten oder dergleichen gegen horizontale Ausbiegung gesichert ist. Andernfalls stellt sich eine geneigte Nullinie ein, so daß "schiefe Biegung" gemäß Abschn. 7.3.4 vorliegt.

7.3.3 Bemessung von Plattenbalken

7.3.3.1 Einteilung der Bemessungsverfahren

Der Plattenbalken hat eine große Betondruckzone und braucht i.a. keine Druckbewehrung. Deshalb werden hier nur einfach bewehrte Querschnitte (also ohne Druckbewehrung) behandelt.

Es sei darauf hingewiesen, daß bei breiten und dünnen Platten von Plattenbalken eine Ausnützung des Betons bis zur größten Biegedruck-Dehnung von $3,5\,°/°°$ nicht gerechtfertigt ist, weil die Platte dabei nahezu wie ein mittig gedrücktes Bauglied beansprucht wird, bei dem im Bruchzustand ε_b nur den Wert $2\,°/°°$ erreicht (vgl. Abschn. 2.9.2). CEB schlägt deshalb vor, daß in solchen Fällen in Höhe der Plattenmittellinie $\varepsilon_b = 2\,°/°°$ nicht überschritten werden sollte.

Diese Regelung läßt sich aber nur schwer in die auf DIN 1045 abgestützten und hier behandelten Bemessungsverfahren eingliedern. Es wird deshalb empfohlen, bei großen Tragwerken (z.B. Brücken) mit $b/d > 10$ eine Kontrolle über die in der Druckplatte herrschende Dehnung ε_b an die Bemessung anzuschließen und notfalls die Querschnittsabmessungen sinnvoll abzuändern.

Die Form des wirksamen Querschnitts, d.h. der Druckzone eines Plattenbalkens im Zustand II, hängt von der Höhenlage der Nullinie ab. Die

Höhe x der Druckzone kann entweder geschätzt oder über Bemessungstafeln (z. B. Bild 7.17) mit Hilfe des Beiwertes k_x bestimmt werden,
der sich für die mitwirkende Breite b ergibt.

Je nach Lage der Nullinie sind folgende Fälle zu unterscheiden:

1. <u>Die Nullinie liegt in der Platte</u>, also $x < d$ (Bild 7.41). Die Druckzone ist rechteckförmig und die Bemessung erfolgt wie für eine rechteckige Betondruckzone nach Abschn. 7.2. (Ermittlung von k_x über k_h nach
Tabelle Bild 7.17; erf A_{s2} kann sofort über k_s ermittelt werden).

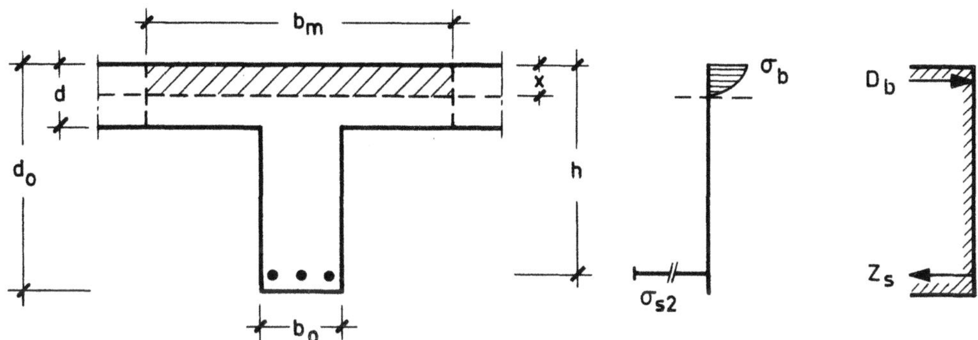

Bild 7.41   Plattenbalken mit Nullinie in der Platte ($x < d$; Bemessung
wie für rechteckige Druckzone mit der Breite b_m)

2. <u>Die Nullinie fällt in den Steg</u>, also $x > d$ (Bild 7.42). Die Druckzone
erstreckt sich über einen T-förmigen Teil des Querschnitts. Für die Bemessung kommen folgende Verfahren in Frage:

a) g e n a u e   L ö s u n g : die genaue Bestimmung der Nullinienlage und
   des Angriffspunktes der Druckkraft erfordert erhebliche Rechenarbeit
   (vgl. Abschn. 7.3.3.2), aber das Verfahren ist allgemein gültig, so
   ist z. B. in Sonderfällen die Berücksichtigung von Druckbewehrung möglich.

b) N ä h e r u n g s l ö s u n g   f ü r   g e d r u n g e n e   Q u e r s c h n i t t e   mit
   $b/b_0 \leq 5$: der Steg nimmt einen wesentlichen Anteil der Betondruckkraft auf, und die Bemessung erfolgt für eine rechteckförmige Druckzone mit der Ersatzbreite b_i (Abschn. 7.3.3.3).

c) N ä h e r u n g s l ö s u n g   f ü r   s c h l a n k e   Q u e r s c h n i t t e   mit $b/b_0 \geq 5$:
   der auf die Stegfläche entfallende Anteil der Druckkraft ist gering und
   kann vereinfachend gegenüber demjenigen in der Platte vernachlässigt
   werden (vgl. Abschn. 7.3.3.4).

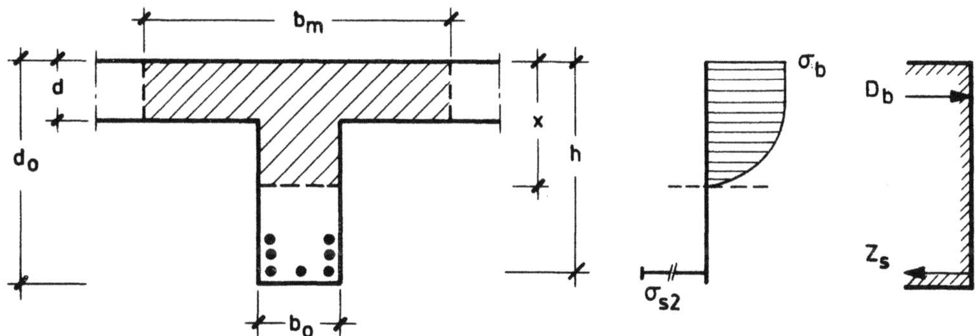

Bild 7.42   Plattenbalken mit Nullinie im Steg

7.3.3.2 Bemessung ohne Näherungen

Bei Plattenbalken wird in der Regel im Grenzzustand $\varepsilon_{s2} = \max \varepsilon_s = 5\,^0/_{00}$
erreicht, nicht aber $\max \varepsilon_b$. Damit besteht nach Bild 7.43 zwischen
Betondehnung ε_b und Abstand x der Nullinie vom Rand die Beziehung
(ε ohne Vorzeichen in $^0/_{00}$):

$$\varepsilon_b = \varepsilon_{s2}\,\frac{x}{h-x} = 5\,\frac{x}{h-x} \qquad (7.108)$$

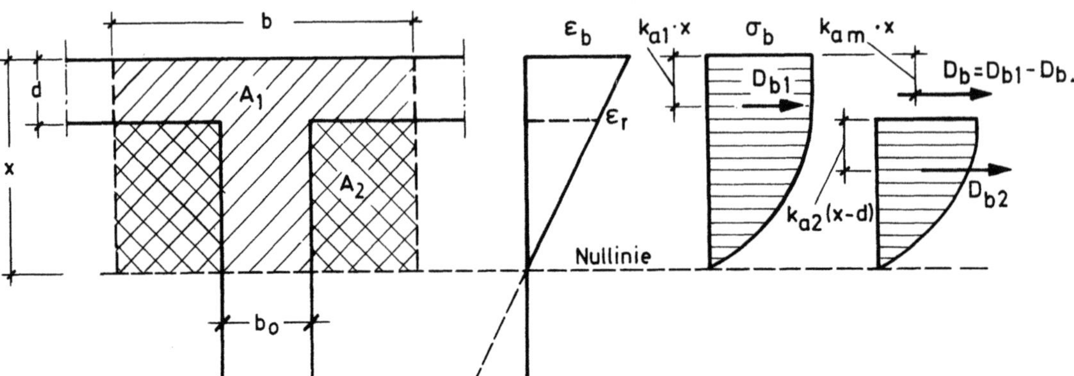

Bild 7.43   Ermittlung der resultierenden Druckkraft D_b als Differenz der
Kräfte D_{b1} aus der Fläche $A_1 = b\,x$ und D_{b2} aus den Flächen
$A_2 = (b - b_o)\,(x - d)$

Mit einem zunächst geschätzten Wert x wird die Dehnung ε_r am unteren Plattenrand berechnet:

$$\varepsilon_r = \frac{x-d}{x}\,\varepsilon_b = \varepsilon_b\left(1 - \frac{d}{x}\right) \qquad (7.109)$$

Die Größe der resultierenden Druckkraft D_b bestimmt man als Differenz
der Kräfte D_{b1} über der Fläche $A_1 = b\,x$ und D_{b2} über der Fläche
$A_2 = (b - b_o)\,(x - d)$, wobei die jeweils zugehörigen Völligkeitsbeiwerte
α_1 und α_2 aus Gl. (7.14) für die Randdehnungen ε_b bzw. ε_r berechnet
werden, d.h.:

$$D_b = D_{b1} - D_{b2} = \alpha_1\,b\,x\,\beta_R - \alpha_2\,(b - b_o)\,(x - d)\,\beta_R =$$

$$= \left[\alpha_1 - \alpha_2\left(1 - \frac{b_o}{b}\right)\left(1 - \frac{d}{x}\right)\right]\,b\,x\,\beta_R \qquad (7.110)$$

Den Abstand $k_{am} \cdot x$ der resultierenden Druckkraft vom oberen Rand erhält man entsprechend zu:

$$k_{am}\cdot x = \frac{D_{b1}\cdot k_{a1}\cdot x - D_{b2}\left[d + k_{a2}(x - d)\right]}{D_b} = \qquad (7.111)$$

$$= \frac{\alpha_1\cdot k_{a1} - \alpha_2\left(1 - \frac{b_o}{b}\right)\left(1 - \frac{d}{x}\right)\left[\frac{d}{x} + k_{a2}\left(1 - \frac{d}{x}\right)\right]}{\alpha_1 - \alpha_2\left(1 - \frac{b_o}{b}\right)\left(1 - \frac{d}{x}\right)}\cdot x$$

Für den Hebelarm zwischen der resultierenden Betondruckkraft D_b und
der Stahlzugkraft Z_s gilt dann:

$$z_b = h - k_{am} \cdot x \qquad (7.112)$$

Wenn die Größe und Lage der Betondruckkraft D_b bekannt ist, kann die
Bemessung des Plattenbalkens nach den bekannten Regeln durchgeführt
werden (vgl. Abschn. 7.2). Die Gleichgewichtsbedingung $\Sigma\,M = 0$ um
den Angriffspunkt von Z_{su} gemäß Gl. (7.25) mit $M_{s2,u}$ nach Gl. (7.6),

$$D_{bu}\,z_b - M_{s2,u} = D_{bu}\,(h - k_{am} \cdot x) - M_{s2,u} = 0$$

ist die Kontrolle, ob die Nullinienlage richtig geschätzt wurde. Ist der
Unterschied groß (mehr als 4 %), dann ist die Rechnung mit einer verbesserten Schätzung von x zu wiederholen.

Ist die Gleichgewichtslage gefunden, ergibt sich aus der Bedingung $\Sigma\,N = 0$

$$Z_{su} = D_{bu} + N_u = \frac{M_{s2,u}}{z} + N_u$$

und der erforderliche Stahlquerschnitt mit $\sigma_{s2,u} = \beta_S$ (wegen $\varepsilon_{s2} = 5\,°/°°$)

$$\text{erf } A_{s2} = \frac{Z_{su}}{\beta_S}$$

Das Auffinden der richtigen Nullinienlage x kann auch mit Hilfe des
zeichnerischen Verfahrens nach E. Mörsch erfolgen (vgl. Abschn. 7.3.4.3).

7.3.3.3 Näherungsverfahren für gedrungene Plattenbalken mit $b/b_0 \leqq 5$

Die T-förmige Fläche der Betondruckzone mit der Druckkraft D_b wird in
ein Rechteck verwandelt, dessen Breite b_i so gewählt wird, daß sich bei
gleicher Nullinienlage die gleiche Druckkraft D_b wie im T-förmigen Quer-
schnittsteil ergibt (Bild 7.44), d.h. $D_{b(Pl.\,Balken)} = D_{b(Rechteck)}$

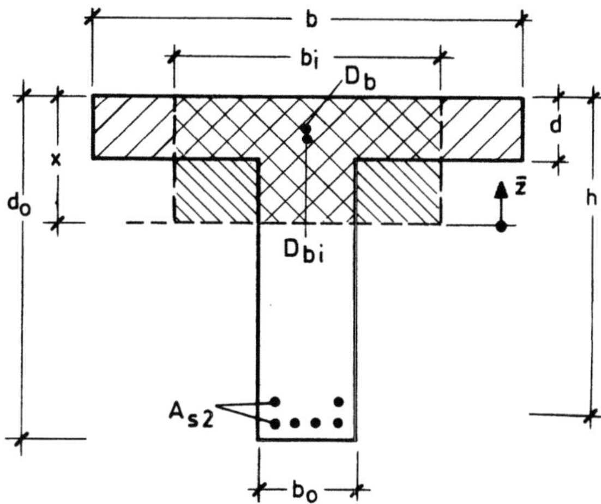

Bild 7.44 Umwandlung der T-förmigen Druckzone in ein Rechteck mit der
Ersatzbreite b_i für gleiche Druckkraft $D_b = D_{bi}$ bei Plattenbalken mit ge-
drungenem Querschnitt ($b/b_0 \leqq 5$)

| k_x | | | | | | | | λ | | | | | | | | | | | |
| für d/h | | | | | | | | für b/b_o | | | | | | | | | | | |
0,40	0,35	0,30	0,25	0,20	0,15	0,10	0,05	1,5	2,0	2,5	3,0	3,5	4,0	5,0	7,5	10	15	20	25
0,40	0,35	0,30	0,25	0,20	0,15	0,10	0,05	1,0	1,0	1,0	1,0	1,0	1,0	1,0	1,0	1,0	1,0	1,0	1,0
0,46	0,40	0,34	0,29	0,24	0,18	0,12	0,06	0,99	0,99	0,99	0,99	0,99	0,98	0,98	0,98	0,98	0,98	0,98	0,98
0,50	0,44	0,39	0,33	0,27	0,21	0,14	0,07	0,97	0,96	0,95	0,95	0,95	0,94	0,94	0,93	0,93	0,93	0,93	0,93
	0,50	0,42	0,36	0,30	0,23	0,16	0,08	0,95	0,92	0,90	0,89	0,89	0,88	0,87	0,86	0,86	0,85	0,85	0,85
		0,50	0,42	0,35	0,28	0,20	0,10	0,91	0,87	0,84	0,82	0,81	0,80	0,79	0,77	0,76	0,75	0,75	0,75
			0,50	0,41	0,33	0,24	0,13	0,87	0,81	0,77	0,75	0,73	0,71	0,69	0,67	0,66	0,65	0,64	0,63
				0,50	0,39	0,29	0,16	0,83	0,75	0,70	0,66	0,64	0,62	0,60	0,56	0,54	0,53	0,52	0,51
					0,50	0,36	0,21	0,79	0,69	0,62	0,58	0,55	0,53	0,50	0,45	0,43	0,41	0,40	0,39
						0,50	0,29	0,75	0,62	0,55	0,50	0,46	0,44	0,40	0,35	0,32	0,30	0,29	0,28
							0,50	0,71	0,56	0,47	0,42	0,37	0,34	0,30	0,24	0,21	0,18	0,17	0,16

Bild 7.45   Beiwerte $\lambda = b_i/b$ zur Bestimmung der Ersatzbreite b_i für die Bemessung von Plattenbalken

Man vernachlässigt dabei, daß die Lage von D_{bu} nicht ganz mit der wirklichen übereinstimmt. Die Sicherheit wird dadurch nicht beeinträchtigt, weil der Angriffspunkt im Ersatzrechteck tiefer liegt als im wirklichen Querschnitt und somit z_b zu klein und A_{s2} etwas zu groß erhalten wird.

Für die Ermittlung von b_i stehen Tabellen in Heft 220 des DAfStb. zur Verfügung, die aus folgenden Beziehungen abgeleitet wurden.

Es soll sein:
$$D_b = D_{bi}$$

bzw. mit $\alpha_1 = \alpha_i$ als Völligkeitsbeiwert des Rechteckquerschnitts:

$$D_b = \int_{\bar{z}=0}^{\bar{z}=x} \sigma_b(\bar{z}) \cdot b(\bar{z}) \cdot d\bar{z} = \alpha_i b_i x \, \beta_R = D_{bi}$$

Daraus folgt mit D_b aus Gl. (7.110) die Breite b_i:

$$b_i = \frac{\alpha_1 - \alpha_2 \left(1 - \dfrac{b_o}{b}\right)\left(1 - \dfrac{d}{x}\right)}{\alpha_1} \, b = \lambda \cdot b \qquad (7.113)$$

mit

$$= \frac{\alpha_1 - \alpha_2 \left(1 - \dfrac{b_o}{b}\right)\left(1 - \dfrac{d}{x}\right)}{\alpha_1} = 1 - \frac{\alpha_2}{\alpha_1}\left(1 - \dfrac{b_o}{b}\right)\left(1 - \dfrac{d}{k_x}\right) \qquad (7.114)$$

In der Tabelle Bild 7.45 sind die Werte λ in Abhängigkeit von d/h, b/b_o und k_x angegeben. Um die Tafel einfach zu halten und mehrfaches Interpolieren möglichst auszuschalten, sind die Werte λ zur sicheren Seite hin ermäßigt worden. Für k_x sollte man zunächst vorsichtig einen großen Wert einsetzen (beachte: für $\varepsilon_{s2} = 5°/oo$ und max $\varepsilon_b = 3,5°/oo$ ist $k_x = 0,412$).

Mit der Ersatzbreite $b_i = \lambda \cdot b$ kann die Bemessung wie für einen Querschnitt mit rechteckiger Druckzone erfolgen. Wird dabei k_x größer als es bei Ermittlung von λ für b_i angenommen wurde, dann muß λ für das größere k_x neu bestimmt werden!

Die Tabelle ist bis zu $k_x = 0,54$ (zugehörig zu k_h^*) gültig, d. h. für den ganzen Dehnungsbereich bis zur Anordnung von Druckbewehrung.

7.3.3.4 Näherungsverfahren für Plattenbalken mit dünnem Steg ($b/b_o \geqq 5$)

Man vernachlässigt bei dieser Näherung die Druckspannungen im Steg und der Angriffspunkt der Druckresultierenden wird genügend genau im Abstand $d/2$ vom oberen Rand angenommen (Bild 7.46).

Der Hebelarm der inneren Kräfte ist bei Ansatz der Näherung

$$z_b = h - \frac{d}{2} \qquad (7.115)$$

und aus $\Sigma M = 0$ um den Angriffspunkt von Z_{su} ergibt sich mit $D_{bu} = M_{s2,u}/z_b$, wobei $M_{s2,u}$ nach Gl. (7.6) ermittelt wird, über $\Sigma N = 0$ der erforderliche Stahlquerschnitt

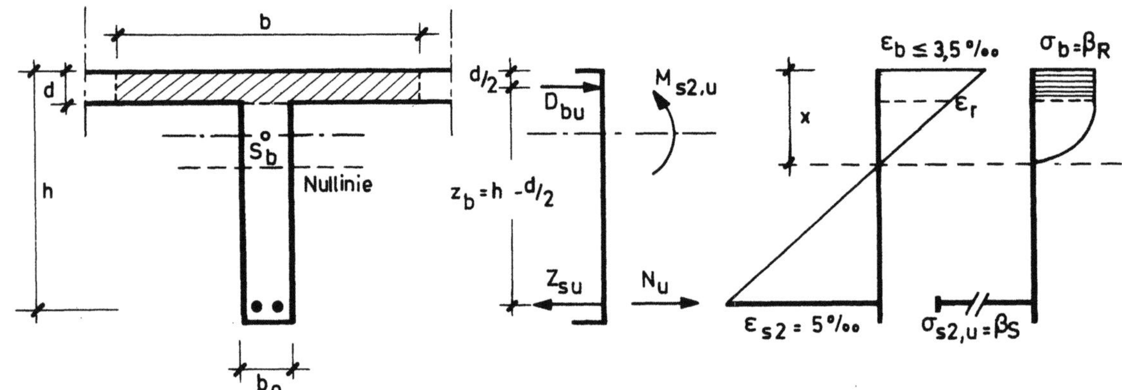

Bild 7. 46   Bemessung des Plattenbalkens mit schlankem Querschnitt
$(b/b_o \geqq 5)$ und Kontrolle der Druckspannungen

$$\text{erf } A_{s2} = \frac{M_{s2,u}}{z_b \cdot \beta_S} + \frac{N_u}{\beta_S} = \frac{M_{s2,u}}{(h - \frac{d}{2})\, \beta_S} + \frac{N_u}{\beta_S} \qquad (7.116)$$

Nach der Ermittlung der Stahleinlagen m u ß kontrolliert werden, ob die
Festigkeit der Betondruckzone nicht überschritten wird. Man weist deshalb nach, daß die gemittelte Spannung σ_{bm} in der Platte den Rechenwert
β_R nicht überschreitet. Mit $D_{bu} = M_{s2,u}/z_b$ ergibt sich:

$$\sigma_{b,m} = \frac{D_{bu}}{b\,d} = \frac{M_{s2,u}}{b\,d\,(h - \frac{d}{2})} \leqq \beta_R \qquad (7.117)$$

Dieser Ansatz für σ_{bm} ist nur dann zutreffend, wenn der geradlinige Teil
des Spannungs-Dehnungs-Diagramms die Dicke d der Platte voll deckt,
d. h. wenn die Dehnung am unteren Plattenrand $\varepsilon_r \geqq 2\,°/_{oo}$ ist. Trifft dieses nicht zu, ist also $\varepsilon_r < 2\,°/_{oo}$ (unterer Plattenrand liegt im parabelförmigen Bereich der σ-ε-Linie des Betons), dann sind jedoch die Abweichungen sehr gering und werden durch den zu ungünstig angenommenen
Hebelarm ausgeglichen. Erhält man aus Gl. (7.117) Werte $\sigma_{bm} > \beta_R$,
dann ist entweder die Plattendicke d oder die Höhe des Plattenbalkens h
zu vergrößern.

Das erläuterte Näherungsverfahren setzt das Versagen des Stahles voraus
(also $\varepsilon_{s2} > \varepsilon_{sS}$) und liefert deshalb zuverlässig brauchbare Ergebnisse
nur bei Biegung o h n e Längskraft oder mit Längsz u g kraft und zwar
für Plattenbalken mit $d/h \leqq 0,4$.

Für Plattenbalken unter Biegung m i t Längsd r u c k kraft (besonders bei
geringer Ausmitte) können wesentliche Teile des Steges Druckspannungen
erhalten, was bei dem angegebenen Näherungsverfahren zu unsicheren
Ergebnissen führen kann. In solchen Fällen ist das im vorigen Abschn.
7.3.3.3 angegebene Verfahren zweckmäßig, bei dem die T-förmige Betondruckzone in eine rechteckige mit der Breite b_i umgewandelt wird.
In Tabelle Bild 7.45 sind deshalb die Beiwerte λ für $b_i = \lambda \cdot b$ auch für
einige Fälle von $b/b_o > 5$ (bis $b/b_o = 25$) angegeben; Zwischenwerte
können interpoliert werden.

7.3.4 Bemessung bei beliebiger Form der Betondruckzone

7.3.4.1 Allgemeines

Querschnitte, bei denen die Druckzonen von der Rechteck- oder T-Form abweichen, lassen sich nur in einigen Sonderfällen rechnerisch leicht erfassen (Kreis-, Kreisring- und Dreieckquerschnitte), so daß hierfür nur wenige Bemessungsbehelfe zur Verfügung stehen. In manchen Fällen kann man mit ausreichender Genauigkeit die vom Rechteck abweichende Querschnittsform durch ein Rechteck ersetzen, wie Bild 7.47 in einigen Beispielen zeigt.

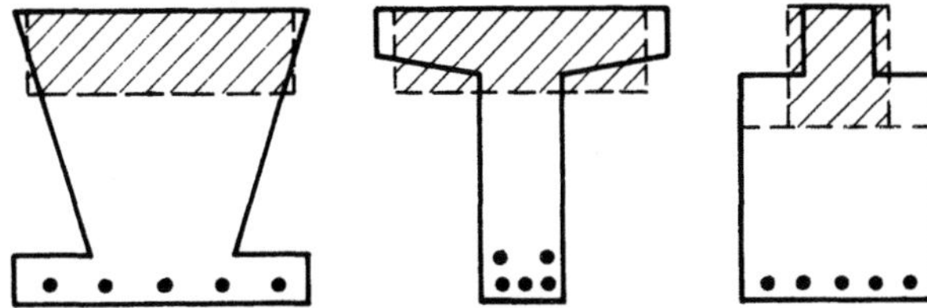

Bild 7.47   Näherungsweise Umwandlung beliebiger Druckzonenformen in rechteckförmige Druckzonen

Bei stärkeren Abweichungen von der Rechteckform und bei stark unsymmetrischen Querschnitten kann eine direkte Bemessung nicht erfolgen. Man rechnet in solchen Fällen vereinfacht mit einer rechteckförmigen Spannungsverteilung in der Betondruckzone oder begnügt sich mit dem Nachweis, daß die vorher geschätzte Zugbewehrung zusammen mit dem vorgegebenen Betonquerschnitt (evtl. einschl. Druckbewehrung), nach Lage und Querschnittsgröße ausreichende Sicherheit gegen Erreichen des Grenzzustandes gibt.

Für eine geradlinige Spannungsverteilung in der Betondruckzone (z. B. beim früheren n-Verfahren) sind infolge der dabei vorhandenen Proportionalität zwischen Dehnungen und Spannungen einfachere Verfahren anwendbar (vgl. [2]). Sie können heute aber nur noch für Untersuchungen unter geringen Beanspruchungsgraden, z. B. bei Gebrauchslast, angewandt werden.

Häufig sind Querschnitte auf "schiefe Biegung" (biaxial bending) zu bemessen, d. h. die Nullinie verläuft nicht parallel zum Druckrand. Das ist der Fall bei unsymmetrischen Querschnitten (z. B. beim einseitigen, gegen Verdrehen nicht gehaltenen Plattenbalken) oder schiefwinklig angreifenden Biegemomenten mit und ohne Längskraft (Bild 7.48). In der Praxis kommen dabei beliebige Querschnittsformen verhältnismäßig selten, Rechteckquerschnitte bei schiefer Biegung mit Längskraft (z. B. Eckstützen in Stahlbetonskelettkonstruktionen) dagegen relativ häufig vor. Für solche Fälle liegen in Heft 220 des DAfStb. einige graphische Bemessungshilfen vor. Sie wurden aus einer Vielzahl von möglichen Aufgaben nur für ausgewählte Fälle der Stahlgüte, der Randabstände der Bewehrung, der Bewehrungsanordnung und der bezogenen Größe der Längsdruckkraft aufgestellt. Auf Ableitung und Erläuterung wird hier verzichtet, dazu sei auf das Schrifttum [119] verwiesen.

7.3.4.2 Richtung und Lage der Nullinie

Bei einer ersten Annahme der Richtung und Lage der Nullinie und der Anordnung der geschätzten Zugbewehrung (deren Größe sich mit dem geschätzten Hebelarm z leicht ergibt) sind die folgenden Bedingungen eine Hilfe.

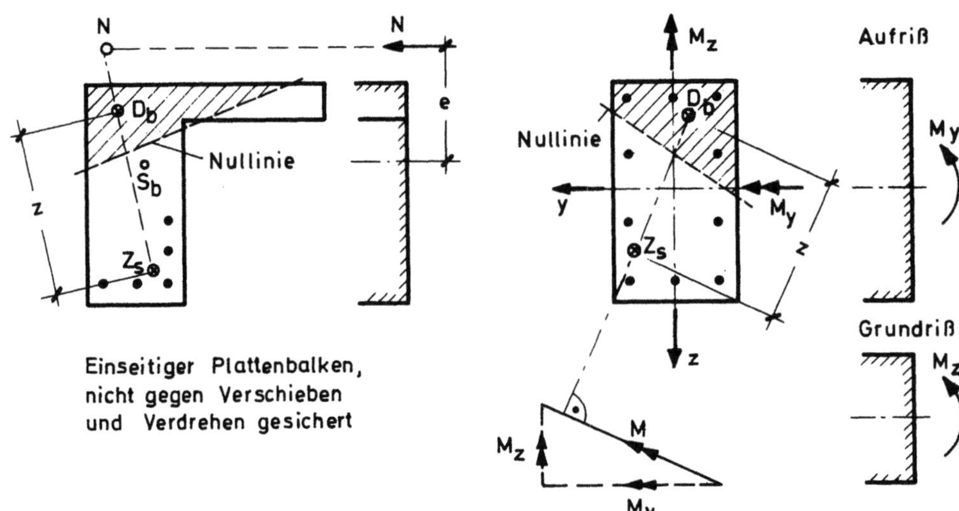

Bild 7. 48   Beispiele für Querschnitte mit rechteckigem Umriß, aber nicht rechteckiger Betondruckzone

Die Verbindungslinie der Angriffspunkte der Resultierenden D_b und Z_s (in Bild 7. 48 mit $\otimes$ gekennzeichnet) muß

- bei **r e i n e r   B i e g u n g** (ohne Längskraft) rechtwinklig zum Vektor des resultierenden Momentes M (vektoriell aus M_y und M_z zu bestimmen) stehen,

- bei **B i e g u n g   m i t   L ä n g s k r a f t** durch den Angriffspunkt der Längskraft N gehen.

Für die erste Annahme der <u>Richtung der Nullinie</u> gilt:

1. Bei beliebigen Querschnitten kann man den Mohr' schen Trägheitskreis auf den zunächst als homogen (Zustand I bei Vernachlässigung der Stahleinlagen) angenommenen Querschnitt anwenden. Man ermittelt für ein Achsenkreuz y, z mit dem Ursprung 0 im Schwerpunkt des Querschnitts J_y, J_z und J_{yz}, wobei

$$J_{yz} = \int y\,z\,dA = 0,5\,(J_y + J_z) - J_{45^o} = \Sigma\,y_{s,j} \cdot z_{s,j} \cdot \Delta A_j$$

Daraus wird der Trägheitskreis nach den Regeln der Mechanik konstruiert (Bild 7. 49). Der Schnittpunkt C der Kraftebene N - O mit dem Kreis wird mit dem Endpunkt T des Deviationsmomentes J_{yz} verbunden. Die Verlängerung der Linie schneidet den Kreis in D, womit die R i c h t u n g   d e r Nullinie durch die Gerade O - D gefunden ist. Die Lage der tatsächlichen Nullinie muß parallel zu O - D geschätzt werden. Diese Konstruktion setzt annähernd gleichmäßige Verteilung der Bewehrung über den Querschnittsumfang voraus.

Das Deviationsmoment läßt sich mit J_{45^o} immer dann einfach berechnen, wenn der Querschnitt geradlinig begrenzt ist, denn dann ergibt sich J_{45^o} (= Trägheitsmoment in bezug auf eine im positiven Quadranten liegende Winkelhalbierende) leicht aus Summen oder Differenzen dreieckiger Flächenteile. Für Querschnitte mit einer oder zwei Symmetrieachsen wird $J_{yz} = 0$, und in Bild 7.49 würde T mit E zusammenfallen.

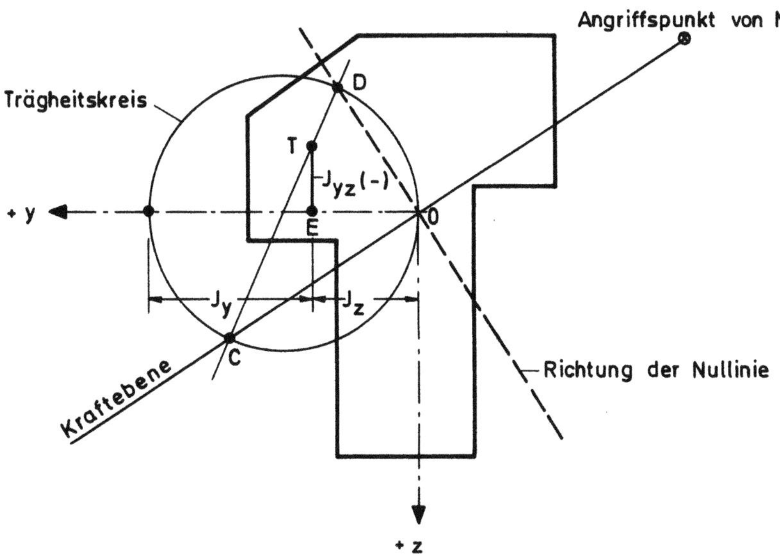

Bild 7.49 Ermittlung der Richtung der Nullinie mit Hilfe des Mohr'schen Trägheitskreises für einen als homogen angenommenen beliebigen Querschnitt (nicht maßstäblich)

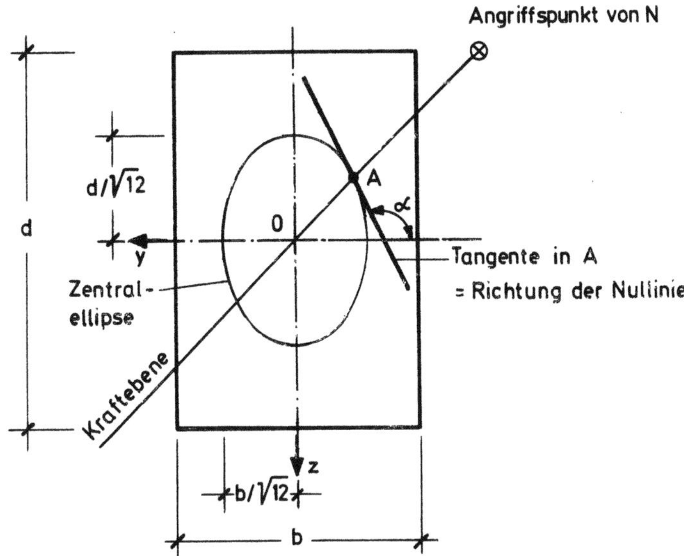

Bild 7.50 Ermittlung der Richtung der Nullinie mit Hilfe der Zentralellipse für einen als homogen angenommenen Rechteckquerschnitt bei schiefer Biegung

2. Bei rechteckigen Querschnitten aus zunächst als homogen angenommenem Material ist es einfacher, die Trägheitsellipse (Zentralellipse) zu konstruieren, deren Halbmesser $d/\sqrt{12}$ und $b/\sqrt{12}$ sind (vgl. Bild 7.50). Die Tangente im Schnittpunkt dieser Ellipse mit der Kraftebene N - O gibt die R i c h t u n g der Nullinie an; für den Winkel α zwischen Tangente und y-Achse gilt:

$$\tan \alpha = \frac{d^2}{b^2} \cdot \frac{M_z}{M_y} \qquad (7.118)$$

Deckt sich die Kraftebene mit einer der Diagonalen des Rechteckes, dann entspricht die Richtung der anderen Diagonalen der R i c h t u n g der Nulllinie.

Ist die Richtung der Nullinie gefunden, so zeichnet man rechtwinklig dazu
ein Dehnungsdiagramm und erhält damit einen ersten Anhalt für die <u>Lage
der Nullinie</u> (Bild 7.51). Man nimmt dazu ein Dehnungsdiagramm an, das
auf der Zugseite von max $\varepsilon_{s2} = 5\,{}^o/_{oo}$ o d e r auf der Druckseite von
max $\varepsilon_b = 3,5\,{}^o/_{oo}$ ausgeht.

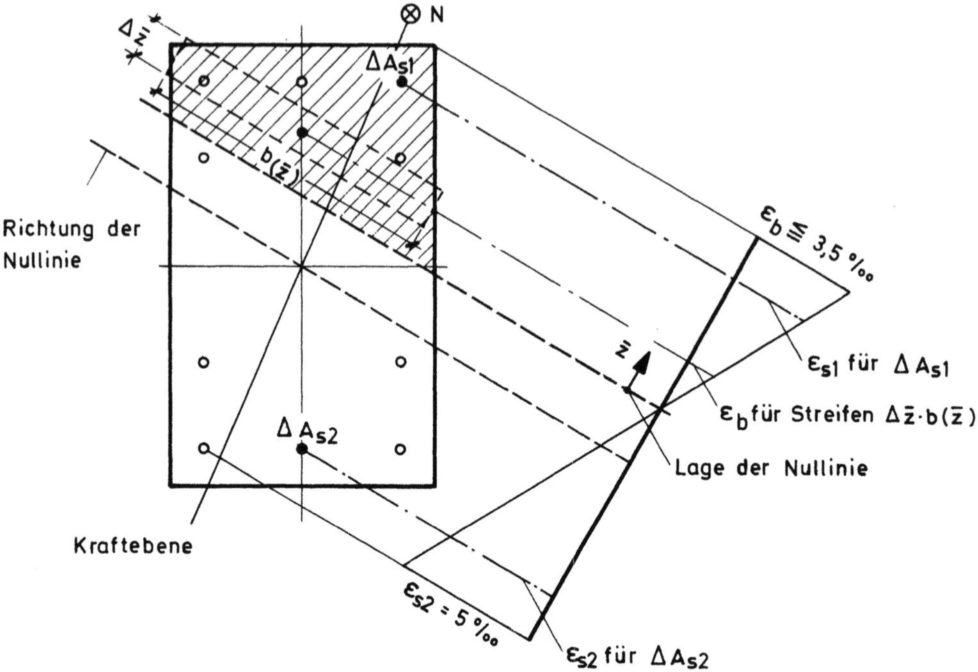

Bild 7.51   Zur Ermittlung der Teilkräfte ΔD_b, ΔD_s und ΔZ_s aus den
Dehnungen ε bei angenommener oder näherungsweise ermittelter Richtung
der Nullinie (hier wurde die Lage der Nullinie für einen Dehnungszustand
$\varepsilon_{s2} = 5\,{}^o/_{oo}$ und $\varepsilon_b \leqq 3,5\,{}^o/_{oo}$ angenommen)

Für die so abgegrenzte Druckzone ist im allgemeinen die Berechnung der
Druckkraft D_{bu} bei Anwendung des Parabel-Reckteck-Diagrammes nach
Bild 7.3a sehr aufwendig. Man muß dazu die Druckzone in Streifen mit
Höhen $\Delta \bar{z}$ parallel zur Nullinie zerlegen und für jeden Streifen Teilkräf-
te ΔD_b in Abhängigkeit von ε_b in Höhe der Schwerpunkte der Streifen
ermitteln (Bild 7.51); es gilt:

$$\Delta D_b = \sigma_b(\bar{z}) \cdot \Delta \bar{z} \cdot b(\bar{z}) \tag{7.119}$$

wobei nach Bild 7.3a bzw. Gl. (7.1) einzusetzen ist:

$$\text{für } \varepsilon_b \leqq 2\,{}^o/_{oo} : \qquad \sigma_b(\bar{z}) = \frac{1}{4}\,\beta_R\,(4 - \varepsilon_b)\,\varepsilon_b$$

$$\text{für } \varepsilon_b \geqq 2\,{}^o/_{oo} : \qquad \sigma_b(\bar{z}) = \beta_R$$

Die Kräfte ΔD_s und ΔZ_s ergeben sich aus den jeweiligen Stahldehnungen
ε_{s1} und ε_{s2} und den σ-ε-Linien nach Bild 7.5 zu $\Delta D_s = \sigma_{s1} \cdot \Delta A_{s1}$ bzw.
$\Delta Z_s = \sigma_{s2} \cdot \Delta A_{s2}$.

Die Angriffspunkte der resultierenden Druckkraft $D_{bu} = \Sigma \Delta D_b + \Sigma \Delta D_s$
und der resultierenden Zugkraft $Z_{su} = \Sigma \Delta Z_s$ werden nach den Regeln
der techn. Mechanik gefunden.

Es muß dann geprüft werden, ob die Gleichgewichtsbedingungen und die
vorstehenden zusätzlichen Bedingungen erfüllt werden. Ggf. verbessert

man in weiteren Schritten jeweils die Lage und die Richtung der Nulllinie, bis ein befriedigendes Ergebnis vorliegt.

Für Rechteckquerschnitte bei schiefer Biegung mit Längsdruckkraft sind
in Heft 220 des DAfStb. Interaktionsdiagramme veröffentlicht, die für verschiedene Bewehrungsanordnungen eine einfache Bemessung für Gebrauchslastschnittgrößen M_y, M_z und N erlauben.

7.3.4.3 Ermittlung der kritischen Schnittgrößen M_u und N_u nach dem zeichnerischen Verfahren von Mörsch

Für die Bestimmung der maßgebenden Lage der Nullinie hat E. Mörsch
ein anschauliches zeichnerisches Verfahren vorgeschlagen [120], das zusätzlich zur Ermittlung von kritischen Schnittgrößen dient. Dieses Verfahren ist allgemein gültig für beliebige Querschnittsformen.

Bei der Ermittlung der kritischen Schnittgrößen M_u und N_u müssen zwei
Fälle unterschieden werden:

1. M und N werden mit dem gleichen Sicherheitsbeiwert $\gamma_M = \gamma_N = \gamma$
vergrößert, d.h. die Größe der Ausmitte bleibt konstant:

$$e_u = \frac{M_u}{N_u} = \frac{\gamma_M \cdot M}{\gamma_N \cdot N} = \frac{M}{N} = e$$

2. die Längskraft N wird nicht vergrößert ($\gamma_N = 1,0$), d.h. die Größe
der Ausmitte ist mit γ_M veränderlich:

$$e_u = \frac{M_u}{N_u} = \frac{\gamma_M \cdot M}{N} = \gamma_M \cdot e$$

Die im folgenden gezeigte Ermittlung der Schnittgrößen M_u und N_u entspricht den im Abschn. 7.2.2 gegebenen allgemeinen Erläuterungen (Dehnungsverteilung vorgeben; innere Kräfte berechnen; Gleichgewichtsbedingungen auflösen) mit dem einen Unterschied, daß die Lösung der Gleichungen aus den Gleichgewichtsbedingungen zeichnerisch erfolgt.

Das zeichnerische Verfahren soll an zwei häufigen Beispielen erläutert
werden:

1. gegeben ist e = konst, gesucht sind M_u und N_u bzw. $\gamma_M = \gamma_N$.

2. gegeben ist $N_u = N$, also $\gamma_N = 1$, gesucht ist e_u und damit M_u.

Entsprechend der im Abschn. 7.2.2 erläuterten Anzahl von Unbekannten
sind viele andere Fälle denkbar, wie z. B.: Bedingungen für die Dehnungsverteilung vorgegeben (Stahl soll ausgenutzt sein), dafür erforderlicher
Stahlquerschnitt A_{s2} gesucht.

Ermittlung von M_u und N_u bei e = konst: Bei gegebenen Querschnittsabmessungen sollen für eine bekannte Ausmitte e_u = e die Größen der
Längsdruckkraft N_u und des Momentes M_u berechnet werden.

Ausgehend von einer beliebigen Dehnungsverteilung, z.B. Grenzfall mit
$\varepsilon_{s2} = 5\,‰$ und $\varepsilon_{b1} = 3,5\,‰$ als 1. Annahme, werden die inneren Kräfte
D_b, D_s und Z_s in bekannter Weise berechnet (vgl. z.B. Abschn. 7.1.4.3).
Zur Lösung muß man von einer Gleichgewichtsbedingung ausgehen, die die

Unbekannte N_u nicht enthält, also $\Sigma M = 0$ um den Angriffspunkt von N_u (vgl. Bild 7.52):

$$\overline{M}_D = D_s (e - z_{s1}) + D_b \cdot e_b = Z_s \cdot e_s = \overline{M}_Z \qquad (7.120)$$

mit $\qquad e_b = e - z_1 + a \quad$ und $\quad e_s = e + z_{s2}$

In Höhe der Nullinie, die durch das Dehnungsdiagramm mit $\varepsilon_{s2} = 5\,^o/_{oo}$ und $\varepsilon_{b1} = 3,5\,^o/_{oo}$ festgelegt wurde, werden nun die Größen der linken und rechten Gleichungsseiten in einem beliebigen Maßstab aufgetragen. Die beiden Größen $\overline{M}_D = D_s(e - z_{s1}) + D_b \cdot e_b$ und $\overline{M}_Z = Z_s \cdot e_s$ werden i. a. bei dieser ersten Annahme der Dehnungsverteilung nicht gleich sein. Man wählt deshalb eine zweite Variante für das Dehnungsdiagramm mit $\varepsilon_{b1} < 3,5\,^o/_{oo}$, wenn $\overline{M}_D > \overline{M}_Z$ erhalten wurde (also Stahl maßgebend, Bild 7.52 a) oder mit $\varepsilon_{s2} < 5\,^o/_{oo}$, wenn sich $\overline{M}_D < \overline{M}_Z$ ergab (Betondruckzone maßgebend, Bild 7.52 b). Dabei ist es sinnvoll zu beachten, daß sich Z_s für alle $\varepsilon_{s2} > \varepsilon_{sS}$ wegen der zugehörigen $\sigma_{su} = \beta_S = $ konst. nicht verändert, so daß die Linie $\overline{M}_Z = Z_s \cdot e_s$ parallel zur lotrechten Bezugslinie verläuft. Für Dehnungen $\varepsilon_{s2} < \varepsilon_{sS}$ ist die Linie $Z_s \cdot e_s$ die Verbindungslinie des zu $\varepsilon_{s2} = \varepsilon_{sS}$ gehörenden Punktes mit dem Nullpunkt in Höhe der Stahleinlagen A_{s2}. Für die zweite Annahme genügt es also, nur noch die dem neu gewählten Wert ε_{b1} entsprechende Größe $\overline{D}_{b,2}$ zu ermitteln. Nach Abtragen dieser Größen in der gleichen Weise wie vor verbindet man die zusammengehörenden Werte $\overline{M}_{D,1}$ und $\overline{M}_{D,2}$. Der Schnittpunkt der Verbindungslinien mit der bereits gefundenen Linie $Z_s \cdot e_s$ gibt dann die Lage x_u der Nullinie an, bei der die Bedingung der Gl. (7.120) erfüllt ist und der das endgültige Dehnungsdiagramm mit $\varepsilon_{s2,u}$ und $\varepsilon_{b1,u}$ zugeordnet ist. Diese Dehnungen liefern die Größen D_{su}, D_{bu} und Z_{su}, die mit der Bedingung $\Sigma H = 0$ die Größe der Längsdruckkraft ergeben:

$$N_u = D_{su} + D_{bu} - Z_{su}$$

Da $e = $ konst. vorgegeben war, ist weiterhin

$$M_u = N_u \cdot e$$

gefunden. Die vorhandene Sicherheit ergibt sich damit zu

$$\gamma_M = \gamma_N = \gamma = \frac{M_u}{M} = \frac{N_u}{N} \, .$$

<u>Ermittlung der Ausmitte e_u und M_u bei $N_u = $ konst:</u> Für eine gegebene Längskraft, z.B. $N_u = 1,0\,N$, soll e_u und damit M_u bei gegebenen Querschnittsabmessungen bestimmt werden. Da die Ausmitte e_u unbekannt ist, kann man in diesem Fall nicht von $\Sigma M = 0$ (wobei der Hebelarm e_u einzuführen wäre) ausgehen. Es ist aber N_u bekannt, so daß $\Sigma N = 0$ als Ausgangsbedingung zur Verfügung steht:

$$\overline{D} = D_s + D_b = N_u + Z_s = \overline{Z} \qquad (7.121)$$

Entsprechend dieser Bedingung bildet man für ein angenommenes Dehnungsdiagramm (z.B. als erste Annahme $\varepsilon_{b1} = 3,5\,^o/_{oo}$, $\varepsilon_{s2} = 5\,^o/_{oo}$) aus den Größen D_s und D_b die Summe $\overline{D}$ und aus N_u und Z_s die Summe $\overline{Z}$ und trägt beide in Höhe der Nullinie, die aus dem Dehnungsdiagramm folgt, waagerecht als Strecken auf (Bild 7.53).

Für $\overline{D} > \overline{Z}$ ist der Stahl maßgebend: man wählt im 2. Iterationsschritt also ein Dehnungsdiagramm mit $\varepsilon_{b1} < 3,5\,^o/_{oo}$ (Bild 7.53 a).

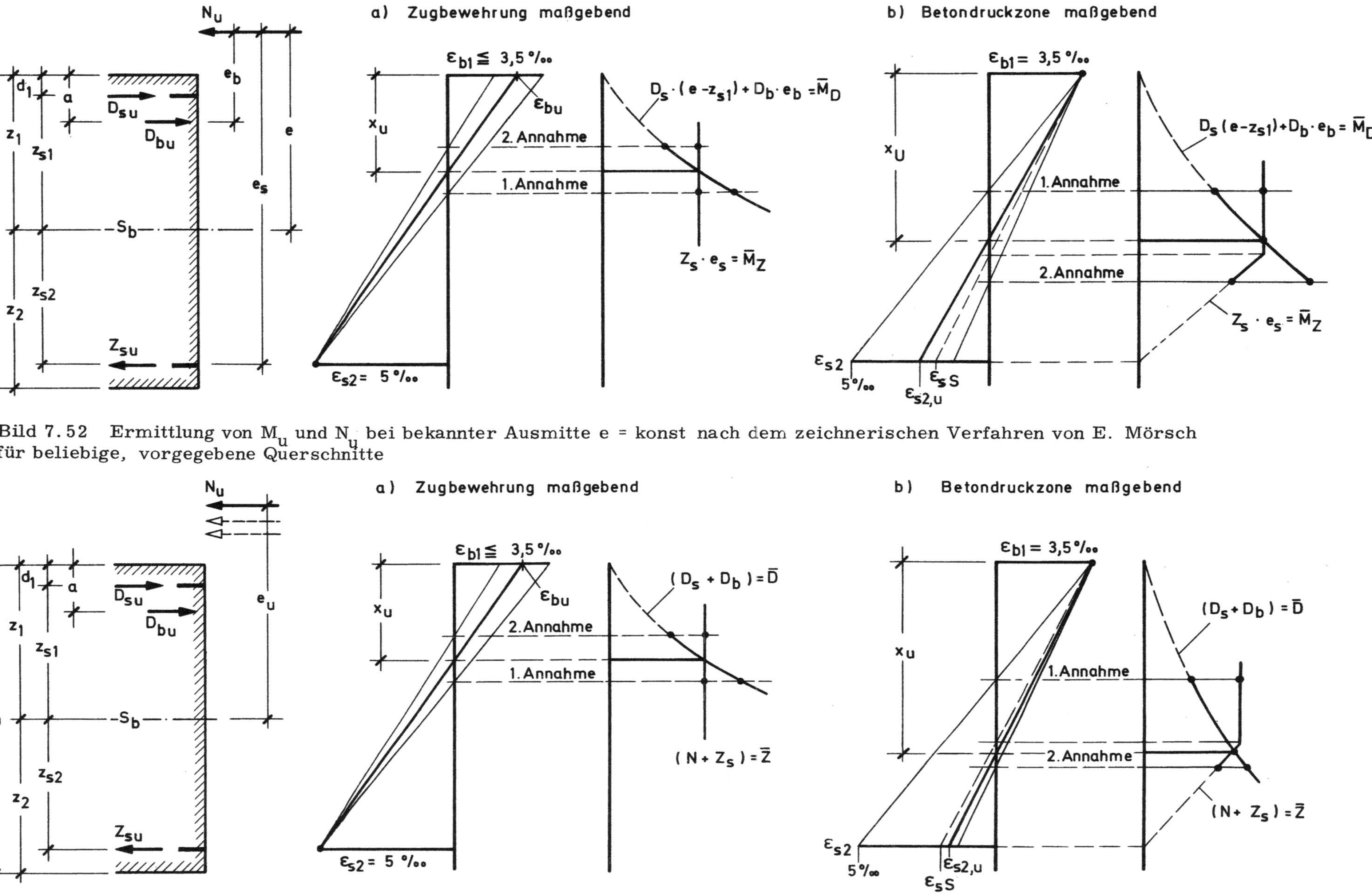

Bild 7.52 Ermittlung von M_u und N_u bei bekannter Ausmitte e = konst nach dem zeichnerischen Verfahren von E. Mörsch für beliebige, vorgegebene Querschnitte

Bild 7.53 Ermittlung der Ausmitte e_u bzw. des Momentes M_u bei gegebener konstanter Normalkraft N_u nach dem zeichnerischen Verfahren von E. Mörsch für beliebige vorgegebene Querschnitte

Für $\overline{D} < \overline{Z}$ ist die Betondruckzone maßgebend, d.h. die Druckkräfte D_s und D_u müssen vergrößert bzw. die Zugkraft Z_s verkleinert werden: Im 2. Iterationsschritt wählt man also ein Dehnungsdiagramm mit $\varepsilon_{s2} < 5\,^0\!/_{00}$ (Bild 7.53 b).

Die Konstruktion des Schnittpunktes der beiden Kurven $\overline{D}$ und $\overline{Z}$ verläuft im übrigen analog zu dem in Bild 7.52 gezeigten Vorgang. Dieser Schnittpunkt liefert wieder den endgültigen Abstand x_u der Nullinie vom gedrückten Rand und damit über die maßgebenden Dehnungen $\varepsilon_{b1,u}$ und $\varepsilon_{s2,u}$ die Größen D_{bu}, D_{su} und Z_{su}.

Jetzt kann die Gleichgewichtsbedingung $\Sigma\,M = 0$ angeschrieben werden; wenn man sie z.B. auf den Angriffspunkt von Z_{su} ansetzt, ergibt sie mit

$$N_u\,(e_u + z_{s2}) = D_{su}\,(h - d_1) + D_{bu}\,(h - a)$$

den gesuchten Hebelarm

$$e_u = \frac{1}{N_u}\left[\,D_{su}\,(h - d_1) + D_{bu}\,(h - a)\,\right] \qquad (7.122)$$

Damit läßt sich das kritische Moment bestimmen zu

$$M_u = N_u \cdot e_u$$

und mit $e = M/N$ der Sicherheitsbeiwert

$$\gamma_M = \frac{M_u}{M} = \frac{N_u \cdot e_u}{N \cdot e} = \frac{e_u}{e}$$

7.3.4.4 Tragfähigkeitsnachweis bei Annahme konstanter Verteilung der Spannungen in der Betondruckzone

Um Fälle mit nicht rechteckiger Druckzone rechnerisch einfacher lösen zu können, gestattet DIN 1045, anstelle der Spannungsverteilung nach Bild 7.3 a eine volle Plastifizierung der Druckzone, d.h. ein rechteckiges Spannungs-Diagramm nach Bild 7.54, anzunehmen. Damit die Abweichungen gegenüber genaueren Berechnungen mit dem Parabel-Rechteck-Diagramm möglichst gering bleiben, sind folgende Reduktionen eingeführt:

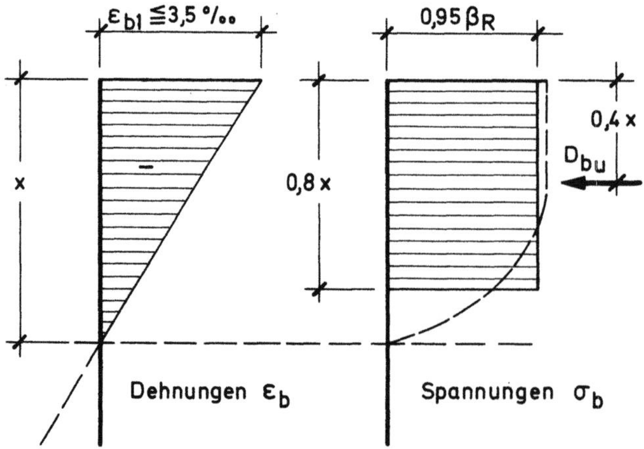

Bild 7.54 Rechteckige Spannungsverteilung (nach DIN 1045) zur vereinfachten Bemessung bei nicht rechteckigen Betondruckzonen und Vergleich mit dem Parabel-Rechteck-Diagramm

- die konstante Spannung wird zu $0,95\ \beta_R$ angesetzt,

- die Höhe des Spannungsblocks wird auf 80 % von x ermäßigt.

Die ausreichende Sicherheit dieser Vereinfachung wurde durch Vergleichs-
rechnungen von E. Grasser [121] nachgewiesen. Im Ausland wird vielfach
nur mit solchen Rechteck-Diagrammen bemessen.

So ergibt sich z.B. für b = konst und $\varepsilon_{b1} = 3,5\ ‰$ bei Annahme eines rechteckigen Spannungsdiagramms

$$D_{bu} = 0,8\,x \cdot 0,95\ \beta_R \cdot b = 0,76\ b\,x\ \beta_R$$

mit dem inneren Hebelarm

$$z = h - k_a\,x = h - 0,4\,x$$

(gegenüber $D_{bu} = 0,81\ b\,x\ \beta_R$ und $z = h - 0,416\,x$ bei Annahme des Parabel-Rechteck-Diagramms).

Mit der reduzierten rechteckigen Spannungsverteilung ergibt sich also i. a.
ein größerer Stahlquerschnitt erf A_{s2} als mit einer Verteilung gemäß dem
Parabel-Rechteck-Diagramm.

Die Bemessung von unregelmäßig geformten Querschnitten wird bei An-
wendung des Rechteck-Diagramms sehr einfach: Der Angriffspunkt der
Betondruckkraft D_{bu} wird identisch mit dem Schwerpunkt der Fläche der
Betondruckzone, die durch die Parallele zur Nullinie im Abstand von $0,2\,x$
abgetrennt wird (Bild 7.55), und die Größe der Kraft D_{bu} ist gleich dem
Inhalt dieser reduzierten gedrückten Fläche multipliziert mit $0,95\ \beta_R$.

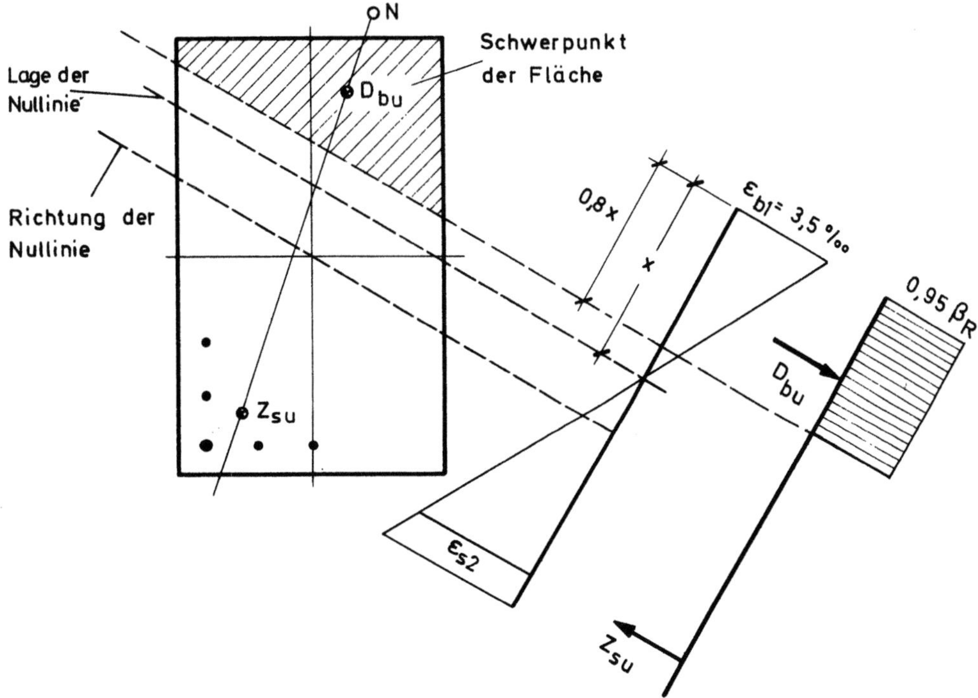

Bild 7.55   Anwendung des Rechteckdiagramms der Spannungen bei der Bemessung eines Rechteckquerschnitts für schiefe Biegung mit Längskraft
(dargestellt für ein angenommenes Dehnungsdiagramm mit $\varepsilon_{b1} = 3,5\ ‰$)

Auf einige logische Inkonsequenzen bei Anwendung des reduzierten rechteckigen Spannungs-Diagramms wird im folgenden hingewiesen:

1.) Die Reduktion des Spannungsblocks wurde für max ε_{b1} = 3,5 ‰ abgeleitet, also für volle Ausnützung der Tragfähigkeit des Betons. Die volle Plastifizierung wird aber sicher nicht erreicht, wenn die Randdehnung kleiner als 2 ‰ ist. Es ist anzunehmen, daß bei solchen schwach bewehrten Trägern die Näherung hinsichtlich der Ausnützung des Betons stark von der Wirklichkeit abweicht. DIN 1045 gestattet sie aber dennoch, weil sich bei der zugehörigen geringen Höhe x der Druckzone der Fehler in der Größe und Lage von D_{bu} nur unwesentlich auf Z_{su} und damit auf A_{s2} auswirkt.

2.) Hat die Längsdruckkraft nur eine geringe Ausmitte und wird dabei der Nullinienabstand x größer als das 1,25-fache der Querschnittsdicke d (d. h. 0,8 x > d), dann wird mit der Verteilung der Spannungen nach Bild 7.54 die Spannung über die gesamte Querschnittsfläche gleich groß, und die resultierende Druckkraft des Betons greift im Schwerpunkt des Gesamtquerschnitts an. Somit wird das innere Moment aus den Betonspannungen zu Null, obwohl ein dem äußeren Moment gleich großes inneres Moment entgegenwirken muß. Die gleichmäßige Spannung kann sich also in Wirklichkeit nicht einstellen. Zur Sicherung der Bildung des inneren Momentes muß deshalb beidseitige Bewehrung eingelegt werden. Man nimmt diesen logischen Fehler zugunsten der Vereinfachung in Kauf.

7.3.4.5 Bemessung kreisförmiger Querschnitte

Kreis- und Kreisringquerschnitte können rechnerisch erfaßt werden. Hierzu wurden Interaktions-Diagramme aufgestellt (z.B. E. Grasser [122, 114] , K. Tompert [123]).

Entsprechend den bisher benützten Definitionen werden für Kreisquerschnitte folgende Beziehungen eingeführt:

$$\text{geometrischer Bewehrungsgrad:} \quad \mu_o = \frac{A_s}{\pi\, r^2} \tag{7.123}$$

$$\text{mechanischer Bewehrungsgrad:} \quad \omega_o = \mu_o \frac{\beta_S}{\beta_R} = \frac{A_s}{\pi\, r^2} \cdot \frac{\beta_S}{\beta_R} \tag{7.124}$$

$$\text{bezogene Normalkraft:} \quad n_u = \frac{N_u}{\pi\, r^2 \beta_R} \tag{7.125}$$

$$\text{bezogenes Moment:} \quad m_u = \frac{M_u}{\pi\, r^3\, \beta_R} \tag{7.126}$$

Als Beispiel für ein Bemessungsdiagramm ist in Bild 7.56 für Kreisquerschnitte ein Interaktionsdiagramm für den Bruchzustand (aus [123]) für d_1/d = 0,1 und B St 420/500 wiedergegeben. In Heft 220 des DAfStb. sind Bemessungs-Diagramme des Vollkreisquerschnitts und des Kreisringquerschnitts für Gebrauchslastschnittgrößen enthalten.

Für einen mittig belasteten Kreisquerschnitt ergibt sich analog zu der im Abschn. 7.2.3.2 für Rechteckquerschnitte angegebenen Gleichung (7.101 a):

$$N_u = -\frac{\pi\, d^2}{4} \beta_R - A_s \cdot \beta_S = 2,1\ N \tag{7.127}$$

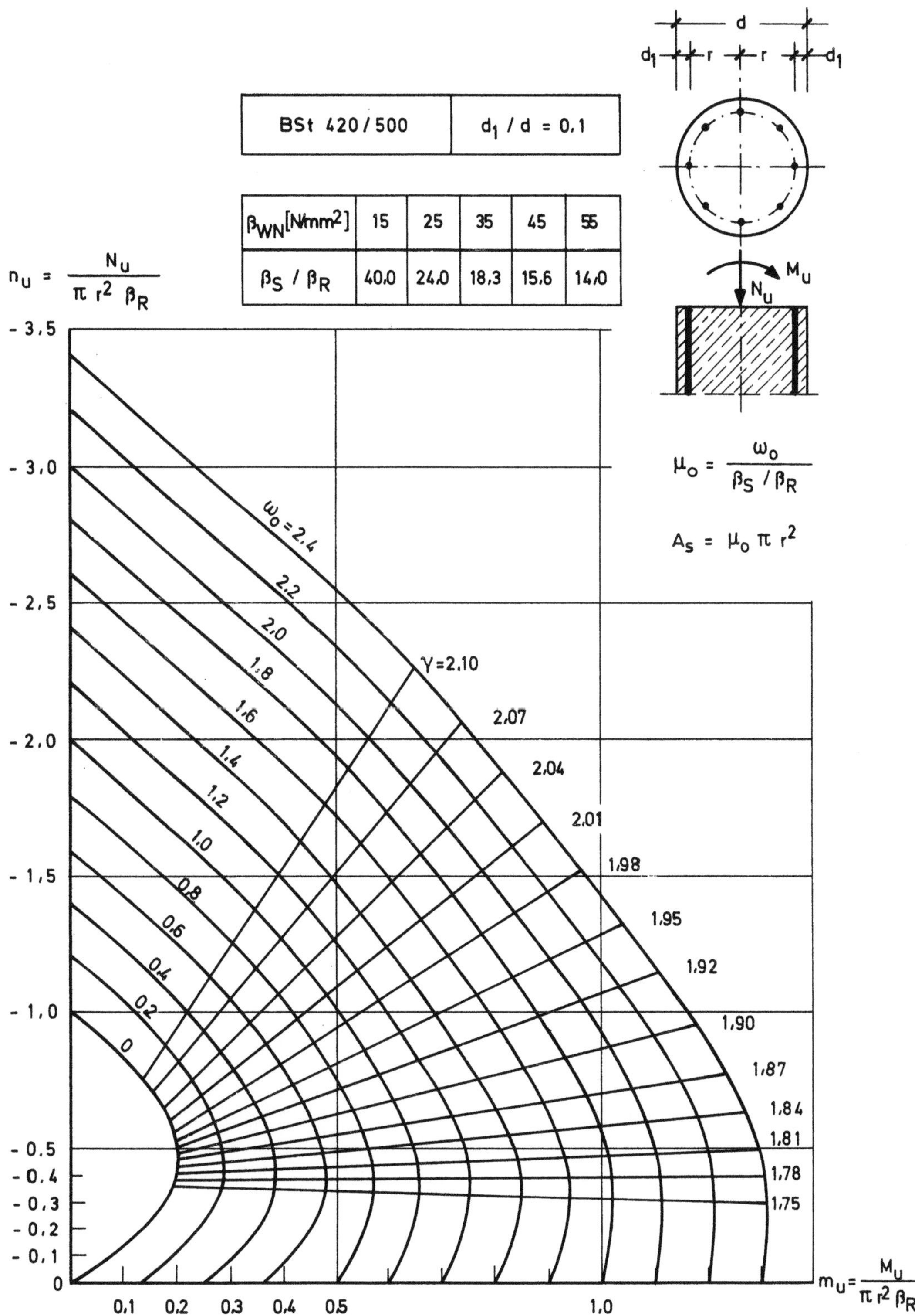

Bild 7.56 Interaktions-Diagramm für Biegung und Längsdruckkraft bei Kreisquerschnitten mit $d_1/d = 0,1$ und B St 420/500

7.4 Bemessung umschnürter Druckglieder ohne Knickgefahr

Die Tragkraft von Druckgliedern (Stützen) aus Stahlbeton mit kreisförmigem oder annähernd kreisförmigem (z. B. achteckigem) Querschnitt kann
bei kleiner Ausmitte und geringer Schlankheit durch eine Umschnürungs-
bewehrung erhöht werden. Die Wirkung der Umschnürung (auch Wendel
genannt) beruht darauf, daß sie die durch Längsdruck entstehende Querdehnung des Betons behindert und damit ein dreiachsiger Druckspannungs-
zustand (σ_1; $\sigma_2 = \sigma_3$) erzeugt wird, der zu höheren Betondruckfestigkei-
ten führt (vgl. Abschn. 2.8.3).

Zur Erläuterung sei ein kreisförmiger mit Wasser gefüllter S t a h l z y -
l i n d e r mit dem Durchmesser d, dem Wandquerschnitt a_z und der Höhe h = 1 betrachtet (Bild 7.57). Wird die Wasserfüllung einem Außen-
druck p ausgesetzt, dann wirkt auf die Fläche der Stahlwandung ebenfalls der Druck p, woraus sich in der Wand die Zugkraft

$$Z = \frac{1}{2} \, p \, d \qquad\qquad (7.128)$$

bzw. die Stahlzugspannung

$$\sigma_s = \frac{p \, d}{2 \, a_z} \qquad \text{einstellt.}$$

Da p auf der gesamten Wasseroberfläche $\pi \, d^2/4$ wirkt, ist die mögliche
Traglast eines solchen Behälters in Abhängigkeit von der Festigkeit der
Wandung:

$$P_u = \frac{\pi \, d^2}{4} \cdot \frac{2 \, a_z \, \beta_S}{d} = \frac{\pi \, d}{2} \, a_z \, \beta_S \qquad\qquad (7.129)$$

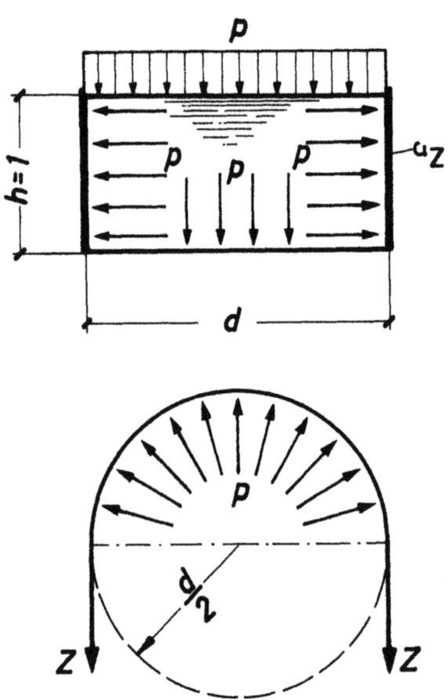

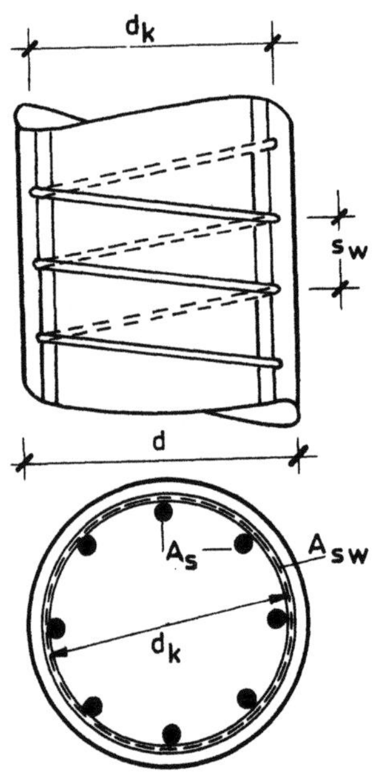

Bild 7.57 Flüssigkeitsdruck im
allseitig geschlossenen Zylinder

Bild 7.58   Bezeichnungen bei
einer wendelbewehrten Stütze

In der umschnürten Stahlbetonstütze liegen die Verhältnisse ähnlich, allerdings ist der gedrückte Beton nicht wie Wasser inkompressibel, sondern mit der Querdehnzahl μ quer verformbar. Daraus folgt, daß der Seitendruck nur das $1/\mu$-fache des Oberflächendruckes beträgt. Die aus Stäben mit einem Querschnitt A_{sw} im Abstand s_w (= Ganghöhe der Wendel) gebildete Umschnürung (Bild 7.58) kann man sich in einen Stahlzylinder mit dem Durchmesser d_k und der fiktiven Wanddicke $a_z = A_{sw}/s_w$ verwandelt denken. Gegenüber der Traglast nicht umschnürter Stützen nach Gl. (7.127) ergibt sich durch die Umschnürung einer Stütze eine Erhöhung ΔN_u der Traglast:

$$\Delta N_u = - \frac{1}{\mu} \cdot \frac{\pi\, d_k}{2} \cdot \frac{A_{sw}}{s_w}\, \beta_{Sw} \qquad (7.130)$$

mit μ = Querdehnzahl,

   d_k = Achsdurchmesser der Wendel,

   A_{sw} = Stabquerschnitt der Wendel,

   s_w = Ganghöhe der Wendel,

   β_{Sw} = Streckgrenze des Stahls der Wendel.

Bei Einführung von

$$A_w = \pi \cdot d_k\, \frac{A_{sw}}{s_w} \qquad (7.131)$$

ergibt sich

$$\Delta N_u = - \frac{1}{2\,\mu}\, A_w\, \beta_{Sw} \qquad (7.132)$$

Die Traglast einer umschnürten, kreisförmigen Stahlbetonstütze ergibt sich dann mit N_u nach Gl. (7.127) zu:

$$F_u = N_u + \Delta N_u = - \left(\frac{\pi\, d_k^2}{4}\, \beta_R + A_s\, \beta_S + \frac{1}{2\,\mu}\, A_w\, \beta_{Sw} \right) \qquad (7.133)$$

Beim Traglastanteil N_u kann hier abweichend von Gl. (7.127) nicht der volle Betonquerschnitt mit dem Durchmesser d, sondern nur der innere Teil mit Durchmesser d_k angesetzt werden, weil die außerhalb des "Kerns" mit d_k liegende Betonschale bei der zu β_{Sw} gehörenden Dehnung der Wendel abplatzen kann und dann nur noch der "Kernquerschnitt" des Betons wirksam bleibt.

Die auf diese Weise theoretisch abgeleitete Gleichung (7.133) muß naturgemäß mit Versuchsergebnissen verglichen und in Übereinstimmung gebracht werden. Zunächst sind schon aus weiteren Überlegungen drei Korrekturen anzubringen:

1) Der für die Umschnürungswirkung eingeführte Ausdruck

$\Delta N_u = - \frac{1}{2\,\mu}\, A_w\, \beta_{Sw}$ muß entsprechend der Druckfestigkeit des Betons nach oben begrenzt werden.

2) Da die Stäbe der Umschnürung mit Durchmesser d_{sw} den Abstand s_w aufweisen, kann der Betonkern in der theoretisch eingeführten Zylinderwand mit Durchmesser d_k nicht vollständig unter Seitendruck stehen. Bild 7.59 zeigt, daß dies erst im Bereich der Scheitel von Druckgewölben der Fall sein kann, die sich zwischen den Wendelstäben bilden.

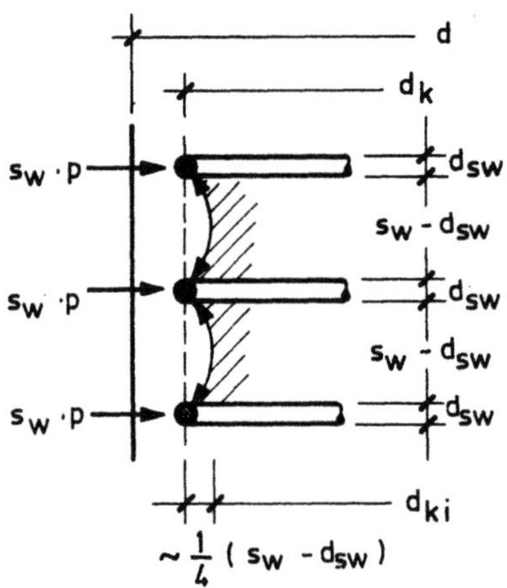

Bild 7.59   Verringerung des wirksamen Kerndurchmessers d_{ki} gegenüber dem Wendeldurchmesser d_k

3) Die theoretische Ableitung setzt vollkommen gleichmäßig verteilte äußere Pressung p voraus, die aber schon bei geringsten Ausmitten der angreifenden Last P und bei geringen Ungleichheiten in der Festigkeit bzw. Dehnfähigkeit des Betons und in der Lage der Bewehrung A_s nicht mehr gewährleistet ist. Es muß also eine Abnahme der Umschnürungswirkung durch unbeabsichtigte Ausmitten und mit wachsender Ausmitte e eintreten.

Systematische Auswertungen aller bisher bekannten Versuche mit umschnürten Stützen [124] führten in Übereinstimmung mit den Überlegungen unter 1) bis 3) zu folgender, in DIN 1045 übernommener Bemessungsgleichung:

$$N_u = N_u^o + \Delta N_u \qquad (7.134)$$

mit:

N_u^o = Traglast der Stütze, z.B. nach Abschn. 7.3, Bild 7.56, mit Berücksichtigung der Lastausmitte e = M_u/N_u aus dem Bruttoquerschnitt A_b des Betons

$$\Delta N_u = \left[\nu \cdot A_w \cdot \beta_{Sw} - (A_b - A_k) \beta_R \right] \left(1 - \frac{8 M_u}{d_k \cdot N_u} \right) \geqq 0 \qquad (7.135)$$

In Gl. (7.135) bedeuten neben den schon erläuterten Bezeichnungen:

$$A_b = \frac{\pi}{4} d^2 \quad \text{und} \quad A_k = \frac{\pi}{4} d_k^2$$

ν = Faktor für den Einfluß der Querdehnzahl und der dreiachsigen Festigkeitserhöhung nach Bild 7.60;

der Klammerausdruck $(A_b - A_k) \beta_R$ bringt die außerhalb der Wendel liegende Betonschale von N_u^o wieder in Abzug;

der Klammerausdruck $\left(1 - \dfrac{8 M_u}{d_k N_u} \right)$ erfaßt die ungünstige Wirkung ausmittiger Belastung; er führt für e = M/N = $d_k/8$ zum Wert Null und damit zu $\Delta N_u = 0$.

Als Sicherheitsbeiwert für umschnürte Stützen ist immer γ = 2,1 zu verwenden. Die Wirkung der Umschnürung darf nur bei Betonfestigkeitsklassen von mindestens B 25 in Rechnung gestellt werden.

Wenn für Gl. (7.135) auch berücksichtigt wurde, daß unter der Traglast die äußere Betonschale nicht mehr mitwirkt, so muß doch sichergestellt werden, daß sie unter Gebrauchslast nicht abplatzt. Versuchsauswertungen ergaben bei einer Sicherheit von 1,25 gegen zu frühes Abplatzen folgende Gleichung, die nach DIN 1045 zusätzlich erfüllt sein muß:

$$A_w \cdot \beta_{Sw} \leqq \delta \left[(2,3\, A_b - 1,4\, A_k)\, \beta_R + A_s\, \beta_S \right] \qquad (7.136)$$

dabei kann δ aus Tabelle Bild 7.60 entnommen werden.

Bezeichnet man das Verhältnis $d_k/d = \varkappa$, dann ist $A_k = \varkappa^2 \cdot A_b$; damit erhält man den größtzulässigen mechanischen Bewehrungsgrad für die Umschnürung zu:

$$\omega_w = \frac{A_w \cdot \beta_{Sw}}{A_b \cdot \beta_R} \leqq \delta\, (2,3 - 1,4\, \varkappa^2 + \omega_o) \qquad (7.137)$$

mit

$$\omega_o = \frac{\Sigma A_s}{A_b} \cdot \frac{\beta_S}{\beta_R}$$

Aus Gl. (7.137) ergeben sich z.B. für $\varkappa = 0,9$ die in Tabelle Bild 7.60 angegebenen Werte max ω_w .

	Betonfestigkeitsklasse			
Faktor	B 25	B 35	B 45	B 55
ν in Gl. 7.135	1,6	1,7	1,8	1,9
δ in Gl. 7.136	0,42	0,39	0,37	0,36
max ω_w nach Gl. 7.137 (bei $\varkappa = d_k/d = 0,9$)	0,49 + 0,42 ω_o	0,44 + 0,39 ω_o	0,43 + 0,37 ω_o	0,42 + 0,36 ω_o

Bild 7.60   Faktoren ν, δ und größtzulässiger mechanischer Bewehrungsgrad max ω_w

Bild 7.61 zeigt, innerhalb welcher Grenzen eine Umschnürung mit Vorteil angewandt werden kann. Dazu wurden zwei extreme mechan. Bewehrungsgrade ω_o des Bildes 7.56 ausgewählt und für einige ω_w die Interaktionskurven darüber eingetragen. Man erkennt, daß die Wirkung der Umschnürung erst ab einer bestimmten Größe von ω_w bzw. A_w merkbar wird und mit wachsendem Moment sehr schnell verschwindet. Diese Grenze kann aus den vorausgegangenen Gleichungen festgelegt werden zu:

$$\min\, \omega_w = \frac{1 - \varkappa^2}{\nu} \qquad (7.138)$$

Es sei aber darauf hingewiesen, daß den Lasten $N_u^o + \Delta N_u$ nach Gl. (7.134) ganz erhebliche lotrechte Verformungen zugeordnet sind (beobachtet wurden Kürzungen bis zu 30 ‰ !!), die beim Entwurf darüber liegender durchlaufender Bauteile beachtet werden sollten!

Zusätzlich sind bei der Ausführung von wendelbewehrten (umschnürten) Stützen mehrere konstruktive Bedingungen nach DIN 1045, Abschn. 25.3, zu berücksichtigen!

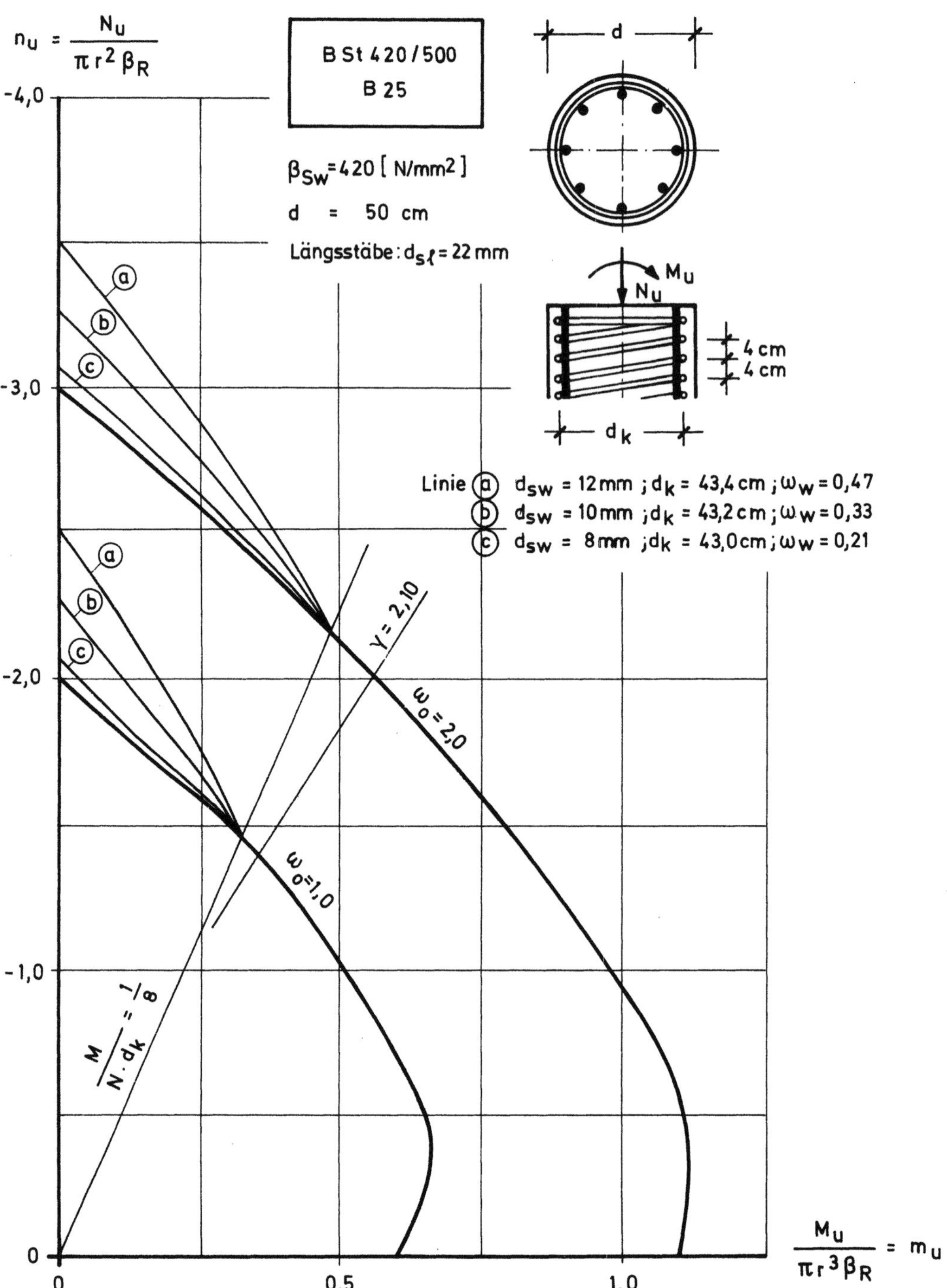

Bild 7.61   Einfluß der Umschnürung von kreisförmigen Stützen durch eine Wendel mit der Ganghöhe s_w = 4 cm und drei verschiedenen Stabdurchmessern (d_{sw} = 12, 10 und 8 mm) für zwei ausgewählte mechanische Bewehrungsgrade ω_0 des Bildes 7.56

7.5 Mindestzugbewehrung bei Biegung

Bei den Brucharten in Abschn. 7.1.3.1 wurde erläutert, daß bei sehr
schwacher Bewehrung die Gefahr eines schlagartigen Bruches besteht,
wenn beim Übergang vom Zustand I zum Zustand II die im Beton freiwerdende Zugkraft größer ist als die von der Bewehrung aufnehmbare
Zugkraft, bzw. wenn das im Zustand II aufnehmbare Moment kleiner ist
als das im Zustand I.

Wenn man sich auf die Betonzugfestigkeit verlassen könnte, wäre also die
Sicherheit im Zustand I größer als im Zustand II. Man darf aber Eigen-
und Zwangspannungen durch Temperatur, Schwinden und dergleichen
nicht unberücksichtigt lassen; sie können leicht die Zugfestigkeit erreichen. Dadurch kann schon unter Gebrauchslast ein Riß auftreten, mit dem
gleichzeitig ein schlagartiger Bruch eintritt. Durch den Riß können zwar
Zwang- und Eigenspannungen abgebaut werden, doch ist der Abbau durch
den ersten gefährlichen Riß ungewiß.

Sicherheit gegen diese Bruchart wird nur erreicht, wenn gilt:

$$M_u^{II} \gtreqqless M_u^{I}$$

Aus dieser Bedingung ergibt sich eine Mindestbiegebewehrung, abhängig
von Beton- und Stahlgüte, die für einen einfach bewehrten Rechteckquerschnitt im folgenden abgeleitet wird.

Die unmittelbar vor der Rißbildung in der Biegezugzone vorhandene
Zugkraft ist:

$$Z^{I} = Z_b + Z_s = \frac{1}{2} A_{bZ}\, \beta_{bZ} + A_s \cdot \frac{E_s}{E_b} \cdot \sigma_b \qquad (7.139)$$

Der Anteil Z_s ist vernachlässigbar klein gegenüber der gleichzeitig im
Beton vorhandenen Biegezugkraft Z_b. Also ist angenähert

$$Z^{I} \approx \frac{1}{2} A_{bZ} \cdot \beta_{bZ} \qquad (7.140)$$

wobei die Fläche A_{bZ} die Betonzugzone ist, hier genähert $d b/2$.

Im Zustand I gilt wie im homogenen Querschnitt

$$M_u^{I} = W_u \cdot \beta_{bZ} = Z^{I} \cdot z^{I} \approx Z_b \cdot \frac{2}{3} d$$

also ist

$$M_u^{I} \approx \frac{1}{6} b\, d^2\, \beta_{bZ} \qquad (7.141)$$

Bezieht man das mittlere β_{bZ} auf den Nennwert der Druckfestigkeit β_{WN}
nach folgender Beziehung (vgl. Abschn. 2.8.2):

$$\beta_{bZ} \approx \frac{1}{10} \beta_{WN}$$

so folgt:

$$M_u^I \approx 0,0167 \, b\,d^2 \, \beta_{WN} \tag{7.142}$$

Die Bewehrung A_s kann im Zustand II bei einer Beanspruchung bis zur Zugfestigkeit des Stahles β_Z die Kraft $Z^{II} = A_s \cdot \beta_Z$ aufnehmen. Mit einem geschätzten Hebelarm $z^{II} \approx 0,95\,h$ ergibt sich nach Abschn. 7.2 ein Moment von:

$$M_u^{II} = Z^{II} \cdot z^{II} \approx A_s \cdot \beta_Z \cdot 0,95\,h \tag{7.143}$$

Die Bedingung für die Mindestbewehrung lautet:

$$M_u^{II} \geqq M_u^I \tag{7.144a}$$

Die Werte von Gl. (7.142) und (7.143) eingesetzt, ergibt mit h = 0,9 d:

$$A_s \cdot \beta_Z \cdot 0,95\,h \geqq \frac{0,0167}{0,81} \, b\,h^2 \, \beta_{WN} \tag{7.144b}$$

Daraus ergibt sich der Bewehrungsgrad min μ , der mindestens vorhanden sein muß, um einen schlagartigen Bruch zu verhüten:

$$\min \mu = \frac{A_s}{b\,h} \geqq 0,0217 \, \frac{\beta_{WN}}{\beta_Z} \tag{7.145}$$

Als Mittelwerte kann man unter Berücksichtigung von Versuchsergebnissen, die geringere kritische Bewehrungsgrade ergaben, die in Tabelle Bild 7.62 angegebenen Werte min u bei Rechteckquerschnitten empfehlen. Dabei ist zu beachten, daß die vorgeschriebene Betongüte bei $\beta_{WN} <$ 35 N/mm^2 in der Praxis oft überschritten wird. Diese Mindestbewehrungsgrade findet man in vielen ausländischen Stahlbetonrichtlinien.

Für nicht rechteckige Querschnitte muß min μ auf die Biegezugzone A_{bZ} in Zustand I bezogen werden:

$$\min \mu_Z = \frac{A_s}{A_{bZ}^I} \approx 1,8 \cdot \min \mu \tag{7.146}$$

β_{WN} [N/mm^2]	$\min \mu = \dfrac{A_s}{b\,h}$	
	für B St I	für B St III, IV
$\leqq$ 25	0,15 %	0,10 %
$\leqq$ 45	0,20 %	0,14 %
$\leqq$ 55	0,25 %	0,18 %

Bild 7.62   Mindestbewehrungsgrade min μ für biegebeanspruchte Rechteckquerschnitte bei verschiedenen Beton- und Stahlgüten

d.h. für auf Biegezugzonen A_{bZ} bezogene Mindestbewehrungsgrade min μ_Z gelten die 1,8-fachen Werte der Tabelle Bild 7.62. Diese min μ bzw. min μ_Z sind besonders bei Rechteckquerschnitten (Platten!) und bei I-Querschnitten mit großen Zugflanschen zu beachten.

Die in [97] beschriebenen Stuttgarter Versuche bestätigten, daß bei Bewehrungen unter min μ bzw. min μ_Z die Last bzw. das Biegemoment ohne merkbare Ankündigung bis zum 1,5- bis 2-fachen der kritischen Grössen gesteigert werden konnte. Dann erfolgte ein schlagartiger Bruch, d.h. der erste Riß führte zum gleichzeitigen Zerreissen der Zugbewehrung. Dieses schlagartige Versagen war umso ausgeprägter, je besser die Verbundeigenschaften der Bewehrung waren. Wenn man früher bei vorwiegender Verwendung von glattem Betonstahl I und glatten Bewehrungsmatten deshalb auf die Einhaltung von Mindestbewehrungsgraden nicht achtete (und nicht in Vorschriften festlegte), so sollte ein gewissenhafter Konstrukteur bei den heute vorwiegend verwendeten Rippenstäben mit sehr guten Verbundeigenschaften auch ohne Forderung in Vorschriften die angegebenen Grenzen im Hinblick auf mögliche Zwangbeanspruchungen nicht unterschreiten.

7.6 Bemessung unbewehrter Betonquerschnitte

Unbewehrte Betonbauteile kommen insbesondere als Wände und gedrungene Stützen vor, bei denen die Ausmitten nur klein sind. Zum Nachweis der Tragfähigkeit gelten hierbei die gleichen Grundlagen wie in Abschn. 7 für bewehrte Bauteile mit der Ausnahme, daß wegen des hierbei besonders ausgeprägten Einflusses der Ausmitte und wegen der darin oft enthaltenen größeren Ungewißheit der Sicherheitsbeiwert $\gamma = 2,5$ gefordert wird. Für Bauteile aus Beton der Festigkeitsklassen bis B 10 gilt $\gamma = 3,0$.

Die Verteilung der Druckspannungen entspricht demnach dem Parabel-Rechteck-Diagramm nach Bild 7.3 a. Da auch hier die Betonzugfestigkeit nicht in Rechnung gestellt werden darf und Zugbewehrungen nicht vorhanden sind, muß bei auftretenden Zugspannungen mit reduziertem Querschnitt, d.h. mit "klaffender Fuge" gerechnet werden (vgl. Verteilung der Bodenpressungen unter ausmittig gedrückten Fundamenten). Nach DIN 1045 darf unter Gebrauchslast die "Fuge" höchstens bis zum Schwerpunkt des Gesamtquerschnittes aufreißen (klaffen). Außerdem dürfen am gedrückten Rand die Rechenwerte der Betondruckfestigkeit β_R von B 45 und B 55 nicht ausgenützt werden; als Größtwert gilt $\beta_R = 23$ N/mm^2 des B 35.

Die Größe der aufnehmbaren Längskraft wird jeweils durch Erreichen der maximalen Betondehnung am gedrückten Rand bestimmt, vgl. Gl. (7.4) und Bild 7.6 :

$$3,5 \geqq \varepsilon_1 = 3,5 - 0,75 \, \varepsilon_2 \geqq 2,0 \qquad (7.149)$$

wobei die ε als Absolutwerte in ‰ eingesetzt werden.

Die Völligkeit der Spannungsverteilung kann für Rechteckquerschnitte mit der Lastebene in einer der beiden Symmetrieachsen durch die Beiwerte α_d nach Gl. (7.20) bei Druckspannungen über die ganze Querschnittsfläche und α nach Gl. (7.14) bei klaffender Fuge mit dem Größtwert max $\alpha = 0,81$ angeschrieben werden. Für einen Rechteckquerschnitt gilt damit

- bei nicht klaffender Fuge:

$$D_{bu} = \alpha_d \, b \, d \, \beta_R$$

$$z_d = k_d \cdot d$$

- bei klaffender Fuge:

$$D_{bu} = 0,81 \, b \, x \, \beta_R$$

$$z_d = d/2 - 0,416 \, x$$

Für x = d (Nullinie am Querschnittsrand) folgt daraus:

$$\text{grenz } e = z_d = \frac{1}{2} \, d - 0,416 \, d = 0,084 \, d \qquad (7.150)$$

d.h. klaffende Fugen treten auf, wenn $e > 0,084 \, d$ ist.

Die größtzulässige Ausmitte max e ist erreicht, wenn x = d/2 wird, wobei $\underline{\text{max } e} = z_d = d/2 - 0,416 \cdot d/2 = \underline{0,292 \, d} \approx 0,3 \, d$ wird.

Die Auswertung dieser Beziehungen führt zur Erkenntnis, daß für R e c h t e c k q u e r s c h n i t t e mit einachsig ausmittiger Last eine einfache Näherungsformel zu sehr guter Übereinstimmung führt (vgl. E. Grasser [114]):

$$N_u \leq b \, d \, \beta_R \left(1 - 2 \frac{e}{d}\right) \qquad (7.151)$$

Ein Nachweis, daß die Fuge unter Gebrauchslast (bei geradlinig angenommener Spannungsverteilung) nicht weiter als bis zum Schwerpunkt aufklafft, ist bei Anwendung dieser Gleichung nicht erforderlich, weil der hier verwendete Ansatz mit dem Parabel-Rechteck der Spannungsverteilungen auf der sicheren Seite bleibt.

Für Q u e r s c h n i t t e b e l i e b i g e r F o r m ist die Verwendung des in Abschn. 7.3.4.4, Bild 7.54, erläuterten rechteckigen Spannungsdiagramms zu empfehlen. Die Rechnungen werden hierbei sehr einfach, weil nur die Flächen, Flächenschwerpunkte und Widerstandsmomente der um 20 % in ihrer Höhe reduzierten Druckzonen bestimmt werden müssen, um nachzuweisen, daß die größte Randspannung $\sigma_1 < 0,95 \, \beta_R$ bleibt. In [125] sind weitere Angaben zur näherungsweisen Abschätzung der Tragfähigkeit nicht rechteckiger Querschnitte enthalten.

8. Bemessung für Querkräfte

8.1 Grundsätzliches zur Schubbemessung

In Abschnitt 5.1.3 wurde schon erläutert, daß in allen Bereichen eines
Balkens mit v e r ä n d e r l i c h e m Biegemoment und damit einer Querkraft $Q = dM/dx$ im Zustand I zwischen den Gurten schiefwinklige Hauptspannungen σ_I und σ_{II} (principal stresses) wirken, die sich aus den
Längsspannungen σ_x und den Schubspannungen τ (shear stresses) errechnen lassen (Bild 5.7). Die den Hauptzugspannungen entsprechenden Zugkräfte im Steg bedingen eine Bewehrung, die sog. Schubbewehrung (shear
reinforcement), weil wir auch hier dem Beton keine Zugkräfte zuweisen
dürfen. Die Hauptzugspannungen führen entweder schon unter Gebrauchslast oder bei Steigerung zur kritischen Last zu Schubrissen, die Veran-
lassung geben, das Tragwerk im Zustand II als Fachwerk (truss) gemäß
Bild 5.12 zu betrachten. Die erforderliche Tragfähigkeit von Stahlbetonträgern ist nur gewährleistet, wenn außer den Gurtkräften auch die in
den Fachwerkstäben des Steges auftretenden Zug- und Druckkräfte mit
der geforderten Sicherheit aufgenommen werden. Die günstigste Richtung
der Schubbewehrung ist gleich der Richtung der Hauptzugspannung σ_I, also etwa 45^O(Bild 5.12 a). Da jedoch Bügel rechtwinklig zur Balkenachse
(senkrechte Bügel) viel einfacher auszuführen sind, werden sie bevorzugt;
das Fachwerk wird auch mit senkrechten Zugstäben tragfähig (Bild 5.12 b).

Für den Nachweis der Schubtragfähigkeit von Stahlbetonträgern im Zustand II werden die Zug- und Druckkräfte im Steg mit Hilfe eines Fachwerkmodells für den kritischen Zustand (erforderliche Traglast) berechnet. Aus der geschichtlichen Entwicklung heraus bedient man sich für die
Schubbemessung des <u>Rechenwertes der Schubspannung τ_o</u>. Gestützt auf
zahlreiche Versuchsergebnisse wird τ_o begrenzt, um ausreichende Sicherheit gegen schiefen Druck (Druckstrebenbruch) zu gewährleisten. In
der DIN 1045 werden Rechenwerte τ_o für Gebrauchslasten benutzt und
entsprechende zul τ_o angegeben, die eine reichliche Sicherheit gegen
einen Druckstrebenbruch ergeben.

Wie bei der Bemessung für Biegung mit Längskraft (Abschn. 7), so gilt
die im folgenden erläuterte Schubbemessung nur für schlanke Bauglieder
($\ell/d \geq 2,0$); Scheiben und Konsolen zeigen ein grundsätzlich anderes
Tragverhalten hinsichtlich Biegung und Schub und müssen gesondert behandelt werden.

8.2 Hauptspannungen in homogenen Tragwerken (Zustand I)

8.2.1 Ermittlung der Schubspannungen für homogene Querschnitte
(Stahlbetonquerschnitte im Zustand I)

In der techn. Mechanik wird die Größe der Schubspannung τ eines schlanken Biegeträgers am Balkenelement von der Länge dx mit den Angaben

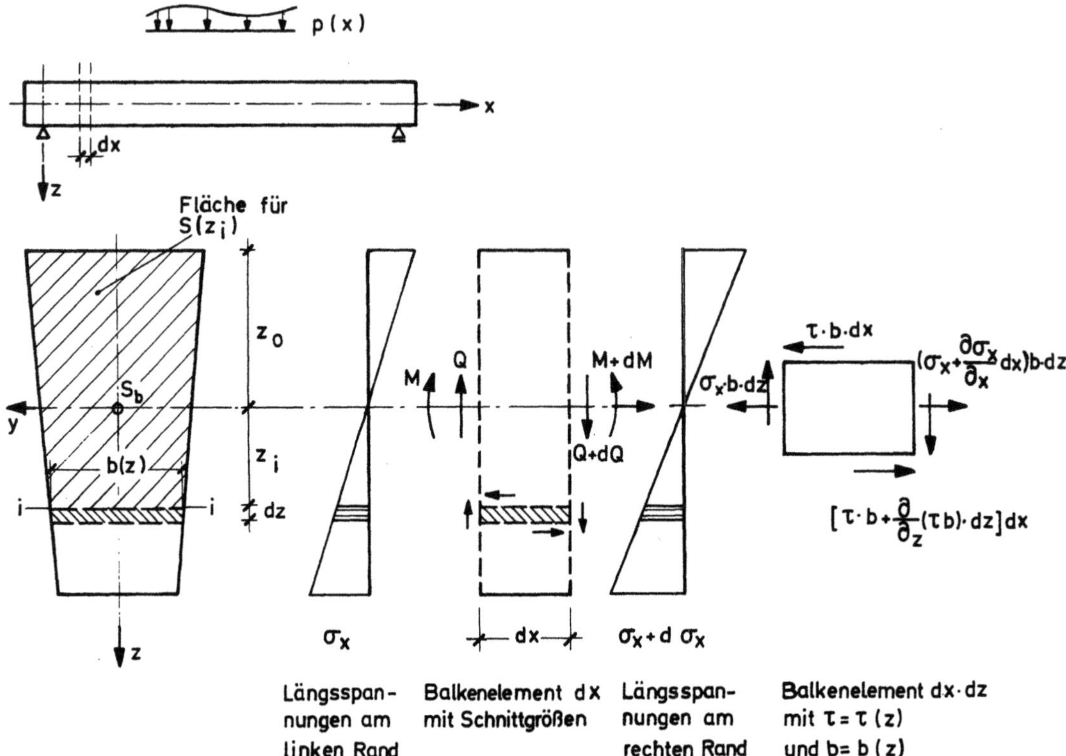

Bild 8.1   Kräfte an einem Balkenelement zur Herleitung der Schubspannung $\tau\,(z)$ (allgemeines Koordinatensystem der Technischen Mechanik). In Wirklichkeit wirken schiefe Hauptzug- und Hauptdruckspannungen

in Bild 8.1 wie folgt abgeleitet:

Für ein Element $b\,(z_i) \cdot dx \cdot dz$ lautet die Gleichgewichtsbedingung für die Kräfte in x-Richtung mit $\tau = \tau\,(z_i)$ und $b = b\,(z_i)$

$$\frac{\partial}{\partial z}\,(\tau \cdot b) \cdot dz \cdot dx + \frac{\partial \sigma_x}{\partial x}\,dx \cdot b \cdot dz = 0 \qquad (8.1)$$

d.h. dem Kraftzuwachs im Element infolge Zuwachs der Längsspannungen σ_x muß eine Schubkraft aus den Schubspannungen $\tau\,(z_i)$ entsprechen.

Für die Längsspannung σ_x gilt: $\sigma_x = \dfrac{M}{J}\,z_i = \dfrac{M}{W_i}$

und mit der bekannten Beziehung $\dfrac{dM}{dx} = Q$ ergibt sich nun aus Gl. (8.1) mit $dx \neq 0$ und $dz \neq 0$

$$\frac{\partial}{\partial z}\,(\tau \cdot b) + \frac{Q}{J}\,z_i \cdot b = 0$$

wobei die gegenseitige Zuordnung der Schubspannungen in senkrechten Schnitten gilt, d.h. $\tau_{xz} = \tau_{zx} = \tau$.

Die Integration dieser Gleichung liefert

$$\tau \cdot b = -\frac{Q}{J}\int_{z_o}^{z_i} z_i \cdot b \cdot dz = -\frac{Q}{J} \cdot S\,(z_i) \qquad (8.2)$$

wobei $S(z_i)$, das statische Moment der zwischen z_i und z_o liegenden Teil-
fläche des Querschnitts, mit Vorzeichen einzusetzen ist. In Gl. (8.2)
ist bereits berücksichtigt, daß für den oberen freien Querschnittsrand
$z_i = z_o$ keine Schubspannung auftritt.

Für die Schubspannung ergibt sich aus Gl. (8.2) die bekannte Formel

$$\tau = \frac{QS}{Jb} \qquad\qquad (8.3)$$

wenn das statische Moment S mit seinem Absolutwert eingesetzt wird.

Bei der Verteilung der Schubbewehrung über die Trägerlänge ist es manch-
mal zweckmäßig, statt von den Schubspannungen τ von der gesamten
Schubkraft T in einem Bereich auszugehen. Mit der auf die Längeneinheit bezogenen Schubkraft $T' = \tau \cdot b$ gilt:

$$T = \int T' \cdot dx = \int \tau \cdot b \cdot dx \qquad\qquad (8.4)$$

Bei einem R e c h t e c k q u e r s c h n i t t ist das statische Moment für die
Höhe z_i

$$S(z_i) = b \int_{z_o = -d/2}^{z_i} z_i \cdot dz = \frac{b}{2} \left[z_i^2 - \left(\frac{d}{2}\right)^2 \right] \qquad\qquad (8.5)$$

und somit ergibt sich für die Schubspannung mit $J = bd^3/12$ eine quadrati-
sche Gleichung

$$\tau = Q \frac{6}{bd^3} \left[\left(\frac{d}{2}\right)^2 - z_i^2 \right] \qquad\qquad (8.6)$$

Die Schubspannungen τ sind also beim Rechteckquerschnitt parabelförmig
über die Querschnittshöhe verteilt und der Größtwert der Schubspannung
ist für $z_i = 0$, d.h. in Höhe der Schwerachse

$$\max \tau = \frac{3}{2} \cdot \frac{Q}{bd} \qquad\qquad (8.7)$$

Zum selben Ergebnis kommt man, wenn man in Gl. (8.3) die Werte
$S = bd^2/8$ in Höhe der Schwerachse und $J = bd^3/12$ einsetzt; dabei ist
der Wert $J/S = 2d/3$ gleich dem inneren Hebelarm z zwischen den Span-
nungsresultierenden D und Z.

Entsprechend ergeben sich die Größtwerte der Schubspannung in Höhe der
Schwerlinie für den

- Kreis:
$$\max \tau = \frac{4}{3} \cdot \frac{Q}{F} = 0,425 \frac{Q}{r^2} \qquad\qquad (8.8)$$

- dünnen Kreisring:
$$\max \tau = 2 \frac{Q}{F} = 0,64 \frac{Q}{(r_a^2 - r_i^2)} \qquad\qquad (8.9)$$

8.2.2 Ermittlung der Hauptspannungen für homogene Querschnitte

Im Abschnitt 5.1.3.1 wurde erläutert, daß σ_x, σ_z und τ nur durch die Wahl des x-z-Koordinatensystems bedingte Hilfswerte sind, nämlich die x-z-Spannungskomponenten der Hauptspannungen σ_I und σ_{II} (Bild 8.2). Für das Tragverhalten sind allein diese Hauptspannungen maßgebend.

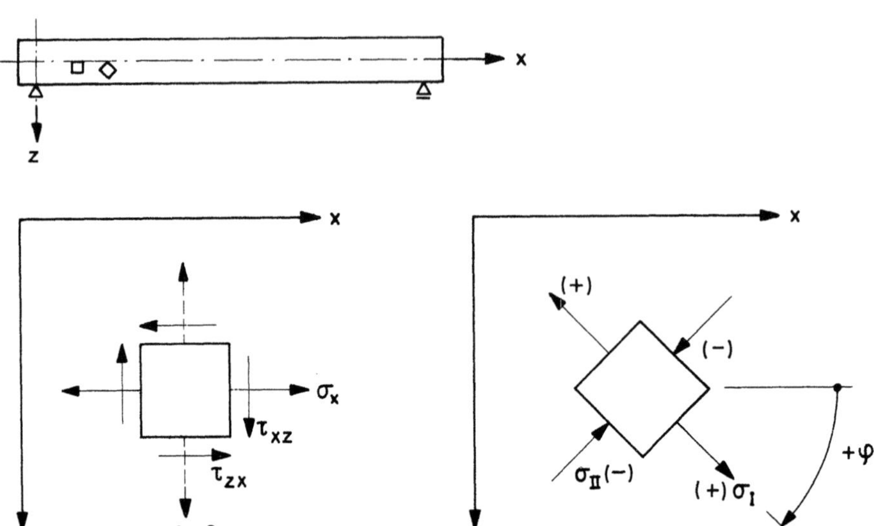

Bild 8.2   Festlegung der Spannungen und des Neigungswinkels φ für einen ebenen Spannungszustand

Die Hauptspannungen und ihre Richtung φ im Steg eines Balkens werden nach den bekannten Gleichungen für den ebenen Spannungszustand berechnet. Mit den Bezeichnungen nach Bild 8.2 erhält man für $\sigma_z = 0$ (für $\sigma_z \neq 0$ sind die Formeln in jedem Handbuch zu finden)

- die Biegespannung:

$$\sigma_x = \frac{N}{A} \pm \frac{M}{W}$$

- die Schubspannung:

$$\tau = \tau_{xz} = \tau_{zx} = \frac{Q\,S}{J\,b} \tag{8.3}$$

- die Haupt<u>zug</u>spannung:

$$\sigma_I = \frac{\sigma_x}{2} + \frac{1}{2}\sqrt{\sigma_x^2 + 4\,\tau^2} \tag{8.10a}$$

- die Haupt<u>druck</u>spannung:

$$\sigma_{II} = \frac{\sigma_x}{2} - \frac{1}{2}\sqrt{\sigma_x^2 + 4\,\tau^2} \tag{8.10b}$$

Für den Winkel φ zwischen σ_I und der x-Achse gilt nach [126] mit der in Bild 8.2 angegebenen Vorzeichenregelung

$$\tan \varphi = \frac{\tau}{\sigma_I} = \frac{\tau}{\sigma_x - \sigma_{II}} \tag{8.11}$$

oder auch

$$\tan 2\varphi = \frac{2\,\tau}{\sigma_x}$$

Zur Veranschaulichung dienen zwei Beispiele für einen homogenen Rechteckquerschnitt bei positiver Querkraft, also für einen Schnitt am linken

Auflager. Bild 8.3 zeigt die Richtung und Größe der Hauptspannungen bei
reiner Biegung mit Querkraft und Bild 8.4 bei Biegung mit Längsdruckkraft und Querkraft (Zahlenwerte z.B. in N/mm^2).

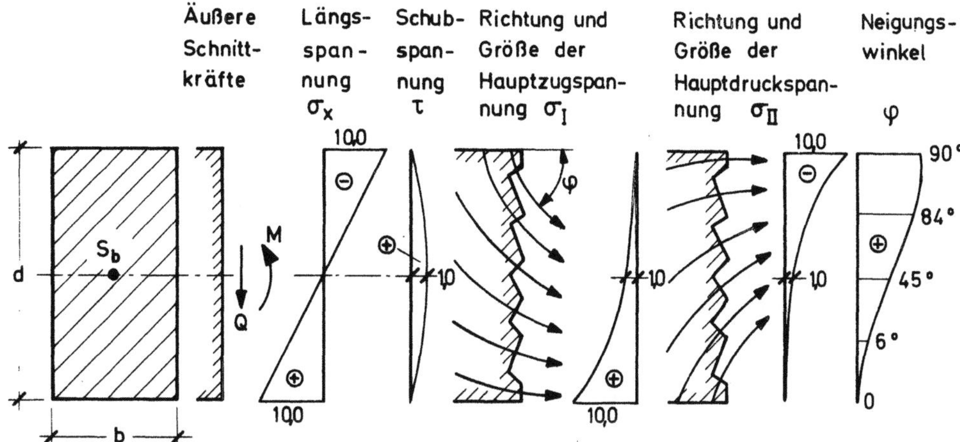

Bild 8.3   Hauptspannungen σ_I und σ_{II} und ihre Richtungen für einen
Rechteckquerschnitt bei reiner Biegung mit positiver Querkraft

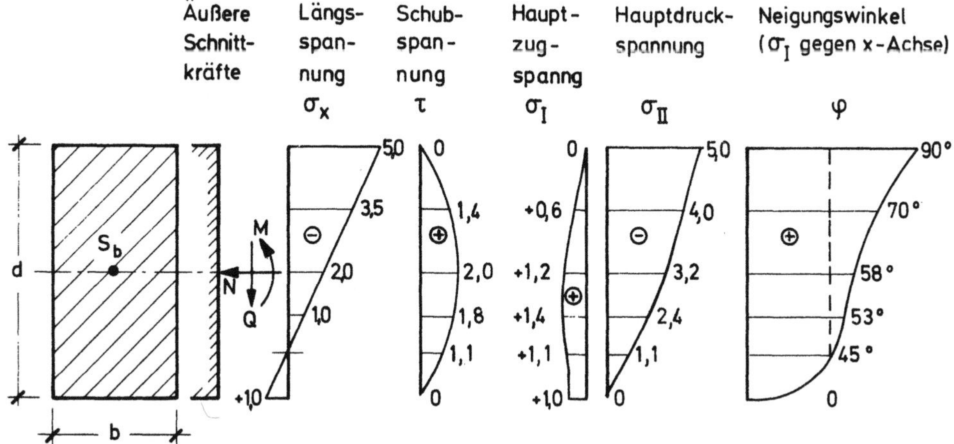

Bild 8.4   Hauptspannungen σ_I und σ_{II} und die zugehörigen Neigungswinkel für einen Rechteckquerschnitt bei Biegung mit Längsdruckkraft und
positiver Querkraft

Die Verteilung der Hauptspannungen ändert sich durch starken Längsdruck
(z.B. durch Vorspannen) erheblich. Besonders sei darauf hingewiesen,
daß die größte Hauptzugspannung σ_I kleiner wird als max τ und nicht immer am Rand des Querschnitts, sondern auch im Steg auftreten kann; sobald $\tau \neq 0$, bleiben auch bei großer Längsdruckkraft noch Zugspannungen
im Steg.

Aus den Bildern 8.3 und 8.4 wird deutlich, daß die Schubspannung τ weniger die Größe der Hauptspannungen als ihre Richtung beeinflußt.

Anzumerken ist noch, daß die Hauptspannungen σ_I und σ_{II} im Einleitungsbereich von großen Einzelkräften - z.B. am Auflager - mit den angegebenen Gleichungen der technischen Biegelehre nicht zutreffend ermittelt
werden können. Innerhalb dieser Bereiche, die eine Länge $x \approx d$ haben
und auch "de St. Venant'sche Störbereiche" genannt werden, müssen
die Spannungsfunktionen der Scheibentheorie angewendet werden.

8.3 Kräfte und Spannungen in gerissenen Trägerstegen (Zustand II)

8.3.1 Klassische Fachwerkanalogie nach E. Mörsch

Mörsch ging in der "klassischen Fachwerkanalogie" (classical truss analogy) von Fachwerken aus mit:

- parallelen Gurten, $D \parallel Z$,

- Druckdiagonalen unter $45°$,

- Zugdiagonalen unter einem beliebigen Winkel α (i.a. $45°$ oder $90°$).

Eine Schubbewehrung mit Zugdiagonalen unter $45°$ ist am günstigsten, weil dies der Richtung der Hauptzugspannungen im Zustand I in Höhe der Schwerlinie entspricht, und die Zugstäbe im Steg damit die Schubrisse etwa rechtwinklig kreuzen. Solche Zugdiagonalen können durch aufgebogene Längsstäbe (bent-up bars) oder durch Schrägbügel (inclined stirrups) gebildet werden. Aus praktischen Gründen werden jedoch meist senkrechte Bügel (vertical stirrups) als Schubbewehrung verwendet, so daß besonders Fachwerke mit senkrechten Zugstäben zu betrachten sind.

Bei der Ausbildung der Schubbewehrung muß beachtet werden, daß statisch bestimmte Fachwerke mit einfachen Strebenzügen nicht genügen, weil bei dem großen Abstand der Zugstäbe ein Schubriß zwischen zwei Zugstäben zum Schubbruch führen kann (Bild 8.5 a). Die Zugstäbe müssen also en-

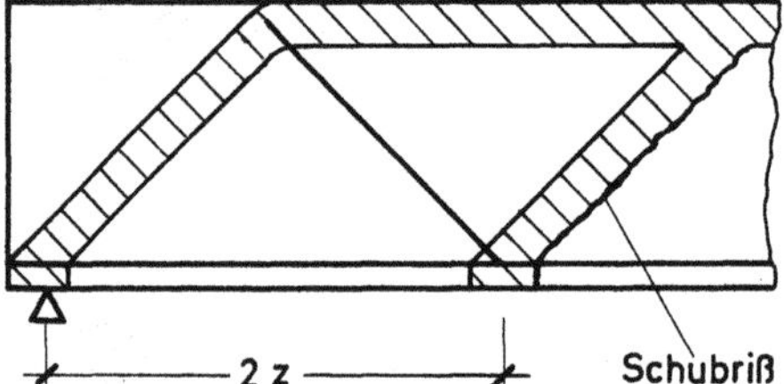
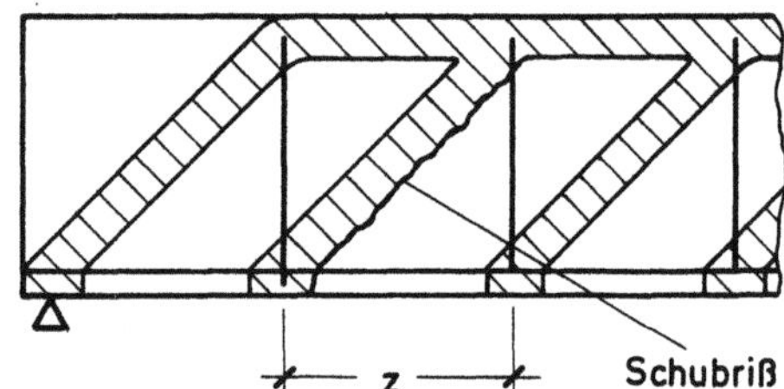

a) Bei Fachwerken mit einfachem Strebenzug (Zugstab-Abstand $\geqq 2z$ bzw z) ist vorzeitiger Schubbruch möglich, da sich Schubrisse ausbilden können, die nicht von Zugstäben gekreuzt werden.

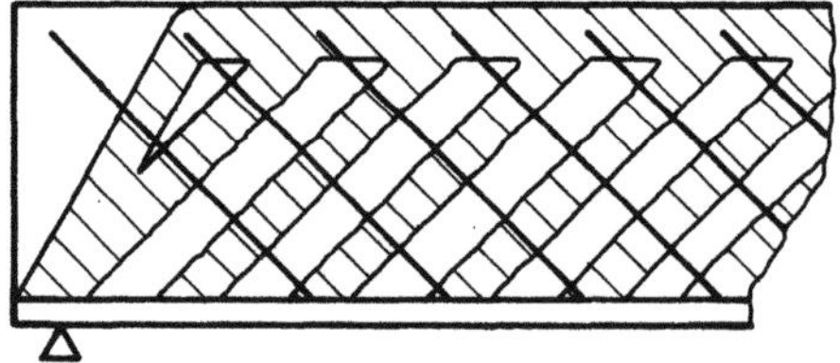
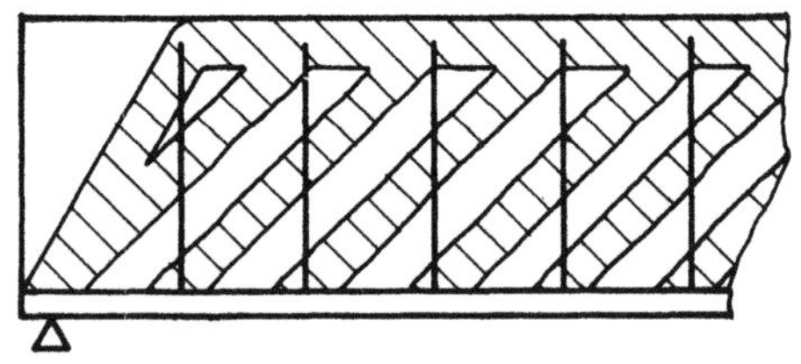

b) Fachwerke mit mehrfachen Strebenzügen

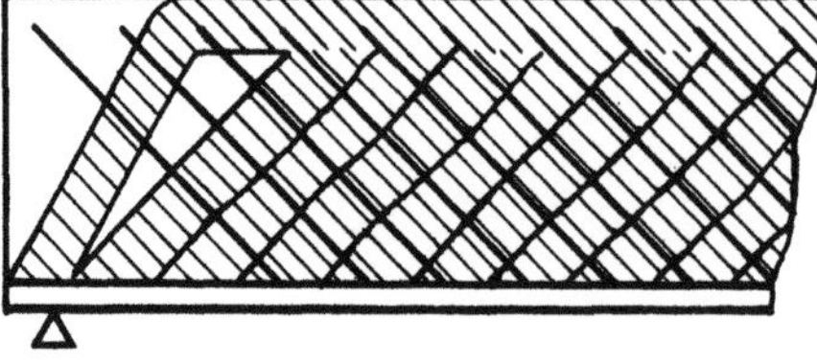
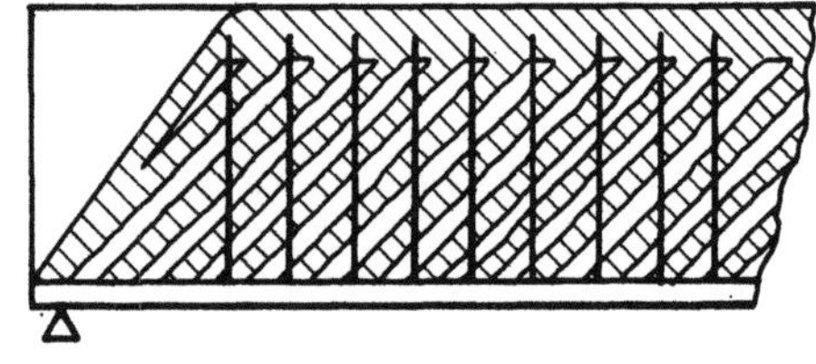

c) Netzfachwerke

Bild 8.5   Ausbildung der Schubbewehrung erläutert an Fachwerken der klassischen Fachwerkanalogie

ger liegen - so kommt man zu den in Bild 8. 5 b und c gezeigten Fachwerken mit mehrfachen Strebenzügen bzw. Netzfachwerken. (Vgl. auch
hierzu die Riß- und Bruchbilder 5. 10, 5. 11 sowie 8. 8 und 8. 11).

Netzfachwerke sind innerlich hochgradig statisch unbestimmt, werden
aber nach der Mörsch' schen Fachwerkanalogie als Überlagerung von vielen statisch bestimmten Fachwerken mit einfachen Strebenzügen aufgefaßt,
die gegeneinander etwas verschoben sind und bei denen jedes für sich den
entsprechenden Teil der Last abträgt. Die Berechnung von Stegzug- und
Stegdruckkräften wird somit wie an Fachwerken mit einfachen Strebenzügen
vorgenommen.

8. 3. 2 Berechnung der Kräfte und Spannungen in Mörsch' schen Fachwerken

8. 3. 2. 1 Klassisches Fachwerk mit Stegzugstreben unter einem beliebigen Winkel α

Bild 8. 6 a zeigt ein Fachwerk für ein Trägerende mit konstanter Querkraft,
wobei die Zugstreben des Steges unter einem beliebigen Winkel α gegen
die x-Achse geneigt sind. Bei nicht konstantem Verlauf der Querkraft
(z. B. unter Gleichlast) muß man annehmen, daß die Last gleichmäßig verteilt zwischen Ober- und Untergurt angreift, bei Fachwerken jeweils mit
p/2 oben und unten. Man erhält dann dieselben Gleichungen wie in der folgenden Berechnung (vgl. hierzu Abschn. 8. 3. 2. 3).

Die Kräfte in den Fachwerkstäben können z. B. aus Kraftecken für jeden
einzelnen Knoten (wie in Bild 8. 6 b) oder durch Zeichnen eines Cremona-
Plans bestimmt werden. Die so errechneten Strebenkräfte des Trägers
Z_τ und D_τ sind jeweils noch auf die Längeneinheit zu beziehen, weil
das betrachtete Fachwerk ja nur eines aus einer Vielzahl überlagerter
Fachwerke ist.

Die Stegzugkraft Z_τ = Q/sin α wird i. a. auf die horizontale Länge a_s
bezogen, was dem bei der praktischen Bemessung verwendeten Horizon-
talabstand der Stäbe entspricht, und mit a_s = z (1 + cot α) ergibt sich
die bezogene Kraft Z'_τ

$$Z'_\tau \;=\; \frac{Z_\tau}{a_s} \;=\; \frac{Q}{\sin\alpha \cdot z\,(1 + \cot\alpha)} \;=\; \frac{Q}{z}\,\frac{1}{(\sin\alpha + \cos\alpha)} \qquad (8.12)$$

Mit der Querschnittsfläche $A_{s\tau}$ der Bewehrungsstäbe, die im horizontal gemessenen Abstand s liegen, ist dann die Stahlspannung σ_s in
der Stegzugbewehrung

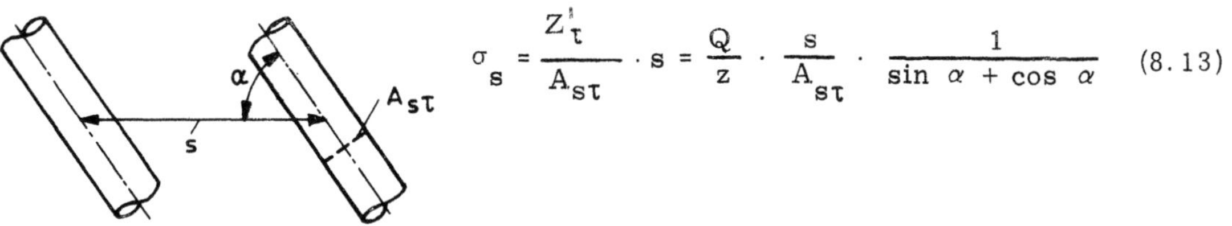

$$\sigma_s \;=\; \frac{Z'_\tau}{A_{s\tau}} \cdot s \;=\; \frac{Q}{z} \cdot \frac{s}{A_{s\tau}} \cdot \frac{1}{\sin\alpha + \cos\alpha} \qquad (8.13)$$

Die Kraft D_τ = Q $\cdot \sqrt{2}$ in einer Druckstrebe muß auf den Abstand
a_D = $a_s/\sqrt{2}$ rechtwinklig zu den Druckstreben bezogen werden, um die
Betondruckspannungen angeben zu können. Für die bezogene Druckkraft
gilt

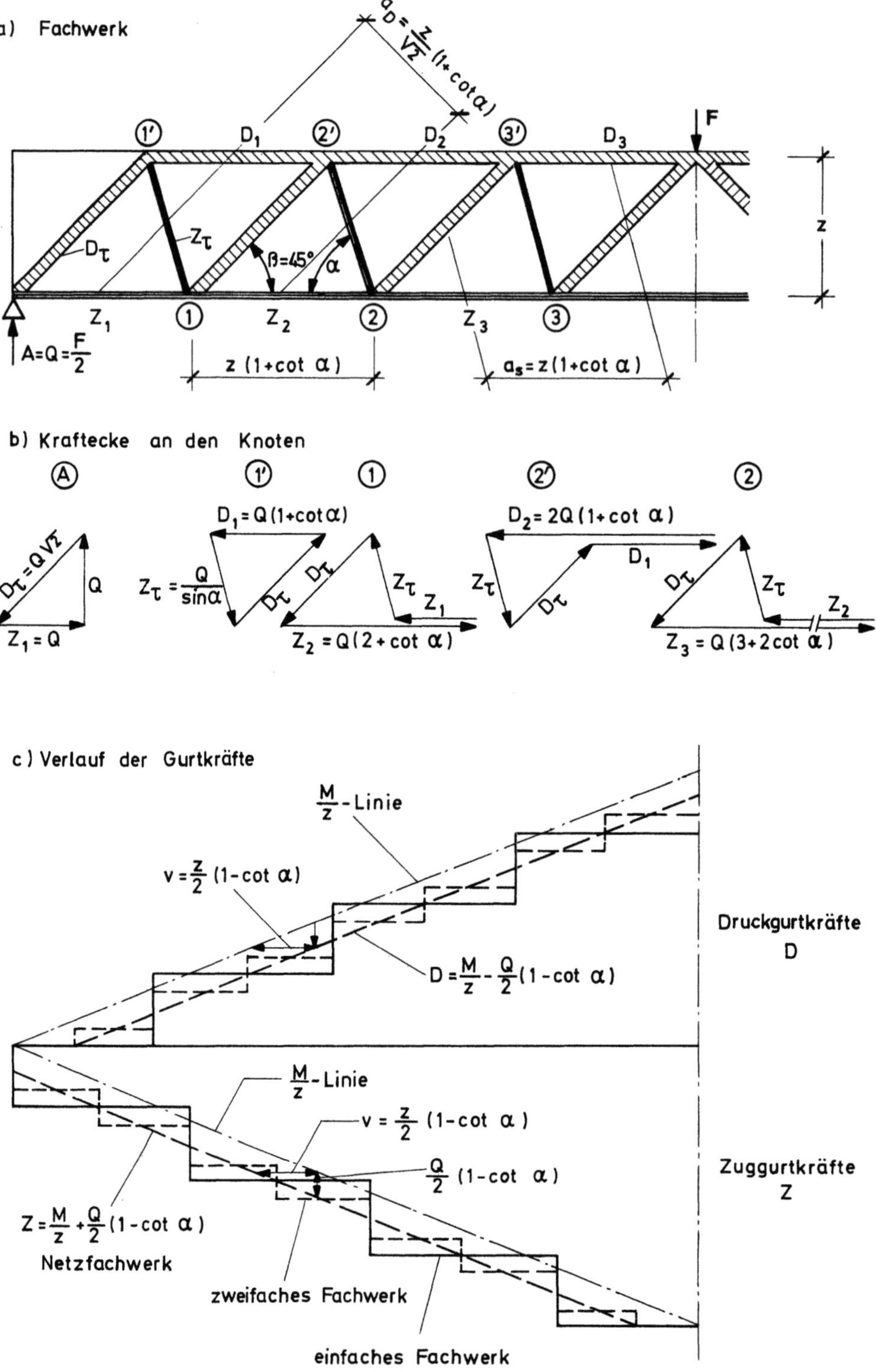

Bild 8.6   Berechnung und Verlauf der Kräfte in den Gurten und Streben
eines Fachwerks nach Mörsch mit Stegzugstreben unter einem beliebigen
Winkel α

$$D'_\tau = \frac{D_\tau}{a_D} = Q\,\sqrt{2}\,\frac{\sqrt{2}}{z\,(1+\cot\alpha)} = 2\,\frac{Q}{z}\cdot\frac{1}{1+\cot\alpha} \qquad (8.14)$$

woraus sich die mittlere Betonspannung in einer Druckstrebe mit der
Stegdicke b_o ergibt

$$\sigma_{b,45°} = \frac{D'_\tau}{b_o} = 2\,\frac{Q}{b_o z} \cdot \frac{1}{1 + \cot\alpha} \qquad (8.15)$$

Der Verlauf der bezogenen Stegkräfte Z'_τ und D'_τ und damit der Spannungen σ_s und $\sigma_{b,45°}$ ist proportional zum Verlauf der Querkraft Q (hier konstant über die gesamte Trägerlänge).

Der Verlauf der Gurtkräfte Z und D ergibt sich aus den in Bild 8.6 b gezeigten Kraftecken für das n-te Feld zu

$$Z_n = Q\,\bigl[\,n + (n-1)\,\cot\alpha\,\bigr] \qquad (8.16a)$$

$$D_n = n \cdot Q\,(1 + \cot\alpha) \qquad (8.16b)$$

In Bild 8.6 c ist der damit ermittelte treppenförmige Verlauf der Gurtkräfte Z und D für das einfache Fachwerk (ausgezogene Linie) aufgetragen; für ein zweifaches Fachwerk (d.h. also für zwei unabhängige Strebenzüge, die um $a_s/2$ gegeneinander verschoben sind und jeweils $Q/2$ abtragen) ergibt sich die gestrichelt eingezeichnete treppenförmige Linie. Bei vielfacher Überlagerung (unendlich kleiner Abstand der Fachwerkknoten) entsteht ein kontinuierlicher, in diesem Fall gerader Verlauf der Z- und D-Kräfte, der die Mittelpunkte der Treppenlinien verbindet.

Ein Vergleich mit den nach der Biegetheorie errechneten Kräften eines homogenen Balkens

$$Z = D = \frac{M}{z} \qquad (8.17)$$

zeigt, daß die Zuggurtkräfte Z des Netzfachwerks mit steilen Stegzugstäben größer und die Druckgurtkräfte D kleiner sind. Der Betrag der Vergrößerung ΔZ der Zuggurtkräfte kann aus der folgenden Bedingung in der Mitte des n-ten Feldes bestimmt werden

$$\Delta Z = Z_n - \frac{M_m}{z}$$

Mit Z_n nach Gl. (8.16 a) und $M_m = (n - \tfrac{1}{2})\,a_s \cdot Q = (n - \tfrac{1}{2})\,z\,(1 + \cot\alpha)\,Q$ ergibt sich hieraus

$$\Delta Z = \frac{Q}{2}\,(1 - \cot\alpha) \qquad (8.18)$$

Um den gleichen Betrag werden die Druckgurtkräfte kleiner. Für die Gurtkräfte eines Netzfachwerkes kann somit geschrieben werden:

$$Z = \frac{M}{z} + \frac{Q}{2}\,(1 - \cot\alpha) \qquad (8.19a)$$

$$D = \frac{M}{z} - \frac{Q}{2}\,(1 - \cot\alpha) \qquad (8.19b)$$

Die Vergrößerung der Zuggurtkräfte oder die lotrechte Verschiebung der aus der Biegetheorie sich ergebenden M/z-Linie um ΔZ kann auch als horizontale Verschiebung Δx der M/z-Linie zum Auflager hin gedeutet werden. Es gilt:

$$\Delta x = \frac{\Delta M}{Q}$$

und mit $\Delta M = \Delta Z \cdot z$ sowie ΔZ nach Gl. (8.18) ergibt sich der Betrag der horizontalen Verschiebung, der als <u>Versatzmaß v</u> bezeichnet wird, zu

$$v = \Delta x = \frac{z}{2}(1 - \cot \alpha) \qquad (8.20)$$

Bei der früheren Bemessung nach Mörsch wurde dieser Versatz der Zugkraftlinie nicht berücksichtigt.

8.3.2.2 Klassische Fachwerke mit Stegzugstreben unter 45° oder 90°

Aus den allgemeinen Gleichungen des vorigen Abschnitts können nun für die häufig vorkommenden Fachwerke mit $\alpha = 45^\circ$ bzw. 90° die folgenden Beziehungen angegeben werden.

<u>Fachwerk mit 45°-Stegzugstreben</u> | <u>Fachwerk mit 90°-Stegzugstreben</u>
(Aufbiegungen oder schräge Bügel) | (senkrechte Bügel)

<u>S t e g :</u>

$$Z'_\tau = \frac{Q}{z\sqrt{2}} \qquad (8.21a) \qquad\qquad Z'_{bü} = \frac{Q}{z} \qquad (8.21b)$$

$$\sigma_s = \frac{Q}{z} \cdot \frac{s}{A_{s\tau} \cdot \sqrt{2}} \qquad (8.22a) \qquad\qquad \sigma_{s,bü} = \frac{Q}{z} \cdot \frac{s_{bü}}{A_{s\,bü}} \qquad (8.22b)$$

$$D'_\tau = \frac{Q}{z} \qquad (8.23a) \qquad\qquad D'_\tau = 2\,\frac{Q}{z} \qquad (8.23b)$$

$$\sigma_{b,45^\circ} = \frac{Q}{b_o\,z} \qquad (8.24a) \qquad\qquad \sigma_{b,45^\circ} = 2\,\frac{Q}{b_o\,z} \qquad (8.24b)$$

<u>G u r t e :</u>

$$\qquad\qquad\qquad (8.25a) \qquad\qquad Z = \frac{M}{z} + \frac{Q}{2} \qquad (8.25b)$$

$$Z = D = \frac{M}{z}$$

$$\qquad\qquad\qquad (8.26a) \qquad\qquad D = \frac{M}{z} - \frac{Q}{2} \qquad (8.26b)$$

$$v = 0 \qquad (8.27a) \qquad\qquad v = 0,5\,z \qquad (8.27b)$$

Vergleicht man die Kräfte in den beiden Fachwerken, so zeigt sich, daß sich das Fachwerk mit 45°-Stegzugstreben günstiger verhält, weil hier die Richtung der Schubbewehrung mit der Richtung der Hauptzugspannung im Zustand I in Höhe der Schwerachse übereinstimmt (vgl. Hauptspannungstrajektorien in Bild 5.7). Beim Fachwerk mit senkrechten Bügeln bewirkt die Abweichung von der Richtung der Hauptzugspannung, daß die Betonspannungen in den Druckstreben doppelt so groß werden und die Zuggurtkräfte um $\Delta Z = Q/2$ vergrößert werden.

8.3.2.3 Einfluß der Höhe des Lastangriffes auf die Kräfte in einem Fachwerk

Zu Beginn des Abschn. 8.3.2.1 wurde festgelegt, daß bei Fachwerken unter Gleichlast die Belastung jeweils zur Hälfte oben und unten angreifen muß, um zu den angegebenen Gleichungen für die Fachwerkkräfte zu kommen. Bestimmt man nun die Stegkräfte unter Berücksichtigung der Höhe des Lastangriffes, so zeigt sich z.B. für ein Fachwerk mit senkrechten Bügeln:

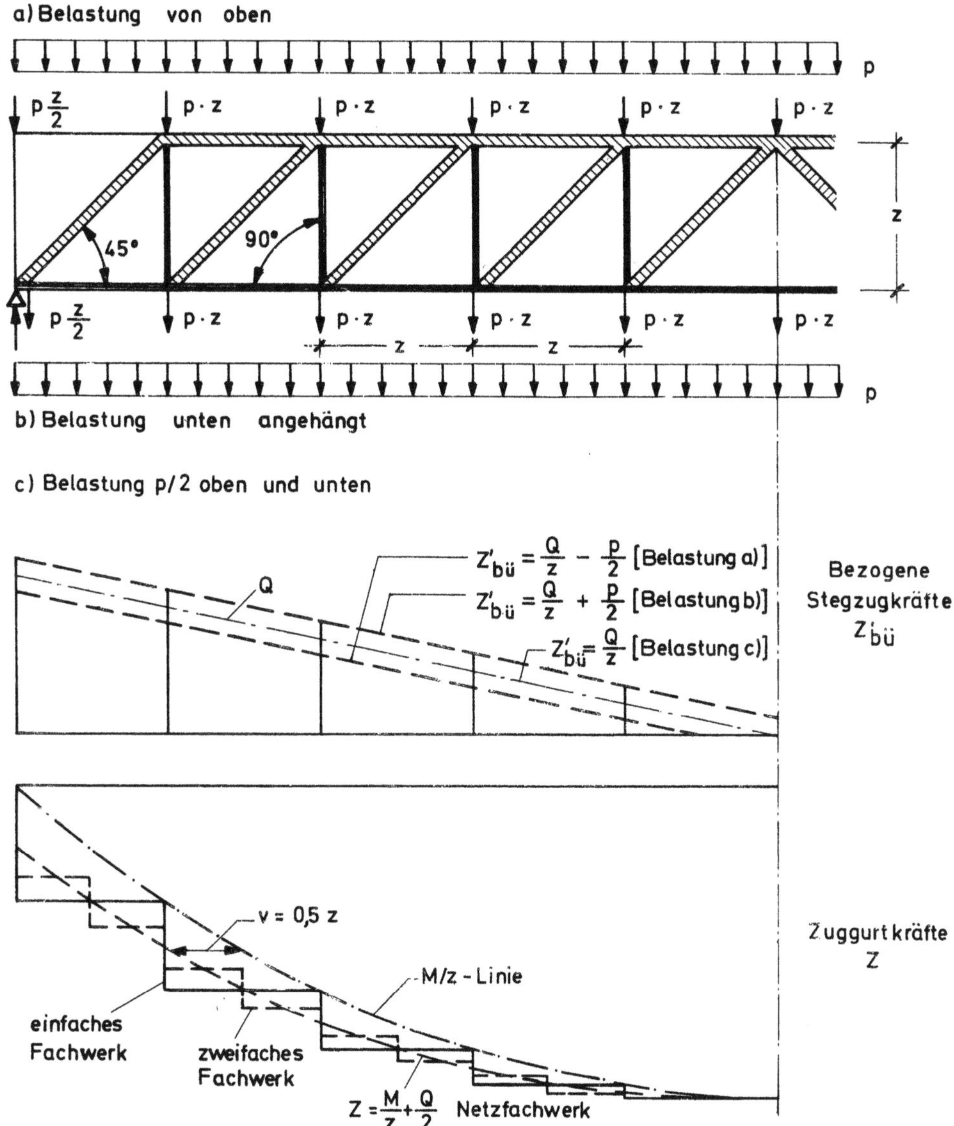

Bild 8.7 Verlauf der bezogenen Stegzugkräfte und der Zuggurtkräfte bei unterschiedlicher Lasteintragung für ein Fachwerk mit senkrechten Bügeln bei Gleichlast

- bei Belastung p von oben (Fall a in Bild 8.7) werden die bezogenen Stegzugkräfte um p/2 vermindert,

- bei unten angehängter Last p (Fall b in Bild 8.7) werden die bezogenen Stegzugkräfte $Z'_{bü}$ um p/2 vergrößert.

In Bild 8.7 sind die bezogenen Stegzugkräfte angegeben und ihr Verlauf über die Trägerlänge dargestellt. Im Vergleich zu einem von oben belasteten Träger erhalten die Bügel bei unten angehängten Lasten um $\Delta Z = p$ größere Kräfte. Auf die Größe der Stegdruckkräfte und der Gurtkräfte hat die Höhe des Lastangriffs im Träger keinen Einfluß.

8.3.3 Rechenwert der Stegschubspannung τ_o im Zustand II

Als Rechenwert der Schubspannung im Steg eines gerissenen Stahlbetonbalkens wird definiert

$$\boxed{\tau_o = \frac{Q}{b_o z}} \tag{8.28}$$

Dieser Rechenwert kann als Schubspannung in der Nullinie eines Querschnitts im Zustand II gedeutet werden, weil der innere Hebelarm z dem Quotienten J/S für den Schwerpunkt bzw. für die Höhe der Nullinie beim gerissenen Querschnitt entspricht, vgl. hierzu Gl. (8.3) und (8.7). Für die Spannungsnachweise genügen in der Praxis Näherungswerte für den Hebelarm z, z. B. nach Abschn. 7.2.2.7 und 7.3.3.4.

Der Rechenwert der Schubspannung und auch die Beanspruchung der Betondruckstreben ist dort am größten, wo die Stegbreite b_o zwischen Nullinie und Gurtbewehrung am kleinsten ist.

Um bei Kreis- und Kreisringquerschnitten aufwendige Rechnungen zur Ermittlung von z zu vermeiden, werden näherungsweise folgende Rechenwerte angegeben (nach [127, 128])

$$- \text{ Kreis:} \quad \tau_o \approx 0,40 \, \frac{Q}{r^2} \qquad \text{bei } r_s = 0,85 \, r$$
$$\tau_o \approx 0,36 \, \frac{Q}{r^2} \qquad \text{bei } r_s = 0,95 \, r \tag{8.29}$$

$$- \text{ Kreisring:} \quad \tau_o \approx 0,64 \, \frac{Q}{r_a^2 - r_i^2} \tag{8.30}$$

8.4 Schubtragfähigkeit von Trägerstegen

8.4.1 Schubbrucharten

Erreichen im Steg eines Trägers die schiefen Hauptzugspannungen die Betonzugfestigkeit, so entstehen rechtwinklig zur Richtung der σ_I Schubrisse.

Bei Platten und Balken ohne Schubbewehrung ist mit der Entstehung der Schubrisse die Schubtragfähigkeit in der Regel erschöpft, und sie versagen durch einen schlagartigen Bruch.

Bei Bauteilen mit Schubbewehrung bewirken die Schubrisse eine Umlagerung der im Zustand I vorhandenen Stegkräfte auf die Schubbewehrung und die zwischen den Schubrissen sich ausbildenden Betondruckstreben. Diese innere Kräfteumlagerung hängt stark von der Größe und Richtung der Schubbewehrung ab, und demgemäß sind verschiedene Schubbrucharten möglich.

8.4.1.1 Schubbiegebruch

Aus Biegerissen im Querkraftbereich entwickeln sich bei Laststeigerung Schubrisse, die etwa wie die Drucktrajektorien der Hauptspannungen gekrümmt sind. Bei zu schwacher Schubbewehrung wird in ihr die Streckgrenze des Stahles erreicht. Auflagernahe Schubrisse wandern dann schnell mit flacher werdender Neigung schräg nach oben und verkleinern die Biegedruckzone so stark, daß sie schließlich schlagartig bricht.

Diese Bruchart wird besonders deutlich, wenn die Schubbewehrung gänzlich fehlt, vgl. Bild 8. 8. Die schräge Druckstrebe D_τ drückt dabei meist die Längsbewehrung nach unten und löst sie vom übrigen Balken, wodurch sich Risse entlang der Bewehrung ergeben. Man spricht von einem "Schubbiegebruch" (diagonal tension failure). Schon mäßige Schubbewehrungsgrade verhindern einen schlagartigen Bruch (siehe Mindestschubbewehrung Abschn. 8. 5. 3. 4 bzw. 8. 5. 4. 3).

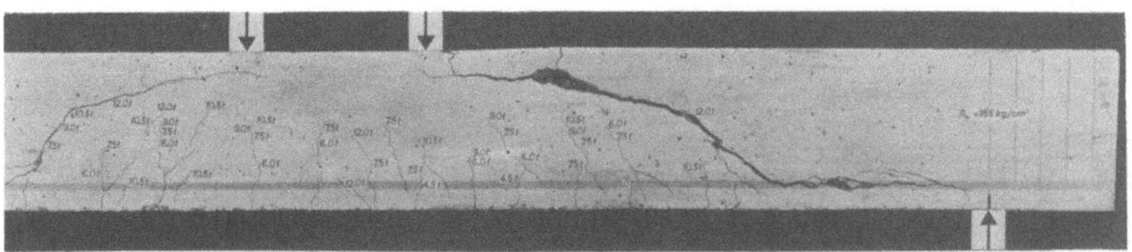

Bild 8. 8   Schubbiegebruch bei einem Rechteckbalken und einer Platte ohne Schubbewehrung

8. 4. 1. 2 Schubzugbruch

a) Schubzugbruch in Balken mit normaler Stegdicke
Aus Biegerissen bilden sich mehrere Schubrisse, so daß die in den Bildern 5. 12 und 8. 5 dargestellte Fachwerkwirkung entsteht. Wird bei Laststeigerung die Streckgrenze der Schubbewehrung im Steg überschritten, dann öffnen sich die Schubrisse und dringen weiter in den Druckgurt vor. Entweder reißen die Bügel oder die Biegedruckzone bricht wie beim Schubbiegebruch; es können auch die Druckstreben zwischen den Schubrissen nahe am Druckgurt durch zusätzliche Biegebeanspruchung (Bild 5. 10) versagen. Bruchursache ist das Erreichen der Streckgrenze β_S in der Stegbewehrung (web reinforcement failure).

b) Schubzugbruch in Balken mit dünnen Stegen
Bei I-Querschnitten mit dünnen Stegen kann in Bereichen mit kleinem Moment und großer Querkraft (in der Nähe eines Endauflagers) der Schubriß im Steg entstehen, wenn dort $\sigma_I > \beta_{bZ}$ (also nicht von einem Biegeriß ausgehend, vgl. Bild 5. 11). Wenn dabei die Stegbewehrung zu schwach ist, dringt ein Riß nach u n t e n durch und der Balken versagt (Bild 8. 9). Diese Bruchart ist bei Spannbetonträgern besonders zu beachten.

8. 4. 1. 3 Druckstrebenbruch

Bei I-Querschnitten mit starken Gurten, starker Stegbewehrung und dünnen Stegen entstehen viele Schubrisse mit etwa 45° Neigung. Die Betondruckstreben zwischen den Schubrissen versagen schlagartig, wenn sie bis zur Druckfestigkeit des Betons beansprucht werden, bevor die Stegbewehrung ins Fließen kommt (Bild 8. 10 und 8. 11). Der Druckstrebenbruch (web compression failure, web crushing failure) bestimmt die obe-

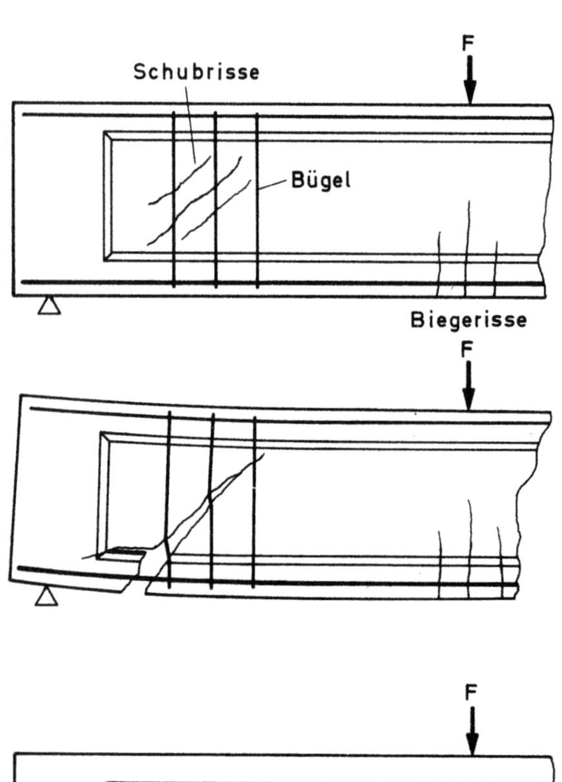

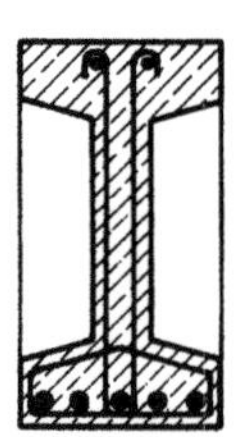

Bild 8.9 Schubzug-
bruch bei zu schwacher
Stegbewehrung von Bal-
ken mit dünnen Stegen

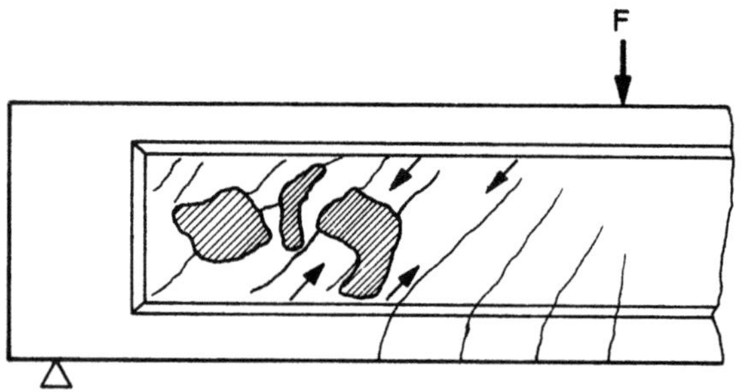

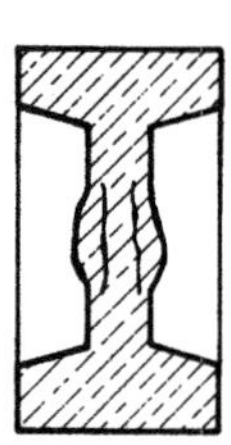

Bild 8.10 Druckstre-
benbruch bei starker
Stegbewehrung (schlag-
artiges Versagen des
Betons im Steg unter
schiefen Druckspan-
nungen)

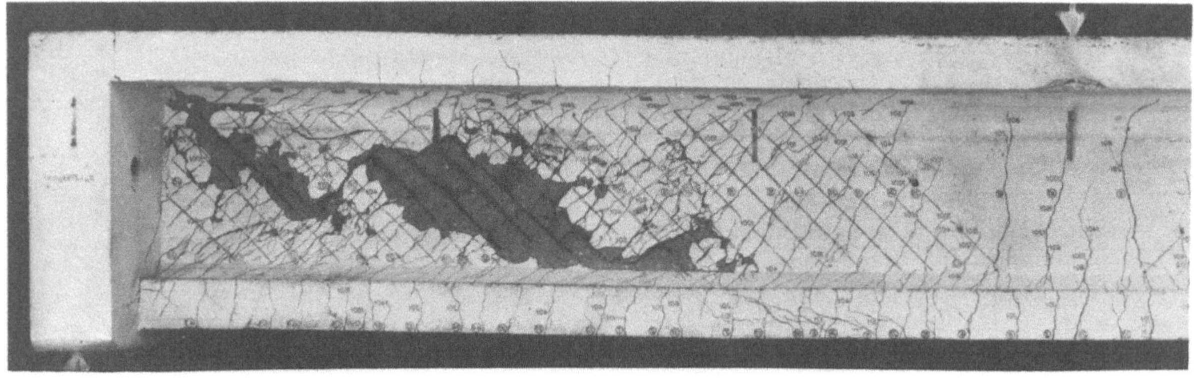

Bild 8.11 Druckstrebenbruch bei einem I-Querschnitt mit starker Stegbe-
wehrung aus geneigten Bügeln unter 45° (β_P = 22 N/mm^2, τ_{ou} = 15,6 N/mm^2
bei Bruchlast), Stuttgarter Schubversuche [130]

re Grenze der Schubtragfähigkeit von Balkenstegen, die also von der
Druckfestigkeit des Betons abhängt. Die Größe der Druckkraft in den Streben wird in erster Linie von der Neigung der Stegbewehrung beeinflußt
(siehe Fachwerkanalogie).

8.4.1.4 Verankerungsbruch

Bei Platten, Rechteckbalken und I- oder T-Trägern mit dicken Stegen
wird die Längsbewehrung bis zum Auflager durch die Bogenwirkung

(vgl. Bild 5.13) hoch beansprucht, so daß bei ungenügender Verankerung
der Anschluß der auflagernahen Druckstreben an den Zuggurt versagt
(Bild 8.12). Bei Haken kann der Beton im Steg gespalten werden (Spalt-
bruch). Ein Verankerungsbruch (anchorage failure) erfolgt schlagartig.
Ein Nachgeben der Verankerung durch Schlupf der Längsbewehrung kann
einen Schubbruch im Steg zur Folge haben; streng genommen ist jedoch
diese Bruchart kein Schubbruch, weil nicht die Stegglieder versagen, sondern die Verankerung des Zuggurtes in der auflagernahen Druckstrebe.

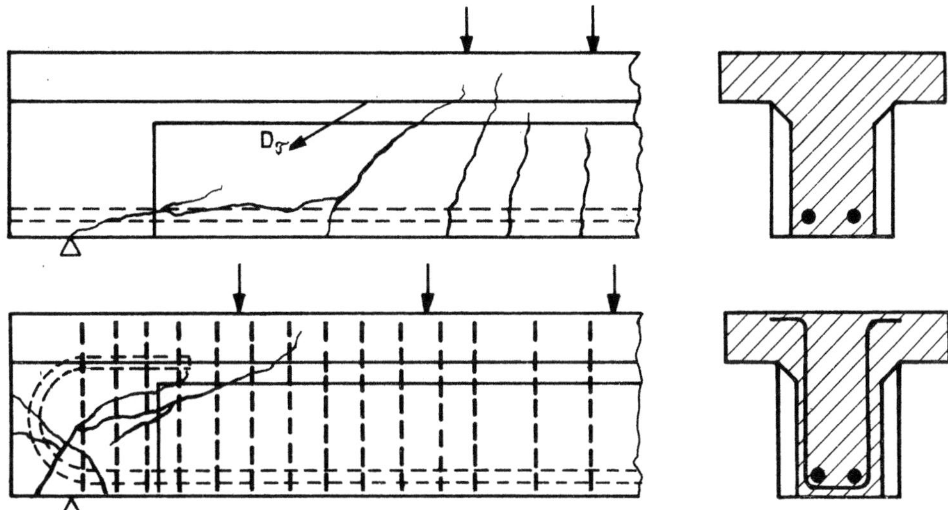

Bild 8.12   Verankerungsbrüche (nach E. Mörsch ⌈1⌉)

8.4.2 Einflüsse auf die Schubtragfähigkeit

8.4.2.1 Aufzählung der Einflüsse

In Abschnitt 5.3.1.2 wurde das Tragverhalten eines Balkens im Schubbereich kurz erläutert. Es wurde deutlich, daß viele Parameter (ungefähr
zwanzig) die Schubtragfähigkeit beeinflussen; es sind dies:

1. Art der Belastung:

    Einzellast F, Gleichlast p oder q

2. Laststellung und Schlankheit des Balkens:

    bezogener Abstand a/h einer Einzellast F vom Auflager
    bzw. das bezogene Momenten-Schub-Verhältnis M/Q h

    Schlankheit ℓ/h bei Balken unter Gleichlast

3. Art der Lasteintragung und Lagerung:

    unmittelbar oder mittelbar (direkt oder indirekt)
    unten angehängte Lasten

4. Längsbewehrung:

    Bewehrungsgrad μ_L, besonders in x $\approx$ 3 d vom Auflager
    Stahlgüte und damit Zuggurtdehnung
    Verbundgüte, beeinflußt durch Aufteilung der Zuggurtbewehrung
    Verankerung
    Abstufung

5. Schubbewehrung im Steg:

> Bewehrungsgrad μ_S
> Stahlgüte
> Verbundgüte
> Verankerung in beiden Gurten
> Stababstände
> Art (senkrechte Bügel, Schrägbügel, aufgebogene Längsstäbe,
>   Aufbiegungen und Bügel kombiniert)

6. Betongüte

7. Kornaufbau des Betons:

> maximale Korngröße beeinflußt Kornverzahnung (aggregate inter-
> lock)

8. Querschnittsform: z. B. Verhältnis b/b_o bei Plattenbalken

9. Absolute Balkenhöhe: Ähnlichkeitsgesetze gelten nicht vollständig

10. System des Tragwerks: Einfeldbalken oder Durchlaufträger

In den folgenden Abschnitten werden die wichtigsten Einflüsse anhand von
Versuchsergebnissen erläutert, die im wesentlichen aus den Stuttgarter
Schubversuchen der Jahre 1960 bis 1966 gewonnen wurden (Versuchsbe-
richte: [100, 129, 130, 131, 132], zusammenfassende Berichte [99, 133]).

8.4.2.2 Belastungsart und Laststellung

Der Einfluß der Belastungsart ist bedeutend: bei gleichförmig verteilter
Belastung (unmittelbare, direkt von oben auf die Träger wirkende Lasten)
zeigt sich in den Versuchen mit schlanken Balken o h n e S c h u b b e w e h -
r u n g eine um 20 % bis 30 % höhere Schubtragfähigkeit als bei Einzellasten in ungünstiger Laststellung (Bild 8.13). Da in Wirklichkeit jedoch
keine gleichmäßige Verteilung der Nutzlasten gewährleistet ist, müssen
für die Bemessungsregeln die ungünstigeren Ergebnisse mit Einzellasten
berücksichtigt werden.

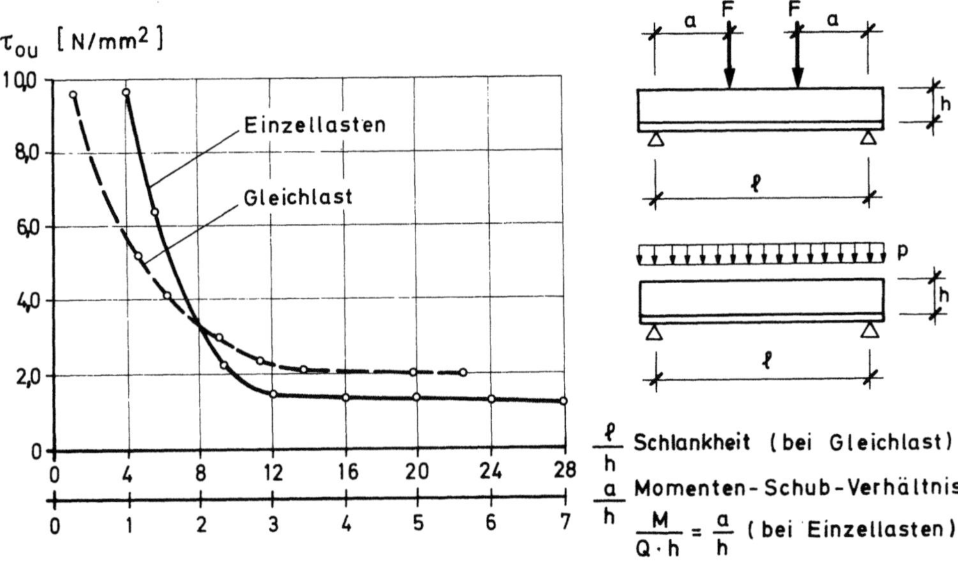

Bild 8.13 Schubtragfähigkeit von Balken ohne Schubbewehrung bei Gleichlast und Einzellasten in Abhängigkeit von ℓ/h bzw. a/h
(μ_L = 1,88 %; β_{Wm} = 30 N/mm^2)

Bei Einzellasten ist der Abstand a vom Auflager von großem Einfluß, bei
Gleichlast die Schlankheit ℓ/h (Bild 8.14 und Bild 8.15). Als für den
Schubbruch mit und ohne Schubbewehrung gefährlichste Stellung einer Einzellast erwies sich der Abstand a $\approx$ 2,5 h bis 3,5 h, was einem Momentenschubverhältnis von M/Qh = a/h $\approx$ 2,5 bis 3,5 entspricht. Bei
Gleichlast ergeben Schlankheiten von ℓ/h = 10 bis 14 die größte Schubbruchgefahr bzw. die geringste Schubtragfähigkeit.

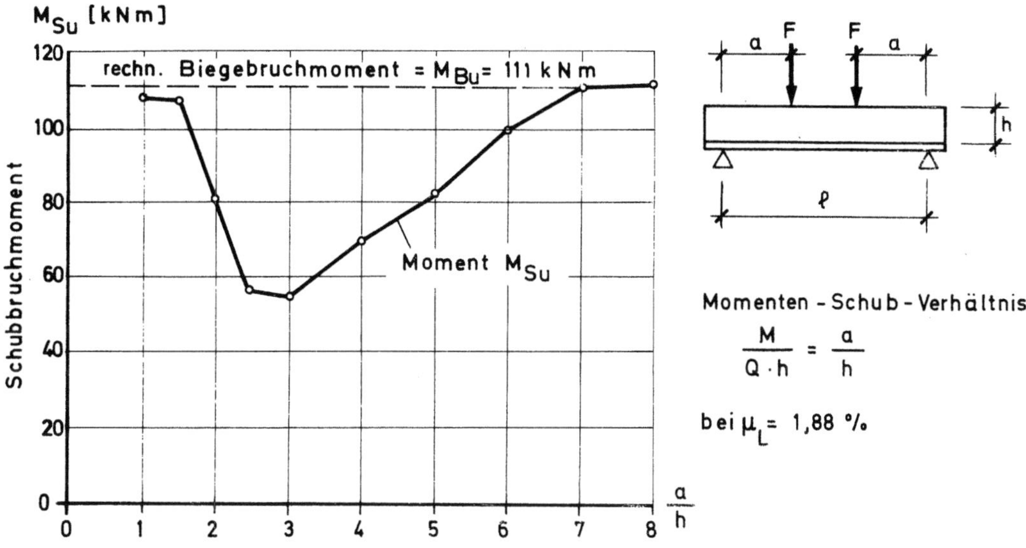

Bild 8.14   Einfluß der Laststellung auf die Schubtragfähigkeit von Balken
ohne Schubbewehrung (μ_L = 1,88 %)

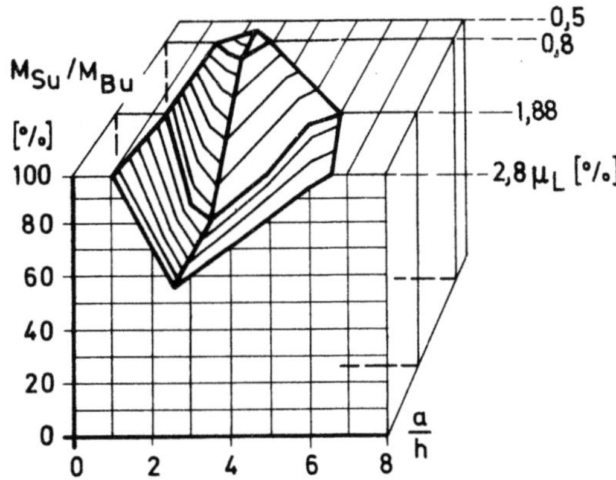

Bild 8.15   Einfluß der Laststellung a/h und des Längsbewehrungsgrades
μ_L auf das Verhältnis Schubbruchmoment zu rechnerischem Biegebruchmoment bei Balken ohne Schubbewehrung ("Schubtal" nach G. Kani [134])

Die Schubtragfähigkeit nimmt bei auflagernahen Lasten mit abnehmendem
Verhältnis a/h < 2,5 stark zu; eine entsprechende Steigerung tritt bei
Gleichlast auf, wenn ℓ/h < 10 wird. Dies ist darauf zurückzuführen, daß
die Sprengwerkwirkung umso günstiger ist, je steiler die Druckstreben
geneigt sind, Voraussetzung ist natürlich eine gute Verankerung des Zugbandes (Bild 5.13). Bei der Bemessung der Schubbewehrung lohnt es sich,
diese günstige Schubtragwirkung zu berücksichtigen.

Trägt man die Bruchmomente gleichartiger Stahlbetonbalken ohne Schubbewehrung über dem Momentenschubverhältnis in einem Diagramm auf,
so zeigt sich zuerst ein Abfall, der bei a/h = 1 beginnt und seinen Tiefst-
punkt etwa bei $a/h \approx$ 3 erreicht, und danach ein Anstieg, bis bei a/h = 7
das rechn. Biegebruchmoment erreicht wird. G. Kani nannte diese Senke

das "Schubtal" [134, 135], Bild 8.15. Die Breite und Tiefe dieses Tales hängt von der Dehnsteifigkeit des Zugbandes, also vom Längsbewehrungsgrad μ_L und der Verbundgüte, ab (s. Abschn. 8.4.2.4). Mit abnehmendem μ_L nimmt das Biegebruchmoment schneller ab als das Schubbruchmoment, so daß das "Tal" bei kleinen μ_L weniger tief ist als bei großen μ_L. Es ist die Aufgabe der Schubbewehrung, den durch das Tal verdeutlichten Mangel an Schubtragfähigkeit auszugleichen, so daß durchweg die Biegetragfähigkeit erreicht wird.

Für Lasten mit $M/Q h = a/h > 7$ oder bei Gleichlast für Schlankheiten $\ell/h > 24$ besteht auch ohne Schubbewehrung keine Schubbruchgefahr. Da im Bereich $a < 7 h$ Einzellasten nicht auszuschließen sind, erhalten auch schlanke Balken i.a. eine Schubbewehrung (Mindestschubbewehrung).

8.4.2.3 Art der Lasteintragung

Verbindet man einen Träger innerhalb seiner Höhe d mit einem anderen Träger (Bild 8.16 a), so gibt der lastbringende Träger seine Last auf die Steghöhe verteilt an den lastabnehmenden Träger ab. Man spricht von indirekter oder mittelbarer Belastung oder Lagerung (indirect loading or indirect bearing). Durch Stuttgarter Versuche [100, 132, 136] konnte gezeigt werden, daß im Kreuzungsbereich solcher Träger, definiert nach Bild 8.16 b, eine Aufhängebewehrung nötig ist, die bei Stahl- und Spannbetonträgern für die volle Auflager- oder Knotenkraft bemessen werden muß.

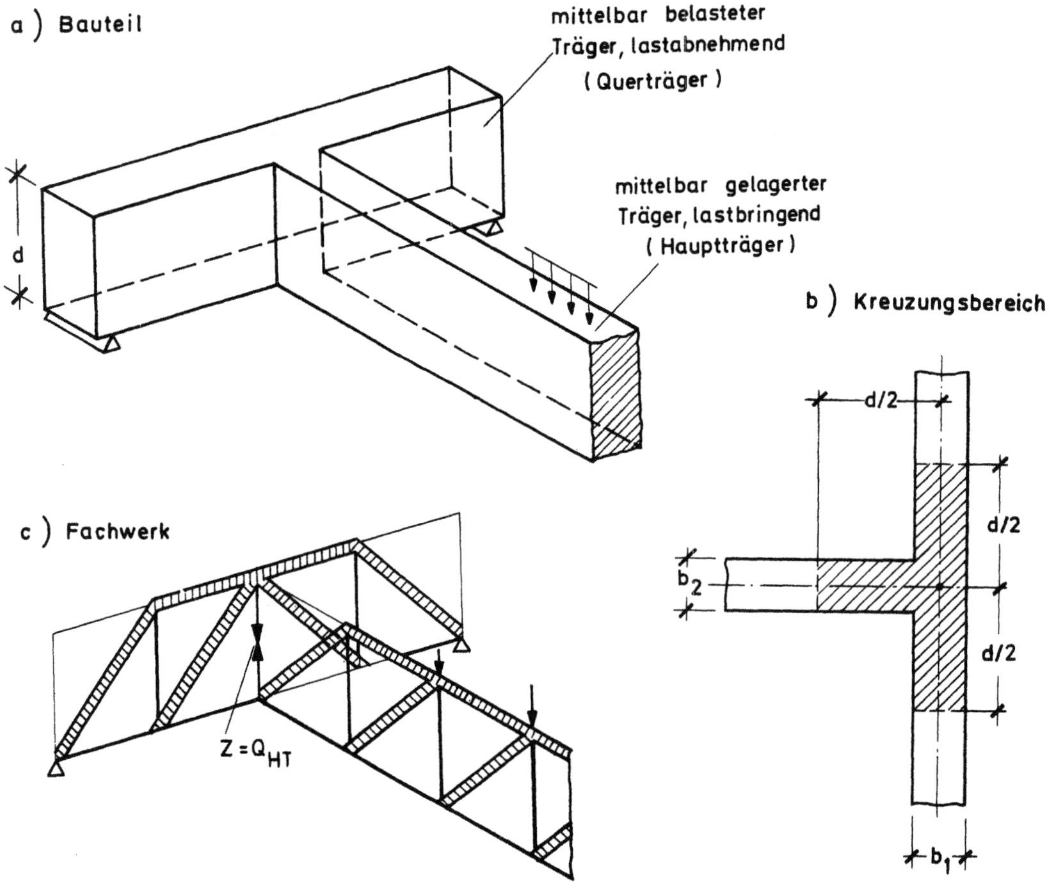

Bild 8.16   Fachwerkmodell und Festlegung des Kreuzungsbereichs für einen indirekt gelagerten Träger [136]

Träger im Zustand II geben ihre Last bevorzugt durch eine Druckstrebe
auf das Auflager ab, und das Fachwerkmodell mit solchen Druckstreben
ergibt klar die Notwendigkeit des vertikalen Zugstabes und somit der Aufhängebewehrung (Bild 8.16 c).

Die Träger werden aber außerhalb des Kreuzungsbereiches durch diese Art
der Lasteintragung und Lagerung nicht beeinflußt, d.h. das Tragverhalten auf Schub bleibt dort das gleiche wie bei direkter (unmittelbarer) Belastung oder Lagerung; entsprechendes gilt für die Schubbemessung. Im
Kreuzungsbereich erfüllt die Aufhängebewehrung gleichzeitig die Aufgaben
der Schubbewehrung.

Unten angehängte Lasten
An der Unterseite eines Balkens angehängte Lasten erzeugen Zug im Steg
und müssen - wie schon aus der Fachwerkanalogie hervorging - durch
Stegzugstäbe an den Druckgurt abgegeben werden. Diese Einhängebeweh-
rung ist zusätzlich zur normalen Schubbewehrung nötig, die dann bemessen wird wie wenn die angehängte Last von oben wirkt.

8.4.2.4 Einfluß der Längsbewehrung

Die Entwicklung eines Schubrisses, d.h. sein Ansteigen bis nahe an den
unteren Rand der Betondruckzone, hängt von der Dehnsteifigkeit des Zuggurtes ab: je schwächer der Zuggurt ist, umso mehr dehnt er sich bei
Laststeigerung und umso rascher wird der Schubriß gefährlich. Der Einfluß des Längsbewehrungsgrades μ_L auf die Schubtragfähigkeit, der u.a.
auch von der Stahlgüte bestimmt wird, zeigte sich schon in Abschn.
8.4.2.2, vgl. Bild 8.15. In Bild 8.17 (nach D. Netzel [137]) ist aus
Versuchsergebnissen vieler Forscher der Einfluß des Längsbewehrungsgrades $\mu_L = A_{s2}/bh$ auf die Schubtragfähigkeit von Versuchskörpern
ohne Schubbewehrung dargestellt, wobei die Werte der Schubbruchspan-
nung τ_{ou} auf τ_{ou} für $\mu_L = 1\%$ bezogen wurden.

Wenn demnach die Dehnsteifigkeit des Zuggurtes die Entwicklung der
Schubrisse wesentlich beeinflußt, dann muß eine Abstufung der Gurtbewehrung zum Auflager hin, wie es der Verlauf der Zuggurtkraft nahe-
legt, die Schubtragfähigkeit abmindern. Der Zuggurt darf also im Bereich

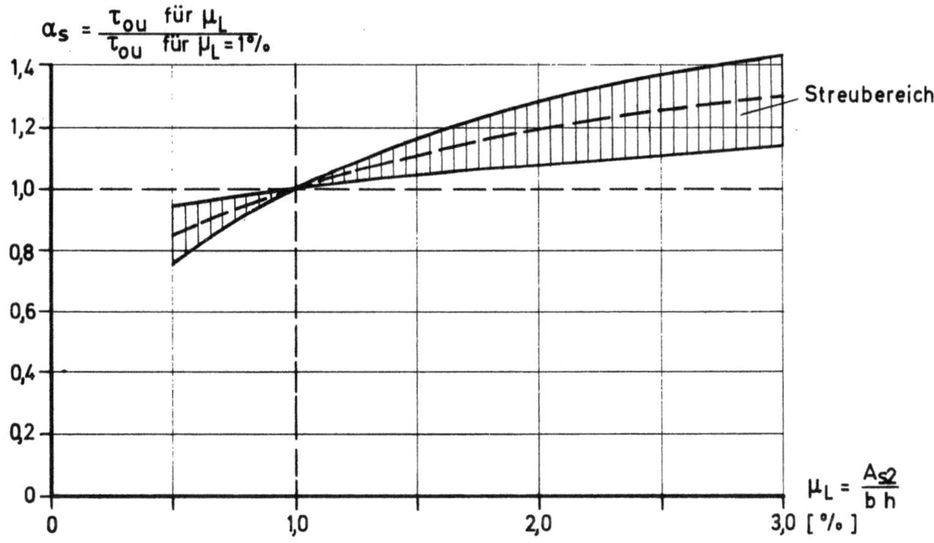

Bild 8.17   Einfluß des Längsbewehrungsgrades μ_L auf die Schubtragfähigkeit von Balken ohne Schubbewehrung [137]

des möglichen Schubbruches nicht zu sehr geschwächt werden. Auch ein
Nachgeben der Verankerung am Auflager wirkt in gleicher Weise schwä-
chend. Beide Einflüsse müssen konstruktiv bei der Bewehrungsführung
berücksichtigt werden.

Von weiterem Einfluß ist die Verbundgüte der Längsbewehrung: z. B.
zeigten Versuche, daß bei gleichem Längsbewehrungsgrad ein Aufteilen
von A_{s2} auf mehr dünne Stäbe die Schubtragfähigkeit günstig beeinflußt
[129].

8.4.2.5 Einfluß der Querschnittsform und Bewehrungsgrade

Die Querschnittsform hat starken Einfluß auf das Tragverhalten von Stahlbetonträgern unter Schubbeanspruchung. Im Rechteckquerschnitt kann
sich eine starke Neigung des Druckgurtes (vgl. Bild 5.13) ungehindert
einstellen und mit der lotrechten Komponente D_v der Druckgurtkraft D
oft (insbes. bei Gleichlast und auflagernahen Einzellasten) die ganze
Querkraft aufnehmen (Bild 8.18 a). Im Plattenbalkenquerschnitt kann

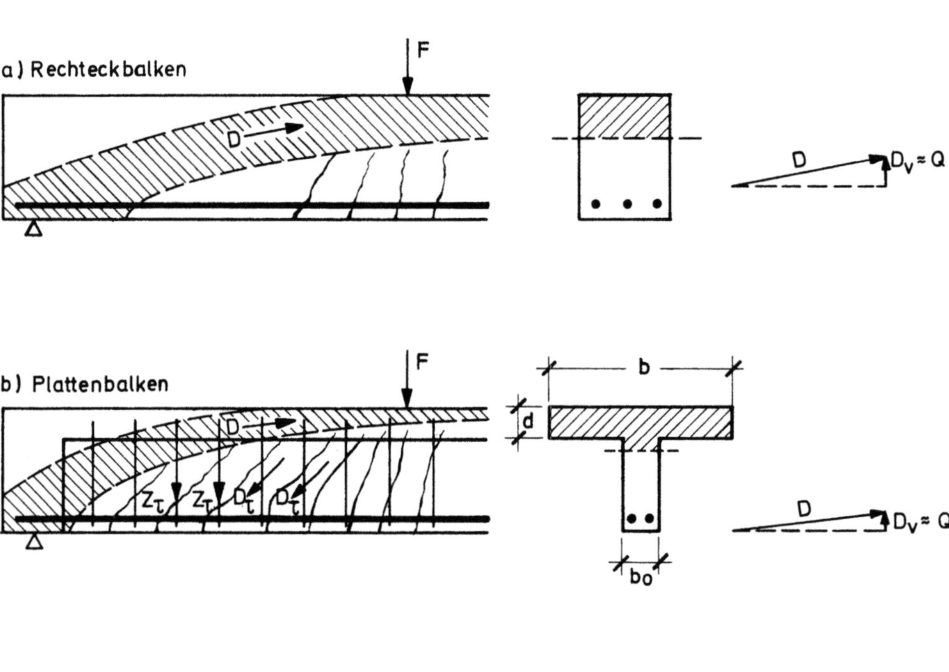

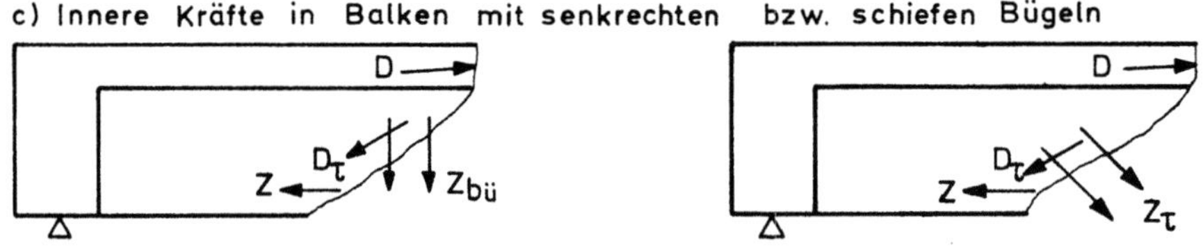

Bild 8.18   Tragverhalten von Rechteckbalken und Plattenbalken aus Stahlbeton

die Druckgurtkraft nur flach geneigt sein, weil sie bis nahe zum Auflager
im wesentlichen in der breiten Druckplatte verbleibt und sich nur langsam zum Auflager hin in den Steg konzentriert. Der Druckgurt kann daher nur einen Teil der Querkraft aufnehmen; der größere Teil von Q
muß im Steg von schiefen Druckstreben und Schubbewehrungsstäben (Bügel oder Schrägstäbe) getragen werden (Bild 8.18 b). Das Verhältnis der
Steifigkeit des Druckgurtes mit der Breite b zu derjenigen der Druckstreben im Steg mit der Breite b_0 ist beim Plattenbalken viel größer als
beim Rechteckbalken.

Unter "Steifigkeit" wird hier die Dehnsteifigkeit der Fachwerkstäbe verstanden, also mit S = Stabkraft allgemein:

$$K = \frac{S}{\varepsilon} = S\,\frac{E}{\sigma} = E\,A \tag{8.31}$$

Je größer EA, desto steifer ist der Stab. Stahlstäbe (Bewehrung) sind dabei meist sehr viel weniger steif als Betonstäbe (Druckgurt, Druckstreben); z.B ist bei $\mu = 1\,\%$ und $E_s/E_b = 7$

$$K_s = E_s A_s \approx 7\,E_b \cdot 0,01\,A_b = 0,07\,E_b A_b \approx \frac{1}{14}\,K_b$$

Die unterschiedlichen Dehnsteifigkeiten von Druck- und Zugstäben wurden bei den Fachwerken der Mörsch'schen Analogie (Abschn. 8.3) noch nicht berücksichtigt. Die Stuttgarter Schubversuche haben erstmals den Einfluß der Querschnittsform, insbesondere des "Steifigkeitsverhältnisses" b/b_0 aufgezeigt. Das wesentliche Ergebnis ist aus den gemessenen Bügelspannungen ersichtlich (Bild 8.19). Bei den Balken wurde nur das Verhältnis b/b_0 variiert, während Lastanordnung, Balkenlänge und die Bewehrungen $A_{s\,\text{Längs}}$ und $A_{s\,\text{Bügel}}$ bei allen Balken gleich waren. Beim Rechteckbalken ($b/b_0 = 1$) erhielten die Bügel Druckspannungen, bis kurz vor der Bruchlast ein Schubriß die Bügel kreuzte. Bei den Plattenbalken ($b/b_0 = 2$ oder 3 oder 6) nahmen die Bügelspannungen mit dünner werdendem Steg zu, sie blieben aber in allen Fällen weit unter den $\sigma_{s\,b\ddot{u}}$, die nach Mörsch mit der klassischen Fachwerkanalogie (parallele Gurte, 45°-Druckstreben) berechnet wurden.

Die Versuche zeigten auch, daß sich die Neigung der Schubrisse bzw. der Druckstreben mit dem Verhältnis b/b_0 ändert; sie kann bei $b/b_0 = 1$ bei etwa 30° liegen und nimmt mit $b/b_0 = 8$ bis 12 auf etwa 45° zu. Druckstreben, die flacher als 45° sind, ergeben aber im Fachwerk kleinere Stegzugkräfte (vgl. hierzu Abschn. 8.4.3).

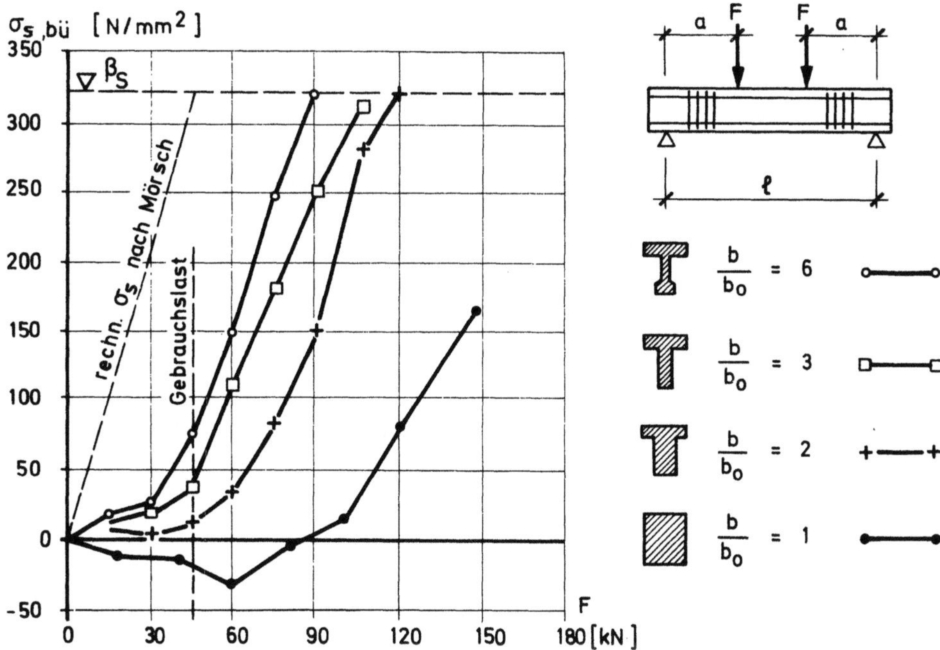

Bild 8.19 Mittlere Bügelspannungen in Balken mit verschiedenen Verhältnissen b/b_0 (alle anderen Abmessungen einschließlich Querschnitt der Schubbewehrung waren gleich)

Beide Erscheinungen zusammen - die Zunahme der Neigung der Druckgurtkraft und die Abnahme der Neigung der Druckstreben - sind demnach eine Erklärung dafür, daß bei kleiner werdendem b/b_o die Stegzugkräfte (hier die Bügelspannungen) zunehmend kleiner werden gegenüber
denen, die nach der Mörsch'schen Fachwerkanalogie gerechnet werden.

Der Einfluß der Steifigkeitsverhältnisse der Tragwerkglieder auf die
Verteilung der inneren Kräfte zeigt sich auch, wenn man in Plattenbalken
mit gleichem b/b_o und gleicher Zuggurtbewehrung nur den Querschnitt
A_{st} der Schubbewehrung, also den Schubdeckungsgrad η nach Abschnitt 8.5.1 variiert (Bild 8.20). Die Stegzugkraft nimmt mit kleiner
werdendem A_{st} ab; das innere Gleichgewicht bedingt dann, daß die
Druckstreben flacher werden, was bei den Versuchen tatsächlich festgestellt wurde (Bild 8.21). H. Kupfer [138] hat dies auch theoretisch
mit Hilfe des Gesetzes vom Minimum der Formänderungsarbeit bewiesen.

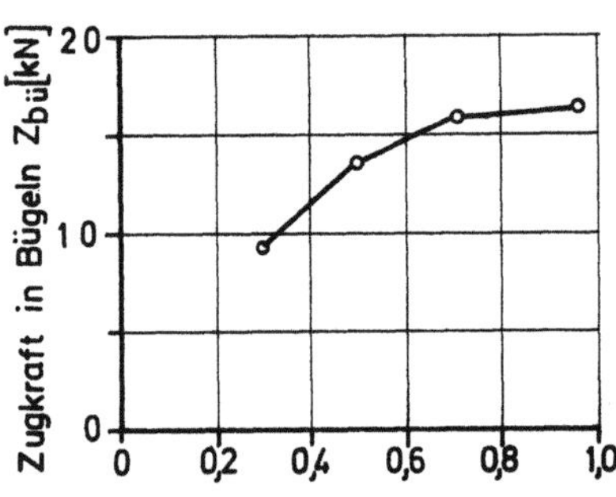

Bild 8.20   Zugkraft in Bügeln bei Traglast
in Abhängigkeit vom Schubdeckungsgrad η
bei sonst gleichen Balken mit $b/b_o = 6$
(vgl. Bild 8.21)

a) Schubdeckungsgrad $\eta = 0,93$

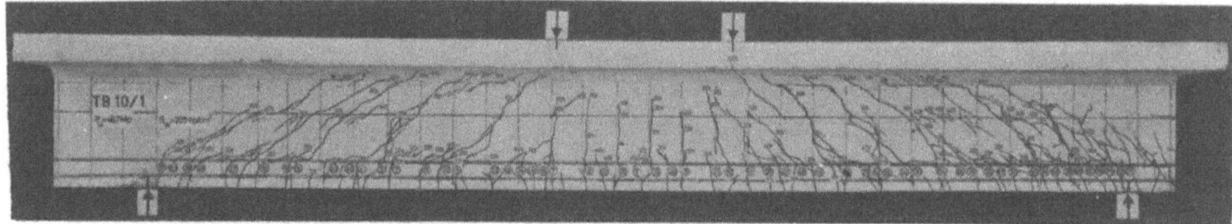

b) Schubdeckungsgrad $\eta = 0,38$

Bild 8.21   Rißbilder von Balken mit $b/b_o = 6$ bei sehr verschiedenen
Schubdeckungsgraden

Wertet man die Versuche aus und trägt die aus den gemessenen Bügelspannungen und den gemessenen Druckgurtspannungen ermittelten Anteile
der Querkraft auf, so ergeben sich für Gebrauchslast und kurz vor der
Bruchlast die Kurven in Bild 8.22. Das Bild zeigt, daß der Anteil des Steges an der Querkraftaufnahme mit b/b_o zunimmt und kurz vor der Bruchlast größer ist als bei Gebrauchslast. Die Bemessung der Schubbewehrung
für den Steg muß von der Verteilung der inneren Kräfte kurz vor dem
Bruch ausgehen, also bei erforderlicher Traglast $\gamma\,Q$; die Dicke des
Steges im Verhältnis zur Druckgurtbreite ist dabei zu berücksichtigen.
Das Verhältnis b/b_o kommt auch beim Rechenwert der Schubspannung

$$\tau_o = \frac{Q}{b_o z}$$ zur Geltung, da die Stegbreite b_o direkt eingeht.

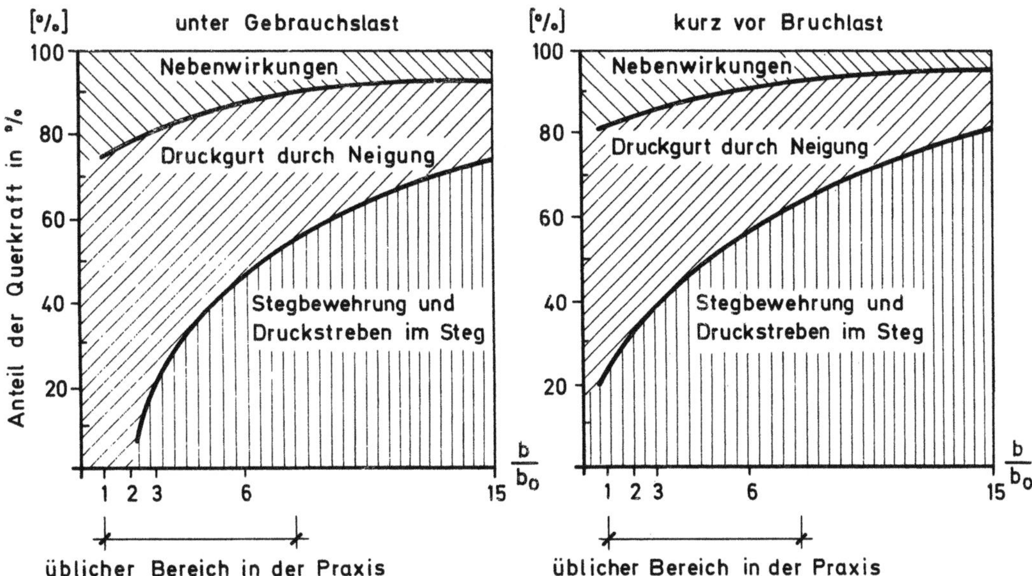

Bild 8.22   Aufteilung der Querkraft auf Steg und Gurte unter Gebrauchslast und kurz vor der Bruchlast in Abhängigkeit von b/b_o

Es zeigt sich noch, daß ein Teil der Querkraft weder vom geneigten Druckgurt noch von der Stegbewehrung getragen wird. Dieser Teil fällt Nebenwirkungen zu, wie:

- der Rahmenwirkung infolge des biegesteifen Anschlusses der Druckstreben an den Druckgurt,

- der Verzahnung der Schubrißflächen durch grobe Zuschläge (aggregate interlock) vor allem bei $b/b_o < 2$,

- der Dübelwirkung der Zuggurtbewehrung (dowel action).

Zu beachten ist auch, daß selbst bei sehr dünnen Stegen mit $b/b_o = 15$ und voller Schubdeckung nach Mörsch der von der Schubbewehrung getragene

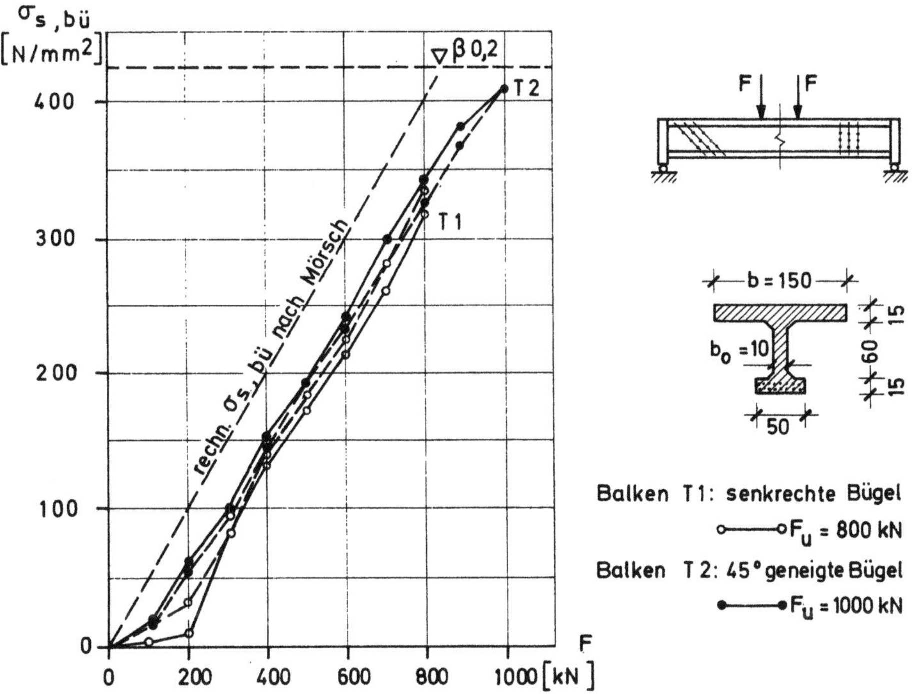

Bild 8.23   Verlauf der Bügelspannungen bei Plattenbalken mit sehr dünnen Stegen ($b/b_o = 15$) und voller Schubdeckung

Querkraftanteil rd. 80 % nicht überschreitet, und zwar sowohl für senkrechte als auch für 45° geneigte Bügel. Den Beweis lieferten die Balken T 1 und T 2 der Stuttgarter Schubversuche (Bild 8. 23). Selbst bei solchen I-Balken mit ungewöhnlich starken Gurten kann die resultierende Druckkraft im Druckgurt noch mit einer Neigung 1 : 12 bis 1 : 20 verlaufen, so daß vom Druckgurt noch 25 % bis 15 % der Querkraft Q getragen werden.

8. 4. 2. 6 Einfluß der absoluten Trägerhöhe

Ähnlichkeitsversuche mit Balken ohne Schubbewehrung und unterschiedlicher Balkenhöhe d bei gleichem Längsbewehrungsgrad μ_L und gleicher Stabaufteilung zeigten zuerst in Stuttgart [129, 139], dann auch in Toronto [140], daß die Schubtragfähigkeit mit zunehmender Höhe d beträchtlich abnimmt (Bild 8.24), wenn die Körnung des Betons und die Betondeckung nicht maßstabsgerecht verändert werden [141]. Die Kornverzahnung (aggregate interlock) spielt bei Balken ohne Schubbewehrung eine wesentliche Rolle. Da die Körnung in der Praxis aber nur wenig verändert werden kann, muß die Abnahme der τ_{ou} berücksichtigt werden.

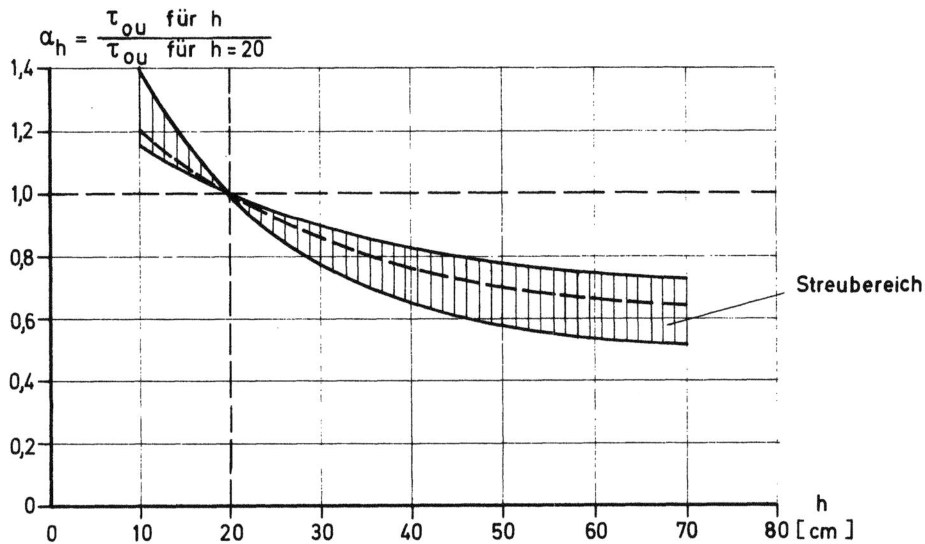

Bild 8. 24   Einfluß der absoluten Trägerhöhe bzw. der Nutzhöhe h auf die Schubtragfähigkeit von Balken und Platten ohne Schubbewehrung (nach [137])

8. 4. 3 Erweiterte Fachwerkanalogie

Als Folgerung aus den Stuttgarter Schubversuchen wurde die Mörsch'sche Fachwerkanalogie dadurch erweitert, daß man dem wirklichen Tragverhalten entsprechend Netzfachwerke mit geneigtem Obergurt und Druckstreben flacher als 45° betrachtet (Bild 8. 25). Man kommt so zu einer erweiterten Fachwerkanalogie (modified truss analogy). Die Neigungen der Druckglieder hängen dabei von den Steifigkeitsverhältnissen (ausgedrückt durch b/b_o) und der Größe der Schubbewehrung ab (vgl. Abschn. 8. 4. 2. 5).

Die Fachwerke sind wieder innerlich statisch unbestimmt und lassen sich daher wegen der vielen Einflußparameter nur umständlich mit viel Aufwand berechnen. Für die Bemessung der Schubbewehrung sind sie daher nicht geeignet, wohl aber für die Vorstellung des Tragverhaltens. Wie bei Fachwerken der klassischen Fachwerkanalogie (Abschn. 8. 3), so kann man jedoch auch bei der erweiterten Fachwerkanalogie an einfachen Fach-

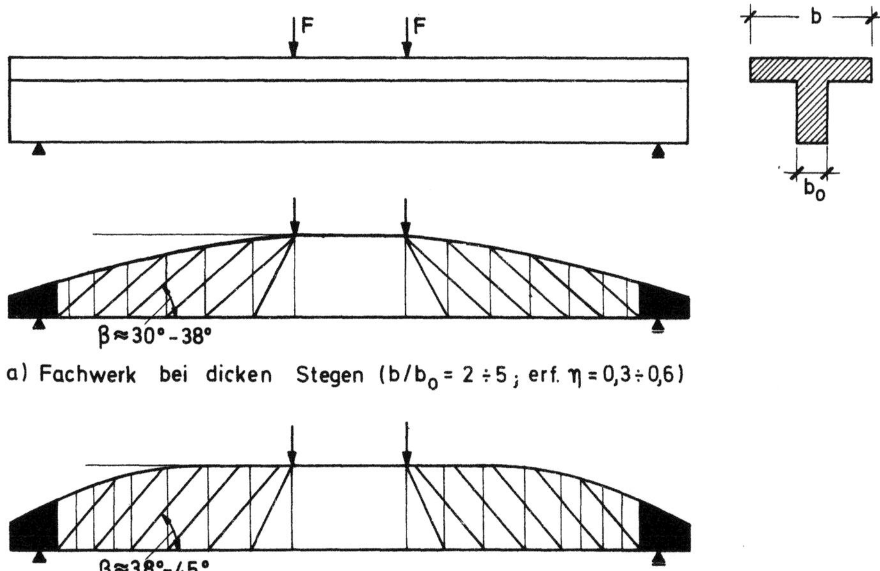

a) Fachwerk bei dicken Stegen ($b/b_0 = 2 \div 5$; erf. $\eta = 0,3 \div 0,6$)

b) Fachwerk bei dünnen Stegen ($b/b = 6 \div 12$; erf. $\eta = 0,6 \div 1,0$)

Bild 8. 25 Fachwerke der erweiterten Fachwerkanalogie für Einfeldbalken

werken zeigen, wie die Neigung des Druckgurtes und die Neigung der Druckstreben die Kräfte in den Gurten und im Steg beeinflussen (Bild 8. 26). Es
zeigt sich, daß die Stegzugkräfte durch die Neigung des Druckgurts bzw.
durch flacher als $45°$ geneigte Druckstreben vermindert und die Zuggurtkräfte am Auflager vergrößert werden.

Die erweiterte Fachwerkanalogie führt also im Hinblick auf die hier besonders interessierenden Stegzugkräfte zu Ergebnissen, die mit den Bügel-
messungen (vgl. z. B. Bild 8. 19 und 8. 23) übereinstimmen. Konsequenter-
weise muß man für die Größe der wirksamen Zuggurtkräfte beachten, daß
die im Abschn. 8. 3. 2 am klass. Fachwerk berechneten Stegzugkräfte und
also auch die Versatzmaße v zu klein sind und in der Praxis größer angenommen werden müssen.

8.5 Schubbemessung in Trägerstegen

8. 5. 1 Grundlegendes und Begriffe

Die Bemessung der Schubbewehrung in Stegen wird s t e t s f ü r v o l l e
S c h u b s i c h e r u n g vorgenommen, d. h. die im Steg auftretenden Zugkräfte werden voll durch die Schubbewehrung gedeckt. Dem Beton wird
also keine Zugkraft im Steg, auch kein Teil der schiefen Hauptzugspannungen zugemutet. Für die Bemessung sind dabei die inneren Kräfte bei
erforderlicher Traglast, also bei 1, 75-facher Gebrauchslast, maßgebend.

Eine Berechnung der inneren Stegzugkräfte kurz vor dem Bruch müßte die
wahren Steifigkeitsverhältnisse der Druck- und Zugglieder des Tragwerks
im Zustand II und die große Zahl der Einflüsse (vgl. Abschn. 8. 4. 2) berücksichtigen. Eine solche Berechnung ist heute noch nicht möglich, deshalb erfolgt die Schubbemessung mit der Modellvorstellung des Fachwerks.

Ein solches Fachwerkmodell hatte Mörsch in der "klassischen Fachwerkanalogie" mit unter $45°$ geneigten Druckstreben entwickelt. Bemißt man
dafür die Schubbewehrung A_{st} nach Abschn. 8. 5. 2, dann spricht man
von "voller Schubdeckung nach Mörsch".

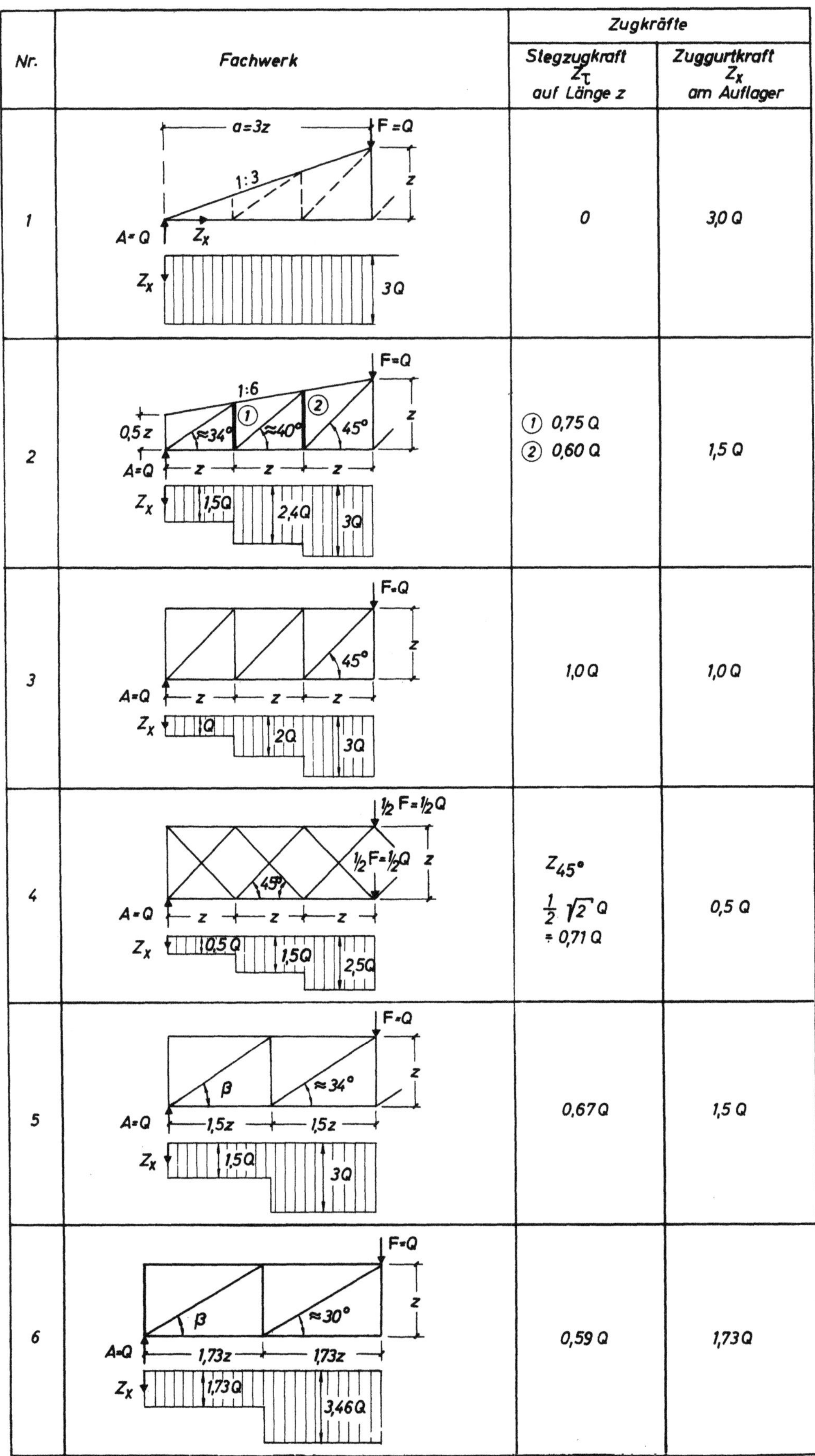

Bild 8.26   Einfache Fachwerkmodelle zur Erläuterung des Einflusses der Neigung des Druckgurtes und der Neigung der Druckstreben auf die Stegzugkräfte und die Zuggurtkräfte

Legt man der Bemessung die aus den Stuttgarter Schubversuchen abgeleitete "erweiterte Fachwerkanalogie" mit einer gegenüber den Ergebnissen
nach Mörsch mehr oder weniger stark verminderten Schubbewehrung zugrunde, dann sprechen wir von "verminderter Schubdeckung" bei v o l l e r
S c h u b s i c h e r u n g . Unter dem Begriff des " Schubdeckungsgrades η "
versteht man das Verhältnis

$$\eta = \frac{\text{tatsächl. vorh. } A_{s\tau}}{A_{s\tau} \text{ nach Mörsch}} \leqq 1 \qquad (8.32)$$

Als weiterer Begriff wird noch der Schubbewehrungsgrad μ_S eingeführt;
er ist das Verhältnis der horizontal (in x-Richtung = Balkenachse) gemessenen Querschnittsfläche der Schubbewehrung zu der Betonfläche
$b_o \cdot s$, wobei s der horizontal gemessene Abstand der Schubbewehrungsstäbe und b_o die Stegdicke ist. Es gilt

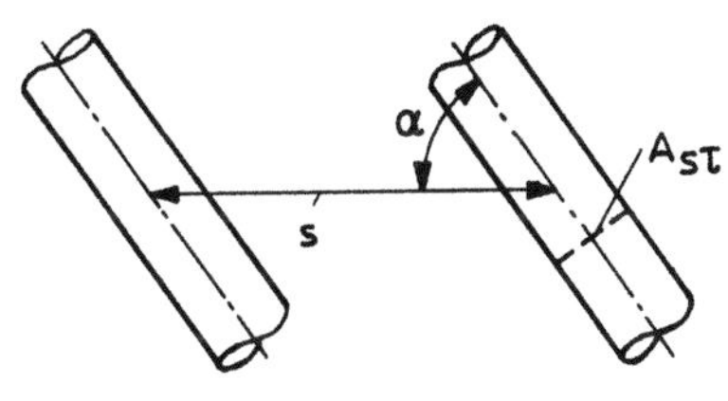

- für Stäbe mit
  Neigung α : $\qquad \mu_S = \dfrac{A_{s\tau}}{b_o \cdot s \cdot \sin \alpha} \qquad (8.33a)$

- für 45° geneigte
  Stäbe: $\qquad \mu_S = \dfrac{\sqrt{2} \cdot A_{s\tau}}{b_o \cdot s} \qquad (8.33b)$

- für senkrechte
  Bügel: $\qquad \mu_S = \dfrac{A_{s,bü}}{b_o \, s_{bü}} \qquad (8.33c)$

8.5.2 Bemessung der Stegbewehrung mit v o l l e r Schubdeckung nach E. Mörsch

Für Fachwerke der klassischen Fachwerkanalogie nach E. Mörsch sind
in Abschn. 8.3.2 die Stegzugkräfte bzw. die Spannungen σ_s berechnet
worden. Diese Stahlspannungen σ_s dürfen unter der erforderlichen
Traglast den Rechenwert der Stahlgüte β_S nicht überschreiten, d.h. unter Gebrauchslast Q muß gelten: $\sigma_s \leqq \beta_S / 1,75$

Somit können aus Gl. (8.13) und (8.22) die erforderlichen Querschnitte
der Stegbewehrung $A_{s\tau}$ im Abstand s bzw. der auf die Längeneinheit
bezogene Querschnitt $a_{s\tau}$ [cm^2/m] angegeben werden

- für Stegzustreben unter einem beliebigen Winkel α:

$$\text{erf } a_{s\tau} = \frac{A_{s\tau}}{s} = \frac{Q}{z \cdot \text{zul } \sigma_s} \cdot \frac{1}{\sin \alpha + \cos \alpha} \qquad (8.34)$$

- für Stegzugstreben unter $\alpha = 45^o$:

$$\text{erf } a_{s\tau} = \frac{A_{s\tau}}{s} = \frac{Q}{z \cdot \text{zul } \sigma_s \cdot \sqrt{2}} \qquad (8.35)$$

- für senkrechte Bügel:

$$\text{erf } a_{sbü} = \frac{A_{sbü}}{s_{bü}} = \frac{Q}{z \cdot \text{zul } \sigma_s} \qquad (8.36)$$

Dabei sind jeweils alle in einem waagerechten Schnitt getroffenen Stäbe mit
ihrer Querschnittsfläche einzusetzen: Ein Bügel mit 2 Schenkeln also mit

dem 2-fachen Stabquerschnitt (genannt 2-schnittiger Bügel) oder ein neben-
einander im Steg angeordnetes Bügelpaar mit 2 x 2 Schenkeln mit dem 4-fa-
chen Stabquerschnitt (4-schnittiger Bügel). Entsprechendes gilt für einzelne oder mehrere gleichzeitig aufgebogene Schrägstäbe.

Führt man in diese Gleichungen den in Abschn. 8.3.3 definierten <u>Rechen-
wert der Schubspannung</u> $\tau_o = Q/b_o z$ nach Gl. (8.28) ein, dann ergeben
sich folgende, in der Praxis übliche Formeln

- für Stegzugstreben unter α:

$$\text{erf } a_{s\tau} = \frac{A_{s\tau}}{s} = \frac{\tau_o}{\text{zul } \sigma_s} \cdot b_o \cdot \frac{1}{\sin\alpha + \cos\alpha} \qquad (8.37)$$

- für Stegzugstreben unter $\alpha = 45^o$:

$$\text{erf } a_{s\tau} = \frac{A_{s\tau}}{s} = \frac{\tau_o}{\text{zul } \sigma_s} \cdot \frac{b_o}{\sqrt{2}} \qquad (8.38)$$

- für senkrechte Bügel:

$$\text{erf } a_{sbü} = \frac{A_{sbü}}{s_{bü}} = \frac{\tau_o}{\text{zul } \sigma_s} \cdot b_o \qquad (8.39)$$

Der Schubbewehrungsgrad μ_S nach Gl. (8.33) ergibt sich damit bei Fachwerken mit **s e n k r e c h t e n B ü g e l n und S c h r ä g s t ä b e n u n t e r 45°**
als leicht zu merkende Formel für die Schubbemessung bei voller Schub-
deckung nach Mörsch zu

$$\text{erf } \mu_S = \frac{\tau_o}{\text{zul } \sigma_s} \qquad (8.40)$$

8.5.3 Bemessung der Stegbewehrung mit verminderter Schubdeckung

8.5.3.1 Grundlagen

Alle Messungen der Stahlspannungen in maximal beanspruchten Bügeln
oder Schrägstäben von Stahlbetonbalken mit ausreichend bemessenen Zuggurten zeigten den in Bild 8.27 dargestellten charakteristischen Verlauf,
der als Grundlage zu einer sehr einfachen Bemessung der Schubbewehrung
dient.

Die Schubbewehrung wird erst ernsthaft beansprucht, nachdem sie von
einem Schubriß unter der Querkraft $Q_{Riß}$ gekreuzt wird. Die Spannungen σ_s der Schubbewehrung steigen danach etwa parallel zur Linie der
nach Mörsch berechneten $\sigma_s = \tau_o / \mu_S$ an. Die beiden Linien haben bei
der Bruchlast Q_u noch einen Abstand entsprechend der Größe Q_D. Dieser
Anteil Q_D der Querkraft Q_u wird von den Druckgliedern des Fachwerks
gemäß der erweiterten Fachwerkanalogie aufgenommen, also durch den
geneigten Druckgurt und durch Druckstreben, die unter einem kleineren
Winkel als $\beta = 45°$ gegen die x-Achse geneigt sind. Die Schubbewehrung
braucht bei der erforderlichen Traglast nur für einen Anteil $(Q_u - Q_D)$
der Querkraft Q_u bemessen zu werden, wenn die Bemessungsgleichungen der klassischen Fachwerkanalogie benutzt werden, also in Gl. (8.34):

$$\text{erf } a_{s\tau} = \frac{A_{s\tau}}{s} = \frac{Q_u - Q_D}{z \cdot \beta_S} \cdot \frac{1}{\sin\alpha + \cos\alpha} \qquad (8.41)$$

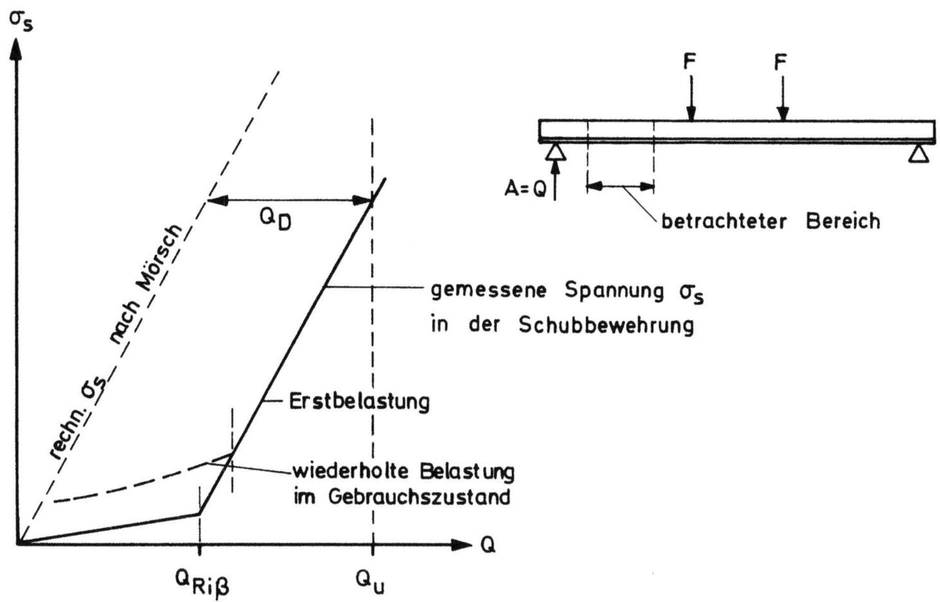

Bild 8.27   Charakteristischer Verlauf der tatsächlichen Spannungen in Schubbewehrungen

Mit dem Rechenwert der Schubspannung unter der erforderlichen Traglast $\tau_{ou} = Q_u/b_o z$ erhält man daraus mit einem dem Anteil Q_D der Querkraft entsprechenden Rechenwert τ_{oD} für Gl. (8.37):

$$\text{erf } a_{s\tau} = \frac{A_{s\tau}}{s} = \frac{\tau_{ou} - \tau_{oD}}{\beta_S} \cdot b_o \cdot \frac{1}{\sin \alpha + \cos \alpha} \tag{8.42}$$

Dabei ist Q_u mit dem Sicherheitsbeiwert $\gamma = 1,75$ (Stahl versagt) zu berechnen; die Streckgrenze des Stahls wird im Hinblick auf Schubrißbreiten und Verankerungsprobleme der Bügel in der Druckzone auf $\beta_S \leqq 420 \ N/mm^2$ begrenzt.

8.5.3.2 Abzugswert τ_{oD}

Der Wert τ_{oD}, der dem Anteil Q_D der Querkraft entspricht, wurde bisher rein empirisch aus sehr vielen Versuchsergebnissen ermittelt. Es zeigte sich, daß bei Einfeldbalken mit zum Auflager hin abnehmendem M/Qh der Wert τ_{oD} wesentlich größer ist als bei Durchlaufträgern, wo an Zwischenstützen M/Qh zur Stütze hin zunimmt und die Schubrisse dadurch steiler werden und weiter in den Druckgurt vordringen. Bei Balken mit Schubbewehrung zeigte sich eine Abhängigkeit von der Betondruckfestigkeit: für Einfeldbalken wurde $\tau_{oD} \approx \beta_{Wm}/20$, für Durchlaufträger $\tau_{oD} \approx \beta_{Wm}/28$ ermittelt (vgl. [99]).

Solange diese Werte noch nicht weiter gesichert sind, muß τ_{oD} möglichst niedrig angesetzt werden. Es wird empfohlen, einheitlich

$$\tau_{oD} = 0,25 \cdot \sqrt[3]{\beta_{WN}^2} \tag{8.43}$$

zu verwenden. Damit sind Einflüsse von b/b_o und μ_L auf der sicheren Seite abgegolten.

8.5.3.3 Erforderlicher Schubdeckungsgrad η

Der Schubdeckungsgrad η wurde schon in Abschn. 8.5.1 definiert

$$\eta = \frac{\text{vorh } A_{s\tau}}{\text{erf } A_{s\tau} \text{ nach Mörsch}} \tag{8.32}$$

Mit dem Rechenwert der Schubspannung ergaben sich in Abschn. 8.5.2 und 8.5.3.1 folgende Gleichungen für die Schubbewehrung $A_{s\tau}$ unter einem beliebigen Winkel α gegen die x-Achse

- nach Mörsch:

$$\text{erf } a_{s\tau} = \frac{\tau_o}{\text{zul } \sigma_s} \cdot b_o \cdot \frac{1}{\sin\alpha + \cos\alpha} = \frac{\gamma \cdot \tau_o}{\beta_S} \cdot b_o \cdot \frac{1}{\sin\alpha + \cos\alpha}$$

- bei verminderter Schubdeckung:

$$\text{erf } a_{s\tau} = \frac{\gamma \cdot \tau_o - \tau_{oD}}{\beta_S} \cdot b_o \cdot \frac{1}{\sin\alpha + \cos\alpha}$$

Nach Einsetzen dieser Gleichungen in Gl. (8.32) ergibt sich also:

$$\text{erf } \eta = \frac{\gamma \cdot \tau_o - \tau_{oD}}{\gamma \cdot \tau_o} = 1 - \frac{\tau_{oD}}{\gamma \cdot \tau_o} \tag{8.44}$$

Setzt man entsprechend Abschn. 8.5.3.2 den Wert $\tau_{oD} = 0,25\sqrt[3]{\beta_{WN}^2}$ ein und berücksichtigt nach Abschn. 8.5.3.6 die obere Grenze für τ_o, dann ergibt sich für η die Kurve in Bild 8.28.

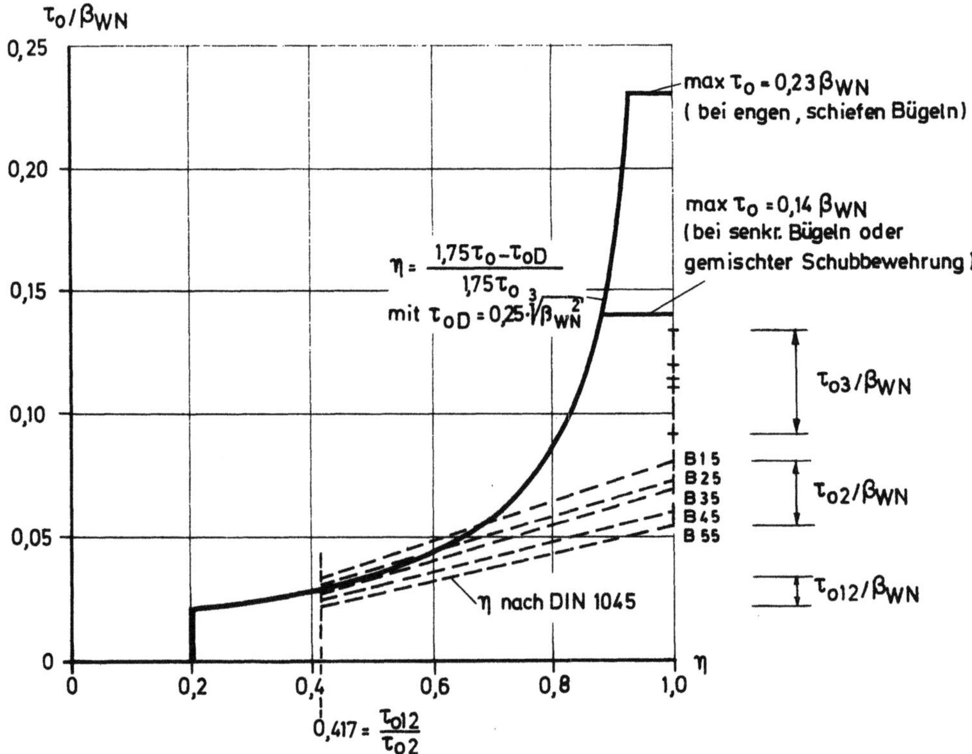

Bild 8.28   Schubdeckungsgrad η bei verminderter Schubdeckung und Vergleich mit DIN 1045

Zum Vergleich ist die nach DIN 1045 (s. Abschnitt 8.5.4.3) vorläufig nur im Bereich 2 erlaubte Abminderung mit $\eta = \tau_o / \tau_{o2}$ in dieses Bild eingetragen.

8.5.3.4 Mindestschubbewehrung in Balkenstegen

Zur Verhütung eines schlagartigen Schubbiegebruches (vgl. Abschn. 8.4.1.1) muß eine Mindestschubbewehrung vorgesehen werden. Die von dieser Bewehrung mit β_Z aufnehmbare Zugkraft muß größer sein als die vom Beton im Steg vor Entstehen des Schubrisses (Zustand I) getragene Zugkraft. Diese Zugkraft ist umso größer, je höher die Betongüte ist, und deshalb geht man zu ihrer Festlegung von einem hochfesten Beton, hier von der Betonfestigkeitsklasse B 45, aus. Aus Versuchen [99] ergab sich

$$\min \mu_S \ [\%] = \frac{60}{\beta_S} \quad [\beta_S \text{ in N/mm}^2] \qquad (8.45)$$

(für B 600 ist ein Zuschlag von 20 % erforderlich)

Dies bedeutet für den Schubbewehrungsgrad nach Gl. (8.33) bei

- Betonstahl I   : $\min \mu_S = 0,27$ %
- Betonstahl III : $\min \mu_S = 0,14$ %
- Betonstahl IV : $\min \mu_S = 0,12$ %

Für Balken mit Stegdicken b > d genügt es, die Mindestbewehrung auf die Randzonen mit jeweils einer Breite von $b_r = h/2$ zu beziehen. Für die Beschränkung der Schubrißbreiten sind wesentlich stärkere Bewehrungen nötig, siehe Teil 4.

8.5.3.5 Zusätzliche Abminderung der erforderlichen Schubbewehrung bei auflagernahen Lasten oder kurzen Balken

Aufgrund der in Abschnitt 8.4.2.2 dargestellten günstigen Tragwirkung der sich für diesen Bereich einstellenden Sprengwerke darf der von auflagernahen Lasten, deren Abstand a kleiner als 2 h ist, herrührende Teil der Querkraft Q_F mit dem Faktor

$$\varkappa = \frac{a}{2\,h} \leqq 1$$

abgemindert werden. Bei kurzen Balken mit Schlankheiten $\ell/h \leqq 8$ darf unter Gleichlast als Abminderungsfaktor für die Querkraft

$$\varkappa = \frac{\ell}{8\,h} \leqq 1$$

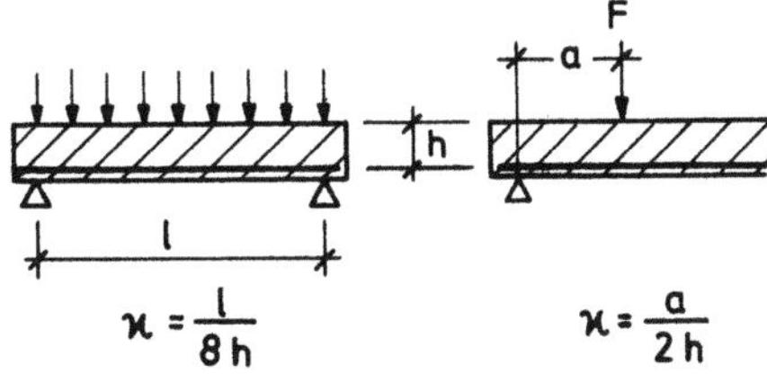

Bild 8.29   Beiwert $\varkappa$ zur Abminderung der Querkraft bei kurzen Balken oder auflagernahen Lasten

angesetzt werden. Der Beiwert $\varkappa$ ist in Bild 8.29 in Abhängigkeit von
a/h bzw. ℓ/h angegeben.

Bei der Bemessung der Schubbewehrung solcher Träger wird der Rechenwert der Schubspannung τ_o für eine abgeminderte Querkraft red Q ermittelt, d.h. τ_o = red Q/b_o z, und es gilt

- bei Trägern mit ℓ/h > 8 und Einzellast im Abstand a/h < 2 und
  verteilter Nutzlast p:

$$\text{red } Q = Q_{g+p} + \varkappa\, Q_F$$

- bei Trägern mit ℓ/h < 8 unter Gleichlast p:

$$\text{red } Q = \varkappa\, Q_{g+p}$$

8.5.3.6 Obere Begrenzung der Schubspannungen τ_o zur Verhütung eines Druckstrebenbruches

Die Stuttgarter Schubversuche an I-Balken mit starken Gurten und dünnen,
aber stark bewehrten Stegen [130] zeigten, daß die Schubtragfähigkeit bei
sehr hohen Schubbewehrungsgraden μ_S durch die Druckfestigkeit des Betons begrenzt wird (eine Schubfestigkeit des Betons gibt es nicht!). Die Betonspannungen σ_{DS} oder $\sigma_{b,45°}$ in den schiefen Betondruckstreben hängen
dabei von der Richtung der Schubbewehrung ab. Schon nach der klassischen Fachwerkanalogie (Abschn. 8.3.2.2) ist

- bei senkrechten Bügeln:

$$\sigma_{b,45°} = 2\,\frac{Q}{b_o z} = 2\,\tau_o, \quad \text{gemessen} \approx 2,2\,\tau_o$$

- bei 45° schiefen Bügeln:

$$\sigma_{b,45°} = \frac{Q}{b_o z} = \tau_o, \qquad \text{gemessen} \approx 1,1\,\tau_o .$$

Die gemessenen Betondruckspannungen sind in Bild 8.30 gezeigt, wobei
nach J.R. Robinson der zweiachsige Spannungszustand in den Betondruckstreben berücksichtigt wurde (in [130] war dieser Einfluß noch nicht erfaßt). Die Versuche von J.R. Robinson und J.M. Demorieux [142] zeigten,
daß selbst zwischen engliegenden Schubrissen die Druckstreben durch
die kreuzende Schubbewehrung quer auf Zug beansprucht waren.

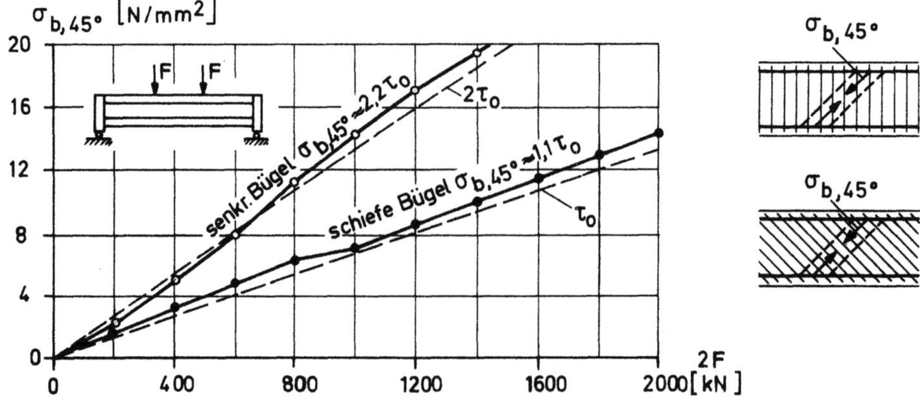

Bild 8.30   Gemessene Spannungen $\sigma_{b,45°}$ in Druckstreben von Balken
mit b/b_o = 15 bei hoher Schubbeanspruchung [130]

Mit dem Sicherheitsbeiwert 2,1 (Druckbruch) gegen den Rechenwert der Betondruckfestigkeit $\beta_R = 0,7\ \beta_{WN}$ und dem Faktor 1,15 für Streuungen ergeben sich die folgenden oberen Grenzen der zulässigen Schubspannungen bei Gebrauchslast

- bei engen senkrechten Bügeln:

$$\max\ \tau_o = \frac{0,7\ \beta_{WN}}{2,0 \cdot 1,15 \cdot 2,1} \approx 0,14 \cdot \beta_{WN}$$

- bei engen schrägen Bügeln ($\alpha = 45^o$ bis 55°) und bei gerippten Stäben im Zuggurt (Faktor 0,75 wegen Querzug in Druckstreben, s.o.):

$$\max\ \tau_o = \frac{0,7\ \beta_{WN} \cdot 0,75}{1,0 \cdot 1,15 \cdot 2,1} \approx 0,23 \cdot \beta_{WN}$$

Die DIN 1045 hat die oberen Grenzen vorläufig niedriger angesetzt. Aus konstruktiven Gründen hat es wenig Sinn, Werte $\tau_o > \approx 7\ N/mm^2$ auszunutzen, weil dann die erforderliche Schubbewehrung in den dünnen Stegen nicht mehr gut unterzubringen ist. Außerdem können dicke Bewehrungsstäbe in dünnen Stegen Spaltwirkungen hervorrufen, vgl. [143].

8.5.3.7 Grenzwerte τ_o für Platten ohne Schubbewehrung

Ohne Schubbewehrung können Platten ausgeführt werden, wenn die Bogen- oder Sprengwerkwirkung nach Bild 5.13 zur Schubtragfähigkeit genügt. Das Zugband (die Längsbewehrung) muß dazu möglichst ohne Abstufung durchgeführt und gut verankert werden.

Die Schubtragfähigkeit hängt dabei vom Längsbewehrungsgrad μ_L im Bereich eines möglichen Schubbruches (x = 0 bis x = 5 d) und von der absoluten Dicke d der Platte bzw. Nutzhöhe h ab (vgl. Abschnitte 8.4.2.4 und 8.4.2.6).

Nach Versuchsergebnissen hat D. Netzel [137] eine Formel für τ_{ou} in Abhängigkeit von μ_L, β_W und h entwickelt, nach der bei durchgehender Längsbewehrung und für $\mu_L = 1\ \%$ sowie h = 20 cm folgende Grenzwerte angegeben werden können

- bei $\beta_W = 30\ N/mm^2$: $\tau_{ou} = 1,1\ N/mm^2$

- bei $\beta_W = 50\ N/mm^2$: $\tau_{ou} = 1,4\ N/mm^2$

Der Einfluß des Längsbewehrungsgrades ist in Bild 8.17 (Abschn.8.4.2.4) und der der absoluten Trägerhöhe h in Bild 8.24 (Abschn.8.4.2.6) dargestellt.

Bei den Versuchen an Stahlbetonplatten mit Beanspruchung durch Biegung und Längszug in [146] stellte sich heraus, daß die ertragene Bruchschubspannung durch eine zusätzliche Längszugkraft N herabgesetzt wird und zwar umso mehr, je größer N ist.

Für den Bruchzustand ergab sich folgende Beziehung:

$$\tau_{ou}\ (M,\ Q,\ N) \approx \tau_{ou}\ (M,\ Q) - \frac{1}{15}\ \frac{N}{A_b}$$

Bei der Ableitung eines Vorschlags zur Begrenzung der Schubspannungen im Gebrauchszustand muß berücksichtigt werden, daß die Bestimmung der Längszugkraft N mit gewissen Unsicherheiten behaftet ist, da N als Zwangskraft von der Zwangdehnung und der Dehnsteifigkeit abhängt. Einen wesentlichen Einfluß bei der Querkraftübertragung über

Trennrisse hinweg besitzen Kornverzahnung und Dübelwirkung der Längsbewehrung und damit die Betonzugfestigkeit, die in Betonierrichtung besonders niedrig ist. Diese Unsicherheiten können dadurch berücksichtigt
werden, daß man den Abzugswert

$$\tau_{ou}(N) = \frac{1}{15}\,\frac{N}{A_b}$$

durch einen Teilsicherheitsbeiwert γ_N erhöht, für den $\gamma_N = 3$ vorgeschlagen wird.

Mit dem Sicherheitsbeiwert $\gamma = 2,1$ gegen Versagen ohne Vorankündi-
gung kann die Schubspannung im Gebrauchszustand wie folgt begrenzt
werden:

$$\text{zul }\tau_o(M,\,Q,\,N) = \frac{\tau_{ou}(M,\,Q,\,N)}{\gamma}$$

$$= \frac{\tau_{ou}(M,\,Q)}{\gamma} - \frac{\gamma_N}{\gamma}\cdot\frac{1}{15}\cdot\frac{N}{A_b}$$

bzw. $$\text{zul }\tau_o(M,\,Q,\,N) = \tau_{o11} - \frac{1}{10}\cdot\frac{N}{A_b}$$

Dieser Vorschlag gilt nur unter der Bedingung, daß durch eine ausreichende obere und untere Längsbewehrung die Breite der auftretenden
Trennrisse auf etwa 0,15 mm begrenzt bleibt.

8.5.4 Bemessung nach DIN 1045

8.5.4.1 Maßgebende Querkraft

Die maßgebende Querkraft für die Schubbemessung ist

a) im allgemeinen: die größte Querkraft am Auflagerrand

b) bei unmittelbarer (direkter) Stützung:
   die Querkraft im Abstand 0,5 h vom Auflagerrand (damit wird die mögliche Abminderung der Querkraft bei kurzen Balken nach Abschn.
   8.5.3.5 berücksichtigt),

c) bei auflagernahen Einzellasten im Abstand $a \leqq 2\,h$:
   der mit dem Faktor $\varkappa = a/2\,h$ abgeminderte Querkraftanteil der Einzellast, d.h. $\varkappa\,Q_F$ (vgl. Abschn. 8.5.3.5).

8.5.4.2 Rechenwert τ_o

Der Rechenwert τ_o der Schubspannung unter Gebrauchslast ist

a) bei reiner Biegung und Biegung mit Längskraft, sofern die Nullinie
   innerhalb des Querschnitts liegt:
   der Rechenwert der Stegschubspannung im Zustand II, $\tau_o = Q/b_o\,z$,
   wobei die kleinste Querschnittsbreite in der Zugzone maßgebend
   ist (vgl. Abschn. 8.3.3),

b) bei Biegung mit Längsdruckkraft und Nullinie außerhalb des Querschnitts:
   die größte Hauptzugspannung σ_I nach Zustand I in der Betondruckzone,

c) bei Biegung mit Längszugkraft und Nullinie außerhalb des Querschnitts:
der ohne Berücksichtigung der Längszugkraft ermittelte Rechenwert τ_o.

Querschnittsänderungen (veränderliche Höhe, Abschn. 8.6.1, oder Aussparungen) müssen bei der Ermittlung des Rechenwertes τ_o bei ungünstiger Wirkung - bzw. dürfen bei günstiger Wirkung - berücksichtigt werden.

8.5.4.3 Bereiche für die Schubbemessung

Für die mit der maßgebenden Querkraft ermittelten Rechenwerte τ_o sind in Tabelle 13 der DIN 1045 (hier Tabelle Bild 8.31) Höchstwerte und drei Bereiche für verschiedene Arten der Bemessung der Schubbewehrung angegeben.

| Bauteil | Bereich | Schubspannung max τ_o | Grenzen der Schubspannung τ_o [N/mm²] für die Betonfestigkeitsklasse | | | | | Nachweis der Schubdeckung | Schubdeckung |
			B 15	B 25	B 35	B 45	B 55		
Platten	1	τ_{o11}	0,15 (bei gestaffelter Längsbewehrung) 0,35 (bei durchgehender Längsbewehr.)	0,35 0,50	0,40 0,60	0,50 0,70	0,55 0,80	nicht erforderlich	keine
	2	τ_{o2}	1,20	1,80	2,40	2,70	3,00	erforderlich	verminderte Schubdeckung
Balken	1	τ_{o12}	0,50	0,75	1,00	1,10	1,25	nicht erforderlich	Mindestschubdeckung
	2	τ_{o2}	1,20	1,80	2,40	2,70	3,00	erforderlich	verminderte Schubdeckung
	3	τ_{o3}	2,00 (nur bei d bzw. $d_o \geqq 45$ cm u. Verwendung von Rippenstahl)	3,00	4,00	4,50	5,00	erforderlich	volle Schubdeckung

Bild 8.31   Grenzen der Grundwerte der Schubspannung τ_o unter Gebrauchslast nach DIN 1045

Bemerkung:

Von der Sicherheit her ist die Unterscheidung der Bemessung nach diesen Bereichen nicht nötig. Die verminderte Schubdeckung kann ohne Sorge auch bei hohen Schubspannungen angewandt werden. Die DIN 1045 sollte in diesem Punkt längst geändert werden.

Bereich 1:
$$\tau_o \leqq \tau_{o11} \qquad \text{bei Platten}$$
$$\tau_o \leqq \tau_{o12} \qquad \text{bei Balken}$$

Bei Platten darf auf eine Schubbewehrung verzichtet werden, wenn

$$\tau_o < k_1 \cdot \tau_{o11}$$

$$(8.46)$$

wobei:
$$1 \geqq k_1 = \frac{0,20}{d} + 0,33 \geqq 0,5$$

(mit d = Plattendicke in m)

Bei Platten mit ständig vorhandener, gleichmäßig verteilter Vollbelastung ohne wesentliche Einzellasten ist keine Schubbewehrung erforderlich,

wenn:
$$\tau_o < k_2 \ \tau_{o11}$$

wobei:
$$1 \geqq k_2 = \frac{0,12}{d} + 0,60 \geqq 0,7 \tag{8.47}$$

Bei <u>Balken, Plattenbalken und Rippendecken</u> ist im Schubbereich 1 kein Nachweis der Schubdeckung erforderlich, doch ist stets eine Schubbewehrung vorzusehen, die mit dem Bemessungswert

$$\tau = 0,4 \ \tau_o$$

zu ermitteln ist. Ein Teil der Schubbewehrung muß in Form von Bügeln mit einem Mindestquerschnitt entsprechend dem Bemessungswert

$$\tau_{b\ddot{u}} = 0,25 \ \tau_o$$

eingebaut werden.

<u>B e r e i c h   2 :</u>
$$\tau_{o11} < \tau_o \leqq \tau_{o2} \quad \text{bei Platten}$$
$$\tau_{o12} < \tau_o \leqq \tau_{o2} \quad \text{bei Balken}$$

Der Rechenwert τ_o darf in jedem Querschnitt des Trägerbereiches mit gleichem Vorzeichen der Querkraft auf den Bemessungswert τ abgemindert werden (verminderte Schubdeckung:

$$\tau = \frac{\tau_o^2}{\tau_{o2}} \tag{8.48}$$

Der Schubdeckungsgrad η beträgt also $\qquad \eta = \dfrac{\tau_o}{\tau_{o2}}$ $\qquad$ (8.49)

und ist in Bild 8.28 mit dem nach den Versuchen möglichen Schubdeckungsgrad η für verminderte Schubdeckung verglichen.

Die Abminderung nach Gl. (8.48) ist in folgenden Fällen nicht erlaubt:
- bei nicht vorwiegend ruhender Belastung nach DIN 1055, Bl. 3,
- bei Biegung mit Längszugkraft und Nullinie außerhalb des Querschnitts.

<u>B e r e i c h   3 :</u> $\qquad \tau_{o2} < \tau_o \leqq \tau_{o3}$

In diesem Bereich wird volle Schubdeckung verlangt, d.h. der Schubdeckungsgrad beträgt $\eta = 1,0$ und der Bemessungswert im ganzen zugehörigen Trägerbereich mit gleichem Vorzeichen der Querkraft ist

$$\tau = \tau_o$$

Rechenwerte $\tau_o > \tau_{o3}$ sind nicht zugelassen.
Bei Biegung mit Längszugkraft und Nullinie außerhalb des Querschnitts sind Rechenwerte $\tau_o > \tau_{o2}$ nicht zugelassen.

8.6 Schubbemessung in Sonderfällen

8. 6. 1 Anschlußbewehrung von Gurten

Bei Plattenbalken oder Hohlkästen müssen Platten, die als Druck- oder
Zuggurt mitwirken, an den Steg schubfest angeschlossen werden.

In Abschn. 7. 3. 1 wurde das Mitwirken der Platte als Druckgurt eines
Plattenbalkens erläutert. Entsprechend dem in Bild 7. 31 gezeigten Verlauf der Hauptspannungstrajektorien entwickelt sich im Zustand II, wenn
also σ_I die Betonzugfestigkeit erreicht hat, ein System von Betondruckstreben (zwischen den Rissen) und Zugstreben der Anschlußbewehrung.

Als Bemessungsgrundlage dient wie bei Trägerstegen ein einfaches Fachwerkmodell; Bild 8. 32 zeigt ein Beispiel, bei dem entsprechend dem Abstand s_a der Zugstreben der Anschlußbewehrung die Druckkraft D_1 in
der Platte in drei Stäben zusammengefaßt ist. Die drei Stäbe in der Druckplatte tragen jeweils $D_1/3$ ab, wobei gemäß Abschn. 7. 3 (Bild 7. 34) angenommen wird, daß die Spannung σ_x über die mitwirkende Breite konstant ist. Die Richtung der schiefen Druckstreben entspricht der Richtung der Drucktrajektorien in der Platte und wird in Auflagernähe zu
45° gesetzt; sie wird mit zunehmendem M und abnehmendem Q flacher.
Die Richtung der Zugstreben der Anschlußbewehrung wird in der Regel
rechtwinklig zur x-Achse sein.

Über die Länge Δx ist aus der Differenz der Druckkräfte $\Delta D = \Delta M/z$ der
Anteil in der Platte ΔD_1 beidseitig an den Steg anzuschließen (Bild 8. 32 a).
Bei Vernachlässigung der Druckspannungen im Steg, des Versatzmaßes v
und bei Symmetrie gilt

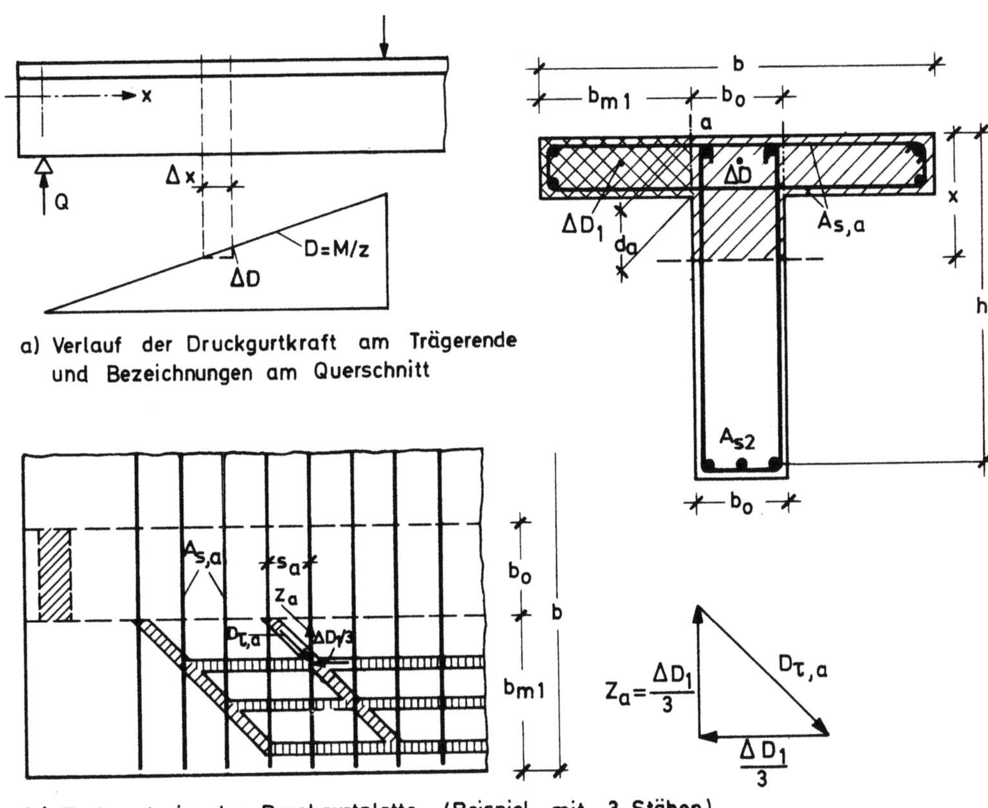

Bild 8. 32 Fachwerkmodell für den Anschluß eines Druckgurtes an
den Steg eines Plattenbalkens

$$\frac{\Delta D_1}{\Delta D} \approx \frac{d_a \cdot b_{m1}}{b \cdot d_a} = \frac{d_a(b - b_o)}{2\,b\,d_a} = \frac{b - b_o}{2\,b} \tag{8.50}$$

und mit $\Delta D = \Delta M/z$ sowie $\Delta M/\Delta x = Q$ ist

$$\Delta D_1 \approx \frac{b - b_o}{2\,b} \cdot \frac{\Delta x}{z}\,Q \tag{8.51}$$

Aus dem Krafteck für einen Knoten erhält man die Zugkraft $Z_a = \Delta D_1/3$ und mit Gl. (8.51) die auf die Längeneinheit $\Delta x/3$ bezogene Zugkraft der Anschlußbewehrung

$$Z'_a = \frac{\Delta D_1}{\Delta x} = \frac{Q}{z} \cdot \frac{b - b_o}{2\,b} \tag{8.52}$$

Hat die Anschlußbewehrung den Abstand s_a und den wirksamen Stabquerschnitt $A_{s,a}$, dann ist mit $a_{s,a} = A_{s,a}/s_a$ die Stahlspannung

$$\sigma_{s,a} = \frac{Z'_a}{a_{s,a}} = \frac{Q}{z\,a_{s,a}} \cdot \frac{b - b_o}{2\,b} \tag{8.53}$$

Die erforderliche Anschlußbewehrung muß für die Stahlspannung $\sigma_{s,a} = \beta_S$ bei $\gamma = 1,75$-facher Gebrauchslast (Versagen des Stahls) ermittelt werden und ergibt sich zu

$$\text{erf } a_{s,a} = \frac{A_{s,a}}{s_a} = \frac{b - b_o}{2\,b} \cdot \frac{\gamma \cdot Q}{z \cdot \beta_S} \tag{8.54}$$

Mit dem im Abschn. 8.3.3 festgelegten Rechenwert der Stegschubspannung $\tau_o = Q/b_o z$ kann ein <u>Rechenwert</u> τ_{oa} <u>für die Schubspannung am Anschluß</u> abgeleitet werden:

$$\tau_{oa} = \frac{b_o(b - b_o)}{2\,b\,d_a} \cdot \tau_o \tag{8.55}$$

und entsprechend zu Gl. (8.39) gilt dann

$$\text{erf } a_{s,a} = \frac{A_{s,a}}{s_a} = \frac{\tau_{oa}}{\sigma_s}\,d_a \tag{8.56}$$

Dieser Rechenwert τ_{oa} ist größer als τ_o für $d_a < b_o(b - b_o)/2\,b$, was bei großen Druckplatten im Brückenbau häufig vorkommt.

Die theoretischen und experimentellen Untersuchungen von Bachmann [204] bestätigen die Gültigkeit der Vorstellung eines Fachwerkmodells als Grundlage zur Bemessung der Anschlußbewehrung von Druckflanschen. Bachmann ging beim Entwurf seiner Versuchsbalken von zwei verschiedenen Konzepten aus,

- dem Hauptzugspannungsmodell
- dem Flanschfachwerkmodell.

Beim **Hauptzugspannungsmodell** (Bild 8.33) werden aus den Schubspannungen τ_{yx} und den Normalspannungen σ_x die Hauptzugspannungen σ_{HZ} gerechnet. Die Hauptzugkraft Z_{HZ} kann durch Kräfte in der

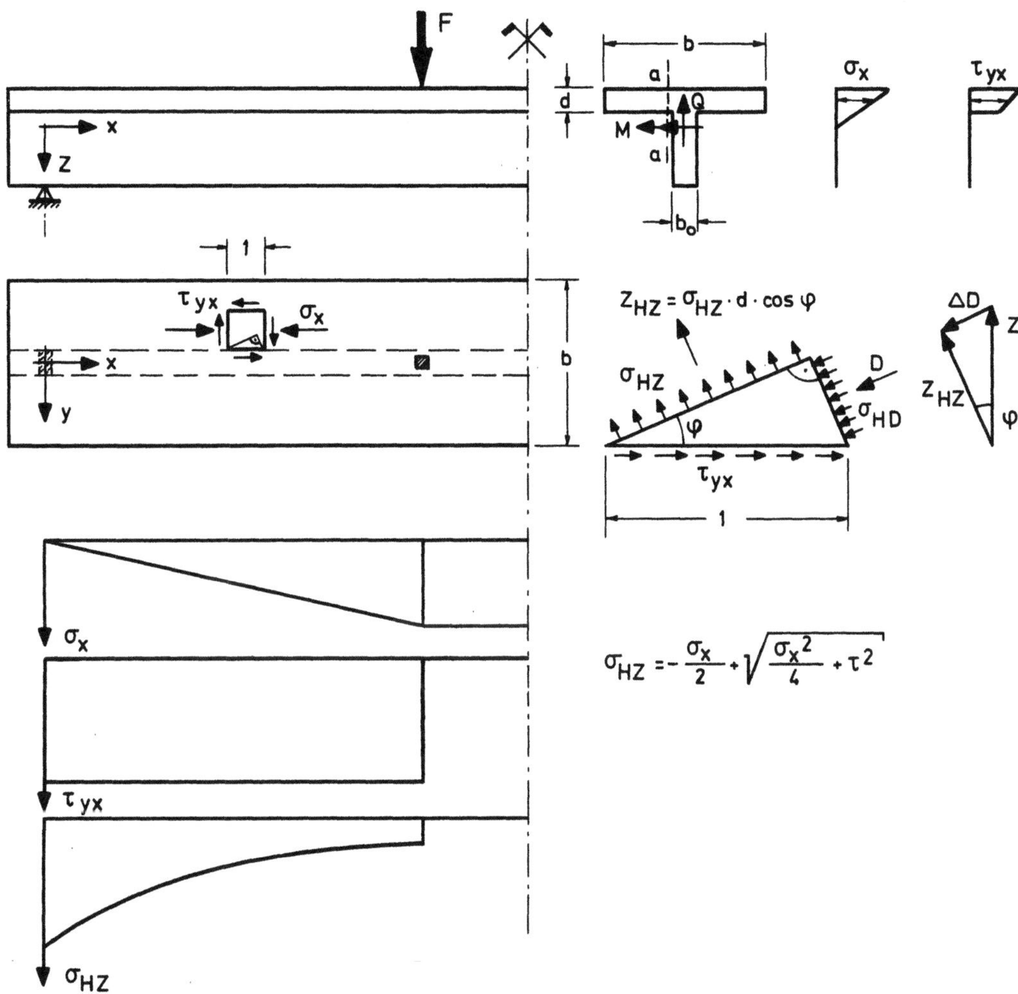

Bild 8.33   Hauptzugspannungsmodell (einfache Balkentheorie)

Bewehrungsrichtung (in der Regel rechtwinklig zur Balkenachse) und in
der Hauptdruckrichtung ersetzt werden. Die Querbewehrung hat dabei je
Längeneinheit die Zugkraft

$$Z = \sigma_{HZ} \cdot d$$

aufzunehmen. Die Größe und Verteilung der Hauptzugspannungen wird
maßgeblich durch den Verlauf der Normalspannungen bestimmt. Eine
Verteilung der Querbewehrung entsprechend dem Verlauf der Hauptzugspannungen erfordert eine Bewehrungskonzentration im Auflagerbereich,
während zwischen den Einzellasten keine Bewehrung erforderlich ist.

Dem F l a n s c h f a c h w e r k m o d e l l (Bild 8.34) liegt eine völlig andere
Vorstellung zugrunde: Die Wirkung des Balkensteges wird durch ein Fachwerk mit der Höhe des inneren Hebelarms z und der Diagonalenrichtung α
erfaßt. Damit greifen an der Platte im Abstand $z/\tan \alpha$ die horizonta-
len Komponenten der Stegdiagonalkräfte D_τ an, also $D_\tau \cdot \cos \alpha = Q/\tan \alpha$,
die sich in der Platte unter dem Winkel β ausbreiten. Ersetzt man die
beiden Flansche durch zwei Druckstäbe in deren Schwerpunkt und ergänzt
man das Tragwerk durch die zur Herstellung des Gleichgewichts im Knoten erforderlichen Stäbe, so erhält man ein einfaches Flanschfachwerk.
Im Abstand $z/\tan \alpha$ ergeben sich Querzugkräfte

$$Z_1 = \frac{Q \cdot \tan \beta}{2 \cdot \tan \alpha}$$

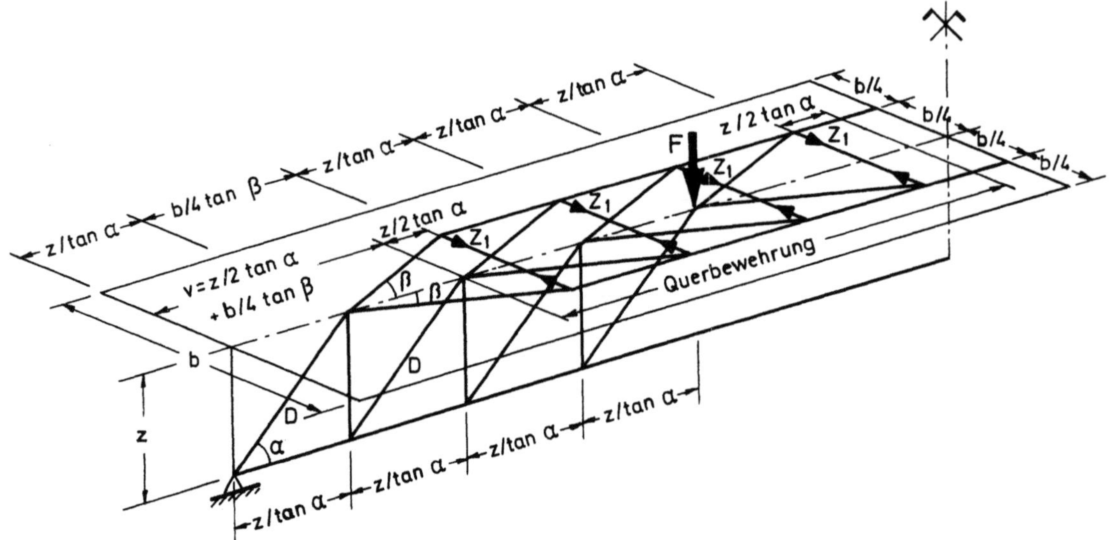

Bild 8.34   Flanschfachwerkmodell nach Bachmann [204]

bzw. je Längeneinheit

$$Z_1' = \frac{Q \cdot \tan\beta}{2\,z}$$

Berücksichtigt man noch, daß derjenige Anteil der Kraft, welcher der
Plattenfläche direkt über dem Steg entspricht, nicht angeschlossen zu
werden braucht, so ergibt sich

$$Z_1' = \frac{Q}{2\,z} \cdot \tan\beta \cdot \frac{b - b_o}{b}$$

Mit $\beta = 45^\circ$ entspricht dieser Ausdruck exakt der Gl. (8.52). Bachmann
empfiehlt auf Grund seiner Versuche $\tan\beta = 0,5$ bis $0,4$.

Aus den Versuchen ging klar hervor, daß eine Bemessung der Platten-
bewehrung auf der Grundlage des Hauptzugspannungsmodells den tatsächlichen Beanspruchungen nicht gerecht wird. Die Plattenanschlüsse sind
z. T. überbemessen, z. T. unterbemessen; insgesamt ist die Bewehrung
entlang des Balkens falsch verteilt. Auf die starke Querbewehrung der
Platte am Auflager kann verzichtet werden, dagegen ist sie auch jenseits
des Lastangriffs der Einzellasten im querkraftfreien Bereich anzuordnen, also dort, wo nach dem Hauptzugspannungsmodell keine Querbewehrung erforderlich ist. Bachmann definiert ein Versatzmaß v für die Lage
der Querbewehrung in Richtung des zunehmenden Moments entsprechend
Bild 8.34

$$v = \frac{z}{2 \tan\alpha} + \frac{b}{4 \tan\beta} \approx 0,6\,(z+b)$$

Die Querzugkraft Z_1' ist grundsätzlich in Höhe des Schwerpunkts der
Plattendruckkraft anzunehmen; im allgemeinen kann die erforderliche
Querbewehrung vereinfacht je zur Hälfte oben und unten in der Platte
angeordnet werden. Über die gesamte Balkenlänge ist oben und unten
eine konstruktive Mindestbewehrung von etwa $0,10$ bis $0,15\ \%$ einzu-
legen.

Häufig treten in den Flanschen von Plattenbalken und Hohlkästen nicht
allein Beanspruchungen aus Längsschub auf, sondern es kommen noch
Querbiegemomente hinzu. Die erforderliche Querbewehrung kann aus
der Überlagerung der Kräfte aus Flanschfachwerkmodell und Querbie-

gung bestimmt werden. Gegenüber der Querbewehrung bei Längsschub
allein, die zu gleichen Teilen am oberen und unteren Rand anzuordnen
ist, vergrößert sich hierdurch die obere Bewehrung um den Anteil, der
zur Aufnahme des Querbiegemoments erforderlich ist, während die untere Bewehrung um den gleichen Betrag reduziert wird. Die zuvor angegebene Mindestbewehrung sollte jedoch nicht unterschritten werden.

Beim Anschluß eines Zuggurtes außerhalb des Steges (Bild 8.35) ist die
Kraft ΔZ_1 der jeweils seitlich liegenden Gurtbewehrung ΔA_s über
Druckstreben unter 45° an den Steg anzuschließen. Bei gleicher Span-

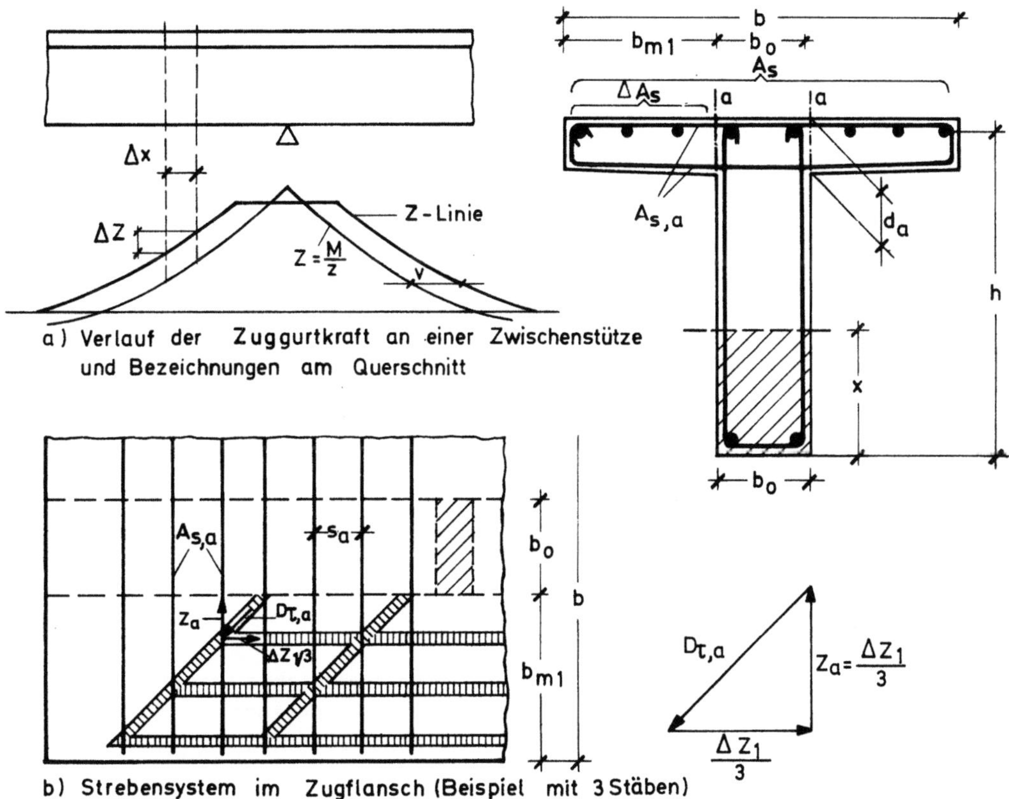

Bild 8.35   Fachwerkmodell für den Anschluß eines Zuggurtes an den
Steg eines Plattenbalkens

nung in allen Stäben der Längsbewehrung (Versatzmaß v dabei vernach-
lässigt) gilt $\Delta Z_1 / \Delta Z = \Delta A_s / A_s$, und mit $\Delta Z = \Delta M/z$ sowie $\Delta M / \Delta x = Q$
ist

$$\Delta Z_1 \approx \frac{\Delta A_s}{A_s} \cdot \frac{Q \cdot \Delta x}{z} \tag{8.57}$$

Die auf die Längeneinheit bezogene Zugkraft in der rechtwinklig zur Steg-
ebene liegenden Anschlußbewehrung ergibt sich wieder aus einem Krafteck zu

$$\Delta Z'_a = \frac{\Delta Z_1}{\Delta x} = \frac{\Delta A_s}{A_s} \cdot \frac{Q}{z} \tag{8.58}$$

und die erforderliche Anschlußbewehrung ist bei 1, 75-facher Gebrauchslast mit $\sigma_{s,a} = \beta_S$

$$\text{erf } a_{s,a} = \frac{A_{s,a}}{s_a} = \frac{\Delta A_s}{A_s} \cdot \frac{\gamma \cdot Q}{z \cdot \beta_S} \qquad (8.59)$$

Der <u>Rechenwert der Schubspannung</u> τ_{oa} beim Anschluß <u>eines Zuggurtes</u>
ist

$$\tau_{oa} = \frac{\Delta A_s}{A_s} \cdot \frac{b_o}{d_a} \cdot \tau_o \qquad (8.60)$$

und mit ihm gilt für die erforderliche Anschlußbewehrung wieder Gl. (8.56).

H i n w e i s : Nach DIN 1045 dürfen die Rechenwerte τ_{oa} die Grenzen τ_{o2}
der Grundwerte der Schubspannungen (vgl. Tabelle Bild 8.31) nicht überschreiten

$$\tau_{oa} \leqq \tau_{o2}$$

Nach Heft 220 des DAfStb. darf bei der Bemessung der Anschlußbewehrung von <u>Zug- und Druckgurten</u> die Neigung der Druckstreben in dem gedachten Flanschfachwerk flacher als 45° angenommen werden. Dies wird
durch die Abminderung der Schubspannung τ_{oa} auf den Bemessungswert

$$\tau = \frac{\tau_{oa}^2}{\tau_{o2}} \geqq 0,4 \cdot \tau_{oa}$$

berücksichtigt. Die erforderliche Anschlußbewehrung ergibt sich dann zu

$$\text{erf } a_{s,a} = \frac{\gamma \cdot \tau \cdot d_a}{\beta_S}$$

Bei konzentrierter Lasteinleitung an Trägerenden ohne Querträger ist
jedoch die Anschlußbewehrung auf einer Strecke entsprechend der halben
mitwirkenden Plattenbreite für die volle Schubspannung τ_{oa} zu bemessen.

8.6.2 Stahlbetonbalken mit veränderlicher Höhe

Bei Trägern mit geneigten Druck- oder Zuggurten wird ein Teil der Querkraft durch die Vertikalkomponenten D_v oder Z_v aufgenommen, so daß
die Schubbewehrung nicht mehr für die volle Querkraft bemessen zu werden braucht. Schon bei der erweiterten Fachwerkanalogie für parallelgur-
tige Träger (Abschn. 8.4.3) wurde an einfachen Fachwerken in Bild 8.26
gezeigt, daß durch die Neigung des Druckgurtes die Stegzugkräfte vermindert werden.

Bild 8.36 zeigt ein klassisches Fachwerk für einen Träger mit geneigten
Gurten, bei dem die Druckstreben unter 45°, der Druckgurt unter dem
Winkel ψ_D und der Zuggurt unter dem Winkel ψ_Z gegen die x-Achse geneigt sind. Zur Vereinfachung der Ableitungen werden Stegzugstreben unter $\alpha = 90^o$, also senkrechte Bügel, angenommen. Mit Hilfe eines Cremo-
naplans z.B. können die Kräfte in den Bügeln ermittelt werden, und es
gilt für einen Bügel an der Stelle i

$$Z_{b\ddot{u},i} = Q - D_i \cdot \sin \psi_D - Z_i \cdot \sin \psi_Z \qquad (8.61)$$

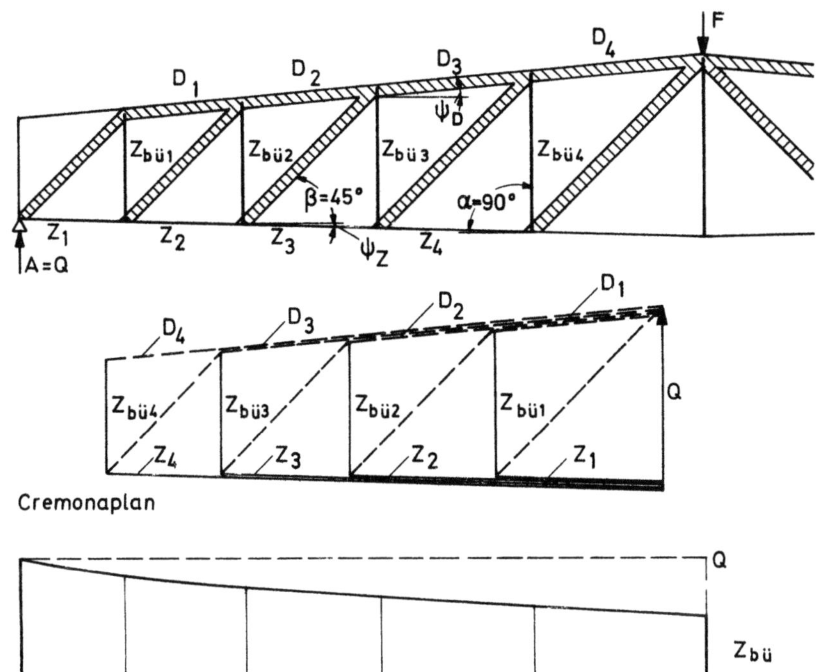

Bild 8.36   Klassisches Fachwerk für einen Balken mit geneigten Gurten und Ermittlung der Fachwerkkräfte

Für die Horizontalkomponenten der Gurtkräfte gilt

$$D_{i,h} = D_i \cdot \cos \psi_D = \frac{M_i}{z_i} \quad \text{und} \quad Z_{i,h} = Z_i \cdot \cos \psi_Z = \frac{M_i}{z_i}$$

und somit ergibt sich

$$Z_{bü,i} = Q - \frac{M_i}{z_i} (\tan \psi_D + \tan \psi_Z) \qquad (8.62)$$

Nimmt man näherungsweise an, daß die Bügelkräfte jeweils auf die Längen $a_{bü,i} \approx z_i$ bezogen werden können, so erhält man die bezogene Bügelzugkraft

$$Z'_{bü,i} = \frac{1}{z_i} \cdot \left[Q - \frac{M_i}{z_i} (\tan \psi_D + \tan \psi_Z) \right] \qquad (8.63)$$

Die erforderliche senkrechte Stegbewehrung mit dem wirksamen Stabquerschnitt $A_{s,bü}$ und dem Stababstand $s_{bü}$ ergibt sich für $\sigma_s = \beta_S$ bei 1,75-facher Gebrauchslast allgemein mit $M_i = M$ und $z_i = z$ zu

$$\text{erf } a_{s,bü} = \frac{A_{s,bü}}{s_{bü}} = \frac{\gamma}{z \cdot \beta_S} \cdot \left[Q - \frac{M}{z} \cdot (\tan \psi_D + \tan \psi_Z) \right] \qquad (8.64)$$

Für einen parallelgurtigen Träger gilt nach Abschn. 8.5.2, Gl. (8.36)

$$\text{erf } a_{s,bü} = \frac{\gamma \cdot Q}{z \cdot \beta_S}$$

und ein Vergleich zeigt, daß ein Träger mit geneigten Gurten für eine
vermindert gedachte Querkraft bemessen werden kann:

$$\text{red } Q = Q - \frac{M}{z} \cdot (\tan \psi_D + \tan \psi_Z) \qquad (8.65)$$

Für die Neigung des Druckgurtes kann dabei näherungsweise angenommen werden, daß sie gleich der Neigung der Druckgurt-Außenkante des
Balkens ist; die Zuggurtbewehrung ist immer parallel zur Zuggurt-Trä-
gerkante verlegt.

E. Mörsch [2] und H. Bay [144] haben auf anderem Wege eine ähnliche Gleichung für red Q hergeleitet:

$$\text{red } Q = Q - \frac{M}{h} \cdot \tan \psi \qquad (8.65a)$$

wobei $\tan \psi$ die Summe der Neigungen der Balkenaußenkanten ist.

Diese Beziehung wird auch in Heft 220 DAfStb. angegeben. Da $h > z$ ist,
liefert Gl. (8.65 a) einen kleineren Abzug als Gl. (8.65) und liegt somit
auf der sicheren Seite.

Der Rechenwert der Schubspannung ist

$$\tau_o = \frac{\text{red } Q}{b_o \cdot z} \qquad (8.66)$$

Bei Anwenden der Gleichungen (8.65) und (8.65 a) ist folgendes zu beachten:

- das Moment M ist als Absolutwert einzusetzen,
- die Winkel ψ_D und ψ_Z bzw. ψ sind positiv, wenn M und z (bzw. h)
  mit fortschreitendem x gleichzeitig zunehmen oder abnehmen.

Bild 8.37 zeigt einige Beispiele für Balken mit veränderlicher Höhe,
wobei in den Fällen a) und b) M und z nicht gleichzeitig zu- oder abnehmen und die Stegzugkräfte also größer werden als beim parallelgurtigen
Balken ("red" Q > Q).

Bei Durchlaufträgern mit Vouten nach Bild 8.37 c - insbesondere
bei wandernden Verkehrslasten - empfiehlt E. Mörsch in [145, 1] nach
eingehenden Untersuchungen die unterschiedliche Wirkung der sich über die
Trägerlänge ändernden Verhältnisse von M zu Q durch folgende, auf der
sicheren Seite bleibende Näherung zu berücksichtigen

- im Schnitt 1 am Anfang der Voute:

$$\text{red } Q_1 = Q_{1,\,g+p} - \frac{M_{1,\,g}}{z} (\tan \psi_D + \tan \psi_Z) \qquad (8.67a)$$

- im Schnitt 2 am Stützenrand:

$$\text{red } Q_2 = Q_{2,\,g+p} - \frac{M_{2,\,g} + \frac{1}{2} M_{2,\,p}}{z} (\tan \psi_D + \tan \psi_Z) \qquad (8.67b)$$

Zur Klärung der Frage, ob auch bei Trägern mit geneigten Gurten eine Bemessung mit verminderter Schubdeckung möglich ist, wurden in Stuttgart
Versuche durchgeführt [96]. Es zeigte sich, daß die Schubbemessung mit
dem bisher vorsichtig gewählten Abzugswert $\tau_{oD} = 0,25 \cdot \sqrt[3]{\beta_{WN}^2}$ vom
Rechenwert $\tau_o = \text{red } Q / b_o\, z$ für red Q nach Gl. (8.65) erfolgen kann.

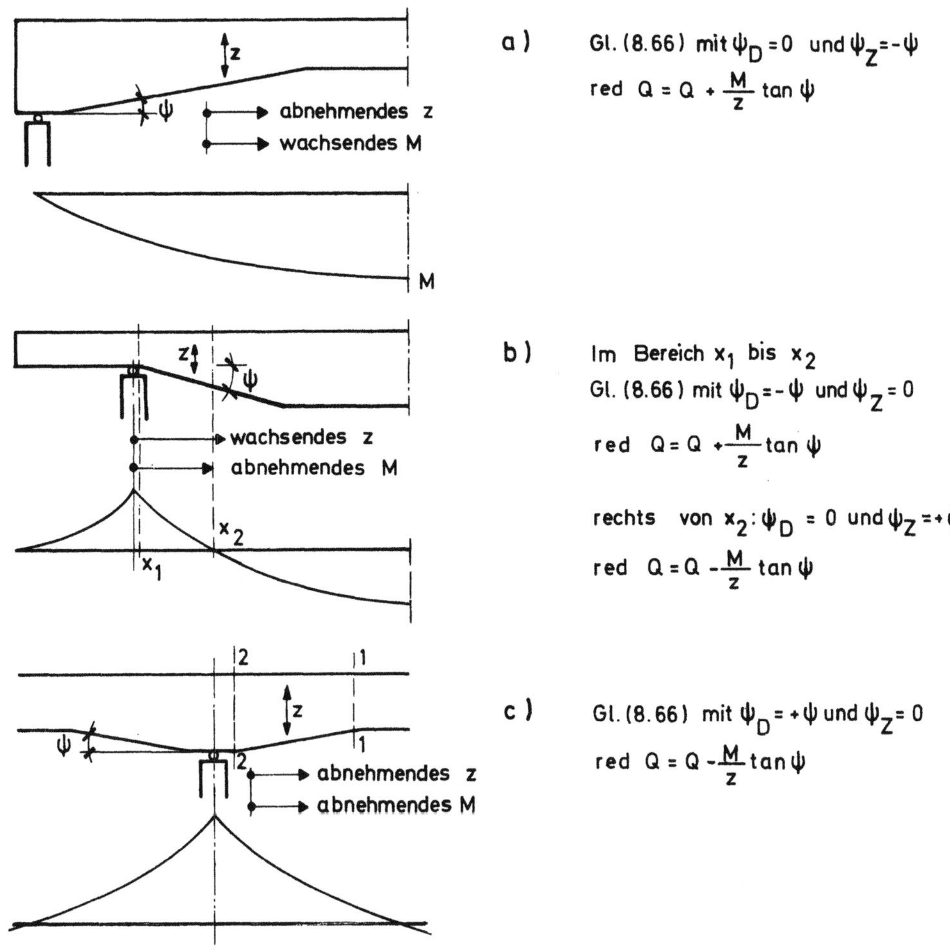

Bild 8.37   Beispiele für Balken mit veränderlicher Trägerhöhe

8.6.3 Berücksichtigung von Längskräften bei der Schubbemessung

8.6.3.1 Biegung mit Längskraft und Nullinie im Querschnitt

In homogenen Tragwerken (Zustand I) beeinflussen Längskräfte, die zusätzlich zu Biegemoment und Querkraft wirken, die Größe und Richtung der Hauptspannungen, wie im Abschn. 8.2.1 in den Bildern 8.3 und 8.4 gezeigt wurde. Bei Stahlbetontragwerken im Zustand II haben dagegen Längskräfte nur einen geringen Einfluß auf die Schubtragfähigkeit, sofern die Nullinie im Querschnitt liegt, also eine Betondruckzone vorhanden ist.

Eine Längsdruckkraft bewirkt in Biegeträgern flachere Neigungen der Schubrisse bzw. der Druckstreben und somit eine geringere Beanspruchung der Schubbewehrung. Die Betondruckstreben werden zwar höher beansprucht, aber im Hinblick auf die in DIN 1045 vorsichtig gewählten Grenzwerte τ_{o3} für die Rechenwerte der Schubspannung τ_o kann dies bei der Bemessung vernachlässigt werden.

Bei Wirkung einer Längszugkraft werden die Schubrisse steiler und die Stegzugkräfte größer; Versuche in Stuttgart [146] zeigten jedoch, daß die Schubtragfähigkeit der nach DIN 1045 bemessenen Träger nicht beeinträchtigt wird. Das ist darauf zurückzuführen, daß sowohl im Schubbereich 2 (verminderte Schubdeckung zugelassen) wie im Schubbereich 3 (volle Schubdeckung verlangt) die Bemessung der Schubbewehrung immer noch große Sicherheitsreserven aufweist.

DIN 1045 legt deshalb zu recht fest, daß die Einflüsse von Längskräften
bei der Schubbemessung vernachlässigt werden können, sofern die Nulllinie im Querschnitt liegt.

8.6.3.2 Biegung mit Längsdruckkraft und Nullinie außerhalb des Quer- schnitts

Ist die Ausmitte e einer Längsdruckkraft klein (z.B. beim Rechteckquerschnitt kleiner als 0,15 d bis 0,3 d, vgl. Bild 7.27), dann liegt die Nulllinie außerhalb des Querschnitts und die gesamte Querschnittsfläche
steht unter Druckspannungen. Die Hauptzugspannungen sind gleichzeitig
nur sehr gering, so daß Schubbrüche, wie sie in Abschn. 8.4 dargestellt wurden, nicht zu befürchten sind. In solchen Fällen wäre es also
nicht gerechtfertigt, eine "Schubbemessung" durchzuführen.

DIN 1045 erlaubt deshalb, daß man in diesen Fällen bei Anwendung ihrer
Regeln zum Nachweis der Schubsicherheit und zur Bemessung der Schubbewehrung nicht vom üblichen Rechenwert τ_o der Schubspannung, sondern von der größten Hauptzugspannung max σ_I ausgehen darf. Die Ermittlung dieser Spannungsgröße im Stahlbeton-Verbundquerschnitt ist
aber sehr aufwendig, und man sollte deshalb von den reinen Betonquer-
schnittswerten ausgehen. In derartig beanspruchten Bauteilen (wie z.B.
Stützen) ist ein besonderer Nachweis der konstruktiv vorgesehenen Bewehrung (z.B. der Stützenbügel als Schubbewehrung) also nicht erforderlich, wenn max $\sigma_I < \tau_{o12}$ (Tabelle 13, DIN 1045) ist. Diese Grenze leicht abschätzen zu können, wäre für den Konstrukteur sehr er-
wünscht. Vorerst kann nur angegeben werden, daß bei Rechteckquerschnitten der Nachweis der Schubbewehrung entfallen kann, wenn - unabhängig von der Ausmitte der Längsdruckkraft - bei Nullinie außerhalb
des Querschnitts die Querkraft $Q \leq 0,20 \cdot |N|$ bleibt.

8.6.3.3 Biegung mit Längszugkraft und Nullinie außerhalb des Querschnitts

Ist die Ausmitte einer Längszugkraft $e < z_{s1}$ bzw. $e < z_{s2}$, dann liegt
ein völlig gerissener Querschnitt vor (vgl. Abschn. 7.2.3.3), und es stehen nur die beiden Bewehrungsstränge zur Aufnahme von Querkräften zur
Verfügung. Praktisch kommt dies im Zuggurt von Stahlbetonbalken mit
Stegaussparungen vor. Versuche für diesen seltenen Fall der Schubbeanspruchung liegen noch nicht vor, aber grundsätzlich kann die Schubtragfähigkeit nur durch die Dübelwirkung der Längsbewehrung erreicht werden, wofür eine gute Verbügelung des die Stahleinlagen umgebenden
Betons nötig ist.

Die in DIN 1045 angegebene Regelung ist nicht befriedigend und kann nur
als Behelfslösung angesehen werden. Danach ist kein Nachweis der Schubdeckung erforderlich, wenn die nach Zustand I (!) berechnete größte
Hauptzugspannung max σ_I die Rechenwerte τ_{o12} der Tabelle 13 in
DIN 1045 nicht überschreitet. In Fällen mit max $\sigma_I > \tau_{o12}$ ist der Nachweis der Schubdeckung mit dem Rechenwert

$$\tau_o = \frac{Q}{b_o(h - d_1)} \tag{8.68}$$

ohne Berücksichtigung der Längszugkraft zu führen.

Wichtiger als die Einhaltung der so berechneten Bügelquerschnitte ist
eine konstruktiv sinnvolle Ausbildung: kleine Bügelabstände und volles
Umschließen der beiden Bewehrungsstränge durch die Bügel.

Bei großen Längszugkräften sollte vorgespannt werden.

8.6.3.4 Einfluß von Längskräften bei Trägern mit geneigten Gurten

Berechnet man für einen Stahlbetonbalken mit veränderlicher Höhe entsprechend Abschn. 8.6.2 die bezogenen Stegzugkräfte mit Hilfe eines klassischen Fachwerks unter Berücksichtigung einer Längskraft N, die in Höhe des Zuggurtes angreift und ein Versatzmoment M_s ergibt, so zeigt sich, daß die Bemessung gemäß dem Abschn. 8.6.2.1 bzw. 8.6.2.3 für eine vermindert gedachte Querkraft red Q, vgl. Gl. (8.65), durchgeführt werden kann:

$$\text{red } Q = Q - \frac{M_s}{z} \, (\tan \psi_D + \tan \psi_Z) - N \cdot \tan \psi_Z \qquad (8.69)$$

In Heft 220 DAfStb. ist eine vereinfachte Gleichung angegeben

$$\text{red } Q = Q - \frac{M_s}{h} \, \tan \psi \qquad (8.69a)$$

wobei der Zuggurt parallel zur x-Achse angenommen und $\tan \psi$ die Neigung der Balkenaußenkante auf der Druckseite ist.

9. Bemessung für Torsion

9.1 Grundsätzliches

"Reine" Torsion infolge M_T allein, d. h. ohne gleichzeitige Wirkung von
Q, M oder N, kommt in der Baupraxis nur selten vor. Bisher gibt es jedoch nur für diesen Fall genügend Versuchsergebnisse, um das Verhalten
im Zustand II wirklichkeitsgetreu behandeln zu können. Die für reine Torsion entwickelten Bemessungsregeln können jedoch auch näherungsweise
bei "gemischten Beanspruchungen" angewandt werden.

Bei Torsion verwölbt sich der Querschnitt durch unterschiedliche Längsdehnung der Längsfasern. Wir nehmen an, daß diese Verwölbung nicht behindert wird. Diese zwangfreie oder wölbfreie Torsion wird "de St. Venant'sche Torsion" genannt. Wölbbehinderung ergibt zusätzliche Längsspannungen, die bei torsionssteifen Profilen als Zwangspannungen durch
Risse im Beton stark abgebaut werden können. Bei den im Massivbau üblichen Tragwerken kommt Wölbbehinderung häufig vor, wird aber meist
nur durch konstruktive Bewehrung berücksichtigt.

Die Bemessung der Bewehrung für Torsion geht wieder von dem Grundsatz
aus, daß dem Beton kein Zug aus direkten Lastspannungen zugewiesen werden darf und der Stahl die vollen Zugkräfte aufzunehmen hat. Dabei muß
von der erforderlichen Traglast = γ -facher Gebrauchslast ausgegangen
werden, weil - wie bei Schub - die Stahlspannungen erst nach dem Auftreten von Rissen stark zunehmen.

Die erforderliche Bruchsicherheit wird dadurch nachgewiesen, daß unter
γ -facher Gebrauchslast

- die Stahlspannungen im Zustand II unter der Streckgrenze bleiben,

- die Betondruckspannungen im Zustand II einen Teilwert der Betondruckfestigkeit nicht überschreiten, der niedrig angesetzt werden muß, weil
  in den Druckstreben erhebliche Nebenspannungen auftreten.

Bei großer Torsionsbeanspruchung aus Lasten sind stets auch die Verformungen im Zustand II zu überprüfen, weil die Torsionssteifigkeit im Zustand II gegenüber derjenigen im Zustand I sehr stark absinkt, so daß die
Gebrauchsfähigkeit durch zu große Verformung verloren gehen kann. Besteht diese Gefahr, dann ist durch Vorspannen leicht Abhilfe zu schaffen.

Torsionsmomente entstehen häufig durch Zwang, d. h. durch Behinderung
der Verformung, man spricht von "Zwang - Torsion". Der klassische
Fall ist der Randunterzug im Hochbau (Bild 9. 1), der durch die Einspannmomente der Decke tordiert und durch die Biegesteifigkeit der Stützen an
der Verdrehung behindert wird.

Da im Zustand II die Torsionssteifigkeit eines Balkens bei rechtwinkliger
Bewehrung (0° und 90° zur Stabachse) 5- bis 8-mal mehr abnimmt (vgl.
Abschn. 9.3.1) als die Biegesteifigkeit, werden solche Zwangtorsionsmo-
mente beim Übergang zum gerissenen Zustand stark abgemindert. Für

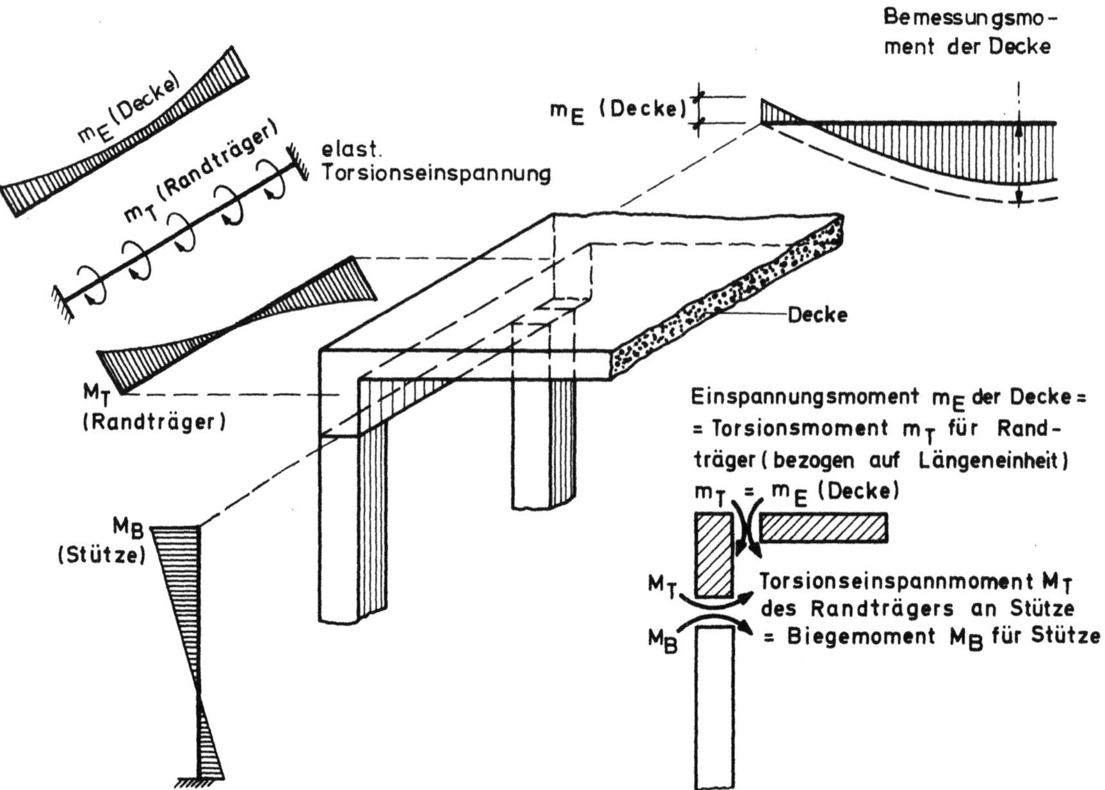

Bild 9.1   Beispiel für Zwang-Torsion: Randträger von Decken

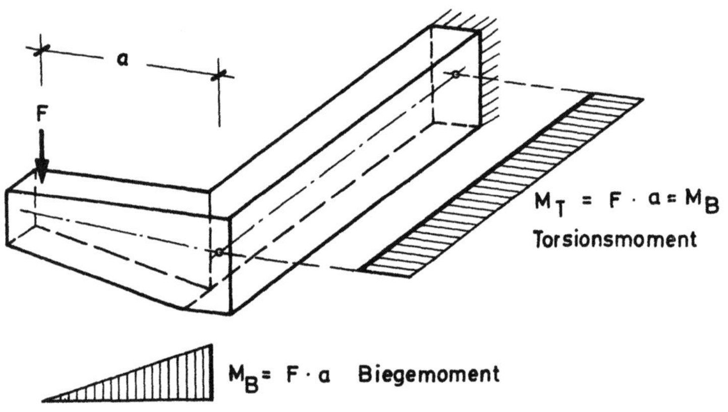

Bild 9.2   Beispiel für Last-Torsion: ausmittig belasteter Kragarm

die Bemessung der Unterzüge können sie sogar vernachlässigt werden, wohl aber muß man die M_T im Zustand I in ihrer Auswirkung auf die Stützen beachten!

Bei Last-Torsion sind Torsionsmomente zur Erfüllung des Gleichgewichts nötig; das Tragwerk würde also versagen, wenn die Torsionstragfähigkeit ausfällt. Diese Bauteile (Bild 9.2) müssen für die volle Aufnahme der Torsionsmomente bemessen werden.

Bei torsionsweichen Profilen, z. B. schlanken I-Trägern, kann die Wölbkrafttorsion für die Lastabtragung wesentlich werden und ist dann für das Gleichgewicht nötig. Sie kann bei I-Profilen genähert mit gegeneinander wirkender horizontaler Biegung der beiden Flansche erfaßt werden. Genauere Behandlung s. in [153]

9.2 Hauptspannungen in homogenen Tragwerken bei reiner Torsion (Zustand I)

9.2.1 de St. Venant' sche Torsion

Zunächst sind kurze Wiederholungen aus der Festigkeitslehre entsprechend der Elastizitätstheorie angebracht, vgl. hierzu [147, 148]

B e a c h t e : Das Torsionsmoment muß auf den Schubmittelpunkt M bezogen werden, der nur bei zweifach symmetrischen Querschnitten mit dem Schwerpunkt S identisch ist; Beispiele siehe Bild 9.3.

Reine wölbfreie Torsion erzeugt in Stäben ein System schiefer Hauptspannungen unter 45° und 135°, Zug in der Drehrichtung, Druck in der Gegenrichtung (Bild 9.4). Diese Hauptspannungen laufen wendelartig um den Stab herum und sind an den Außenflächen am größten (vgl. Bild 9.5).

Bei x-y-Koordinatenachsen parallel und rechtwinklig zur Stabachse ergibt sich als Torsionsspannung nur eine Schubspannung

$$\tau_T = \frac{M_T}{W_T} \tag{9.1}$$

mit: M_T = Torsionsmoment
       W_T = Torsionswiderstandsmoment

Da bei reiner wölbfreier Torsion $\sigma_x = 0$ und $\sigma_z = 0$, ist τ gleich der Hauptspannung, d.h.

$$\sigma_I = -\sigma_{II} = \tau_T \tag{9.2}$$

σ_I-Richtung: $\varphi = 45^O$

Den Verlauf der τ_T im Querschnitt zeigt Bild 9.5 für verschiedene Querschnittsformen. Über den Querschnitt hinweg wechselt τ_T das Vorzeichen, in der Stabachse und an Ecken ist $\tau_T = 0$.

In Bild 9.6 sind die Werte für max τ_T und die Torsionsträgheitsmomente J_T von üblichen Querschnitten zusammengestellt.

Das Prandtl' sche Seifenblasengleichnis veranschaulicht die Größe der Torsionsspannung an jeder Querschnittsstelle und die Größe des Torsionsträgheitsmoments: Man schneidet aus einem Behälterdeckel eine dem Stabquerschnitt kongruente Öffnung aus, überspannt sie mit einer Membrane - z.B. einer Seifenhaut - und erzeugt im Behälter einen Überdruck. Die Haut wölbt sich zu einer Blase. Das Volumen der Blase gibt einen Maßstab für den Verdrehungswiderstand J_T, und die Neigung der Blase für die Torsionsspannung τ_T. Den Maßstab erhält man durch Anordnung eines Querschnittes mit bekanntem J_T und τ_T im gleichen Behälterdeckel unter gleichem Innendruck, (z.B. Kreis). Man erkennt sofort, daß die Spannung entlang den Rändern am größten ist und in der Mitte der Querschnitte auf der Kuppe des Blasenhügels Null wird. Auch an scharfen Außenecken ist die Spannung Null, während sie an einspringenden Ecken sehr groß wird (Bild 9.7).

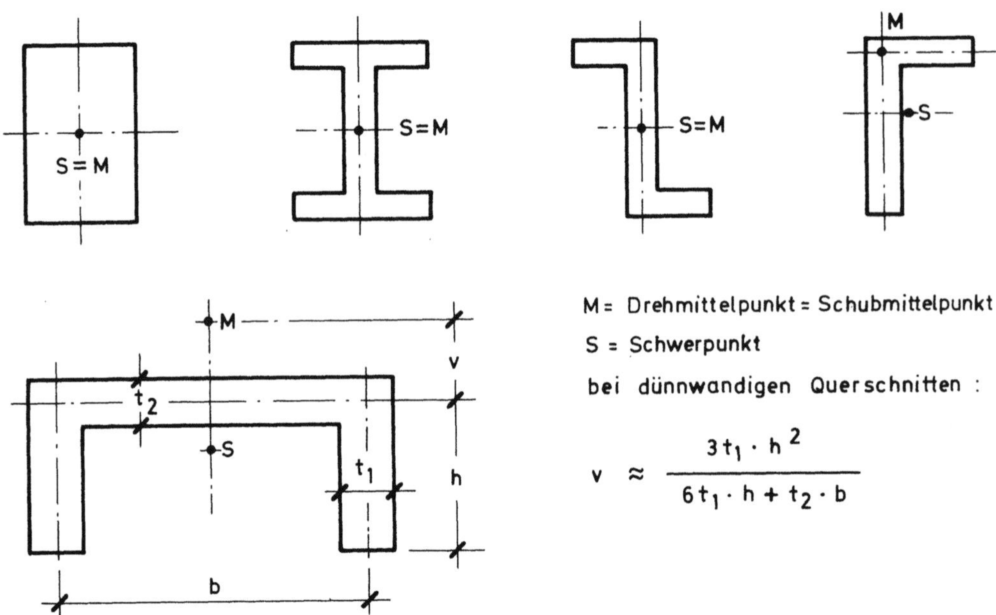

$$v \approx \frac{3t_1 \cdot h^2}{6t_1 \cdot h + t_2 \cdot b}$$

Bild 9.3   Lage des Schubmittelpunktes M und des Schwerpunktes S für einige Querschnitte

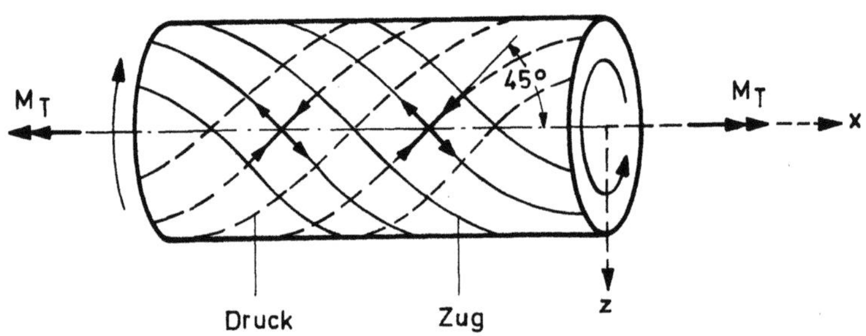

Bild 9.4   Hauptspannungstrajektorien bei reiner Torsion eines zylindrischen Stabes

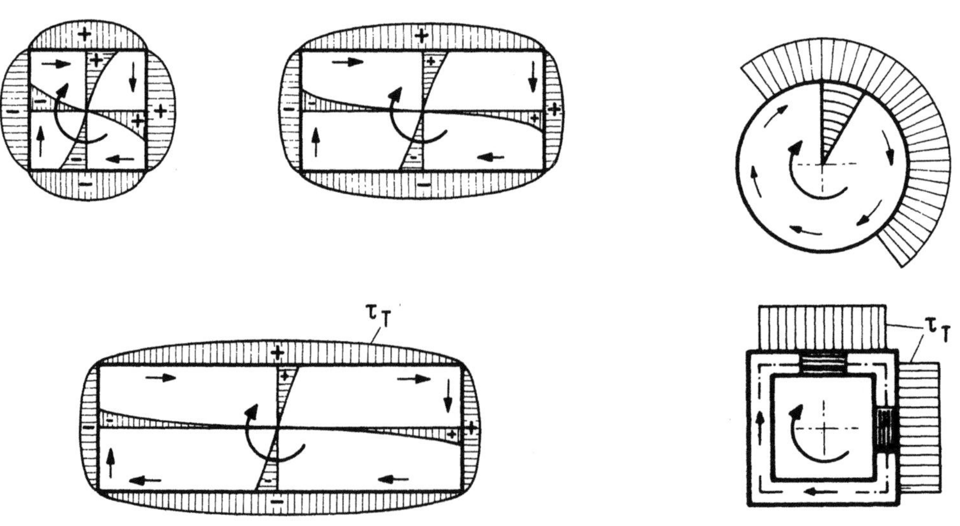

Bild 9.5   Verlauf der Torsionsspannungen in Rechteck-, Kreis- und Hohlquerschnitten

Querschnitt	$\max \tau_T = \dfrac{M_T}{W_T}$	J_T
(Kreis, d)	$\dfrac{16}{\pi}\ \dfrac{M_T}{d^3}$	$\dfrac{\pi\ d^4}{32}$
(Kreisring, d_i, d)	$\dfrac{16}{\pi}\ \dfrac{d}{d^4-d_i^4}\ M_T$	$\dfrac{\pi}{32}\left(d^4-d_i^4\right)$
(dünnwandiger Kreisring, t, d_k)	$\sim \dfrac{2}{\pi}\ \dfrac{M_T}{t\,d_k^2}$	$\sim \dfrac{\pi\ t\ d_k^3}{4}$
(Ellipse, a, b)	$\dfrac{16}{\pi}\ \dfrac{M_T}{a\cdot b^2}$	$\dfrac{\pi}{16}\ \dfrac{a^3\cdot b^3}{a^2+b^2}$
(Quadrat, a, a)	$4{,}81\ \dfrac{M_T}{a^3}$	$0{,}141\ a^4$
(Rechteck, d, b)	$\beta\ \dfrac{M_T}{b^2\,d}$	$\alpha\ b^3\,d$

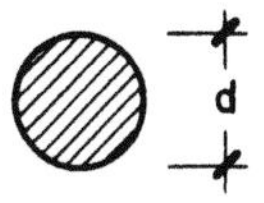

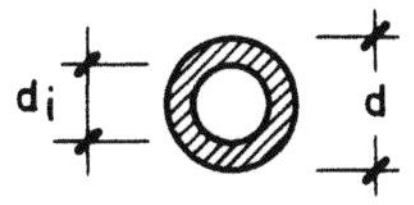

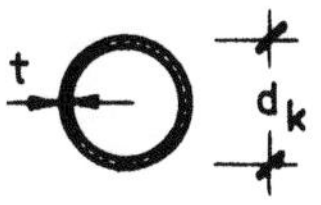

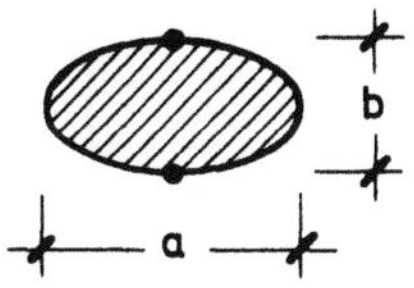

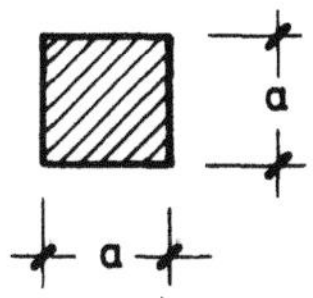

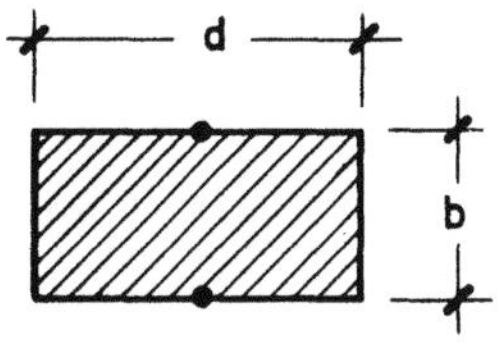

d/b	1,5	2,0	3,0	4,0	6,0	8,0	10,0	∞
α	0,196	0,229	0,263	0,281	0,299	0,307	0,313	0,333
β	4,33	4,07	3,74	3,55	3,35	3,30	3,25	3,00

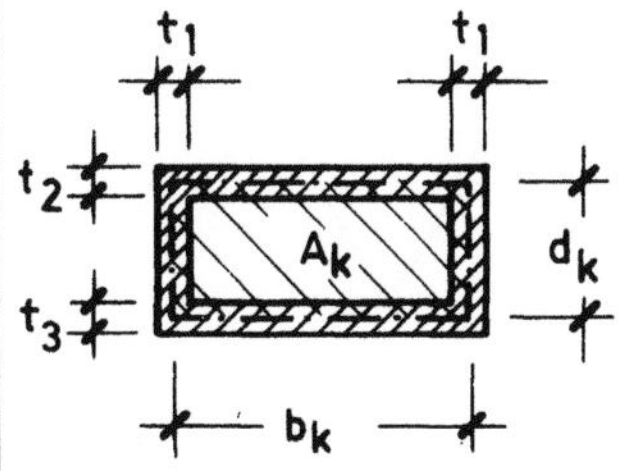

Querschnitt	Bredt'sche Formel	J_T
(Hohlquerschnitt, t_1, t_2, t_3, A_k, d_k, b_k; $A_k = b_k\cdot d_k$)	beliebiger Hohlquerschnitt $\dfrac{M_T}{2\,A_k\cdot\min t}$	$\dfrac{4\cdot A_k^2}{\displaystyle\sum_i \dfrac{s_i}{t_i}}$
	rechteckiger Hohlquerschnitt $\dfrac{M_T}{2b_k\cdot d_k\cdot\min t}$	$\dfrac{4\cdot b_k\cdot d_k}{\dfrac{2}{b_k\cdot t_1}+\dfrac{1}{d_k\cdot t_2}+\dfrac{1}{d_k\cdot t_3}}$
(Sechseck, d)	$\sim 5{,}32\ \dfrac{M_T}{d^3}$	$0{,}133\ d^4$
(Achteck, d)	$\sim 5{,}41\ \dfrac{M_T}{d^3}$	$0{,}130\ d^4$

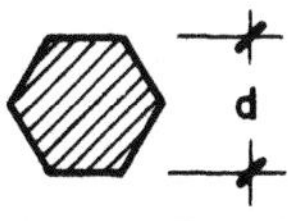

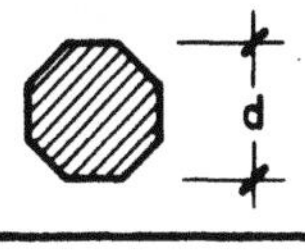

Bild 9.6   Torsionsspannung $\max\ \tau_T$ und Torsionsträgheitsmoment J_T
für einige homogene Querschnitte nach der Elastizitätstheorie

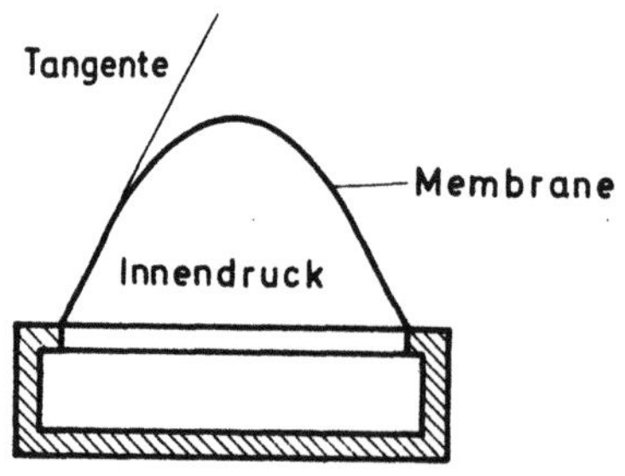

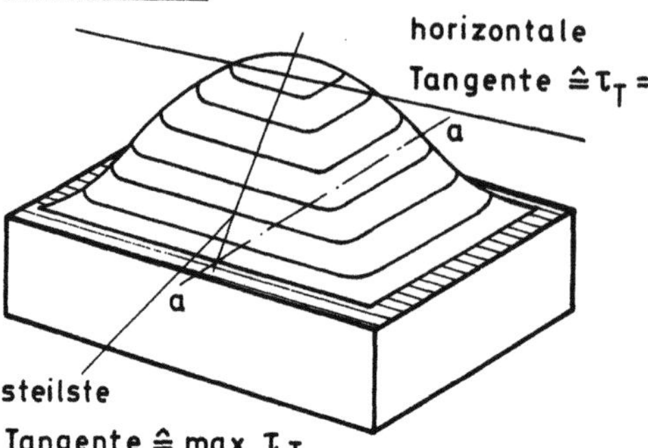

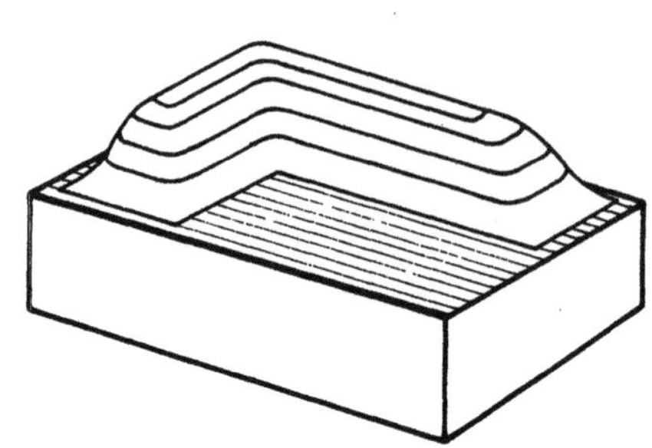

Bild 9.7   Seifenblasengleichnis nach L. Prandtl für den elastischen Spannungsbereich

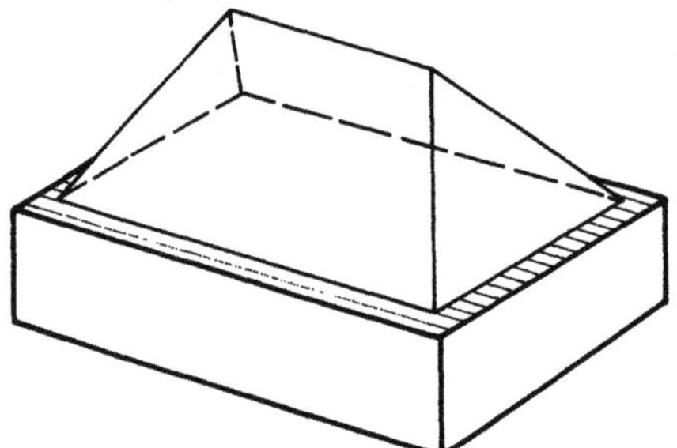

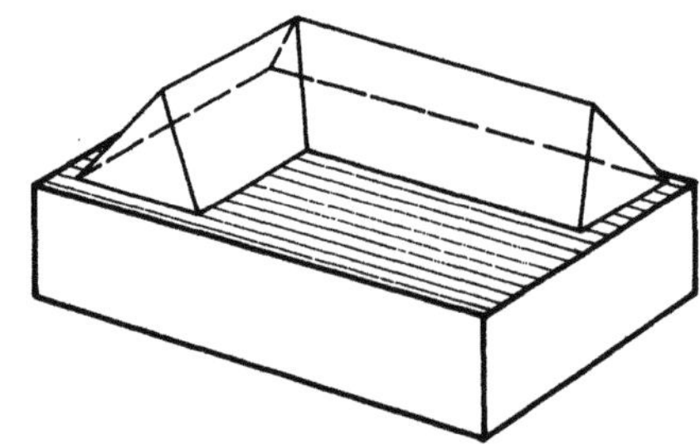

Bild 9.8   Sandhügel-Analogie nach A. Nadai für den plastifizierten Zustand

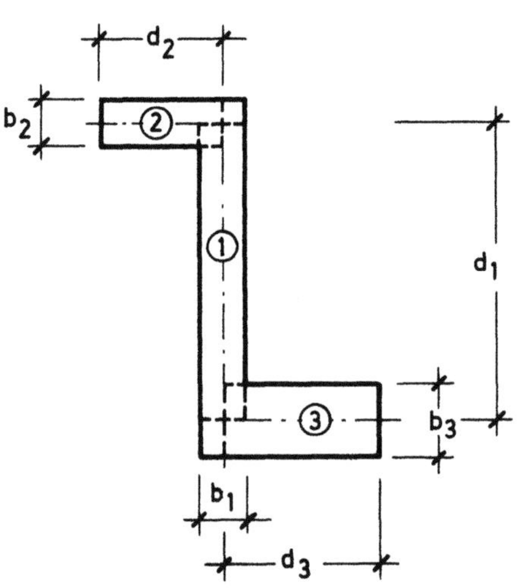

Im Teil n gilt:

$$\Delta M_{T,n} = \frac{J_{T,n}}{\sum J_{T,n}} \; M_T$$

$$\tau_{T,n} = \frac{3 \cdot \Delta M_{T,n}}{b_n^2 \, d_n}$$

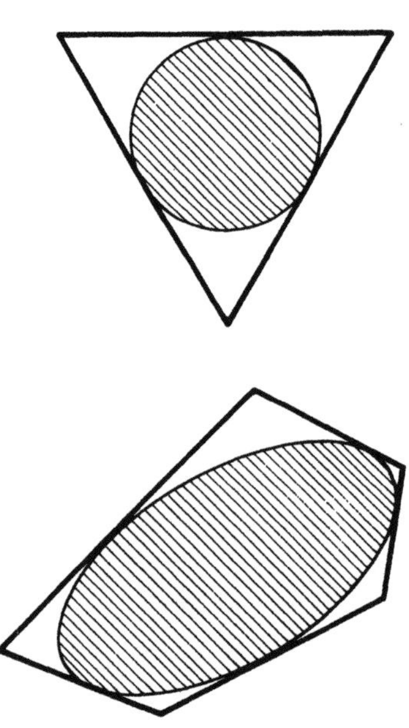

Bild 9.9   Zerlegung eines zusammengesetzten Querschnittes in einzelne Rechtecke

Bild 9.10   Ersatzquerschnitte für die Berechnung von unregelmäßigen Querschnitten

Bei Hohlquerschnitten, deren Wanddicke klein gegenüber den gesamten
Abmessungen ist, ist die Seifenblase von den Mittellinien der Wände über
den ganzen Hohlraum hinweg zu bilden. Das Seifenblasengleichnis von
Prandtl hilft besonders bei unregelmäßigen Querschnitten zum schnellen
Erkennen der Lage der größten Torsionsspannungen.

Wie das Seifenblasengleichnis in der Elastizitätstheorie dient die Sandhau-
fen-Analogie von A. Nadai in der Plastizitätstheorie der Veranschaulichung der Torsionsspannungen. Der vollplastifizierte Querschnitt weist
konstante Torsionsspannungen auf, wie auch der Sandhaufen an allen Rändern den gleichen Böschungswinkel besitzt (Bild 9.8). Das Volumen des
Sandhügels ist proportional dem (plastischen) Torsionsmoment M_{Tu}.

Bei aus Rechtecken zusammengesetzten Querschnitten, die sich in den
Ecken übergreifen, werden angenähert die J_T der einzelnen Rechtecke
addiert und das Torsionsmoment M_T im Verhältnis der einzelnen J_T auf
die Teilrechtecke aufgeteilt (Bild 9.9). Man nimmt also an, daß sich jedes Teil-Rechteck um seinen eigenen Schubmittelpunkt dreht, in Wirklichkeit gibt es aber nur eine gemeinsame Drehachse, die durch den
Schubmittelpunkt M des Gesamtquerschnitts geht. Eigentlich müßte man
die J_T der Rechtecke in Bezug auf M der Berechnung zugrunde legen.
Da aber nur die Verhältnisse der J_T untereinander in die Berechnung ein-
gehen, bleibt der Fehler i.a. gering.

Bei beliebigen unregelmäßigen Querschnitten ergeben Ersatzquerschnitte
entsprechend einer eingeschriebenen Ellipse oder eines Kreises brauchbare Werte für J_T und τ_T (Bild 9.10).

Bei Hohlquerschnitten wird die Bredt' sche Formel angewandt (vgl.
Bild 9. 6)

$$\tau_T = \frac{M_T}{2 \cdot A_k \cdot t} \qquad (9.3)$$

9. 2. 2 Bemerkungen zur Torsion mit Wölbbehinderung des Querschnitts

Die bei reiner Torsion nach de St. Venant neben den Verdrehungen auftretenden Verformungen w der Fasern in Richtung der Stabachse werden
"Verwölbungen" genannt. Bild 9. 11 zeigt die Verwölbung an einem Stab
mit Rechteckquerschnitt, die durch ein auf die Seitenflächen aufgemaltes
Quadratnetz sichtbar werden [149] .

Die Querschnittsebene wird dabei eine räumlich gekrümmte Fläche, die
Größe der Verwölbung ist von der Form des Querschnitts abhängig. In
Bild 9. 12 sind für einige Querschnitte Höhenschichtpläne der verwölbten
Querschnittsfläche gezeigt.

Für einige Sonderfälle von Querschnitten ist die Verwölbung w = 0 , man
spricht von "wölbfreien Querschnitten" (Beispiele in Bild 9. 13).

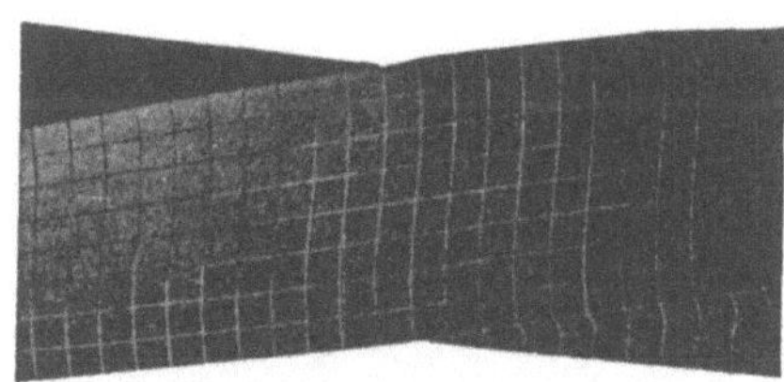

Bild 9.11　Prismatischer Stab unter
Torsionsbeanspruchung (nach S. Timoshenko [149])

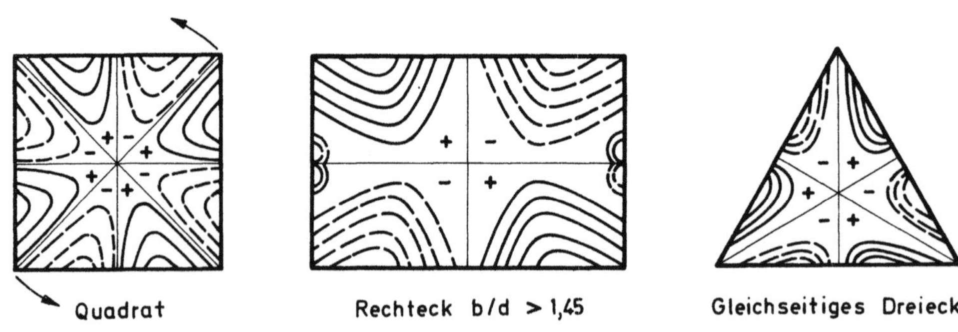

Bild 9.12   Verwölbungen einiger Querschnitte nach E. Chwalla [147]

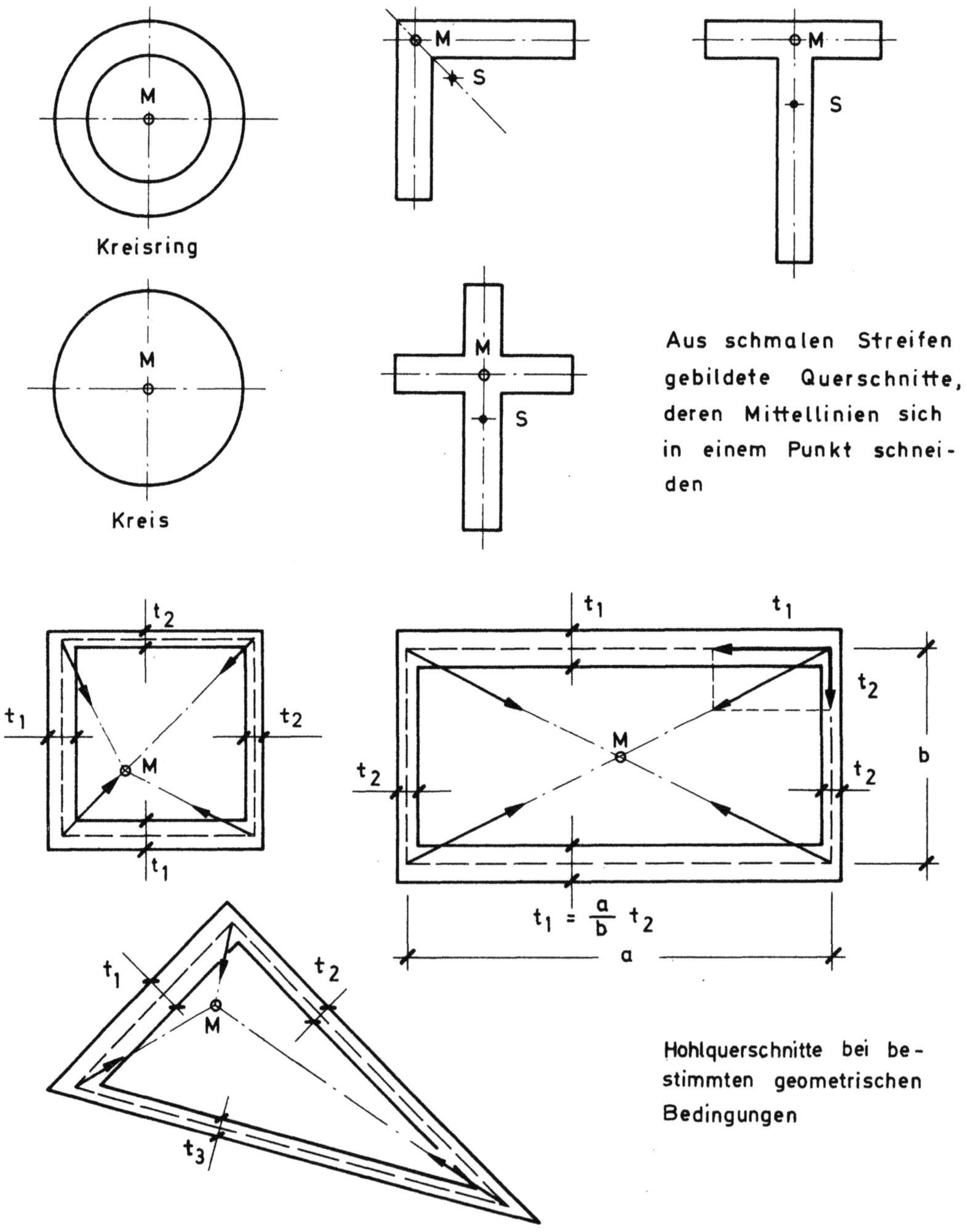

Bild 9.13   Beispiele für wölbfreie Querschnitte (weitere in [147])

Sind bei nicht wölbfreien Querschnitten die Verwölbungen behindert, z. B.
durch einen dicken Block am Ende des Stabes, so entstehen hieraus Längs-
zug- bzw. Längsdruckspannungen σ_x (im Schrifttum wird dies wenig
anschaulich als "Wölbkrafttorsion" bezeichnet). Diese Wölblängsspannungen bewirken, daß die Verdrehung des Querschnitts und damit die
Schubspannungen τ_T verringert werden.

Der Verlauf der Wölb-Längsspannungen ist über die Stablänge veränderlich. An den Stellen der Wölbbehinderung treten Spitzenwerte auf, von
dort klingen die Spannungen je nach der Torsionssteifigkeit und Schlankheit des Stabes mehr oder weniger schnell ab. In den meisten Fällen ist
der Störbereich kleiner als der "de St. Venant' sche Störbereich" mit
$x \leqq d$. In Bild 9. 14 ist der Verlauf der Wölb-Längsspannungen für einen
Träger mit Rechteckquerschnitt aufgezeichnet. Wölbbehinderung ist u. a.
an Zwischenauflagern von Durchlaufträgern, an Einleitungsstellen eines
Torsionsmomentes und an Endeinspannungen gegeben.

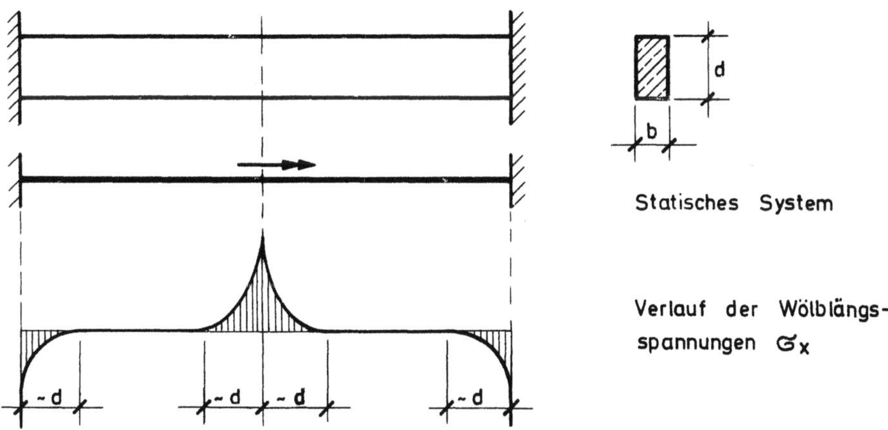

Bild 9. 14   Verlauf der Wölb-Längsspannungen für einen Träger mit
Rechteckquerschnitt

Die Berechnung der Größe und des Verlaufs der Wölblängsspannungen erfolgt in der Regel nach der Elastizitätstheorie, im Stahlbeton gelten diese
Methoden nur für Trägerbereiche im Zustand I. Für Träger im Zustand II
lassen sich noch keine befriedigenden Bemessungsvorschläge angeben.
Bei Trägern mit torsionssteifem Querschnitt werden die Spannungen infolge Wölbbehinderung durch Risse im Beton im Zustand II vermindert
und spielen daher für die Sicherheit eine sekundäre Rolle. Es wird empfohlen, die Störbereiche wie für Zwangspannungen im Hinblick auf Beschränkung der Rißbreite zu bewehren (vgl. auch [150]). Torsionswei-
che Profile (wie I) werden besser über Querbiegung nachgewiesen.

9.3 Kräfte und Spannungen in Stahlbetontragwerken bei reiner Torsion (Zustand II)

9.3.1 Fachwerkanalogie bei reiner Torsion

Versuche in Stuttgart [102] und Zürich [101] zeigten, daß nach dem Eintreten der wendelartig mit 135° Neigung verlaufenden Torsionsrisse
(Bild 5. 17) bei der üblichen Bewehrung nahe den Außenflächen der Vollquerschnitte nur noch eine dünne Schale des Betons an den Außenflächen
mitwirkt. Dies wird u. a. dadurch bewiesen, daß der Stab mit vollem
Quadratquerschnitt im Zustand II die gleiche Verformungslinie und die

gleichen Stahlspannungen zeigt wie der Stab mit Hohlquerschnitt (gleiche Bewehrung vorausgesetzt, Bild 9.15).

Ein weiterer Beweis ergibt sich daraus, daß flächengleiche Rechtecke mit b· d = konst. aber mit verschiedenen d und b im Zustand II die gleiche Steifigkeit und die gleiche Tragfähigkeit haben (Bild 9.16), selbst wenn d/b von 1 bis 6 variiert wird, was gemäß Bild 9.6 im Zustand I zu sehr großen Unterschieden J_T und τ_T führt. Dieses Diagramm zeigt zugleich den beachtenswert starken Abfall der Torsionssteifigkeit im Zustand II bei der Bewehrung nach Bild 5.18.

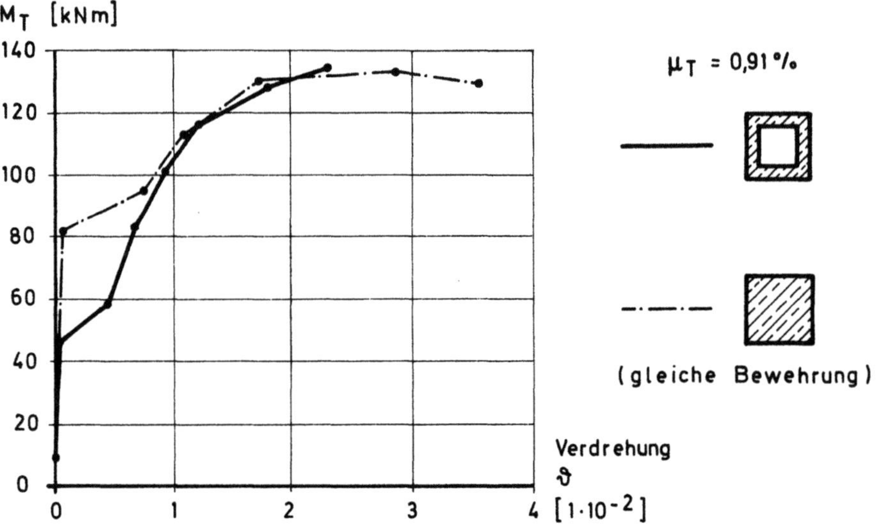

Bild 9.15   Verdrehungen von Balken mit Hohl- bzw. Vollquerschnitt

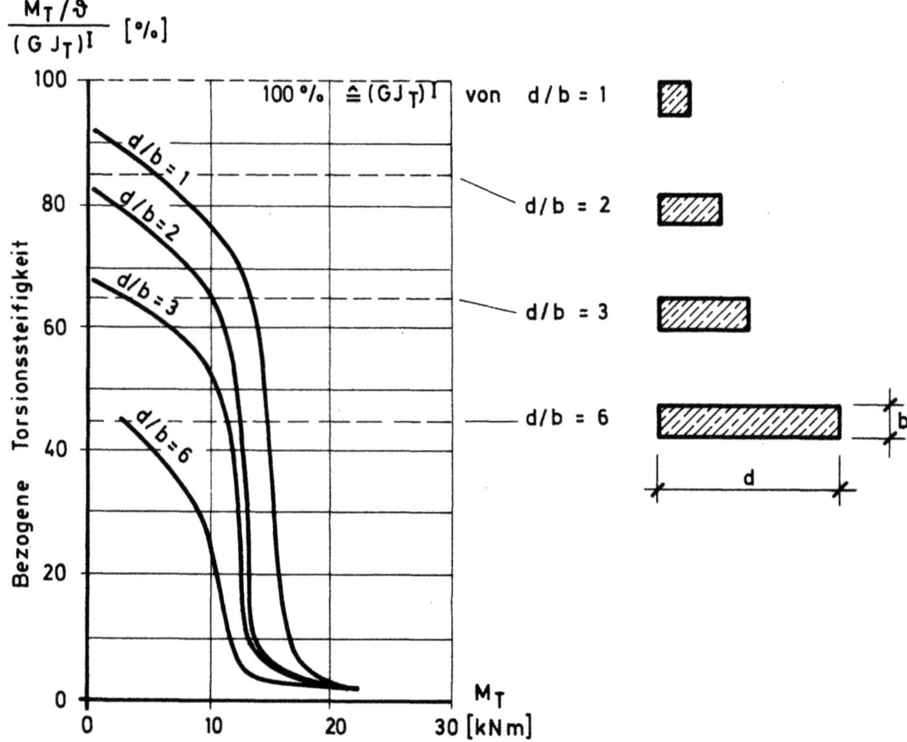

Bild 9.16   Torsionssteifigkeiten verschiedener flächengleicher Rechtecke im Zustand I und im Zustand II

Diese Versuchsergebnisse zeigen, daß man bei Vollquerschnitten mit dem
Modell eines H o h l q u e r s c h n i t t s wirklichkeitsnahe Beanspruchungen
berechnen kann; Bild 9.17 nach W. Fuchssteiner [151] zeigt die dabei auftretenden Kräfte. Man erhält die wirklichen Stahlspannungen, wenn man
die Mittellinien des Hohlquerschnitts durch die Mitten der an den Ecken
angeordneten Längsstäbe legt. Für die Größe der Stahlspannung und somit für die Bemessung der Torsions-Bewehrung spielt die Wanddicke t_T
des angenommenen Hohlkastens keine Rolle, man braucht sie nur zur Berechnung der Betondruckspannungen bzw. des Rechenwertes der Torsions-
schubspannung (s. Abschn. 9.3.3). Grenzwerte für die anrechenbaren
Wanddicken t_T sind in Abschn. 9.3.3 angegeben.

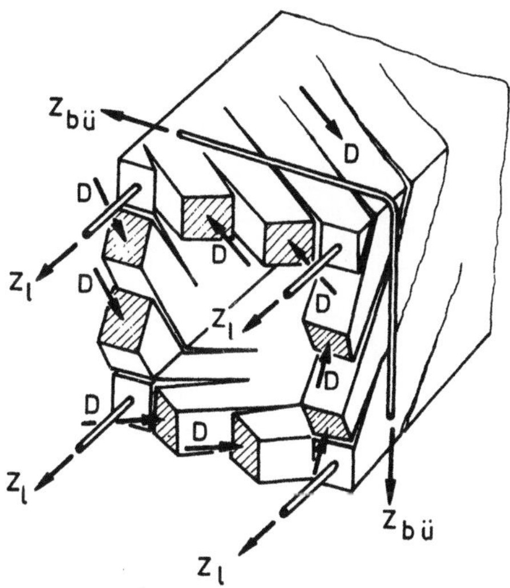

Bild 9.17   Modell für einen gerissenen Vollquerschnitt bei reiner Torsion,
nach W. Fuchssteiner [151]

Bei der Ausbildung der Torsionsbewehrung muß beachtet werden, daß die
Wände der zur Bemessung betrachteten dünnwandigen Hohlkasten von Fachwerken mit mehrfachen Strebenzügen bzw. Netzfachwerken gebildet werden, wie bei den Fachwerken in schubbeanspruchten Trägerstegen (Bild
8.5). Die Betondruckstreben verlaufen wendelartig um den Hohlkasten mit
einer Neigung von 135° gegen die Balkenachse. Wie bei Schub werden bei
Torsion die kastenförmigen Netzfachwerke als Überlagerung von Hohlkasten mit einfachen Strebenzügen aufgefaßt, so daß die Berechnung der Kräfte und Spannungen an einfachen Fachwerken erfolgt, vgl. je nach Bewehrungsrichtung Bild 9.18 und Bild 9.19.

Die Zugkräfte der Fachwerkstäbe werden ganz der Bewehrung zugewiesen,
wobei eine Abminderung entsprechend der verminderten Schubdeckung bei
Querkraft nicht möglich ist, weil diese Fachwerke weder geneigte Druckgur-
te noch Druckdiagonalen flacher als 45° aufweisen.

9.3.2 Kräfte und Spannungen in Fachwerk-Hohlkasten

9.3.2.1 Fachwerk-Hohlkasten mit Zugstreben unter 45°

Für den in Bild 9.18 gezeigten Fachwerk-Hohlkasten ist das Gleichgewicht am Knoten A erfüllt, wenn

$$Z_{45^{O}} = D_{45^{O}}, \quad \text{kurz } Z = D$$

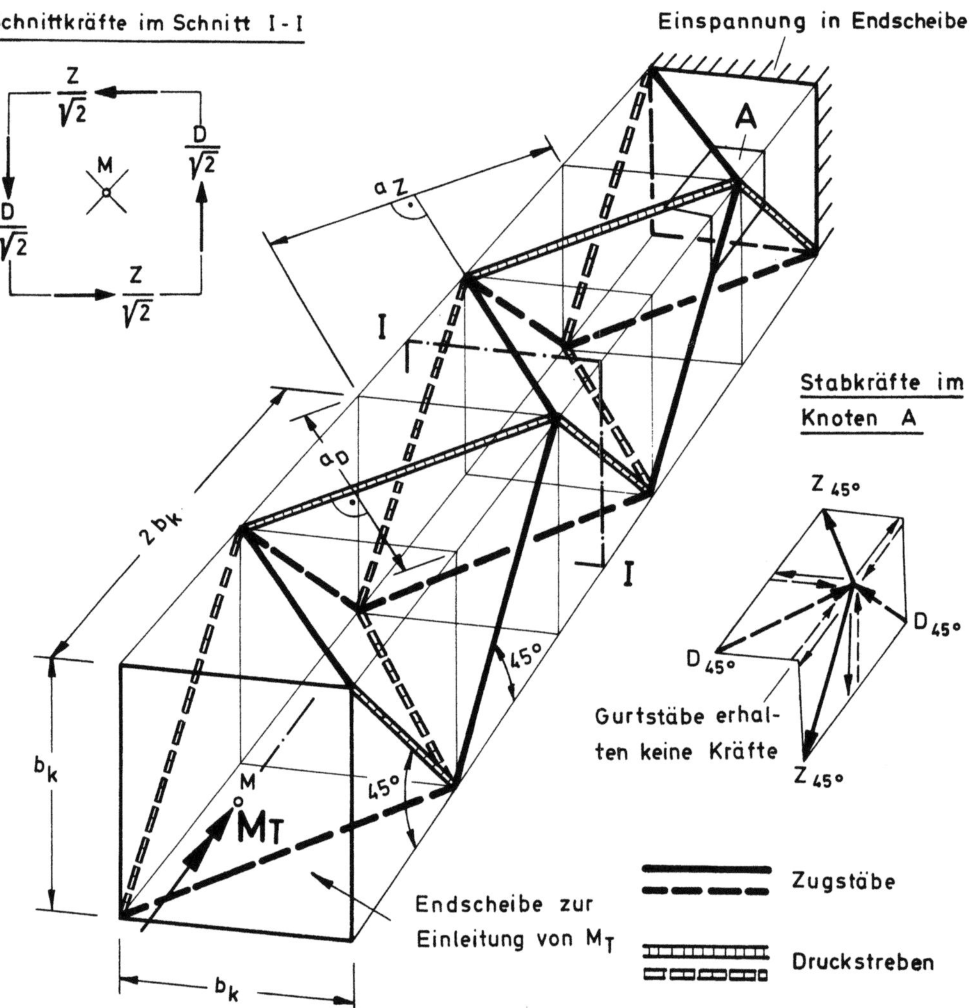

Bild 9.18 Fachwerk für reine Torsion bei 45°-Richtung der Torsionsbewehrung (quadratischer Hohlkasten, einfacher Strebenzug)

Aus dem Gleichgewicht der inneren und äußeren Kräfte im Vertikalschnitt I - I folgt:

$$M_T = b_k \left(\frac{Z}{\sqrt{2}} + \frac{D}{\sqrt{2}} \right) \qquad (9.4)$$

somit:

$$Z = D = \frac{M_T}{b_k \cdot \sqrt{2}}$$

Für den Übergang zum Fachwerk mit mehrfachen Strebenzügen benötigt
man die auf die Längeneinheit $a_Z = 2 b_k \cdot \sin 45° = b_k \sqrt{2} = a_D$ bezogenen Kräfte:

$$Z' = D' = \frac{Z}{a_Z} = \frac{D}{a_D} = \frac{M_T}{2 \cdot b_k^2} \qquad (9.5)$$

Hieraus lassen sich die im Netzfachwerk auftretenden Spannungen ermitteln. Führt man gleichzeitig für einen rechteckigen Querschnitt anstelle
von b_k^2 die Mittelfläche A_k des Hohlkastens ein, dann gilt für

- die <u>Stahlspannung</u>

$$\sigma_s = \frac{Z'}{A_{s\tau}} \cdot s \cdot \sin\alpha = \frac{M_T}{2\,A_k} \cdot \frac{s}{A_{s\tau} \cdot \sqrt{2}} \qquad (9.6)$$

mit den Bezeichnungen

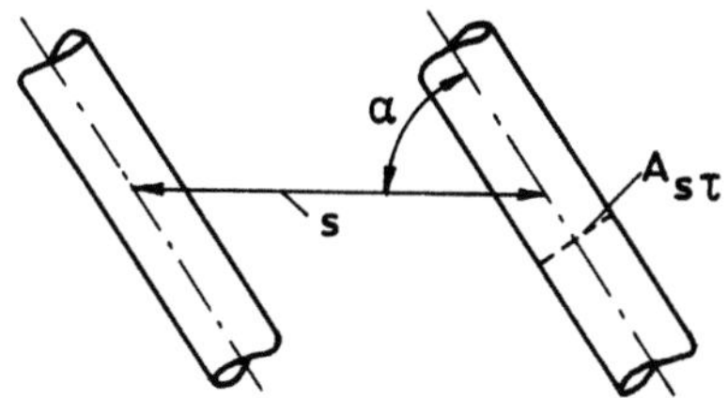

$A_{s\tau}$ = Querschnitt des Wendel-
      stabes

s = Abstand der Stäbe in
    x-Richtung (Balkenachse)

- die <u>Betonspannung</u>

$$\sigma_b = \frac{D'}{t_T} = \frac{M_T}{2 \cdot A_k \cdot t_T} \qquad (9.7)$$

mit t_T = Wanddicke des angenommenen Hohlkastens; Grenzwerte für
t_T in Abschn. 9.3.3.

9.3.2.2 Fachwerk-Hohlkasten mit Längsstäben und senkrechten Bügeln

Aus dem Gleichgewicht am Knoten B des Fachwerk-Hohlkastens in Bild
9.19 (vgl. Bewehrung nach Bild 5.18) ergibt sich mit $D_{45^o} = D$:

$$Z_{b\ddot{u}} = \frac{D}{\sqrt{2}}$$

und aus Gleichgewicht am Vertikalschnitt II-II folgt

$$4 \cdot Z_\ell = 4 \cdot \frac{D}{\sqrt{2}}$$

sowie
$$M_T = \frac{4\,D}{\sqrt{2}} \cdot \frac{b_k}{2} = b_k \cdot D \cdot \sqrt{2} \qquad (9.8)$$

Somit sind die Kräfte

$$D = \frac{M_T}{b_k\,\sqrt{2}} \quad \text{und} \quad Z_\ell = Z_{b\ddot{u}} = \frac{D}{\sqrt{2}} = \frac{M_T}{2\,b_k}$$

Für die auf die jeweilige Längeneinheit bezogenen Kräfte erhält man

$$- \text{ mit } a_D = b_k \cdot \sin 45^o = \frac{b_k}{\sqrt{2}} : \qquad D' = \frac{D}{a_D} = \frac{M_T}{b_k^2} \qquad (9.9)$$

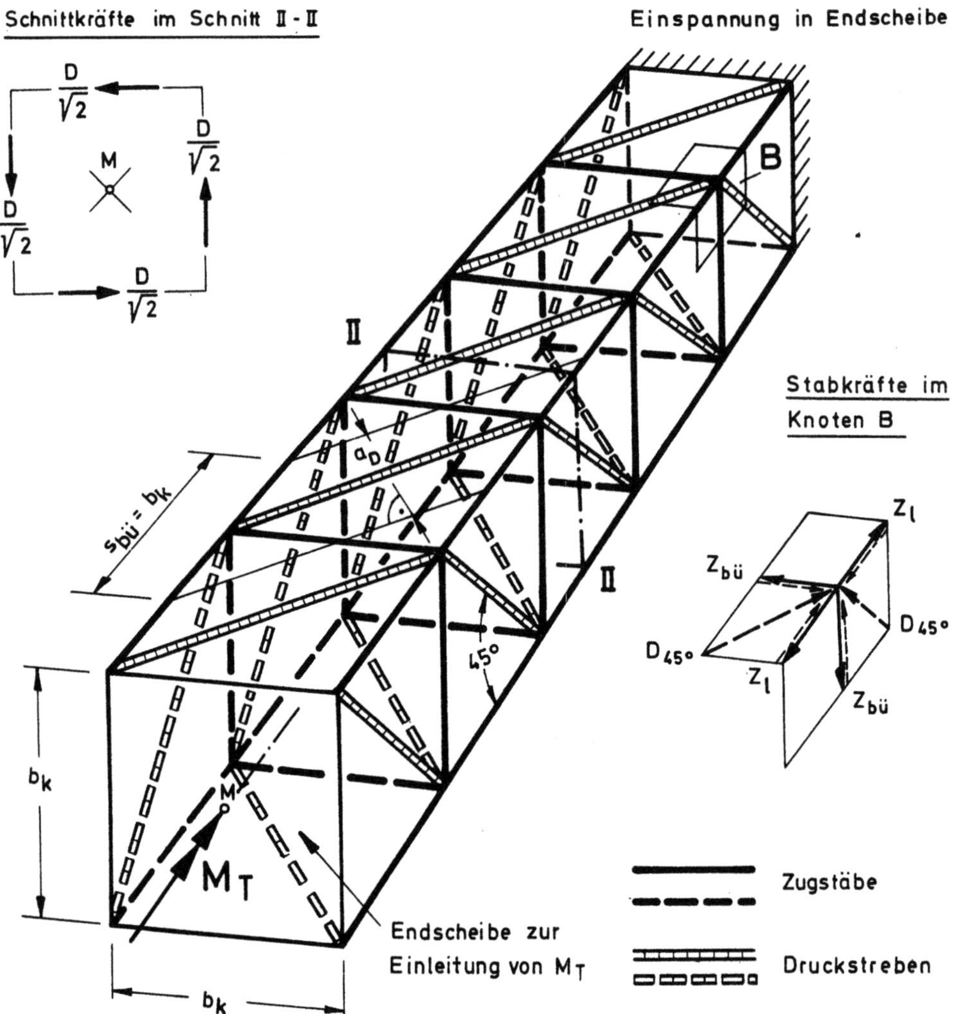

Bild 9.19   Fachwerk für reine Torsion bei Torsionsbewehrung parallel
u n d rechtwinklig zur Balkenachse (quadratischer Hohlkasten, einfacher
Strebenzug)

- mit $s_{bü} = b_k$:

$$Z'_{bü} = \frac{Z_{bü}}{s_{bü}} = \frac{M_T}{2\,b_k^2} \qquad (9.10)$$

- mit $s_\ell = \dfrac{u_k}{4} = b_k$:

$$Z'_\ell = \frac{Z_\ell}{s_\ell} = \frac{M_T}{2\,b_k^2} \qquad (9.11)$$

Die im Netzfachwerk auftretenden Spannungen sind somit für einen Rechteckquerschnitt mit A_k statt b_k^2 :

- die Stahlspannungen

$$\sigma_{s\,bü} = \frac{Z'_{bü}}{A_{s\,bü}} \cdot s_{bü} = \frac{M_T}{2\,A_k} \cdot \frac{s_{bü}}{A_{s\,bü}} \qquad (9.12)$$

$$\sigma_{s\ell} = \frac{Z'_\ell}{\Sigma A_{s\ell}}\, u_k = \frac{M_T}{2\,A_k} \cdot \frac{u_k}{\Sigma A_{s\ell}} \qquad (9.13)$$

- die Betonspannung

$$\sigma_b = \frac{D'}{t_T} = \frac{M_T}{A_k \cdot t_T} \qquad (9.14)$$

Bei den üblichen rechtwinkligen Bewehrungsnetzen mit Längsstäben und senkrechten Bügeln ist die Betondruckspannung nach Gl. (9.14) in den 45° geneigten Streben also schon aus der Fachwerkwirkung doppelt so groß wie bei 45° geneigten Bewehrungen nach Gl. (9.7) (vgl. analoge Verhältnisse bei Querkraftschub, Abschn. 8.3.2). In Wirklichkeit werden die Betonspannungen örtlich noch höher (vgl. 9.4.3). Man muß also die Betonspannungen genügend vorsichtig begrenzen.

Für die Gleichgewichtsbetrachtungen spielt es keine Rolle, ob die Längsstäbe z.B. in den 4 Ecken oder in den 4 Seitenmitten angeordnet werden. Zur Sicherung der Umlenkung der Betondruckstreben müssen aber auf jeden Fall (auch bei 45°-Bewehrung!) Eckstäbe vorgesehen werden (vgl. Abschn. 9.4.4). Bei großen Querschnittsabmessungen ist es im Hinblick auf Rissebeschränkung erforderlich, die Längsbewehrung entlang dem Umfang zu verteilen.

9.3.3 Rechenwert der Torsionsschubspannung im Zustand II

Der Rechenwert der Torsionsschubspannung im Zustand II wird für den Ersatzhohlkasten nach der Bredt'schen Formel ermittelt

$$\tau_T^{II} = \frac{\gamma \cdot M_T}{2 \cdot A_k \cdot t_T} \qquad (9.15)$$

wobei mit den Bezeichnungen in Bild 9.20 für die Wanddicke t_T folgende Grenzen gelten:

- $t_T \leqq \dfrac{b}{6}$ wobei b die kleinere Rechteckseite ist, oder

- $t_T \leqq \dfrac{b_k}{5}$ wobei b_k der Abstand der Achsen der Eckstäbe an der kleineren Querschnittsseite ist, d_k ist entsprechend definiert.

Für einen Rechteckquerschnitt sind in Bild 9.20 die verschiedenen Möglichkeiten für die Annahme des Ersatzhohlkastens gezeigt:

- für $\dfrac{b_k}{5} < \dfrac{b}{6}$ (Bild 9.20 b) : $\qquad A_k = b_k \cdot d_k \qquad (9.16)$

- für $\dfrac{b_k}{5} > \dfrac{b}{6}$ (Bild 9.20 c) : $A_k = (b - \frac{b}{6})\,(d - \frac{b}{6}) = \frac{5}{6} b\,(d - \frac{b}{6}) \qquad (9.17)$

Wird das Kriterium $t_T = b/6$ maßgebend, d.h. wenn die Eckstäbe nahe am Rand liegen (Bild 9.20 c), dann ist der Ersatzhohlkasten nach [108] so anzunehmen, daß sich seine Außenseite mit dem Umriß des gegebenen Querschnitts deckt.

Bemerkung: Früher wurde nach E. Rausch [152] als A_k die von der Bügelachse eingeschlossene Fläche in obige Formel (9.15) eingesetzt. Diese Annahme liegt jedoch auf der unsicheren Seite, weil A_k damit zu groß und τ_T^{II} zu klein wird.

Bei aus Rechtecken zusammengesetzten Querschnitten geht man bei der
Ermittlung der Hohlkastenfläche nach Bild 9.21 vor.

Bei unregelmäßigen Querschnitten wird der fiktive Hohlkasten nach Regeln gemäß Bild 9.22 gebildet, wobei d bzw. d_k den g r ö ß t e n einzu-
schreibenden Kreisen entsprechen.

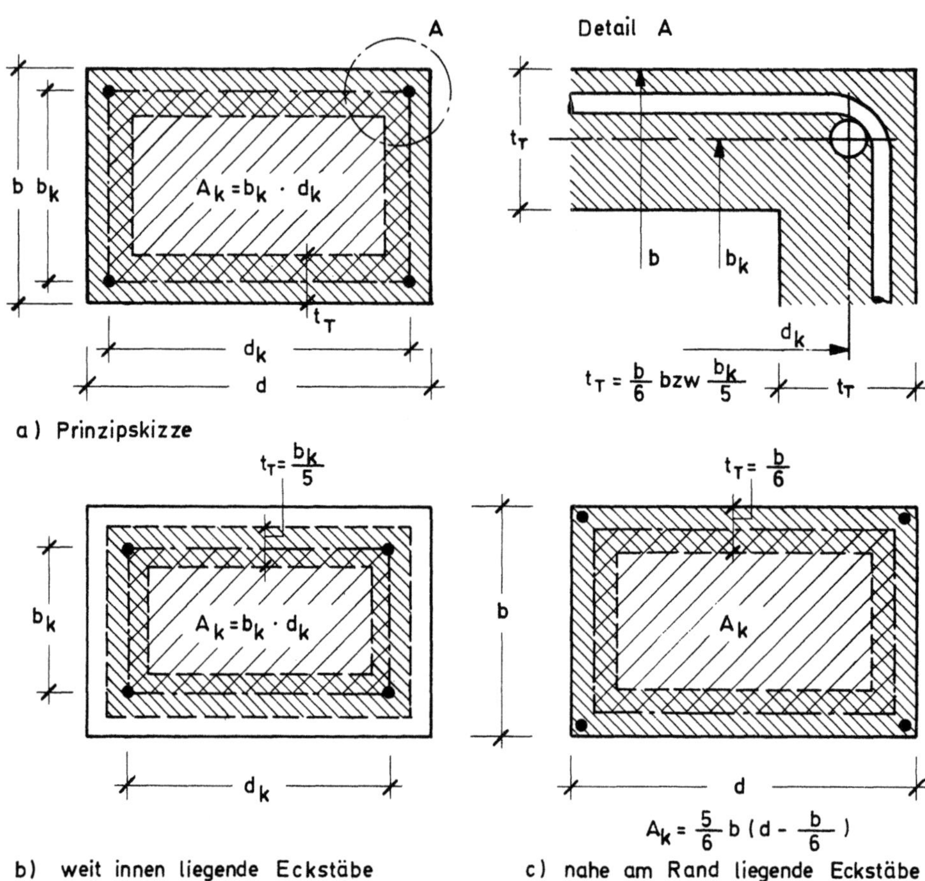

Bild 9.20   Ersatz-Hohlkästen für Torsion bei Rechteckquerschnitten im
Zustand II mit unterschiedlicher Lage der Eckstäbe

Bei tatsächlichen Hohlquerschnitten ist für t_T die wirkliche Wanddicke t
einzusetzen. Wenn jedoch vorh t > b/6 bzw. b_k/5, dann wird wie für
Vollquerschnitte ein Ersatzhohlkasten eingeführt. Die Lage der Wandmit-
tellinie des Ersatz-Hohlkastens hängt von der Anordnung der Torsionsbewehrung ab (siehe Bild 9.23 a und b). Bei dem in Bild 9.24 gezeigten
typischen Hohlkastenquerschnitt einer Brücke tragen die frei abstehenden
Plattenteile kaum zur Torsionstragfähigkeit bei und werden nicht mitge-
rechnet.

9.4 Tragverhalten von Stahlbetontragwerken bei reiner Torsion

9.4.1 Klassische Torsionsversuche von E. Mörsch in den Jahren 1904 und 1921

Der Torsionsbruch an unbewehrten Hohlzylindern (Bild 9.25) beweist die
45° geneigten Hauptzugspannungen und ihren wendelartigen Verlauf.

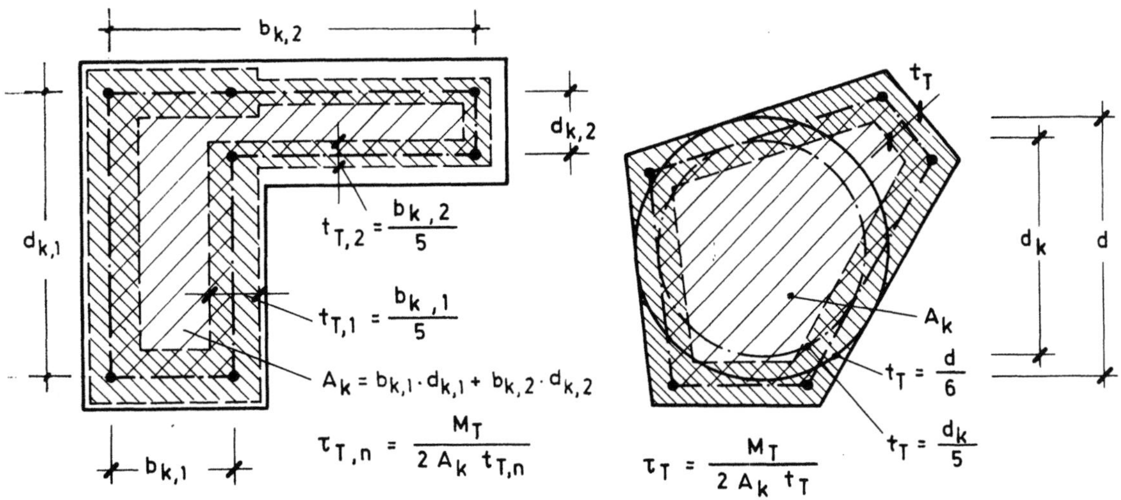

Bild 9.21 Ersatz-Hohlkasten für Torsion bei einem aus Rechtecken zusammengesetzten Querschnitt

Bild 9.22 Ersatz-Hohlkasten für Torsion bei einem unregelmäßigen Querschnitt

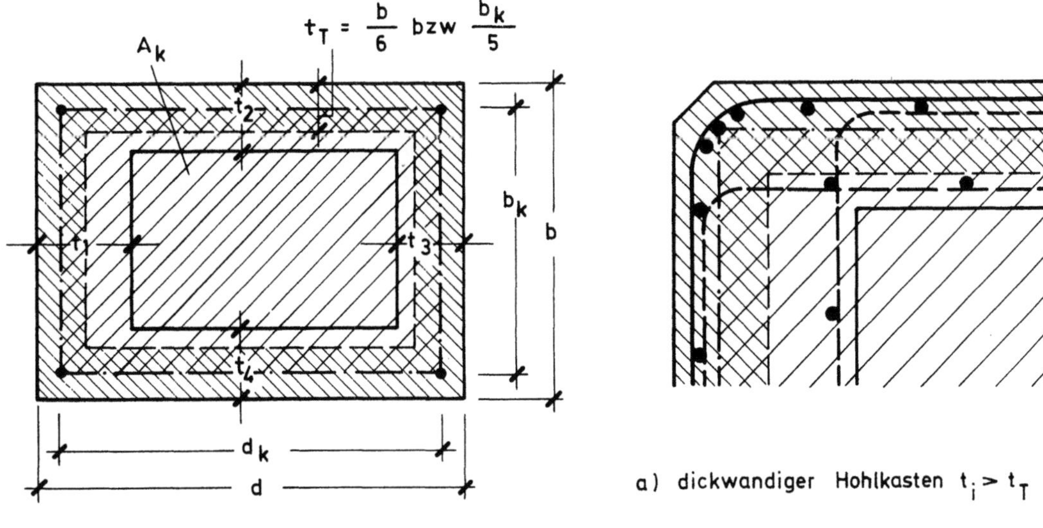

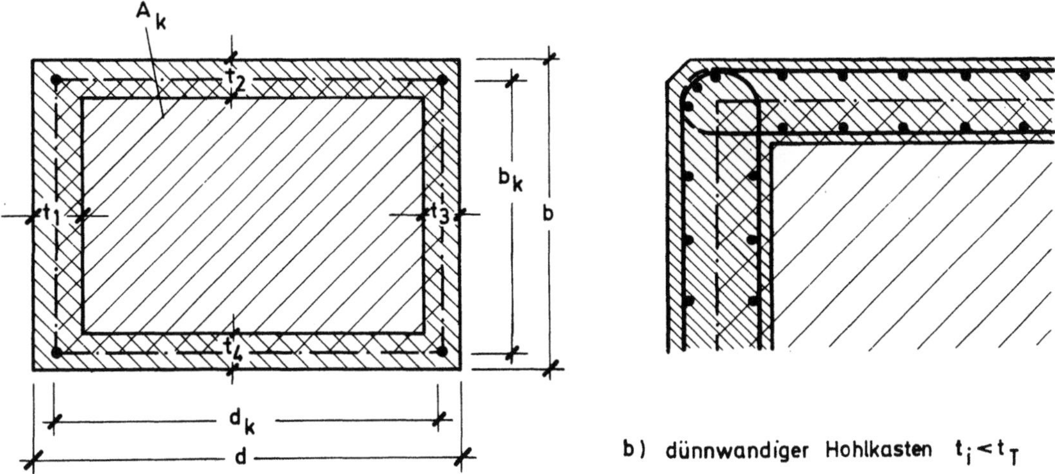

Bild 9.23 Festlegung der Ersatz-Hohlkästen bei Hohlkastenquerschnitten

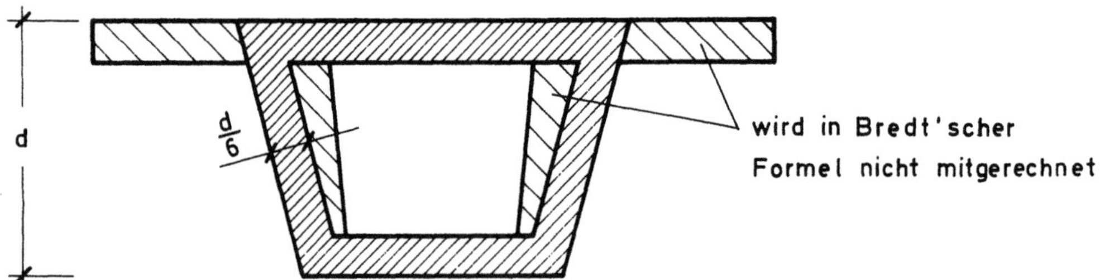

Bild 9.24   Ersatzquerschnitt für die Berechnung eines typischen Hohl-
kastenquerschnitts bei Brücken

Mörsch hat durch seine in Bild 9.26 dargestellte Versuchsreihe bewiesen,
daß eine Bewehrung in nur einer Richtung von 0° oder von 90° (nur Längs-
oder nur Querbewehrung) die Torsionstragfähigkeit nicht steigern kann.
Dagegen führte die den Hauptzugspannungen folgende wendelartige Bewehrung in nur einer Richtung von 45° zum besten Erfolg, die Bruchlast lag
weit höher als bei Bewehrung in zwei Richtungen zu 0° und 90°. Dieses
Ergebnis wurde erst in den Jahren nach 1966 durch weitere Versuche bestätigt und ausgeweitet.

9.4.2 Torsions-Zugbruch (Versagen der Bewehrung)

Die Gefahr des plötzlichen, unangekündigten Bruches beim Auftreten des
ersten Risses besteht auch bei Torsionsbeanspruchungen. Es ist also
eine Mindestbewehrung erforderlich, die die vom Beton auf den Stahl
überspringenden Zugkräfte aufnehmen kann und den sofortigen Bruch verhütet.

Bemißt man die Stahleinlagen für τ_T, so wird der Stahl zuerst versagen,
solange τ_T nicht so groß ist, daß die schiefen Druckstreben zerdrückt
werden (siehe Abschn. 9.4.3).

Bei Bewehrung mit senkrechten Bügeln und Längsstäben sollten die a_s in
beiden Richtungen gleich groß sein ($a_{s\ell} = a_{s\,bü}$); sind sie ungleich, so

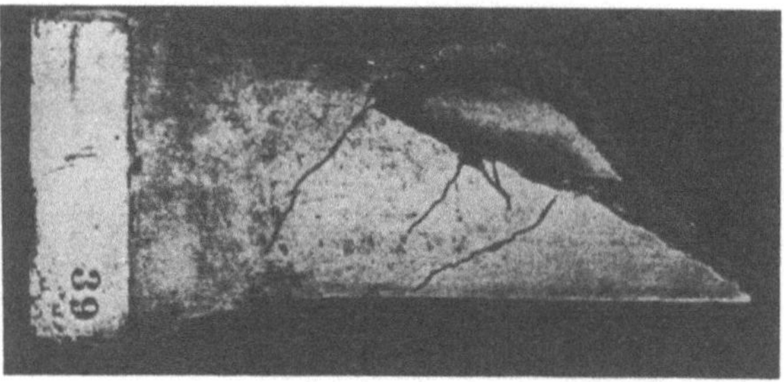

Bild 9.25   Unbewehrter Beton-Hohlzylinder nach Torsionsbruch
(Mörsch, 1904)

ist das kleinere a_s für das Versagen maßgebend. Innerhalb gewisser
Grenzen der Unterschiede $a_{s\ell}$ gegen $a_{s\,bü}$ sind Kräfteumlagerungen
möglich, wobei die Neigung der Druckstreben über die anfänglichen
Risse hinweg verändert wird [101] .

Die Stahlspannungen erreichen die mit der Hohlkastenanalogie für Zustand II errechneten Werte bei wiederholter Belastung bis zum rechneri-

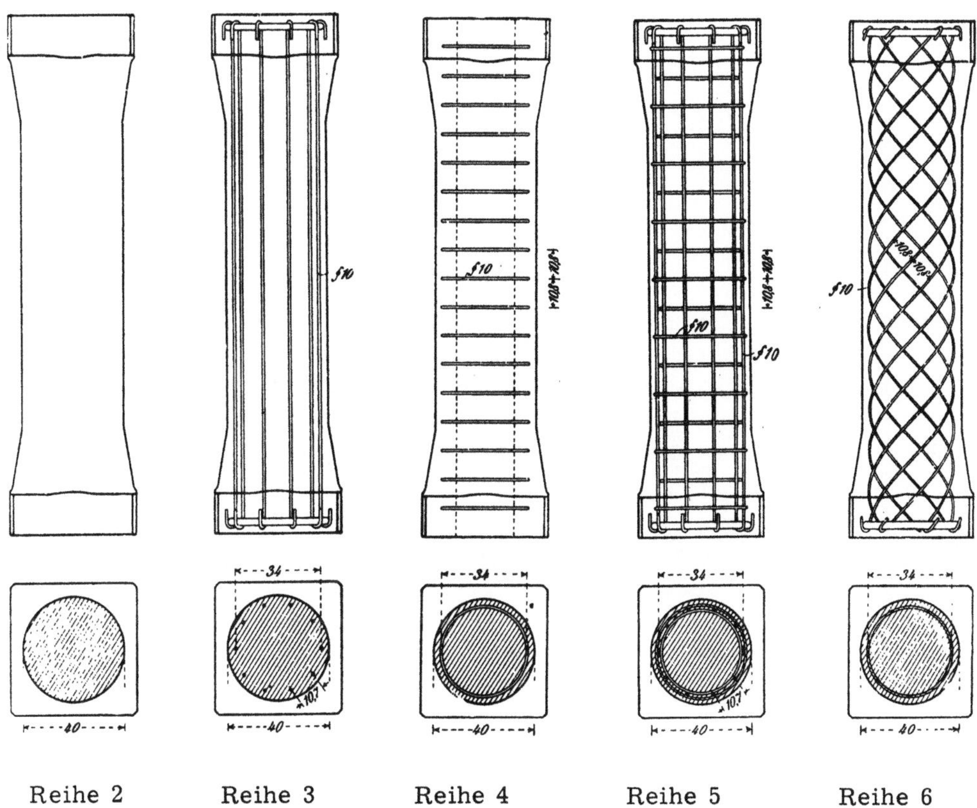

Versuchsergebnisse (Mittelwerte aus je 3 Versuchen)				
Rißmoment [kNm]				
23,3	23,3	25,0	24,7	27,0
Bruchmoment [kNm]				
23,3	23,8	25,0	37,8	> 70,0 [+]
[+] die Prüfmaschine war zu schwach, um M_T bis zum Bruch zu steigern				

Bild 9.26   Torsionsversuche von E. Mörsch (1921) an Zylindern mit unterschiedlicher Bewehrung (β_{Wm} = 15 N/mm²)

schen Tragmoment. Bei der Erstbelastung ist der Anstieg der Stahlspannungen über der Rißlast nicht wie bei Querkraftschub etwa parallel zur Linie $\sigma_s = \tau/\mu$, sondern viel steiler (Bild 9.27). Bei Torsion kann unter kritischer Last (γ -facher Gebrauchslast) keine Abminderung der Stegzugkräfte zustande kommen, weil sich im gedachten Fachwerk kein geneigter Druckgurt zur Entlastung einstellen kann. Der in den USA übliche Abzugswert bei der Torsionsbemessung ist daher nicht zulässig.

Die Bewehrungen müssen natürlich einwandfrei verankert sein.

9.4.3 Torsions-Druckbruch (Versagen der Beton-Druckstreben)

Die Beanspruchung des Betons ist primär von der Bewehrungsrichtung abhängig, zusätzlich treten hier hohe Nebenspannungen auf.

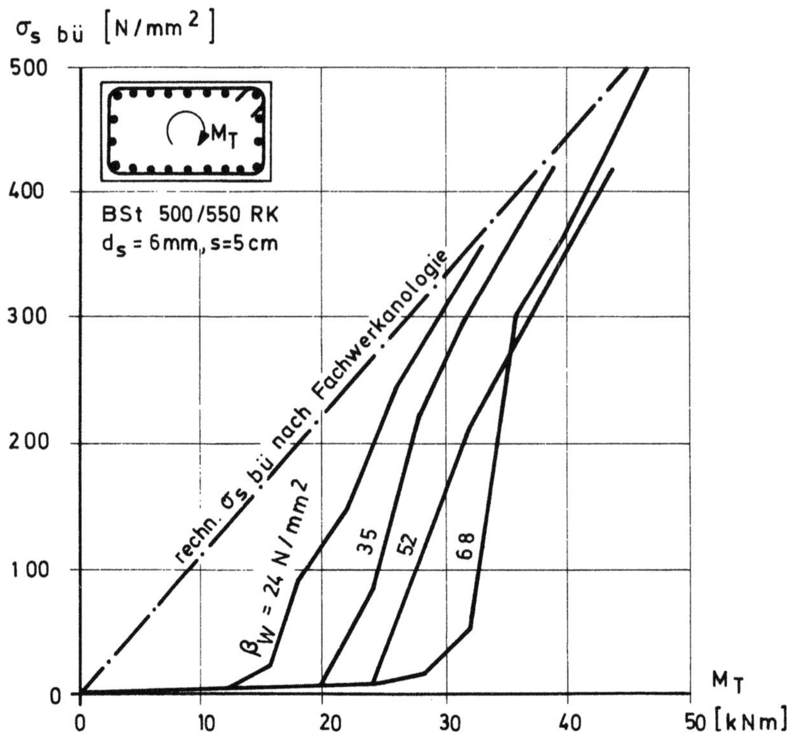

Bild 9. 27   Verlauf der Bügelspannungen bei Rechteckbalken mit rechtwinkliger Bewehrung bei reiner Torsion

Bei Bewehrung (0° und 90°) zeigten sich in den Mitten der Außenflächen
der Druckstreben in 135°-Richtung Betonkürzungen ε_b, die weit höher
waren als nach der Fachwerkanalogie (vgl. Abschn. 9.3.2) für einachsig
beanspruchte Druckstreben zu erwarten wäre. Dies rührt von der Wirkung der die Streben unter 45° und 135° kreuzenden Bewehrungen her,
die durch Querzug zusätzliche negative ε in Druckrichtung ergeben
(nachgewiesen durch J.R. Robinson und J.M. Demorieux [142] , auch
[102]). Außerdem trägt die starke Verwölbung der Seitenflächen
(Bild 9.28) dazu bei; die Druckstreben werden aber bei weitem nicht so
stark exzentrisch beansprucht, wie dies Lampert - Thürlimann angenommen haben. Der Querzug in den Druckstreben setzt auch ihre Druckfestigkeit stark herab, so daß sie bei 0° - 90° Bewehrung früher versagen als
Querkraft - Druckstreben.

Bei Torsion muß daher die obere Grenze der τ_T niedriger angesetzt
werden als bei Querkraft.

Mit 45°-Bewehrung werden die Verwölbungen geringer und die max σ_b
etwa um 40 % niedriger und die Druckfestigkeit weniger abgemindert.
Doch liegen hierfür bisher nur wenige Versuche vor, z.B. [154, 102]
Die obere Grenze für τ_T kann daher für diese Bewehrungsrichtungen
wesentlich höher angesetzt werden als bei 0° - 90° Richtung.

9.4.4 Ausbrechen von Kanten

Entlang den Kanten von Rechteckbalken müssen die Druckkräfte in den
schiefen Druckstreben um die Ecke herum ihre Richtung ändern, daraus
entstehen Umlenkkräfte U (Bild 9.29), die nur bis zu einem gewissen τ_T
durch die Zugfestigkeit des Betons aufgenommen werden können. Wird τ_T
groß, dann brechen die Ecken aus, wenn nicht Bügel in engem Abstand

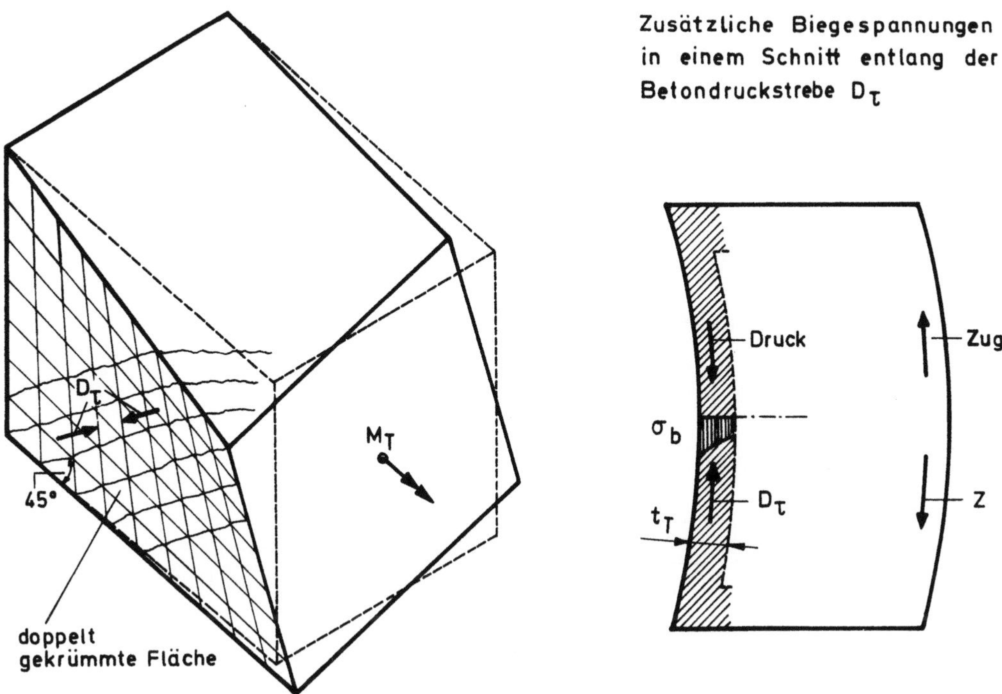

Bild 9.28   Verformungen eines Stahlbetonträgers bei Torsion [101]

oder steife Eckstäbe die Umlenkkräfte übernehmen. Versuche mit ver-
schiedenem Bügelabstand zeigten, daß diese Bruchart bei hohen τ_T nur
sicher verhütet wird, wenn $s_{bü} \leqq 10$ cm gewählt wird [155] . Die Grenze
der τ_T, oberhalb der die engen Bügel oder dicke Eckstäbe verlangt werden müssen, kann für γ -fache Gebrauchslast vorläufig gesetzt werden zu

$$\tau_T^{II} \approx 0,04 \; \beta_{WN}$$

9.4.5 Verankerungsbruch

Bei einem Verankerungsbruch versagt die Bewehrung in der Verankerung,
d.h. Bügel können "schlupfen", Längsstäbe können im Einleitungsbereich
des Torsionsschubflusses gleiten.

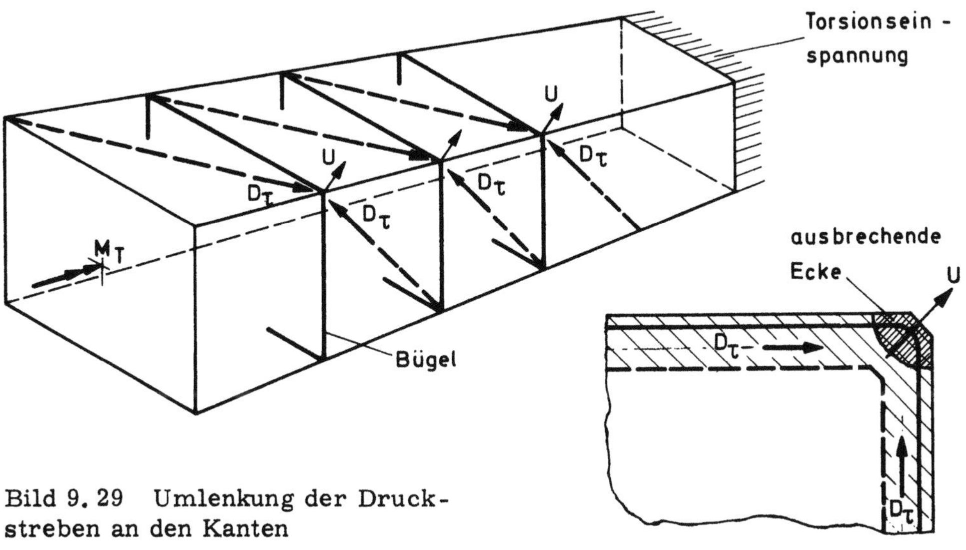

Bild 9.29   Umlenkung der Druckstreben an den Kanten

Diese Brucharten werden vermieden, wenn bestimmte Bewehrungsrichtlinien beachtet werden, vgl. hierzu [156] .

9.5 Bemessung von Stahlbetontragwerken bei reiner Torsion

9.5.1 Bemessungsvorschlag für reine Torsion

9.5.1.1 Torsions-Bewehrungsgrade und Spannungen

Für die Längs- und Bügelbewehrung bzw. Bewehrung unter $\alpha = 45^{\circ}$ sind
die Bewehrungsgrade μ_T wie folgt definiert:

- für Längsstäbe:

$$\mu_{T\ell} = \frac{\Sigma A_{s\ell}}{t_T \cdot u_k} = \frac{\text{Summe der Längsstäbe}}{t_T \cdot \text{Umfang der Wandmittellinie}} \qquad (9.18)$$

- für senkrechte Bügel:

$$\mu_{T b\ddot{u}} = \frac{A_{s b\ddot{u}}}{t_T \cdot s_{b\ddot{u}}} = \frac{A_s \text{ eines Bügelschenkels}}{t_T \cdot \text{Abstand der Bügel}} \qquad (9.19)$$

- bei Wendelbewehrung unter $\alpha = 45^{\circ}$:

$$\mu_{T\alpha} = \frac{A_s}{t_T \cdot s \cdot \sin \alpha} = \frac{A_s \cdot \sqrt{2}}{t_T \cdot s} \qquad (9.20)$$

mit s = Abstand der Wendelstäbe in x-Richtung;
Längsstäbe nur konstruktiv, besonders in Ecken.

Mit den Bewehrungsgraden μ_T und dem Rechenwert der Torsionsschubspannung τ_T^{II} ergeben sich folgende leicht zu merkende Formeln für die
Spannungen im Fachwerk-Hohlkasten:

- Stahlspannung

$$\sigma_s = \frac{\tau_T^{II}}{\mu_{T\ell}} = \frac{\tau_T^{II}}{\mu_{T b\ddot{u}}} \quad \text{bzw.} \quad \sigma_s = \frac{\tau_T^{II}}{\mu_{T\alpha}} \qquad (9.21)$$

- Betonspannung

bei 45°-Wendelbewehrung: $\sigma_b = \tau_T^{II}$ (9.22)

bei Längsstäben und senkr. Bügeln: $\sigma_b = 2 \cdot \tau_T^{II}$ (9.23)

9.5.1.2 Mindestbewehrung bei reiner Torsion

Bügelbewehrung nach Abschn. 8.5.3.4 (Mindestbewehrung bei Schub) und
entsprechende Längsbewehrung verhüten den unangekündigten Torsions-
Zugbruch (nur bei Last-Torsion notwendig)

$$\min\ \mu_{T\ell} = \min\ \mu_{T\,b\ddot{u}} = \begin{array}{l} 0,25\ \%\ \text{bei B St } 220/340 \\[4pt] 0,14\ \%\ \text{bei B St } 420/500 \end{array}$$

9.5.1.3 Bemessung der Bewehrungen

Die erforderliche Sicherheit von $\gamma = 1,75$ ist vorhanden, wenn unter
γ -facher Gebrauchslast = erforderlicher Traglast $\sigma_s \leqq \beta_S$ ist.

Für eine Torsionsbewehrung mit <u>Längsstäben und senkrechten Bügeln</u>
ergeben sich damit aus Umkehrung von Gl. (9.12) und (9.13) die Bemessungsgleichungen:

$$\text{erf } a_{s\,b\ddot{u}} = \frac{A_{s\,b\ddot{u}}}{s_{b\ddot{u}}} = \text{erf } a_{s\ell} = \frac{\Sigma A_{s\ell}}{u_k} = \frac{1,75\ M_T}{2 \cdot A_k \cdot \beta_S} \qquad (9.24)$$

bzw. mit dem <u>Rechenwert</u> τ_T^{II} nach Gl. (9.15)

$$\text{erf } a_{s\,b\ddot{u}} = \text{erf } a_{s\ell} = \frac{\tau_T^{II}}{\beta_S}\ t_T = \mu_T \cdot t_T \qquad (9.25)$$

mit dem Bewehrungsgrad, vgl. Gl. (9.21)

$$\mu_T = \frac{\tau_T^{II}}{\beta_S} \qquad (9.26)$$

Dabei gelten folgende Bezeichnungen:

$A_{s\,b\ddot{u}}$ = Querschnitt eines Bügelschenkels,

$s_{b\ddot{u}}$ = Abstand der Bügel in x-Richtung

$\Sigma A_{s\ell}$ = Summe der Längsstäbe

u_k = Umfang längs der Wandmittellinien des gedachten
Hohlkastens

M_T = Torsionsmoment unter Gebrauchslast

A_k = von der Verbindungslinie durch die Mitten der Eck-
Längsstäbe eingeschlossene Fläche

β_S = Streckgrenze des Betonstahls. Werte über 420 N/mm^2
können wegen der Umlenkpressung an den Bügel-
ecken und wegen der Verankerung nicht ohne weiteres ausgenützt werden.

Die Längsbewehrung kann bei b und d $\leqq$ 50 cm in den Ecken konzentriert
werden. Der Abstand der Längsstäbe kann ohne Nachteil größer sein
(bis 30 cm) als der Bügelabstand (vgl. 9.4.4).

Eine <u>Wendelbewehrung unter 45°</u> ist nur bei hohen τ_T^{II} -Werten in großen
Hohlkastenquerschnitten sinnvoll, um die Verformungen und die σ_b in den
Druckstreben klein zu halten.

Wirken die M_T nur in e i n e r Richtung, genügt e i n e Richtung der Stab-
schar (ergänzt durch Längsbewehrung in den Ecken!); bei $\pm\ M_T$ muß A_s
unter 45° <u>und</u> 135° eingelegt werden.

Mit den angegebenen Bezeichnungen ergibt sich aus Gl. (9.6)

$$\text{erf } a_{s\tau} = \frac{A_{s\tau}}{s} = \frac{1,75\ M_T}{2 \cdot \sqrt{2} \cdot A_k \cdot \beta_S} \qquad (9.27)$$

mit s = Abstand der 45°-Bewehrung in Richtung Stabachse.

Mit dem Rechenwert τ_T^{II} nach Gl. (9.15) ist also

$$\text{erf } a_{s\tau} = \frac{\tau_T^{II}}{\sqrt{2}\ \beta_S}\ t_T = \frac{\mu_{T\alpha}}{\sqrt{2}}\ t_T \qquad (9.28)$$

mit dem Bewehrungsgrad $\mu_T = \dfrac{\tau_T^{II}}{\beta_S}$ wie Gl. (9.26).

9.5.1.4 Obere Grenze der Torsionsbeanspruchung

Wie bei Querkraft-Schub wird die obere Grenze durch die Tragfähigkeit
der Druckstreben bestimmt. Diese Grenze muß im Hinblick auf die hohen
zusätzlichen Biegespannungen durch die Verwölbung (vgl. Bild 9.28) niedrig angesetzt werden.

Mit dem Rechenwert der Torsionsschubspannung τ_T^{II} gilt für die Betonspannungen nach Gl. (9.14) bzw. (9.7)

- bei Bewehrung mit Längsstäben und senkrechten Bügeln:

$$\sigma_b = 2 \cdot \tau_T^{II} \qquad (9.23)$$

- bei Bewehrung unter 45°:

$$\sigma_b = \tau_T^{II} \qquad (9.22)$$

Für die nach Gleichung (9.15) mit dem Ersatzhohlkasten nach Abschn. 9.3.3
ermittelten τ_T^{II} bei 1,75-facher Gebrauchslast können aufgrund
der vorliegenden Versuchsergebnisse folgende <u>obere Grenzwerte</u> angegeben
werden:

$$\max\ \tau_T^{II} = 0,14 \cdot \beta_{WN} \qquad \text{für Torsionsbewehrung mit Längs-}$$
$$\text{stäben und senkrechten Bügeln}$$

$$\max\ \tau_T^{II} = 0,28 \cdot \beta_{WN} \qquad \text{für } 45^o\text{-Richtung der Torsions-}$$
$$\text{bewehrung}$$

Diese Werte dürfen nur bei engem Bügelabstand s $\leqq$ ca. 10 cm ausgenützt
werden (vgl. Abschn. 9.4.4).

9.5.2 Bemessung nach DIN 1045 bei reiner Torsion

Die Ermittlung der Bewehrungsquerschnitte baut auf den in Abschn. 9.3.2
bzw. 9.5.1 angegebenen Gleichungen auf: anstelle von erforderlicher

Traglast und Streckgrenze des Stahls wird jedoch von der Torsionsschubspannung τ_T im Zustand I für den vorhandenen Querschnitt unter Gebrauchslast und von zulässigen Spannungen ausgegangen. Die Hohlkastenanalogie ist also noch nicht konsequent durchgeführt. Es wird:

$$\text{erf } \mu_T = \frac{\tau_T^I}{\text{zul } \sigma_s} \qquad (9.29)$$

wobei zul σ_s den Wert 240 N/mm^2 nicht überschreiten darf. Sonst wie
in Abschn. 9.5.1.3.

Die obere Grenze der Torsionsbeanspruchung wird festgelegt durch Begrenzung der nach der Elastizitätstheorie unter Gebrauchslast ermittelten Torsions-Schubspannung τ_T auf die Werte τ_{o2} der Tabelle 13,
DIN 1045.

9.6 Bemessung bei Torsion mit Querkraft und/oder Biegemoment

9.6.1 Bruchmodelle und Versuchsergebnisse

Für bestimmte Bereiche der Kombination von M_T, Q und M liegen ausreichende Versuchsergebnisse vor (allerdings fast nur für Rechteckquerschnitte), um Modelle für den Bruchzustand ableiten zu können. Zur Erläuterung folgen einige Beispiele; im übrigen wird auf das ausführliche
Schrifttum verwiesen [157, 158] mit vielen weiteren Literaturangaben.

Überwiegt das Biegemoment, so bleibt die Biegedruckzone rissefrei
(Bild 9.30).

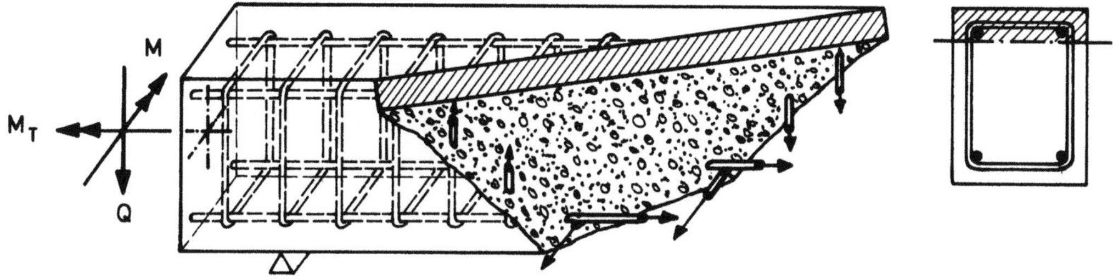

Bild 9.30   Modell nach N.N. Lessig für relativ große M [157]

Bei starker Torsion mit kleinem Biegemoment M und großer Querkraft
Q kann es sein, daß nur diejenige Seite rissefrei bleibt, an der die
Schubspannungen aus Torsion und Querkraft verschiedene Vorzeichen haben (Bild 9.31), auf der also die Druckstreben aus der Fachwerkanalogie
für Querkraft-Schub die entgegengesetzte Richtung haben wie die Druckstreben im Hohlkastenfachwerk unter Torsion.

In den Bruchflächen nach Bild 9.30 und 9.31 werden ein wendelförmiger,
an drei Seiten mit konstanter Neigung durchlaufender Riß und eine Druckzone an der vierten Seite angenommen. Die längs des Risses auftretenden Zugkräfte in den Bewehrungen können aus Gleichgewichtsbedingungen
abgeleitet werden, wenn vereinfacht angenommen wird, daß in allen Stäben gleichzeitig die Streckgrenze erreicht wird (was in Wirklichkeit nicht
immer zutrifft).

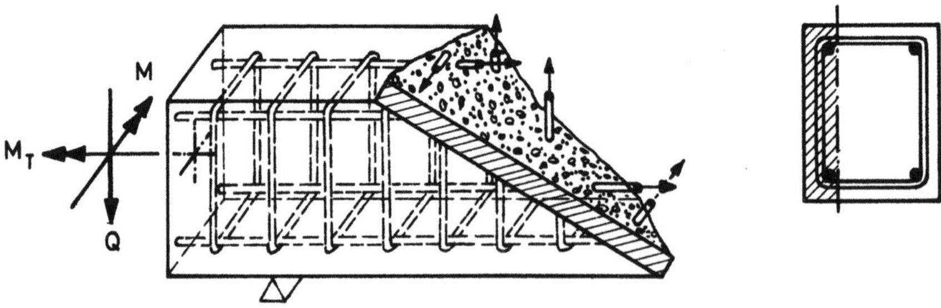

Bild 9.31   Modell nach N. N. Lessig für relativ große Q [157]

P. Lampert hat die Kombination Biegemoment + Torsion näher untersucht [101] . Er schlägt für den Fall überwiegender Torsionsbeanspruchung ein Hohlkasten-Fachwerkmodell vor, in dem die Betondruckstreben von Wand zu Wand verschieden geneigt sind. Der Neigungswinkel gegen die Balkenachse beträgt i. a. nicht 45°; er stellt sich vielmehr so ein,
daß auf den für den Bruch maßgebenden Seiten Längsstäbe und Bügel die
Streckgrenze erreichen.

Die Bemessung aufgrund solcher Bruchmodelle ist verhältnismäßig aufwendig. Daher werden oft aus Versuchsergebnissen abgeleitete Interaktionsdiagramme als Bemessungsgrundlage vorgeschlagen. Vorläufig haben solche Diagramme noch keine allgemeine Gültigkeit, weil die Bemessung und Führung der Bewehrung in den Versuchen vielfach mangelhaft
war, was die Ergebnisse stark beeinflußt. Sorgfältige Versuche zeigten,
wie im Fall Torsion mit Biegung die aufnehmbaren (Bruch)-Schnittgrößen
von der Anordnung der Längsbewehrung abhängen (Bild 9.32, [101]).

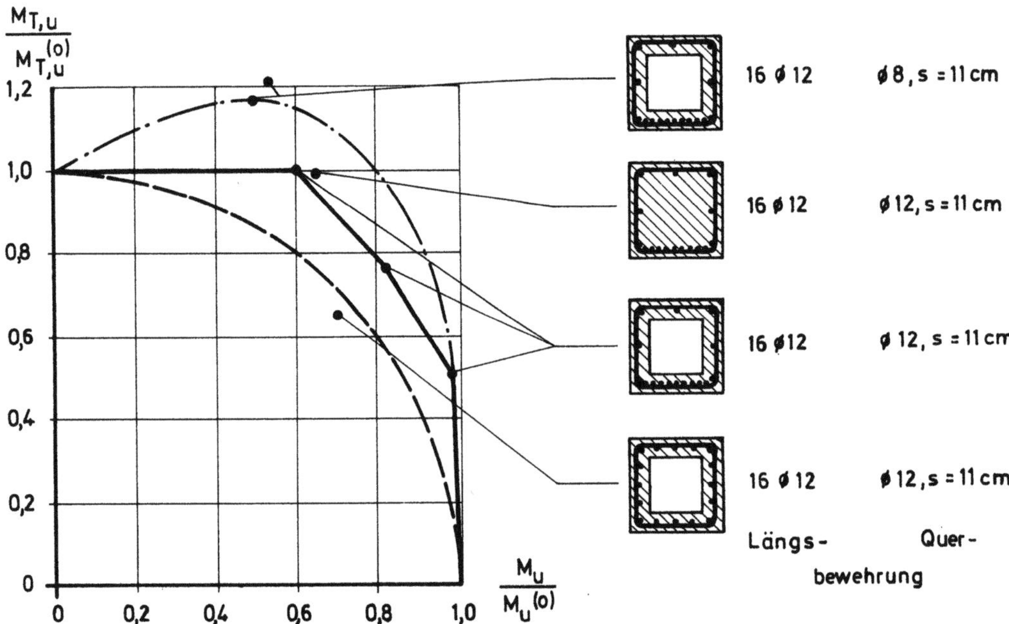

Bild 9.32   Zusammenhang Torsionsmoment - Biegemoment im Bruchzustand bei unterschiedlicher Bewehrungsanordnung (nach [101])

Der Einfluß einer gleichzeitig wirkenden Längsdruck- bzw. Längszugkraft
auf die Torsionstragfähigkeit ist noch nicht ausreichend erforscht. Im
Fall Längsd r u c k kraft (z. B. aus Vorspannung) werden zwar Rißmoment,
Rißneigung und bis zu einem gewissen Grad die Steifigkeit "günstig" beeinflußt, nicht hingegen (oder nur unwesentlich) das Torsions-Bruchmoment.

9.6.2 Vereinfachte Bemessung bei Torsion kombiniert mit anderen Beanspruchungen

Die heute vorliegenden Versuchsergebnisse erlauben die folgende vereinfachte Bemessung: das erf A_s wird getrennt für r e i n e Torsion und für Q bzw. M + N berechnet und addiert. Man erhält dabei einen gewissen "Überschuß" an Sicherheit, z. B. (Torsions-) Längszugbewehrung in der (Biege)- Druckzone.

Die Sicherheit gegen Versagen von Druckstreben wird durch Begrenzen der Summe der Schubspannungen infolge Querkraft und Torsion erreicht. Wegen der Verwölbung der Seitenflächen (vgl. Bild 9.28) infolge Torsion muß diese Grenze niedriger angesetzt werden als für Querkraft allein.

9.6.2.1 Mindestbewehrung

Die Mindestbewehrung min $\mu_{Tbü}$ gilt wie in Abschn. 9.5.1.2 mit den gleichen Werten, auch wenn Torsion und Querkraft gemeinsam wirken. Die Mindestlängsbewehrung min $\mu_{T\ell}$ muß der Mindestbiegebewehrung entsprechen; sie genügt bei Torsion + Biegung meist ohne zusätzliche Stäbe.

9.6.2.2 Bemessung der Bewehrungen

Die Bewehrungen (längs und quer) werden für die einzelnen Schnittgrößen M + N, Q und M_T getrennt ermittelt und dann überlagert. Da der Lastfall für max Q in der Regel nicht max M_T oder max M entspricht, dürfen dabei nicht die A_s für die Maximalwerte addiert werden, sondern je nur die A_s für die zu gleichen Lastfällen gehörigen Schnittgrößen. Man addiert also

$A_{sbü}$ für max M_T mit $A_{sbü}$ für zugehöriges Q

oder $A_{s\ell}$ für maßgebendes (M+N) mit $A_{s\ell}$ für zug M_T

$A_{sbü}$ für max Q mit $A_{sbü}$ für zugehöriges M_T

Bei der Bemessung der Bügel darf gegebenenfalls für den Anteil aus Querkraft - Schub die verminderte Schubdeckung nach Abschn. 8.5.3 bzw. 8.5.4 angewandt werden, M_T ist jedoch immer v o l l aufzunehmen.

9.6.2.3 Obere Grenze für $(\tau_o + \tau_T)$

Die Beanspruchung der Betondruckstreben bei gleichzeitiger Wirkung von Querkraft und Torsion ist in Versuchen noch nicht systematisch untersucht worden.

Die Grenzen werden z. Zt. nach Bild 9.33 vorgeschlagen.

Da nach DIN 1045 (vgl. Abschn. 9.6.3) die Summe $\tau_T + \tau_o$ den Wert $1{,}3\tau_{o2}$ d.h. mit $\tau_{o2} = 0{,}6 \cdot \tau_{o3}$ (vgl. Tabelle Bild 8.31) den Wert $0{,}78 \cdot \tau_{o3}$ nicht überschreiten darf, wird der für die Aufnahme von Q ausnützbare Anteil von zul τ schon bei sehr geringer (Last-) Torsion deutlich herabgesetzt! Für Werte τ_T = zul τ_T = τ_{o2} ist $\tau_o \leqq 0{,}18\,\tau_{o3}$. Erst für größere τ_o-Werte wird die gegenseitige Beeinflussung von M_T und Q spürbar.

Die Gerade entsprechend den CEB/FIP-Richtlinien [29] bedeutet im Vergleich zur DIN 1045 eine schärfere Begrenzung bei überwiegender Torsion und eine großzügigere Regelung, wenn der Querkraftanteil größer ist.

Bei der praktischen Bemessung unterscheiden sich beide Verfahren noch
dadurch, daß die τ_o- und τ_T-Werte unterschiedlich definiert und begrenzt sind.

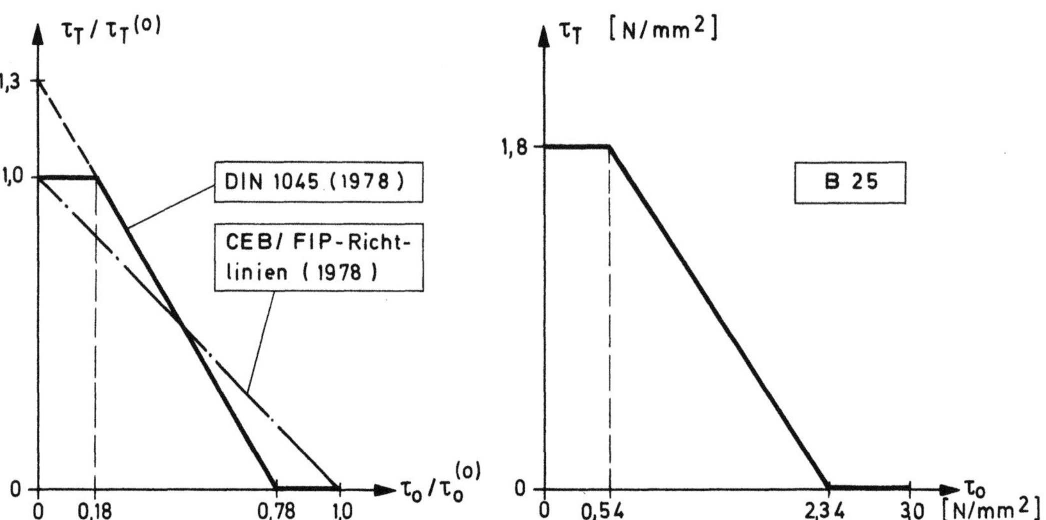

Bild 9.33   Grenzen für die τ_T, τ_o sowie $\Sigma(\tau_o + \tau_T)$ bei Schub und Torsion (Kopfzeiger $^{(o)}$ bedeutet Grenzwert bei alleiniger Wirkung von Q oder M_T)

9.6.3 Bemessung bei Torsion und Querkraft nach DIN 1045

Die <u>Ermittlung der Rechenwerte</u> τ_o und τ_T erfolgt getrennt für Querkraft (Abschn. 8.5.4.2) und reine Torsion (Abschnitt 9.5.2).

Für die obere Grenze der Rechenwerte τ_o und τ_T gelten die Bedingungen (vgl. Abschn. 9.6.2.3):

$$\tau_o \lesseqgtr \tau_{o3}$$

$$\tau_T \lesseqgtr \tau_{o2}$$

$$\Sigma(\tau_o + \tau_T) \lesseqgtr 1,3 \cdot \tau_{o2} \tag{9.30}$$

Die <u>erforderliche Schubbewehrung</u> ist getrennt für τ_o bzw. τ_T zu ermitteln <u>falls</u> $\Sigma(\tau_o + \tau_T) \gtreqless \tau_{o12}$. Die jeweils errechneten Bewehrungsmengen sind zu addieren.

10. Bemessung von Stahlbeton-Druckgliedern

10.1 Zur Stabilität von Druckgliedern

10.1.1 Einfluß der Verformungen, Theorie II. Ordnung

Bei nur auf Biegung beanspruchten Stahlbetonbauteilen ist es üblich und
im allgemeinen zulässig, die Schnittkräfte am unverformten System, also
nach Theorie I. Ordnung, zu berechnen (Bild 10.1). Die (linearen) Ansätze der Theorie I. Ordnung müssen jedoch dann verlassen werden, wenn
die Verformungen merklichen Einfluß auf die Schnittgrößen haben und die
Tragfähigkeit eines Bauteiles dadurch vermindern. Bei einer ausmittig
belasteten Stütze wird z.B. im verformten Zustand die Ausmitte e
im Schnitt m - m um das Maß v vergrößert (Bild 10.2), so daß das Biegemoment in diesem Schnitt $M_m^{(I)} = V \cdot e$ (nach Theorie I. Ordnung) anwächst auf $M_m^{(II)} = V (e+v)$. Bei schlanken Stützen kann v gegenüber e
nicht vernachlässigt werden. Zur Sicherung des Gleichgewichts zwischen
inneren und äußeren Momenten müssen die Verformungen bei der Ermittlung der Schnittgrößen berücksichtigt werden. Die Gleichgewichtsbedingungen müssen also am verformten System erfüllt sein, Theorie II. Ordnung. Grundlage für die Berechnung der Formänderungen sind die Spannungs-Dehnungs-Linien (σ-ε-Linien) der verwendeten Baustoffe, wobei
die Streuung a l l e r Eigenschaften beachtet werden muß.

10.1.2 Stabilitäts- und Spannungsprobleme

Anhand zwei verschiedener σ-ε-Linien (Bilder 10.3 und 10.4), die zur
Behandlung von Problemen nach Theorie II. Ordnung i m S t a h l b a u
verwendet werden, sollen zunächst einige Begriffe der Stabilitätstheorie
erläutert werden, vgl. [159, 160] .

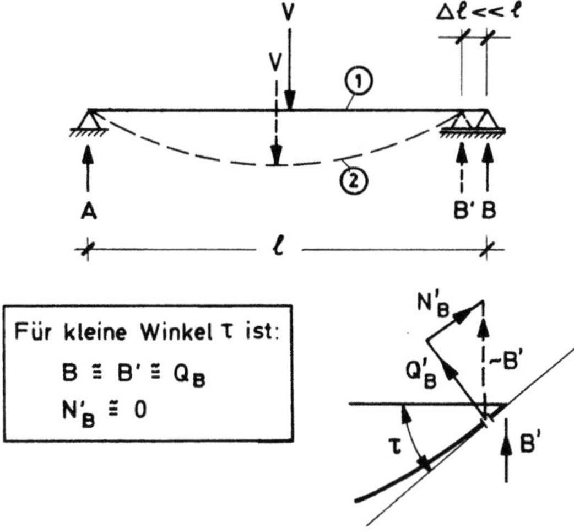

Bild 10.1 Biegeträger im unverformten (1) und verformten (2)
Zustand (überhöht gezeichnet)

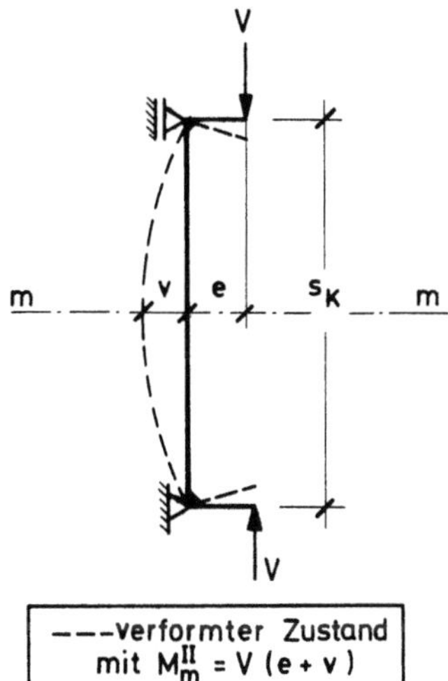

Bild 10.2 Schlanke Stütze
unter ausmittiger Druck-
belastung

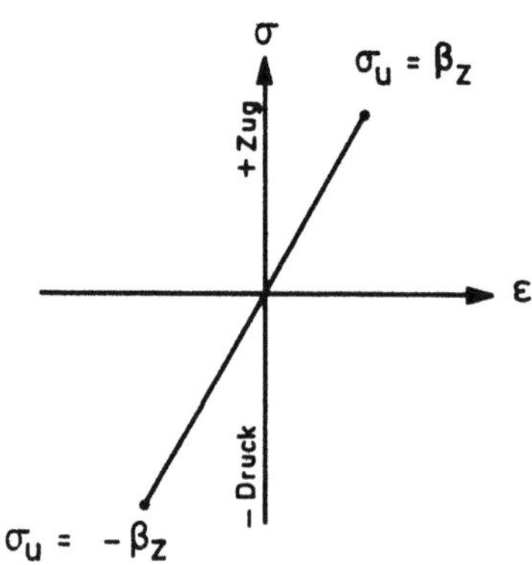

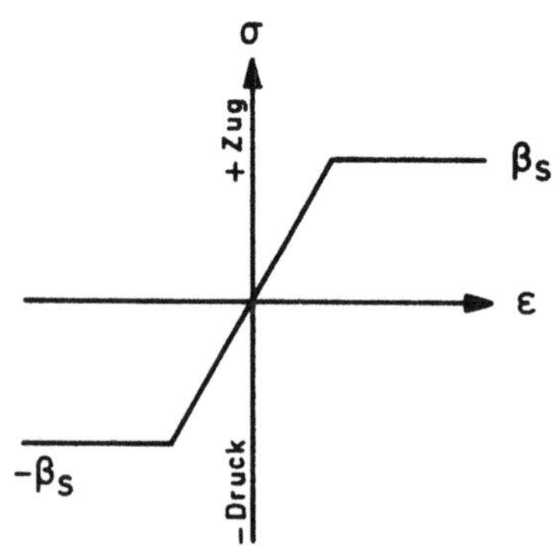

Bild 10.3   σ-ε -Linie für
ideal-elastischen Werkstoff
(Hooke'sches Gesetz)

Bild 10.4   σ-ε -Linie für
ideal-elastischen, ideal-
plastischen Werkstoff

10.1.2.1 Tragfähigkeit bei mittiger Druckbelastung

Der mittig belastete Stab nach Bild 10.5 sei aus ideal-elastischem Werkstoff mit σ-ε gemäß Bild 10.3. Seine Ausbiegungen v sind gleich Null,
solange V unter der ersten Euler'schen Knicklast V_{Ki} bleibt. Biegt
man unter $V < V_{Ki}$ den Stab mit v aus, dann federt er in seine gerade
Lage (v = 0) zurück, d.h. für $V < V_{Ki}$ ist der Gleichgewichtszustand
stabil (Bild 10.6, Linie 1a). Dagegen sind für $V > V_{Ki}$ eine stabile
(Linie 1b) und eine labile (Linie 1c) Gleichgewichtslage möglich. Bei
$V = V_{Ki}$ herrscht indifferentes Gleichgewicht (Verzweigungspunkt).

Eine Verzweigung des Gleichgewichts ist auch dann vorhanden, wenn der
Werkstoff des Stabes sich gemäß Bild 10.4 ideal-elastisch, ideal-plastisch
verhält. Die Verzweigungslast V_{Ki} ist jedoch im allgemeinen Fall für die
beiden σ-ε -Linien verschieden.

Die Form der Biegelinie, die bei $V = V_{Ki}$ unbeachtet der Größe von v möglich ist, ist die Knickfigur des Systems. Der Abstand der Wendepunkte in
der Knickfigur ist die Knicklänge s_K. Für die Größe von V_{Ki} spielt die
Schlankheit λ eine wesentliche Rolle; es ist $\lambda = s_K/i$ mit s_K = Knicklänge, $i = \sqrt{J_b/A_b}$ = Trägheitsradius. Die Schlankheit wird bei Rechteckquerschnitten b·d gern auch mit dem Verhältnis s_K/d angegeben, dabei ist $s_K/d = \lambda/\sqrt{12} = 0,289 \cdot \lambda$.

10.1.2.2 Tragfähigkeit bei ausmittiger Druckbelastung

Besteht der ausmittig belastete Stab nach Bild 10.2 aus ideal-elastischem
Werkstoff (Bild 10.3), so gehört zu jeder Last V eine bestimmte Verformung v (Bild 10.6, Linie 2). V kann so lange gesteigert werden, bis
die Randspannung des gedrückten Querschnittes an der Stelle des größten
Momentes infolge N = V und M = V · (e + v) den Grenzwert
$\sigma_u = N/A \pm M/W = \pm \beta_Z$ erreicht. Es liegt also ein Spannungsproblem
vor.

Setzt man für den ausmittig belasteten Stab in Bild 10.2 jedoch ideal-elastisches, ideal-plastisches Verhalten nach Bild 10.4 voraus, so ändert
sich das Tragverhalten nach Erreichen der Fließgrenze im höchst beanspruchten Querschnitt grundlegend.

Im elastischen Bereich ($\sigma_s \lessgtr \beta_S$) kann das vom Querschnitt aufnehmbare
innere Moment, das dem äußeren Moment widersteht, noch ebenso an-
wachsen, wie das durch die wachsende Verformung v sich vergrößernde
äußere Moment M = V (e + v). Das innere Moment nimmt jedoch lang-

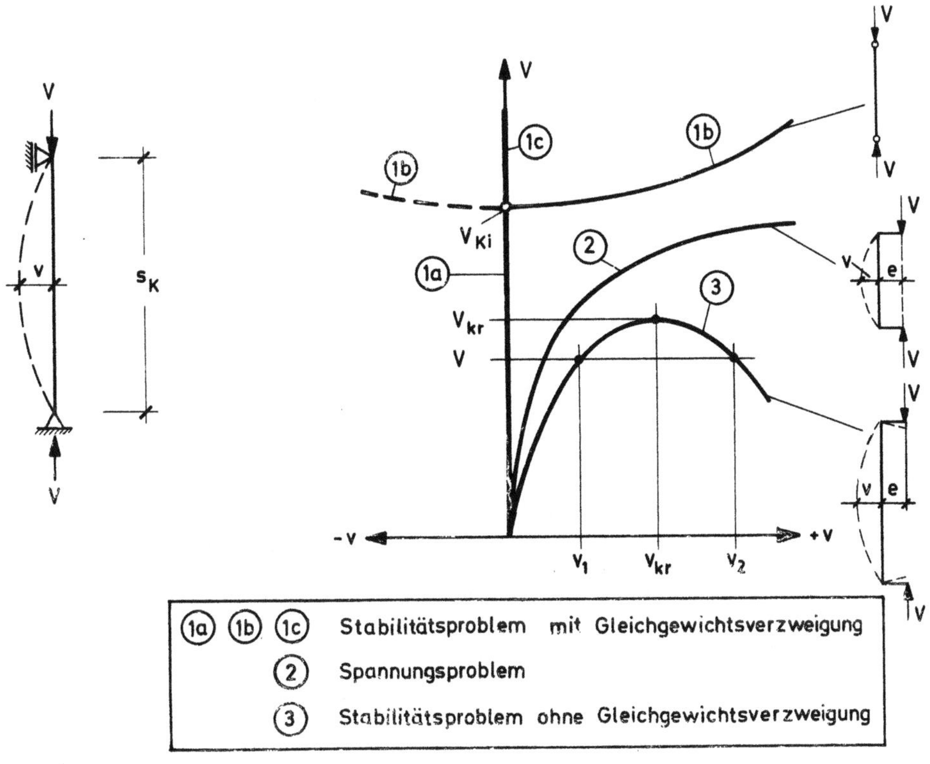

Bild 10. 5 Mittig
belasteter Stab

Bild 10. 6   Last-Verformungskurven

samer zu, sobald die Streckgrenze am Rand erreicht ist und die Plastifizierung nach innen fortschreitet. Die Tragfähigkeit ist erschöpft, wenn
die Linie 3 in Bild 10. 6 bei V_{kr} = kritische Last ihr Maximum erreicht.

Für Lasten $V < V_{kr}$ und Verformungen $v < v_{kr}$ ist der Gleichgewichtszustand noch stabil, bei $V = V_{kr}$ mit $v = v_{kr}$ wird das Gleichgewicht jedoch indifferent. In diesem Zustand ist die Plastifizierung im Querschnitt
so weit fortgeschritten, daß bei geringfügiger Vergrößerung von V_{kr} um
ΔV das innere Moment geringer anwächst als das äußere. Für $V > V_{kr}$
ist kein Gleichgewicht mehr möglich, der Stab versagt; V_{kr} wird als
Traglast bezeichnet.

Vergrößert man die Verformung über v_{kr} hinaus, so ist Gleichgewicht nur
möglich, wenn gleichzeitig die Last V r e d u z i e r t wird. Dieser abfal-
lende Ast der Last-Verformungskurve kennzeichnet den Zustand des labi-
len Gleichgewichts, weil geringe Störungen sofort zum Versagen des Stabes führen.

Für $V < V_{kr}$ sind also zwei Gleichgewichtslagen vorhanden - eine stabile
mit $v = v_1$ und eine labile mit $v = v_2$. Weil die Lastverformungskurve stetig verläuft, spricht man von einem Stabilitätsproblem ohne Gleichgewichts-
verzweigung.

Die bei $V = V_{kr}$ sich einstellende Verformungsfigur (Knickfigur) ist die
Knickbiegelinie des Systems, vgl. Abschn. 10. 1. 2. 1.

10.2 Tragfähigkeit von schlanken Stahlbeton-Druckgliedern

10.2.1 Problemstellung bei schlanken Stahlbeton-Druckgliedern

Das Verformungsverhalten des Werkstoffes S t a h l b e t o n läßt sich nicht
so einfach beschreiben wie nach Bild 10.3 oder 10.4. Die σ-ε-Linie für
den B e t o n ist nicht-linear und für die verschiedenen Betongüten unterschiedlich (vgl. Bild 2.20). Der Verlauf im Druckbereich ist anders als
im Zugbereich, wo nur geringe Festigkeitswerte erreicht werden. Außerdem treten im Beton unter langandauernder Belastung zeitabhängige
Kriechverformungen auf, die die Ausbiegung v vergrößern. Für den naturharten S t a h l kann mit guter Näherung ideal-elastisches, ideal-plastisches Verhalten nach Bild 10.4 mit gleichen Festigkeiten im Druck-
und Zugbereich vorausgesetzt werden, vgl. Bild 7.5. Bei kaltverform-
tem Stahl sind die Festigkeitsreserven über dem horizontalen Ast $\sigma_s = \beta_S$
beachtlich und steigern die Traglast. Beim Zusammenwirken von Beton
und Stahl im Verbundbaustoff S t a h l b e t o n ist der Zusammenhang zwischen Last und Verformung ungleich schwieriger mathematisch zu beschreiben, als es beim Werkstoff Stahl allein der Fall ist. Die im Stahlbau zur Lösung von Spannungsproblemen nach Theorie II. Ordnung und von
Stabilitätsproblemen verwendeten Berechnungsmethoden lassen sich deshalb nicht ohne weiteres auf Stahlbetontragwerke anwenden.

Die Last-Verformungskurven von Stahlbetonstützen folgen abhängig vom
Bewehrungsgrad i.a. einem in Bild 10.6 durch die Linie 3 dargestellten Verlauf. Die Stütze kann schon versagen, bevor die kritische
Verformung v_{kr} eintritt. Dies ist der Fall, wenn für $V < V_{kr}$ die vom
Querschnitt her aufnehmbaren Bruchschnittgrößen nach Abschnitt 7 (dort
mit M_u und N_u bezeichnet) erreicht werden. In Bild 10.7 sind die Möglichkeiten des Versagens in einem Interaktions-Diagramm für V_u und M_u
verdeutlicht. Die Linie 0 kennzeichnet dabei das Versagen durch Erreichen der Bruchschnittgrößen nach Abschn. 7 mit begrenzten Dehnungen
ε_s bzw. ε_b, vgl. Bild 7.29.

Bei vernachlässigbaren Verformungen v (z.B. bei gedrungenen Stützen)
versagt der Stab bei V_u^1 (Materialbruch, Linie 1). Bei mäßiger Schlankheit $\lambda = s_K/i$ und merklichen Verformungen v wird nur noch die Last
$V_u^2 < V_u^1$ erreicht, wobei infolge der Vergrößerung der Ausmitte von e
auf $(e+v)$ $M_u^2 > M_u^1$ ist (Materialbruch, Linie 2). Das Versagen beruht auch hier noch auf Erreichen der Bruchschnittgrößen; man spricht
von einem Spannungsproblem der Theorie II. Ordnung. Bei einer weiteren Vergrößerung der Schlankheit nimmt die zusätzliche Verformung v
übermäßig schnell zu und der Stab wird bei $V_{kr}^3 < V_u^2$ instabil, ohne
daß die Bruch-Schnittgrößen nach Abschnitt 7 erreicht werden (Stabili-
tätsbruch, Linie 3).

Die Problemstellung bei der Berechnung und Bemessung von Stahlbeton-
druckgliedern kann nach dem oben Gesagten wie folgt formuliert werden:

> Bei gegebenem statischem System, bekannten Querschnittsabmessun-
> gen, Bewehrungsanordnungen, Bewehrungsgraden und Ausmitten muß
> nachgewiesen werden, daß sich das System bei der erforderlichen Trag-
> last = der γ-fachen Gebrauchslast nach dem Zuwachs von e auf
> $(e+v)$ noch in einem stabilen Gleichgewichtszustand befindet und die
> Bruchschnittgrößen dabei nicht überschritten werden.

Alle Tragfähigkeitsnachweise an Stahlbetonstützen werden nach DIN 1045 unter dem Begriff "Nachweis der Knicksicherheit" zusammengefaßt, obwohl es sich meist um Spannungsprobleme handelt.

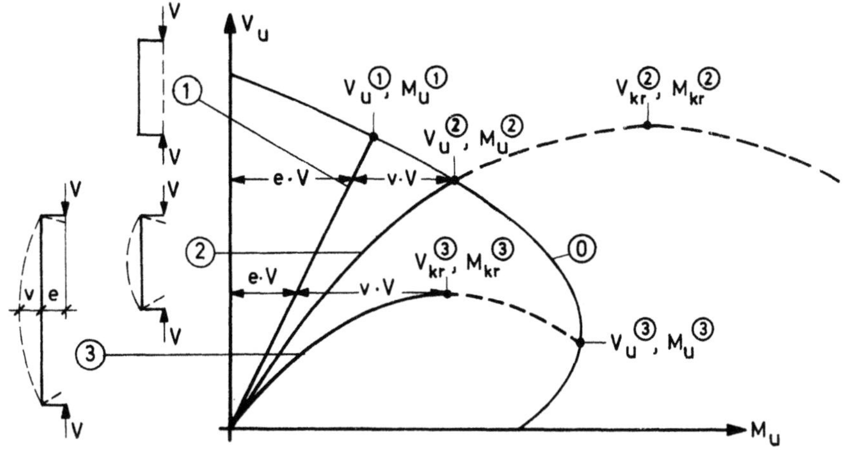

Bild 10. 7   Versagensmöglichkeiten von Stahlbeton-Druckgliedern, dargestellt im Interaktionsdiagramm für V_u und M_u

10. 2. 2 Einflüsse auf die Tragfähigkeit von Stahlbeton-Druckgliedern

Bei der folgenden Darstellung verschiedener Einflüsse auf die Traglast knickgefährdeter Stahlbetonstützen werden im wesentlichen die Forschungsarbeiten [161, 162] verwendet.

10. 2. 2. 1 Einfluß der Momentenverteilung

Die Momente $V \cdot e$ infolge der planmäßigen Ausmitten e können an Druckstäben unterschiedlich verlaufen, je nachdem $e_2 = e_1$ oder $e_2 = 0$ oder $e_2 = - e_1$ oder e_2 sonstwie verschieden von e_1 ist. In Bild 10. 8 sind die Verhältnisse α_M der Traglasten von Stützen aus B 35 mit B St 420/500 mit $e_2 = 0$ zu derjenigen von gleichen Stützen mit $e_2 = e_1$ (Standardstab) in Abhängigkeit von der Schlankheit λ aufgetragen. Es zeigt sich, daß die Stütze mit dreieckförmiger Momentenverteilung eine größere Tragfähigkeit aufweist als eine Stütze mit rechteckiger Momentenverteilung (Bild 10. 8 a).

Ist die Ausmitte $e_2 = - e_1$, Bild 10. 8 b, so nimmt die Tragfähigkeit noch wesentlich mehr zu, sowohl gegenüber der Stütze mit $e_2 = e_1$ als auch gegenüber der Stütze mit $e_2 = 0$. Die Tragfähigkeit wird auch mit zunehmender Größe der bezogenen Ausmitte e_1/d größer.

Der Grund für die höhere Tragfähigkeit von Stützen mit nicht konstantem Momentenverlauf liegt in den kleineren Stabausbiegungen. Nachweise der Tragfähigkeit von Stützen mit veränderlichem Momentenverlauf unter der Annahme, es sei $e_2 = e_1$, liegen daher immer auf der sicheren Seite.

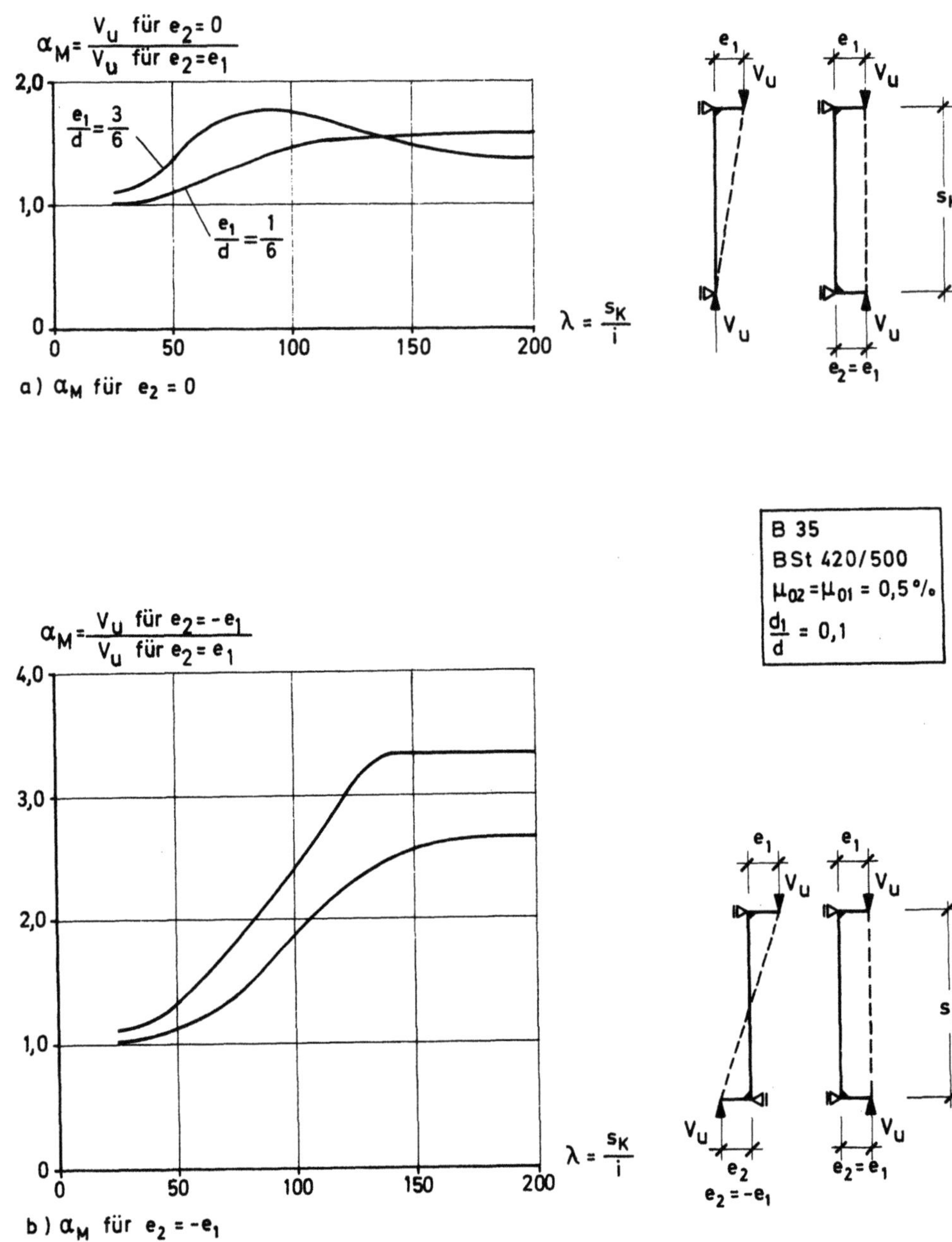

Bild 10. 8   Verhältnis α_M der Traglasten von Stützen mit unterschiedlicher Momentenverteilung in Abhängigkeit von der Schlankheit λ [161]

In Bild 10.9 sind Interaktionsdiagramme bezogener Bruchschnittgrößen
m_u und n_u für drei verschiedene Momentenverläufe dargestellt, die die
gleichen Feststellungen wie nach Bild 10. 8 zulassen. Sie sind für Rechteckquerschnitte mit symmetrischer Bewehrung bei konstantem, mittlerem
Bewehrungsgrad aufgestellt.

10. 2. 2. 2 Einfluß der Betongüte und der Stahlgüte

Während bei kleiner bezogener Ausmitte e/d eine erhebliche Traglaststeigerung durch eine höhere Betongüte erzielt wird, nimmt der Einfluß der
Betongüte auf die Traglast einer Stütze mit größerer bezogener Ausmitte

immer mehr ab. Dies zeigt Bild 10. 10 für einen Stab mit gleich großen
Endausmitten anhand des Verhältnisses α_b der Traglasten von Stützen mit
B 55 zu Stützen mit B 15.

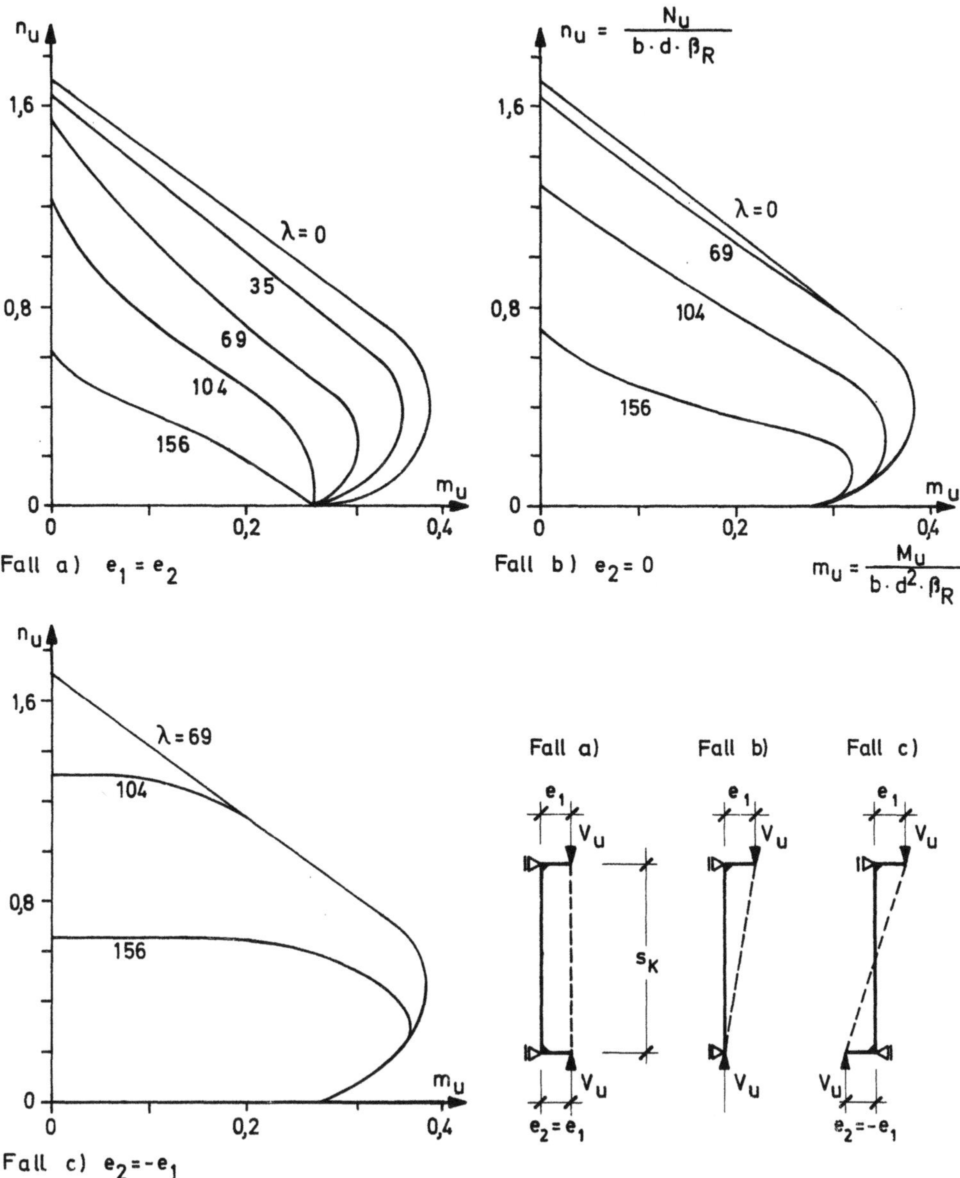

Bild 10. 9   Interaktionsdiagramme für die bezogenen Bruchschnittgrößen
m_u und n_u von rechteckigen Stützen mit unterschiedlicher Momentenverteilung in Abhängigkeit von der Schlankheit λ [162]

Eine umgekehrte Tendenz zeigt der Einfluß der Stahlgüte. Dieser Sach-
verhalt ist bei Annahme bilinearer σ-ε-Linien für den Stahl in Bild 10. 11
für Stützen mit B St 500/550 und B St 220/340 dargestellt. Das Verhältnis
α_s wächst mit zunehmender bezogener Ausmitte, fällt aber mit ansteigen-
der Schlankheit ab. Als unabhängig von der Stahlgüte erweist sich die Traglast sehr schlanker Stützen mit kleiner Ausmitte, die ausknicken, bevor
der Stahl hohe Spannungswerte erreicht.

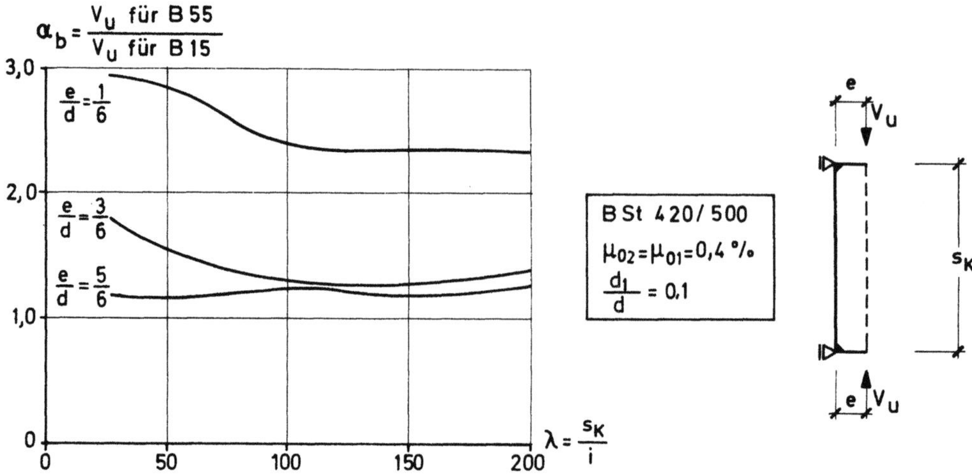

Bild 10.10   Verhältnis α_b der Traglasten von Stützen aus B 55 zu Stützen aus B 15 in Abhängigkeit von der Schlankheit λ und der bezogenen Ausmitte e/d [161]

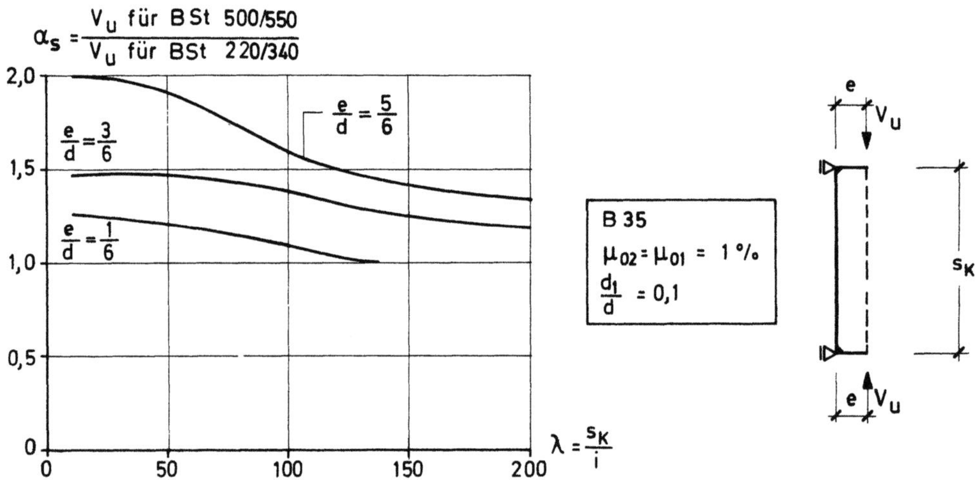

Bild 10.11   Verhältnis α_s der Traglasten von Stützen mit B St 420/500 zu Stützen mit B St 220/340 in Abhängigkeit von der Schlankheit λ und der bezogenen Ausmitte e/d   [161]

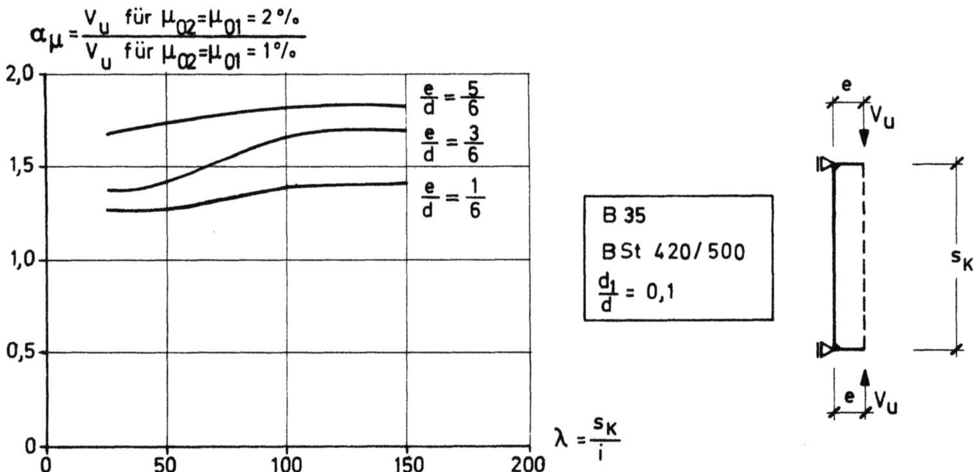

Bild 10.12   Verhältnis α_μ der Traglasten von Stützen mit einem Bewehrungsgrad $\mu_{o2} = \mu_{o1} = 2\ \%$ zu Stützen mit $\mu_{o2} = \mu_{o1} = 1\ \%$ in Abhängigkeit von der Schlankheit λ und der bezogenen Ausmitte e/d [161]

10.2.2.3 Einfluß des Bewehrungsgrades

Eine Vergrößerung des Bewehrungsgrades $\mu_o = \mu_{o2} = A_{s2}/b \cdot d = \mu_{o1} = A_{s1}/b \cdot d$ steigert die Traglast bei B 35 nur geringfügig. Das ist aus Bild 10.12 zu ersehen, in dem der Einfluß für eine Vergrößerung des Wertes μ_o von 1 % auf 2 % dargestellt ist. Bei kleiner bezogener Ausmitte $(e/d = 1/6)$ beträgt die Steigerung der Traglast bei Verdoppelung des Bewehrungsgrades nur 25 bis 40 %. Bei größeren Ausmitten (z.B. $e/d = 5/6$) steigt dieser Zuwachs auf 70 bis 80 %. Starke Bewehrungen von Druckgliedern sind demnach besonders bei großen Ausmitten angezeigt. Dieser Einfluß nimmt mit wachsender Schlankheit λ nur wenig zu.

10.2.2.4 Einfluß des Kriechens bei Dauerlast

Das Kriechen des Betons unter dem dauernd wirkenden Anteil der Gebrauchslast führt zu einer Vergrößerung der Ausmitte $e + v_D$ um den Betrag v_k und damit zu einer Verringerung der Traglast, vgl. [163, 164]. In Bild 10.13 sind Ergebnisse aus Versuchen [164] dargestellt, bei denen Stützen mit $\lambda = 104$ und $e/d = 0,1$ unterschiedlich großen Dauerlasten, in einer Serie etwa 4 Monate, und in einer anderen Serie etwa 8 Jahre, ausgesetzt worden waren. Man erkennt den günstigen Einfluß der Nacherhärtung auf die Traglast nach ca. 8 Jahren, aber auch den starken Abfall der Tragfähigkeit in Abhängigkeit von der auf die Kurzzeit-Traglast bezogenen Größe der Dauerlast und von der Belastungsdauer.

Die Abminderung der Traglast durch Kriechen ist bei hoher Dauerlast umso größer je größer die Schlankheit ist. Mit starker Bewehrung kann die Abminderung merklich verkleinert werden. Sie wird besonders klein bei doppelt gekrümmten Biegelinien (e_1 positiv, e_2 negativ).

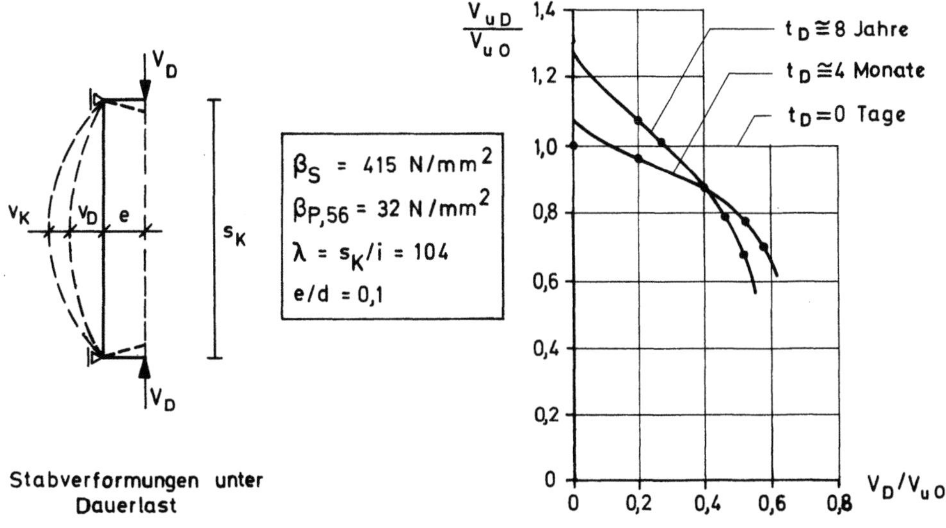

V_{uo} = Traglast bei kurzzeitiger Belastung zum Zeitpunkt t = 56 Tage

V_{uD} = Traglast nach vorhergehender Dauerbelastung

V_D = Größe der Dauerlast

t_D = Zeitraum der Dauerbelastung

Bild 10.13 Bezogene Traglasten von Stützen mit $\lambda = 104$ und $e/d = 0,1$ in Abhängigkeit von der Belastungsdauer und Größe einer Dauerlast V_D bei Belastungsbeginn im Alter von 56 Tagen [164]

10.3 Tragfähigkeitsnachweis nach Theorie II. Ordnung bei schlanken Druckgliedern

10.3.1 Einführung

Eine Traglastberechnung nach der Theorie II. Ordnung berücksichtigt den
Einfluß der Stabverformungen auf die äußeren Schnittgrößen. Die Stabverformungen ergeben sich aus der Integration der Querschnittsverformungen
(= Krümmungen) über die Stablänge, wobei in ihrer Wirkung zu berücksichtigen sind:

- der Verlauf der Querschnittsgrößen über die Stablänge,
- die Lagerungsbedingungen an den Stabenden,
- das Vorhandensein von Querbelastungen.

Die Verformungen der einzelnen Stabquerschnitte oder die Krümmungen
der Stabelemente mit Längen dx werden von folgenden Parametern beeinflußt:

- σ-ε-Linie des Betons,
- σ-ε-Linie des Betonstahls,
- Form des Betonquerschnitts,
- Verteilung der Bewehrung im Betonquerschnitt,
- Bewehrungsgrade,
- Größe und Richtung der Ausmitte der Längsdruckkraft.

Im folgenden werden die Grundlagen zur Ermittlung der Krümmungen entwickelt und Diagramme zu ihrer einfachen Bestimmung bei symmetrisch
bewehrten Rechteckquerschnitten gegeben. Anschließend wird gezeigt, wie
man mit Anwendung bekannter Berechnungsverfahren über die Krümmungen die Stabverformungen und daraus die Schnittgrößen nach Theorie
II. Ordnung ermitteln kann.

10.3.2 Überlegungen zur Größe des Sicherheitsbeiwertes

Ein Tragfähigkeitsnachweis unter Anwendung der Theorie II. Ordnung kann
unterteilt werden in:

1) Ermittlung der Verformung des Druckgliedes und
2) Nachweis der Tragfähigkeit des Druckgliedes im verformten Zustand.

Bei 1) brauchen nicht so hohe Anforderungen an die Sicherheit gegenüber
Baustoffversagen wie bei 2) gestellt zu werden, weil sich z. B. örtliche
Fehlstellen auf die Gesamtverformung eines Stabes kaum auswirken. Andererseits ist das Ergebnis einer Verformungsberechnung sehr stark von
der Größe der Anfangsausmitte e abhängig, deren Ungenauigkeiten bisher
bei den Sicherheitsbetrachtungen und insbesondere bei Ansatz eines globalen Sicherheitsbeiwertes für den Tragfähigkeitsnachweis kaum oder gar
nicht beachtet wurde.

Streng genommen müßten die Rechenabschnitte 1) und 2) also mit unterschiedlichen und aufgespaltenen Sicherheitsbeiwerten durchgeführt werden,
vgl. Abschn. 6.2 und K. Kordina in [165] .

Auch in sicherheitstheoretischen Untersuchungen ist hierzu noch kein
überzeugender Weg aufgezeigt worden. Man wird sich deshalb vorerst
mit den bekannten globalen Beiwerten für beide Rechenabschnitte begnügen, jedoch die größere Empfindlichkeit bei Stabilitätsproblemen durch
eine zusätzliche Maßnahme berücksichtigen. Hierzu eignet sich am be-

sten die Einführung einer sogenannten "ungewollten Ausmitte", die nicht
nur die tatsächlich immer vorhandenen Imperfektionen des Druckstabes
(unvollkommene Geradheit der Stabachse usw.) abfangen, sondern auch
folgende Unsicherheiten abzudecken hat:

1) Unsicherheit hinsichtlich der Lage und der Richtung der äußeren Längskraft,
2) Abweichungen zwischen Verformungs- und geometrischem Schwerpunkt
der Verbundquerschnitte, z. B. infolge Verschiebung des Bewehrungskor-
bes, Unsymmetrie der Bewehrung, ungleichmäßige Verdichtung und Erhärtung des Betons usw. ,
3) Veränderung der Verformungen infolge Kriechen des Betons - sofern
nicht eine sehr aufwendige besondere Rechnung dazu angestellt wird,
4) unbeachteter Einfluß von Eigenspannungen und Zwangschnittgrößen,
z. B. aus Schwinden und Temperatur.

Wie schwer erfaßbar der Einfluß der unter 1) genannten Unsicherheit ist,
zeigt z.B. Bild 10.14 nach [165] : Bei kleiner Ausmitte e_1 ist für einen
Fehler in der Größe Δe der Abfall Δn_1 der Längskraft n_u beträchtlich,
während bei größerer Ausmitte e_2 bei gleichgroßem Fehler Δe der Unterschied Δn_2 in der aufnehmbaren Kraft verschwindend klein wird (vgl.
hierzu Bild 7.27).

Eine ungewollte Ausmitte e_v als Teil des rechnerischen Sicherheitsge-
füges wird in vielen Bereichen des Bauwesens in zunehmendem Maße eingeführt. Die Größe e_v wird i.a. von der Knicklänge s_K bzw. die bezogene ungewollte Ausmitte e_v/d von der Schlankheit s_K/d abhängig gemacht, weil die Traglast maßgebend von der Schlankheit abhängt (vgl.
Abschn. 10.1.2).

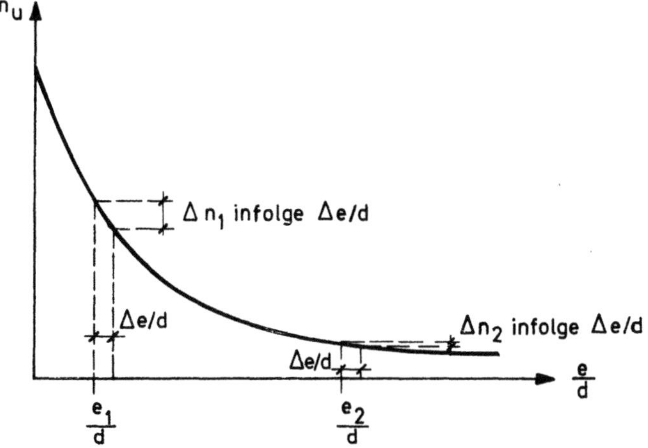

Bild 10.14   Einfluß einer Ungenauigkeit Δe auf die aufnehmbare bezogene Längsdruckkraft n_u bei kleiner und großer Ausmitte, dargestellt in
einem Diagramm gemäß Bild 7.27

10.3.3 Ableitung von Krümmungsbeziehungen an rechteckigen Stahlbeton-querschnitten

Wie bei der Ermittlung der Traglast unter Biegemoment und Längskraft
im Abschn. 7 wird grundsätzlich die Bernoulli'sche Hypothese vom Ebenbleiben der Querschnitte bis zum Versagen als gültig vorausgesetzt.

Unter "Krümmung" $\varkappa$ versteht man die bezogene Änderung der Tangenten-
neigung der Biegelinie im Intervall d x. Nach Bild 10.15 a ist die Winkel-

änderung $d\varphi$ bei Längenänderung $\varepsilon_1 \cdot dx$ am inneren und $\varepsilon_2 \cdot dx$ am äußeren Rand des Elementes mit der ursprünglichen Länge dx

$$d\varphi = \frac{\varepsilon_1\,dx - \varepsilon_2\,dx}{d} = \frac{\varepsilon_1 - \varepsilon_2}{d}\,dx \qquad (10.1)$$

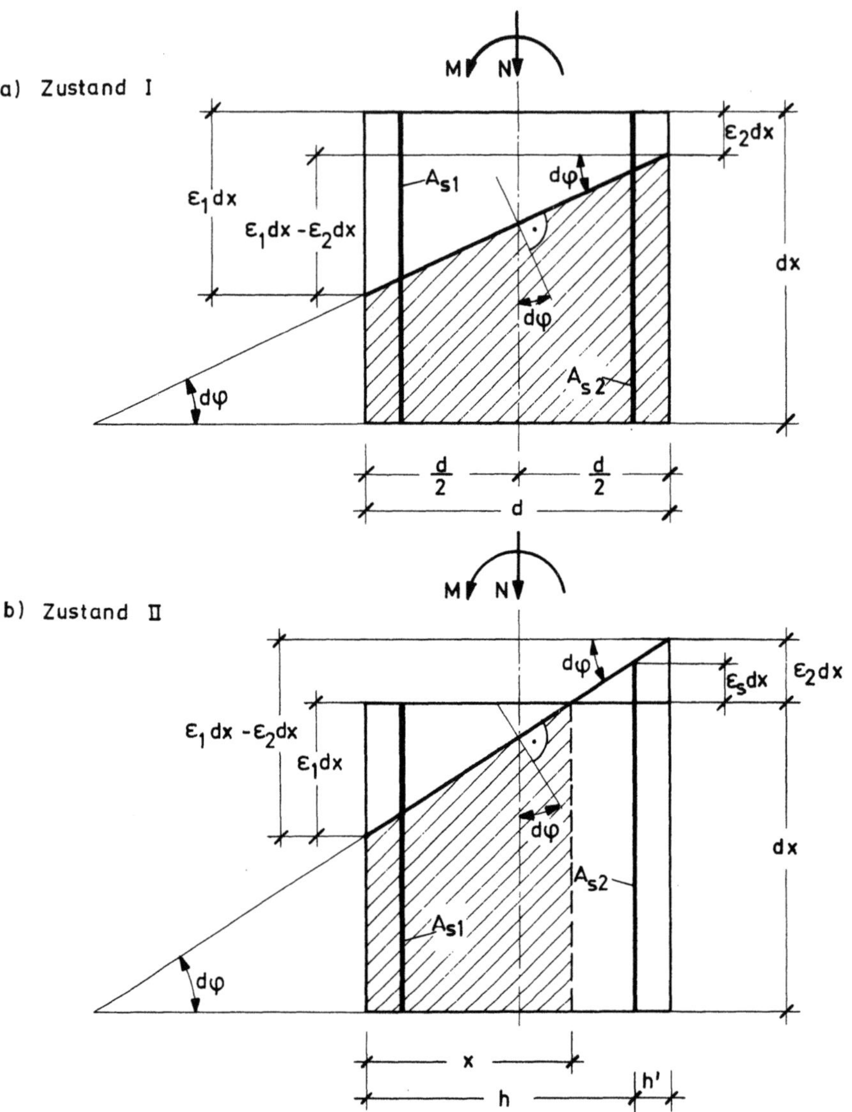

Bild 10.15   Bezeichnungen an einem Element dx zur Herleitung der Krümmung $\varkappa$ bei Biegemoment mit Längsdruckkraft im Zustand I und Zustand II

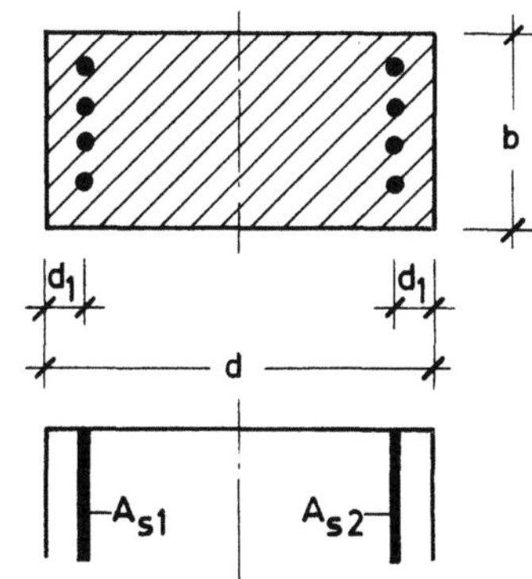

Dehnungsverteilungen

$\bar{\varkappa} = \varepsilon_1 - \varepsilon_2 = const.$

_ _ _ parallel zu ① verschoben

Betonspannungen

Stahlspannungen

Innere Kräfte

Innere und äußere Schnittgrößen im Querschnitt

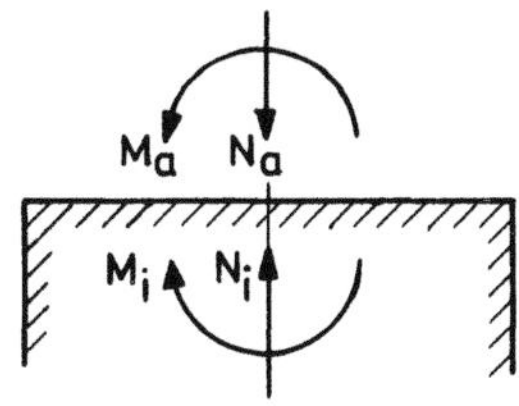

Bild 10.16 Verformungen, Kräfte und Schnittgrößen an einem symmetrisch bewehrten Rechteckquerschnitt im Zustand I

Die auf dx bezogene Winkeländerung ist mit $d\varphi/dx$ gleich der 2. Ableitung der Biegelinie z'' bzw. gleich der Krümmung $\varkappa$

$$\frac{d\varphi}{dx} = z'' = \varkappa = \frac{\varepsilon_1 - \varepsilon_2}{d} \qquad (10.2)$$

Dabei sind ε_1 und ε_2 mit Vorzeichen einzusetzen; die $\varkappa$-Werte sind also negativ.

Diese Gl. (10.2) **gilt auch für Querschnitte** mit ausgefallener Zugzone (Zustand II, Bild 10.15 b), wenn für ε_2 eingesetzt wird:

$$\varepsilon_2 = \varepsilon_{s2}\,\frac{d - x}{h - x} \qquad (10.3)$$

Bei den weiteren Ableitungen wird die dimensionslose Größe der Krümmung

$$\bar{\varkappa} = \varkappa \cdot d = \varepsilon_1 - \varepsilon_2 \qquad (10.4)$$

verwendet.

Die Randdehnungen ε_1 und ε_2 können über die im Abschn. 7 abgeleiteten Beziehungen mit den inneren Schnittgrößen N_i und M_i in Beziehung gebracht werden. ("i" dient hier zur Unterscheidung der inneren von den äußeren Schnittgrößen aus Lasten). Für den in Bild 10.16 gegebenen symmetrisch bewehrten Rechteckquerschnitt gilt z. B. im Zustand I mit den bekannten Bezeichnungen gemäß Abschn. 7:

$$N_i = D_b + D_{s1} + D_{s2}$$

$$M_i = D_b \cdot z_d + (D_{s1} - D_{s2})\left(\frac{d}{2} - d_1\right)$$

oder in dimensionsloser Form mit $\xi = d_1/h$:

$$n_i = \frac{N_i}{b\,d\,\beta_R} = d_b + d_{s1} + d_{s2} \qquad (10.5)$$

$$m_i = \frac{M_i}{b\,d^2\,\beta_R} = d_b\,k_d + (d_{s1} - d_{s2})\left(\frac{1}{2} - \xi\right) \qquad (10.6)$$

Zur Bestimmung der bezogenen inneren Kräfte d_b und d_{s1}, d_{s2} müssen noch die σ-ε-Linien für Beton und Stahl bekannt sein. Für Verformungsberechnungen beim Tragfähigkeitsnachweis (Theorie II. Ordnung) verwendet man meist die vereinfachten bi-linearen σ-ε-Linien des Betons nach Bild 7.4 und des Betonstahls nach Bild 7.5.

Gibt man nun bei gegebenen mechanischen Bewehrungsgraden

$$\omega_{o2} = \frac{A_{s2}}{b \cdot d} \frac{\beta_S}{\beta_R} \qquad \text{und} \qquad \omega_{o1} = \frac{A_{s1}}{b \cdot d} \frac{\beta_S}{\beta_R}$$

die bezogene Krümmung $\bar{\varkappa} = \varepsilon_1 - \varepsilon_2$ vor und verändert ε_1 bzw. ε_2 innerhalb der für die Bemessung gültigen Grenzen (vgl. Bild 7.6), dann erhält man in einem n_i - m_i -Diagramm Kurven mit dem Parameter $\bar{\varkappa}$, die m-n-$\bar{\varkappa}$- bzw. M-N-$\varkappa$-Beziehungen. Die Bilder 10.17a bis d zeigen solche Kurvenscharen für mit B St 420/500 symmetrisch bewehrte Rechteckquerschnitte mit $\omega_{o2} = \omega_{o1} = 0,12;\ 0,24;\ 0,48$ und $0,72$.

Für den gesuchten Gleichgewichtszustand zwischen inneren und äußeren Schnittgrößen (also $N_i = N_a$ und $M_i = M_a$ bzw. $n_i = n_a$ und $m_i = m_a$) kann man aus diesen Diagrammen die jeweils zugehörige Krümmung $\bar{\varkappa}$ in ‰ ablesen.

Die so ermittelte M-N-$\varkappa$-Beziehung läßt sich auch mit n_i als Parameter darstellen, Bild 10.18, was häufig im Schrifttum zu finden ist [161, 165, 166]. Diese Darstellung ermöglicht weitere Einblicke und kann bei der praktischen Rechenarbeit zweckmäßiger sein. Man erkennt, daß bei grosser Längsdruckkraft (z. B. $n_i = -1,25$) das Versagen schon bei geringen Krümmungen (2,5 ‰) eintritt, während bei geringer Längsdruckkraft neben dem sehr viel größeren gleichzeitig aufnehmbaren Biegemoment m_i auch die Krümmung sehr viel größer werden kann.

Den generellen Unterschied zwischen den Kurven bei kleiner und großer Längsdruckkraft macht Bild 10.19 deutlich:

- Bei kleiner Längskraft verläuft die Kurve von Anfang an gekrümmt. Bei Pkt. 1 reißt der Querschnitt auf, bei Pkt. 2 erreicht die Zugbewehrung, bei Pkt. 3 auch die Druckbewehrung die Streckgrenze. Am Pkt. 4 ist die Tragfähigkeit bei Erreichen der Grenzdehnungen nach Bild 7.6 erschöpft.

- Bei großer Längskraft beginnt die Kurve nahezu geradlinig und nimmt erst einen gekrümmten Verlauf an, wenn die Randdehnung ε_1 den Wert 1,35 ‰ nach Bild 7.4 überschreitet. Der Querschnitt reißt nicht auf, so daß sich eine weitere Änderung erst einstellt, wenn bei Pkt. 3 die Druckbewehrung die Streckgrenze erreicht; Pkt. 4 entspricht wieder der kritischen Last nach Abschn. 7.

Für die Stabilität einer schlanken Stahlbetonstütze ist oft nicht der Endpunkt 4, sondern sind die Punkte 2 oder 3 = Erreichen der Streckgrenze in der Bewehrung maßgebend, weil dann das innere Moment nicht mehr so stark anwächst. Die im Abschnitt 10.5 und in Heft 220 des DAfStb. gegebenen Hinweise für Näherungsberechnungen machen von den hier besprochenen Eigenschaften der M-N-$\varkappa$-Kurven mit N als Parameter, vgl. Bild 10.18, Gebrauch.

Die Steigung der n_i-Kurven kann wie in der Elastizitätstheorie als <u>Biegesteifigkeit E J</u> gedeutet werden. Näherungen für diese Kurven ergeben somit gleichzeitig brauchbare Näherungen für die wirkliche Biegesteifigkeit von Stahlbetonquerschnitten unter wachsender Beanspruchung.

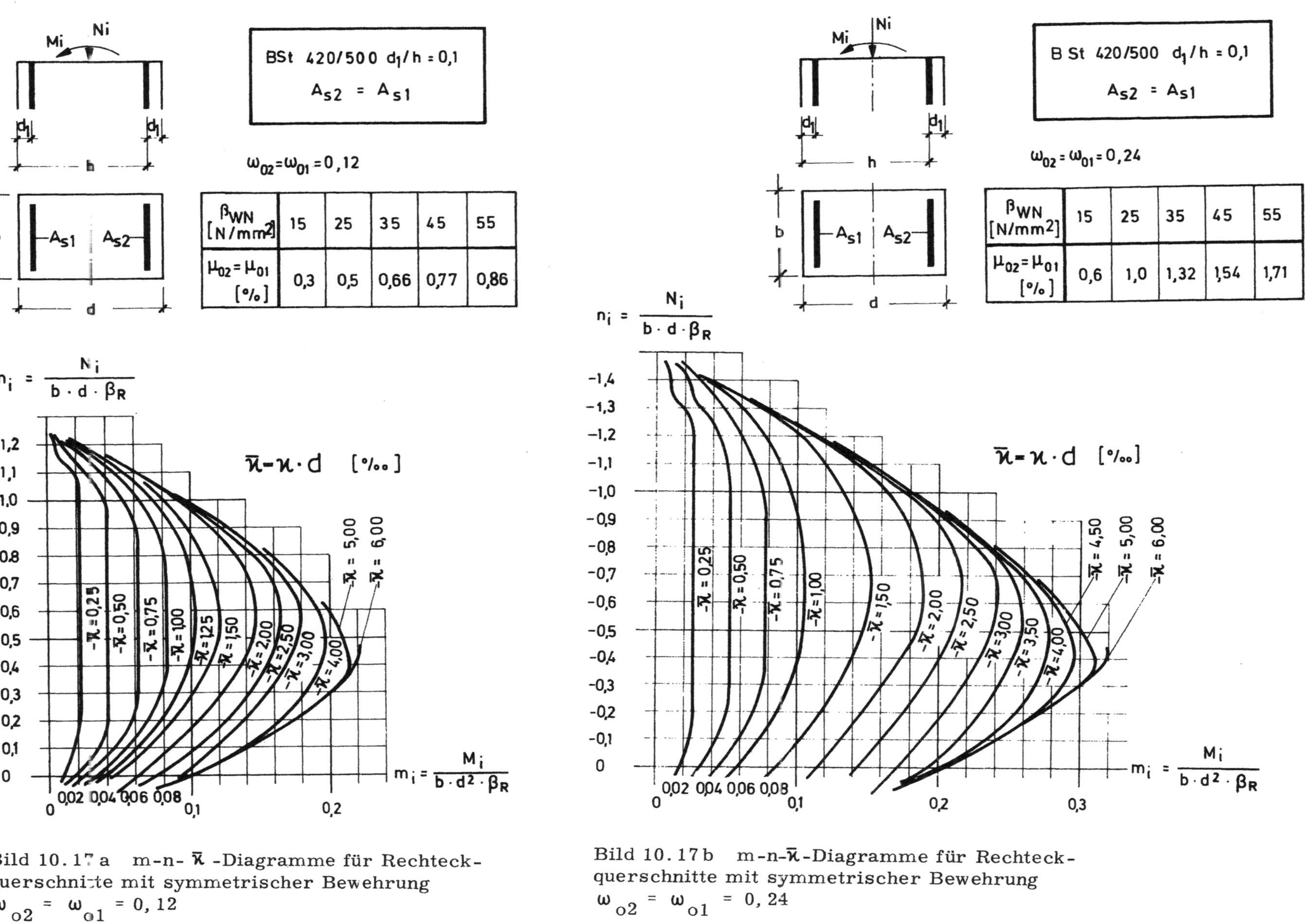

β_{WN} [N/mm²]	15	25	35	45	55
$\mu_{02} = \mu_{01}$ [%]	0,3	0,5	0,66	0,77	0,86

Bild 10.17a   m-n-$\bar{\varkappa}$-Diagramme für Rechteckquerschnitte mit symmetrischer Bewehrung $\omega_{o2} = \omega_{o1} = 0,12$

β_{WN} [N/mm²]	15	25	35	45	55
$\mu_{02} = \mu_{01}$ [%]	0,6	1,0	1,32	1,54	1,71

Bild 10.17b   m-n-$\bar{\varkappa}$-Diagramme für Rechteckquerschnitte mit symmetrischer Bewehrung $\omega_{o2} = \omega_{o1} = 0,24$

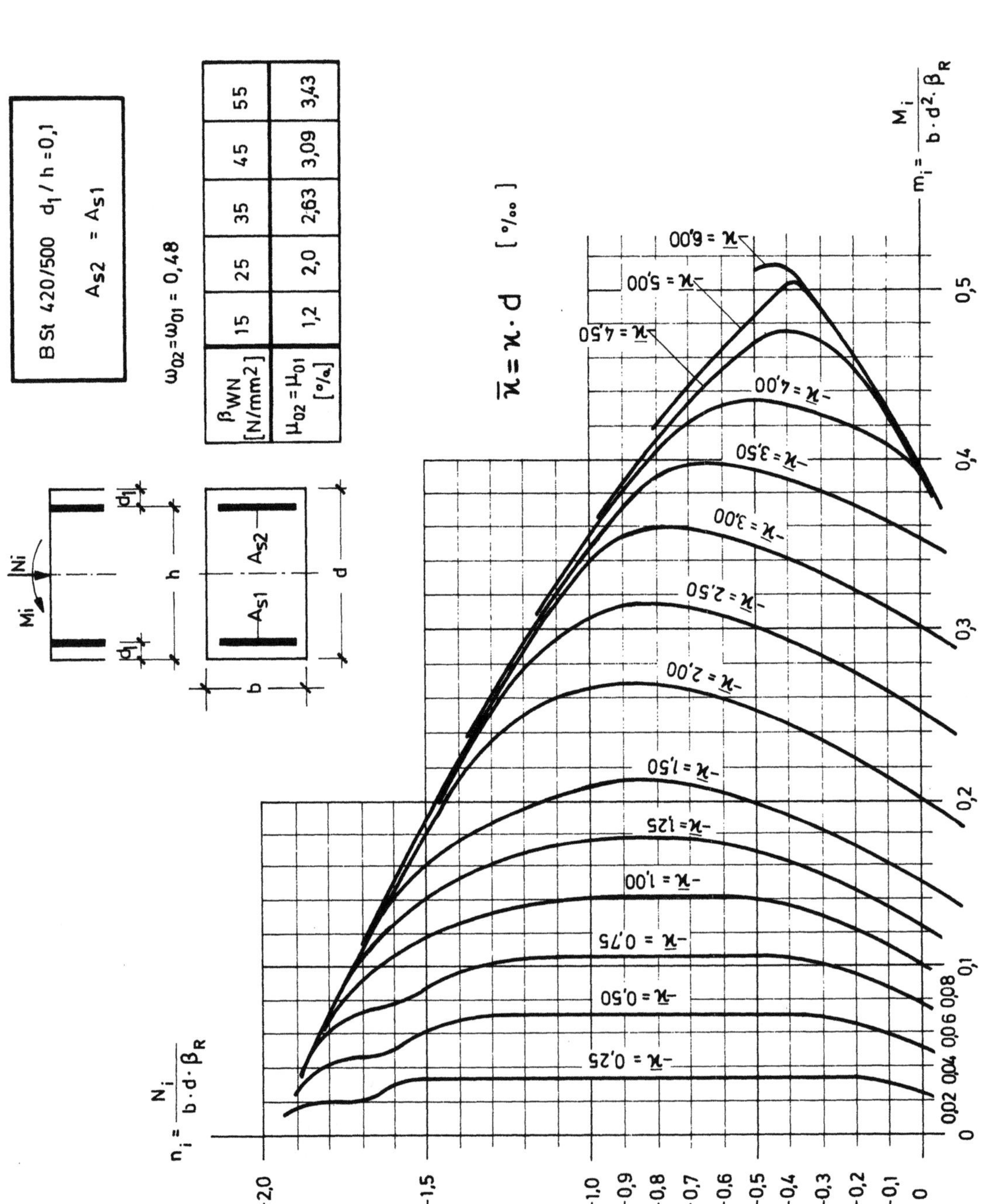

Bild 10.17 c   m-n-$\bar{x}$ -Diagramme für Rechteckquerschnitte mit symmetrischer Bewehrung $\omega_{o2} = \omega_{o1} = 0,48$

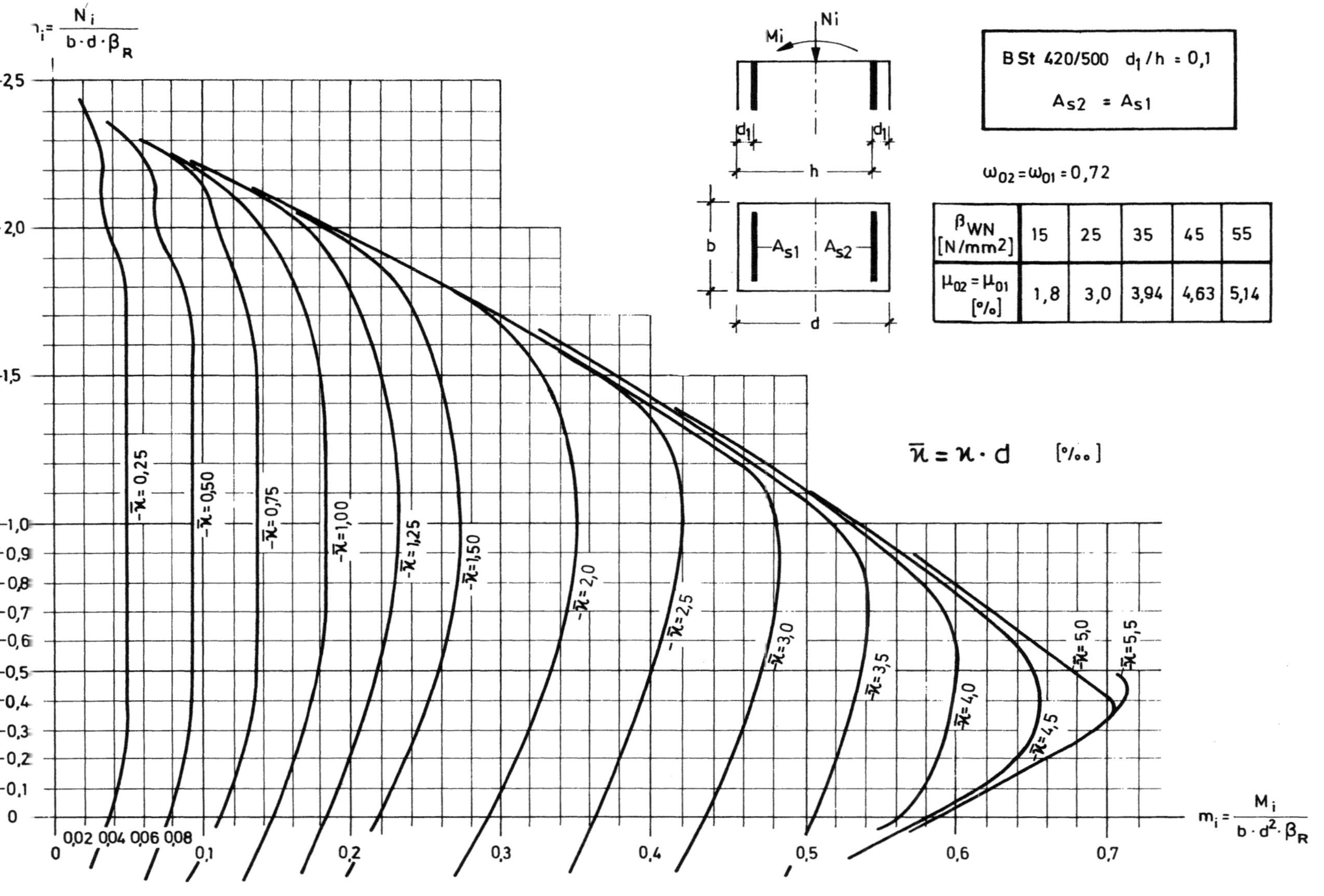

Bild 10.17 d   m-n-κ̄-Diagramme für Rechteckquerschnitte mit symmetrischer Bewehrung $\omega_{o2} = \omega_{o1} = 0,72$

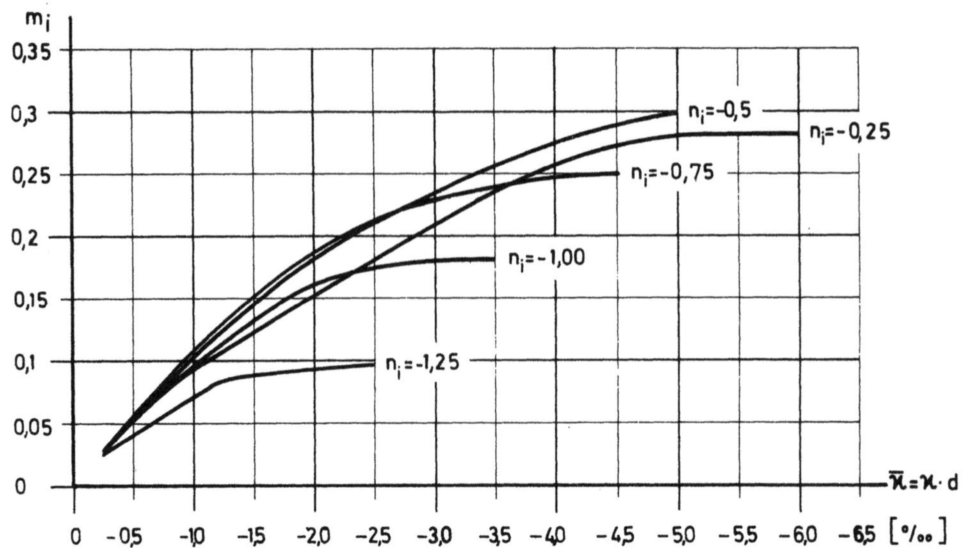

Bild 10.18   m-n-$\bar{\varkappa}$-Diagramm mit n als Parameter für symmetrisch bewehrte Rechteckquerschnitte mit $\omega_{o2} = \omega_{o1} = 0,24$ und B St 420/500 (nach Bild 10.17b)

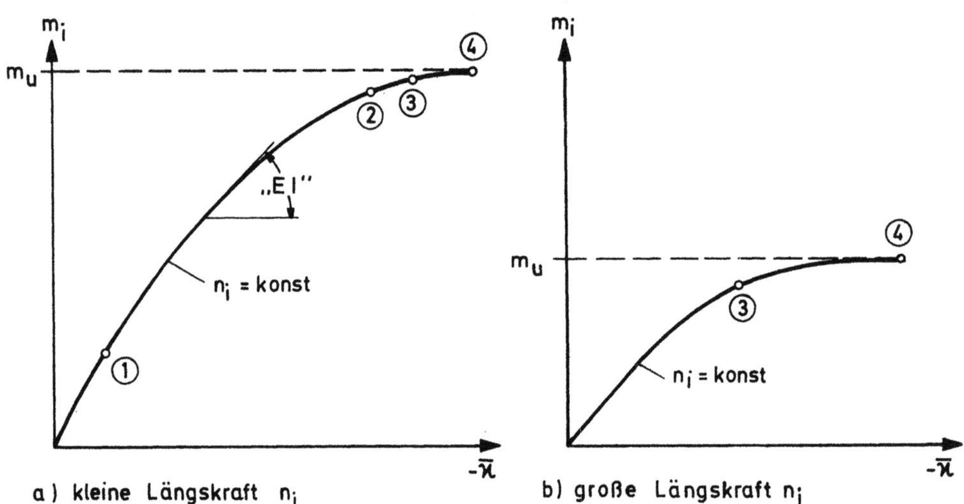

Bild 10.19   Prinzipielle Momenten-Krümmungs-Beziehungen bei kleiner und großer Längsdruckkraft

10.3.4 Tragfähigkeitsnachweis nach Theorie II. Ordnung

Aus der Vielzahl der im Schrifttum bekannten Verfahren (vgl. z.B. [167, 168] wird hier das von Engesser-Vianello verwendet. Zunächst sei der einfache Fall einer oben und unten gelenkig gelagerten Stütze behandelt, bei der die Druckkraft $\gamma \cdot V$ an den Stabenden mit gleichgroßen Ausmitten e angreift.

Man unterteilt zuerst die Stablänge in n-gleiche Teile von der Länge Δx, wobei mit kleiner werdender Unterteilung die Genauigkeit der zu berechnenden Stabverformung v_k zunimmt (Bild 10.20). Ausgehend von den Schnittgrößen nach Theorie I. Ordnung in den einzelnen Punkten k

$$N_k = \gamma \cdot V \qquad \text{und} \qquad M_k^I = \gamma \cdot V \cdot e$$

ermittelt man sich im 1. Iterationsschritt unter Verwendung der M-N-$\varkappa$-Beziehungen (z. B. aus Bild 10. 17) die W-Gewichte in den einzelnen Punkten. Unter Annahme eines abschnittsweise p a r a b o l i s c h e n Krümmungsverlaufs ist mit $\Delta x = s/n$ allgemein:

$$W_o = \frac{\Delta x}{12} (3,5 \cdot \varkappa_o + 3 \cdot \varkappa_1 - 0,5 \cdot \varkappa_2) \quad \text{(oberes Stabende)}$$

$$W_k = \frac{\Delta x}{12} (\varkappa_{k-1} + 10\, \varkappa_k + \varkappa_{k+1}) \qquad (10.7)$$

$$W_n = \frac{\Delta x}{12} (3,5 \cdot \varkappa_n + 3\, \varkappa_{n-1} - 0,5 \cdot \varkappa_{n-2}) \quad \text{(unteres Stabende)}$$

Für den geraden Stab ist zunächst im 1. Iterationsschritt M = konst und damit $\varkappa$ = konst, so daß dann gilt:

$$W_o = W_n = \frac{1}{2} \Delta x \cdot \varkappa$$

$$W_k = \Delta x \cdot \varkappa \qquad (10.8)$$

Entsprechend der Analogie

$$\frac{d^2 v}{dx^2} = -\varkappa \quad \text{und} \quad \frac{d^2 M}{dx^2} = -p$$

kann man sich die Ermittlung der Biegelinie $v(x)$ als Berechnung des Momentenverlaufs $\overline{M}(x)$ für eine gedachte Belastung $\overline{p}(x) = \varkappa(x)$ vorstellen. Man denkt sich also den Stab in den Punkten k mit den Einzelkräften W_k belastet und ermittelt sich dann für diese Belastung die Biegemomente $\overline{M}_k$ nach den üblichen statischen Methoden. Die Biegemomente $\overline{M}_k$ entsprechen dabei den Stabverformungen $v_k^{(1)}$, die Querkräfte $\overline{Q}_k$ den Stabdrehwinkeln $\varphi_k^{(1)}$ des 1. Iterationsschrittes.

Die Auflagerbedingungen des sog. Mohr' schen Ersatzsystems müssen entsprechend den Verformungsbedingungen des Druckstabes gewählt werden. Für den beidseitig gelenkig gelagerten Druckstab gilt:

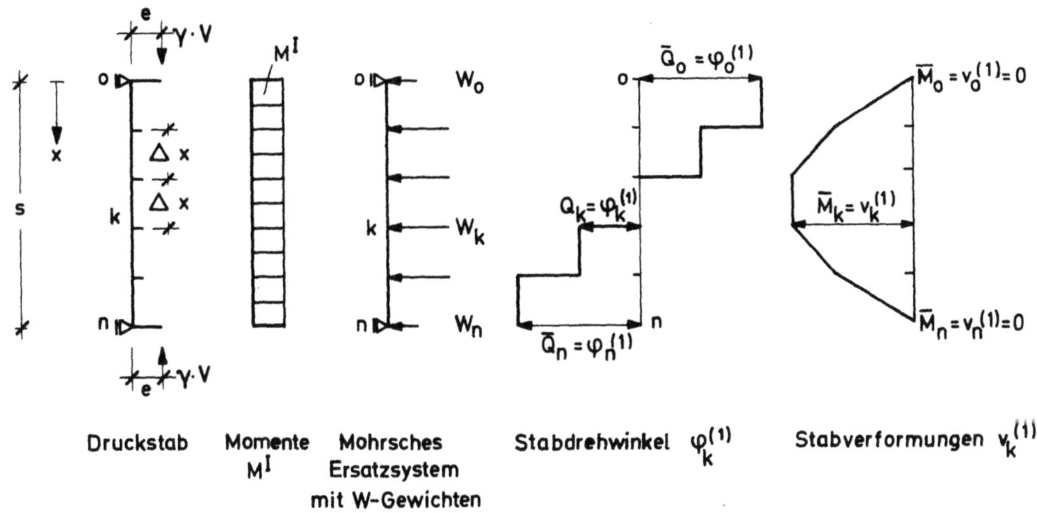

Bild 10. 20   Verformungsberechnung nach Vianello (1. Iterationsschritt)

Verformungsbedingungen des Druckstabes in den Punkten 0 und n:	Auflagerbedingungen des Mohr'schen Ersatzsystems in den Punkten 0 und n:
$v = 0$	$\overline{M} = 0$
$\varphi \neq 0$	$\overline{Q} \neq 0$

Zweckmäßig wählt man eine ungerade Anzahl n von Abschnitten Δx und kann dann im 1. Iterationsschritt aus den W-Gewichten sofort anschreiben:

$$\overline{Q}_o = \overline{Q}_n = \frac{1}{2} \Sigma W - W_o = \frac{1}{2} s \cdot \varkappa \qquad (10.9)$$

und für die Stabmitte m

$$\overline{M}_m = \sim \frac{\varkappa s^2}{8} = v^{(1)}_m \qquad (10.10)$$

Die übrigen Werte $v^{(1)}_k$ ergeben sich aus dem parabelförmigen Verlauf der $\overline{M}$ - bzw. $v^{(1)}$-Linie.

Im 2. Iterationsschritt geht man nunmehr von den Schnittkräften des verformten Systems aus

$$N_i = \gamma \cdot V \qquad \text{und} \qquad M^{(2)}_k = \gamma \cdot V (e + v^{(1)}_k)$$

und ermittelt sich wieder unter Verwendung der M-N-$\varkappa$-Beziehungen die zugehörigen W-Gewichte punktweise nach Gl. (10.7). Dann berechnet man wieder am Mohr'schen Ersatzsystem die verbesserten Stabverformungen $v^{(2)}_k$ (Bild 10.21).

Die iterative Berechnung kann abgebrochen werden, wenn die berechneten Verformungen $v^{(n)}_k$ mit den Verformungen $v^{(n-1)}_k$ übereinstimmen. Die Schnittgrößen nach Theorie II. Ordnung sind dann

$$N_i = \gamma \cdot V$$

$$M^{II}_i = M^{(n)}_k = \gamma \cdot V (e + v^{(n)}_k) \qquad (10.11)$$

und der Nachweis eines stabilen Gleichgewichtszustandes unter der γ-fachen Gebrauchslast ist erbracht.

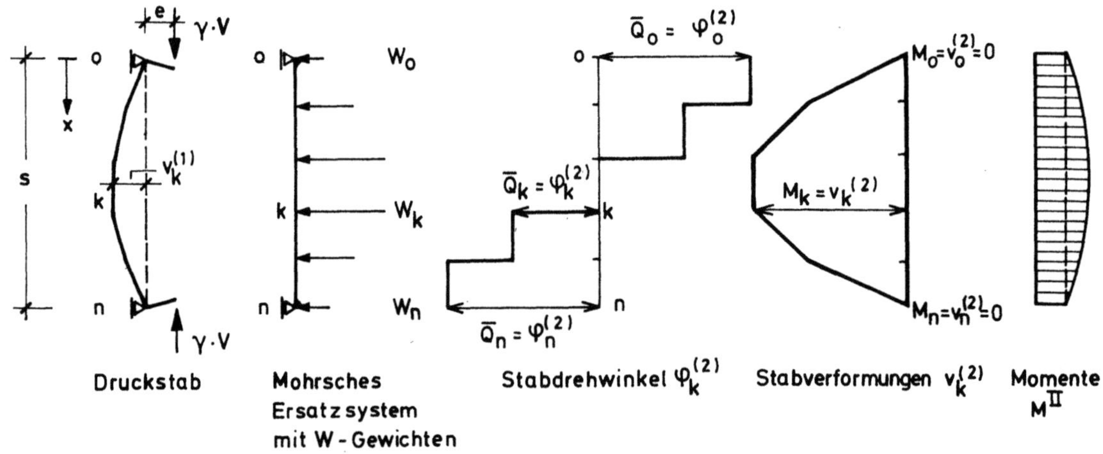

Bild 10.21 Verformungsberechnung nach Vianello (2. Iterationsschritt)

Ein Versagen des Stabes unter der γ-fachen Gebrauchslast macht sich dadurch bemerkbar, daß bei einem Iterationsschritt der zu den Schnittgrößen $N_i = \gamma \cdot V$ und $M_i = \gamma \cdot V \, (e + v_k^{(n)})$ zugehörige Krümmungswert $\varkappa_k$ in den M-N-$\varkappa$-Beziehungen nach Bild 10.17 außerhalb der Umhüllenden der M-N-$\varkappa$-Kurven liegt. Punkte außerhalb der Umhüllenden würden Dehnungen $\varepsilon_b > 3,5\%_0$ oder $\varepsilon_{s2} > 5\%_0$ bedeuten, was nach Abschnitt 7 nicht zulässig ist.

Dies bedeutet, daß die Stabverformungen nicht zu einer stabilen Biegelinie konvergieren, sondern daß sie immer mehr anwachsen und dadurch den Druckstab zum Bruch führen. Diese Tendenz zeigt sich meist schon bei Stahldehnungen kurz nach Erreichen der Streckgrenze.

Völlig analog kann der Tragfähigkeitsnachweis einer <u>unten eingespannten, oben frei beweglichen Stütze</u> geführt werden. Es ist nur zu beachten, daß das Mohr'sche Ersatzsystem ein oben eingespannter, unten frei beweglicher Stab ist (Bild 10.22).

Bei einem <u>statisch unbestimmt gelagerten Druckstab</u> wird man im allgemeinen vom oben und unten gelenkig gelagerten Druckstab ausgehen und

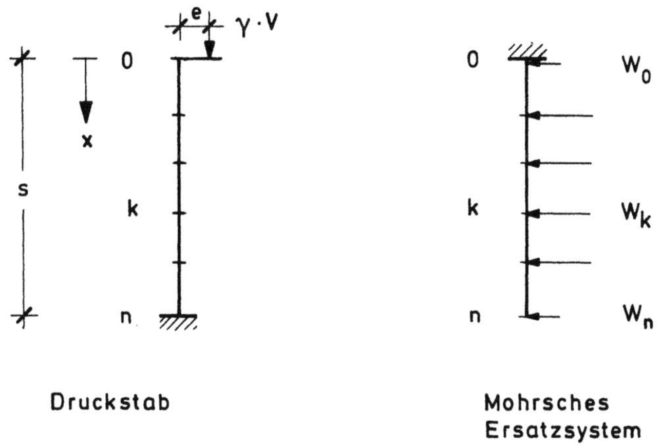

Bild 10.22   Mohr'sches Ersatzsystem einer unten eingespannten, oben frei beweglichen Stütze

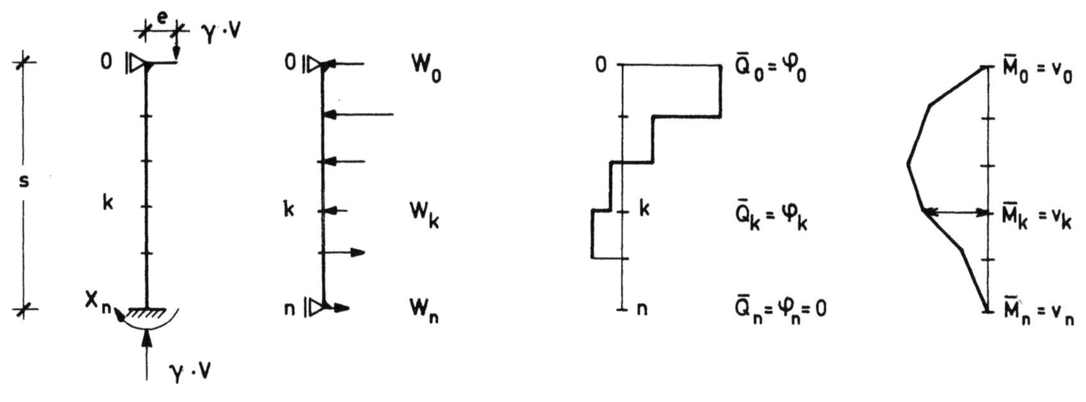

Bild 10.23   Verformungsberechnung nach Vianello (Theorie II. Ordnung) bei einem unten starr eingespannten, oben gelenkig gelagerten Stab (statisch unbestimmt)

die statisch überzähligen Größen so bestimmen, daß die entsprechenden
Verformungsbedingungen eingehalten werden.

Für den oben gelenkig gelagerten und unten eingespannten Stab (Bild 10.23)
heißt das: man muß bei jedem Iterationsschritt zur Bestimmung der Stab-
auslenkungen das Einspannmoment X_n im Punkt n mit Hilfe der
M-N-$\varkappa$-Beziehungen ebenfalls iterativ so bestimmen, daß $\varphi_n = \overline{Q} = 0$
erreicht wird.

Auch bei Druckstäben mit z. B. stetig oder sprunghaft <u>veränderlichen
Querschnittsabmessungen</u> (b, h, A_s) oder mit <u>vorverformter Stabachse</u>
oder mit mehreren <u>verteilt angreifenden Einzelkräften</u> kann der Tragfähigkeitsnachweis nach Theorie II. Ordnung in Anlehnung an das Verfahren
von Engesser-Vianello geführt werden.

Auch die Vergrößerung der <u>Verformungen infolge Kriechen</u> könnte bei dem
Verfahren von Vianello berücksichtigt werden, wenn man z. B. neue
M-N-$\varkappa$-Beziehungen für einen reduzierten E-Modul des Betons $E_b^* = E_b/1 + \varphi$
aufstellt. Bei praktischen Berechnungen wird man sich aber i. a. mit den
später angegebenen geschlossenen Näherungsansätzen begnügen können.

10.4 Ersatzstabverfahren und Ermittlung von zugehörigen Knicklängen

10.4.1 Ersatzstabverfahren

Unter einem "Ersatzstab" versteht man einen Druckstab mit einer Länge
gleich der Knicklänge des Standardstabes, der an beiden Enden gelenkig
gelagert ist und dessen Last V mit beidseitig gleich großen und gleichge-
richteten Ausmitten angreift, die der größten Lastausmitte im mittleren
Drittel der Knicklänge der zu untersuchenden Stütze entsprechen.

Aus dieser Definition des Ersatzstabes geht hervor, daß es in erster Linie darauf ankommt, die "Knicklänge" s_K (eigentlich die Länge des die
gleiche Sicherheit liefernden Ersatzstabes, kurz auch "Ersatzlänge" genannt) zutreffend abzuschätzen.

Mit Hilfe der Schlankheit λ als Quotient aus Knicklänge s_K und Trägheitsradius i kann in der Praxis schnell entschieden werden, ob keine Knickgefahr besteht, ob sie nur gering und somit eine Näherungsrechnung möglich ist, oder ob sie groß und deshalb der numerisch sehr aufwendige Weg
über M-N-$\varkappa$-Beziehungen und Vianello-Verfahren nach Abschn. 10.3.4
unumgänglich ist. Beim allgemeinen Tragfähigkeitsnachweis nach Theorie II. Ordnung wird der Begriff der Schlankheit nicht benötigt.

Für den Standardstab sind in Abhängigkeit von der Schlankheit, der Größe
der Ausmitten, den Querschnitts- und Baustoffkennwerten usw. Hilfsmittel erarbeitet worden (Heft 220 DAfStb. und [169]), die die Rechenarbeit erheblich vereinfachen - sofern die Knicklänge des "Ersatzstabes"
mit ausreichender Sicherheit geschätzt werden konnte.

10.4.2 Knicklängen für das Ersatzstabverfahren

10.4.2.1 Allgemeines

Allgemein wird die Knicklänge zur Anwendung des Ersatzstabverfahrens
mit Hilfe der Elastizitätstheorie bestimmt, wobei Querbelastungen nur in
den Knoten zusammengefaßt werden. Das nicht-elastische Verhalten der

Stahlbetonbauteile (insbes. Steifigkeitsverlust bei Rißbildung im Zustand II)
mu ß allerdings für die Riegel verschieblicher Rahmensysteme beachtet
werden.

Aus den klassischen "Euler-Fällen" ist bekannt, daß das Verhältnis β
der Knicklänge s_K zur Stablänge s von der Lagerungsart der Stabenden
abhängig ist und daß s_K jeweils der Länge einer Halbwelle der Knickfigur
mit gleichgerichteter Krümmung bzw. dem Abstand der Wendepunkte der
Knickfigur entspricht (Bild 10. 24). Sind die Stabenden horizontal verschieb-
lich, dann wird s_K sehr viel größer als bei unverschieblicher Lagerung -
man muß also unbedingt beachten, ob Tragwerke mit Stützen horizontal starr
festgehalten sind oder ob sie sich verschieben können, wobei die Verschiebung verschiedene Ursachen (Unsymmetrie des Systems oder der Lasten,
Wind, Temperatur, Schwinden, Baugrundverformungen, Kran-Bremsla-
sten usw.) haben kann. Auch ist die Einspannung der Stützen meist nicht
starr, so daß die "Euler-Fälle" keine sichere Grundlage zur Bestimmung
der Knicklänge sein können.

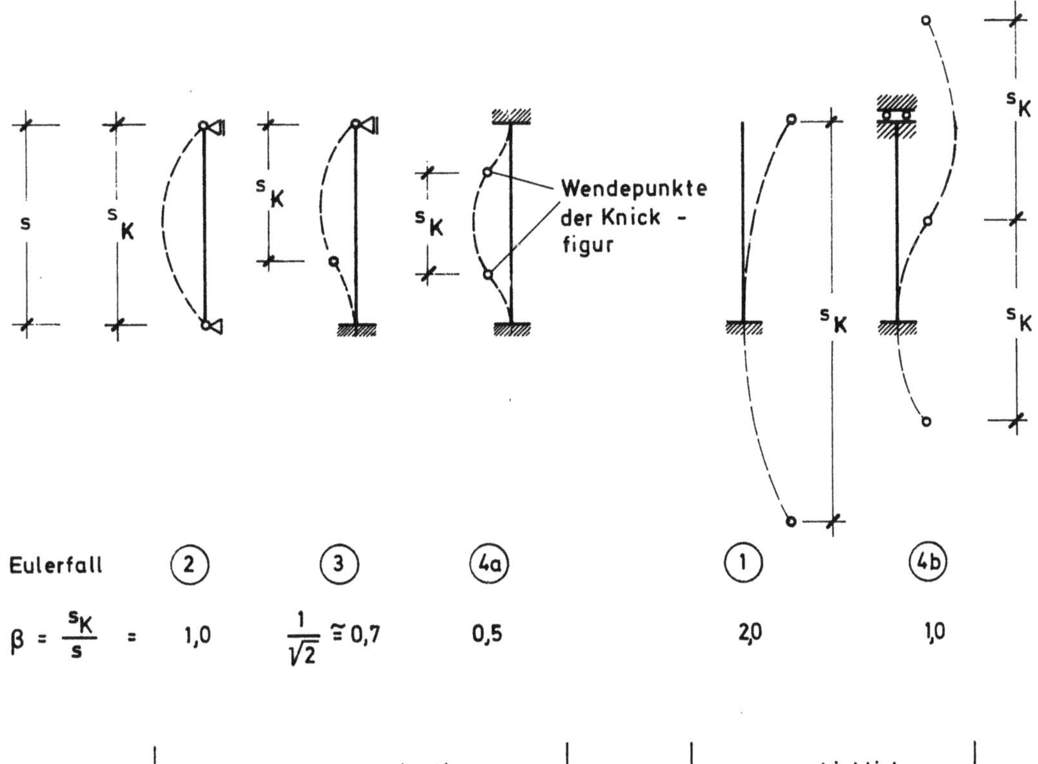

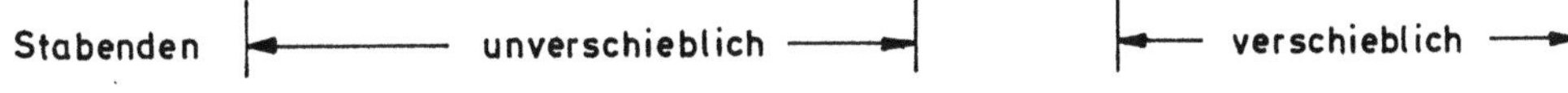

Bild 10. 24   Knickfiguren und Knicklängen von Druckgliedern entsprechend
den Euler-Fällen

10. 4. 2. 2 Knicklänge von Stützen (Stielen) in unverschieblichen Rahmen

Unverschiebliche Rahmensysteme sind an den Knoten gegen horizontale
Verschiebungen festgehalten z. B. durch einen steifen Aufzugschacht oder
durch steife Wandscheiben. DIN 1045 gibt in Abschnitt 15. 8.1 Hinweise,
mit deren Hilfe man abschätzen kann, ob ein Bauwerk des Hochbaus für
die Stützenberechnung als unverschieblich angesehen werden kann.

Um die maßgebende Knicklänge eines Rahmenstieles zu ermitteln, betrachtet man die Knickfigur des Systems (Bild 10. 25) unter dem für den
Stiel (Stütze) ungünstigsten Lastfall. Die maßgebende Knicklänge ent-

spricht wie in Bild 10. 24 dem Abstand der Wendepunkte der Knickfigur
der Stützen. Je nach Einspanngrad liegt der Wendepunkt mehr oder weniger nahe am Knotenpunkt, er kann auch im Knotenpunkt liegen; $\beta = s_K/s$
kann also zwischen 0, 5 und 1, 0 liegen.

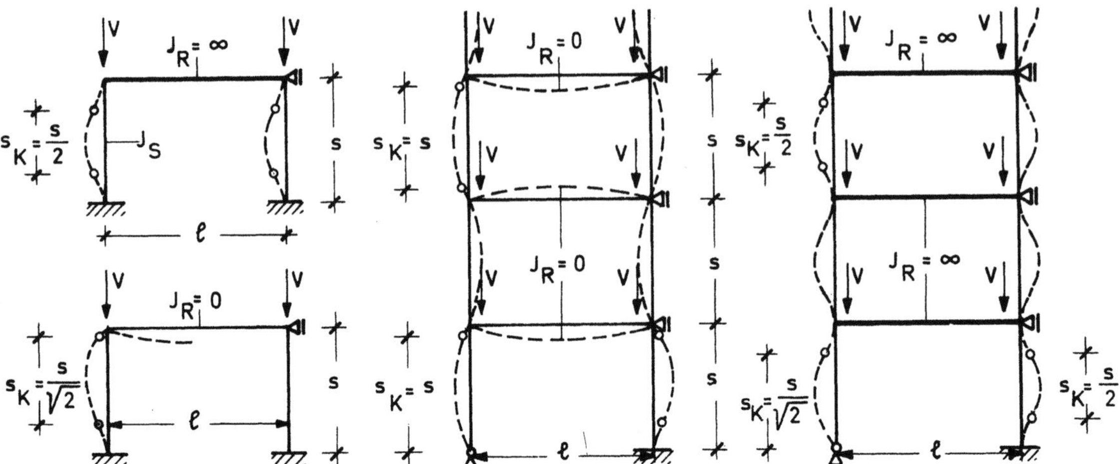

Bild 10. 25   Knickfiguren und Knicklängen von einigen unverschieblichen
Rahmen

Für die Lage der Wendepunkte sind die Steifigkeitsverhältnisse k zwischen
anschließenden Stützen und Riegeln in den Endpunkten der zu untersuchenden Stütze maßgebend

$$k = \frac{\Sigma\,(EJ_S/s)}{\Sigma\,(EJ_R/\ell)} \qquad\qquad (10.12)$$

k = 0 liegt bei voller Einspannung, k = ∞ bei frei drehbarer, gelenkiger
Lagerung vor.

In Bild 10. 26 sind für die Stütze A B die Steifigkeitsverhältnisse k_A und
k_B der Knoten A und B angegeben.

Meist wird dabei für E J der Betonquerschnitt im Zustand I ohne Berücksichtigung der Stahleinlagen eingesetzt. Genau genommen müßten die Steifigkeiten bei γ-facher Gebrauchslast verwendet werden, was für die Riegel praktisch immer Zustand II bedeutet. Die Steifigkeit der Riegel $E\,J^{II}$
ist dann merklich kleiner als $E\,J^I$, was die Einspannung der Stützen vermindert und die Steifigkeitsverhältnisse k vergrößert.

B. C. Johnston [170] und J. G. MacGregor [171] haben ein Nomogramm
aufgestellt, aus dem die Knicklänge $s_K = \beta \cdot s$ in Abhängigkeit von den Steifigkeitsverhältnissen k_A und k_B abgelesen werden kann (Bild 10. 27). Man
erkennt, daß mit größeren Werten k auch die Knicklänge größer wird. Für
einen Druckstab mit z. B. k_A = 1, 0 und k_B = 0, 5 ergibt sich aus Bild 10. 27
die Knicklänge zu s_K = 0, 725 · s.

In Heft 220 DAfStb. wird darauf hingewiesen, daß man vorsichtigerweise
nicht von k-Werten unter 0, 4 ausgehen sollte.

Für Sonderfälle elastisch eingespannter Stäbe soll hier ein von H. Kupfer
[172] angegebenes Verfahren aufgeführt werden. Die Drehfederkonstan-
ten c (= Knotenmoment, das den Drehwinkel 1 erzeugt) seien bekannt.

Dann ist mit

$$\bar{k} = \frac{E\,J}{s} \cdot \frac{1}{c} \qquad\qquad (10.13)$$

das Verhältnis $\beta = s_K/s$ aus den Gleichungen in Bild 10.28 zu berechnen.

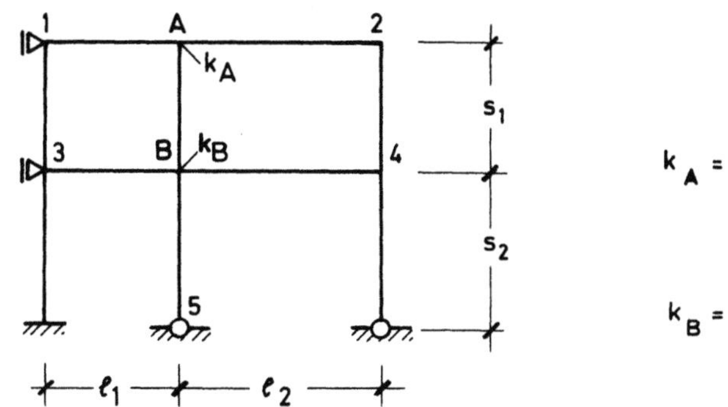

$$k_A = \frac{E\,J_{AB}\,/\,s_1}{E\,J_{A1}\,/\,\ell_1 \;+\; E\,J_{A2}\,/\,\ell_2}$$

$$k_B = \frac{E\,J_{AB}\,/\,s_1 \;+\; E\,J_{B5}\,/\,s_2}{E\,J_{B3}\,/\,\ell_1 \;+\; E\,J_{B4}\,/\,\ell_2}$$

Bild 10.26 Beispiel zur Berechnung der Steifigkeitsverhältnisse k_A und k_B nach Gl. (10.12) für die Stütze A - B

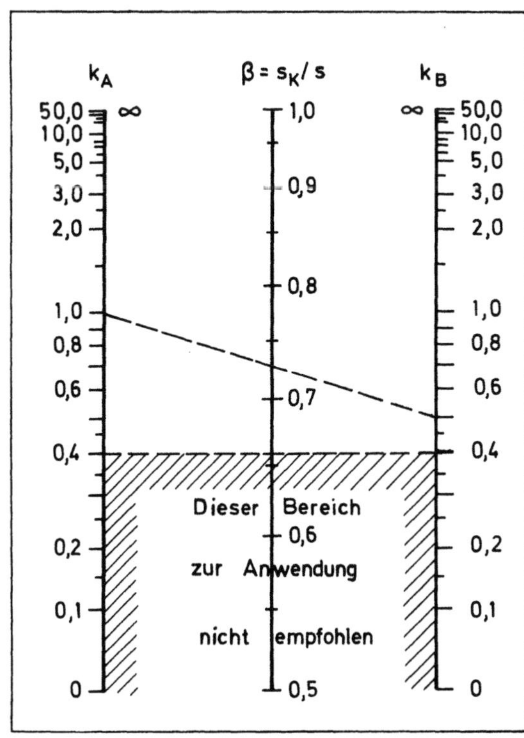

Bild 10.27   Nomogramm zur Ermittlung der Knicklänge s_K von unverschieblich gehaltenen Druckstäben bei elastischer Einspannung der Stabenden [170, 171]

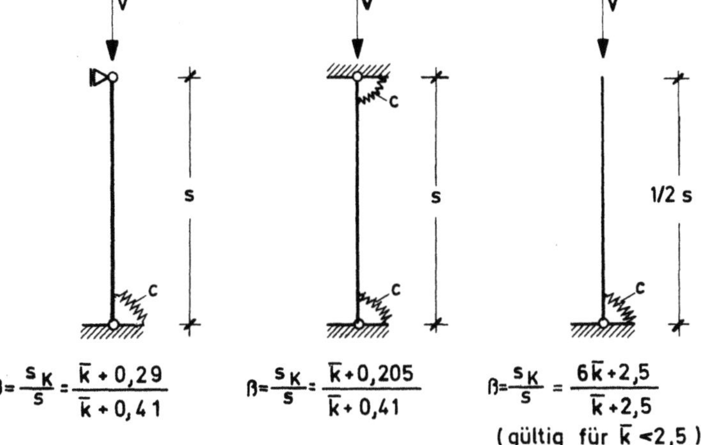

$$\beta = \frac{s_K}{s} = \frac{\bar{k}+0,29}{\bar{k}+0,41}$$

$$\beta = \frac{s_K}{s} = \frac{\bar{k}+0,205}{\bar{k}+0,41}$$

$$\beta = \frac{s_K}{s} = \frac{6\,\bar{k}+2,5}{\bar{k}+2,5}$$
(gültig für $\bar{k} < 2,5$)

Bild 10.28   Knicklängen von elastisch eingespannten Stäben [172]

Dabei dürfen im Ausdruck c nur die am Knoten anschließenden Riegel
eingesetzt werden und deren Drehfedern c sind bei mehreren überein-
anderstehenden knickgefährdeten Stützen auf diese aufzuteilen. Die Aufteilung soll so erfolgen, daß der "Knickbeanspruchungsgrad"

$$\varepsilon_K = s_K \sqrt{\frac{V}{E_b J_b}}$$ für alle Stützen mit Knicklängen $s_K > s/2$ (und sofern
bei ihnen s_K durch freidrehbare Gelenke nicht festgelegt ist) gleich groß
wird.

Weitere Angaben über Knicklängen von Druckstäben in unverschieblichen
Systemen sind im Schrifttum zahlreich zu finden, z.B. [173] . Sie können weitgehend angewandt werden, auch wenn sie für homogenen Baustoff
wie Stahl aufgestellt wurden.

10.4.2.3 Knicklänge von Stützen (Stielen) in verschieblichen Rahmen

Bei verschieblichen Rahmensystemen sind die Knoten horizontal beweg-
lich, und die horizontale Verschiebung wird nur durch die Rahmensteifig-
keit begrenzt. Die Knicklänge ist auch bei verschieblichen Stäben die Länge einer Halbwelle der Knickfigur, die je nach System imaginär über das
wirkliche System hinaus zu verlängern ist, um die ganze Halbwelle zu erhalten.

Bei hohen Stockwerksrahmen kann die Gesamtstabilität durch die Horizon-
talverschiebungen leicht gefährdet werden (Bild 10.29). Die Schiefstellung
der Stützen über mehrere Stockwerke führt zu einer zunehmenden Ausmitte der resultierenden Gesamtlast. Betrachtet man neben den rechnerischen
Schwierigkeiten die starke Gefährdung von Rahmenstützen durch die Verschieblichkeit des Systems, dann muß man die Folgerung ziehen, verschiebliche Systeme bei Entwürfen möglichst zu vermeiden und die Rahmen mit Hilfe der Deckenscheiben an Windscheiben, Treppen- oder Auf-
zugschächte usw. horizontal festzulegen. Nur ein ungeschickter Ingenieur
ladet sich die Sorgen und dem Bauherrn die Kosten mehrgeschoßiger, verschieblicher Rahmensysteme auf.

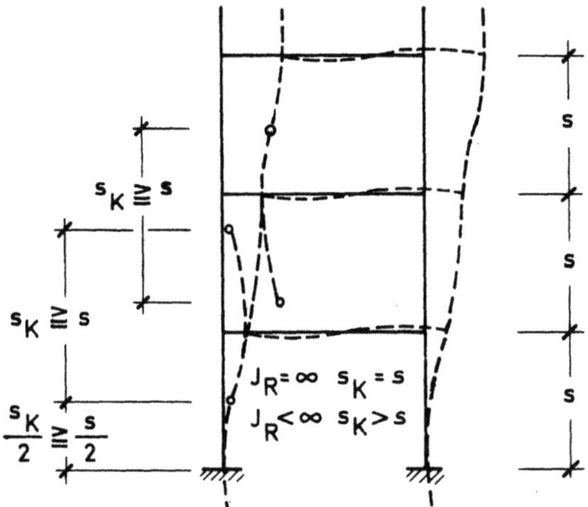

Bild 10.29   Knickfigur eines mehrgeschoßigen Stockwerkrahmens

Die Verschieblichkeit vergrößert die Knicklänge, wie ein Vergleich von
verschieblichen mit unverschieblichen Systemen in Bild 10.30 zeigt. Beim
beidseitig eingespannten Stab wächst die Knicklänge durch die Verschieblichkeit eines Endes von 0,5 s auf 1,0 s. Bei Zweigelenkrahmen kann die
Knicklänge der Rahmenstiele je nach Biegesteifigkeit und Belastungsart
des Riegels in praktisch vorkommenden Fällen von 1,2 s bis auf 5 s an-

wachsen (infolge der Verschieblichkeit des Rahmens beträgt die Knicklänge mindestens 2 s).

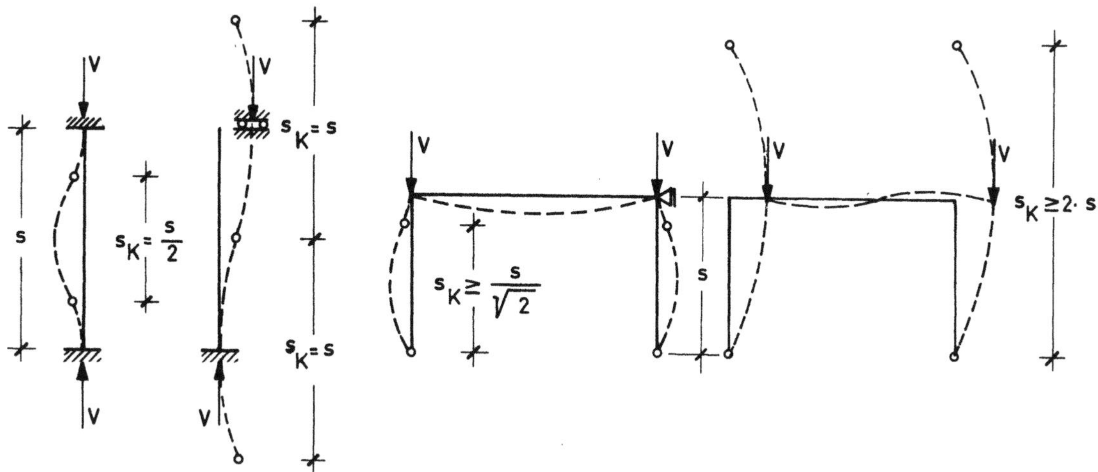

Bild 10.30 Gegenüberstellung der Knickfiguren und Knicklängen von unverschieblichen und verschieblichen Systemen

Bei unsymmetrischer Lastanordnung sind die Knicklängen der Rahmenstiele verschieden und zwar weist der weniger belastete Rahmenstiel die größere Knicklänge auf (Bild 10.31). Bei Reihen von Stützen mit sehr unterschiedlichen Knickbeanspruchungsgraden $\varepsilon_K = s_K \sqrt{\dfrac{V}{EJ}}$ und bei Vorhandensein von Pendelstützen neben eingespannten Stützen kann die Knicklänge der aussteifenden Stützen sehr groß werden, worauf besonders D. Augustin [174] hingewiesen hat. In Heft 220 DAfStb. sind auch Diagramme für diese Fälle gegeben.

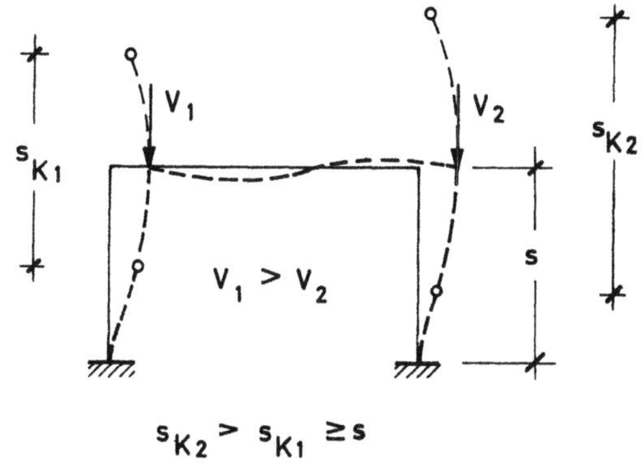

Bild 10.31 Knickfigur eines verschieblichen, eingespannten Rahmens mit verschieden großer Stielbelastung

Zur genauen Ermittlung der Knicklängen in verschieblichen Systemen ist viel veröffentlicht worden [175, 176, 177, 178]. Einfacher, wenn auch nur in grober Näherung, kann s_K aus dem Nomogramm Bild 10.32 von Johnston und MacGregor [170, 171] mit Hilfe der Steifigkeitsverhältnisse k_A und k_B abgelesen werden (vgl. Abschn. 10.4.2.2). Unter Verwendung des Nomogramms Bild 10.32 ergibt sich z.B. die Knicklänge für einen verschieblichen Druckstab mit $k_A = 1,0$ und $k_B = 0,5$ zu $s_K = 1,23$ s. Auch bei diesem Nomogramm sollte man nicht für k-Werte unter 0,4 ablesen!

Bei der Anwendung dieses Nomogramms ist jedoch Vorsicht geboten, da es für Rahmen mit sehr vielen Stockwerken und Feldern bei gleichbleiben-

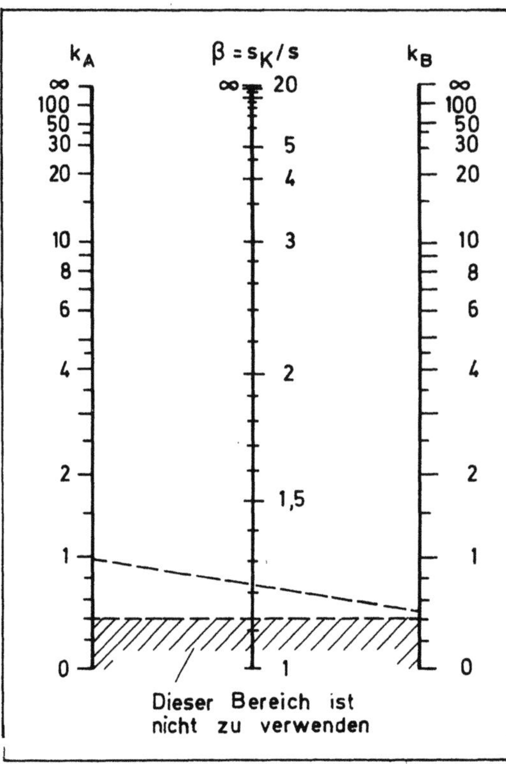

Bild 10.32 Nomogramm zur Ermittlung der Knicklänge s_K von Druckstäben in verschieblichen Rahmensystemen [170, 171]

den Stützen- und Riegelsteifigkeiten und Lasten nur in den Knoten abgeleitet wurde. Bei begrenzter Felder- und Stockwerkszahl mit eingespannten Füßen sowie für Rahmen mit belasteten Riegeln liegen die aus dem Nomogramm erhaltenen Knicklängen auf der unsicheren Seite! Das Nomogramm ist aber bei Rahmen mit Fußgelenken auch bei wenigen Stockwerken brauchbar.

In verschieblichen Rahmen sollte man zur Bestimmung der Werte k für die Riegel unbedingt das Trägheitsmoment $J_R^{(II)}$ im Zustand II ansetzen, während für die Stützen $J_S^{(I)}$ belassen werden kann. Wenn man genauere Rechnungen umgehen will, sollte eine Abminderung der Biegesteifigkeit der Riegel auf mind. 60 % und im Fall einseitig gelenkig gelagerter Riegel auf mind. 35 % eingeführt werden.

Bei mehrgeschoßigen Stockwerksrahmen gibt das Nomogramm weiterhin nur dann ausreichend genaue Knicklängenzahlen β, wenn die Knickbeanspruchungsgrade zweier übereinanderstehender Stützen nicht mehr als 25 % voneinander abweichen.

Bei verschieblichen Rahmensystemen ist es ferner unerläßlich, auch die Einspannverhältnisse in Fundamenten usw. vorsichtig zu wählen, weil selbst kleine Fundamentverdrehungen die Knickfigur stark beeinflussen und die Knicklängen vergrößern (Bild 10.33) nach [179], vgl. dazu Heft 220 DAfStb.

Kurze Formeln für die Knicklängen von Stielen einfacher Rahmen sind auch in anderen Normen enthalten, Beispiele aus der ÖNORM sind in Bild 10.34 zusammengestellt, (vgl. auch DIN 4114).

Die Verformungen nach Theorie II. Ordnung verursachen auch ein Anwachsen der Einspannmomente der Riegel. Wird der Riegelanschluß nur für das Einspannmoment nach Theorie I. Ordnung bemessen, dann können sich dort frühzeitig Fließgelenke ausbilden, die die angenommene Biegesteifigkeit des Riegels weiter vermindern und dadurch die Knicksicher-

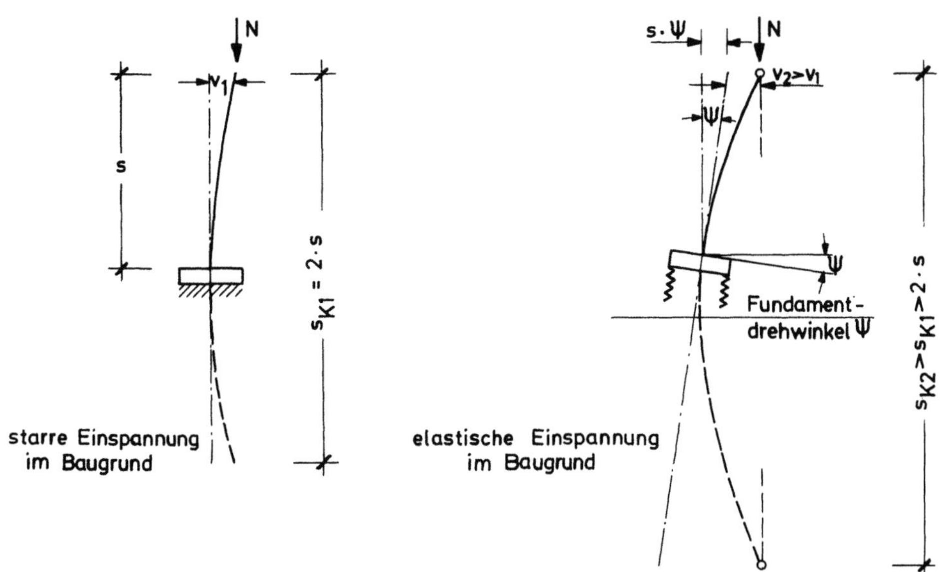

Bild 10.33 Vergleich der Verformungen und der Knicklängen einer starr und einer elastisch im Baugrund eingespannten Stütze

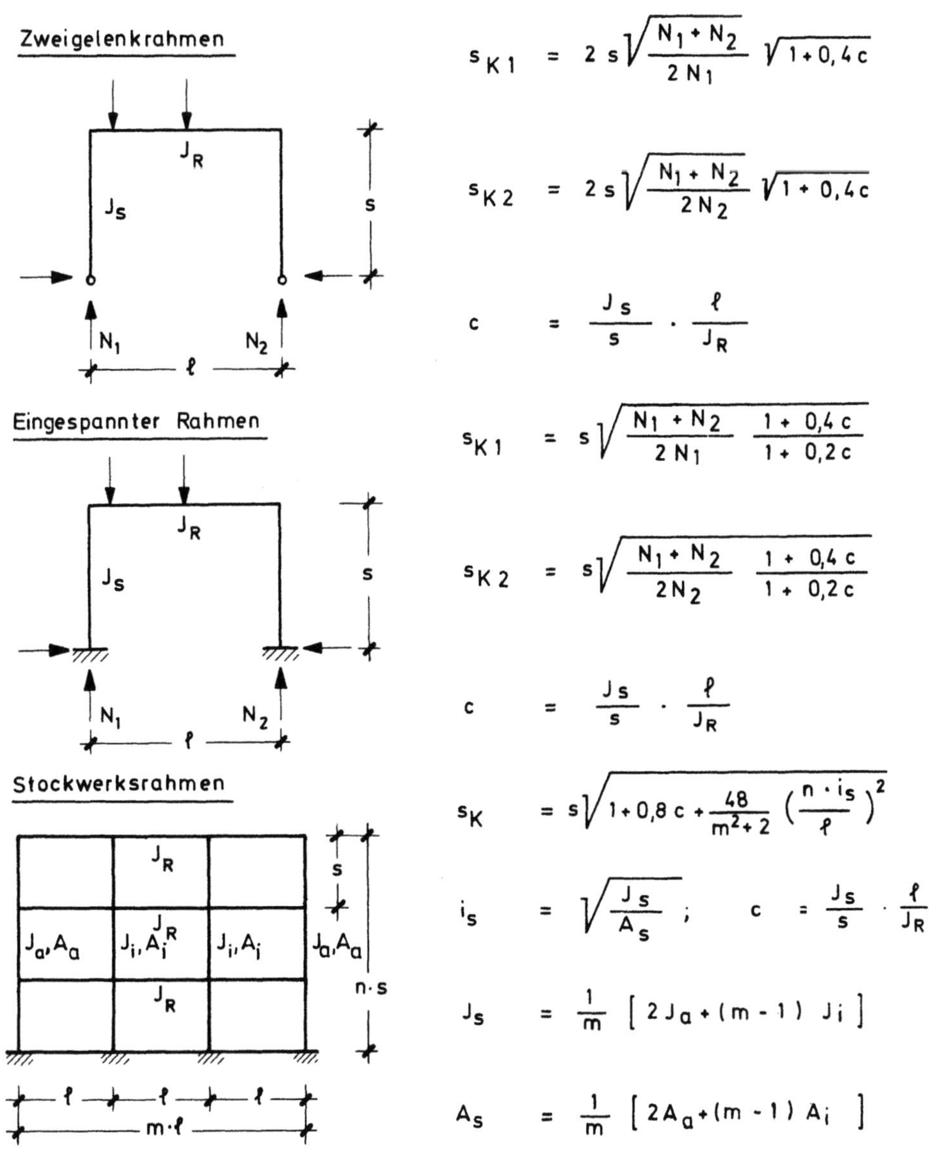

Zweigelenkrahmen:

$$s_{K1} = 2\,s\sqrt{\frac{N_1 + N_2}{2\,N_1}}\;\sqrt{1 + 0,4\,c}$$

$$s_{K2} = 2\,s\sqrt{\frac{N_1 + N_2}{2\,N_2}}\;\sqrt{1 + 0,4\,c}$$

$$c = \frac{J_s}{s} \cdot \frac{\ell}{J_R}$$

Eingespannter Rahmen:

$$s_{K1} = s\sqrt{\frac{N_1 + N_2}{2\,N_1}\;\frac{1 + 0,4\,c}{1 + 0,2\,c}}$$

$$s_{K2} = s\sqrt{\frac{N_1 + N_2}{2\,N_2}\;\frac{1 + 0,4\,c}{1 + 0,2\,c}}$$

$$c = \frac{J_s}{s} \cdot \frac{\ell}{J_R}$$

Stockwerksrahmen:

$$s_K = s\sqrt{1 + 0,8\,c + \frac{48}{m^2 + 2}\left(\frac{n \cdot i_s}{\ell}\right)^2}$$

$$i_s = \sqrt{\frac{J_s}{A_s}}\;; \qquad c = \frac{J_s}{s} \cdot \frac{\ell}{J_R}$$

$$J_s = \frac{1}{m}\left[2\,J_a + (m - 1)\,J_i\right]$$

$$A_s = \frac{1}{m}\left[2\,A_a + (m - 1)\,A_i\right]$$

Bild 10.34 Formeln zur Berechnung der Knicklänge verschieblicher Rahmensysteme [ÖNORM B 4200 9. Teil]

heit des Rahmens gefährden. Die Riegel müssen daher auch für die A u f -
n a h m e und W e i t e r l e i t u n g der aus der Verformung der Stützen entstehenden Z u s a t z m o m e n t e (Theorie II. Ordnung) bemessen werden.

10.5 Knicksicherheitsnachweis nach DIN 1045

10.5.1 Übersicht

DIN 1045 schreibt vor, daß bei schlanken Druckgliedern zusätzlich zur
Bemessung gemäß Abschn. 7 ein Tragfähigkeitsnachweis unter Berücksichtigung der Stabverformungen, "Knicksicherheitsnachweis", geführt
werden muß. Da solche Nachweise nach Theorie II. Ordnung meistens
sehr aufwendig sind, werden in DIN 1045 für bestimmte Bereiche der
Schlankheit $\lambda = s_K/i$ und der bezogenen Ausmitte e/d im maßgebenden
Schnitt Näherungsverfahren angegeben. Man unterscheidet folgende Fälle:

1) $\lambda \leqq 20$

2) $e/d \geqq 3,5$ bei $\lambda \leqq 70$

     $e/d \geqq 3,5 \cdot \lambda/70$ bei $\lambda > 70$

Bemessung für das unverformte
Druckglied (Abschn. 7) - also
kein Knicksicherheitsnachweis

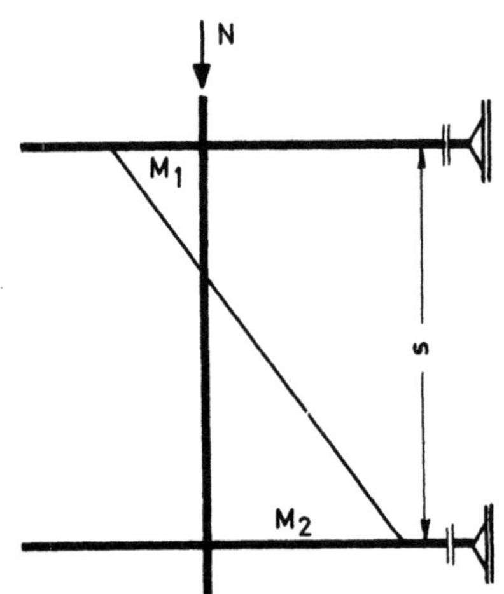

3a) $\lambda \leqq 45$ bei Innenstützen unverschieblicher, regelmäßiger
Rahmen, wenn Knicklänge = Ge-
schoßhöhe gesetzt wird, $s_K = s$;

b) $\lambda \leqq 45 - 25 \dfrac{M_1}{M_2}$ bei $|M_2| \geqq |M_1|$

bei unverschieblichen und beidseitig elast. eingespannten Druckgliedern ohne Querlasten (wird dabei $\lambda > 45$, dann ist für

$|M_2| \geqq |M_1| \geqq N \cdot 0,10 \cdot d$ zu
bemessen)

4) $20 < \lambda \leqq 70$
(Druckglieder mit mäßiger
Schlankheit)

Vereinfachte Berechnung der
Verformung max v mit Formeln
für eine "zusätzliche Ausmitte" f,
worin die ungewollte Ausmitte e_v
und bei unverschiebl. Systemen die
Kriechverformung v_k schon enthalten
sind. Bei verschiebl. Systemen mit
$\lambda > 45$ muß v_k besonders berücksichtigt werden.

5) $\lambda > 70$
(schlanke Druckglieder)

Bemessung mit Hilfe von Tafeln
und Nomogrammen in Beton-Kalender oder Heft 220 DAfStb.

6) $\lambda > 200$

Nicht zulässig. (Die Grenze sollte
besser schon bei $\lambda = 150$ entsprechend $s_K/d \approx 45$ liegen!)

Die Näherungen unter 3) bis 5) dürfen aber nur bei Druckgliedern angewendet werden, die über die Stablänge gleichbleibenden Querschnitt (auch gleichbleibendes A_{s2} und A_{s1}) besitzen.

Heft 220 DAfStb. gibt in Bildern und Flußdiagrammen Übersichten über
die Vorschriften und Erleichterungen der DIN 1045.

10.5.2 Grundlegende Bestimmungen

Im allgemeinen gilt die Knicksicherheit eines Stahlbeton-Druckstabes als
ausreichend, wenn nachgewiesen wird, daß unter ungünstigstem Zusammenwirken der 1,75-fachen Gebrauchslasten ein stabiler Gleichgewichtszustand bei Berücksichtigung der Stabverformungen (Theorie II. Ordnung)
möglich ist. Gleichzeitig muß gewährleistet sein, daß der unverformte
Druckstab die Gebrauchslasten mit den in Abschn. 7, vgl. Bild 7.6, (d. h.
Abschn. 17.2.2 in DIN 1045) angegebenen Sicherheiten $\gamma = 1,75$ bis $2,1$
aufnehmen kann. Dabei sind die in Abschn. 7.1 angegebenen σ-ε-Linien
für Beton und Stahl zu verwenden, zur Vereinfachung kann auch für Beton
die bilineare Linie nach Bild 7.4 verwendet werden.

Die planmäßige Ausmitte $e = M/N$ der Längskraft N ist durch eine ungewollte Ausmitte e_v bzw. Stabkrümmung im ungünstig wirkenden Sinne zu
vergrößern:

$$e_v = \frac{s_K}{300} \qquad (10.14)$$

In Sonderfällen wie bei Türmen und hohen Brückenpfeilern kann mit der
Bauaufsichtsbehörde eine abweichende Festlegung vereinbart werden.

Grundsätzlich sollte der Verlauf der ungewollten Ausmitte bzw. die damit
vorgegebene Anfangskrümmung des Druckstabes affin zur Knickfigur sein;
d. h. der Knickstab weist im spannungslosen Zustand eine Vorverformung
mit dem Größtwert e_v an der Stelle der größten Knickverformung auf
(Bild 10.35 a, c). Zur Vereinfachung der Rechnung darf jedoch die Vorverformung abschnittsweise geradlinig angenommen (Bild 10.35 b) oder
durch eine zusätzliche Lastausmitte berücksichtigt werden (Bild 10.35 d).

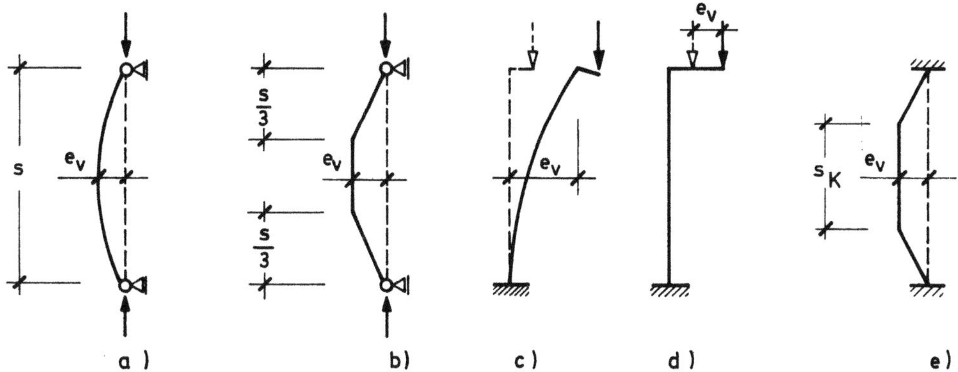

Bild 10.35   Annahmen zum Verlauf der ungewollten Ausmitte e_v über
die Stablänge

Kriechverformungen sind dann zu berücksichtigen, wenn in unverschieblichen Systemen $\lambda > 70$ (in verschieblichen Systemen $\lambda > 45$) oder wenn
im mittleren Drittel der Knicklänge $e/d < 2,0$ ist. Sie sind für die
im Gebrauchszustand ständig wirkenden Lasten (gegebenenfalls ein-

schließlich von Anteilen der Verkehrslast) und unter Berücksichtigung
der von ihnen erzeugten elastischen Stabverformung (Theorie II. Ordnung)
und der ungewollten Ausmitte e_v zu ermitteln. Die Kriechverformung
kann näherungsweise mit den in Abschn. 10.5.4.5 angegebenen Gleichungen berechnet werden.

Die Verformungen führen insbesondere bei Druckstäben in nicht ausgesteiften Rahmensystemen (auch bei der im Fundament eingespannten Krag-
stütze) zu einer Vergrößerung der Einspannmomente. Die an das Druckglied anschließenden einspannenden Bauteile (z. B. Riegel von Rahmen,
Fundamente) sind für diese Zusatzbeanspruchungen zu bemessen. Nur
bei unverschieblich ausgesteiften Hochbauten kann auf einen rechnerischen Nachweis der Aufnahme dieser zusätzlichen Schnittgrößen verzichtet werden.

10.5.3 Vereinfachter Nachweis für Druckglieder mit mäßiger Schlankheit ($20 < \lambda \leq 70$) und gleichbleibendem Querschnitt

Solche Druckglieder dürfen auf der Grundlage des Ersatzstabverfahrens
mit einer "zusätzlichen Ausmitte" f bemessen werden. Die Stabauslenkung v unter γ-facher Gebrauchslast und die ungewollte Ausmitte e_v
werden gemeinsam durch die zusätzliche Ausmitte f, die über die
Knicklänge als konstant anzunehmen ist, berücksichtigt. Bei verschieblichen Systemen mit $\lambda > 45$ muß noch zusätzlich die Kriechverformung
v_k berücksichtigt werden.

Für den Knicksicherheitsnachweis ist derjenige Querschnitt im mittleren
Drittel der Knicklänge maßgebend, der im Gebrauchszustand die größte
planmäßige Ausmitte e der Längskraft aufweist. In unverschieblichen Systemen darf die größte planmäßige Ausmitte e der Gebrauchslast im mittleren Drittel der Knicklänge bei linearem Momentenverlauf
zwischen den Stabenden genähert wie folgt berechnet werden:

$$e = \frac{1}{N} (0,65 \cdot M_2 + 0,35 \cdot M_1) \qquad (10.15)$$

dabei ist $|M_2| > |M_1|$ und M und N für Gebrauchslast einzusetzen. Ist
ein Stabende gelenkig gelagert, das andere elastisch eingespannt, so ergibt sich mit dem Ersatzstab nach Bild 10.36 die Ausmitte zu

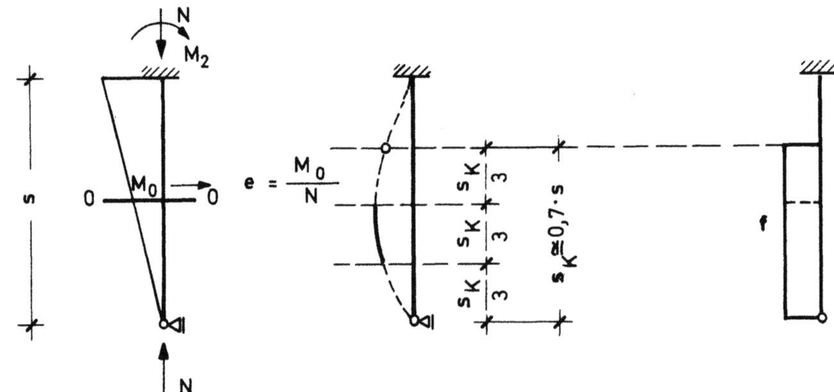

Bild 10.36 Bemessungsquerschnitt und Verlauf der zusätzlichen Ausmitte f für einen unverschieblichen, oben eingespannten und unten gelenkig gelagerten Druckstab

$$e = 0,67 \cdot \frac{M_2}{N} \cdot \frac{s_k}{s} \approx 0,6 \cdot \frac{M_2}{N} \qquad (10.16)$$

Bei **verschieblichen Systemen** muß man die Knickfigur abschätzen
und dann im mittleren Drittel des Abstandes der Wendepunkte (= Knicklänge) das größte Moment M_o aufsuchen (Bild 10. 37).

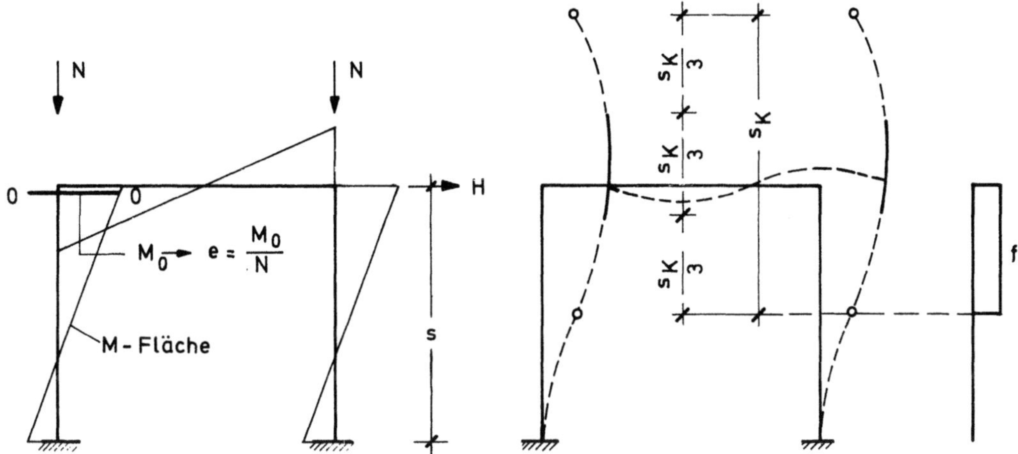

<table>
<tr><td>Bemessungsquerschnitt für
den Knicksicherheitsnach -
weis 0—0</td><td>Knickfigur und mittleres
Drittel der Knicklänge</td><td>Verlauf der
zusätzlichen
Ausmitte f</td></tr>
</table>

Bild 10. 37   Bemessungsquerschnitt und Verlauf der zusätzlichen
Ausmitte f für einen verschieblichen, eingespannten Rahmen

Bei verschieblichen Rahmen liegen die Rahmenecken meist im mittleren
Drittel der Knicklänge. Daher ist in solchen Fällen e immer aus den
Stielmomenten an den Rahmenknoten zu bestimmen. Im Fall des Bildes
10. 37 ist die Ermittlung von f für das obere Stielende dargestellt.

Mit dem so ermittelten e darf die <u>zusätzliche Ausmitte f</u> nach folgenden
Gleichungen berechnet werden:

$$\text{für } 0 \quad \leqq \frac{e}{d} < 0,30 : \qquad f = d\frac{\lambda - 20}{100}\sqrt{0,10 + \frac{e}{d}} \geqq 0 \qquad (10.18)$$

$$\text{für } 0,30 \leqq \frac{e}{d} < 2,50 : \qquad f = d\frac{\lambda - 20}{160} \geqq 0 \qquad (10.19)$$

$$\text{für } 2,50 \leqq \frac{e}{d} < 3,50 : \qquad f = d\frac{\lambda - 20}{160}\left(3,50 - \frac{e}{d}\right) \geqq 0 \qquad (10.20)$$

Hierbei ist:

$$\lambda = s_k/i \qquad (= 3,46 \cdot \frac{s_k}{d} \text{ bei Rechteckquerschnitten})$$

d = Querschnittsabmessung in Knickrichtung

e = größte planmäßige Ausmitte des Lastangriffs unter Gebrauchs-
    last im mittleren Drittel der Knicklänge

Mit den Ausmitten e und f ergeben sich die Bemessungs-Schnittgrößen $N_u = \gamma \cdot N$ und $M_u = \gamma \cdot N\,(e+f)$. "Der Knicksicherheitsnachweis" besteht nun darin, mit diesen Schnittgrößen eine Regelbemessung nach Abschn. 7 durchzuführen, wobei die Sicherheitsbeiwerte γ den dort angegebenen Bestimmungen genügen müssen.

Der Einfluß von f wird an den Traglastkurven in Bild 10.38 verständlich. Die Momente wachsen durch die zusätzliche Verformung nach der Theorie II. Ordnung stark an und N_u wird dadurch sehr vermindert. Das Versagen von Druckgliedern mit mäßiger Schlankheit wird durch Erreichen der Baustoffestigkeiten bestimmt (s. Linie für $\lambda = 0$ in Bild 10.38).

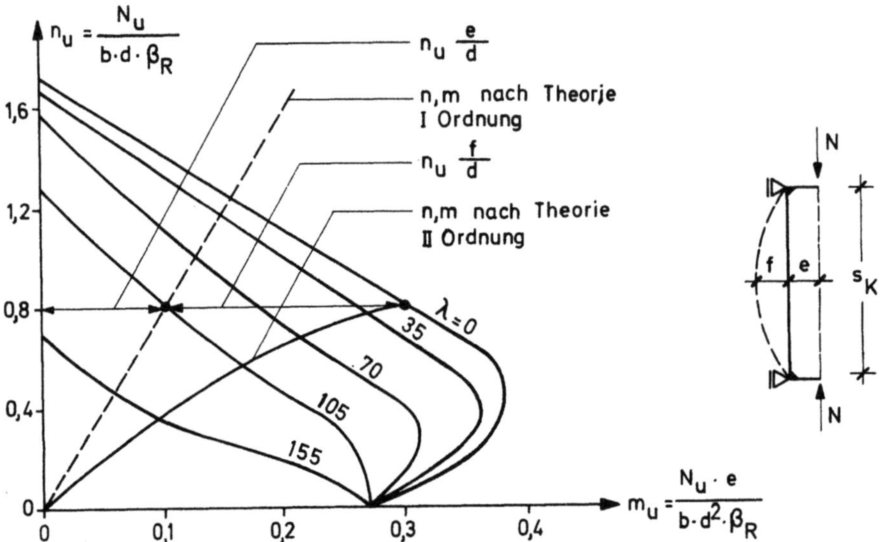

Bild 10.38   Traglastkurven von Druckgliedern für verschiedene Schlankheiten λ

Beim Stab in Bild 10.36 (aus einem unverschieblichen System) ist im Schnitt 0 - 0 für $N_u = \gamma \cdot N$ und $M_u = \gamma \cdot N\,(e+f)$ und am eingespannten Stabende für $N_u = \gamma \cdot N$ und $M_u = \gamma \cdot M_2$ zu bemessen.

10.5.4 Vereinfachter Knicksicherheitsnachweis für schlanke Druckglieder ($\lambda > 70$)

10.5.4.1 Grundsätzliches

Für schlanke Stützen wird in DIN 1045 ein Nachweis auf der Grundlage der Theorie II. Ordnung (vgl. Abschn. 10.3) verlangt. Heft 220 DAfStb. gibt für Stützen mit Rechteck- und mit Kreisquerschnitt bei bestimmten Bewehrungsanordnungen Nomogramme und Tabellen, die diese Nachweise erleichtern. Diese Bemessungshilfen wurden unter vereinfachten Annahmen für die M-N-$\varkappa$-Beziehungen und für den Verlauf der Krümmung über die Stablänge aufgestellt, vgl. auch [180].

10.5.4.2 Annahmen für M-N-$\varkappa$-Beziehungen

Die gemäß Bild 10.18 sehr unterschiedlichen Verläufe der Kurven in den m-n-$\bar\varkappa$-Diagrammen - mit n als Parameter - werden durch gerade Linienzüge nach Bild 10.39 ersetzt. Diese Geraden sind für Druckstäbe mit B St 420/500 und B St 500/550 als Verlängerungen der Verbindungslinie der Punkte a und b gewählt worden, wobei der Punkt a in Höhe 0,5 m_u auf der wirklichen n-Kurve liegt und Punkt b in Höhe 1,0 m_u dem

Schnittpunkt mit der Verbindungslinie a - 2 (bei kleiner Längskraft) bzw.
0 - 3 (bei großer Längskraft) entspricht, vgl. Bild 10.19. Die Tafeln
4.2b bis 4.31b im Heft 220 DAfStb. enthalten folgende Größen:

- bezogenes Gebrauchslastmoment

$$m = \frac{M}{A_b \cdot d \cdot \beta_R} \tag{10.21}$$

- bezogene Krümmung $\quad \bar{\varkappa}_u = \varkappa_u \cdot d$

- bezogene Biegesteifigkeit

$$b_{II} = \frac{B_{II}}{1,75 \cdot A_b \cdot d^2 \cdot \beta_R} \tag{10.22}$$

Sie sind jeweils dargestellt in Abhängigkeit von:

- der vorgegebenen bezogenen Längskraft

$$n = \frac{N}{A_b \cdot \beta_R} \tag{10.23}$$

- dem Gesamtbewehrungsgrad

$$tot \ \omega_o = \frac{tot \ A_s}{A_b} \cdot \frac{\beta_S}{\beta_R} \tag{10.24}$$

Die zu einem beliebigen Moment M gehörige Krümmung $\varkappa$ ergibt sich mit
der vereinfachten M-N-$\varkappa$-Beziehung zu

$$\varkappa = \varkappa_u + \frac{M_u - M}{B_{II}} \tag{10.25}$$

Für Druckstäbe aus B St 220/340 sind in den Tafeln 4.1a und 4.1b des
Hefts 220 DAfStb. Zahlenangaben enthalten, die auf einem geknickten
Linienzug anstelle der einfachen Ersatzgeraden beruhen.

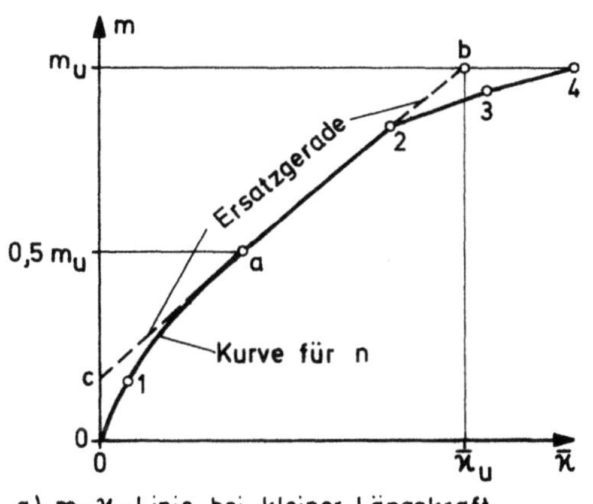

a) m-$\varkappa$-Linie bei kleiner Längskraft

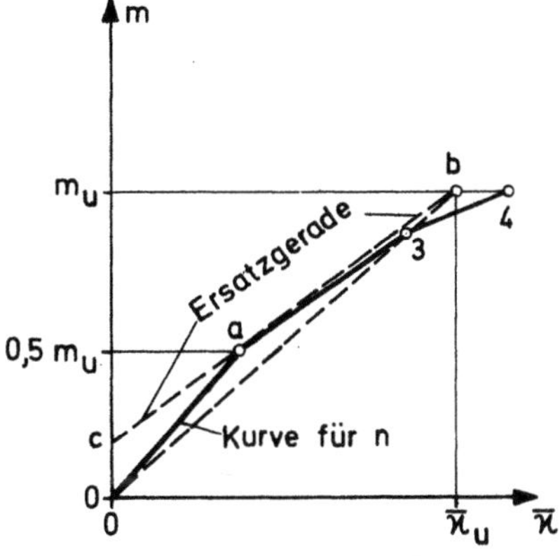

b) m-$\varkappa$-Linie bei großer Längskraft

Bild 10.39 Näherungen für die m-n-$\bar{\varkappa}$-Beziehungen mit n als
Parameter bei Druckgliedern mit B St 420/500 und B St 500/550

10.5.4.3 Angenommene Stabverformung und zugehöriges Moment nach Theorie II. Ordnung

In Heft 220 DAfStb. wird als weitere Vereinfachung für den Knicksicherheitsnachweis nach Theorie II. Ordnung am Standardstab die Annahme getroffen, daß der Verlauf der Krümmung infolge zusätzlicher Ausbiegung über die Stablänge s_K parabelförmig ist. Die Ausbiegung v_m in Stabmitte ist dann leicht anzuschreiben:

$$v_m = \int - \varkappa \cdot \overline{M} \cdot ds = - s_K^2 \left[\frac{5}{48} (\varkappa_m - \varkappa_e) + \frac{1}{8} \varkappa_e \right]$$

$$v_m \approx - \frac{1}{10} s_K^2 (\varkappa_m + \frac{1}{4} \varkappa_e)$$

(10.26)

wobei $\varkappa_m$ die Krümmung in Stabmitte und $\varkappa_e$ die Krümmung an den Stabenden infolge des Endmomentes $M = N \cdot e$ ist. $\overline{M}$ ist das Moment an der Stelle k , das durch eine virtuelle Kraft 1 in halber Stablänge entsteht (Bild 10.40): $\overline{M}_k = 0,5 \cdot 1 \cdot x_k$

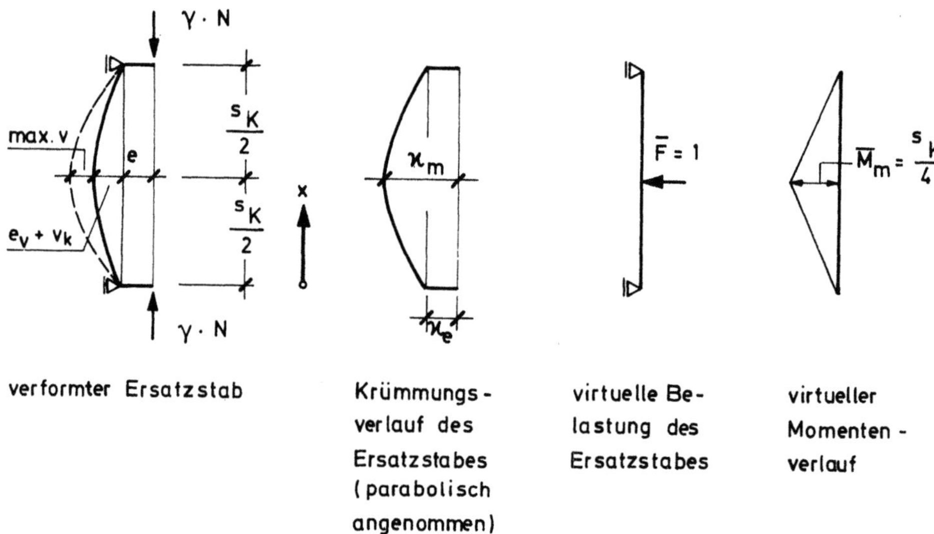

Bild 10.40   Krümmungsverlauf und virtuelles Momentenbild zur Berechnung der Stabauslenkung max v

Beachtet man, daß die ungewollte Ausmitte e_v = s/300 (= s_K/300 beim Standardstab) zusätzlich zu berücksichtigen ist, so folgt aus Gl. (10.26) das Moment in Stabmitte nach Theorie II. Ordnung zu

$$M_m^{II} = N_u \left[- (e + \frac{s}{300}) + \frac{s^2}{10} (\varkappa_m + \frac{1}{4} \varkappa_e) \right]$$

(10.27)

Ist hierbei $M_m^{II} \leqq M_u$, so ist der Knicksicherheitsnachweis erbracht. Mit der Annahme $\varkappa_m = \varkappa_u$ und Anwendung der Gl. (10.25) für die Größe $\varkappa_e$, wobei $M = - N_u (e + e_v)$ gesetzt wird, kann eine Gleichung für die volle Ausnutzung des Druckstabes mit M_u und N_u gebildet werden, aus der die größtzulässige Knicklänge des Standardstabes zul s = zul s_K errechnet wird.

$$M_u = N_u \left\{ -(e + \frac{zul\ s}{300}) + \frac{zul\ s^2}{10} \left[\varkappa_u + \frac{\varkappa_u}{4} + \frac{M_u + N_u(e + \frac{zul\ s}{300})}{4\ B_u} \right] \right\} =$$

$$= N_u \left\{ -(e + \frac{zul\ s}{300}) + \frac{zul\ s^2}{40} \left[5\varkappa_u + \frac{1}{B_u} \left\langle M_u + N_u(e + \frac{zul\ s}{300}) \right\rangle \right] \right\} \quad (10.28)$$

Für Druckstäbe mit B St 220/340 ergeben sich wegen der dabei erforderlichen geknickten Ersatzgeraden zwei Bestimmungsgleichungen.

10.5.4.4 Nomogramme

Auf Grundlage der Gl. (10.28) haben Kordina und Quast Nomogramme aufgestellt, die in Heft 220 DAfStb. als Tafeln 4.1a bis 4.31a enthalten sind. Sie erlauben bei gegebenem n, m^T, e/d und s_K/d eine Bemessung, d.h. eine direkte Ermittlung der erforderlichen Bewehrung. Dabei ist die ungewollte Ausmitte e_v bereits berücksichtigt und braucht nicht mehr besonders der planmäßigen Ausmitte e zugeschlagen zu werden. Ein solches Nomogramm ist als Bild 10.41 hier aufgenommen; in Abschn. 10.5.4.6 wird die Anwendung an einem Beispiel erläutert.

10.5.4.5 Vereinfachte Ermittlung der Kriechverformungen v_k

Aufgrund der nur grob schätzbaren Kriechzahl φ würde eine theoretisch exakte Berechnung der Kriechverformungen nur eine Genauigkeit vortäuschen, die in Wirklichkeit nicht vorhanden ist. Als **Näherung** für den Größtwert v_k kann nach einem Vorschlag von K. Kordina in H. 220 DAfStb. folgende Gleichung empfohlen werden:

$$v_k \approx (e_D + e_v) \cdot \left[2,718^{\frac{0,8 \cdot \varphi}{\gamma_E - 1}} - 1 \right] \quad (10.29)$$

Hierbei bedeuten:

$$\gamma_E = \frac{N_E}{N_D} = \text{Knicksicherheit, bezogen auf die Euler-Knicklast } N_E$$

$$N_E = \frac{\pi^2 \cdot ef\ EJ}{s_K^2} = \text{Euler-Knicklast, darin ist}$$

$$ef\ EJ = \left[0,6 + 20 \cdot (\mu_{o2} + \mu_{o1}) \right] \cdot E_b \cdot J_b = \text{wirksame Biegesteifigkeit}$$

$N_D = $ dauernd wirkender Anteil der Gebrauchslast = <u>Dauerlast</u>

$\varphi = $ Kriechbeiwert φ_t nach DIN 4227

$e_D = \dfrac{M_D}{N_D} = $ die der kriecherzeugenden Dauerlast N_D zugeordnete planmäßige Lastausmitte im mittleren Drittel der Knicklänge s_K

$e_v = \dfrac{s_K}{300} = $ ungewollte Ausmitte nach Gl. (10.14).

Häufig genügt die weiter **vereinfachte Gleichung**:

$$v_k \approx (e_D + e_v) \cdot \frac{0,8\ \varphi}{\gamma_E - 1 - 0,4\ \varphi} \quad (10.30)$$

deren Lösung in dem Diagramm 4.2.2 in Heft 220 DAfStb. dargestellt ist.

Die Gleichungen (10. 29) und (10. 30) berücksichtigen die Verminderung der Kriechverformungen durch vorhandene Druckbewehrungen. Sie sollten deshalb nur für wenigstens annähernd symmetrisch bewehrte Querschnitte angewandt werden.

Der Verlauf der Kriechverformung v_k wird wieder mit hinreichender Genauigkeit affin zur Knickfigur angenommen.

Mit der planmäßigen Ausmitte e und den Ausbiegungen der Stabachse um $(e_v + v_k)$ wird dann die Knicksicherheit der Stütze, die bis zu diesem Zeitpunkt unter dem Einfluß der im Gebrauchszustand wirkenden Dauerlasten stand, zum Zeitpunkt $t = \infty$ für die γ-fache Gesamt-Gebrauchslast nachgewiesen.

10. 5. 4. 6 Bemessungsbeispiel

Eine unten starr eingespannte, oben frei bewegliche Stütze mit d/b = 40/30 cm soll für die in Bild 10. 42 angegebene Belastung bemessen werden.

Die Knickfigur ist bekannt (vgl. Bild 10. 24) ; die Knicklänge s_K und damit die Länge des Ersatzstabes ist $s_K = 2,0 \cdot 5,0 = 10,0$ m (Eulerfall 1). (Bei elastischer Einspannung - z.B. infolge Nachgiebigkeit des Baugrundes - würde sich mit Bild 4.3.6 in Heft 220 DAfStb. ein Faktor > 2,0 ergeben!) Die Schlankheit ist

$$\lambda = \sqrt{12} \cdot \frac{s_K}{d} = 3,46 \; \frac{10,0}{0,4} = 87 > 70$$

Da die Schlankheit $\lambda > 70$ ist, müssen Kriechverformungen berücksichtigt werden.

Mit $H_D = 5$ kN, $N_D = 250$ kN, $\varphi = 2,0$ und ges $\mu_o = 2,5$ % errechnet man die Kriechverformung auf folgende Weise:

$$e_D = \frac{M_D}{N_D} = \frac{0,5 \cdot 5,0}{25,0} = 0,1 \text{ m} = 10 \text{ cm}$$

$$e_v = \frac{s_K}{300} = \frac{10,0}{300} = 0,033 \text{ m} = 3,3 \text{ cm}$$

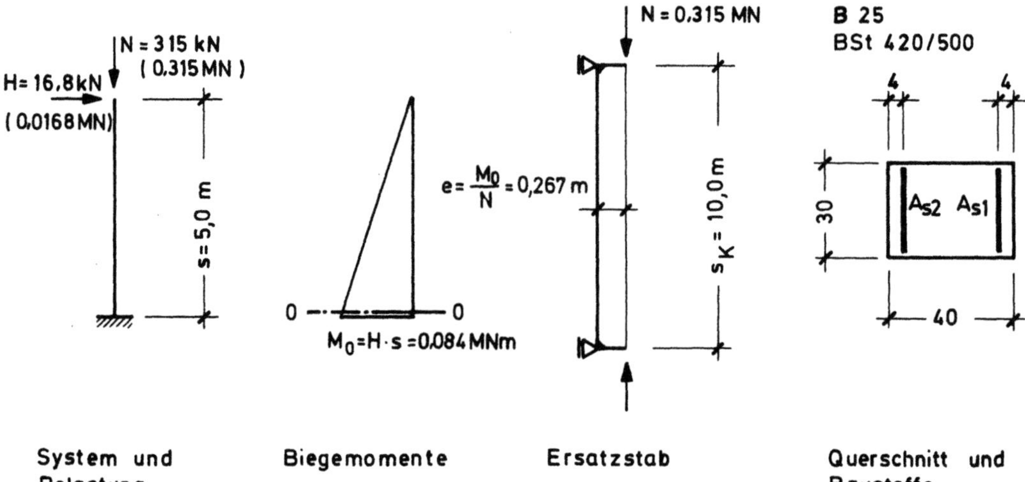

Bild 10. 42   Angaben für ein Beispiel zur Bemessung schlanker Druckglieder

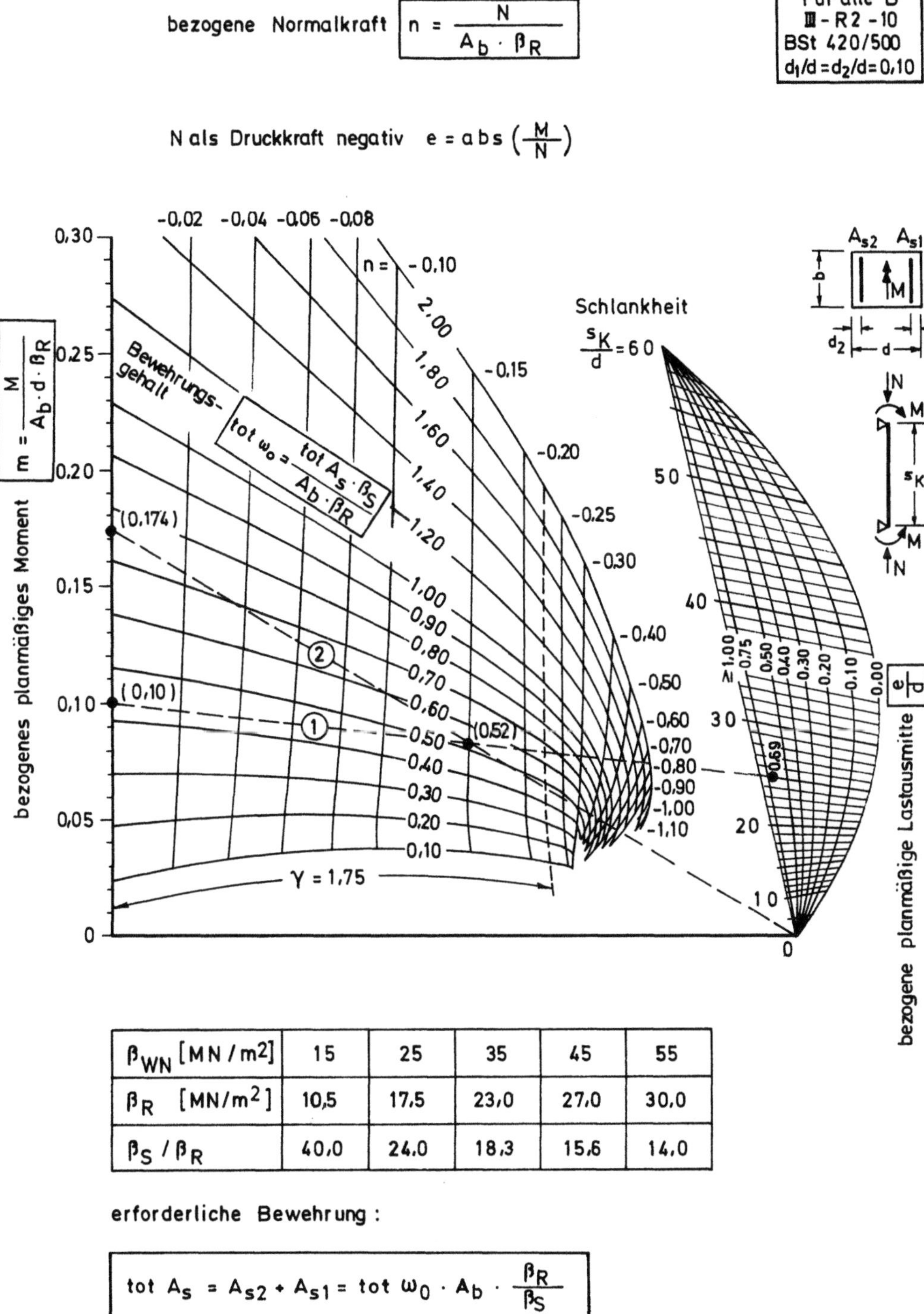

β_{WN} [MN/m²]	15	25	35	45	55
β_R [MN/m²]	10,5	17,5	23,0	27,0	30,0
β_S / β_R	40,0	24,0	18,3	15,6	14,0

erforderliche Bewehrung :

$$tot\ A_s = A_{s2} + A_{s1} = tot\ \omega_0 \cdot A_b \cdot \frac{\beta_R}{\beta_S}$$

$$A_{s1} = A_{s2} = \frac{1}{2}\ tot\ A_s$$

Bild 10.41   Nomogramm für die Bemessung von schlanken Druckgliedern (Tafel 4.3 a aus Heft 220 DAfStb.)

$$\gamma_E = \frac{\pi^2 (0,6 + 20 \cdot 0,025) \cdot 30\,000 \cdot \dfrac{0,3 \cdot 0,4^3}{12}}{10,0^2 \cdot 0,250} = 20,8$$

Aus Gl. (10.29) erhält man

$$\gamma_k \approx (0,100 + 0,033) \left[\ 2,718^{\frac{0,8 \cdot 2,0}{20,8-1}} - 1\ \right] = 0,011\ \text{m} = 1,1\ \text{cm}$$

oder aus der vereinfachten Gl. (10.30)

$$\gamma_k = (0,100 + 0,033)\ \frac{0,8 \cdot 2,0}{20,8 - 1 - 0,4 \cdot 2,0} = 0,011\ \text{m} = 1,1\ \text{cm}$$

Die <u>maßgebende Ausmitte</u> wird damit

$$e + v_k = 0,266 + 0,011 = 0,277\ \text{m}.$$

Die ungewollte Ausmitte e_v braucht hier nicht addiert zu werden, da sie bereits im Nomogramm Bild 10.41 berücksichtigt ist.

Folgende Ausgangsgrößen müssen noch bestimmt werden:

$$n = \frac{N}{A_b \cdot \beta_R} = \frac{-0,315}{0,3 \cdot 0,4 \cdot 17,5} = -0,150$$

$$m = \frac{M}{A_b \cdot d \cdot \beta_R} = \frac{0,084}{0,3 \cdot 0,4 \cdot 0,4 \cdot 17,5} = 0,100$$

$$\frac{s_K}{d} = \frac{10,0}{0,4} = 25$$

$$\frac{e + v_k}{d} = \frac{0,277}{0,4} = 0,69$$

Im rechten Nomogramm (Bild 10.41) wird der Punkt markiert, der den Werten $s_K/d = 25$ und $e/d = 0,69$ entspricht; auf der linken Randskala wird $m = 0,100$ aufgesucht, dann werden diese beiden Punkte mit einer geraden Linie ① verbunden. Die Gerade ① schneidet die nahezu lotrecht verlaufende Leitlinie $n = -0,150$ in dem Punkt S, aus dessen Lage innerhalb der tot ω_o-Kurven der erforderliche mechanische Bewehrungsgrad abgelesen wird.

Hier ergibt sich

$$\text{erf tot}\ \omega_o = 0,52$$

und mit $\quad A_{s1} = A_{s2} = \frac{1}{2} \cdot \text{tot}\ A_s = \frac{1}{2}\ \text{tot}\ \omega_o \cdot A_b\ \frac{\beta_R}{\beta_S}$

$$\text{erf}\ A_{s1} = \text{erf}\ A_{s2} = \frac{1}{2} \cdot 0,52 \cdot 30 \cdot 40\ \frac{1}{24,0} = 13,0\ \text{cm}^2$$

Zieht man eine Hilfsgerade ② als Verbindung des Ursprungs des rechten $s_K/d - e/d$-Nomogramms mit dem Lösungspunkt S, so liefert deren Verlängerung an der linken Momentenskala das Moment M_o^{II} nach Theorie II. Ordnung:

$$m^{II} = 0,174$$

$$M_o^{II} = m^{II} \cdot A_b \cdot d \cdot \beta_R$$

$$= 0,174 \cdot 0,3 \cdot 0,4 \cdot 0,4 \cdot 17,5 = 0,146 \text{ MNm}$$

Das sich hieraus ergebende Zusatzmoment $\Delta M = M_o^{II} - M_o^{I}$ ist bei der Bemessung der einspannenden Bauteile (z.B. Fundament) zu berücksichtigen.

10. 5. 5 Hinweise auf konstruktive Regeln

Bereits bei der Bemessung von Druckgliedern und beim Nachweis der Knicksicherheit müssen einige konstruktive Vorschriften der DIN 1045 beachtet werden. Dazu gehören insbesondere:

Die Mindestdicke bügelbewehrter Druckglieder mit Vollquerschnitt soll betragen:

- bei stehender Herstellung aus Ortbeton $\geqq 20$ cm

- bei liegender Herstellung und bei Fertigteilen $\geqq 14$ cm

Die Längsbewehrung A_{s2} muß am weniger gedrückten bzw. gezogenen Rand $\geqq 0,4\%$ von A_b, die Gesamtbewehrung tot A_s im Gesamtquerschnitt $\geqq 0,8\%$ von A_b sein. Hierbei ist unter A_b der "statisch erforderliche" Betonquerschnitt zu verstehen. Die Druckbewehrung A_{s1} darf bei Tragfähigkeits- und Knicksicherheitsnachweisen höchstens mit der Größe der im gleichen Querschnitt vorhandenen Bewehrung A_{s2} am gezogenen bzw. weniger gedrückten Rand in Rechnung gestellt werden.

Bei statisch nicht voll ausgenütztem Betonquerschnitt dürfen die angegebenen Mindestbewehrungsgrade bei Bezug auf den vorhandenen Betonquerschnitt im Verhältnis der vorhandenen Längsdruckkraft zu der vom vorhandenen Betonquerschnitt aufnehmbaren Längsdruckkraft abgemindert werden. Diese aufnehmbare Längskraft muß dabei mit der vorhandenen Lastausmitte am Stab mit unveränderter Schlankheit ermittelt werden.

Zur Erläuterung diene Bild 10.43, das einem vereinfachten Ausschnitt aus Bild 7.20 entspricht. Für einen symmetrisch mit B St 420/500 bewehrten Rechteckquerschnitt $30 \cdot 40$ cm^2 aus B 25 haben sich als maßgebende Schnittgrößen (z.B. nach Durchführung eines vereinfachten Knicksicherheitsnachweises nach Abschn. 10.5.3) ergeben:

$$m = 0,04; \quad n = -0,40 \quad \text{(unter Gebrauchslast)}$$

Dafür wird am Pkt. ① abgelesen erf $\omega_{o2} = \omega_{o1} = 0,04$ bzw.

$$\text{erf } \mu_{o2} = \mu_{o1} = \frac{\omega_{o2}}{\beta_S/\beta_R} = \frac{0,04}{24,0} = \sim 0,17\%$$

Der vorgeschriebenen Mindestbewehrung von $\mu_{o2} = \mu_{o1} = 0,4\%$ würde $\omega_o = 0,4 \cdot 24/100 = \sim 0,10$ entsprechen. Bei dieser Bewehrung würde der Querschnitt bei gleichbleibender Ausmitte und gleicher Schlankheit die bezogene Längsdruckkraft $n = -0,45$ aufnehmen können, was sich aus dem Schnittpunkt ② der Geraden 0 - 1 mit der Kurve $\omega_o = 0,1$ ergibt. (Beachte: die Steigung der Geraden 0 - 1 entspricht der vorhandenen bezogenen Ausmitte $e/d = m/n = 0,1$).

Der auf den vorhandenen Betonquerschnitt von 30/40 cm bezogene Mindestbewehrungsgrad ist also

$$\text{erf min } \mu_o = 0,4 \cdot \frac{0,40}{0,45} = 0,355 \ \%$$

und damit die erforderliche Mindestbewehrung

$$\text{erf } A_{s2} = \text{erf } A_{s1} = \frac{0,355}{100} \cdot 30 \cdot 40 = 4,3 \text{ cm}^2$$

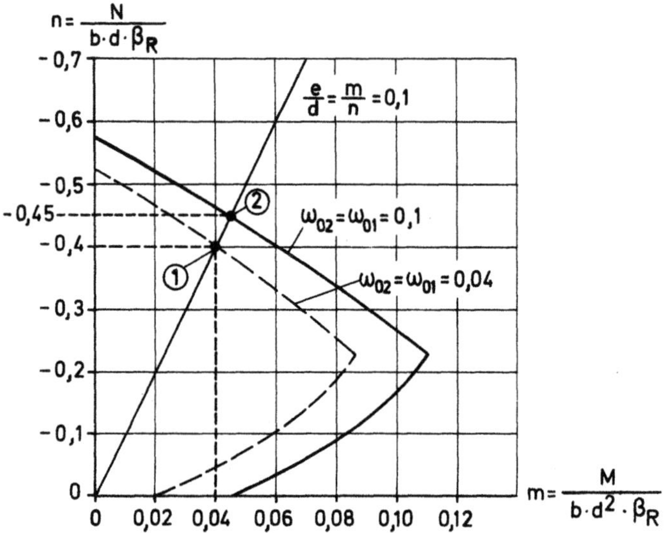

Bild 10.43   Beispiel zur Bestimmung der Mindestbewehrung bei statisch nicht voll ausgenutztem Betonquerschnitt

10.6 Knicksicherheitsnachweis in Sonderfällen

10.6.1 Knicksicherheit bei zweiachsiger Ausmitte der Druckkraft

10.6.1.1 Allgemeines

Wirkt die ausmittige Druckkraft z.B. bei einem Rechteckquerschnitt nicht in der y- oder z-Achse, sondern in einer schiefwinkligen Ebene mit e_y und e_z (Druckkraft mit schiefer Biegung, schiefes Knicken), so kann der Stab je nach den Größen von e_y/b und e_z/d, den zugehörigen Biegesteifigkeiten EJ_y und EJ_z und den Formen der Knickfiguren in y- und z-Richtung entweder in der y- oder in der z-Richtung ausknicken. Bei gewissen Verhältnissen kann die Knickrichtung jedoch auch schiefwinklig sein (nicht "Knicken nach zwei Richtungen", sondern Knicken in einer schiefen Richtung). Für schiefes Knicken sind die Nachweise naturgemäß schwierig und genaue Lösungen sind bei vertretbarem Arbeitsaufwand noch nicht bekannt.

10.6.1.2 Vereinfachter Knicksicherheitsnachweis bei Druckkraft mit schiefer Biegung

DIN 1045 gestattet es, den Knicksicherheitsnachweis getrennt für die beiden Hauptrichtungen y und z zu führen, wenn sich die mittleren Drittel der Knickfiguren in der y- und in der z-Ebene nicht überschneiden.

Dieser Fall tritt in der Praxis nur selten auf. Selbst die in Bild 10.44
dargestellte Hallenstütze, die in z-Richtung als unten eingespannte Krag-
stütze (mittleres Drittel der Knicklänge s_{Ky} im Einspannbereich) und in
y-Richtung als unten und oben unverschieblich gelenkig gehalten (mittleres Drittel der Knicklänge s_{Kz} im mittleren Stützenteil) anzusehen ist,
erfüllt die Bedingung nur näherungsweise. Die mittleren Drittel der Knickfiguren berühren sich oder können sich sogar überschneiden, wenn nur
eine elastische Einspannung vorhanden ist.

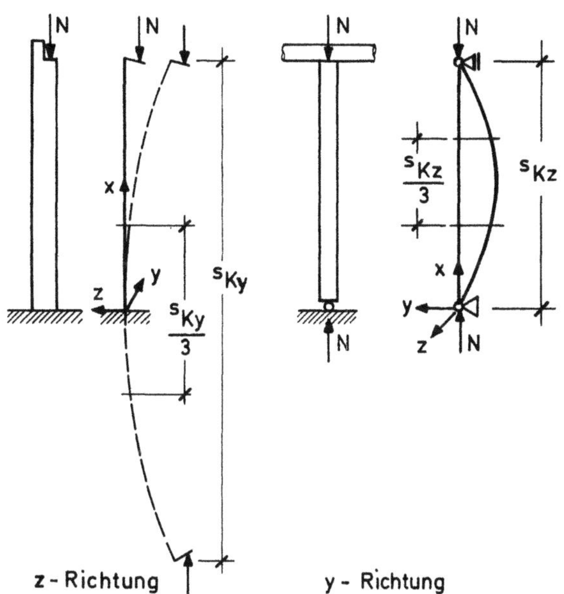

Bild 10.44   Beispiel einer Stütze,bei der sich die mittleren Drittel der
Knicklängen s_{Ky} und s_{Kz} nicht überschneiden (getrennte Knicksicherheitsnachweise für y- und z-Richtung zulässig)

Überschneiden sich die mittleren Drittel der Knickfiguren (z.B. bei
Eckstützen von Hochhäusern fast immer der Fall), dann dürfen die Nachweise ebenfalls getrennt für die Hauptrichtungen y und z geführt werden,
sofern die Stütze einen Rechteckquerschnitt aufweist und das Verhältnis k
der bezogenen Ausmitten die folgende Bedingung erfüllt:

$$k = \left| \frac{M_z \cdot d}{M_y \cdot b} \right| = \left| \frac{e_y \cdot d}{e_z \cdot b} \right| \lessgtr 0,2 \text{ oder } \gtrless 5,0 \qquad (10.31)$$

Dies bedeutet, daß die resultierende Längskraft innerhalb der in Bild
10.45 schraffierten Bereiche angreift. Somit dürfen auch für mittig
gedrückte Stützen mit Knickgefahr nach beiden Hauptachsenrichtun-
gen getrennte Nachweise geführt werden.

Zur Anwendung des Verfahrens der getrennten Nachweise muß folgende
Einschränkung gemacht werden. Es sollte grundsätzlich nur auf solche
Fälle beschränkt werden, bei denen die Lastausmitte nur wenig von einer
der beiden Hauptachsen (Bild 10.45) abweicht. Olsen und Quast haben
in einer neueren Untersuchung [181] nachgewiesen, daß bei der Anwendung des Verfahrens auf Stützen, deren mittlere Drittel der Knicklängen
sich nicht überschneiden, keine ausreichende Sicherheit gewährleistet
ist; für diese sollte daher grundsätzlich ein Knicksicherheitsnachweis
unter schiefer Biegung mit Achsdruck geführt werden.

In allen anderen Fällen verlangt DIN 1045 einen <u>Knicksicherheitsnachweis</u> <u>für schiefe Biegung mit Längskraft,</u> wobei die ungewollte Ausmitte e_v aus der größeren der beiden Knicklängen s_{Ky} und s_{Kz} bestimmt wird, jedoch in der Richtung der resultierenden Momentenebene anzusetzen ist.

Bei Druckgliedern mit mäßiger Schlankheit (λ_z und $\lambda_y \leqq 70$) darf der Knicksicherheitsnachweis als Regelbemessung für schiefe Biegung mit Achsdruck unter Einbeziehung der Verformungsmomente $N \cdot f_z$ und $N \cdot f_y$ (f nach Abschnitt 10.5.3) geführt werden und zwar für jenen Querschnitt im mittleren Drittel der Ersatzlänge, der die größte planmäßige Lastausmitte e aufweist:

$$e = \sqrt{e_z^2 + e_y^2}$$

$$e_z = \frac{M_y}{N} \quad ; \qquad e_y = \frac{M_z}{N}$$

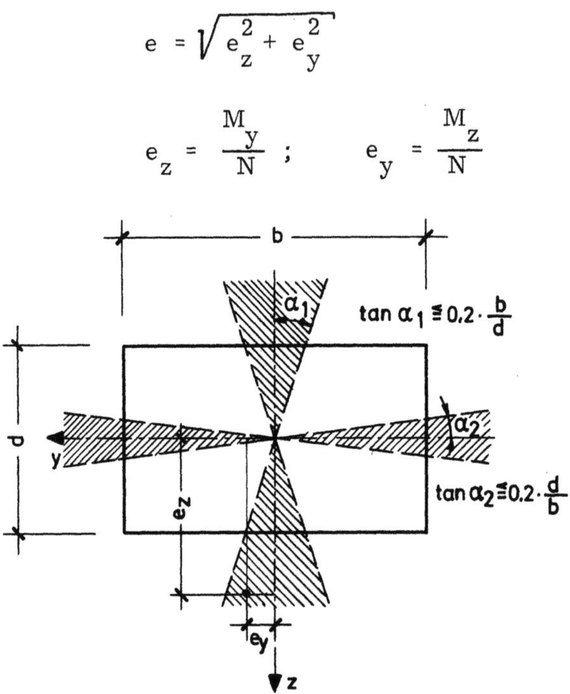

Bild 10.45   Getrennte Knicksicherheitsnachweise in y- und z-Richtung bei einem Rechteckquerschnitt zulässig, wenn die Längsdruckkraft N in den schraffierten Bereichen angreift

Für <u>Druckglieder mit Rechteckquerschnitt und großer Schlankheit</u> ($\lambda > 70$) und $s_{Kz} \approx s_{Ky}$ wurde von Rafla [182, 169] ein Näherungsverfahren entwickelt, das auch bei ungleichen Knicklängen angewandt werden kann, wenn s_K gleich der größeren der beiden Knicklängen gesetzt wird.

Der Knicksicherheitsnachweis für schiefe Biegung wird dabei auf den Nachweis für ebenes Biegeknicken zurückgeführt, der mit Rechengrößen für ein Ersatzmoment M_r sowie für eine Ersatzknicklänge s_{Kr} geführt wird. Es wird dabei ein symmetrisch bewehrter Querschnitt vorausgesetzt, dessen Gesamtbewehrung zu je einem Viertel an jeder Querschnittsseite verteilt oder auf die Querschnittsecken konzentriert ist.

Durch einen zusätzlichen Nachweis für ebenes Knicken in Richtung der kürzeren Querschnittsseite (bei $e_z/d \leqq 0,1$ und $b/d \geqq 2,0$) ist zu überprüfen, ob sich hieraus eine größere erforderliche Bewehrung ergibt.

Mit den Bezeichnungen nach Bild 10.46 und der Festlegung, daß die kürzere Querschnittsseite d parallel zur z-Achse verlaufen soll, werden die Ersatzgrößen wie folgt berechnet:

$$M_r = k_1 \cdot M_y \qquad\qquad (10.32)$$

$$k_1 = \left[\cos^n \vartheta + \left(\frac{d}{b}\right)^n \cdot \sin^n \vartheta \right]^{\frac{1}{n}} \cdot \sqrt{1 + \tan^2 \vartheta}$$

$$= \left(1 + k^n \right)^{\frac{1}{n}} \qquad\qquad (10.33)$$

ϑ ist hierin die Abweichung des Momentenvektors gegenüber der y-Richtung

$$\tan \vartheta = \frac{e_y}{e_z} = \frac{M_z}{M_y}$$

Der Wert k stellt das Verhältnis der bezogenen Ausmitten gemäß Gl. (10.31) dar.

Der Exponent n ist vom Bewehrungsgrad μ_0 und der Betonfestigkeit abhängig. Bei der Berechnung geht man von einem geschätzten Bewehrungsgrad μ_0 aus und bestimmt für diesen einen ersten Wert für n, der bei großen Abweichungen zwischen dem geschätzten und dem erforderlichen Bewehrungsgrad in einem 2. Rechenschritt verbessert wird. Der Exponent n und der Faktor k_1 können aus der Tabelle Bild 10.47 entnommen werden. Die Annahme n = 1 führt stets zu einer auf der sicheren Seite liegenden Lösung.

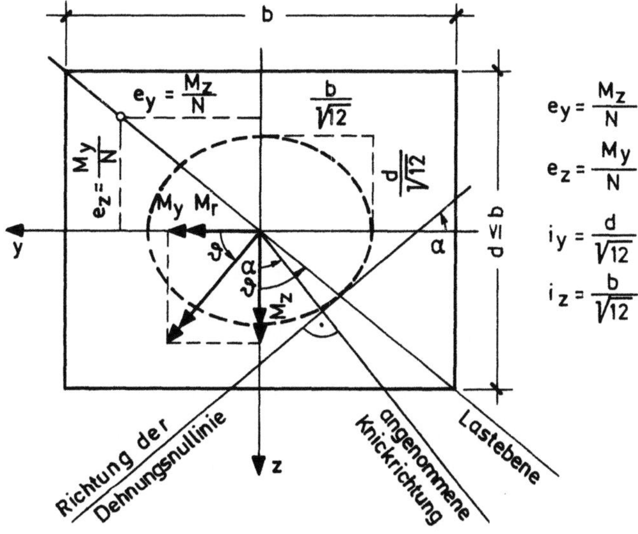

Bild 10.46 Rechteckquerschnitt unter schiefer Biegung mit Längsdruckkraft

$$k = \frac{M_z \cdot d}{M_y \cdot b} \qquad M_r = k_1 \cdot M_y$$

$$s_{Kr} = s_K \sqrt{\frac{1 + k^2 (d/b)^2}{1 + k^2}}$$

	tot μ_o in %										
$\geq$ B 35	-	$\geq$ 8	6	5	4	3	2	1,5	1	0,8	0,5
$\leq$ B 25 $\geq$ 6	4	3	2,5	2	1,5	1	0,8	0,5	-	-	
	Exponent n										
	1,00	1,05	1,10	1,15	1,20	1,25	1,30	1,35	1,40	1,45	1,50
k	Faktoren k_1　　$k_1 = (1 + k^n)^{1/n}$										
0,2	1,20	1,18	1,15	1,14	1,12	1,11	1,09	1,08	1,07	1,07	1,06
0,3	1,30	1,27	1,24	1,21	1,19	1,17	1,16	1,14	1,13	1,12	1,11
0,4	1,40	1,36	1,33	1,30	1,27	1,25	1,23	1,21	1,19	1,18	1,16
0,5	1,50	1,46	1,42	1,38	1,35	1,32	1,30	1,28	1,26	1,24	1,22
0,6	1,60	1,55	1,51	1,47	1,43	1,40	1,38	1,35	1,33	1,31	1,29
0,7	1,70	1,65	1,60	1,56	1,52	1,49	1,46	1,43	1,40	1,38	1,36
0,8	1,80	1,74	1,69	1,65	1,61	1,57	1,54	1,51	1,48	1,46	1,43
0,9	1,90	1,84	1,78	1,74	1,69	1,65	1,62	1,59	1,56	1,53	1,51
1,0	2,00	1,94	1,88	1,83	1,78	1,74	1,70	1,67	1,64	1,61	1,59
1,1	2,10	2,03	1,97	1,92	1,87	1,83	1,79	1,76	1,72	1,69	1,67
1,2	2,20	2,13	2,07	2,01	1,96	1,92	1,88	1,84	1,81	1,78	1,75
1,3	2,30	2,23	2,16	2,10	2,05	2,01	1,97	1,93	1,89	1,86	1,83
1,4	2,40	2,32	2,26	2,20	2,14	2,10	2,05	2,02	1,98	1,95	1,92
1,5	2,50	2,42	2,35	2,29	2,24	2,19	2,14	2,10	2,07	2,03	2,00
1,6	2,60	2,52	2,45	2,38	2,33	2,28	2,23	2,19	2,16	2,12	2,09
1,7	2,70	2,62	2,54	2,48	2,42	2,37	2,32	2,28	2,24	2,21	2,18
1,8	2,80	2,71	2,64	2,57	2,52	2,46	2,42	2,37	2,33	2,30	2,27
1,9	2,90	2,81	2,74	2,67	2,61	2,56	2,51	2,46	2,43	2,39	2,36
2,0	3,00	2,91	2,83	2,76	2,70	2,65	2,60	2,56	2,52	2,48	2,45
2,2	3,20	3,11	3,03	2,95	2,89	2,84	2,79	2,74	2,70	2,66	2,63
2,4	3,40	3,30	3,22	3,15	3,08	3,02	2,97	2,93	2,88	2,85	2,81
2,6	3,60	3,50	3,41	3,34	3,27	3,21	3,16	3,11	3,07	3,03	3,00
2,8	3,80	3,70	3,61	3,53	3,46	3,40	3,35	3,30	3,26	3,22	3,19
3,0	4,00	3,90	3,80	3,73	3,66	3,59	3,54	3,49	3,45	3,41	3,37
3,2	4,20	4,09	4,00	3,92	3,85	3,79	3,73	3,68	3,64	3,60	3,56
3,4	4,40	4,29	4,20	4,11	4,04	3,98	3,92	3,87	3,83	3,79	3,75
3,6	4,60	4,49	4,39	4,31	4,23	4,17	4,11	4,06	4,02	3,98	3,94
3,8	4,80	4,69	4,59	4,50	4,43	4,36	4,31	4,26	4,21	4,17	4,13
4,0	5,00	4,88	4,78	4,70	4,62	4,56	4,50	4,45	4,40	4,36	4,33
4,2	5,20	5,08	4,98	4,89	4,82	4,75	4,69	4,64	4,60	4,56	4,52
4,4	5,40	5,28	5,18	5,09	5,01	4,94	4,89	4,83	4,79	4,75	4,71
4,6	5,60	5,48	5,37	5,28	5,21	5,14	5,08	5,03	4,98	4,94	4,91
4,8	5,80	5,68	5,57	5,48	5,40	5,33	5,27	5,22	5,18	5,14	5,10
5,0	6,00	5,88	5,77	5,68	5,60	5,53	5,47	5,42	5,37	5,33	5,29

Bild 10.47　Berechnung des Ersatzmoments M_r und der Ersatzknicklänge s_{Kr}

Die Richtung der Nullinie wird durch den Winkel α zur y-Achse (als Tangente an die Trägheitsellipse mit den Halbmessern i_y und i_z - vgl. Abschn. 7.3.4) angenähert festgelegt

$$\tan \alpha = \frac{e_y}{e_z} \cdot \left(\frac{i_y}{i_z}\right)^2 = \frac{M_z}{M_y} \cdot \left(\frac{d}{b}\right)^2 \tag{10 34}$$

Mit diesem Winkel α und $s_{Ky} = s_{Kz} = s_K$ wird eine Rechengröße s_{Kr} bestimmt

$$s_{Kr} = \frac{s_K}{\sqrt{\sin^2 \alpha + \left(\frac{b}{d}\right)^2 \cdot \cos^2 \alpha}}$$

$$= s_K \cdot \sqrt{\frac{1 + k^2 \left(\frac{d}{b}\right)^2}{1 + k^2}} \tag{10.35}$$

Bei der Benützung von Bemessungshilfen für den Knicksicherheitsnachweis, wie sie in Form von Nomogrammen und Bemessungstafeln in Heft 220 DAfStb. bzw. in [169] zur Verfügung stehen, sind M_r und s_{Kr} auf die kleinere Querschnittsseite d zu beziehen. Eine ungewollte Ausmitte e_v braucht in diesem Fall nicht angesetzt zu werden, da diese in den genannten Bemessungshilfen bereits erfaßt ist.

10.6.2 Nachweis der Standsicherheit von rahmenartigen Gesamtsystemen

Die Standsicherheit verschieblicher Rahmensysteme wird durch die bisher behandelten Knicksicherheitsnachweise der Rahmenstützen allein nicht in jedem Fall ausreichend nachgewiesen. DIN 1045 gibt dazu in Abschn. 17.4.9 einige Hinweise. Danach kann das Gesamtsystem unter 1,75-facher Gebrauchslast nach Theorie II. Ordnung untersucht werden, wobei eine Schiefstellung entsprechend dem Ansatz für e_v des Einzelstabes und eine wirklichkeitsnahe Annahme der Biegesteifigkeiten vorausgesetzt wird

Heft 220 DAfStb empfiehlt, die wirksamen Biegesteifigkeiten ef EJ in Abhängigkeit von der Beanspruchungsart und dem Bewehrungsgrad entsprechend den Angaben in Bild 10.48 anzunehmen.

Als Bezugsgröße wurde der Wert $E_b \cdot J_b$ des ungerissenen Betonquerschnitts ohne Berücksichtigung des Bewehrungsanteils gewählt. Für μ_{o1} und μ_{o2} sind Mittelwerte der Bewehrungsquerschnitte einzusetzen, wenn diese über die Stablänge nicht konstant sind.

Die angegebenen wirksamen Biegesteifigkeiten dürfen in keinem Fall für den Knicksicherheitsnachweis eines Einzelstabes verwandt werden. Sie gelten nur für den Nachweis am Gesamtsystem einer vielgliedrigen, statisch unbestimmten Konstruktion (z.B. mehrgeschossiger Rahmen), deren einspannende Bauteile in dem für die Gesamtstabilität maßgebenden Lastfall Tragreserven besitzen.

Art der Beanspruchung	bezogene wirksame Biegesteifigkeit $\dfrac{ef\,EJ}{E_b \cdot J_b}$			
	Rechteckquerschnitt		Plattenbalken	
	$1{,}75 \cdot$ Gebrauchslast	Gebrauchslast	$1{,}75 \cdot$ Gebrauchslast	Gebrauchslast
Biegung mit Achsdruck (annähernd symmetrische Bewehrung)	$0{,}2 + 15\,(\mu_{o1} + \mu_{o2})$	$0{,}6 + 15\,(\mu_{o1} + \mu_{o2})$	-	-
Biegung (einseitige Bewehrung $\mu_{o2} =$ Bewehrungsgehalt im Einspannquerschnitt	$0{,}3 + 10 \cdot \mu_{o2}$	$0{,}6 + 10 \cdot \mu_{o2}$	$0{,}45$	$0{,}65$
Biegung mit Achszug (annähernd symmetrische Bewehrung)	$15\,(\mu_{o1} + \mu_{o2})$	$0{,}2 + 15\,(\mu_{o1} + \mu_{o2})$	—	—

Bild 10.48 Annahmen über die Biegesteifigkeiten für den Standsicherheitsnachweis rahmenartiger Gesamtsysteme

Die der Vorverformung $e_v = s_K/300$ entsprechende Schiefstellung (Bild
10.49) ergibt sich für die einseitig eingespannte, verschiebliche Einzel-
stütze mit Kopflast vereinfacht zu

$$\alpha_v = \frac{s_K}{300 \cdot \frac{s_K}{2}} = \frac{1}{150} \qquad (10.37)$$

Dieser Wert kann allgemein für eingeschossige Systeme verwendet werden.

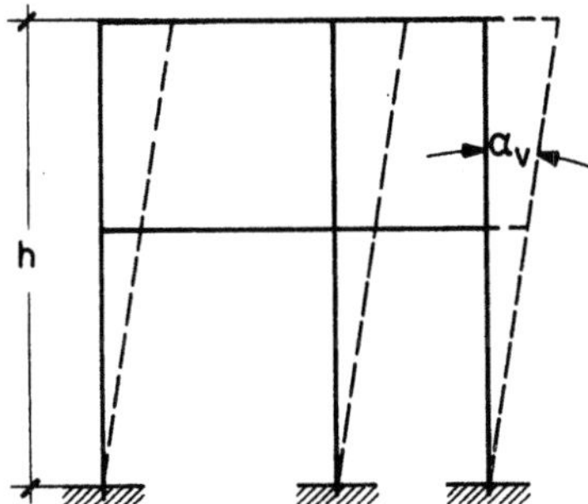

Bild 10.49   Festlegung des Winkels α_v bei Schiefstellung eines Rahmens

Bei mehrgeschossigen Rahmensystemen darf die entsprechende Schiefstellung auf

$$\alpha_v = \frac{1}{200} \qquad (10\ 38)$$

abgemindert werden.

Für das derartig schiefgestellte Gesamtsystem müssen in Iterations-
schritten die Verteilung der Schnittgrößen und die Verformungen berechnet werden. Eine Berechnung dieser Größen auf der Grundlage der
nichtlinearen Momenten-Krümmungs-Beziehung, wie sie sich aus den
Arbeitslinien für Stahl und Beton nach DIN 1045 (vgl. Bilder 7.3 und
7.5) ergibt, würde zu einem nicht vertretbaren Rechenaufwand führen.
Es werden deshalb folgende Vereinfachungen empfohlen:

-   Linearisierung der Momenten-Krümmungs-Beziehung
    (vgl. Bild 10.39)

oder

-   Rechnen mit wirksamen Steifigkeiten (vgl. Tabelle Bild 10.48),
    die jeweils für die Länge eines einzelnen Rahmenstabes als kon-
    stant angesehen werden.

Die Untersuchung ist jeweils abgeschlossen, wenn der (n+1)-te Iterationsschritt keine wesentliche Änderung der Ergebnisse gegenüber dem
n-ten Iterationsschritt ergibt.

In Heft 220 DAfStb. wird weiterhin empfohlen, anstelle eines Nach-
weises am schiefgestellten System einen gleichwertigen Horizontal-
lastfall einzuführen. Dabei greifen je Stockwerk die Kräfte $H = V \cdot \alpha_v$
an und zwar jeweils in Höhe der Stockwerkslasten V.

10.6.3 Knicksicherheitsnachweis bei umschnürten Stützen

Der traglaststeigernde Einfluß der Umschnürung darf - vgl. Abschn. 7.4 - nur bis zu Schlankheiten $\lambda = s_K/i \leq 50$ und Ausmitten $e/d_k \leq 1/8$ in Rechnung gestellt werden, weil er mit zunehmender Biegung nicht mehr wirksam ist. Auch für umschnürte Stützen mit $\lambda > 20$ ist dabei die Verformung der Stabachse nach Theorie II. Ordnung zu berücksichtigen. Da λ mit 50 begrenzt ist, kann für umschnürte Stützen allgemein die Näherung nach Abschn. 10.5.3 angewandt werden. Es ist somit die planmäßige Ausmitte $e = M/N$ um den Betrag f nach Gl. (10.18) zu vergrössern:

$$f = d_k \, \frac{\lambda - 20}{100} \, \sqrt{0,1 + \frac{e}{d_k}} \geqq 0 \qquad\qquad (10.39)$$

Die in Abschn. 7.4 angegebene Gleichung (7.135) zur Bestimmung der Traglaststeigerung durch die Umschnürung lautet also für knickgefährdete Stützen dieser Art:

$$\Delta N_u = \left[v \, A_w \, \beta_{Sw} - (A_b - A_k) \cdot \beta_R \right] \cdot \left[1 - \frac{8\,(M + f \cdot N)}{N\,d_k} \right] \geqq 0 \qquad\qquad (10.40)$$

Bei schlanken umschnürten Stützen darf also die Traglaststeigerung infolge der Umschnürung nur ausgenutzt werden, wenn gilt

$$\frac{e + f}{d_k} \leqq \frac{1}{8}$$

10.7 Tragfähigkeit schlanker unbewehrter Betondruckglieder

10.7.1 Zum Tragverhalten unbewehrter Betondruckglieder

Unbewehrte Betondruckglieder sind auch bei mäßiger Schlankheit empfindlich gegenüber Schwankungen der Lastausmitten, weil das Auftreten von Zugspannungen bei Sicherheitsbetrachtungen einem Aufreißen und damit einer Verkleinerung des wirksamen Querschnitts gleichgesetzt werden muß. Hierzu wird auf Abschn. 7.6 und die dort angegebenen vergrößerten Sicherheitsbeiwerte und Bemessungsgleichungen in Abhängigkeit von β_R und der Ausmitte e verwiesen.

Aus den Überlegungen, die hier im Abschn. 10.2 zur Tragfähigkeit schlanker bewehrter Druckglieder zu ihrer Krümmung und der davon abhängigen Vergrößerung der Ausmitten (Theorie II. Ordnung) und den weiteren Einflüssen aus Kriechen und Imperfektionen angestellt wurden, ist zu erkennen, daß mit wachsender Schlankheit unbewehrte Betondruckglieder mit höheren Sicherheitsbeiwerten bemessen werden müssen als bewehrte.

Grundsätzlich könnten für unbewehrte Druckglieder ebenfalls M-N-$\varkappa$-Beziehungen aufgestellt und mit ihrer Hilfe (vgl. Abschn. 10.3.3) die Last ermittelt werden, bei deren Überschreiten die inneren Schnittgrößen dem Anwachsen der äußeren Schnittgrößen nicht mehr folgen können. Da aber unbewehrte Betondruckglieder nur selten schlank ausgeführt und fast nur als Wände angewandt werden, wird hier auf die Darstellung solcher Rechenhilfsmittel verzichtet. Für Sonderfälle wird auf die Verfahren von M. Levy und E. Spira [183] und B. Lewicki [184] verwiesen.

Die erstgenannten Verfasser sind bei ihrer Untersuchung von einer gekrümmten σ-ε-Linie des Betons (bis - 3, 6 ‰) ausgegangen und haben -
entgegen den in Deutschland vertretenen Grundsätzen - auch die Zugfestigkeit des Betons (Zugdehnung $\varepsilon_b \leqq 0,1$‰) in Rechnung gestellt.
Das Ergebnis ihrer Untersuchung ist in Bild 10.50 dargestellt. Das Diagramm liefert für gegebene Schlankheit s_K/d und planmäßige Lastausmitte e/d die Größe der auf $b\,d\,\beta_R$ bezogene Traglast n_u. Da Imperfektionen (also Zuschläge für ungewollte Ausmitten) und Einflüsse des
Kriechens nicht erfaßt wurden, muß ein hoher Sicherheitsbeiwert, z.B.
2, 5 bis 3, 0 gewählt werden, um aus V_{kr} die zulässige Gebrauchslast
zu erhalten. Die gestrichelt eingetragene Linie gibt an, daß bei den links
von ihr liegenden Werten die Druckfestigkeit des Betons und rechts von
ihr die Stabilität des Druckgliedes für das Versagen maßgebend ist. Unterhalb der punktierten Linie tritt vor Erreichen der Traglast eine Rißbildung ein.

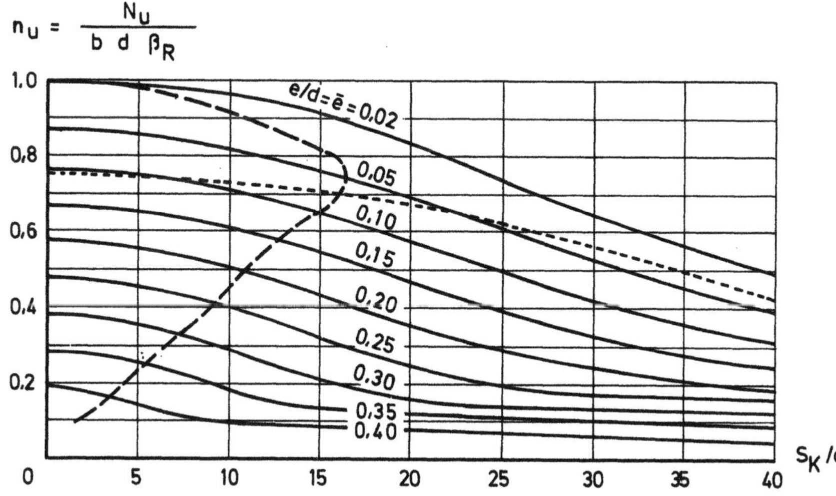

Bild 10.50   Traglast N_u von unbewehrten Druckgliedern in Abhängigkeit
von der Schlankheit s_K/d und der bezogenen Ausmitte e/d [183]

Zahlreiche Hochhäuser wurden schon mit unbewehrten tragenden Betonwänden (Wanddicken bis herab zu 7 cm bei 2,75 m Stockwerkshöhe, Wände durch Querwände gehalten) gebaut, so daß die Brauchbarkeit solcher
Druckglieder erwiesen ist.

10.7.2 Bemessung unbewehrter, schlanker Druckglieder nach DIN 1045

DIN 1045 gibt ein einfaches Verfahren zur Berücksichtigung des traglast-
mindernden Einflusses der Schlankheit an, das zusammen mit den in Abschn. 7.6 angegebenen Bemessungsregeln ausreichend sichere Tragwerke
gewährleistet. Schlankheiten $\lambda = s_K/i > 70$ sind nicht zulässig.

Die Abminderung der Traglast als Folge der Stabverformungen wird durch
einen Beiwert $\varkappa$ erfaßt, mit dem die nach Gl. (7.151) errechnete Traglast zu reduzieren ist. Für $\varkappa$ gilt

$$\varkappa = 1 - \frac{\lambda}{140}\left(1 + \frac{m}{3}\right) \qquad\qquad (10.41)$$

mit: m = e/k =   auf die Kernweite k bezogene Ausmitte des Last-
                     angriffs im Gebrauchszustand

        k = W_d/A_b = auf den Druckrand bezogene Kernweite des Beton-
                     querschnitts (bei Rechteckquerschnitten k = d/6)

bzw. für Rechteckquerschnitte einfacher

$$\varkappa = 1 - \frac{s_K}{40\,d} \left(1 + \frac{2\,e}{d} \right) \qquad\qquad (10.42)$$

Nach DIN 1045, Abschn. 17.9, darf unter Gebrauchslast eine klaffende
Fuge höchstens bis zum Schwerpunkt des Querschnitts entstehen. Aus
diesem Grunde können die Abminderungsbeiwerte $\varkappa$ nur für bezogene
Ausmitten m = 1,20 bis λ = 70 ausgenutzt werden. Die Anwendung dieser Abminderungsbeiwerte für m = 1,50 ist auf den Bereich $\lambda \leqq$ 40,
für m = 1,80 auf den Bereich $\lambda \leqq$ 20 zu begrenzen.

In Heft 220 DAfStb. sind Diagramme angegeben, aus denen die zulässige
Normalkraft von unbewehrten Rechteck- und Kreisquerschnitten bestimmt
werden kann.

11 Bemessung von Bauteilen aus Leichtbeton und Stahlleichtbeton

11.1 Gründe für die unterschiedliche rechnerische Behandlung von Leichtbeton und Normalbeton

Nach Kapitel 2.12 sind es im wesentlichen die folgenden Unterschiede
in den mechanischen Eigenschaften von Leicht- und Normalbeton, die
eine unterschiedliche Bemessung erforderlich machen:

- Der Elastizitätsmodul des Leichtbetons ist nur etwa halb so groß
  wie der von Normalbeton

- Die σ_b- ε_b-Linie des Leichtbetons verläuft gestreckter und flacher als diejenige des Normalbetons. Nach Überschreiten der
  Höchstlast fällt die Spannung im Leichtbeton mit zunehmender
  Stauchung schneller ab als beim Normalbeton Dies hat eine geringere Völligkeit der Spannungsverteilung in der Biegedruckzone
  zur Folge.

- Die Dauerstandfestigkeit liegt bei Leichtbeton niedriger als bei
  Normalbeton.

Für die Bemessung und Ausführung von Bauwerken aus Leichtbeton und
Stahlleichtbeton gelten grundsätzlich die gleichen Grundlagen wie für
Bauwerke aus Stahlbeton. Die aufgrund der unterschiedlichen mechanischen Eigenschaften erforderlichen Änderungen und Einschränkungen
gegenüber dem Stahlbeton sind in DIN 4219, Teil 2, Leichtbeton und
Stahlleichtbeton mit geschlossenem Gefüge, Bemessung und Ausführung,
[75] festgelegt.

11.2 Bemessung für Biegung, Biegung mit Längskraft und Längskraft allein

Der für die Bemessung im Bruchzustand maßgebende Zusammenhang
zwischen Spannung und Dehnung des Leichtbetons nach DIN 4219 ist in
Bild 11.1 dargestellt. An die Stelle des Parabel-Rechteck-Diagramms
des Normalbetons tritt das Dreieck-Rechteck-Diagramm mit der gleichen Bruchdehnung $\varepsilon_{b,u} = -3,5\,°/\!°°$ wie beim Normalbeton. Diese
Festlegung geht auf die Münchner Untersuchungen [76] an Leichtbeton
unterschiedlicher Festigkeit zurück und berücksichtigt gleichzeitig den
Einfluß von Dauerstandbelastungen.

Es gelten zwar die gleichen Dehnungsverteilungen im Bruchzustand wie
für Stahlbeton (vgl. Bild 7.6), wegen der unterschiedlichen Völligkeit
der Spannungsverteilung in der Biegedruckzone können die für Normalbeton auf der Grundlage des Parabel-Rechteck-Diagramms entwickelten Bemessungshilfen jedoch nicht unbedingt auf Leichtbeton angewandt
werden. Im Betonkalender 1980 [185] sind für häufig wiederkehrende
Bemessungsaufgaben besondere Bemessungstabellen für Leichtbeton
angegeben.

Wie die weiteren Untersuchungen in [76] ergaben, kann auch näherungsweise mit einer Spannungsverteilung entsprechend dem Parabel-
Rechteck-Diagramm des Stahlbetons gerechnet werden, wenn

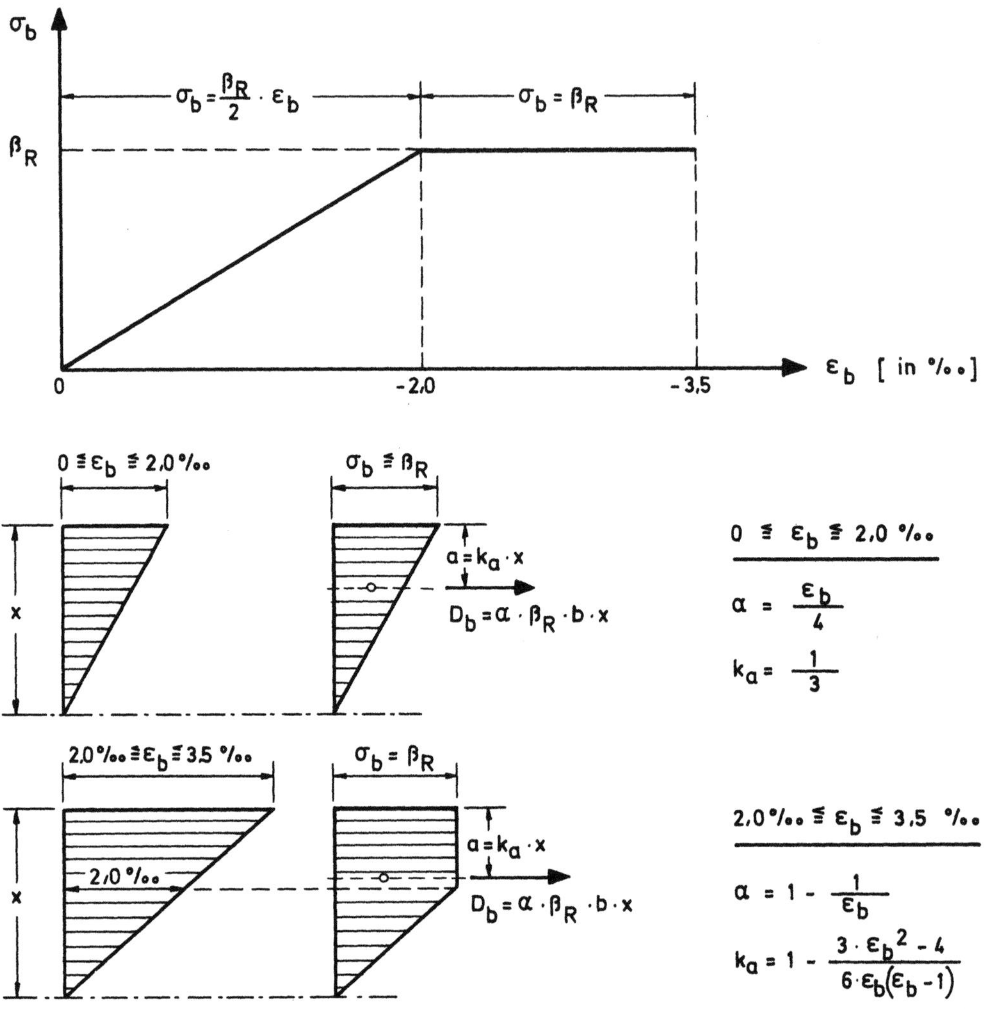

Bild 11.1   Rechenwerte für die Spannungs-Dehnungs-Linie des Leichtbetons (Dreieck-Rechteck-Diagramm) und daraus abgeleitete Beiwerte
für die Völligkeit der Spannungsverteilung in der Biegedruckzone und
die Höhenlage der Druckresultierenden

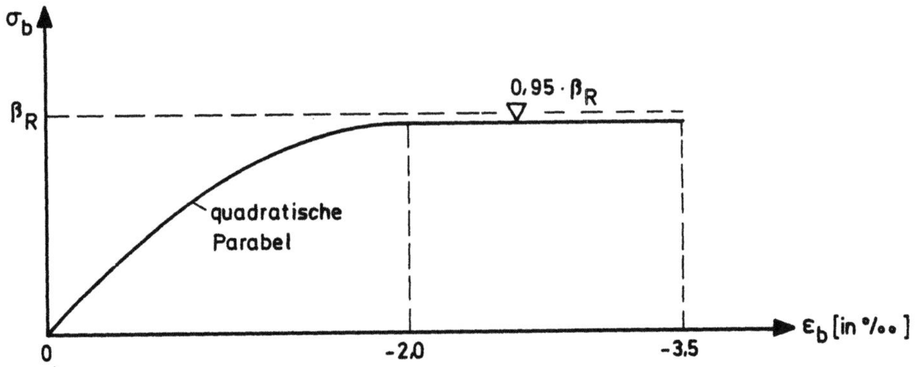

Bild 11.2   Näherung für die Spannungs-Dehnungs-Linie des Leichtbetons (Parabel-Rechteck-Diagramm)

- der Scheitelwert der Spannung auf $0,95\ \beta_R$ abgemindert wird
  (Bild 11.2)

  oder

- die Querschnittsbreite einer Druckzone mit rechteckigem Querschnitt auf 95 % abgemindert wird.

Damit können die umfangreichen, für den Normalbeton aufgestellten Bemessungshilfen auch für die Biegebemessung von Bauteilen aus Stahlleichtbeton, jedoch nicht für Verformungsberechnungen benützt werden.

Die Rechenwerte β_R der Betonfestigkeit des Leichtbetons sind für die einzelnen Festigkeitsklassen die gleichen wie für den Normalbeton (vgl. Bild 7.3). Für die Festigkeitsklasse LB 8 ist $\beta_R = 5,6\ \text{N/mm}^2 = 0,7 \cdot \beta_{WN}$ anzunehmen.

11.3 Bemessung für Querkraft und Torsion

11.3.1 Grundwerte τ_0 der Schubspannung

Nach DIN 4219, Teil 2, ist die Grenze τ_{011} für den Grundwert τ_0 der Schubspannung bei Platten ohne Schubbewehrung mit dem Faktor 0,6 gegenüber den entsprechenden Werten des Normalbetons abzumindern (Tabelle Bild 11.3). Diese Einschränkung erwies sich als erforderlich, nachdem die Versuche von Rostasy und Koch [186] an einachsig gespannten Leichtbetonplatten mit Nutzhöhen zwischen 25 cm und 75 cm gezeigt hatten, daß diese gegenüber Normalbetonplatten eine deutlich niedrigere Schubtragfähigkeit besitzen. Mit zunehmender Plattendicke ist darüber hinaus eine weitere Abnahme der Schubtragfähigkeit festzustellen, so daß zusätzlich die Abminderungsbeiwerte k_1 bzw. k_2 nach DIN 1045, Abschnitt 17.5.5 zu berücksichtigen sind (Bild 11.4). Die geringere Schubtragfähigkeit der Leichtbetonplatten ist z.T. auf die größere Streuung der Zugfestigkeit, hauptsächlich aber auf die geringere Wirksamkeit der Kornverzahnung in den Schubrissen zurückzuführen. Beim Leichtbeton sind die Rißflächen vergleichsweise glatt, da die Risse durch die Zuschlagkörner hindurchgehen, während sie beim Normalbeton um die Zuschlagkörner herum verlaufen, da diese eine höhere Festigkeit als die Mörtelmatrix besitzen.

Die in DIN 4219 geforderte Abminderung der Schubspannungsgrenze τ_{011} gilt im weiteren auch für die Bemessung der Schub- und Verbundbewehrung zwischen Fertigteilen und Ortbeton, für die Begrenzung der Schubspannungen in Stahlsteindecken, Glasstahlbeton und Stahlbetonrippendecken sowie beim Nachweis der Sicherheit gegen Durchstanzen von punktgestützten Platten.

Festigkeitsklasse	LB 8	LB 10	LB 15	LB 25	LB 35	LB 45	LB 55
gestaffelte Bewehrung	nicht zulässig		0,15	0,21	0,24	0,30	0,33
durchgehende Bewehrung	0,12	0,15	0,21	0,30	0,36	0,42	0,48

Bild 11.3 Grenzen τ_{011} [in N/mm^2] des Grundwerts τ_0 der Schubspannung bei Platten aus Stahlleichtbeton ohne Schubbewehrung

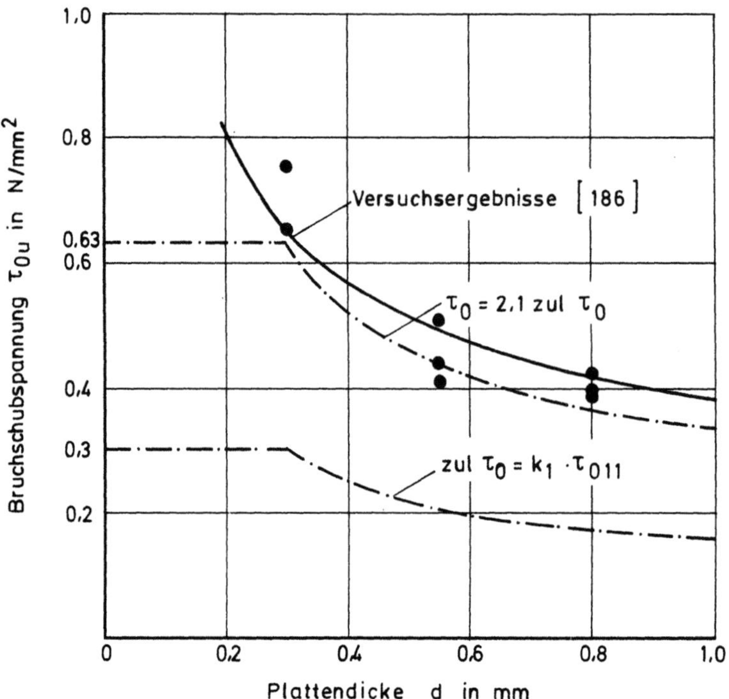

Bild 11.4   Bruchschubspannungen aus Versuchen an Stahlleichtbeton-
platten ohne Schubbewehrung [186] und Vergleich mit den zulässigen
Werten nach DIN 4219

Leichtbeton der Festigkeitsklassen LB 8 und LB 10 darf nach DIN 4219,
Teil 1, nur bei vorwiegend ruhender Belastung und nur für unbewehrte
Bauteile bzw. als Stahlleichtbeton nur für Wände, Fassaden- und Brü-
stungselemente angewendet werden.

Für die Schubspannungsgrenzen τ_{012}, τ_{o2} und τ_{o3} gelten die gleichen Werte wie für Normalbeton. Bei Leichtbeton der Festigkeitsklas-
sen LB 8 und LB 10 ist die Schubspannung max τ_o mit $\tau_{o2} = 0{,}65$ N/mm^2
bzw. $0{,}90$ N/mm^2 begrenzt.

11.3.2   Bemessung der Schubbewehrung

Bei den Stuttgarter Versuchen an schubbewehrten Leichtbetonbalken
wurde festgestellt, daß die kleinere Steifigkeit der Druckstreben (klei-
nerer Elastizitätsmodul des Leichtbetons) eine Erhöhung der Beanspruchung in der Schubbewehrung zur Folge hat. DIN 4219 sieht daher eine
Vergrößerung der erforderlichen Schubbewehrung vor.

Im Schubbereich 1 ist zwar kein Nachweis der Schubdeckung erforderlich, in Balken ist jedoch stets eine Schubbewehrung anzuordnen, die
mit dem Bemessungswert

$$\tau = 0{,}5 \cdot \tau_o \qquad (11.1)$$

zu ermitteln ist (bei Stahlbeton $\tau = 0{,}4 \cdot \tau_o$).

Im Schubbereich 2 ist eine verminderte Schubdeckung zulässig, die
Bemessung der Schubbewehrung erfolgt mit dem Bemessungswert

$$\tau = 1{,}15 \ \frac{vorh \ \tau_o^{\,2}}{\tau_{o2}} \ \begin{array}{l} \geqq \ 0{,}5 \cdot \tau_o \\[4pt] \leqq \ 1{,}0 \cdot \tau_o \end{array} \qquad\qquad (11.2)$$

Gegenüber Stahlbeton ist also eine um 15 % vergrößerte Schubbewehrung erforderlich.

Im Schubbereich 3 gelten die Bemessungsregeln der DIN 1045; es
ist volle Schubdeckung vorzusehen.

Bei Balken, Plattenbalken und Rippendecken sind stets Bügel anzuordnen, deren Mindestquerschnitt aus dem Bemessungswert

$$\tau_{b\ddot{u}} = 0{,}3 \cdot \tau_o \qquad\qquad (11.3)$$

zu bestimmen ist (bei Stahlbeton $\tau_{b\ddot{u}} = 0{,}25 \cdot \tau_o$).

11.4 Nachweis der Knicksicherheit

Dem Nachweis der Knicksicherheit nach Theorie II. Ordnung ist die
Spannungs-Dehnungs-Beziehung nach Bild 11.1 (Dreieck-Rechteck-Diagramm) zugrunde zu legen. Näherungsverfahren und Rechenhilfen, welche für Stahlbeton auf der Grundlage des Parabel-Rechteck-Diagramms
entwickelt wurden, sind auf Druckglieder aus Stahlleichtbeton oder unbewehrtem Leichtbeton nicht anwendbar. Durch die Verminderung des
Rechenwertes der Betonfestigkeit (Bild 11.2) wird lediglich die Völligkeit des Parabel-Rechteck-Diagramms an die kleinere Völligkeit des
Dreieck-Rechteck-Diagramms angepaßt; zur Berechnung der Formänderungen ist das Parabel-Rechteck-Diagramm nicht geeignet.

Die Schlankheit von Stahlleichtbetondruckgliedern ist in der Regel mit
$\lambda \leqq 100$ begrenzt. Größere Schlankheiten bedürfen einer Zustimmung
im Einzelfall; dabei ist zu überprüfen, ob nicht die Gebrauchsfähigkeit
durch die gegenüber Stahlbeton wesentlich größeren Verformungen beeinträchtigt wird.

Die Einschränkungen bei der Anwendung von Leichtbetonstützen sind
kaum einschneidend, da solche selten ausgeführt werden. Die Gewichts-
ersparnis ist bei Druckgliedern unerheblich, so daß in der Regel Nor-
malbetonstützen ausgeführt werden. Bei biegebeanspruchten Bauteilen
hat das Eigengewicht eine wesentlich größere Bedeutung.

11.5 Formänderungen

Für die Berechnung der Formänderungen unter Gebrauchslast ist ein
konstanter, für Druck und Zug gleich großer Elastizitätsmodul nach Tabelle Bild 11.5 zugrunde zu legen.

Die Formänderungen oberhalb der Gebrauchslast sind mit Hilfe des
Dreieck-Rechteck-Diagramms zu berechnen, dies gilt insbesondere beim
Nachweis der Knicksicherheit.

Rohdichteklasse	1,0	1,2	1,4	1,6	1,8	2,0
Elastizitätsmodul E_{LB} in[N/mm^2]	5000	8000	110000	15000	19000	23000

Bild 11.5 Rechenwerte des Elastizitätsmoduls

11.6 Bewehrungsrichtlinien

11.6.1 Betondeckung

Wegen des geringeren Gasdiffusionswiderstandes der porigen Leichtzuschläge sind beim Leichtbeton nach Tabelle 1 der DIN 4219, Teil 2, zum Teil größere Betondeckungen vorzusehen. Im wesentlichen ist eine Vergrößerung bei dünnen Bewehrungsstäben $d_s \leqq 12$ mm und Leichtbetonen mit einem Größtkorndurchmesser des Leichtzuschlags > 16 mm erforderlich.

11.6.2 Besondere Bestimmungen bei dicken Bewehrungsstäben und Bewehrungsstößen

Bei Verwendung von Bewehrungsstäben $d_s \geqq 25$ mm oder Stabbündeln mit $d_{sV} \geqq 25$ mm ist ein Verbundspannungsnachweis zu führen:

$$\tau_1 = \frac{\Delta Z}{u \cdot \Delta x} \leqq zul \ \tau_1 \tag{11.4}$$

Die zulässigen Grundwerte τ_1 der Verbundspannung sind für Leicht- und Normalbeton gleich.

Der Abdeckung der Spaltzugspannungen bei Zugstößen dicker Stäbe durch Übergreifung ist besondere Sorgfalt zu widmen. Jeder Übergreifungsstoß - auch bei Platten - muß im Abbiegungsbereich eines Bügels liegen.

Zwei-Ebenen-Stöße von Betonstahlmatten als Tragbewehrung sind nur bei vorwiegend ruhender Belastung zulässig. Matten mit Querschnitten $8,0 \ cm^2/m \leqq a_s \leqq 12 \ cm^2/m$ dürfen nur gestoßen werden, wenn mehrere Bewehrungslagen vorhanden sind und der Stoß in der inneren Lage erfolgt. Bei Matten mit $a_s > 12 \ cm^2/m$ ist beim Zwei-Ebenen-Stoß eine bügelartige Umfassung der Tragstäbe erforderlich.

Schrifttumverzeichnis

1 Mörsch, E.:   Der Eisenbetonbau - Seine Theorie und Anwendung.
                     6. Aufl. 1. Band: 1. Hälfte 1923, 2. Hälfte 1929
                     5. Aufl. 2. Band: 1. Hälfte 1926, 2. Teil 1930, 3. Teil 1935
                     Konrad Wittwer, Stuttgart
2 Mörsch, E.:   Die Bemessung im Eisenbetonbau.
                     5. Aufl. Stuttgart, Konrad Wittwer, 1950
3 Haegermann, G. u. a.: Vom Caementum zum Spannbeton - Beiträge zur Geschichte des
                     Betons. 3 Bde., Wiesbaden, Bauverlag GmbH, 1964
4 Graf, O.:   Die Eigenschaften des Betons.
                     Bearb. von Albrecht, W. u. Schäffler, H.
                     2. Aufl. Berlin, Springer, 1960
5 Franz, G.   Konstruktionslehre des Stahlbetons.
                     Bd. 1: Grundlagen und Bauelemente, Berlin Springer Verlag, 1964
6 Czernin, W.:   Zementchemie für Bauingenieure.
                     Wiesbaden, Bauverlag GmbH., 1976
7 Hummel, A.:   Das Beton - ABC.
                     12. Aufl. Berlin, W. Ernst u. Sohn, 1959
8 Neville, A. M.:   Properties of concrete.
                     Pitman Paperbacks, London, 1968
9 Walz, K.:   Beziehung zwischen Wasserzementwert, Normfestigkeit des Zements
                     (DIN 1164, Juni 1970) und Betondruckfestigkeit.
                     beton 20 (1970), H. 11, S. 499 - 503
10 Walz, K.:   Rüttelbeton.
                     3. Aufl., Berlin, W. Ernst u. Sohn, 1960
11 Walz, K.:   Herstellung von Beton nach DIN 1045.
                     Düsseldorf, Beton-Verlag GmbH., 1971
12 Hummel, A.:   Beton .
                     In: Beton-Kalender 1971, II. Teil S. 1 - 37
                     Berlin, W. Ernst u. Sohn, 1971
13 Kleinlogel, A.:   Einflüsse auf Beton und Stahlbeton.
                     5. Aufl. Berlin, W. Ernst u. Sohn, 1950
14 Wesche, K.:   Baustoffe für tragende Bauteile. Band 2: Beton.
                     2. Aufl., Wiesbaden, Bauverlag GmbH, 1981
15 Wischers, G.:   Bautechnische Eigenschaften des Zements.
                     Zement-Taschenbuch 1979/80, S. 81 - 105
16 ACI Committee 223: Expansive cement concretes.
                     ACI Journal 67 (1970), No. 8, p. 583 - 610
17 Bonzel, J. und Krumm, E.: Betonzusätze.
                     Zement-Taschenbuch 1979/80, Teil III, S. 237 - 252
18 Albrecht, W. und Mannherz, U.: Zusatzmittel, Anstrichstoffe, Hilfsstoffe für Beton
                     und Mörtel. Wiesbaden, Bauverlag GmbH, 1968
19 Keller, H.:   Flugstaub als Betonzusatzstoff.
                     Beton- und Stahlbetonbau 78 (1983), H. 3, S. 78 - 80
20 Wierig, H. -J.:   Herstellen, Fördern und Verarbeiten von Beton.
                     Zement-Taschenbuch 1979/80, S. 255 - 277
21 Albrecht, W. und Schäffler, H.: Konsistenzmessung von Beton.
                     DAfStb., Heft 158, Berlin, W. Ernst u. Sohn, 1964
22 Wischer, G. und Dahms, J.: Festigkeitsentwicklung des Betons.
                     Zement-Taschenbuch 1979/80, S. 315 - 338

23   Price, H.W.:   Factors influencing concrete strength.
                         ACI Journal 47 (1951), p. 417 - 432
24   Saul, A.G.A.:   Principles underlying the steam curing of concrete at atmospheric
                         pressures.
                         Magazine of Concrete Research 2 (1950/51), p. 127 - 140
25   Nurse, R.W.:   Steam curing of concrete.
                         Magazine of Concrete Research 1 (1949), p. 79 - 88
26   Franjetić, Z.:   Beton-Schnellhärtung.
                         Wiesbaden, Bauverlag GmbH., 1969
27   Walz, K.; Schäffler, H.: Druckfestigkeit von Beton in der oberen Zone nach dem Ver-
                         dichten durch Innenrüttler.
                         DAfStb., Heft 135, Berlin, W. Ernst u. Sohn, 1960
28   Krenkler, K.:   Gütesteigerung des Betons durch Überzüge.
                         Straßen- und Tiefbau 14 (1960), H. 7, S. 507 - 514, u. H. 8, S. 583 - 590
29   CEB, FIP: Mustervorschrift für Tragwerke aus Stahlbeton und Spannbeton.
                         Internationale CEB/FIP-Richtlinien, 3. Ausgabe 1978, deutsche
                         Übersetzung der französischen Originalfassung
30   Bonzel, J.:   Zur Gestaltsabhängigkeit der Betondruckfestigkeit.
                         Beton- und Stahlbetonbau 54 (1959), H. 9, S. 223 - 228
                         und H. 10, S. 247 - 248
31   Bonzel, J.:   Beton bestimmter Festigkeit.
                         Zement-Taschenbuch 1979/80, S. 279 - 314
32   Bremer, F.:   Festigkeits- und Verformungsverhalten des Betons bei mehrachsiger
                         Beanspruchung.
                         Beton- und Stahlbetonbau 66 (1971), H. 1, S. 17 - 22
33   Kupfer, H.; Hilsdorf, H.K.: Behaviour of concrete under biaxial stresses.
                         ACI Journal 66 (1969), No. 8, p. 656 - 666
34   Wischers, G. und Lusche, M.: Einfluß der inneren Spannungsverteilung auf das Trag-
                         verhalten von druckbeanspruchtem Normal- und Leichtbeton.
                         beton 22 (1972), H. 8, S. 343 - 347, u. H. 9, S. 397 - 403
35   Walz, K ; Dahms, J.: Kurzfristige Festigkeitsprüfung zur Güteüberwachung des Betons.
                         beton 11 (1961), H. 11, S. 752 - 756, u. H. 12, S. 813 - 818
36   Rüsch, H.; Hummel, A.; u.a.: Festigkeit und Verformung von unbewehrtem Beton
                         unter konstanter Dauerlast.
                         DAfStb., Heft 198, Berlin, W. Ernst u. Sohn, 1968
37   Gaede, K.:   Versuche über die Festigkeit und die Verformung von Beton bei Druck-
                         Schwellbeanspruchung.
                         DAfStb., Heft 144, Berlin, W. Ernst u. Sohn, 1962
38   Schneider, U.:   Verhalten von Beton bei hohen Temperaturen.
                         DAfStb., Heft 337, Berlin, W. Ernst u. Sohn, 1982
39   Aschl, H. und Stöckl, S.: Wärmeausdehnung, Elastizitätsmodul, Schwinden, Kriechen
                         und Restfestigkeit von Reaktorbeton unter einachsiger Belastung
                         und erhöhten Temperaturen.
                         DAfStb., Heft 324, Berlin, W. Ernst u. Sohn, 1981
40   Wischers, G.; Dahms, J.: Das Verhalten des Betons bei sehr niedrigen Temperaturen.
                         Düsseldorf, Beton-Verlag GmbH., 1970
41   Rostasy, F.S.; Wiedemann, G.: Festigkeit und Verformung von Beton bei sehr tiefen
                         Temperaturen.
                         beton 30 (1980), H. 2, S. 54 - 59
42   Wesche, K.; Mängel, S.: Beitrag zur Beurteilung der Festigkeitsverteilung in Bau-
                         werken.
                         beton 19 (1969), H. 3, S. 107 - 111
43   Rüsch, H.; Sell, R. und Rackwitz, R.: Statistische Analyse der Betonfestigkeit.
                         DAfStb., Heft 206, Berlin, W. Ernst u. Sohn, 1969
44   Bonzel, J.:   Über die Spaltzugfestigkeit des Betons.
                         beton 14 (1964), H. 3, S. 108 - 114 u. H. 4, S. 150 - 157
                         Düsseldorf, Beton-Verlag GmbH.
45   Rüsch, H.:   Die Ableitung der charakteristischen Werte für die Betonzugfestigkeit.
                         beton 26 (1976), H. 2
46   Kupfer, H.:   Das Verhalten des Betons unter mehrachsiger Kurzzeitbelastung
                         unter besonderer Berücksichtigung der zweiachsigen Beanspruchung.
                         DAfStb., H. 229, Berlin, W. Ernst u. Sohn, 1973

47   Kupfer, H. und Zelger, C.: Bau und Erprobung einer Versuchseinrichtung für zwei-
         achsige Belastung.
         DAfStb., H. 229, Berlin, W. Ernst u. Sohn, 1973

48   Bremer, F. und Steinsdörfer, F.: Bruchfestigkeit und Bruchverformung von Beton
         unter mehraxialer Belastung bei Raumtemperatur.
         DAfStb., H. 263, Berlin, W. Ernst u. Sohn, 1976

49   Weigler, H.; Fischer, R.: Beton bei Temperaturen von $100\,^{\circ}C$ bis $750\,^{\circ}C$.
         beton 18 (1968), H. 2, S. 33 - 46

50   Rüsch, H.:   Versuche zur Festigkeit der Biegedruckzone.
         DAfStb., H. 120, Berlin, W. Ernst u. Sohn, 1955

51   Rasch, Ch.:   Spannungs-Dehnungs-Linien des Betons und Spannungsverteilung in der
         Biegedruckzone bei konstanter Dehngeschwindigkeit.
         DAfStb., H. 154, Berlin, W. Ernst u. Sohn, 1962

52   Hughes, B.P.; Ash, J.E.: Anisotropy and failure criteria for concrete.
         RILEM 3 (1970), No. 18, p. 371 - 374

53   Wagner, O.:   Das Kriechen unbewehrten Betons.
         DAfStb., H. 131, Berlin, W. Ernst u. Sohn, 1958

54   Neville, A.M.:   Creep of concrete: plain, reinforced and prestressed.
         Amsterdam, North-Holland Publishing Company, 1970

55   Meyer, H.G.:   Zum Kriechverhalten von Beton unter zweiachsiger Druckbeanspru-
         chung.   Materialprüfung 11 (1969), H. 3, S. 79 - 82

56   Neville, A.M. u.a.: Creep Poisson's ratio of concrete under multiaxial compression.
         ACI Journal 66 (1969), No. 12, p. 1008 - 1020

57   Roš, M.:   Die materialtechnischen Grundlagen und Probleme des Eisenbetons
         im Hinblick auf die zukünftige Gestaltung der Stahlbeton-Bauweise.
         Bericht 162, EMPA Zürich, 1950

58   Rüsch, H.; Jungwirth, D. und Hilsdorf, H.: Kritische Sichtung der Verfahren zur
         Berücksichtigung der Einflüsse von Kriechen und Schwinden des Be-
         tons auf das Verhalten der Tragwerke.
         Beton- und Stahlbetonbau 68 (1973), H. 3, S. 49 - 60, H. 4 S. 76 - 86,
         H.6 , S. 152 - 158

59   Rüsch, H.; Kordina, K.; Hilsdorf, H.: Der Einfluß des mineralogischen Charakters
         der Zuschläge auf das Kriechen des Betons.
         DAfStb., H. 146, Berlin, W. Ernst u. Sohn, 1962

60   Klopfer, H.:   Die Carbonatisierung von Sichtbeton und ihre Bekämpfung.
         Bautenschutz + Bausanierung, Filderstadt, E. Möller GmbH, 1983

61   -   Carbonatisierung des Betons. Einflüsse und Auswirkungen auf den
         Korrosionsschutz der Bewehrung.
         Bericht der Kommission "Carbonatisierung" des VDZ

62   Martin, H.; Schießl, P.: Karbonatisierung von Beton aus verschiedenen Zementen.
         Betonwerk + Fertigteil-Technik 41 (1975), H. 12, S. 588 - 59 0

63   Schießl, P.:   Zur Frage der zulässigen Rißbreite und der erforderlichen Beton-
         deckung im Stahlbetonbau unter besonderer Berücksichtigung der
         Karbonatisierung des Betons.
         DAfStb., H. 255, Berlin, W. Ernst u. Sohn, 1976

64   Lindner, R.:   Entstehung und Beseitigung von Schäden im Betonbau - Versuch eines
         Überblicks.
         Zement und Beton 28 (1983), H. 1, S. 1 - 9

65   –   DIN 1053, Nov. 1974: Mauerwerk, Berechnung und Ausführung

66   –   DIN 18 151, Febr. 1979: Hohlblocksteine aus Leichtbeton

67   –   DIN 18 152, Dez. 1978: Vollsteine und Vollblöcke aus Leichtbeton

68   –   DIN 4232, Dez. 1978: Wände aus Leichtbeton mit haufwerkporigem
         Gefüge; Bemessung und Ausführung

69   –   DIN 4223 (Entwurf Aug. 1978): Gasbeton. Bewehrte Bauteile

70   Manns, W.:   Leichtzuschlag.
         Zement-Taschenbuch 1979/80, Bauverlag GmbH, Wiesbaden,
         S. 211 - 235

71   Weigler, H.; Karl, S.: Stahlleichtbeton. Herstellung, Eigenschaften, Ausführung.
         Bauverlag GmbH, Wiesbaden, 1972

72   –   DIN 4226, Zuschlag für Beton, Fassung April 1983

73   -   Merkblätter I, II und III für Leichtbeton und Stahlleichtbeton mit geschlossenem Gefüge, Fassung Juli 1974

74   -   Manual Leightweight Concrete (Sec. Draft 1972) CEB Bull. No. 85, Paris, 1972

75   -   DIN 4219, Leichtbeton und Stahlleichtbeton mit geschlossenem Gefüge (Fassung Dez. 1979)

76   Grasser, E.; Probst, P.: Biebebemessung von Stahlleichtbeton. Ableitung der Spannungsverteilung in der Biegedruckzone aus Prismenversuchen als Grundlage für DIN 4219.
DAfStb., H. 322, Berlin, W. Ernst u. Sohn, 1981

77   Weigler, H.; Freitag, W.: Dauerschwell- und Betriebsfestigkeit von Konstruktions-Leichtbeton.
DAfStb., H. 247, Berlin, W. Ernst u. Sohn, 1975

78   Probst, P.; Stöckl, S.: Versuche zum Kriechen und Schwinden von hochfestem Leichtbeton.
DAfStb., H. 313, Berlin, W. Ernst u. Sohn, 1980

79   -   DIN 488, Betonstahl, Blatt 1 bis 6, Fassung April 1972

80   Rußwurm, D.; Wagner, O.: Untersuchung der Vergleichbarkeit von Faltversuch und Rückbiegeversuch an Betonstählen.
Betonwerk + Fertigteil-Technik. 46 (1980), H. 8, S. 502 u. 503

81   Harre, W.; Nürnberger, U.: Zum Schwingfestigkeitsverhalten von Betonstählen unter wirklichkeitsnahen Beanspruchungsbedingungen.
Heft 75 der Schriftenreihe des Otto-Graf-Instituts, Stuttgart, 1980

82   Rehm, G.; Harre, W.; Rußwurm, D.: Untersuchungen über die Schwingfestigkeit geschweißter Betonstahlverbindungen. Teil 1 - Schwingfestigkeitsversuche.
DAfStb.; H. 317, Berlin, W. Ernst u. Sohn, 1981

83   -   DIN 4099, Entwurf Mai 1983. Schweißen von Betonstahl. Herstellung und Prüfung.

84   Limberger, E.; Brandes, K.; Herter, J.: Influence of Mechanical Properties of Reinforcing Steel on the Ductility of Reinforced Concrete Beams with Respect to High Strain Rates

85   Rehm, G.: Über die Grundlagen des Verbundes zwischen Stahl und Beton.
DAfStb., H. 138, Berlin, W. Ernst u. Sohn, 1961

86   Rehm, G.: Kriterien zur Beurteilung von Bewehrungsstäben mit hochwertigem Verbund.
in: Stahlbetonbau (Festschrift Rüsch) S. 79 - 96, Berlin, W. Ernst u. Sohn, 1969

87   Martin, H.: Zusammenhang zwischen Oberflächenbeschaffenheit, Verbund- und Sprengwirkung von Bewehrungsstäben unter Kurzzeitbelastung.
DAfStb., H. 228, Berlin, W. Ernst u. Sohn, 1978

88   Goto, Y.: Cracks formed in concrete around deformed tension bars.
ACI Journal 68 (1971), No. 4, p. 244 - 251

89   RILEM   III. Bond tests for reinforcing steel, 2. Pull-out test.
in: Tests and specifications of reinforcements for reinforced and prestressed concrete. (Four Recommendations of the RILEM/CEB/FIP Committee) RILEM 3 (1970), No. 15, p. 175 - 178

90   Martin, H.; Noakowski, P.: Verbundverhalten von Betonstählen - Untersuchung auf der Grundlage von Ausziehversuchen.
DAfStb., H. 319, Berlin, W. Ernst u. Sohn, 1981

91   Rehm, G.: Kriterien zur Beurteilung von Bewehrungsstäben mit hochwertigem Verbund.
Stahlbetonbau, Berichte aus Forschung und Praxis, Berlin, W. Ernst u. Sohn, 1969

92   Martin, H.: Bond Performance of Ribbed Bars (Pull-out-Tests). - Influence of Concrete Composition and Consistency.
Proceedings of the International Conference on Bond in Concrete, Bond in Concrete, Applied Science Publishers, London, 1982

93   Franke, L.: Einfluß der Belastungsdauer auf das Verbundverhalten von Stahl in Beton (Verbundkriechen).
DAfStb., H. 268, Berlin, W. Ernst u. Sohn, 1976

94   Eligehausen, R.; Bertero, V.V.; Popov, E.P.: Local Bond Stress-Slip Relationships
          for Deformed Bars under Generalized Exitation-Tests and Analytical
          Model.
          CEB-Sitzung Athen, September 1982

95   Martin, H.; Schießl, P.: Verankerungsversuche mit verschweißten Kari-Stäben.
          Bau-Stahlgewebe Berichte aus Forschung und Technik
          Heft 4, Düsseldorf, Bau-Stahlgewebe GmbH., 1970

96   Rostasy, F.S.; Roeder, K.; Leonhardt, F.: Schubversuche an Balken mit veränderli-
          cher Trägerhöhe.
          DAfStb., H. 273, Berlin, W. Ernst u. Sohn, 1977

97   Leonhardt, F.:   Die Mindestbewehrung im Stahlbetonbau.
          Beton- und Stahlbetonbau 56 (1961), H. 9, S. 218 - 223

98   Mörsch, E.:   Die Schubsicherung der Eisenbetonbalken.
          Beton u. Eisen 26 (1927), H. 2, S. 27 - 35

99   Leonhardt, F.:   Die verminderte Schubdeckung bei Stahlbetontragwerken.
          Der Bauingenieur 40 (1965), H. 1, S. 1 - 15

100   Leonhardt, F.; Walther, R.; Dilger, W.: Schubversuche an Durchlaufträgern.
          DAfStb., H. 163, Berlin, W. Ernst u. Sohn, 1964

101   Lampert, P.:   Torsion und Biegung von Stahlbetonbalken.
          Schweizerische Bauzeitung 88 (1970), H. 5, S. 85 - 95

102   Leonhardt, F.; Schelling, G.: Torsionsversuche an Stahlbetonbalken
          DAfStb., H. 239, Berlin, W. Ernst u. Sohn, 1974

103   Schaeidt, W.; Ladner, M.; Rösli, A.: Berechnung von Flachdecken auf Durchstanzen.
          Wildegg, Technische Forschungs- und Beratungsstelle der Schweize-
          rischen Zementindustrie, 1970

104   Leonhardt, F.; Walther, R.: Wandartige Träger.
          DAfStb., H. 178, Berlin, W. Ernst u. Sohn, 1966

105   —   DIN 4102, Brandverhalten von Baustoffen und Bauteilen, Teile 1 bis 8,
          Fassungen 1977 und 1981

106   —   DIN 1072, Straßen- und Wegbrücken, Lastannahmen, Fassung Nov. 1967

107   —   DIN 4024, Stützkonstruktionen für rotierende Maschinen (vorzugsweise
          Tisch-Fundamente für Dampfturbinen) Fassung Jan. 1955

108   FIP, CEB: Internationale Richtlinien zur Berechnung und Ausführung von Beton-
          bauwerken - Prinzipien und Richtlinien.
          2. Auflage, 6. Kongreß der FIP in Prag, Juni 1970

109   Beer, H.:   Beitrag zur stochastischen Konzeption der Bauwerksicherheit.
          VDI-Zeitschrift 112 (1970), H. 11, S. 725 - 730 und H. 13, S. 869 - 872

110   Rüsch, H.; Rackwitz, R.: Die Grundlagen der Sicherheitstheorie.
          in: Standsicherheit von Bauwerken, VDI-Bericht 142, S. 5 - 18,
          Düsseldorf, VDI-Verlag GmbH., 1970

111   König, G.; Heunisch, M.: Zur statistischen Sicherheitstheorie im Stahlbetonbau.
          Mitteilungen aus dem Institut für Massivbau der Technischen Hoch-
          schule Darmstadt, Heft 16, Berlin, W. Ernst u. Sohn, 1972

112   —   Sicherheit von Betonbauten. Beiträge zur Arbeitstagung Berlin 7./8.
          Mai 1973. Herausgeber Deutscher Beton-Verein e.V., Wiesbaden, 1973

113   Grasser, E.:   Bemessung von Beton- und Stahlbetonbauteilen nach DIN 1045, Ausgabe
          Dezember 1978 - Biegung mit Längskraft, Schub, Torsion.
          DAfStb., H. 220, 2. überarbeitete Auflage, Berlin, W. Ernst u. Sohn,
          1979

114   Grasser, E.:   Bemessung für Biegung mit Längskraft, Schub und Torsion.
          in: Betonkalender 1983, I. Teil, S. 441 - 446, Berlin, W. Ernst
          u. Sohn, 1983

115   Stöckl, S.:   Das unterschiedliche Verformungsverhalten der Rand- und Kernzonen
          von Beton.
          DAfStb., H. 185, Berlin, W. Ernst u. Sohn, 1966

116   Rüsch, H.; Stöckl, S.: Kennzahlen für das Verhalten einer rechteckigen Biegedruck-
          zone von Stahlbetonbalken unter kurzzeitiger Belastung.
          DAfStb., H. 196, Berlin, W. Ernst u. Sohn, 1967

117   Koepcke, W.; Denecke, G.: Die mitwirkende Breite der Gurte von Plattenbalken.
          DAfStb., H. 192, Berlin, W. Ernst u. Sohn, 1967

118   Grasser, E.; Thielen, G.: Hilfsmittel zur Berechnung der Schnittgrößen und Form-
       änderungen von Stahlbetontragwerken nach DIN 1045, Ausgabe 1972.
       DAfStb., H. 240, Berlin, W. Ernst u. Sohn, 1976

119   Grasser, E.; Linse, D.: Neuartige Diagramme für die Bemessung von Stahlbeton-
       Rechteckquerschnitten bei schiefer Biegung auf der Grundlage von
       DIN 1045 E.
       Beton- und Stahlbetonbau 65 (1970), H. 4, S. 79 - 84

120   Mörsch, E.:   Die Ermittlung des Bruchmoments von Spannbetonbalken.
       Beton- und Stahlbetonbau 45 (1950), H. 7, S. 149 - 157
       und
       Die Ermittlung des Bruchmoments von Spannbetonträgern.
       Bautechnik 26 (1949), H. 4, S. 98 - 99

121   Grasser, E.:   Darstellung und kritische Analyse der Grundlagen für eine wirklich-
       keitsnahe Bemessung von Stahlbetonquerschnitten bei einachsigen
       Spannungszuständen.
       Diss. TH München, 1968

122   Grasser, E.:   Die Bemessung von kreis- und kreisringförmigen Stahlbetonquer-
       schnitten bei Biegung mit Normaldruckkraft auf der Grundlage der
       neuen DIN 1045.
       in: Stahlbetonbau, Berichte aus Forschung und Praxis
       (Festschrift Rüsch), S. 227 - 249, Berlin, W. Ernst u. Sohn, 1969

123   Tompert, K.:   Bemessung von Kreisquerschnitten und Kreisringquerschnitten nach
       dem Traglastverfahren.
       Der Bauingenieur 46 (1971), H. 3, S. 90 - 97

124   Müller, K.F.:   Beitrag zur Berechnung der Tragfähigkeit wendelbewehrter Stahlbeton-
       säulen.   CEB-Bull. d'Information, No. 69, Okt. 1968, S. 65 - 115

125   Grasser, E.:   Bemessung für Biegung mit Längskraft, Schub und Torsion.
       in: Betonkalender 1972, I. Teil, S. 662 - 665, Berlin, W. Ernst u.
       Sohn, 1972

126   Frühauf, H.:   Eindeutige Ermittlung der Hauptspannungsrichtungen.
       Beton- und Stahlbetonbau 65 (1970), H. 12, S. 299 - 300

127   Opladen, K.:   Bemessungstafeln für Stahlbeton-Kreisringquerschnitte.
       Teil II, bau + bauindustrie 26 (1967), H. 5, S. 331 - 334

128   Neubauer, P.:   Bemessung und Spannungsnachweise für den kreisförmigen Stahlbeton-
       querschnitt im Zustand II.
       Die Bautechnik 43 (1966), H. 5, S. 168 - 174

129   Leonhardt, F.; Walther, R.: Schubversuche an einfeldrigen Stahlbetonbalken mit und
       ohne Schubbewehrung.
       DAfStb., H. 151, Berlin, W. Ernst u. Sohn, 1962

130   Leonhardt, F.; Walther, R.: Versuche an Plattenbalken mit hoher Schubbeanspruchung.
       DAfStb., H. 152, Berlin, W. Ernst u. Sohn, 1962

131   Leonhardt, F.; Walther, R.: Schubversuche an Plattenbalken mit unterschiedlicher
       Schubbewehrung.
       DAfStb., H. 156, Berlin, W. Ernst u. Sohn, 1963

132   Leonhardt, F.; Walther, R.: Wandartige Träger.
       DAfStb., H. 178, Berlin, W. Ernst u. Sohn, 1966

133   Leonhardt, F.; Walther, R.: Beiträge zur Behandlung der Schubprobleme im
       Stahlbetonbau. Beton- und Stahlbetonbau 56 - 60 (1961 - 1965)
       B. u. Stb. 56 (1961), H. 12, S. 277 - 290; B.u. Stb. 57 (1962), H. 2,
       S. 32 - 44; H. 3, S. 54 - 64; H. 6, S. 141 - 149; H. 7, S. 161 - 173;
       H. 8, S. 184 - 188; B. u. Stb. 58 (1963), H. 8, S. 184 - 190; H. 9,
       S. 216 - 224; B. u. Stb. 59 (1964), H. 4, S. 80 - 86; H. 5, S. 105 -
       111; B. u. Stb. 60 (1965), H. 1, S. 5 - 15; H. 2, S. 35 - 42; H. 4,
       S. 92 - 104; H. 5, S. 108 - 123

134   Kani, G.N.J.:   Basic facts concerning shear failure.
       ACI Journal 64 (1966), No. 6, p. 675 - 692

135   Kani, G.:   Was wissen wir heute über die Schubbruchsicherheit?
       Der Bauingenieur 43 (1968), H. 5, S. 167 - 174

136   Leonhardt, F.; Koch, R.; Rostasy, F.S.: Aufhängebewehrung bei indirekter Last-
       eintragung von Spannbetonträgern, Versuchsbericht und Empfehlungen.
       Beton- und Stahlbetonbau 66 (1971), H. 10, S. 233 - 241

137 Netzel, D.: Beitrag zur wirklichkeitsnahen Berechnung und Bemessung einachsig
gespannter, schlanker Gründungsplatten.
Diss. Stuttgart 1972

138 Kupfer, H.: Zusammenhang zwischen Momentendeckung und Schubsicherung beim
schlanken Plattenbalken.
Vorträge auf dem Betontag 1967, S. 405 - 427
Wiesbaden, Deutscher Beton-Verein e.V., 1967

139 Bhal, N.S. Über den Einfluß der Balkenhöhe auf die Schubtragfähigkeit von
einfeldrigen Stahlbetonbalken mit und ohne Schubbewehrung.
Diss. Stuttgart 1967

140 Kani, G.N.J.: How safe are our large reinforced concrete beams?
ACI Journal 64 (1967), No. 3, p. 128 - 141

141 Taylor, H.P.J.: The shear strength of large beams.
Paper for publication, Cement and Concrete Association, London, 1971

142 Demorieux, J.M.: Poutres en double té en béton armé.
und:
Essai de traction-compression sur modèles d'âme de poutre en béton
armé. Annales de ITBTP 22 (1969), Juni, 976 - 982

143 Leonhardt, F.: Abminderung der Tragfähigkeit des Betons infolge rechtwinklig zur
Druckrichtung angeordneter Einlagen.
in: Stahlbetonbau, Berichte aus Forschung und Praxis (Festschrift
Rüsch), S. 71 - 78, Berlin, W. Ernst u. Sohn, 1969

144 Bay, H.: Wandartige Träger und Bogenscheiben.
Stuttgart, Konrad Wittwer, 1960

145 Mörsch, E.: Schubversuche mit Voutenbalken.
Beton und Eisen 21 (1922), H. 1, S. 14 - 19

146 Leonhardt, F.; Rostasy, F.S.; MacGregor, J.; Patzak, M.: Schubversuche an Balken und Platten bei gleichzeitigem Längszug.
DAfStb., H. 275, Berlin, W. Ernst u. Sohn, 1977

147 Chwalla, E.: Einführung in die Baustatik.
Neudruck der 2. Aufl., Köln, Stahlbau-Verlags-GmbH., 1954

148 Kollbrunner, C.F.; Basler, K.: Torsion.
Berlin, Springer, 1966

149 Timoshenko, S.: Strength of materials.
3. Aufl., Princetown, N.Y., D. van Nostrand Comp., Inc.,
2 Bde., 1955/56

150 Leonhardt, F.: Schub und Torsion im Spannbeton.
Vortrag auf dem FIP-Kongreß, Prag 1970
in: European Civil Engineering/Europäischer Ingenieurbau (1970),
H. 4, S. 157 - 181

151 Fuchssteiner, W.: Über den Kraftfluß in gerissenen Systemen.
bau + bauindustrie 28 (1969), H. 12

152 Rausch, E.: Drillung (Torsion), Schub und Scheren im Stahlbetonbau.
Düsseldorf, Deutscher Ingenieur Verlag GmbH., 1953

153 Mehlhorn, G.; Rützel, H.: Wölbkrafttorsion bei dünnwandigen Stahlbetonträgern.
Der Bauingenieur 47 (1972), H. 12, S. 430 - 438

154 Leonhardt, F.; Walther, R.; Vogler, O.: Torsions- und Schubversuche an vorgespannten Hohlkastenträgern.
DAfStb., H. 202, Berlin, W. Ernst u. Sohn, 1968

155 Leonhardt, F.: Zur Frage der Übereinstimmung von Berechnung und Wirklichkeit
bei Tragwerken aus Stahlbeton und Spannbeton.
in: Konstruktiver Ingenieurbau (Festschrift Hirschfeld), S. 158 - 168,
Düsseldorf, Werner-Verlag, 1967

156 Leonhardt, F.: Das Bewehren von Stahlbetontragwerken.
in: Beton-Kalender 1971, II. Teil, S. 303 - 398, Berlin, W. Ernst u.
Sohn, 1971

157 ACI: Torsion of structural concrete.
SP - 18, American Concrete Institute, Detroit, Michigan, 1968

158 Cowan, M.N.: Reinforced and prestressed concrete in torsion.
London, Edward Arnold Publ. Ltd., 1965

159   Kollbrunner, C. F.; Meister, M.: Knicken, Biegedrillknicken, Kippen - Theorie
             und Berechnung von Knickstäben, Knickvorschriften.
             2. Aufl., Berlin, Springer, 1961

160   Pflüger, A.:   Stabilitätsprobleme der Elastostatik.
             2. Aufl., Berlin, Springer, 1964

161   Mehmel, A.; Schwarz, H.; Kasparek, K. -H.; Makovi, J.: Tragverhalten ausmittig
             beanspruchter Stahlbetondruckglieder.
             DAfStb., H. 204, Berlin, W. Ernst u. Sohn, 1969

162   MacGregor, J. G.: Behaviour of restrained reinforced concrete columns.
             Discussion, Journal of the Structural Division, Proceedings of
             the ASCE, 91 (1965), June, p. 281 - 286

163   Green, R.; Breen, J. E.: Eccentrically loaded concrete columns under sustained load.
             ACI Journal 66 (1969), No. 11, p. 866 - 874

164   Hellesland, J.; Green, R.: Strength characteristics of reinforced concrete columns
             under sustained loading.
             Report No. 81, University of Waterloo, May 1971

165   Kordina, K.; Quast, U.: Bemessung von schlanken Bauteilen - Knicksicherheits-
             nachweis.
             in: Beton-Kalender 1972, I. Teil, S. 695 - 793, Berlin, W. Ernst
             u. Sohn, 1972

166   Schwarz, H.; Kasparek, K. -H.: Ein Beitrag zur Klärung des Tragverhaltens exzen-
             trisch beanspruchter Stahlbetonstützen.
             Der Bauingenieur 42 (1967), H. 3, S. 84 - 90

167   Dimel, E.:   Knicksicherheitsnachweis für ausmittig belastete Stahlbetondruckglieder.
             Beton- u. Stahlbetonbau 62 (1967), H. 3, S. 68 - 74 u. H. 4, S. 93 - 98

168   Habel, A.:   Die Tragfähigkeit der ausmittig gedrückten Stahlbetonsäulen.
             Beton- u. Stahlbetonbau 48 (1953), H. 8, S. 182 - 190

169   Kordina, K.; Quast, U.: Bemessung von schlanken Bauteilen - Knicksicherheits-
             nachweis.
             in: Beton-Kalender 1980, I. Teil, S. 877 - 988, Berlin, W. Ernst u.
             Sohn, 1980

170   Johnston, B. C.: The column research council guide to design criteria for metal
             compression members.
             2nd Ed., New York, J. Wiley and Sons Inc., 1966

171   MacGregor, J. G.; Breen, E.; Pfrang, E.: Design of slender concrete columns.
             ACI Journal 67 (1970), No. 1, p. 6 - 28

172   Kupfer, H.:   Kontaktseminar an der Universität München 1971

173   Petterson, O.:   Knäcking.
             Bull. No. 2, Royal Inst. Technology, Stockholm, 1961

174   Augustin, D.:   Berechnung von Stahlbeton-Brückenpfeilern auf Knicken.
             VDI-Zeitschrift 27 (1963), H. 9, S. 1262 - 1267

175   Sahmel, P.:   Näherungsweise Berechnung der Knicklängen von Stockwerkrahmen.
             Der Stahlbau 24 (1955), H. 4, S. 89 - 94

176   Habel, A.:   Knickberechnung freistehender Stahlbetonrahmen.
             Beton- und Stahlbetonbau 54 (1959), H. 2, S. 25 - 31

177   Habel, A.:   Knickformeln für freistehende Hallenrahmen.
             Beton- und Stahlbetonbau 55 (1960), H. 10, S. 225 - 230

178   Sahmel, P.:   Einfache baustatische Methode zur näherungsweisen Ermittlung der
             Knicklängen von Rahmentragwerken.
             Die Bautechnik 48 (1971), H. 6, S. 206 - 212

179   Augustin, D.:   Rahmenknickung bei elastischer Einspannung im Baugrund.
             Der Bauingenieur 36 (1961), H. 12, S. 441 - 448

180   Quast, U.:   Traglastnachweis für Stahlbetonstützen nach der Theorie II. Ordnung
             mit Hilfe einer vereinfachten Moment-Krümmungs-Beziehung.
             Beton- und Stahlbetonbau 65 (1970), H. 11, S. 265 - 272

181   Olsen, P. C.; Quast, U.: Anwendungsgrenzen von vereinfachten Bemessungsverfah-
             ren für schlanke, zweiachsig ausmittig beanspruchte Stahlbeton-
             druckglieder.
             DAfStb., H. 332, Berlin, W. Ernst u. Sohn, 1982

182   Rafla, K.:   Praktisches Verfahren zur Bemessung schlanker Stahlbetonstützen
             mit Rechteckquerschnitt bei schiefer Biegung mit Achsdruck.
             Der Bauingenieur 49 (1974), H. 11, S. 429 - 436

183 Levy, M.; Spira, E.: Zur Bestimmung der Traglast von bewehrten und unbewehrten
Betonwänden.
Beton- und Stahlbetonbau 67 (1972), H. 5, S. 113 - 118

184 Lewicki, B.: Hochbauten aus großformatigen Fertigteilen.
Wien, Franz Deuticke, 1967

185 Grasser, E.: Bemessung für Biegung mit Längskraft, Schub und Torsion.
in: Beton-Kalender 1980, I. Teil. S. 701 - 876, Berlin, W. Ernst
u. Sohn, 1980

186 Koch, R.; Rostasy, F.S.: Schubtragfähigkeit von Platten aus Stahlleichtbeton ohne
Schubbewehrung.
Beton- und Stahlbetonbau 73 (1978), H. 2, S. 42 - 46

187 — Richtlinien für die Herstellung und Verarbeitung von Fließbeton
(Fassung Mai 1974)

188 — Sachstandbericht "Massenbeton", aufgestellt von Deutscher Beton-
Verein e.V.
DAfStb., H. 329, Berlin, W. Ernst u. Sohn, 1982

189 — DIN 25413: Klassifikation von Abschirmbetonen nach Elementanteilen, Teile 1 und 2, Fassung Okt. 1982

190 — Merkblatt "Stahlfaserspritzbeton", herausgegeben vom Deutschen
Beton-Verein e.V.
beton 27 (1977), H. 2, S. 66 - 68

191 Schlaich, J.: Die Glasfaserbetonschale für die Bundesgartenschau 1977 in Stuttgart.
Vortrag gehalten auf dem Deutschen Betontag 1977 in Berlin

192 Dahms, J.: Herstellung und Eigenschaften von Faserbeton.
beton 29 (1979), H. 4, S. 139 - 143

193 Walkus, B.R.; Mackiewicz, S.: Composites as applied to thin-walled structures
in Poland. Bulletin Nr. 64 of the International Association for Shell
and Spatial Structures, Madrid, 1977

194 Bayer, E.: Ferrocement im Bootsbau.
beton 28 (1978), H. 12

195 Crofts, J.E.; Jennings, P.J.: Ferrocement domes up to 16 m span in Amman, Jordan.
Proceedings of the IASS Symposium, Acta Universitatis Ouluensis,
C 16, Oulu, Finnland, 1980

196 Rühle, H.: Stand und Tendenzen der Entwicklung des Ferro- oder Armozements.
Bauplanung - Bautechnik 37 (1983), H. 3, S. 114 - 117

197 Nervi, P.L.: Structures.
F.W. Dodge Corporation, New York, 1956

198 Schäfer, K.; Dieterle, H.: Herstellung, Tragverhalten und Gebrauchsfähigkeit von
Ferrozement als Schalung und Bestandteil von Stahlbetonelementen.
Unveröffentlichter Bericht des Instituts für Massivbau und der
FMPA Baden-Württemberg, Stuttgart, 1983

199 Linse, D.; Stegbauer, A.: Festigkeit und Verformungsverhalten von Beton unter
hohen, zweiachsigen Dauerbelastungen und Dauerschwellbelastungen.
DAfStb., H. 254, Berlin, W. Ernst u. Sohn, 1976

200 Zaitsev, J.; Wittmann, F.: Zur Dauerfestigkeit des Betons unter konstanter Belastung.
Der Bauingenieur 46 (1971), H. 3, S. 84 - 90

201 Soretz, S.: Zwei Sonderfälle der Beanspruchung von Stahlbeton.
Zement und Beton 27 (1982), H. 1, S. 2 - 7

202 Dischinger, F.: Massivbau.
in: Taschenbuch für Bauingenieure, Bd. 1, S. 762 - 904
2. Aufl. Berlin, Springer, 1955

203 Brendel, G.: Die "mitwirkende Plattenbreite" nach Theorie und Versuch.
Beton- und Stahlbetonbau 55 (1960), H. 8, S. 177 - 185

204 Bachmann, H.: Längsschub und Querbiegung in Druckplatten von Betonträgern.
Beton- und Stahlbetonbau 73 (1978), H. 3, S. 57 - 63

F. Leonhardt
Vorlesungen über Massivbau

Teil 6

F. Leonhardt

Grundlagen des Massivbrückenbaues

Berichtigter Nachdruck 1979. 344 Abbildungen. IX, 227 Seiten
DM 38,-. ISBN 3-540-09035-5

Inhaltsübersicht: Schrifttum. – Begriffe und Zeichen. – Zur Geschichte des Brückenbaues. – Baustoffe der Massivbrücken. – Wie entsteht der Entwurf einer Brücke? – Tragwerksarten der Massivbrücken. – Bauverfahren. – Wahl des Querschnittes der Brücken. – Randausbildung der Brücken. – Stützung der Brücken. – Zu den Bemessungsgrundlagen, Vorspanngrad und Mindestbewehrungen. – Bemessung und Konstruktion von Plattenbrücken. – Bemessung und Konstruktion von Plattenbalkenbrücken. – Bemessung und Konstruktion von Kastenträgerbrücken. – Arbeits-und Koppelfugen. – Brückenlager. – Fahrbahnübergänge. – Entwässerung. – Schrifttumverzeichnis.

Teil 5

F. Leonhardt

Spannbeton

Mit Beiträgen über Nachweise der Schwind- und Kriecheinflüsse von D. Schade
Grenznachweise mit der Plastizitätstheorie von R. Walther

1980. 219 Abbildungen, 5 Tafeln, 9 Tabellen. XI, 296 Seiten
DM 40,-. ISBN 3-540-10070-9

Inhaltsübersicht: Besondere Zeichen im Spannbetonbau. – Schrifttum und Vorschriften. – Grundgedanke und Begriffe. – Geschichtliches. – Baustoffe und Bauteile. – Verbund. – Tragverhalten von Spannbetonträgern. – Wahl des Vorspanngrades. – Beständigkeit der Spannbetontragwerke gegen Korrosion. – Ermüdungs- und Betriebsfestigkeit der Spannbetontragwerke. – Verankerungen und Stöße der Spannstähle und Spannglieder. – Spannverfahren und ihre Wahl. – Spannweisen und Spanngeräte. – Spannglieder in Gleitkanälen, Reibung und Aufbau. – Das Vorspannen, Spannweg-Berechnung und Herstellen des nachträglichen Verbundes. – Aufzählung der erforderlichen Nachweise. – Schnittkräfte und Spannungen infolge Vorspannung. – Ermittlung der Vorspannkräfte. – Bemessung für die Tragfähigkeit. – Bemessung für die Gebrauchsfähigkeit. – Verformungen und Umlagerung von Schnittkräften. – Konstruktive Regeln. – Bemerkungen zur Bauausführung und zur Bauüberwachung. – Grundlagen für die Schwind- und Kriecheinflüsse. – Nachweis des Grenzzustandes der Tragfähigkeit mit dem Traglastverfahren. – Schrifttumverzeichnis.

Springer-Verlag
Berlin
Heidelberg
New York
Tokyo